지반침하와 지하안전법

- 이론과 실무 -

윤태국 · 김재봉 · 김창동
정석열 · 남준희 공 저

도서출판
구미서관

머리말

1991년 겨울. 대학교를 졸업하고, 건설의 많은 분야 중에서 안전진단, 유지관리 업무를 처음 시작하였다. 지인들은 다들 생소해하였고, 일부는 의아해하는 이들도 있었다. 그렇게 지반과 관련된 안전진단과 인연을 맺은 지 벌써 27년이 지났다.

2014년 8월 4일, 석촌지하차도 지반침하사고가 발생하였다. 지반침하사고는 국민들로 하여금 "싱크홀"이라고 하는 새로운 단어를 익숙하게 만들었다. 땅이 꺼진다는 것이 현실로 다가온 것이다. 지반침하사고 발생 직후, 모 지자체 공무원은 "우리나라에는 지반침하 전문가가 없다."라고 하는 말을 듣고, 자괴감과 더불어 지반 전문기술자가 알려지지 않고 있음을 개탄한 적도 있었다.

2014년 12월. 그렇게 추웠던 겨울. 국토교통부를 중심으로 한 범정부 TFT(팀장, 상지대 이승호 교수님)에 소속되어 지반침하를 체계적이고, 통합적으로 예방하고자 "지하안전관리에 관한 특별법"을 제정하는 업무를 담당하였다. 돌이켜 생각해보면, 참으로 열악한 상태에서 법 제정 업무를 한 것으로 기억된다. 늘 그렇듯이 인원은 부족하였으며, 시간과의 싸움은 지루하게 진행되었다. 법, 시행령, 시행규칙이라고 하는 법의 기본 체계도 몰라서 많이도 우왕좌왕했다. 조항 하나를 만들고 나면, 다른 법의 조항과 맞지 않았다. 어떤 날은 하루 종일 회의를 했는데 1쪽도 진행이 안 된 일도 있었다. 그렇게 세종시에서 새벽을 맞이한 날이 차곡차곡 쌓여갔다. 어떤 날에는 포기하고 싶은 충동과 싸우고 있는 나를 발견하기도 했다.

2018년 1월 1일. 드디어 지하안전법이 시행되었다. 개인적으로 참으로 감개무량한 날이었다. 그 이후, 지반공학을 전공하는 젊은 기술자에게는 조금이나마 자긍심을 고취할 수 있었고, 지하안전영향평가 전문기관에게는 수익 창출에도 일익을 하였다.

하지만, 지금까지보다는 지금부터 해야 할 일이 훨씬 많음을 본인은 알고 있다. 기술자의 경력관리와 전문기관의 실적관리를 통하여 기술력을 겸비한 기관이 용역에 선정될 수 있도록 PQ규정을 정비하여야 하며, 대가기준에 대한 검증과 정비도 필요할 것이다. 지하안전영향평가서(보고서)에 대한 검토 방안도 마련되어야 할 것이고, 무엇보다도 양질의 지하안전영향평가 등의 업무가 조기에 정착될 수 있는 방안도 강구되어야 할 것이다. 1년 이내에 급증할 것으로 예상되는 지하시설물 관리자의 안전점검에 대해서는 신속하고 체계적인 교육과 더불어 지하개발사업자의 가장 큰 불만의 요소로 지적되고 있는 사업 지연에 대한 대책도 절실한 상태이다.

지하안전법의 근간은 지반공학과 지하수공학이다. 지반을 전공하는 분들도 다소 생소한 분야로서 지하안전영향평가 등에 종사하는 기술자에게 조금이나마 도움이 되고자 본서를 집필하였다. 법, 시행령, 시행규칙, 지침, 세부지침, 기준 등이 지속적으로 업데이트되고 있는 점을 고려하여 주시기를 부탁드린다. 따라서 본서의 내용도 계속 수정·보완할 예정이다.

지하안전법 관련 업무를 진행하면서 도움을 주신 국토교통부 박영수 국장님, 정경인, 육인수, 현기창 사무관님들에게 깊이 감사를 드리며, 한국시설안전공단 지하안전실의 신창건 박사, 이종훈 과장, 고민호 씨에게도 수고의 말씀을 전합니다. 그 누구보다도 지반공학에 입문을 허락해 주신 정형식 교수님, 이 송 교수님, 또한 본서를 집필하는 공동 저자로서 활약해 주신 (사)한국토질및기초기술사회의 김재봉 박사님, 김창동 박사님, 정석열 대표님, 남준희 대표님께 감사의 말씀을 올립니다. 더불어 법의 체계 확립에 크게 도움을 주신 이명지 실장님과 한국시설안전공단 전지훈 차장에게도 감사함을 전합니다.

2018년 7월 3일, 한반도를 관통한 태풍 "쁘라삐룬"은 남부지방에 바람과 더불어 큰 비를 내리게 하였다. 이러한 강우는 필연적으로 지하수두를 상승하게 하며, 지반침하의 결정적인 원인을 제공하게 된다. 이 비가 그치면 여기저기서 지반침하가 발생했다는 언론 기사가 이어질 것이다. 믿기 힘들겠지만, 거짓말처럼 2018년 7월 11일 부산 도심을 가로지르는 물류수송의 핵심도로인 번영로에서 직경 3.5미터의 지반침하가 발생하였다. 지반침하사고를 100% 막을 수 있는 방법은 없으나, 체계적으로 관리하여 국민들이 안심하게 하여야 할 것, 이것이 우리 기술자의 몫이다. 지반 전공기술자가 또 다시 바빠지게 될 것 같다.

2018. 7. 어느 날 새벽
고양시 북한산 근처에서

대표저자 **윤 태 국**

1차 수정본에 고함

2014년 8월 4일, 석촌지하차도 지반침하사고 이후, 국토교통부에서는 지반침하에 대한 국민적 불안감을 과학적이 체계적으로 해소하고자 2014년 12월에 범정부 TFT이 만들어졌습니다. 그 결과의 산물(産物)로 "지하안전관리에 관한 특별법"이 제정이 되었습니다. 2년간의 유해기간을 거쳐 2018년 1월 1일부터 본 법이 시행되었고, 여러 가지 우여곡절 끝에 현재 2019년 4월이 되었습니다.

이 법이 시행된 2018년 1월1일 이후에 우리 사회를 강타한 지반침하사고는 상도유치원 침하, 가산동 오피스텔 흙막이 벽체 침하, 일산 백석동 난방관 파열로 인한 사망사고 등이 대표적이라 할 수 있을 것입니다.

법은 살아 있는 생물(生物)이라고 합니다. 항상 급변하는 사회를 뒤따라가야하고, 지속적으로 법은 개정이 되기 때문일 것입니다. 지하안전관리에 관한 특별법도 마찬가지입니다. 법의 주요 개정내용을 본문에 수록하는 방안도 고려하였으나, 그렇게 되면 법이 진행된 과정을 독자께서 알 수 없을 것으로 우려되어 1차 수정본에서는 머리말에 법의 주요 개정사항을 명확히 수록하고자 합니다.

지하안전법 시행령 개정(2018. 12. 31)

주요 내용	사 유
최대 굴착심도를 산정함에 있어 지반안전성에 영향이 적은 집수정, 엘리베이트 피트, 정화조 부분은 제외	건설기술진흥법 시행령 제98조 1항 2호의 내용을 준용
굴착 지역의 경계에서 굴착깊이의 4배 이내의 거리에 시설물이 없는 개발사업의 경우 지하안전영향평가 대상에서 제외	지반침하로 인한 영향이 없는 경우를 고려

지하안전법 시행규칙 개정(2019. 1. 16)

주요 내용	사 유
지하시설물 중 전기설비, 전기통신설비 및 가스공급시설의 경우에도 직경이 500밀리미터 이상인 시설물만 시설물관리자가 안전점검을 해야 할 대상으로 규정하려는 것임.	상수도, 하소도관에 대한 직경 500밀리미터에 대한 지하안전점검 대상 시설물과의 일관성 유지

또한, 지하안전영향평가 실무를 함에 있어 주요 지적 사항으로 되고 있는 불포화토에 대한 내용도 추가하였습니다. 더불어, 가장 많은 질의 사항이 나오고 있는 사업계획 등의 최대 굴착깊이가 3미터 이상 증가하거나 굴착면적이 30퍼센트 이상 증가하는 경우에는 변경된 사업계획 등에 따른 지하안전 확보방안이 포함된 재협의 요청서를 제출하는 내용도 알려드립니다.

지하안전영향평가 등의 업무로 인하여 토질, 지질 분야의 기술자의 위상이 제고가 되고, 지하안전영향평가 전문기관이 활성화되는 등의 밝은 면도 보이지만, 반대로 사업지연에 따른 지하개발사업자의 불만 고조, 지하안전영향평가 전문기관간의 과다 경쟁에 따른 저가 낙찰 등의 어두운 면도 나타나고 있습니다. 우리 기술자들이 이러한 문제점을 해결하기 위하여 부단한 노력이 필요할 것으로 판단됩니다.

이 새벽. 지금도 우리나라 어디에서는 틀림없이 지반침하가 발생되고 있을 것입니다. 부디 안전한 대한민국이 되기를 두손모아 기원하면서 본 서의 1차 수정본에 고합니다. 감사합니다.

2019. 4 어느날 새벽

오늘도 고양시 북한산 근처에서

대표저자 **윤 태 국**

목 차

제 4 장 흙막이 공사와 지반침하

제 5 장 터널공사와 지반침하

제 6 장 물리탐사와 지반침하

부 록

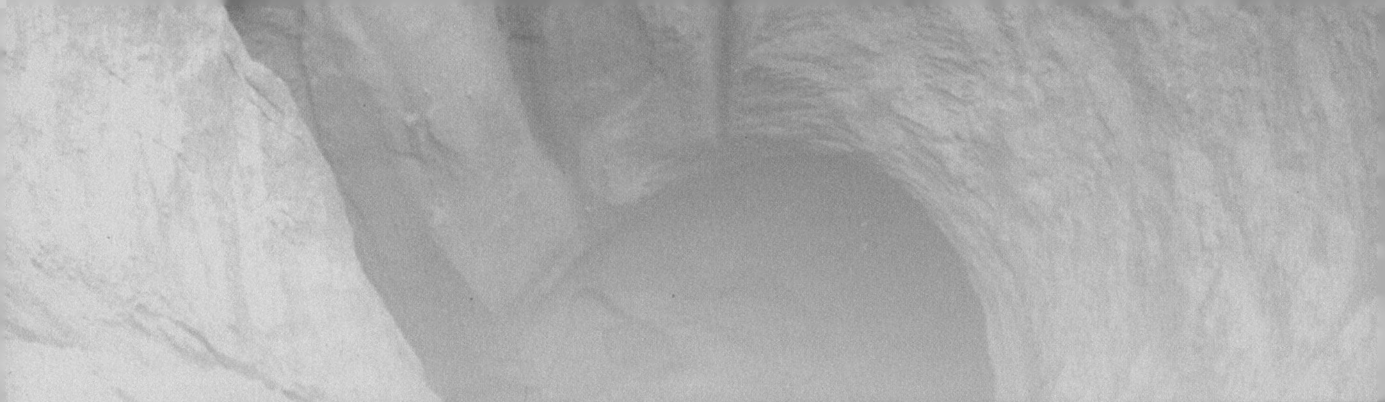

CHAPTER 01

땅이 꺼지다

CHAPTER 01

땅이 꺼지다

– 윤태국 –

1.1 개요

가. 지반침하사고 갑자기 발생하다.

2014년 8월 4일. 서울특별시 송파구 소재 석촌지하차도 인근 백제고분로에서 지반침하사고가 발생하였다. 이에 도로관리기관인 서울특별시, 석촌지하차도 인근 상수도를 관리하는 한국수자원공사, 서울지하철 9호선 발주처, 시공사, 감리사 등이 총체적으로 대응을 하였다. 이 사고를 기점으로 하여 사회전반에서 많은 변화가 발생되었다.

「하늘이 무너지랴, 땅이 꺼지랴」하는 옛말이 있다. 절대로 일어날 수 없는 일이라고 하는 뜻인데, 이제는 우리 주변의 땅이 꺼진다는 것이 사실로 다가왔다. 언론에서는 싱크홀이라는 자극적인 단어를 너도 나도 사용하였다. 이로 인하여 국민들 사이에서는 막연한 불안감이 증폭되었다.

도심지에서 발생하는 지반침하사고를 체계적으로 대처하고자 하는 필요성과 각각의 개별법에 의하여 관리되고 있는 지표하(地表下)의 지하공간에 대하여 체계적이고, 총괄적으로 관리하고자 「지하안전관리에 관한 특별법」(이하 "지하안전법"이라 한다)이 제정되었다. 지하안전법은 2015년 6월에 의원입법으로 발의되었으며, 당해 12월에 국회 본회의를 통과한 후, 2016년 1월에 공포되었다. 지하안전법이 공포된 후, 시행령, 시행규칙, 지침, 세부지침, 업무 매뉴얼 작성, 공무원과 지하안전영향평가 전문기관 실무자에 대한 교육 등의 후속 업무를 추진하고자 2년간의 유해기간이 설정되었다. 2018년 1월 1일, 드디어 지하안전법이 시행되었다.

나. 본서의 주요 내용

지하안전법이 2018년 1월 1일부터 시행되고 있음에도 불구하고 실무에서는 많은 어려움을 겪고 있다. 다른 법과 유사하게 법 시행 초기의 혼란과 이견이 계속되고 있다.

이에 본서에서는 지하안전법과 관련된 혼란을 최소화하고 지하안전영향평가 전문기관 기술자에게 도움이 되고자 다음과 같은 내용을 중심으로 기술하였다.

- 싱크홀과 지반침하의 구분
- 국내외 지반침하의 원인 및 대책
- 지하안전관리에 관한 특별법
  - 법의 목적 및 취지
  - 지하안전영향평가 방법 및 절차
  - 사후지하안전영향조사 방법 및 절차
  - 지하안전점검 방법 및 절차
  - 지반침하위험도평가 방법 및 절차
  - 유권해석의 주요내용
- 지하수와 지반침하
  - 지하수 환경과 지반침하 특징
  - 지하수 유동과 침투 해석의 이론 및 실무
  - 지하수 조사 및 시험
- 흙막이공사와 지반침하
  - 흙막이공법의 종류, 특징, 투수 특성 및 지보형식
  - 흙막이공사에서의 지반침하 특성, 예측방법 및 대책방안
- 터널공사와 지반침하
  - 터널공법의 종류, 특징, 투수 특성
  - 터널공사에서의 지반침하 특성, 예측방법 및 대책방안
- 물리탐사와 지반침하
  - 물리탐사를 이용한 공동탐사 이론과 실무
  - 굴착공사 주변 도로 침하 현장의 적용사례

1.2 지반침하사고의 시작

가. 석촌지하차도 지반침하사고

2014년 8월 4일에 발생한 석촌지하차도 지반침하사고의 초기에는 도로를 관리하고 있는 서울특별시를 중심으로 대처하였다. 신속한 보수·보강을 위하여 공동부위에 양질의 사질토로 되메움을 실시하였음에도 불구하고, 동일한 부위에서 동일한 형태의 지반침하가 또 다시 발생하였다.

석촌지하차도 지반침하사고는 크게 2가지 현상으로 나타났다. 첫째는 석촌지하차도 외부 도로부의 지반침하, 둘째는 석촌지하차도 바닥슬래브 하부의 공동이다. 사고가 처음 인지된 것은 석촌지하차도 외부 도로부의 지반침하였고, 이를 조사하던 중 석촌지하차도 바닥 슬래브 하부에서 대규모 공동이 확인된 것이다. 언론에 대서특필되면서 사고의 심각성이 부각되었다. 당시에 제2롯데월드 건설공사와 석촌호수 수위 저하와 연계되어 더욱 크게 사회의 주목을 받은 것도 사실이었다.

이에 서울특별시에서는 별도의 전문가 조사단을 구성하였으며, 석촌지하차도 지반침하사고 원인을 분석한 조사단은 "지반침하는 지하철 9호선(919공구) 3단계 쉴드 터널공사 때문에 발생한 것으로 확인됐다."고 밝혔다. 즉, "충적층을 관통하는 터널공사 시 시공오차 등의 원인으로 인하여 공동이 발생했다."고 발표하였다.

(출처: 연합신문)

그림 1.1 석촌지하차도 외부 도로부 지반침하(좌), 석촌지하차도 슬래브 하부 공동(우)

나. 석촌지하차도 하부 공동 발생의 원인

서울시 전문가 조사단에서 발표한 지반침하와 공동의 발생 주요원인은 다음과 같다.

1) 쉴드 장비를 운용함에 있어 TBM(Tunnel Boring Machine) 비트 교체 및 지반보강을 위하여 기계가 멈춘 위치에서 공동이 발생됨.
2) 토사량의 차이 : 예측한 굴착량 2만 3천 842m^3보다 14% 많은 2만 7천 159m^3의 토사를 파냄.
3) 충적층의 분포 : 공사 대상 지역인 잠실동은 조선 초에 양잠을 장려하기 위하여 잠실도회(蠶室都會)가 설치되어 있었기 때문에 잠실이라 불리어졌다. 원래 잠실, 신천지역은 한강의 범람원으로 발달했던 부리도(浮里島)에 위치했었다는 설이 있다. 즉, 잠실도(蠶室島)는 1930년대만 해도 섬에 뽕나무가 있었으며, 1971년 이후 물막이 공사로 인해 육지로 변했다. 이로 인하여 외력에 취약하고 지지력이 상대적으로 작은 충적층이 형성됨.

그림 1.2 서울시내 충적층 분포 현황

4) 쉴드 배면의 그라우트재 유출 : 프리캐스트 세그멘트로 쉴드를 완성한 후, 배면지반과 세그멘트 사이를 그라우트재로 채움에 있어 시공오차가 발생하여 공동부분으로 그라우트재가 유출됨.

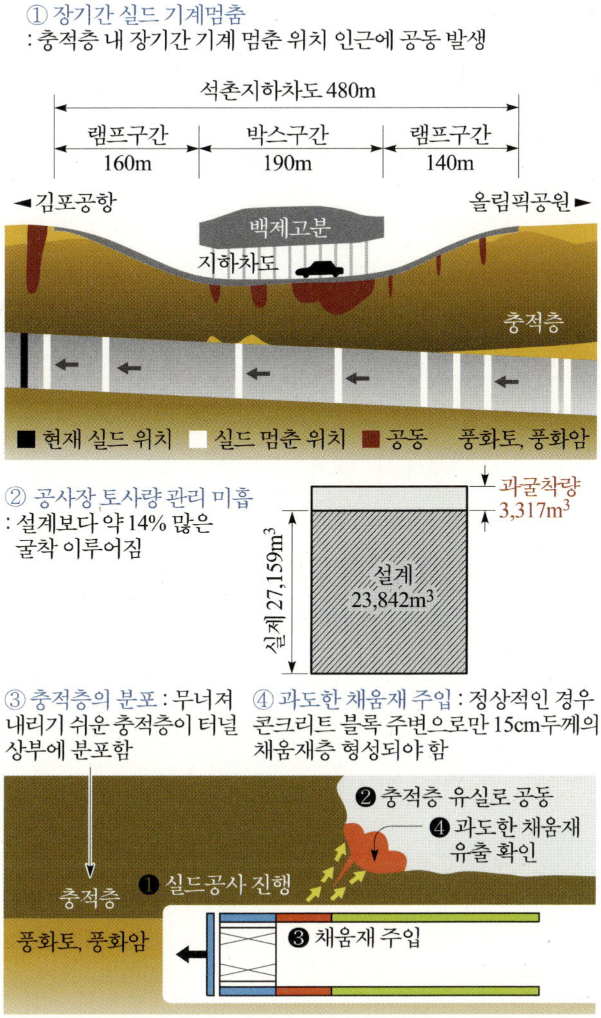

(출처: 서울특별시)

그림 1.3 석촌지하차도 공동 발생원인 모식

다. 석촌지하차도 지반침하사고의 시사점

석촌지하차도 지반침하가 발생한 도로부에 대한 조사한 결과는 다음과 같다. 지반침하가 발생한 위치는 석촌지하차도의 콘크리트 포장(두께 1,300mm)과 아스팔트 포장의 경계부에서 발생하였다. 본인이 직접 조사한 결과, 종합운동장 방향의 도로부에서는 공동이 조사되었으나 석촌역 방향의 도로부에서는 공동 또는 침하 흔적이 전혀 확인되지 않았다. 이러한 결과는 도로 하부 지하시설물 이외에 다른 사유가 있다는 것을 의미한다.

〈그림 1.4〉와 같이 도로 하부를 굴착한 후 지장물을 조사한 결과, 석촌지하차도 최외부에서는 수도권 2단계 상수도 관로(녹색 부분)가 위치하고 있었다. 또한 석촌역 방향 선단부에서는 송파구청에서 관리하고 있는 하수박스(보라색 부분)가 위치하고 있었다. 이는 직선으로 시공하고자 하였으나, 기 시공되어 있는 수도권 2단계 제수밸브실로 인하여 C자 형태로 변경・시공되어 있었다. 또한 원인불명의 폐관(검은색 부분)도 매립되어 있었다. 이렇게 복잡하게 혼재해있는 지하매설물로 인하여 관로가 비어있는 부분에 지속적인 차량충격 하중이 작용하여 공동(붉은색 부분)이 발생되었다. 더불어 지반침하사고가 발생한 2014년 8월의 더운 날씨로 인하여 아스팔트의 강성이 약해짐에 따라 공동이 발생한 것이다.

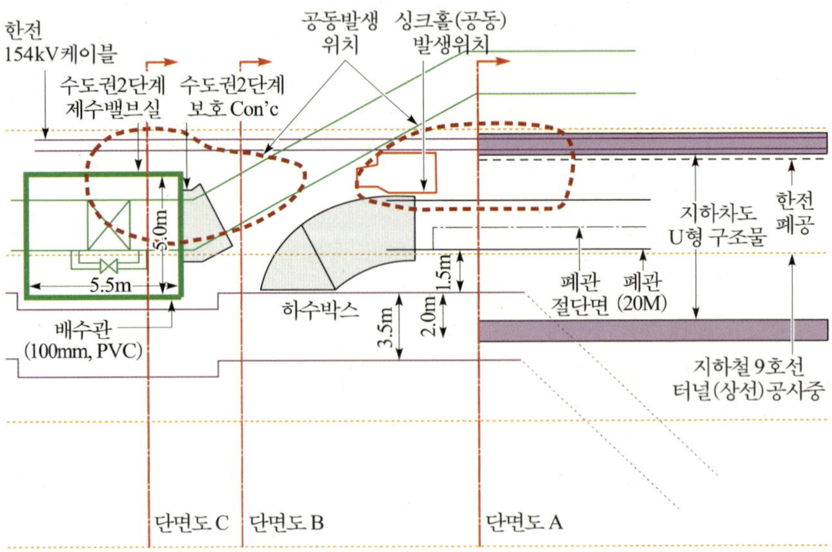

(출처: 서울특별시)

그림 1.4 석촌지하차도 주변 도로 하부 지장물 모식도

여기에서 지하시설물 건설공사와 관련된 시사점이 있다. 상수도를 건설함에 있어서는 수도법, 하수도는 하수도법, 지하철은 도시철도법에 준하여 지하시설물과 지하구조물이 시공되어 왔다. 또한, 원인불명의 폐관로가 방치되고 있음을 확인하였다. 이러한 결과는 각각의 개별법에 의하여 무분별하게 관리되고 있는 지표하 부분에 대해서는 보다 체계적인 통합관리의 필요성이 요구되었다.

라. 석촌지하차도 지반침하사고와 제2롯데월드

석촌지하차도 지반침하사고 이후, 언론 등에서는 제2롯데월드 건설공사와 관련성 등에 대한 질의가 이어졌다. 이에 서울시 전문가조사단에서는 지하수 흐름과 수위를 고려할 때 석촌지하차도 공동은 제2롯데월드나 석촌호수와는 직접적인 연관이 없다고 발표하였다.

이는 산계와 수계의 이론적 근거에 의거하여 제2롯데월드와 석촌호수로 인한 직접적인 관계는 없다는 것은 인지할 수 있었다.

1.3 지반침하사고의 증가

1.3.1 지반침하사고 발생현황

국토교통부에서 2012년에서 2016년까지의 지반침하사고를 분석한 결과, 전체 4,549건 중 서울특별시에서 3,857건이 발생한 것으로 분석되었다. 전국의 지반침하 건수 대비 84.8%가 서울특별시에서 발생하였으며, 경기도, 인천직할시까지 포함한 수도권에서는 4,100건으로 90.1% 수준이다.

수도권에 비해 면적이 훨씬 넓고, 지하시설물도 유사한 지방의 경우, 지반침하가 불과 9.9%만 발생한 것으로 조사되었다. 이러한 결과는 지반침하사고가 발생되지 않았다는 것보다는 전국적인 지반침하사고가 있음에도 불구하고, 자료가 축적되지 않았거나, 담당자의 부재 또는 상대적인 무관심 등의 결과로 판단된다. 하물며, 일부 시·도에서는 통계조사가 되지 않았거나 회신이 없는 경우도 있었다.

표 1.1 | 지반침하사고 발생현황

(단위: 건, '16.12월말 기준)

시도별	계	2012년	2013년	2014년	2015년	2016년
합 계	**4,549**	**723**	**898**	**858**	**1,036**	**833**
서울시	3,857	691	850	779	734	597
부산시	33	5	–	11	11	6
대구시	16	–	–	5	7	4
인천시	30	1	–	3	7	19
광주시	105	17	37	19	11	21
대전시	39	–	–	–	12	27
울산시	40	1	1	5	21	12
세종시	11	–	–	1	3	7
경기도	213	4	6	15	122	66
강원도	48	–	–	–	27	21
충청북도	17	–	–	2	13	7
충청남도	15	–	1	3	7	4
전라북도	23	4	–	2	7	10
전라남도	21	–	1	2	14	4
경상북도	10	–	–	3	6	1
경상남도	61	–	2	8	26	25
제주도	10	–	–	–	8	2

1.3.2 지반침하사고 원인 분석

지반침하사고 원인을 분석하면 전체 4,549건 중 하수도 손상에 따른 지반침하가 67%, 상수도 손상에 따른 지반침하가 3%로서 기존매설물의 유지관리 시 발생한 지반침하가 70% 정도이다. 또한 굴착공사, 터널공사, 관로공사 등 건설공사장 인근의 지반침하가 약 26% 수준이며, 기타 원인이 4% 정도이다.

반면, 이러한 지반침하사고 발생빈도를 분석하면 연도별로 증가하고 있는 경향이 있으나, 정확한 자료가 없는 상태에서 참고로만 할 수 있을 것으로 판단된다.

표 1.2 | 원인별 지반침하 발생현황

(단위: 건, '16.12월말 기준)

원인별	계	2012년	2013년	2014년	2015년	2016년
합 계	**4,549**	**723**	**898**	**858**	**1,036**	**833**
하수관 손상	3,068 (67%)	638 (88%)	801 (89%)	485 (57%)	564 (54%)	555 (67%)
상수관 손상	119 (3%)	14 (2%)	8 (1%)	20 (2%)	40 (4%)	37 (4%)
관로공사 등 기타	1,362 (30%)	71 (10%)	89 (10%)	353 (41%)	432 (42%)	241 (29%)

1.3.3 기존시설물(상·하수관 등) 손상으로 인한 지반침하

가. 하수관 손상으로 인한 지반침하

국내의 하수관 손상으로 인한 지반침하는 전체 지반침하의 67%이다. 즉, 지반침하사고 발생의 3건 중 2건은 하수관 손상으로 인한 것임을 말한다.

여기서, 일본의 지반침하 발생원인과 비교하면 명확한 차이가 있다. 즉, 일본 도쿄시의 경우 하수관 손상에 의한 지반침하가 전체 지반침하 대비 28%인 점을 고려할 때, 국내와 유사한 시기에 설계·시공되어진 일본의 하수관에 의한 지반침하 원인과 너무 큰 차이를 나타낸다.

여기에 중요한 기술적 시사점이 있다. 첫째, 2014년 8월 이전의 지반침하에 대해서 거의 관심이 없었던 국내 상황을 고려할 때, 지반침하 발생 시 정확한 원인 분석과 더불어 D/B가 필수적임을 알 수 있다. 둘째, 하수관로의 경과년수와 지반침하 발생건수와의 상관관계이다. 즉, 〈그림 1.5〉는 하수관로 매설 경과년수에 따라 도로 100km 거리의 지반침하건수를 나타낸 것으로 하수관이 30년을 경과하면 지반침하가 급격히 늘어남을 알 수 있다. 따라서 30년 이상된 노후 하수관에 대한 체계적 실태조사와 보수·보강·교체 등이 필요한 것을 알 수 있다.

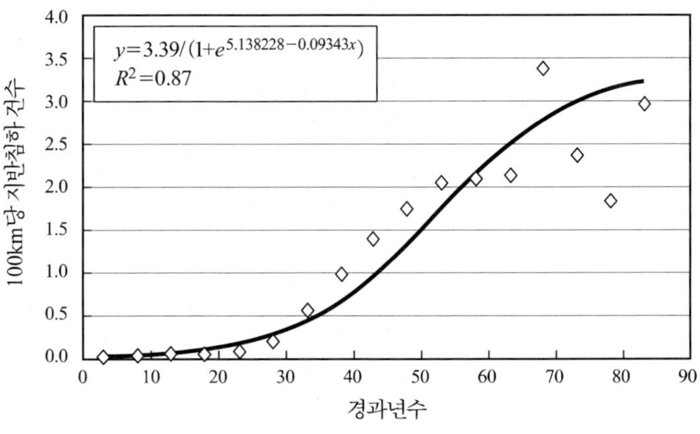

그림 1.5 일본 도쿄시의 하수관로 경과년수와 지반침하

하수관 손상에 의한 지반침하는 우기 또는 우기 직후인 7, 8, 9월에 집중된다. 강우가 집중된 우기에 지반 내로 우수가 유입되고, 파손된 하수관 내부로 우수가 침투하게 된다. 이때 하수관으로 지하수가 침투되고 하수관로 주변의 수위가 낮아지면 흙 입자가 관로 내로 유입되어 공동이 확장되게 된다. 확장된 공동 주변 지반 강도는 상대적으로 작아짐으로 인하여 지반침하사고가 발생한다. 그러므로 충적층과 같이 세립분이

많을수록, 지하수의 유속 및 수위 변화가 클수록 공동이 더 커지게 되는 특징이 있다.

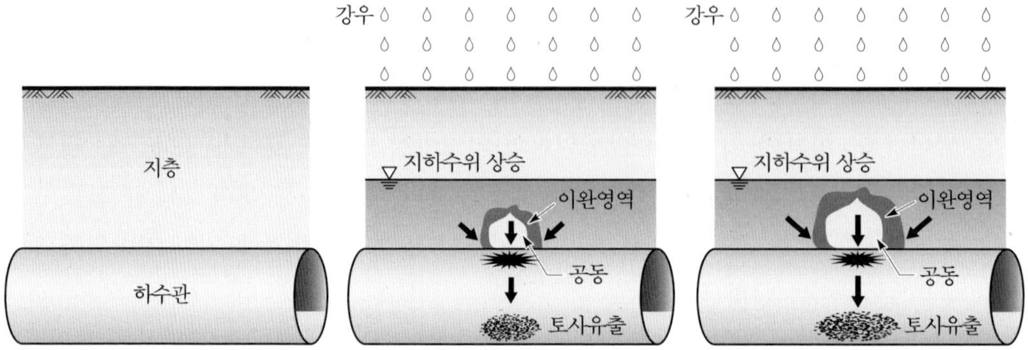

그림 1.6 하수도 손상에 의한 지반침하

나. 상수관 손상과 지반침하

상수도관은 닥타일 주철관, 강관 등의 합성수지관이 주로 사용된다. 상수도관은 재료별 특성에 따라 부식, 이음부 결함, 충격, 화학적 침식 등으로 인하여 여러 가지 손상이 발생한다. 또한 상수관은 평균 유속 0.3~3.0m/sec의 압력관으로서, 일단 상수도관의 손상이 생기면 빠른 시간에 공동과 지반침하가 발생하는 특징이 있다.

2017년에 발생한 포항 지진 시 진원지 주변에서 발생한 9개소의 공동 역시 상수도관 손상이 주원인이었다. 지진과 상수도관 손상과의 관계는 명확히 규명되지는 않았지만, 지진에 의하여 기존 상수도관에 추가 피해가 입을 것으로 추정할 수 있다.

상수관로의 손상이나 이음부의 불량은 다음과 같은 단계를 거친다. 첫째, 관로 손상부 또는 접속부 불량으로 인하여 침입수가 발생한다. 둘째, 지하수 침입 또는 압력수의 누수로 인한 주변 지반의 지지력이 상실된다. 셋째, 관의 불량부 및 접속부가 이탈하고, 관의 단면 변형이 일어나 파괴가 발생되고 난 후, 공동과 지반침하가 진행된다.

그림 1.7 하수도 손상에 의한 지반침하

다. 기존시설물(상·하수관 등) 손상과 지반침하의 시사점

상수도나 하수관 손상으로 인한 지반침하 사건을 분석한 결과 다음과 같은 시사점을 알 수 있다.

1) 지반침하 발생 시 정확한 원인 분석의 필요성 부각
2) 지반침하사고의 70% 정도의 원인을 제공하는 상·하수도관로 관련 자료 관리의 중요성
3) 상수도, 하수도관로 중 30년 이상 경과된 시설물에 대한 별도의 기술진단 필요성
4) 지하시설물에 대한 지표침하에 대한 지하안전점검 필요성 대두

1.3.4 신설공사현장 주변의 지반침하

가. 흙막이공사 주변 지반침하

지하굴착을 위해 시공하는 흙막이 공사 시 발생하는 피해로는 침하, 균열, 진동, 소음 등이 있는데, 이 중 가장 큰 피해는 지반침하에 의한 것이다. 그러나 굴착현장에서 지반침하를 완벽하게 방지한다는 것은 현실적으로 불가능하므로 원인 및 대책을 강구하여 피해를 최소화하여야 한다.

지하수 하강에 따른 압밀, 토사유실 등에 의한 지반침하는 중요한 지반침하의 원인이다. 그 이외의 설계, 시공오차로서는 뒷채움의 시공불량에 의한 침하, 토류벽 변위에 의한 배면의 이동, 침하(흙막이벽체의 강성 부족, Strut의 압축, 좌굴, 설치 지연, Post pile의 근입장 부족, Earth Anchor 정착장 부족, 인장부 시공오류) 등이 있다. 또한 굴착 주변 매설물의 뒷채움 불량에 의한 침하, Heaving(점성토), Boiling(사질토)이 원인이 될 수 있다.

이에 대한 세부적인 내용은 제4장에서 후술한다.

그림 1.8 용산역 앞 인도부 지반침하(좌), 일산요진와이씨티 굴착현장 지반침하(우)

나. 터널공사 주변 지반침하

터널공사 주변에서 발생하는 지반침하의 원인은 여러 가지로 분석된다. Terzaghi (1925)는 터널 내로 지하수가 유입됨에 따라 간극수압이 소산되어(유효응력이 증가) 압밀침하가 발생한다고 제안하였다.

지하수 양수에 따른 지반침하 사례가 많은 중국에서 활발한 연구가 진행되었다. 지하수 양수 시 지반침하량을 예측하기 위하여 단계적 수치해석을 실시하는 것을 제시하였다. 즉, 침투해석을 통하여 지하수위 변화를 예측한 후, 지하수위에 따라 지층별 유효응력과 지반변형을 계산하여 합하는 방법을 제안하였다.

국내 Yoo(2005)는 3차원 응력-간극수압 연계해석을 통하여 터널 굴착 시 지하수 유동에 따른 지하수가 저하가 되면 지표침하량 및 변위가 증가하며, 수평성분에 비하여 연직성분의 변위가 증가하는 경향을 보이는 것으로 분석하였다.

그림 1.9 인천지하철 공사장 지반침하(좌), 인천 중앙시장 입구 지반침하(우)

지하수위 저하 시 지반침하 메커니즘을 분석하면 다음과 같다. 터널공사로 인한 지하수가 터널 내부로 유입되면 유효응력이 증가하게 되고, 이는 압밀이론에 의거 지반침하가 발생하게 된다. 지하수의 저하로 인한 지표침하는 간극의 변화(체적변화)가 주된 원인이 된다.

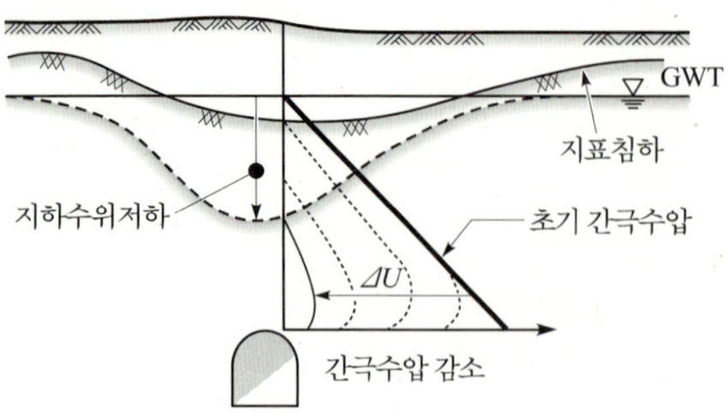

그림 1.10 터널 시공 시 지반침하 메커니즘

지하수위 하에서 터널을 시공하게 되면 지반 또는 암반의 지지력이 상실되고 지반손실과 지표침하가 발행한다. 더불어 터널 내부로 지하수가 유입됨에 따라 지하수위가 저하되어 지표침하가 발행한다. 이때 발생하는 지표침하량은 터널 내 유입량과 지하수위 저하정도에 비례하여 증가한다(유충식 외 1인 2007).

이에 대한 세부적인 내용은 제5장에서 후술한다.

다. 신설공사 현장 주변 지반침하의 시사점

1) 지하수위가 높고, 지하수의 유입이 많을 것으로 예상되는 굴착공사와 터널공사에서는 장기간에 걸쳐 지표침하가 발생하므로 용수량을 제어해야하는 등의 기술적 검토 및 대책 수립이 중요하다.
2) 지하를 개발하고자 하는 사업자(개인, 법인, 조합 등)에 대하여 개발사업을 시작하기 전 단계에서 선제적이고 적극적으로 지반침하에 대하여 대처하여야 하며, 이에 대한 중요성을 인지하는 것이 필요하다.

1.3.5 기타 원인으로 인한 지반침하

굴착공사와 터널공사 이외의 원인에 의한 지반침하사고는 현실적으로 예측이 불가능하다. 세미쉴드 공사현장 주변에서 발생한 서울 신촌역 인근의 ○○백화점 주차장 도로 지반침하사고는 대표적인 사례라고 할 수 있다. 경북 영천 제방도로에서 발생한 지반침하사고는 도로 건설 당시 집수정을 제거하지 않음에 따라 집수정 슬래브의 강성 저하로 인하여 슬래브 붕괴와 동시에 발생하였다. 또한 지반침하사고가 발생하더라도 원인불명의 경우도 계속 보고되고 있는 것이 현실이다.

즉, 이러한 결과는 지하안전법을 중심으로 하여 지반침하사고를 과학적이고 체계적으로 예방하고자 하여도, 100% 완벽하게 막을 수는 없음을 알 수 있다.

그림 1.11 세미쉴드 공사 주변의 지반침하사고(좌), 도로 하부 집수정 슬래브 붕괴로 한 지반침하사고(우)

1.4 싱크홀과 지반침하

1.4.1 개 요

지반침하와 싱크홀은 "땅이 꺼진다"라고 하는 공통점이 있으나, 이의 구조와 원인은 전혀 다르다. 석촌 지하차도 지반침하사고 등으로 인하여 사회적 관심이 되고 있는 지반침하는 인공적인 원인에 의한 것과는 상이하게 석회암 또는 화산재 지층에서 발생하는 싱크홀은 자연적 현상이다.

지하안전법에서는 싱크홀과 탄광 채굴적에 의한 지반침하는 제외하고, 인위적인 원인으로 발생하는 지하시설물(상하수도관 등)과 신설 굴착현장(흙막이공사, 터널공사)의 지반침하만을 대상으로 한다.

표 1.3 | 싱크홀과 지반침하의 구분

구 분		세부 내용	현 황
싱크홀 (자연적 요인)	석회암 공동	- 석회암 지역에서 지하수의 영향으로 발생하는 공동 - 대규모 피해, 급속한 진행	- 석회암 지역(단양, 제천, 태백 등) 중심
지반침하 (인공적 요인)	탄광 채굴적	- 석탄광, 철광석 채굴적 영향 - 대규모 피해, 급속한 진행	- 한국광해관리공단에서 주관
	매설관(상수도, 하수도, 전기, 가스, 통신, 송유, 난방)	- 소규모 피해, 길이 방향 침하	- 국회의사당 앞 도로부 침하 - 의정부 도로 침하
	터널	- 터널(NATM, TBM SHIELD) 굴진면 붕괴 - 지하수 저감에 따른 침하, 압밀	- 석촌 지하차도 지반침하 - 인천 중앙시장 지반침하
	굴착 (흙막이 벽체)	- 되메움 불량 - 지하수 저감에 따른 침하, 압밀, 흙입자 재배열 - Boiling, Piping, Heaving	- 일산요진와이시티 인근 굴착공사
	기타	- 압밀침하 - 지중 그라우팅 - 도로부 동상	- 국내 : 서해안, 남해안, 양산 물금 등 - 일본 도쿄지역

1.4.2 싱크홀

가. 싱크홀의 정의

싱크홀은 석회암 또는 화산재층에서 발생한다. 국내에서는 주로 석회암층에서 싱크홀이 발생하는 점으로 고려하여 이를 중심으로 기술하였다. 싱크홀은 석회암의 주성분인 탄산칼슘이 이산화탄소가 녹아 있는 빗물이나 지하수에 의하여 용해되면서 공동과 지반침하가 발생하는 현상이다. 국내에서는 주로 단양, 영월, 삼척 등에서 발생하는데 이 지역의 특징은 석회암을 주재료로 사용하는 시멘트 공장이 위치한다는 것이다.

나. 싱크홀의 발생원인

싱크홀의 발생원인은 탄산염암으로 불리는 석회암이나 백운암 지역에서 이산화탄소를 함유하고 있는 빗물이나 지하수에 의해 용식됨으로 인하여 공동 상부의 지층이 갑자기 침하되거나 공동이 발생한다.

석회암의 지질적 특성은 주로 방해석(Calcite)나 탄산칼슘($CaCO_3$)으로 구성된 퇴적암을 말한다. 백운암은 석회암으로부터 만들어지는데, 석회암 내의 방해석이 같은 부피의 탄산칼슘마그네슘으로 치환되어 만들어진다.

그림 1.12 석회암(좌), 백운암(우)

다. 국내의 싱크홀

국내의 석회암 지대는 강원도 남부에서 충청북도에 주로 위치하고 있으며, 분포면적은 1,899km^2(1.9%) 정도이다. 즉, 화강암, 편마암 지대는 49,154km^2(49.5%)인 점을 고려할 때, 석회암은 극히 일부에 해당된다.

칼사이트로 불리는 방해석은 이산화탄소와 물과 반응하여 용해되는 것으로 반응과정에서 농도가 낮은 공기 중의 이산화탄소보다는 상대적으로 농도가 높은 지하수 속의 이산화탄소와 반응한다. 우리가 알고 있는 석회암 동굴인 고수동굴 등에서 보면 지하수가 흘러내리고 있는 이유가 그것이다. 석회암층의 용해속도는 토양 성분(유기질 성분의 정도)과 기후조건(반응속도에 영향)에 의하여 좌우되며, 상대적으로 동·식물의 함량이 높은 유기질토가 많은 열대지역에서 활발하게 반응한다.

즉, 국내에서는 싱크홀에 의한 재해는 일부 석회암 지역에 한정되어 있으며, 석회암과의 반응이 상대적으로 활발하지 않는 점을 고려할 때, 싱크홀로 인한 피해는 크지 않을 것으로 추정된다.

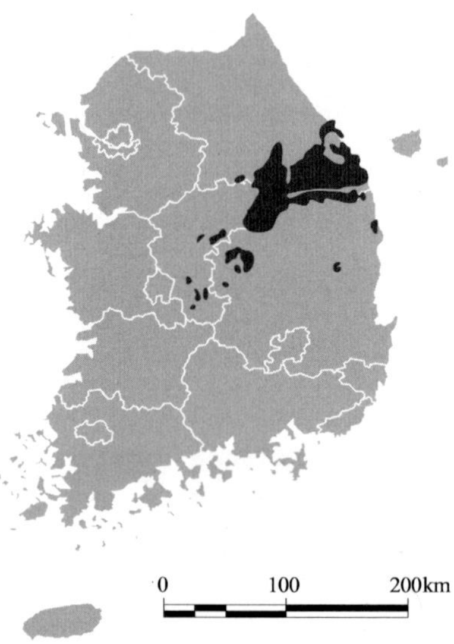

그림 1.13 우리나라의 석회암 분포

라. 외국의 싱크홀

1) 과테말라

국내에서 석촌 지하차도 지반침하사고가 발생하기 전에는 싱크홀이라고 하면 과테말라의 수도 과테말라시(市)의 싱크홀이 가장 유명하였다. 2007년 2월에 화산재 지반으로 구성되어 있는 과테말라시에서 직경 25미터, 깊이 100미터 이상의 싱크홀이 발생하면서 3명의 인명피해와 더불어 12채의 집이 사라졌다. 즉, 화산재가 기존의 계곡부에 퇴적이 되어 만들어진 느슨한 지반 속에 매립되어 있는 하수관로의 영향으로 싱크홀이 발생하였다.

2010년 5월에는 직경 20미터, 깊이 45미터의 싱크홀이 다시 발생하였다.

그림 1.14 과테말라시 싱크홀 전경

2) 미국 플로리다

미국의 플로리다 주는 미국 본토의 우측하단에 위치하는 반도이다. 플로리다는 전 세계에서 가장 싱크홀이 빈번한 곳으로 지층 최상부는 토사층으로 되어 있으며, 그 하부는 석회암과 백운암으로 구성되어 있다. 하부 암반층은 2개층 이상으로 되어 있으며, 각 암반층은 층별로 지하수를 함유하고 있다. 1980년대 이후 암반층간의 지하수 수두 차이로 인하여 싱크홀이 지속적으로 발생하고 있다.

주 수도가 위치하고 있는 올랜도의 윈터파크 지역에서 직경 100미터, 깊이 20미터 정도의 싱크홀이 발생하였다. 이를 계기로 하여 싱크홀의 위험성이 크게 부각되었으며, 현재는 공원으로 활용하고 있다. 2013년에는 세퍼너 지역에서 싱크홀이 발생하여 1명이 사망하였고, 2017년에도 직경 76미터의 싱크홀이 발생하였다.

싱크홀에 대비하고자 연방정부 및 주정부 차원의 지속적인 연구와 보수·보강 등의 대책을 강구하고 있다. 여러 연구를 통하여 싱크홀이 발생한 지역과 위치를 지속적으로 D/B화 할 뿐 아니라, 이를 분석·정리하여 싱크홀 지도까지 만들어서 싱크홀이라고 하는 자연재해에 대처하고 있다.

그림 1.15 플로리다에서의 싱크홀 전경

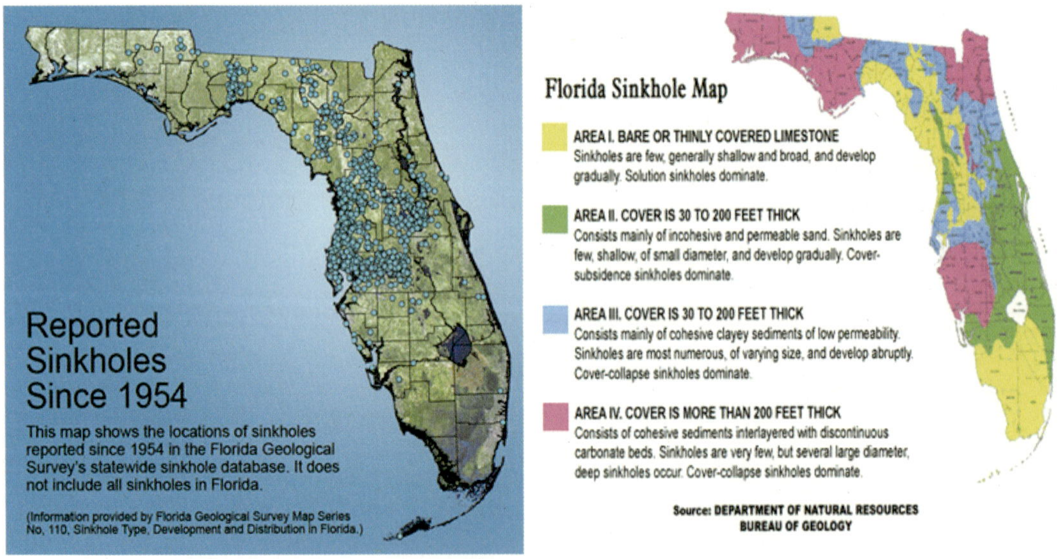

그림 1.16 플로리다의 싱크홀 관리(싱크홀 발생 위치(좌), 싱크홀 지도(우))

마. 싱크홀과 석회암 상부 지층의 영향

싱크홀이 발생하는 지반은 모암(母巖)이 석회암으로 되어 있으며, 상부의 퇴적층 또는 지표층이 있는 경우가 대부분이다. 이때 석회암층에서 공동이 발생된 후, 상부 토사층의 역학적 특성에 따라 침하가 발생하는 양상이 달라진다.

1) 사질토의 경우

지표층이 사질토일 때는 하부의 공동이 점차 붕락됨에 따라 그 영향이 지표까지 전달되어 천천히 침하하는 양상을 나타낸다.

2) 점성토의 경우

지표층이 점성토일 때는 점착력에 의하여 하부 공동이 즉시 침하가 발생하지 않다가 공동과 점성토의 하부붕락이 일정 이상이 진행되고 난 이후, 급속하게 지표 함몰형 붕락이 발생하게 된다.

▲ 석회암 공동 상부 지반이 사질토인 경우

▲ 석회암 공동 상부 지반이 점성토인 경우

그림 1.17 싱크홀과 석회암 상부 지층의 영향

바. 싱크홀과 지하수의 영향

이산화탄소가 함유된 지하수에 의하여 석회암층의 공동이 생성된다. 그 이후 지하수위가 하강함에 따라 석회암 상부에 토사층이 상부 토립자를 공동으로 유실됨에 따라 공동의 점차 확장되어 지표층 침하까지 발생된다.

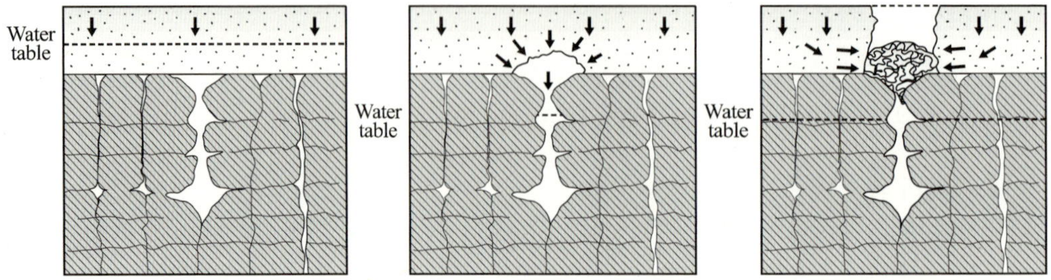

▲ Stage 1 ▲ Stage 2 ▲ Stage 3

그림 1.18 싱크홀과 지하수의 영향

1.4.3 지반침하의 지반공학적 접근

2014년 5월. 아산 테크로밸리 오피스텔 신축현장에서 건물이 급격하게 기울어지는 사고가 발생하였다. 현장조사 결과, 말뚝공사시 시공 오차로 인한 사고였지만 기초가 부실할 경우 심각한 결과가 발생할 수 있다는 것을 알려준 사고였다.

그림 1.19 아산 테크노벨리 오피스텔 침하사고

지반공학 측면에서 지반침하는 즉시침하, 1차 압밀침하, 2차 압밀침하를 합쳐서 지반침하라고 한다. 지반침하가 발생하는 근본적인 차이가 있으나, 지반공학 측면에서 지반침하가 발생할 경우 즉시침하, 1차 압밀침하, 2차 압밀침하 등 3가지에서 그 원인을 분석하고 있다.

$$St = Si + Sc + Ss$$

본서에서는 지반공학적 측면에서의 침하에 대한 세부적인 내용보다는 현장 적용 시 문제점 등을 중심으로 기술하였다.

가. 즉시침하

즉시침하(Immediate settlement, Si) 또는 탄성침하(Elastic settlement)는 흙 입자의 변형에 의해 발생하는 것으로서, 투수계수 큰 사질토 지반에서 주로 발생한다. 시공 초기에 침하가 주로 발생하는 것이 일반적이나, 연약한 포화점토 지반에서 상부구조물의 하중에 의해 전단변형이 일어나며 즉시침하가 발생하기도 한다. 사질토 지반에서는 지하수가 있든 없든 즉시침하가 발생하고 이는 전체 침하량과 동일하다.

탄성침하량을 산정하는 것은 기초의 형식별, 위치별로 침하량이 상이하다.

나. 1차 압밀침하

압밀침하는 완전히 포화 또는 부분 포화되어 있는 흙(일반적으로 점성토 지반)에 하중을 가하면 이로 인하여 과잉간극수압이 발생한다. 발생한 과잉간극수압으로 인하여 시간의 경과에 따라 두 점 사이에 수두차가 발생하고 흙 속의 간극수가 배출되며 압축되는 현상을 압밀이라 한다. 이 중 1차 압밀침하(Primary consolidation settlement, Sc)는 공극수압 소산되기까지의 압밀침하를 말한다.

1) 개념 정립

흙은 흙 입자와 물과 공기 등의 간극(void)으로 이루어져 있는데, 흙 입자와 물 자체의 흙 입자가 가지고 있는 자체의 압축성은 미소하므로 흙의 부피 변화는 간극의 부피 변화이다. 투수계수가 큰 모래와 같은 흙은 간극 속의 물과 공기가 쉽게 빠져나갈 수 있어 외부하중으로 인한 부피 변화도 빠른 속도로 일어난다. 상대적으로 투수계수가 작은 포화된 점토층의 경우 간극수가 빠져나가는 속도가 느리므로 토층의 부피 변화 속도도 느리게 일어나게 된다.

2) 압밀의 이론

포화된 점토 지반에 상부하중이 가해지면 과잉간극수압이 발생하게 되고, 점토층의 배수면에 수두차가 발생하여 간극수가 흘러나가게 되어 침하가 발생하며, 과잉간극수압이 소산되는 동시에 흙 입자에 작용하는 유효응력이 증가하게 된다. 따라서 일반적으로 압밀침하는 포화된 점성토지반을 대상으로 하며, 장기간의 지반침하를 예방하기 위하여 연약지반처리공법 등을 적용하기도 한다.

압밀과 관련해서 현장에서 가장 널리 사용되고 있는 Terzaghi의 압밀이론과 이의 문제점은 다음과 같다.

가) Terzaghi의 1차원 압밀이론

테르자기(Terzaghi, 1943)는 압밀이론을 유도함에 있어서 아래와 같은 가정을 하였다.

① 흙은 균질(Homogeneous)하다.

② 흙 입자 사이의 공극은 완전히 포화(Saturated)되어 있다.

③ 흙 입자와 물의 압축성은 무시한다.

④ 흙 속의 물의 이동은 다르시의 법칙(Darcy's Law)을 따른다.

⑤ 압력의 크기에 관계없이 투수 계수는 일정하다.

⑥ 흙의 압축은 1차원 연직방향으로만 발생하며, 횡방향의 변위는 구속되어 있다.

⑦ 물의 흐름은 1차원 연직방향으로만 일어난다.

⑧ 간극비는 유효응력 증가에 반비례하여 감소한다.

⑨ 미소 흙요소의 거동은 흙이 받는 압력의 크기에 관계없이 일정하다.

⑩ 2차 압밀(secondary consolidation)은 무시한다.

나) Terzaghi 압밀이론의 문제점

압밀이론의 근거가 되는 테르자기의 기본 가정은 실제 지반의 거동과는 차이가 있기 때문에 이론적 해석 결과와 실제 지반의 거동 사이에는 오차가 발생한다. 발생하는 오차는 일반적으로 침하량 산정보다는 침하속도와 관련하여 더 크게 발생하는 경향이 있다. 설계에 있어서 2차 압밀을 고려한 해석, 다차원 압밀이론을 활용한 해석 및 수치해석 등을 활용하여 설계하고, 시공 시 정밀한 계측을 통해 이론적 해석결과와 실제 지반의 거동의 차이점에 대한 대비책을 마련하여야 한다.

다. 2차 압밀침하

2차 압밀침하(Secondary consolidation settlement, Ss)는 공극수압 소산 이후 계속되는 체적변화에 의한 압밀침하를 말하는 것으로서 일종의 Creep 변형이며, 주로 유기질토에서 크게 발생하는 특징이 있다.

CHAPTER 02

지하안전관리에 관한 특별법

주) 지하안전법과 관련된 내용은 법적용어가 어렵고 민감한 사항을 다수 포함하고 있으므로 주관적으로 판단할 수 있는 것은 최소화하였다. 따라서 법제처에서 제시하고 있는 「지하안전관리에 관한 특별법, 시행령, 시행규칙」과 한국시설안전공단 홈페이지에 제공되어진 「지하안전영향평가서등 및 지하안전점검 지침해설서」의 자료를 근간으로 서술하였다.

CHAPTER

02 지하안전관리에 관한 특별법

– 윤태국 –

2.1 개요

가. 지하안전법의 구성

지하안전법은 제1조 법의 목적부터 제56조 과태료까지 구성되어 있다. 일반인들이 지하안전법을 쉽게 활용할 수 있도록 제1장 총칙, 제2장 지하안전관리 기본계획의 수립 등, 제3장 지하개발의 안전관리, 제4장 지하안전영향평가 등의 대행, 제5장 지하시설물 및 주변 지반의 안전관리, 제6장 지하공간통합지도의 제작 등, 제7장 보칙, 제8장 벌칙 등 8개의 장으로 구분하였다.

이 중, 본서에서는 제1장에서 제5장까지의 내용을 주 대상으로 하였다. 법령집에서 내용을 파악할 수 있는 부분은 제외하고 실무에서 필요한 내용을 중심으로 기술하였다. 더불어 각 장별로 관련 법령을 맨 위에 서술하여 근거를 명확히 하였다. 또한 법의 취지와 더불어 유권해석을 각 장별로 기술함으로써 법의 모호한 부분을 쉽게 이해할 수 있도록 분석・정리하였다.

나. 용어 정의

용어의 정의는 무분별한 용어 사용을 자제하고, 후술하는 내용을 보다 명확히 하기 위하여 지하안전법에서 정의된 용어 중 중요한 부분만 기술하였다.

1) “지반침하”란 지하개발 또는 지하시설물의 이용・관리 중에 주변 지반이 내려앉는 현상을 말한다.
2) “지하개발”이란 지반형태를 변형시키는 굴착, 매설, 양수(揚水) 등의 행위를 말한다.
3) “지하시설물”이란 상수도, 하수도, 전력시설물, 전기통신설비, 가스공급시설, 공동구, 지하차도, 지하철 등 지하를 개발・이용하는 시설물로서 대통령령으로 정하는 시설물을 말한다.

4) "지하개발사업자"란 지하를 안전하게 개발·이용·관리하기 위하여 지하안전영향평가 또는 소규모 지하안전영향평가 대상사업을 시행하는 자를 말한다.
5) "지하시설물관리자"란 관계법령에 따라 지하시설물의 관리자로 규정된 자나 해당 지하시설물의 소유자를 말한다. 이 경우 해당 지하시설물의 소유자와의 관리계약 등에 따라 지하시설물의 관리책임을 진 자는 지하시설물관리자로 본다.
6) "지하안전영향평가"란 지하안전에 영향을 미치는 사업의 실시계획·시행계획 등의 허가·인가·승인·면허 또는 결정 등(이하 "승인등"이라 한다)을 할 때에 해당 사업이 지하안전에 미치는 영향을 미리 조사·예측·평가하여 지반침하를 예방하거나 감소시킬 수 있는 방안을 마련하는 것을 말한다. "소규모 지하안전영향평가"란 지하안전영향평가 대상사업에 해당하지 아니하는 소규모 사업에 대하여 실시하는 지하안전영향평가를 말한다. "지반침하위험도평가"란 지반침하와 관련하여 구조적·지리적 여건, 지반침하 위험요인 및 피해예상 규모, 지반침하 발생이력 등을 분석하기 위하여 경험과 기술을 갖춘 자가 탐사장비 등으로 검사를 실시하고 정량(定量)·정성(定性)적으로 위험도를 분석·예측하는 것을 말한다.

다. 지하안전영향평가 등 요약

지하안전법에서는 지하개발사업자와 지하시설물관리자에게 지하안전영향평가, 소규모 지하안전영향평가, 사후지하안전영향조사, 지반침하위험도평가 등의 신규 의무를 부여하였다. 이에 업무별 대상, 시기, 실시자, 평가자, 평가항목 등을 요약하면 다음과 같다.

표 2.1 | 지하안전영향평가 등의 업무 요약

구 분	지하안전영향평가	소규모 지하안전영향평가	사후 지하안전영향조사	지반침하 위험도평가
대 상	터널, 20m 이상 터파기 공사	10m 이상 터파기 공사	터널, 20m 이상 터파기 공사	지하시설물 및 주변지반
시 기	사업계획의 인가 또는 승인 전	사업계획의 인가 또는 승인 전	지하안전영향평가에서 적시한 시기	지반침하 우려가 있는 때
실시자	지하개발사업자	지하개발사업자	지하개발사업자	지하시설물관리자
평가자	전문기관	전문기관	전문기관	전문기관
평가항목	지형 및 지질, 지하수 변화 등	지형 및 지질, 지하수 변화 등	공사의 적정성, 지반 안전성 등	지형 및 지질, 공동조사
협의 또는 제출기관	국토부장관 및 승인기관의 장	국토부장관	국토부장관 및 승인기관의 장	시장·군수·구청장
평가결과 활용	사업계획의 보정	사업계획의 보정	지하안전확보 및 재평가	중점관리대상지정 및 해제

2.2 법의 목적과 취지 (제1장 총칙)

2.2.1 법의 목적

법 제1조(목적) 이 법은 지하를 안전하게 개발하고 이용하기 위한 안전관리체계를 확립함으로써 지반침하로 인한 위해(危害)를 방지하고 공공의 안전을 확보함을 목적으로 한다.

가. 해설

법의 목적은 수도법, 하수도법, 도시철도법 등과 같이 개별법에 의해 각각 설계, 시공, 유지·관리되고 있는 지표하 지반을 개발·이용함에 있어 지반침하사고 등을 과학적, 체계적으로 예방함으로써 공공의 안전을 확보하고자 하는 것이다.

나. 대상의 분류

지하안전법은 크게 신설 건설 부분과 시설물 유지·관리부분으로 구분하여 지하개발사업자와 지하시설물관리자에 대한 의무를 부여하였다.

2.2.2 법의 취지

가. 지하공간개발의 확대

국내 지하공간에 대한 굴착공사는 연간 12,000건 내외이다. 지하개발은 매년 증가하고 있는 추세이며, 이 중 굴착 깊이 10m 이상은 연간 1,000건, 굴착 깊이 20m 이상 및 터널공사는 연간 200건 정도 예상된다.

전술한 바와 같이 지하개발에 따른 지반침하는 전체 지반침하사고 대비 30% 정도를 차지하는 것으로 분석되었다.

지하공간개발에 따른 지반침하사고의 원인은 매우 다양하다. 설계, 지반조사, 시공시 오차 등이 있을 수 있으나, 주요원인은 불충분한 지반조사, 가시설 구조체의 불안전, 차수공사의 오차 등으로 인하여 발생한다. 특히 대규모 건축물의 터파기 공사 시 무분별한 지하수 배출 및 공사 중 피압대수층 등의 영향으로 주변 지하수의 흐름이 급변하는 경향이 있다.

이에 따라 지하공간안전대책을 수립하고자 제도화된 관리방안이 필요하다. 그러므로 건설공사의 승인 이전에 지하수의 영향 등으로 발생할 수 있는 지하안전영향평가의 필요성이 대두되었다.

나. 지하시설물의 노후화

1) 상수도관

상수도관 전체 197,535km 중 21년 이상 경과된 관은 58,545km(29.6%)로 조사되었다.

표 2.2 | 상수도관의 노후화 (단위: km)

구 분	총 계	5년 이내 (2011~2015)	6~10년 (2006~2010)	11~15년 (2001~2005)	16~20년 (1996~2000)	21년 이상 (1995년 이전)
총 계	**197,535 (100%)**	**41,346 (20.9%)**	**39,443 (20%)**	**31,826 (16.1%)**	**26,375 (13.4%)**	**58,545 (29.6%)**
지방 상수도	192,288 (100%)	40,998 (21.4%)	38,835 (20.2%)	30,202 (15.7%)	25,100 (13%)	57,153 (29.7%)
광역 상수도	5,247 (100%)	348 (6.6%)	608 (11.6%)	1,624 (31.0%)	1,275 (24.3%)	1,392 (26.5%)

(출처: 상수도 통계(2015, 환경부))

2) 하수도관

하수도관 전체 137,193km 중 21년 이상 경과된 관은 52,805km(38.5%)로 조사되었다.

표 2.3 | 하수도관의 노후화 (단위: km)

구 분	총 계	5년 이내 (2011~2015)	6~10년 (2006~2010)	11~15년 (2001~2005)	16~20년 (1996~2000)	21년 이상 (1995년 이전)
계	137,193 (100%)	22,647 (17%)	32,236 (24%)	16,778 (12%)	12,727 (9%)	52,805 (38%)

(출처: 하수도 통계(2015, 환경부))

지하시설물 중 상·하수도관은 기하급수적으로 노후화가 증가하고 있으며, 이로 인한 지반침하의 발생비율은 전체 지반침하 대비 70% 정도이다. 노후화된 지하시설물에 대한 정비대책을 강구해야 하지만, 제한된 예산으로 인하여 단기간에 해결할 수는 없다. 그러므로 지하시설물에 의한 지반침하에 대해 보다 관심을 가지기 위해서는 체계적이고 지속적인 지하안전점검의 필요성이 대두되었다.

다. 지하안전관리 관련 시스템 구축

지하안전관리체계는 지하시설물에 대한 정보를 통합 관리하는 지하공간 통합지도와 지하안전법의 운영을 지원하는 지하안전정보체계로 구분된다.

1) 지하공간통합지도

지하공간통합지도는 지하정보활용시스템과 3차원 통합지도를 편집 및 생성하는 지하정보통합관리시스템으로 구성되어 있다. 즉, 지하공간통합지도는 육안으로 직접 확인할 수 없는 지하공간의 특성을 고려하여 지반조사 정보, 지질 정보, 지하수위 정보 등을 통합한 지반정보와 더불어 지하매설물 정보, 지하시설물 정보 등을 말한다.

이러한 지하공간통합지도는 구축 초기에 전산화를 수행함에 있어 지하매설관의 위치, 깊이, 매설년도 데이터의 정확도가 높지 않다. 가스, 통신, 전력관의 경우 각 기관별 데이터의 수집이 어려울 뿐 아니라, 정확도에도 문제점을 가지고 있다.

지층 및 지질 정보는 입체적이지 않고, 기 건설공사 등이 수행된 한정된 지역에만 시추정보만으로 타 지역을 추정해야하며, 시추 작업자별 차이가 큰 특징이 있어 현장에 즉시 적용하는 데는 한계가 있다. 그럼에도 불구하고 통합된 데이터가 점차 고도화·정밀화되면 훨씬 쉽고 정확하게 자료를 활용할 수 있을 것이다. 이를 위해서는 신뢰도 높은 지하공간통합지도를 구축해야 될 뿐 아니라 정확도 개선을 위하여 전산화된 자료의 검증 작업도 필요할 것이다.

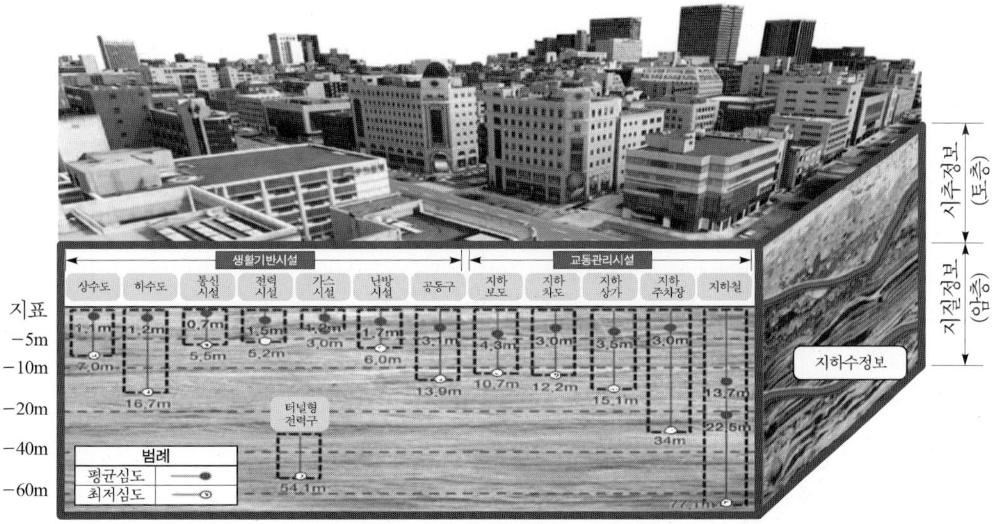

그림 2.1 지하공간통합지도 모식도

2) 지하안전정보체계

지하안전정보체계는 크게 5개 부분으로 구성되어 있다. 첫째, 지하안전법과 관련하여 국가지하안전관리 기본계획, 시·도 또는 시·군·구 지하안전관리 계획 등을 담을 수 있는 지하안전관리계획 관리 부분이다. 둘째, 지하안전영향평가와 관련된 일체의 내용과 더불어 지하안전영향평가 전문기관을 관리하는 지하안전영향평가 부분, 셋째, 지하안전점검 부분이다. 넷째, 기간별·지역별 지반침하의 발생 등을 D/B화하는 통계관리 부분, 다섯째는 시스템의 운영과 관련된 부분 등으로 구분되어진다.

그림 2.2 지하안전정보체계 구성도

2.3 국가와 지자체의 의무 (제2장 지하안전관리 기본계획의 수립 등)

2.3.1 국가지하안전관리 기본계획

법 제6조(국가지하안전관리 기본계획의 수립 등) ① 국토교통부장관은 지반침하를 예방하기 위하여 5년마다 국가의 지하안전관리에 관한 기본계획(이하 "기본계획"이라 한다)을 수립·시행하여야 한다.

가. 해설

지하안전법에서는 제일 먼저 국가의 책무를 부여하였다. 즉, 국가가 지반침하를 예방하기 위하여 무엇을 할 것인지를 문서화하게 하였다. 이에 5년마다 지하안전관리 기본계획을 수립하고 시행하게 하였다.

나. 국가지하안전관리 기본계획의 내용

국가지하안전관리 기본계획의 용역은 기 완료하였으나, 아직 공포되지 않은 상태이다. 다만, 국가지하안전관리 기본계획과 관련하여 비전과 목표를 설정하고, 이에 따른 3대 추전전략 및 17개의 세부추진과제로 세분화하였다.

2.3.2 지방 지하안전관리계획

법 제7조(시·도 지하안전관리계획의 수립 등) ① 시·도지사는 관할 지역의 지반침하 예방을 위하여 기본계획과 집행계획에 따라 지하안전관리에 관한 계획(이하 "시·도 관리계획"이라 한다)을 수립하여야 한다.

법 제8조(시·군·구 지하안전관리계획의 수립 등) ① 시장·군수·구청장은 관할 지역의 지반침하 예방을 위하여 시·도 관리계획에 따라 지하안전관리에 관한 계획(이하 "시·군·구 관리계획"이라 한다)을 수립하여야 한다.

가. 해설

1) 지방 지하안전관리계획은 시·군·구의 지하안전관리에 관한 계획을 근간으로 하여 시·도 지하안전관리에 관한 계획을 매년 1월 31일까지 수립하게 하였다. 즉, 이의 의미는 해당 지자체의 지반침하 상황을 파악하고, 원인 분석, 보수 보강, 응급복구, 관련자료 수집·분석 등의 기본조직은 시·군·구라고 하는 뜻이다.

2) 시·군·구청장은 매년 2월말까지 당해 연도의 시·군·구 관리계획을 지하개발사업자 및 지하시설물 관리자에게 통보하게 하였다.
3) 통보를 받은 지하개발사업자는 건설업자와 주택건설등록업자로 하여금 지하안전영향평가 및 이의 협의내용이 건설공사 안전관리계획에 반영되도록 하였다. 이에 시·군·구청장이 건설공사 안전관리계획을 받으면 이의 적정 여부를 15일 이내에 심사하게 하였다.
4) 통보를 받은 지하시설물관리자는 소관 지하시설물과 주변지반의 안전점검 및 유지관리 규정을 제출하게 하였다. 같은 방식으로 시·군·구청장이 안전점검 및 유지·관리 규정을 받으면 이의 적정 여부를 15일 이내에 심사하게 하였다.
5) 이와 같은 지하안전과 관련된 업무를 원활히 수행하기 위한 자문조직으로서 중앙정부에서는 국가 지하안전자문단을, 지자체에서는 지방 지하안전위원회를 둘 수 있게 하였다.

나. 지방 지하안전관리계획의 내용

지방 지하안전관리계획은 국가지하안전관리기본계획과는 상이하게 시·도 또는 시·군·구의 담당공무원이 직접 작성해야 한다. 이의 현실적으로 어려운 점이 예상되어 쉽게 작성할 수 있도록 지방 지하안전관리계획의 기본 양식을 제공한 후, 이를 집계할 예정이다.

2.4 지하개발사업자의 의무 (제3장 지하개발의 안전관리)

법 제14조(지하안전영향평가의 실시 등) ① 다음 각 호의 어느 하나에 해당하는 사업 중 대통령령으로 정하는 규모 이상의 지하 굴착공사를 수반하는 사업(이하 "지하안전영향평가 대상사업"이라 한다)을 하려는 지하개발사업자는 지하안전영향평가를 실시하여야 한다.

1. 도시의 개발사업
2. 산업입지 및 산업단지의 조성사업
3. 에너지 개발사업
4. 항만의 건설사업
5. 도로의 건설사업

6. 수자원의 개발사업
7. 철도(도시철도를 포함한다)의 건설사업
8. 공항의 건설사업
9. 하천의 이용 및 개발 사업
10. 관광단지의 개발사업
11. 특정 지역의 개발사업
12. 체육시설의 설치사업
13. 폐기물 처리시설의 설치사업
14. 국방・군사 시설의 설치사업
15. 토석・모래・자갈 등의 채취사업
16. 지하안전에 영향을 미치는 시설로서 대통령령으로 정하는 시설의 설치사업

시행령 제13조(지하안전영향평가 대상사업의 규모 등) ① 법 제14조 제1항 각 호 외의 부분에서 "대통령령으로 정하는 규모 이상의 지하 굴착공사를 수반하는 사업"이란 다음 각 호의 사업을 말한다.

1. 굴착깊이(공사 지역 내 굴착깊이가 다른 경우에는 최대 굴착깊이를 말한다. 이하 같다)가 20미터 이상인 굴착공사를 수반하는 사업
2. 터널[산악터널 또는 수저(水底)터널은 제외한다] 공사를 수반하는 사업

② 법 제14조 제1항 제16호에서 "대통령령으로 정하는 시설"이란 「건축법」 제2조 제1항 제2호의 건축물을 말한다.

지하개발사업자는 지하를 개발, 이용, 관리하고자 하는 개인, 조합 또는 법인 등을 말한다. 지하안전법에서는 지하개발사업자에 대해서 지하안전영향평가, 소규모지하안전영향평가, 사후지하안전영향조사를 실시하게 하는 새로운 의무를 부여하였다.

이에 지하안전영향평가 등의 업무에 대한 실시 절차도(Flow Chart)를 먼저 제시하고, 각각의 절차별 중요한 사항을 수록하였다. 더불어 관련자료 중심으로 보고서 작성방법 및 사례를 기술하였다.

2.4.1 지하안전영향평가

가. 지하안전영향평가 절차도

지하안전영향평가 절차도는 다음과 같다.

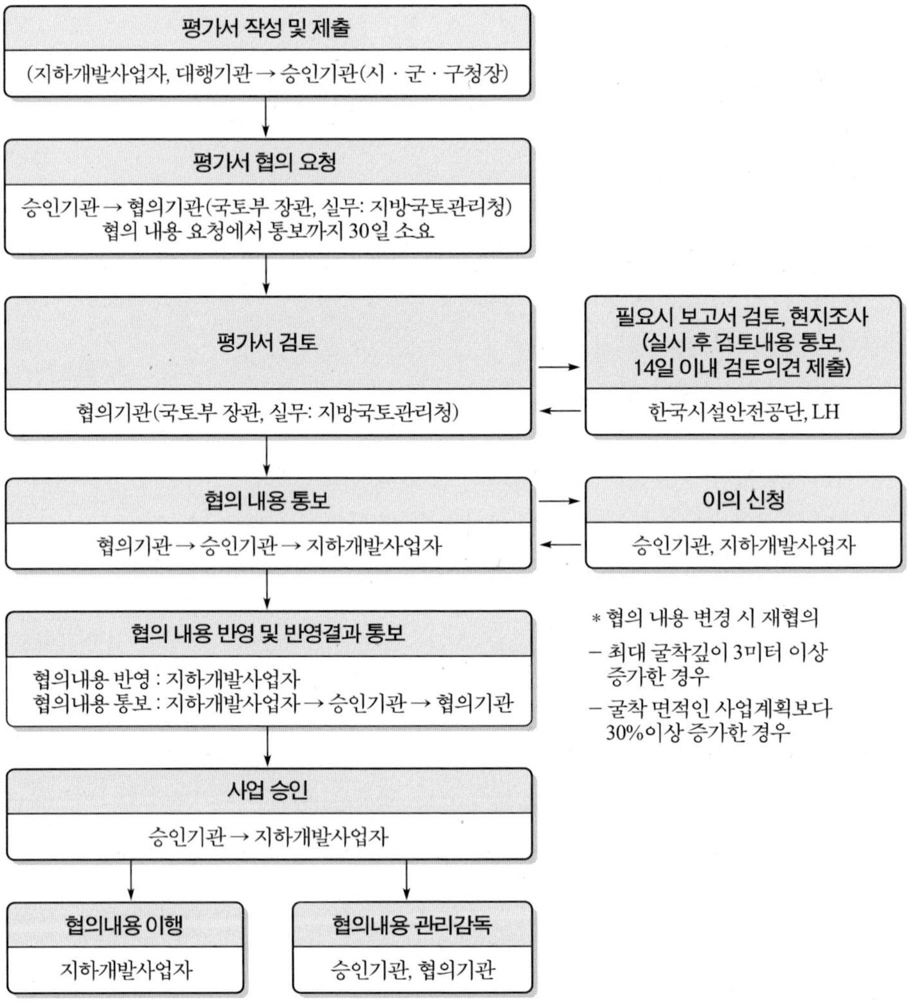

그림 2.3 지하안전영향평가 절차도

나. 지하안전영향평가 시기

지하안전영향평가는 지하개발사업자가 지하개발사업의 사업 허가, 인가 등을 할 때 실시하게 하였다. 지하안전영향평가를 승인 시에 실시하게 함으로써 강력한 법의 실행력을 확보하고, 지하개발사업자로 하여금 지반침하에 관심을 가지게 하는 효과가 있다.

더불어 지하안전영향평가 결과는 건설공사의 안전관리계획에 반영하도록 하여 현장별 특화된 지반침하 예방 및 대책을 강구하게 하였다. 이는 지하안전영향평가 결과가 승인 등의 단계에서 실시하는 1회 용역으로만 그치는 것이 아니라, 추후 시공현장 준공 시까지 지속적으로 관리되게 하는 효과를 거두기 위함이다.

다. 지하개발사업자에 대한 의무

지하개발의 안전관리와 관련해서는 지하개발사업자에게 〈표 2.4〉와 같은 의무를 부여하였다.

1) 지하안전영향평가는 굴착공사와 터널공사를 대상으로 하였다. 현 지반고 대비 최대굴착심도를 기준으로 20미터 이상의 굴착공사와 도심지 터널공사에 대해서는 지하안전영향평가를 실시하게 하였다. 이때 도심지는 법적으로 명확하게 규정할 수 없으므로 지반침하 발생 시 사회적 여파가 크지 않은 산악(山岳)터널과 수저(水底)터널은 제외하였다.
2) 소규모 지하안전영향평가는 10미터 이상 20미터 미만의 굴착공사를 대상으로 하였다.
3) 지하안전법의 사각지대라 할 수 있는 최대 굴착심도 0~10미터 미만의 굴착공사에 대해서는 기존의 건설기술진흥법을 통하여 지속적으로 관리하고자 하였다.
4) 사후지하안전영향조사는 지하안전영향평가를 실시한 사업만을 대상으로 하였다.

표 2.4 | 지하개발사업자의 의무 및 범위

구분	지하개발 건설공사	지하개발 안전관리방법	사후지하안전영향조사
굴착공사	최대 굴착심도 0~10미터 미만	건설기술진흥법 관리	실시하지 않음
	최대 굴착심도 10~20미터 미만	소규모지하안전영향평가	
	최대 굴착심도 20미터 이상	지하안전영향평가	실시함
터널공사	산악터널, 수저(하저, 해저)터널 제외		

라. 지하안전영향평가 대상사업 및 범위

지하안전영향평가를 실시해야하는 대상 사업, 범위, 협의 요청시기와 관련해서는 시행령 [별표 1]과 같으며, 본서의 부록에도 수록하였다.

1) 지하안전영향평가 대상사업은 지하를 개발하는 모든 굴착공사를 대상으로 하였다.
2) 국방부장관 또는 국정원에서 판단하기에 군사상 기밀보호가 필요한 경우는 예외가 되는 사업이다. 모든 법에서 예외가 되는 항목이다.
3) 굴착지역이 산지 또는 바다 및 바닷가의 사업은 제외하였다. 산속 또는 바닷가 사업의 경우 비록 지반침하가 발생한다고 하더라도 인명·재산상 피해가 없고, 이로 인한 사회적 여파가 크지 않을 것으로 추정한 항목이다.
4) 하나의 사업이 둘 이상의 대상사업에 해당하는 경우 협의 요청시기는 가장 먼저 승인을 받은 대상사업의 협의 요청시기로 결정하였다. 예를 들면, 택지개발사업의

승인을 득할 때, 해당 택지 내의 주택건설 시 굴착깊이를 고려한 인·허가를 한 경우는 예외 조항에 해당되므로 별도의 지하안전영향평가를 할 필요가 없다. 그러나 택지개발사업의 승인을 득할 때, 주택건설 시 굴착깊이를 고려하지 않고 인·허가를 한 경우는 주택건설 시, 두 가지 사업은 별개의 사업에 해당되므로 지하안전영향평가 대상사업이 된다.

마. 지하안전영향평가서의 협의 요청

법 제15조(지하안전영향평가서의 작성 및 협의 요청 등) ① 승인등을 받아야 하는 지하개발사업자가 지하안전영향평가 대상사업에 대한 승인등을 요청할 때에는 지하안전영향평가에 관한 평가서(이하 "지하안전영향평가서"라 한다) 및 사업계획서 등 필요한 자료를 첨부하여 승인기관의 장에게 제출하여야 하고, 승인기관의 장은 승인등을 하기 전에 국토교통부장관에게 협의를 요청하여야 한다.

② 승인등을 받지 아니하여도 되는 지하개발사업자(승인기관의 장이 지하개발사업자인 경우를 말한다. 이하 같다)는 지하안전영향평가 대상사업의 실시계획·시행계획 등(이하 "사업계획 등"이라 한다)을 확정하기 전에 지하안전영향평가서 및 사업계획서 등 필요한 자료를 첨부하여 국토교통부장관에게 협의를 요청하여야 한다.

지하안전영향평가서의 협의 요청은 크게 2가지 경우로 분류하였다.

1) 승인등을 받아야 하는 지하개발사업자

승인등을 받아야 하는 지하개발사업자는 굴착공사 등을 실시해야 되는 지하개발사업자 또는 조합 등의 일반적인 경우에 해당된다. 따라서 지하개발사업자가 시·군·구청장의 승인기관장에게 사업계획서와 지하안전영향평가를 제출하면 이를 국토부장관에게 협의하게 하였다.

2) 승인등을 받지 아니하여도 되는 지하개발사업자

승인등을 받지 아니하여도 되는 지하개발사업자는 시·군·구청장 등에게 승인을 받지 아니하여도 되는 사업자(예, 국토교통부에서 시행하는 도로건설공사, 서울특별시에서 시행하는 택지개발공사 등)는 실시계획 등을 확정하기 전에 국토부장관에게 협의하게 하였다. 즉, 승인기관장이 중간에 없이 한 단계의 절차를 생략한다는 의미이다.

3) 승인등을 받아야 하는 지하개발사업자나 승인등을 받지 아니하여도 되는 지하개발사업자나 보고서 작성방법은 동일하다.

바. 지하안전영향평가서 검토

지하개발사업자로부터 제출받은 지하안전영향평가서에 대하여 국토교통부장관(실무 : 지방국토관리청의 장)은 지하안전영향평가서의 기본적인 사항을 검토해야한다. 이때 검토해야할 사항은 다음과 같다.

1) 기본요건
   - 지하안전영향평가의 대상사업의 종류, 범위, 협의요청시기의 적정성
   - 지하안전영향평가 계약의 적정성 여부

2) 내용의 충실성
   - 보고서 작성방법의 준수 여부
   - 지하안전에 미치는 영향 분석 결과 및 지하안전 확보방안의 적정성
   - 보고서의 정보, 방법 및 기술의 정확성, 객관성

3) 지방국토관리청에서 지하안전영향평가서를 검토함에 있어, 필요 시 한국시설안전공단과 LH에 평가서의 검토와 현지조사를 요청할 수 있다. 이때 검토결과는 14일 이내에 회신하여야 한다.

사. 지하안전영향평가서의 협의 내용 통보

지하개발사업자로부터 지하안전영향평가서의 협의가 요청된 후, 협의 내용을 통보하는 데까지는 30일 이내에 통보하여야 한다.

아. 지하안전영향평가서의 협의 내용 반영

국토교통부장관으로부터 협의 내용을 통보받은 지하개발사업자나 승인기관의 장은 그 내용을 해당 사업계획에 반영해야하며, 승인기관의 장은 반영 여부를 확인하여야 한다.

자. 지하안전영향평가서 협의 내용 반영 결과 통보

시행령 제18조(협의 내용의 반영 결과 통보) 법 제17조 제3항에 따른 협의 내용의 반영 결과 통보는 다음 각 호의 구분에 따른 날부터 30일 이내에 하여야 한다.

1. 승인기관의 장이 통보하는 경우: 지하안전영향평가 대상사업의 사업계획등에 대하여 승인등을 한 날
2. 승인등을 받지 아니하여도 되는 지하개발사업자가 통보하는 경우: 사업계획등을 확정한 날

지하개발사업자는 지하안전영향평가서의 협의 내용을 반영하고, 이 결과를 30일 이내에 국토교통부 장관에게 통보하여야 한다. 즉, 지하안전영향평가서에서 검토된 내용이 실제 현장에서 적용될 수 있게 하기 위함이다.

차. 지하안전영향평가서의 작성 방법

1) 지하안전영향평가서의 작성 기준

지하안전영향평가서의 작성은 지하안전법 및 지하안전관리 업무지침에 준하여 작성하여야 한다.

2) 지하안전영향평가서의 작성 시 유의사항

① 지하안전법 및 업무지침에 준하여 작성함에 있어 빠지는 항목은 없게 작성하여야 한다.

② 자료조사를 실시한 결과, 빠지는 항목은 타당한 사유를 명기하여야 한다. 특히 지하정보통합체계를 통한 기본 자료는 해당 지역의 자료가 없으면, 자료가 없는 사유, 관련 공문 등을 수록하여야 한다.

③ 현장조사 결과 빠지는 항목이 있을 경우, 현장조사가 불가한 타당한 사유를 명기하여야 한다.

3) 지하안전영향평가서의 작성 방법

지하안전영향평가서의 작성방법은 시행령 별표 3에 의거 작성하여야 한다.

[별표 3] 지하안전영향평가서의 작성방법 (제16조 제1항 관련)

1. 요약문
2. 지하안전영향평가 대상사업의 개요
3. 지하안전영향평가 대상지역의 설정
4. 지반 및 지질 현황
5. 지하수 변화에 의한 영향 검토
6. 지반안전성 검토
7. 지하안전확보방안 수립
8. 종합 평가 및 결론
9. 사후지하안전영향조사 시기
10. 부록

가) 요약문

① 요약문은 대상사업의 개요, 대상지역의 설정, 지반 및 지질 현황, 지하수 변화에 의한 영향 검토, 지반안전성 검토, 지하안전 확보방안 수립, 종합평가 및 결론, 사후지하안전영향조사 시기에 관한 사항을 간략히 요약한다.

② 요약문과 관련되어서는 보고서의 별도 항목이 없으므로 지하안전영향평가서 본문을 작성한 후, 이를 요약・정리하면 된다.

나) 지하안전영향평가 대상사업의 개요

① 사업의 배경 및 목적 : 대상 사업의 배경, 목적 및 필요성 등을 기술한다. 즉, 대상사업을 시작하게 된 사업적 배경, 근거, 관련 법령 등을 기술하고, 사업의 목적, 필요성을 제시한다. 특히, 공공발주사업 등으로 인하여 승인을 받지 아니하여도 되는 사업자는 사업 추진 현황, 경과 과정 등도 상세히 기술하여야 할 것이다.

② 지하안전영향평가 실시 근거 등 : 대상사업의 범위, 지하안전영향평가서 제출일자 및 실시기간을 제시한다. 이때, 대상사업의 종・평면도, 관련시설물의 특성, 공사규모, 시설물의 크기 등도 수록하여야 할 것이다. 대상사업 현황을 파악할 수 있게 굴착공정과 관련된 주요내용, 사진 등도 기술한다.

③ 이에 대한 명확한 규정이 없으므로 책임기술자가 판단하여 적절히 기술하면 된다.

표 2.5 | 사업총괄 부분에 대한 보고서 작성 사례

구 분		공사 규모	비 고
연 장		L = 00.330 km	소형차 전용 대심도 병렬터널
터 널		L = 00,902 m	단층 병렬터널
구조물	U-Type	L = 000 m	(시점측 120m, 종점측 160m)
	개착BOX	L = 0000 m	(시점측 380m, 종점측 430m)
환기소		0개소	비상탈출구 1개소 포함

다) 지하안전영향평가 대상지역의 설정

사업계획 등 또는 지하개발사업의 시행으로 인해 지하안전에 영향을 미칠 것으로 예상되는 지역으로 설정한다. 이는 지하개발사업으로 인하여 영향을 미칠 수 있는 산계와 수계의 경계와 더불어 파괴포락선 내의 지역 및 중요시설물 등을 기술하여야 할 것이다.

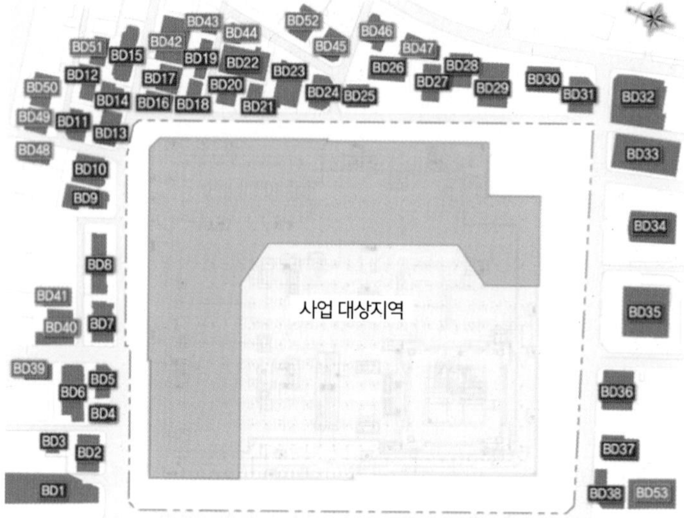

그림 2.4 대상지역 설정 부분에 대한 보고서 작성 사례

라) 지반 및 지질 현황

기본적인 자료조사는 각 기관에서 제시하는 여러 자료뿐 아니라, 인접 현장의 시추자료 등을 참조할 수도 있다. 지하안전법에서는 시추조사, 지하물리탐사에 대한 기준 수량을 제시하고 있지 않다. 이는 향후 지속적으로 보완되어야 하지만, 그 이전에는 책임기술자의 판단하여 수량, 위치, 심도, 조사 개수, 시험방법 등을 결정하여 판단하여야 할 것이다.

① 지반 및 지질 현황은 법 제43조에 따른 지하정보통합체계, 「국가공간정보 기본법」 제9조 및 제28조에 따른 국가공간정보체계(국토지반정보 포털시스템), 지반 및 지질조사보고서, 기본 및 실시설계자료 등의 기존 자료와 시추조사, 투수시험, 지하물리탐사 등의 현장조사 결과를 바탕으로 작성한다. 이 경우 가장 최근의 자료를 활용하고 인용 문헌 또는 출처를 표기하여야 한다.

조사항목은 대상사업의 종류, 규모 및 지역 등이 지하안전에 미치는 영향 특성을 고려하여 설정한다. 결정해야 하는 조사항목은 시추조사, 투수시험(실내투수시험, 현장투수시험 등), 지하물리탐사(지표투과레이더탐사, 전기비저항탐사, 탄성파탐사 등)이다.

- 지형 분석 : 지형 분석에서 가장 중요한 사항은 산계와 수계를 분석하는 것으로 지형도 또는 항공사진 등을 이용한다. 또한, 과거의 지반 정도와 지형 변화를 확인하기 위하여 고(古)지형도를 이용할 수 있다.

그림 2.5 1957년도 서울 고지질도를 이용한 보고서 작성 사례

- 지질특성 분석 : 사업대상구간의 지질계통, 암종 분포 특성, 불연속면 상태 등에 대해서 조사 분석한다. 이때 지하수 유동 또는 침투해석에서 필요한 단층, 습곡에 대해서는 보다 상세히 조사해야 한다.

표 2.6 | 지질계통 부분에 대한 보고서 작성 사례

지질시대	대표 암종(층군)	암종	지질
신생대 제4기		충적층	⇐ 부정합
백악기	유천층군	암맥류	
		석영반암	
		안산암	
쥬라기	대보화강암	흑운모화강암	⇐ 관입
선캄브리아기	경기편마암 복합체	흑운모편암	⇐ 관입
		백운모편암	
		규암	
		석회암 및 석회규산염암	
		호상흑운모 편마암	

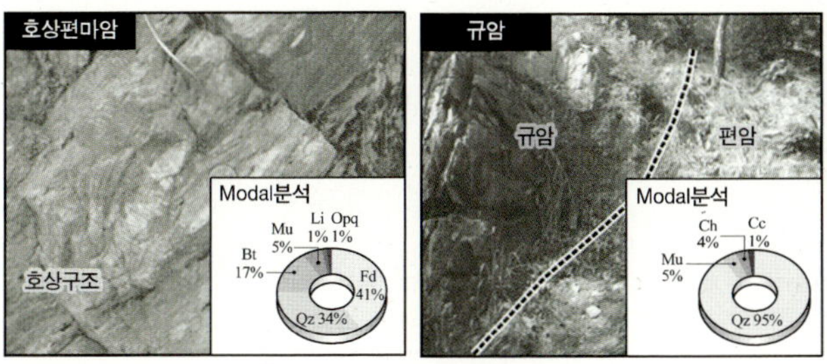

▲ 분포 암종 특성

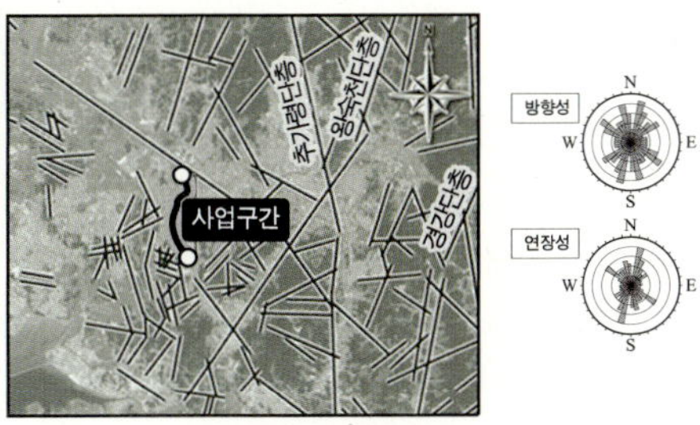

▲ 광역지질 분포 및 선구조 분석

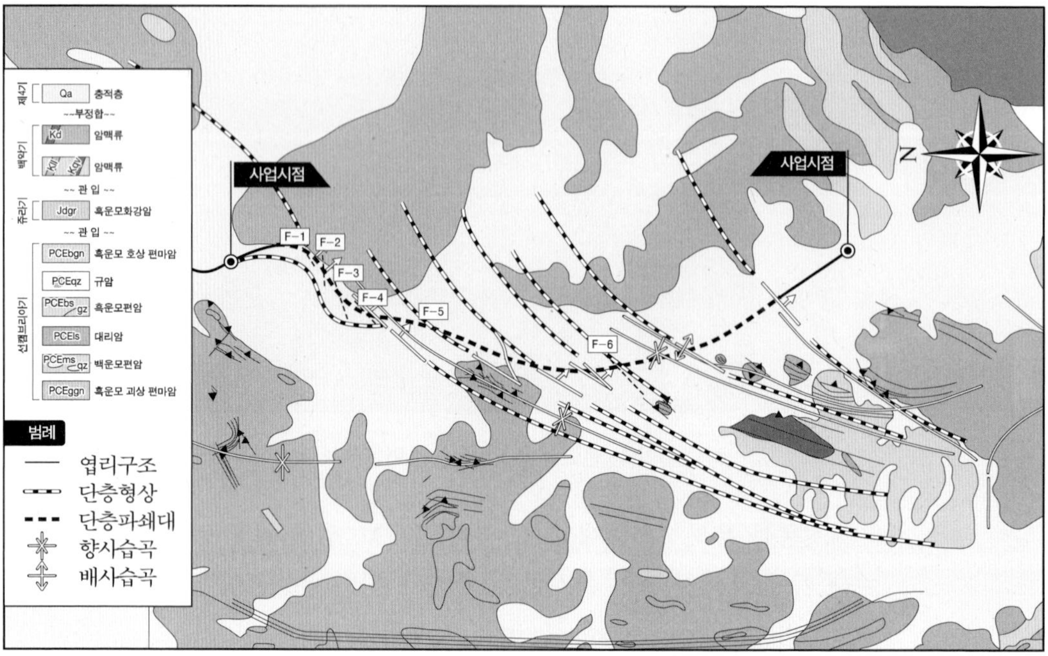

그림 2.6 계획노선 및 주변지역 지질도 부분에 대한 보고서 작성 사례

표 2.7 | 지질구조 분석 부분에 대한 보고서 작성 사례

구 분	내 용
분석흐름	· ○○천 주변지역으로 노두 미발달 → 지질도에 의한 엽리궤적도 작성 → 등사중첩습곡 형태 파악 → 습곡축적 분리에 의한 단층 생성 → 광물신장배열방향 형성과정 분석 → 계획노선의 단층방향 검토
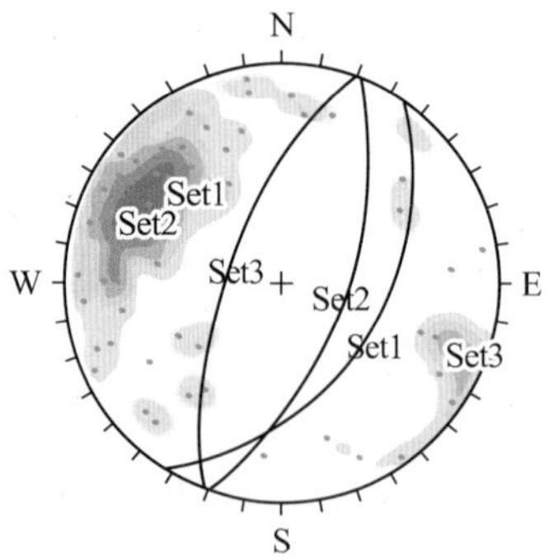 상세엽리구조특성	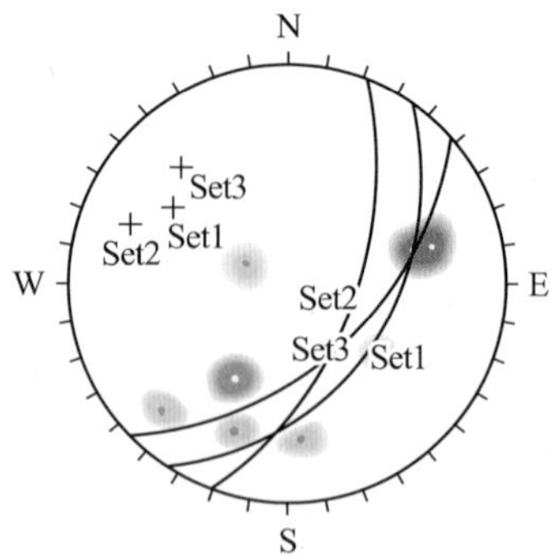 광물신장배열방향특성
· 엽리궤적도 분석 및 광물신장배열방향특성 분석결과 북동방향의 엽리구조 발달 · 계획노선은 포천단층의 남쪽연장부분이 습곡축면에 의해 분절된 단층 발달	

② 지하정보통합체계를 통한 정보 분석

- 지하정보통합체계 중 지하공간통합지도는 현재 사업이 진행 중이다. 따라서 먼저 대상지역을 지하공간통합지도 유무를 파악한 후, 자료가 있으면 수록한다.
- 자료가 없는 경우, 자료가 없는 사유, 공문 등을 수록한다. 시추정보, 지질정보, 지하수 정보는 타기관, 타 시스템에서 제공하는 자료를 활용하여 분석하면 된다.
  - 시추정보 : 국토지반정보 통합DB센터(https://www.geoinfo.or.kr)
  - 지질정도 : 한국지질자원연구원(https://www.kigam.re.kr), 한국광물자원공사(https://www.kores.or.kr)
  - 지하수 정보 : 국가지하수정보센터(https://www.gims.go.kr), 물자원포털(https://www.water.or.kr)

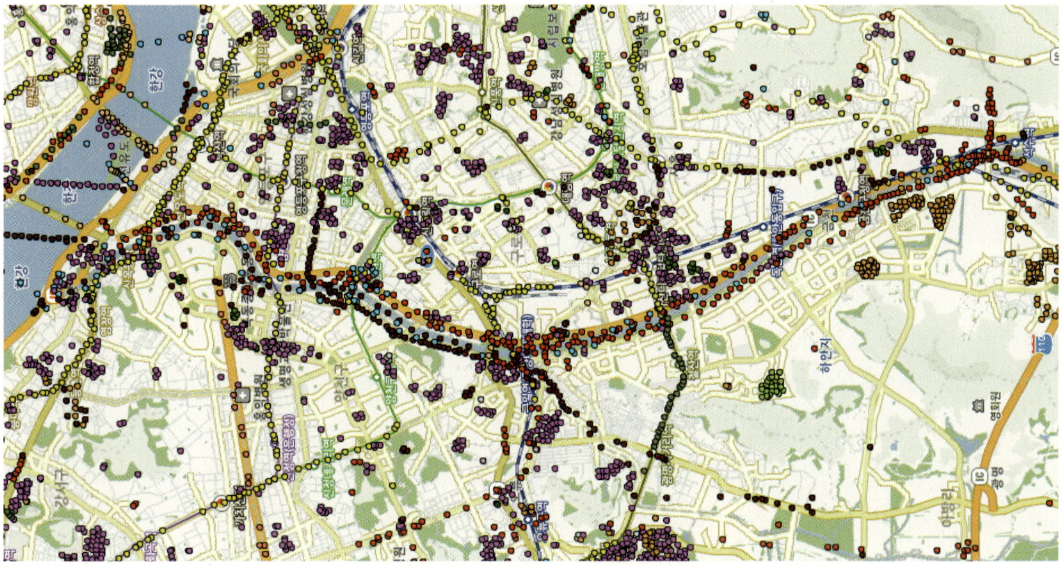

그림 2.7 지하정보통합체계를 통한 정보 부분에 대한 보고서 작성 사례

③ 시추조사

- 시추조사는 대상지역의 지반성상 확인, 시료채취 등을 위하여 실시한다.
- 시추간격 및 시추심도는 국가건설기준(KDS 11 10 10)에 따른다. 이는 법적 강제규정이 아니므로 참고로 하며, 가능한 이에 준하여 실시해야하는 의미로 판단된다.

- 지하수위 조사는 시추조사를 완료한 후, 24, 48, 72시간 경과한 시점에서 지하수위를 조사하고, 필요시 장기간의 지하수위 관측정을 설치한다.
- 시추조사를 통하여 지하수위를 조사할 때, 관측정 등의 자료와 비교할 수 있도록 해발고도(EL)로 표시한다.

그림 2.8 시추조사 전경(좌), 지하수위계(우)

국가건설기준(KDS 11 10 10)

(3) 시추조사

① 시추는 NX규격 이중 코아배럴이나 NX에 상응하는 규격을 사용하여 연직으로 시행하며, 풍화대나 파쇄대 등에서는 삼중 코아배럴 등을 사용하여 코아의 회수율을 높인다.

② 지층구성 파악을 위한 시추간격 및 심도는 구조물의 종류 및 범위, 요구되는 지반조사 자료의 정밀도에 따라 지반분야 책임기술자 판단에 의거 결정한다.

③ 시추는 수직시추뿐만 아니라 단층 순폭 평가를 위한 경우 수평 및 경사시추를 실시한다.

④ 단층이나 파쇄대와 같이 공사에 장애가 되는 구간이나, 지층이 불규칙한 경우에는 시추간격을 축소 조정한다.

⑤ 시추공의 지하수위 측정은 시추종료 후 24, 48, 72시간 경과 시마다 지하수위를 측정한다.

⑥ 터널 입출구부 및 저토피 구간에서는 탄성파탐사를 수행하여 지층변화를 상세히 파악한 후 시추위치를 선정한다.

표 2.8 | 기본설계 적용기준(KDS 11 10 10)

구분		시추 간격	시추 심도
건축		구조물 규모에 따라 50~100 m 간격	기반암 3 m 이상
교량[1]		연장 100 m 이상 교량 3공 이상 연장 100 m 미만 교량 최소 각 교대	기반암 3 m 이상
박스		개소당 1공	풍화대 50/30 이하 3회 연속 확인
터널	산악 (NATM, TBM)	3공 이상(입출구부 포함) 계곡부/저토피 구간 1공 이상	터널 바닥고 하(0.5~1.0) D ; D:터널 최대 직경 (기반암이 확인 안 된 경우 터널 바닥고 하 (1.0 ~ 2.0) D)
	도심지 (개착)	200~500 m 간격, 주요 구조물(수직구, 정거장, 집수정, 환기구 등)은 개소당 1공	· 계획고하 3 m 이상 (기반암이 확인 안 된 경우 계획고 하 0.5 B), B : 굴착 계획폭) · 주요 구조물에는 기반암 3 m 이상
깎기비탈면		개소당 1공 이상 (연장 200 m 이상 시 1공 추가) 깎기 높이 20 m 이상일 경우 2공 이상 (시험굴조사: 1~2개소)	계획고하 2 m (단, 1개소에서 2공 이상 계획 시 비탈면 중간부에서는 계획고 위에서 경암 출현하는 경우 경암 2m 이상 확인) (시험굴조사: 1~3 m)
쌓기 비탈면	일반	500 m 간격 (핸드오거 300 m 간격)	풍화토 N=30 이상 3회 연속 또는 풍화암 확인(핸드오거는 가능심도까지)
	연약	100~200 m 간격 (핸드오거 200 m 간격)	연약지반 통과 후 견고한 지층 3~5 m 확인 (핸드오거는 가능심도까지)
댐		20~30 m 격자	· 댐 높이 고려
제방		200 m 간격	· 제방높이 3배, 최소 10 m 이상
공항		상기 구분별 간격	· 상기 구분별 심도
원자로 시설		안전관련 구조물당 1공 이상	· 최대상재하중 10 % 미만의 하중영향이 예상되는 깊이까지 · 단층 및 파쇄대 분포 시 범위를 파악할 수 있는 깊이까지

주 1) 교량구간 시추심도는 철도(고속철도 포함)의 경우 연암 3m 또는 경암 1m, 기반암이 출현하지 않을 때는 풍화암 10m까지 적용한다.
2) 토취장 조사는 개소당 시추는 2개소 이상, 심도는 경암 5m까지 수행하며, 시험굴은 5개소 이상 실시한다.
3) 지하철의 경우 각 해당 구조물 구분을 따른다.
4) 단선병렬 터널의 경우, 두 터널 중심 간의 거리가 5 D(터널 폭) 이상 이격되었을 경우, 각각의 터널로 지반조사를 수행한다.
5) 위 기준은 최소 권장사항이며, 사업규모 및 특성에 따라 수량 및 심도를 증가하여 정밀조사를 실시한다.

표 2.9 | 실시설계 적용기준(KDS 11 10 10)

<table>
<tr><th colspan="2">구분</th><th>시추 간격</th><th>시추 심도</th></tr>
<tr><td colspan="2">건축</td><td>구조물 규모에 따라 30~50 m 간격</td><td>기반암 3 m 이상</td></tr>
<tr><td colspan="2">교량[1]</td><td>교대 및 교각마다 1개소</td><td>기반암 3 m 이상</td></tr>
<tr><td colspan="2">박스</td><td>개소당 1공</td><td>풍화대 50/30 이하 3회 연속 확인</td></tr>
<tr><td rowspan="2">터널[2]</td><td>산악
(NATM, TBM)</td><td>50~200 m 간격(입출구부 포함)
계곡부/저토피 1공 이상
(200 m마다 1개소 추가)</td><td>터널 바닥고 하(0.5~1.0) D ; D : 터널 최대 직경
(기반암이 확인 안 된 경우 터널 바닥고 하 (1.0~2.0) D)</td></tr>
<tr><td>도심지
(개착)</td><td>100 m 간격, 주요 구조물
(수직구, 정거장, 집수정, 환기구 등)은 개소당 1공</td><td>· 계획고하 3 m 이상
(기반암이 확인 안 된 경우 계획고 하 0.5 B), B : 굴착 계획폭)
· 주요 구조물에는 기반암 3 m 이상</td></tr>
<tr><td colspan="2">깎기비탈면</td><td>개소당 1공 이상
(연장 200 m 이상 시 1공 추가) 깎기높이 20 m 이상일 경우 2공 이상(시험굴조사 : 1 ~ 2 개소)</td><td>계획고하 2 m (단, 1개소에서 2공 이상 계획 시 비탈면 중간부에서는 계획고 위에서 경암 출현하는 경우 경암 2 m 이상 확인)
(시험굴조사 : 1~3 m)</td></tr>
<tr><td rowspan="2">쌓기
비탈면</td><td>일반</td><td>500 m 간격
(핸드오거 300 m 간격)</td><td>풍화토 N=30 이상 3회 연속 또는 풍화암 확인
(핸드오거는 가능심도까지)</td></tr>
<tr><td>연약</td><td>50~100 m 간격
(핸드오거 200 m 간격)</td><td>연약지반 통과 후 견고한 지층 3~5 m 확인
(핸드오거는 가능심도까지)</td></tr>
<tr><td colspan="2">댐</td><td>20~30 m 격자 간격</td><td>댐 높이 고려</td></tr>
<tr><td colspan="2">제방</td><td>100 m 간격</td><td>제방높이 3배, 최소 10 m 이상</td></tr>
<tr><td colspan="2">공항</td><td>상기 구분별 간격</td><td>상기 구분별 심도</td></tr>
<tr><td colspan="2">원자로 시설</td><td>안전관련 구조물당 1공 이상</td><td>· 최대상재하중 10% 미만의 하중 영향이 예상되는 깊이까지
· 단층 및 파쇄대 분포 시 범위를 파악할 수 있는 깊이까지</td></tr>
</table>

주 1) 교량구간 시추심도는 철도(고속철도 포함)의 경우 연암 3m 또는 경암 1m, 기반암이 출현하지 않을 때는 풍화암 10m까지 적용하고, 도로(고속국도 포함)는 연암 3m 또는 경암 1m, 기반암이 출현하지 않을 때는 풍화암 7m까지 적용한다.

주 2) 철도 산악터널의 경우, 시추조사 간격은 50~100m로 적용한다.

3) 토취장 조사는 개소당 시추는 2개소 이상, 심도는 경암 5m까지 수행하며, 시험굴은 5개소 이상 실시한다.

4) 단선병렬 터널의 경우, 두 터널 중심 간의 거리가 5D(터널 폭) 이상 이격되었을 경우, 각각의 터널로 지반조사를 수행한다.

5) 지하철의 경우 각 해당 구조물 구분을 따른다.

6) 위 기준은 최소 권장사항이며, 사업규모 및 특성에 따라 수량 및 심도를 증가하여 정밀조사를 실시한다.

표 2.10 | 시추조사 결과 지층 개요 부분에 대한 보고서 작성 사례

구분	지층 개요
매립층	· 지표 하 1.0~5.2m 층후로 분포하며 회갈색~암갈색 실트질 모래, 실트질 자갈로 구성 · 습윤한 상태이며, 매우 느슨~보통 조밀한 상대밀도
퇴적점성토	· 지표 하 1.0~11.0m에서 3.0~8.8m 층후로 분포 · 암갈색~암회색의 모래질 점토, 모래질 실트로 구성 · 습윤한 상태이며, 표준관입시험 결과 매우 연약~매우 견고한 연경도
퇴적자갈	· 지표 하 9.4~31.3m에서 5.7~14.8m 층후로 분포 · 암갈색~담회색, 암회색의 모래질 자갈로 구성 · 습윤한 상태이며, 보통 조밀~매우 조밀한 상대밀도
풍화토	· 지표 하 20.8~25.8m에서 1.2~11.0m 층후로 분포 · 편마암의 상부 풍화대로 암편 섞인 실트질 모래로 구성
풍화암	· 지표 하 24.0~40.5m에서 3.0~8.0m 층후로 분포 · 편마암의 하부 풍화대로 굴진 시 암편 섞인 실트질 모래로 분해
연암	· 지표 하 26.0~27.0m에서 2.0~4.0m 이상 층후로 분포 · TCR/RQD는 73~100%/20~38%로 매우 불량~불량한 암질 상태
보통암	· 지표 하 28.0m에서 1.0m 이상 층후로 분포 · TCR/RQD는 97%/70%로 보통의 암질상태

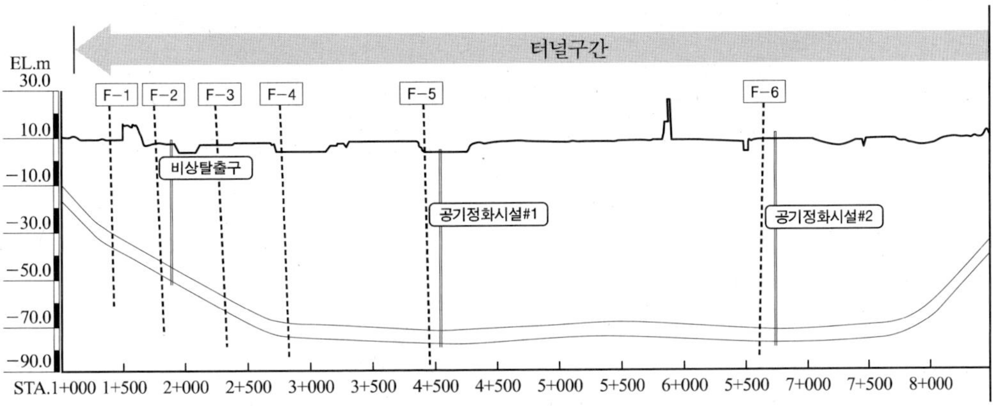

그림 2.9 단층 조사 결과 부분에 대한 보고서 작성 사례

표 2.11 | 지층별 지반정수 산정 부분에 대한 보고서 작성 사례

구분		단위중량 (kN/m^2)	점착력 (MPa)	내부마찰각 (°)	변형계수 (MPa)
매립층		18.0	0.01	28	9
퇴적층	점토	17.0	0.02	15	10
	모래	18.0	–	30	25
	자갈	19.0	–	35	70
풍화대	풍화토	19.0	0.028	28	100
	풍화암	20.0	0.033	32	300

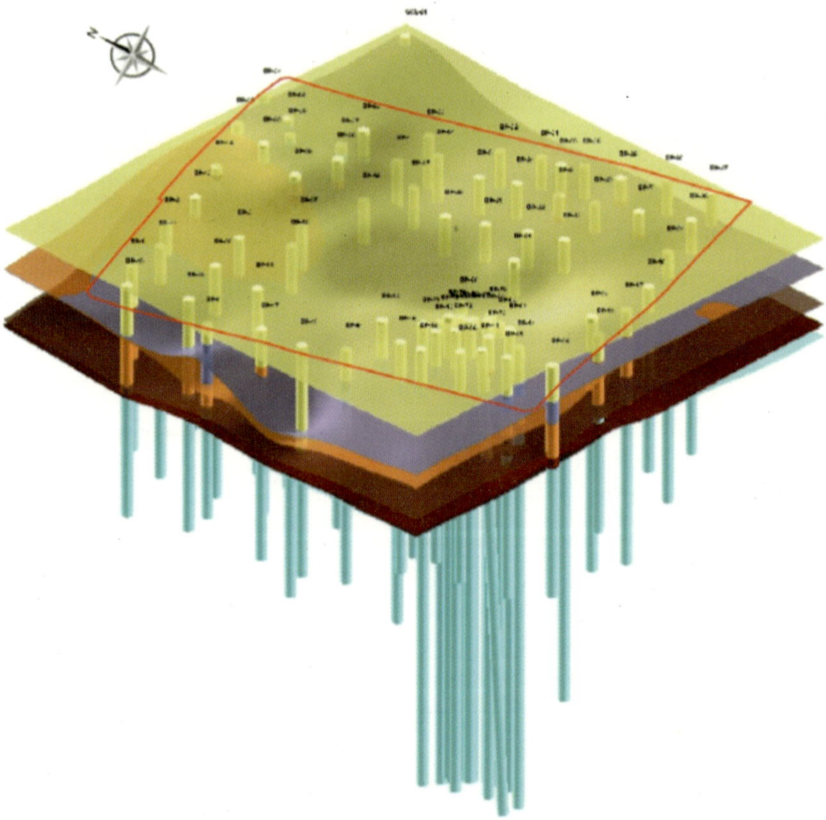

그림 2.10 전체 지층별 지하수 분포현황 보고서 작성 사례

④ 투수시험

- 투수계수를 산정하는 방법은 경험식에 의한 방법, 실내시험(정수두시험, 변수두시험, 압밀시험으로 환산하는 방법), 현장시험(양수법, 양정법, 현장수압시험) 등이 있다.
- 순간충격시험은 투수성이 매우 낮은 저투수성 지층에서 대수성시험을 실시할 때나 수중모터 펌프를 공내에 설치할 수 없는 소구경의 관측정의 경우 사용된다.

그림 2.11 변수두 투수시험기(좌), 공내 지하수 유향, 유속시험(우)

표 2.12 | 지층별 투수계수 산정 부분에 대한 보고서 작성 사례

지층별 투수계수
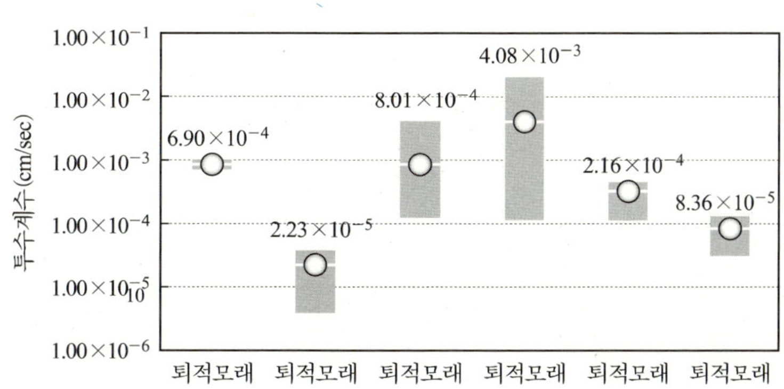

표 2.13 | 지하수 유향 및 유속 시험결과 분석 부분에 대한 보고서 작성 사례

BH-3 지하수 유향

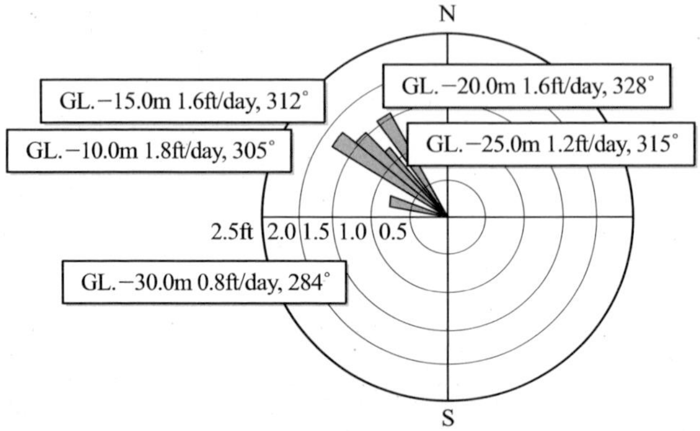

BH-3 심도별 유속

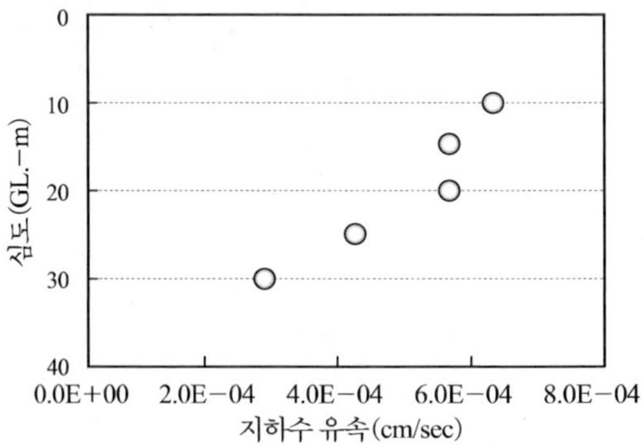

⑤ 물리탐사

사업구간의 지층 구성 상태, 지하공동의 위치, 규모, 지하수 조사, 지장물 조사 등을 위하여 물리탐사를 실시한다. 이에 대한 상세한 내용은 제6장에서 기술한다.

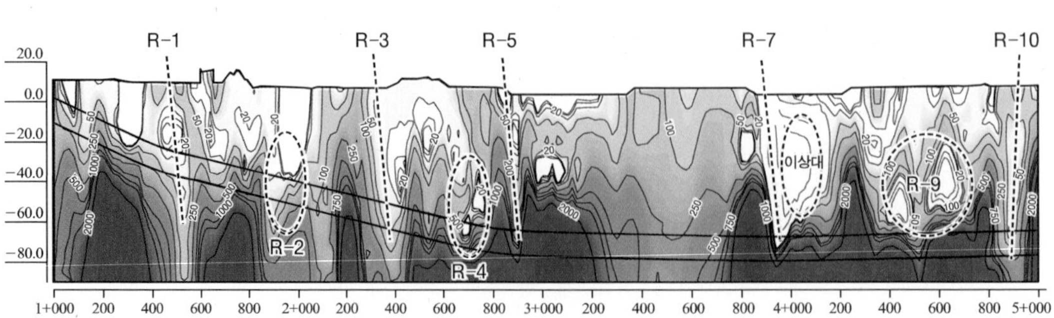

그림 2.12 물리탐사 결과 분석 부분에 대한 보고서 작성 사례

마) 지하수 변화에 의한 영향 검토

지하수 변화에 의한 영향 검토는 지하안전영향평가에서 중요한 항목으로 기술적 근간은 지하수공학이다. 보다 상세한 기술적 내용은 제3장에서 기술한다.

지하수 변화에 의한 영향은 기존자료 조사와 현장 지하수조사시험 결과를 바탕으로 광역 지하수 흐름 분석을 수행하여 검토한다. 기존자료 조사는 지하정보통합체계, 지하수정보체계(국가지하수정보센터), 수자원 정보체계(국가수자원관리종합정보시스템), 농촌지하수관리조사(농어촌지하수넷) 등의 기존 관측망을 활용한다.

기존자료 및 지하수 조사시험 결과를 활용한 수치해석을 통해 사업 전후의 광역 지하수 흐름 변화를 검토한다.

① 관측망을 통한 지하수 조사

- 국토교통부, 환경부, 한국농어촌공사, 한국수자원공사 등에서 제공하고 있는 지하수정보 시스템을 이용하여 지하수 이용실태를 파악한다.
- 기상청의 우수특성을 분석한다. 이때, 우수는 수치해석 시 외력에 해당된다.

② 광역지하수 흐름 분석 : 광역지하수 흐름(지하수 유동해석)은 다음과 같은 절차로 실시한다.

- 일반적인 구조해석과 동일하게 관련 자료를 수집・분석한 후, 대상사업에 대한 집수유역을 설정한다. 각각의 대수층, 경계조건, 강수량 등을 입력한다.
- 해석을 통하여 정류상태를 모사(자연상태의 지하수 흐름)하고, 굴착공사 또는 터널 공사로 인한 지하수의 변화(부정류상태)를 비교・검토한다. 비교・검토된 지하수로 인한 유입량을 추정하고 대상사업으로 인한 주변지반 및 인근 구조물의 영향 여부를 판단한다.
- 기술적으로 주변 지반이나 구조물 등에 영향이 있다고 판단되면, 지하안전확보방안(보수 또는 보강 등의 개념)을 고려한 광역지하수 흐름을 다시 분석한다.

③ 광역지하수 흐름 분석의 일반적 절차는 다음과 같다.

- Criteria : 기상청의 통계자료를 이용하여 강수량 등을 분석한다. 지하수 이용 현황조사는 문헌 및 자료조사를 선행하고, 현장조사를 실시한다. 현장 투수시험과 실내 투수시험 결과 등을 이용하여 투수계수, 저류계수 등을 산정한다.

- Modelling : 산계와 수계 등의 지형요인과 지하수 자료 등을 통하여 모델링 영역, 경계조건, 초기 입력수치 등을 결정한다.
- Loads : 자료조사를 통하여 분석된 강수량 자료를 활용하여 하중조건을 설정한다.
- Analysis : 정류상태(굴착 전)와 부정류상태(단계별 굴착 이후)로 구분하여 해석을 실시한다.
- Results : 해당 사업으로 인한 영향으로 지반침하의 가능성을 판단하고 차수대책 등을 고려한다. 이 경우 필요하면 차수대책을 고려한 부정류상태의 재해석을 실시하여 지하안전확보방안을 제시한다. 더불어 지하수 영향 범위, 배수공법, 차수공법, 사업의 진행에 따른 지반 및 인접 구조물의 안전성 검토를 실시한다.

표 2.14 | 지하수 관정조사 결과 부분에 대한 보고서 작성 사례

관정조사	주 소	용 도	굴착심도 (m)	굴착직경 (mm)	설치심도 (m)	취수계획량 (m^3/day)
W-001	서울 영등포구 양화동 000	농업용	120	165	80	100
W-002	서울 영등포구 양화동 000	생활용	20	50	15	20
W-003	서울 영등포구 양평동 000	생활용	150	250	80	200

표 2.15 | 지하수위 측정 부분에 대한 보고서 작성 사례

구 분	측정심도(EL. m)		지하수위 분포특성
	범 위	평 균	
시점개착	−4.8~4.9	0.0	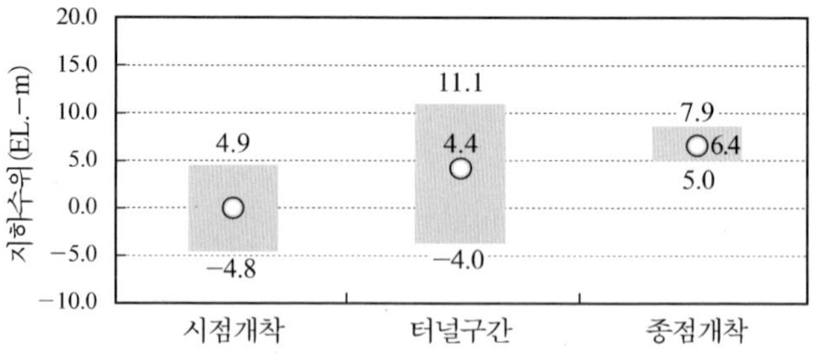
터널구간	−4.0~11.1	4.4	
종점개착	5.0~7.9	6.4	

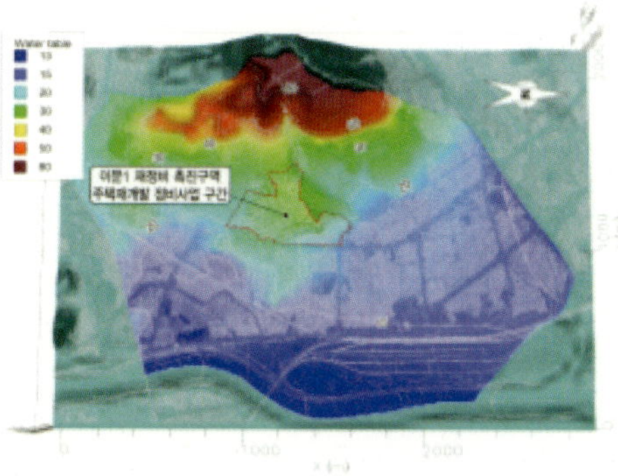

그림 2.13 과업지역의 자연상태 지하수위 분포(정류상태)

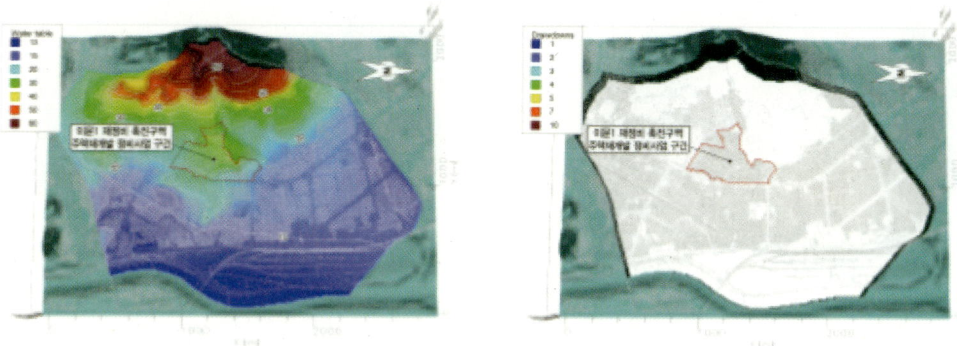

그림 2.14 과업지역의 굴착 초기의 지하수위 분포(부정류상태)

표 2.16 | 지하수위 유입량 분석 사례

경과시간	A구역 굴착구간(m^2/day)	B구역 굴착구간(m^2/day)
50일(굴착 초기)	0	0
150일	0	4.86
200일	0	14.41
250일	126.49	27.27
300일	189.60	46.74
330일	287.36	108.81
365일(완료)	231.38	78.85
1년 경과	1.86	1.83
3년 경과	2.49	2.27
10년 경과	2.87	2.60

바) 지반안전성 검토

지반안전성 검토는 굴착공사에 따른 지반안전성 영향분석과 주변 시설물의 안전성 분석으로 나누어 작성한다. 수치해석과 경험적인 방법 등을 통해 터널 또는 지하 20미터 이상의 터파기 굴착공사에 따른 주변 시설물의 손상 유무, 주변 지반의 침하 등의 지반안전성(응력, 침하 등)을 검토한다.

지반안전성 검토는 현장시험과 실내시험을 근간으로 하여 자연적 요인과 외부 요인을 고려하여 대상사업(굴착공사, 터널공사)에 대한 안전성을 검토한다.

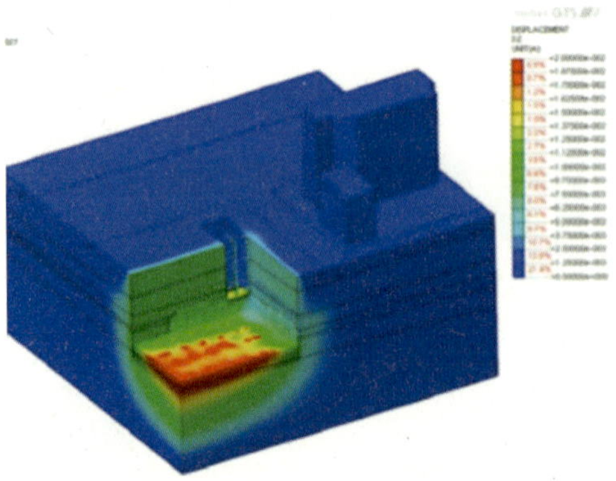

▲ 연직지반변위 분포경향

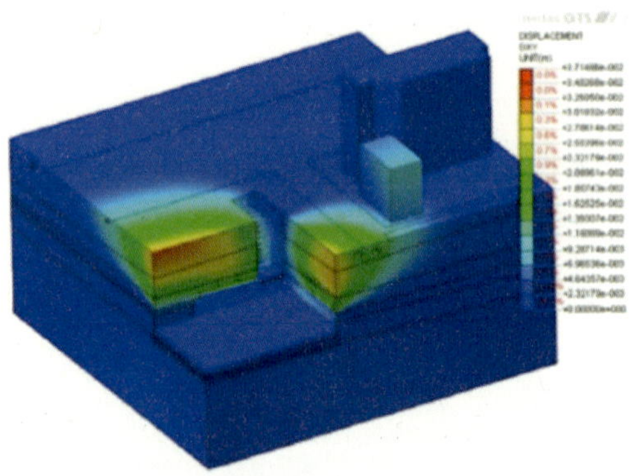

▲ 수평변위 분포경향

그림 2.15 지반안전성 분석 부분에 대한 보고서 작성 사례

표 2.17 | 지반안전성 분석 결과 부분에 대한 보고서 작성 사례

구 분	발생응력 (MPa)	허용응력 (MPa)	판 정
휨응력	77.09	142.57	OK
압축응력	28.62	154.59	OK
전단응력	34.83	90.00	OK
합성응력	0.68	1.00	OK
수평변위	15.40mm	15.62mm	OK

사) 지하안전확보방안 수립

① 계측 계획

터널 및 터파기구간의 지반특성, 주변현황, 구조물 계획 등을 고려하여 공사 중과 운영 중에 지하안전 확보를 위하여 구체적으로 계측 계획을 수립하여야 한다. 수립된 계측 계획은 계측항목, 계측수량, 계측빈도, 계측관리기준 등을 항목별로 기술한다.

② 지반침하 취약구간에 대한 보강 및 차수방안

대상사업의 규모, 지반조건, 지하수 조건 등과 지반침하가 예상되는 구간의 특성 등을 고려하여 취약구간을 선정하고 보강 및 차수 방안을 수립한다.

③ 지하안전확보방안의 중요성

지하안전영향평가를 실시함에 있어 가장 중요한 항목은 지하안전확보방안이다. 특히 취약구간에 대한 보강 및 차수방안은 지하안전확보방안의 핵심 사항이다. 즉, 일반적으로 지자체에서 시행되고 있는 굴토심의는 각 흙막이 벽체의 세부 사항(코너 strut 추가, brace 추가 등)에 검토하여 심의를 통하여 결정하는 것과 비교되는 항목이다.

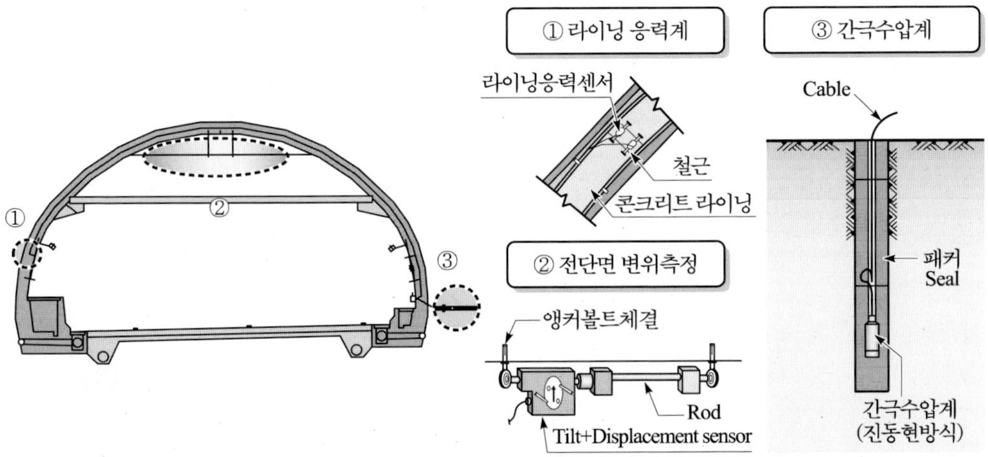

그림 2.16 터널의 계측 부분에 대한 보고서 작성 사례

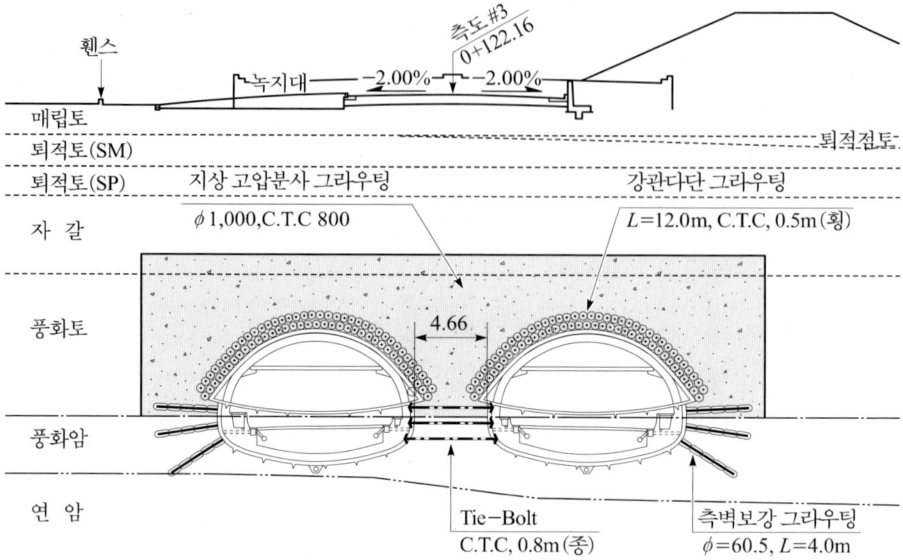

그림 2.17 터널의 지하안전확보방안 부분에 대한 보고서 작성 사례

아) 종합평가 및 결론

지하안전영향평가 항목에 대한 개별적인 평가를 실시하고 평가에 따른 영향 정도가 종합적으로 어느 정도인가를 정량적으로 결론을 기술한다. 정량적인 결론의 도출이 불가할 경우 정성적인 내용으로 결론을 도출한다.

자) 사후지하안전영향조사 시기

대상사업의 특성을 고려하여 사후지하안전영향조사 실시 시기를 사업계획서상에 구체적으로 기재한다.

차) 부록

① 지하안전영향평가서 작성에 참여한 사람의 인적사항 : 지하안전영향평가를 대행한 전문기관을 기재한다. 평가에 참여한 자의 인적사항(소속, 직책, 성명, 참여분야 등)을 평가항목별 및 참여내용별로 구체적으로 기재한다. 하도급을 통하여 용역을 수행한 경우 하도급 관련자료, 계약서, 지하개발사업자에게 통보 또는 승인한 공문, 하도급 기관명, 참여기술자 등의 내용도 수록하여야 할 것이다.

② 지반 및 지하수 조사자료 : 시추주상도, 투수시험, 지하물리탐사, 지하수 조사 시험 등 현장조사 결과에 대한 자료를 CD로 제출한다.

③ 용어 해설

④ 지하수 영향 및 지반안전성 수치해석 검토자료 : 지하수 영향 및 지반안전성 수치해석의 입력 자료와 결과 자료를 정리하여 수록한다.

⑤ 인용문헌 및 참고자료 등 : 인용하였거나 참고한 문헌을 기재한다.

카. 지하안전영향평가 유권해석

질의내용	유권해석 결과	비고
지하개발사업자가 지하안전영향평가를 할 수 있는지?	승인을 받아야하는 지하개발사업자가 직접 수행이 가능함(단, 교육을 이수한 책임기술자와 교육훈련을 득해야 함).	
사업계획의 수립, 설계를 한 업체 또는 지하굴착 설계사는 지하안전영향평가 수행이 가능한가?	적절한 비용지급과 내실 있는 지하안전영향평가를 위하여 "별도로 계약을 체결한다면" 수행 가능함.	
지하안전영향평가의 소요시간은?	대상사업의 특성, 여건에 따라 상이하여 예측하기 불가함.	2개월
경사지의 굴착으로 인하여 한쪽 면은 20미터 이상, 한쪽 면은 굴착이 1미터 내외인 경우 지하안전영향평가 대상사업인지 여부?	대상사업임(단, 산지관리법에 의한 산지(지목이 임야), 공유수면 관리 및 매립에 관한 법률에 의한 바닷가 사업은 제외됨).	사유를 명확히 할 것
택지개발촉진법에 의거 택지개발사업을 득한 경우, 택지 내부에 주택건설사업을 할 경우 지하안전영향평가 대상사업인지 여부?	- 택지개발사업을 득할 때, 주택건설시 굴착깊이를 고려한 인허가를 한 경우 : 시행령 별표 1의 "하나의 사업이 둘 이상의 대상사업에 해당하는 경우"에 해당되어 최초로 해당 사업에 대한 승인 등을 요청하는 경우부터 적용함. - 택지개발사업을 득할 때, 주택건설시 굴착깊이를 고려하지 않고 인허가를 한 경우 : 지하안전영향평가 대상사업임.	건축물 지하층규모, 지하층의 연면적 등이 포함된 경우 여부
지하안전영향평가 전 사업승인 또는 시공이 가능한지 여부?	"사전공사 금지"는 사업계획 승인이 되기 전에 지하안전영향평가를 완료해야 한다는 의미로서 협의 절차 완료 전에는 사업계획의 승인이 불가함.	
Open Cut 공법으로 15미터를 굴착할 경우, 지하안전영향평가 대상사업인지 여부?	대상사업임.	
굴토심의를 진행하지 않은 지자체에서 지하안전영향평가를 생략할 수 있는지 여부?	굴토심의는 별개의 건이므로 지하안전영향평가를 생략할 수 없음.	
굴착깊이를 판단하는 기준이 원지반고인지, 부지 정리를 위한 계획고 인지 여부?	원지반고 기준임.	

질의내용	유권해석 결과	비고
1700m^{2}를 굴착하는 중 1.0m^{2}이 10미터를 초과할 경우 소규모 지하안전영향평가 대상사업인지 여부?	대상사업임.	
건설기술진흥법 시행령 제98조 1항 2호에 따라 "굴착깊이 산정 시 집수정, 엘리베이터 피트 및 정화조 등의 굴착부분은 제외한다"와 지하안전영향평가 대상 최대굴착깊이와의 차이점?	지하안전영향평가에서는 최대굴착심도를 기준으로 설정함.	추후 고려사항임.
건축법에 의하면 굴착깊이 산정은 굴착깊이별 전체 연장 대비로 산정함. 이와 지하안전영향평가의 최대굴착심도와 관계?	지하안전영향평가에서는 최대굴착심도를 기준으로 설정함.	
건축법에 따른 신축 건축허가의 경우, 건축허가 전에 건축심의, 교통영향평가 심의, 미관지구 심의, 사전심의 등의 절차를 거침. 지하안전영향평가는 건축허가 요청 전 심의 시 요청하는 것인지 아님 건축허가 시 요청하는 것인지 여부?	건축허가 시 요청함.	
기존의 지하층 깊이가 16.50m에서 18.60m로 굴착하는 경우 지하안전영향평가 대상사업 여부?	포함되지 않음.	수직증축 리모델링
굴착대상 부지의 최고점에서 최저점의 굴착깊이는 12m이고, 굴착이 이루어지는 위치에서의 굴착깊이가 8m인 경우, 지하안전영향평가 대상사업 여부는?	대상사업에서 제외됨.	
인명 및 재산피해가 전혀 발생할 가능성이 없는 부지에서의 굴착공사에 대해서 지하안전영향평가 대상 여부는?	지하안전영향평가 대상 사업임.	
일부 지자체에서 건축허가 전인 건축심의 단계에서 지하안전영향평가서를 요구하는 경우 제출 여부는?	제출은 가능하나, 세부 시기는 승인기관과 협의하여 결정함.	
해당필지가 산지와 대지로 구성되어 있음(굴착 대지가 혼재되어 있는 경우도 동일함). 이 중 산지와 대지의 굴착깊이가 상이할 경우 지하안전영향평가 대상사업을 판단하는 방법은?	산지를 제외한 부지(대지)의 최대굴착깊이를 기준 대상사업 여부로 판단하여야 함.	
지반조사를 실시할 수 없는 경우, 지하안전영향평가를 착공 전으로 변경가능한지 여부?	변경 불가함.	추후 고려사항임.
철거공사 전 원래 지반고가 있었으나, 철거공사 후 새로운 지반고가 형성될 경우 지반고의 기준은?	새로운 지반고가 기준 지반고로 선정함.	

질의내용	유권해석 결과	비고
지하개발사업자(사업주 또는 조합 등) 또는 지하시설물관리자가 건축사사무소 등에게 설계포함 일괄하도급을 준 경우, 지하안전영향평가를 대행기관(건축사사무소 등)과 계약을 한 경우, 하도급에 해당하는 지 여부?	대행계약은 지하개발사업자 또는 지하시설물 관리자와 지하안전영향평가 전문기관의 계약을 직접 계약에 해당됨.	
지하안전영향평가 전문기관이 계약을 체결 후 지하개발사업자에게 정식 보고를 한 하도급 계약의 경우, 실적 인증 범위는?	실적은 원도급사에 대해서만 실적을 인증함.	
열수송관 등에 대한 압입공법은 지하안전영향평가(터널) 대상사업인지 여부?	2.0m^2의 직경 크기로 분석하여야 함.	터널의 정의
산지관리법에 의한 산지의 의미는?	산지관리법에 의한 산지라함은 지목이 "임야"에 해당되는 토지, 입목(立木), 죽(竹)이 집단적으로 생육하는 토지, 임도(林道), 작업로, 등산길 등을 산지라 함.	
4면이 폐합되지 않는 깍기공사의 경우 지하안전영향평가 대상사업이 되는지 여부?	지하안전영향평가는 굴착공사에 대한 사항이므로 깍기공사는 해당되지 않음.	
지하안전영향평가등의 하도급 및 공동도급 가능 여부	지하개발사업자 또는 지하시설물관리자의 동의가 있다면 하도급이 가능함. 공동도급과 관련해서 지하안전법에서는 별도의 조항이 없으며, 이는 해당 지하개발사업자 또는 지하시설물 관리자가 계약관계법령을 검토하여 결정할 사항임.	
지하안전영향평가 실시 절차와 관련하여 행정절차에 동의, 보완, 부동의가 있음. 이때 절차는? 1. 동의 가. 평가서의 내용 등이 제39조에 따른 검토사항을 충족하고 있으며, 해당 사업의 시행으로 인한 지하안전에 미치는 영향이 경미하거나 그에 대한 적정한 지하안전확보방안이 강구되어 있어 지하안전 측면에서 이의가 없는 것을 말한다. 2. 조건부 동의 가. 평가서에 제시된 지하안전확보방안 등이 충분하지 아니한 것으로 판단되어 지하안전 확보를 위한 추가적인 조치를 취하는 조건으로 사업계획 승인을 동의하는 것을 말한다.	지하개발사업자나 승인기관의 장은 지하안전영평가등의 협의 내용을 통보받았을 때는 그 내용을 해당 사업계획등에 반영하기 위하여 필요한 조치를 취해야 함. → 승인기관의 장은 이를 확인하여야 함. 승인기관의 장은 적절한 조치를 취했을 경우 동의, 보완, 부동의에 따라 사업승인을 함.	

질의내용	유권해석 결과	비고
3. 부동의 가. 해당사업이 관련법령에 저촉되거나 해당사업의 시행으로 인한 지하안전에 미치는 영향이 상당한 문제점이 있다고 판단되어 해당 사업의 규모·내용·시행시기 또는 위치에 대하여 변경·조정 등의 사업계획 재검토가 필요한 경우를 말한다.		

2.4.2 소규모 지하안전영향평가

법 제23조(소규모 지하안전영향평가의 실시 등) ① 지하안전영향평가 대상사업에 해당하지 아니하는 사업으로서 대통령령으로 정하는 소규모 사업(이하 "소규모 지하안전영향평가 대상사업"이라 한다)을 하려는 지하개발사업자는 소규모 지하안전영향평가를 실시하고, 소규모 지하안전영향평가에 관한 평가서(이하 "소규모 지하안전영향평가서"라 한다)를 작성하여야 한다. 다만, 천재지변이나 사고로 인한 긴급복구가 필요한 경우 등 대통령령으로 정하는 사유에 해당한다고 국토교통부장관이 인정한 지하시설물 공사(이하 "긴급복구공사"라 한다)의 경우에는 그러하지 아니하다.

소규모 지하안전영향평가는 지하안전영향평가에 준하여 보고서를 작성하며, 절차 역시 동일하다.

지하안전영향평가와 소규모 지하안전영향평가는 최대굴착심도의 차이로 구분되어지며, 이의 업무내용에는 조사방법, 해석방법 등에서 차이가 있다.

1) 지반 및 지질 현황을 분석함에 있어 지하안전영향평가는 지하물리탐사를 실시해야하지만 소규모 지하안전영향평가는 하지 않아도 된다.
2) 지하수 변화에 의한 영향을 분석함에 있어 지하안전영향평가는 지하수 조사시험(양수시험, 순간충격시험 등)을 실시하여야 하지만, 소규모 지하안전영향평가는 하지 않아도 된다.
3) 지하안전영향평가는 광역 지하수 흐름 분석을 하여야 하나, 소규모 지하안전영향평가는 대상지역의 지하수 흐름만 분석하면 된다.
4) 지하안전영향평가는 3차원해석을, 소규모지하안전영향평가는 2차원해석을 기본으로 한다.

2.4.3 사후지하안전영향조사

가. 사후지하안전영향조사 개요

사후지하안전영향조사는 기 실시한 지하안전영향평가서와 이를 반영한 실시설계 자료 등을 기초로 하여 실제 현장에서 적용되고 있는지를 조사하는 것이다. 즉, 기 실시한 지하안전영향평가 사후에 현장에서 조사한다는 의미이다.

따라서 설계기준 미 준수, 지하안전영향평가 수행 전·후 주변 여건 및 현장 여건 변화 시 추가 조사나 검토를 수행하여야 한다.

나. 사후지하안전영향조사 절차도

사후지하안전영향조사는 지하개발사업자 또는 이를 대행하는 지하안전영향평가 전문기관에서 자료조사, 현장조사를 통하여 보고서를 작성하게 하였다. 작성된 사후지하안전영향평가서는 승인기관 및 국토교통부 장관에게 제출하게 하였다.

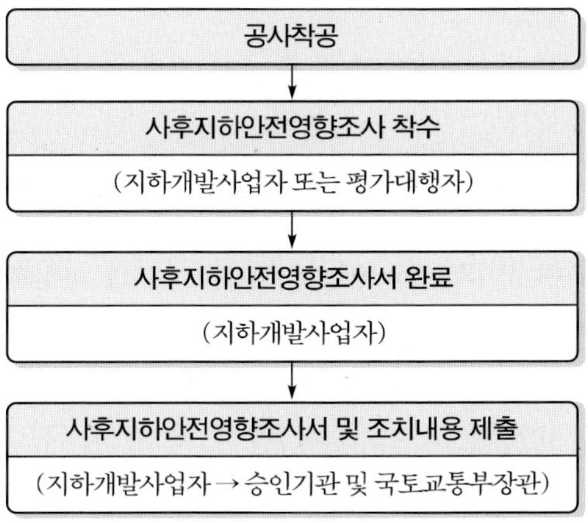

그림 2.18 사후지하안전영향조사 절차도

다. 사후지하안전영향조사 검토, 통보

사후지하안전영향조사서의 검토 및 통보는 다음과 같은 순서로 진행된다.

1) 공사가 착공된 후, 지하안전영향평가에서 제시한 사후지하안전영향조사 시기가 되면 지하개발사업자 또는 평가대행자는 사후지하안전영향조사를 시작된다.
2) 사후지하안전영향조사서를 완료한 후, 지하개발사업자는 60일 이내에 승인기관인 시·군·구청장과 국토교통부장관에게 전자문서형태로 보고서 및 조치내용을 제출한다.

3) 협의 내용의 이행은 다음과 같이 2가지 경우로 구분하였다.
   - 승인을 받아야하는 지하개발사업자 : 승인기관의 장이 협의 내용을 이행했는지를 확인하여야 함.
   - 승인을 받지 아니하여도 되는 지하개발사업자 : 국토부장관은 협의 내용의 이행을 관리하기 위하여 필요한 경우 공사 중지나 필요한 조치를 명할 수 있음.

라. 사후지하안전영향조사서의 작성방법

[별표 5] 사후지하안전영향조사서의 작성방법 (제21조 제3항 관련)

1. 요약문
2. 사후지하안전영향조사 대상사업의 개요
3. 사후지하안전영향조사 대상지역의 설정
4. 지반 및 지질 현황
5. 지하수 변화에 의한 영향 검토
6. 지반안전성 검토
7. 지하안전확보방안 적정성 및 이행 여부 검토
8. 종합 평가 및 결론
9. 부록

가) 요약문

사업의 개요, 사후지하안전영향조사 대상지역의 설정, 지반 및 지질 현황, 지하수 변화에 의한 영향 검토, 지반안전성 검토, 지하안전확보방안 적정성 및 이행 여부 검토 내용 등의 본문을 작성한 후, 이를 요약·정리한다.

나) 사후지하안전영향조사 대상사업의 개요

대상 사업의 배경과 목적 및 필요성을 기술한다. 또한, 대상사업의 범위, 조사서 제출일자와 사후지하안전영향조사 실시 기간과 근거를 기재한다.

다) 사후지하안전영향조사 대상지역의 설정

지하안전영향평가에서 설정한 대상지역을 바탕으로 사업시행으로 인하여 지하안전에 영향을 미칠 것으로 예상되는 대상지역을 설정하여 기술한다.

라) 지반 및 지질 현황

① 조사항목은 대상사업의 종류, 규모 및 지역 등이 지하안전에 미치는 영향

특성을 고려하여 적절히 파악할 수 있도록 설정한다.

- 지하안전영향평가 시 획득한 지반 및 지질 현황 자료
- 지하물리탐사(지표투과레이더탐사, 전기비저항탐사, 탄성파탐사 등)

② 기 실시한 지하안전영향평가 시 획득한 자료를 검토하여 오류 등은 수정·보완하여야 한다. 또한 시공 중에 확인된 지질 및 지반현황이 기존 자료와 상이하거나 변화된 구간에 대해서는 이를 사후지하안전영향조사에 반영한다.

③ 지하안전영향평가 시 제시한 지반 및 지질현황에 대한 내용을 검토하고 사후지하안전영향조사 시 현장조건이 상이하거나 변화된 구간에 대해서는 보완조사를 실시하여 작성한다.

마) 지하수 변화에 의한 영향 검토

① 지하안전영향평가 시 획득한 지하수 자료 및 광역 지하수 흐름을 검토한다. 또한, 현장 시공 중에 확인된 지하수 변화에 의한 영향이 지하안전영향평가 시 검토된 내용과 상이할 경우, 보완조사를 통해 지하수 변화에 의한 영향을 검토한다.

② 지하수 관측망 자료 및 주변 계측자료 등을 분석하여 지하수 변화에 의한 영향 검토에 활용한다.

③ 평가항목은 해당 사업의 시행으로 인하여 영향을 받을 수 있는 지하안전영향평가서, 지하수 관측망 자료, 계측자료 등을 활용하여 검토한다.

바) 지반안전성 검토

① 지하안전영향평가를 실시할 때, 기 수행한 지반안전성 검토 결과를 분석한다. 또한 시공 중에 확인된 지반안전성이 지하안전영향평가 시 검토된 내용과 상이할 경우, 이를 반영하여 사후지하안전영향조사를 실시하여야 한다.

② 현장 자료 중 가장 세심한 분석을 해야 할 계측자료는 지중경사계, 지표침하계, 하중계, 균열계 등이다. 계측 결과를 검토하여 대상사업 시공에 따른 지반안전성과 주변 시설물의 손상도, 주변 지반의 침하, 인접 매설물의 시공 전·후 현황 등 주변시설물의 영향을 검토하여야 한다. 필요시, 수치해석에 의한 역해석을 통하여 지반안전성을 검토할 수 있다.

사) 지하안전확보방안 적정성 및 이행여부 검토

① 지하안전영향평가서의 지하안전확보방안을 분석하고 검토한다.

② 시공현장의 굴착공사, 지반보강공사 등 공사내용이 현장에 적정하게 적용되고 시공되었는지 검토한다. 사후지하안전영향조사에서 가장 중요한 항목으로서 현장조사 시 세부적인 조사가 필요할 것으로 판단된다.

③ 수립된 계측계획이 터널 및 터파기 구간의 지반특성, 주변현황, 구조물 계획 등을 고려하여 공사 중과 운영 중 안전 확보에 문제가 없도록 수행되고 있는지 여부를 검토한다. 계측계획 수립 시 파악된 지반조건 및 주변 여건의 변동요인 발생 시, 현장여건에 맞도록 계측항목, 계측수량, 계측빈도, 계측관리기준 등을 제시한다.

아) 종합 평가 및 결론

사후지하안전영향조사 항목에 대한 개별적인 평가를 실시하고 각각의 평가 결과는 정량적으로 나타낸다. 정량적인 결론이 불가할 경우 정성적인 내용으로 결론으로 도출한다.

자) 부록

① 사후지하안전영향조사서 작성에 참여한 사람의 인적사항

② 지하안전영향평가서 자료

③ 용어 해설

④ 지반 및 지하수 조사자료

⑤ 지반안전성 계측 및 수치해석 검토자료

⑥ 조사서 작성 시 인용 문헌 및 참고자료 등

마. 유권해석

질의내용	유권해석 결과	비고
지하안전영향평가를 수행한 동일한 업체는 사후지하안전영향조사를 수행할 수 있는가?	적절한 비용지급과 내실있는 사후지하안전영향조사를 위하여 “별도로 계약을 체결한다면” 수행 가능함.	
지하안전영향평가 전문기관으로 등록된 당해현장의 시공사가 사후지하안전영향조사를 실시할 수 있는지 여부?	적절한 비용지급과 내실있는 사후지하안전영향조사를 위하여 “별도로 계약을 체결한다면” 수행 가능함. 단, 이는 “이해당사자”에 해당되므로 추가 유권해석이 필요함.	

2.5 지하시설물 관리자의 의무 (제5장 지하시설물 및 주변 지반의 안전관리)

가. 개요

법 제34조(지하시설물 및 주변 지반에 대한 안전점검 등) ① 지하시설물관리자는 소관 지하시설물 및 주변 지반에 대하여 안전관리규정에 따른 안전점검을 국토교통부령으로 정하는 바에 따라 정기적으로 실시하고 그 결과를 시장·군수·구청장에게 통보하여야 한다.

법 제35조(지반침하위험도평가 및 중점관리대상의 지정 등) ① 지하시설물관리자는 다음 각 호의 어느 하나에 해당하는 경우 지반침하위험도평가를 실시하여야 하고, 지반침하위험도평가에 관한 평가서(이하 "지반침하위험도평가서"라 한다)를 관할 시장·군수·구청장에게 제출하여야 한다.

1) 지하시설물관리자에 대해서는 소관 지하시설물 및 주변 지반에 대하여 안전관리 규정에 따른 안전점검을 정기적으로 실시하고, 공동이 있거나 지반침하의 가능성이 있는 구간에 대해서는 지반침하위험도평가를 실시하게 하여 지반침하와 관련 사고를 예방하고자 하였다. 이러한 기존 지하시설물 주변의 지반침하는 전체 지반침하 사고 대비 70% 정도의 원인을 제공한다.
2) 지하안전점검은 도로 및 철도시설에 위치한 지하시설물을 대상으로 한다. 이 경우 500mm 이하의 상수도관, 하수도관, 수송관은 제외하였다. 매립된 관로의 특성상 관로의 매립깊이가 깊지 않아 지반침하로 인한 인적, 물적 피해가 크지 않은 특징을 고려하였다.
3) 국가가 민간 건축물 주변의 지반침하까지는 예방과 대책을 수립하기에는 한계가 있으므로 이는 제외하였다.

표 2.18 | 지하안전점검 대상시설물

구 분	대상시설물	점검방법 및 실시시기	
		육안조사 (1회/1년)	지표투과레이더(GPR)탐사 (1회/5년)
적용범위	도로 및 철도시설 중 지하시설물에 대하여 지하안전점검을 실시한다. (지하안전관리에 관한 특별법 시행규칙 별표 3)		
대상시설물	직경 500mm 이상의 상수도관	○	○
	직경 500mm 이상의 하수도관	○	○
	전기시설	○	○

구 분	대상시설물	점검방법 및 실시시기	
		육안조사 (1회/1년)	지표투과레이더(GPR)탐사 (1회/5년)
대상시설물	전기통신시설	○	○
	가스공급시설	○	○
	공급시설 중 직경 500mm 이상 수송관	○	○
	공동구, 지하도로 및 지하광장	○	○
	도로	○	○
	도시철도시설	○	○
	철도시설	○	○
	주차장	○	○
	지하도상가	○	○

나. 지하시설물 관리자의 의무

1) 지하시설물 관리자는 소관 지하시설물 및 주변 지반에 대한 안전점검을 실시하여야 한다. 이때, 육안조사는 연 1회 이상, GPR탐사는 5년에 1회 이상 실시하여야 한다.
2) 안전점검 결과는 시・군・구청장에게 통보하여야 한다.
3) 통보받은 안전점검 결과를 근거로 하여 시・군・구청장은 관계기관 및 전문가와 같이 안전관리 실태를 점검할 수 있다.
4) 시・군・구청장은 공동이 발견되거나, 지반침하의 우려가 있는 경우 해당 지하시설물 및 소유자・점유자에게 안전에 필요한 조치를 취하게 하고, 지반침하위험도평가의 실시를 명할 수 있다.

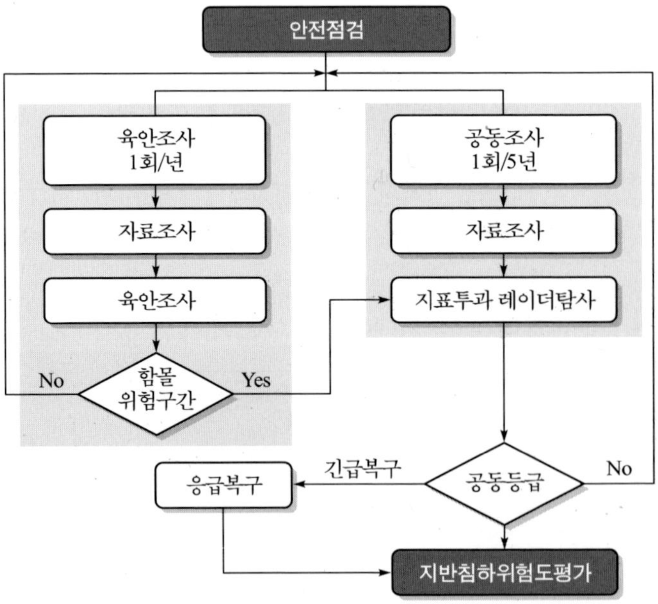

그림 2.19 지하시설물 관리자의 의무(지하안전점검, 지반침하위험도평가)

2.5.1 지하안전점검

가. 개요

1) 지하안전점검의 목적은 지하시설물관리자가 소관 시설물 및 주변 지반에 대하여 정기적으로 안전점검을 실시하도록 함으로써 지반침하 및 관련 사고를 예방하는 데 있다. 일부 지하시설물관리자의 경우 소관시설물의 위치, 설계와 시공의 상이점, 현재 시설물의 객관적인 상태도 파악하고 있지 못하는 등의 문제점을 해결하고, 보다 세심한 관심을 두기 위함이라고 할 수 있다.
2) 지하안전점검의 실시시기는 전차의 지하안전점검 종료일의 다음날을 기준으로 한다.
3) 지하시설물이 동일한 구간에 중복이 되더라도 각각 지하안전점검을 실시하게 하였다. 이는 지하시설물이 중복되어있는 경우, 공동 또는 지반침하사고가 많이 발생하는 것을 고려하여 중복된 점검이라도 실시하게 하여야 되는 의미이다.
4) 지하시설물관리자가 상호 협의한 경우, 통합하여 지하안전점검을 실시할 수 있다.

나. 지하안전점검 절차도

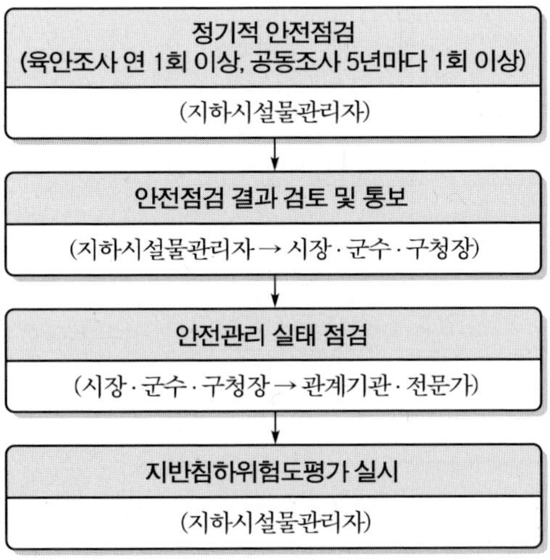

그림 2.20 지하안전점검 절차도

다. 육안조사

1) 육안조사는 최초 또는 전차의 결과를 근간으로 하여 지하시설물 및 주변지반의 안전성을 확인하기 위하여 변화를 조사한다. 이 경우 기초 자료조사와 더불어 간단한 측정, 시험장비로 조사한다.
2) 침하 및 공동의 발생현황과 더불어 과거에 발생한 경우는 보다 상세히 기록하여야

한다. 이는 지하안전점검의 경우, 과거이력이 중요함으로 의미하며, 지반침하에 대한 지속적인 자료 축적이 필요함을 알 수 있다.

3) 육안조사는 간접요인에 의한 자료조사와 직접요인에 의한 현장육안조사로 구분하였다.
   ① 자료조사 항목 : 인근 공사장 유무, 주변 지반특성, 상수도 관로 상태, 하수관로 상태, 전기, 가스, 통신, 송유, 냉난방 관로 상태, 지하철, 지하상가, 공동구 등의 상태
   ② 현장 육안조사 항목 : 도로침하 상태, 도로 균열율, 패칭수, 도로 습윤 상태, 경계석 기울기

4) 육안조사의 흐름도는 다음과 같다.

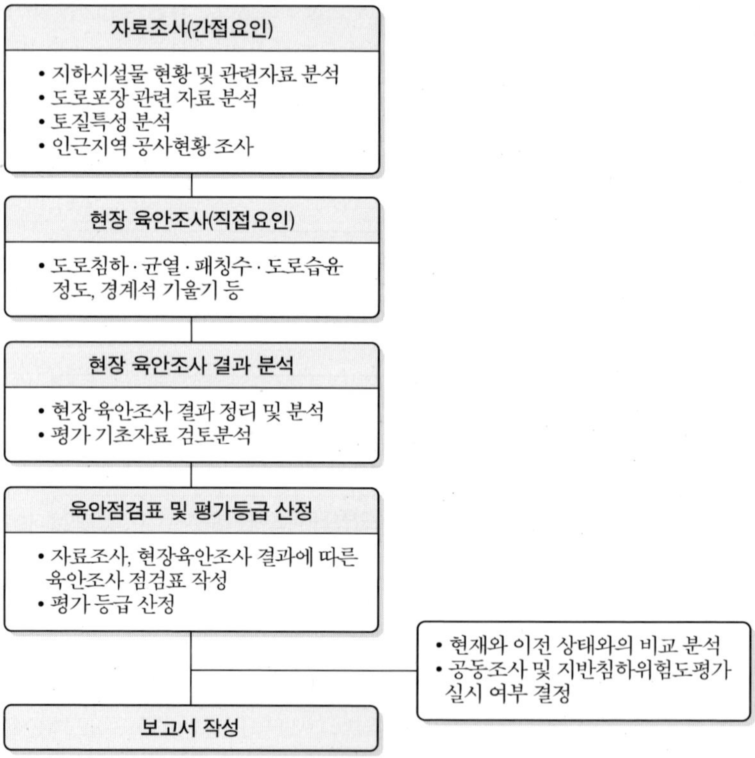

그림 2.21 지하안전점검에서의 육안조사 절차도

5) 자료조사의 평가기준은 다음과 같다.

표 2.19 | 자료조사(간접요인) 평가기준

점검항목 \ 결함등급			양 호	보 통	불 량
지역현황 조사	인근공사장 유무	상태	공사장이 없는 경우	20m 미만 굴착	20m 이상 굴착
		점수	0	3.5	7
	주변 토양특성	상태	견고한 지반	보통 지반	느슨한 지반
		점수	0	2.5	5
지하 매설물 자료조사	상수관로	상태	5년 이하 양호(존치) 누수(안정) 위치변화(안정)	5~20년 갱생(세척) 누수(주의) 위치변화(주의)	20년 이상 교체 누수(누수) 위치변화(위험)
		점수	0	3	6
	하수관로	상태	5년 이하 양호(존치) 누수(안정) 위치변화(안정)	5~20년 갱생(세척) 누수(주의) 위치변화(주의)	20년 이상 교체 누수(누수) 위치변화(위험)
		점수	0	3.5	7
	전기, 가스, 통산, 송유, 냉난방	상태	5년 이하 양호(존치) 누수(안정) 위치변화(안정)	5~20년 갱생(세척) 누수(주의) 위치변화(주의)	20년 이상 교체 누수(누수) 위치변화(위험)
		점수	0	1.5	3
	지하철, 지하상가, 공동구등	상태	안전진단 A등급	안전진단 B, C등급	안전진단 D, E등급
		점수	0	1.5	3

6) 육안조사의 평가기준은 다음과 같다.

표 2.20 | 육안조사(직접요인) 평가기준

점검항목 \ 결함등급		양 호	보 통	불 량
도로의 침하	상태	도로상태가 양호한 경우 (50mm 이하)	부분적으로 굴곡이 있는 경우 (50~100mm)	전면에 걸쳐 발생한 경우 (100mm 이상)
	점수	0	11	22
도로 균열률	상태	작다 (균열률 0~20%)	중간 (균열률 20~40%)	크다 (균열률 40% 이상)
	점수	0	7.5	15
패칭수	상태	2개 이하	2~5개	6개 이상
	점수	0	4.5	9
도로 습윤정도	상태	건조된 상태	습윤 흔적이 있는 상태	물이 솟아오른 상태
	점수	0	7.5	15
경계석 기울기	상태	5° 이하	5°~20°	20° 이상
	점수	0	4	8

그림 2.22 **도로 침하(좌), 도로 균열(우)**

그림 2.23 **포장 패칭(좌), 도로 경계석 기울기(우)**

7) 자료조사와 육안조사 결과를 근간으로 하여 결함점수를 결함지수화하고, 결함지수별 육안조사의 평가등급기준은 다음과 같다. 평가등급기준에 대해서는 향후 지속적인 자료축적과 연구를 통하여 수정・보완하여야 할 것이다.

표 2.21 | **육안조사 평가등급기준**

등급	결함지수(F)	시설물 상태
양호	0 ≤F<0.30	・문제가 없는 최상의 상태 ・평가된 경미한 결함은 발생하였으나 기능 발휘에는 지장이 없는 상태
보통	0.30 ≤F<0.55	・보통의 손상, 결함이 발생하였으나 안전에는 지장이 없으며, 지속적 관찰이 필요
불량	0.55 ≤F	・심각한 결함으로 인하여 시설물의 안전에 위험을 주는 경우로 공동조사 실시 여부를 결정하여야 하는 상태

라. 유권해석

질의내용	유권해석 결과	비고
도로법상 횡배수로 등의 하부도 지하안전점검에 해당되는 여부?	도로법상 도로는 차도, 보도, 자전거도로, 측도, 터널, 교량, 육교 등의 시설물로 도로부속물(주차장, 버스정류시설, 휴게시설, 시선유도표지, 중앙분리대, 과속방지시설, 통행료 징수시설, 도로관제시설, 도로관리사업소, 도로표지, 교통량 측정시설, 낙석방지시설, 제설시설 등)도 포함함	

2.5.2 지반침하위험도평가

가. 개요

지반침하위험도평가란 지반침하와 관련하여 구조적·지리적 여건, 지반침하 위험요인 및 피해예상 규모, 지반침하 발생 이력 등을 분석하기 위하여 탐사장비 등으로 검사를 실시하고 정량·정성적으로 위험도를 분석·예측하는 것을 말한다. 즉, 공동이 탐사되었거나 지반침하의 가능성이 있는 경우, 구조해석 등을 통하여 안전성 여부를 평가하는 것을 의미한다.

나. 지반침하위험도평가 절차도

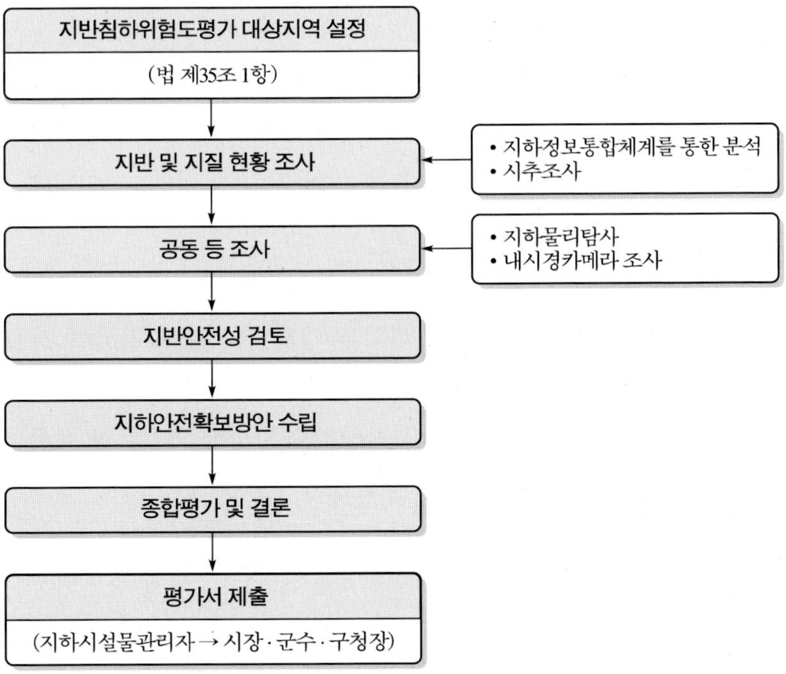

그림 2.24 지반침하위험도평가 절차도

다. 지반침하위험도평가서 작성방법

[별표 11] 지반침하위험도평가서의 작성방법 (제29조 제3항 관련)

1. 요약문
2. 지반침하위험도평가 대상지역의 설정
3. 지반 및 지질 현황
4. 공동 조사
5. 지반안전성 검토
6. 지하안전확보방안 수립
7. 종합 평가 및 결론
8. 부록

가) 요약문 : 요약문과 관련해서 별도의 항목이 없으므로 지반침하위험도평가 본문을 작성한 후, 이를 요약・정리하면 된다.

나) 지반침하위험도평가 대상지역의 설정

① 지반침하위험도평가가 요구된 경우(긴급복구 공사를 완료한 경우, 지하안전점검을 실시하여 지반침하의 우려가 있다고 판단되는 경우, 지반침하위험도평가의 실시명령을 받은 경우)에 해당 지역을 중심으로 평가대상지역을 설정한다.

② 대상지역 내 평가 범위는 공동에 의해 지반침하가 예상되는 범위를 예측 및 분석하여 설정하고 도면으로 표시한다.

다) 지반 및 지질 현황

① 지반 및 지질 현황은 기존 자료조사와 현장조사를 바탕으로 작성한다.

② 조사항목은 지반침하에 미치는 영향 특성을 고려하여 적절히 파악할 수 있도록 설정한다.

- 기존자료 조사(지반 및 지질조사 보고서, 기본 및 실시 설계자료, 지하정보통합체계, 국토지반정보 포털시스템 등)
- 현장조사(시추조사 등)

③ 조사범위는 대상지역을 원칙으로 하되, 지형적 요소와 지질 특성, 지하수, 지반 특성 등을 고려하여 설정한다.

라) 공동 조사(1) : 지하물리탐사

① 조사항목은 공동이 발생되었거나 예상되는 위치의 위도와 경도, 공동의 규모, 범위 등의 사항을 포함하여 지반침하에 미치는 영향 특성을 고려하여 설정한다.

② 조사범위는 침하위험지역을 대상으로 공동의 정확한 위치를 파악할 수 있는 조사 측선을 설정해야 한다. 공동 폭의 양쪽 끝점을 기준으로 공동의 깊이에 해당하는 범위의 지표범위를 조사해야 한다.

마) 공동 조사(2) : 내시경카메라조사

지하물리탐사로 파악된 공동에 대해 드릴, 포터블 시추기 등을 이용하여 공동 하부까지 굴착 후, 내시경 카메라를 통해 정확한 공동의 규모와 내부 상태를 파악하여야 한다.

바) 지반안전성 검토

① 공동조사를 통해 확인된 공동의 위치, 규모 등을 반영한 수치해석을 통해 지반침하 가능성을 분석한다.

- 해석영역은 책임기술자가 판단하여 공동의 영향을 파악할 수 있는 충분한 범위를 설정한다.
- 강성체로 작용하는 포장층, 보조기층, 기층, 원지반 등에 대한 자료를 조사여야야 한다. 또한 공동의 크기, 모양, 위치 등을 고려하여 모델링하여야 한다. 아스팔트 포장체에 영향을 미칠 수 있는 기온도 측정한다.
- 상부에 작용하는 하중은 통과차량, 사하중 등을 고려하여 재하하여야 한다. 지하수 변화가 있을 경우 이를 고려하여야 한다.

② 해석에 사용된 지반 물성은 시추조사와 지하정보통합체계, 지반 및 지질조사 보고서 등을 통해 파악하며, 하중조건, 포장층 및 지반 물성값 등을 보고서에 명시한다.

③ 지반안전성 검토 사례

모델의 밑면은 모든 방향으로의 변위를 고정하였으며, 옆면의 경계조건은 z방향을 제외한 두 방향의 변위를 고정하였다. 해석의 정확도 확보를 위해 좌우측부와 바닥부의 크기를 충분히 크게 설정하여 해석을 수행하였다. 조사결과 공동의 분포는 아스팔트 콘크리트 11cm, 공동높이 14cm 두께로 분포하며, 장축방향 92cm, 단축방향 74cm 크기로 분포하는 것을 확인하였다.

공동의 모사는 직육면체 형상으로 모델링을 수행하였다.

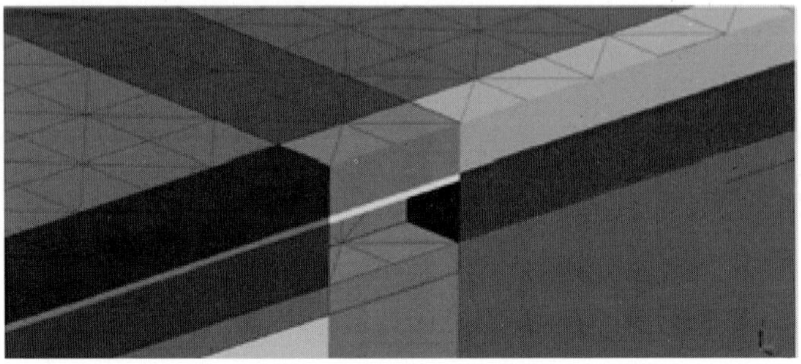

그림 2.25 지반침하위험도평가 모델링 부분에 대한 작성 사례

사) 지하안전확보방안 수립

① 응급복구 : 공동조사 및 지반침하위험도평가 시 발견된 지반 침하예상구간 및 공동 중 응급복구가 필요한 경우 응급복구 방법 등을 검토하여 제시한다.

② 공동복구방법 : 지반침하위험도평가 결과를 토대로 지반침하 및 공동에 대해 보수·보강방안을 경제성과 시공성 등을 고려하여 제시한다. 예를 들면, 개착식 다짐복구방법, 비개착식 방법(그라우팅 등) 등이다.

아) 종합 평가 및 결론

자) 부록

① 지반침하위험도 평가서 작성에 참여한 사람의 인적사항

② 시추조사 자료

③ 지하물리탐사 및 내시경카메라조사 데이터

④ 지반안전성 수치해석 검토자료

⑤ 용어해설

⑥ 평가서 작성 시 인용 문헌 및 참고자료 등

2.6 지하안전영향평가 전문기관 (제4장 지하안전영향평가 등의 대행)

법 제24조(지하안전영향평가 등의 대행) ① 지하안전영향평가, 사후지하안전영향조사, 소규모 지하안전영향평가 및 제35조 제1항에 따른 지반침하위험도평가(이하 "지하안전영향평가등"이라 한다)를 하려는 지하개발사업자 또는 지하시설물관리자는 제25조 제1항에 따라 지하안전영향평가 전문기관으로 등록을 한 자(이하 "지하안전영향평가 전문기관"이라 한다)에게 지하안전영향평가등을 대행하게 할 수 있다.

가. 개요

지하안전영향평가, 사후지하안전영향조사, 소규모 지하안전영향평가 및 제35조 제1항에 따른 지반침하위험도평가를 하려는 지하개발사업자 또는 지하시설물관리자는 제25조 제1항에 따라 지하안전영향평가 전문기관으로 등록을 한 자에게 지하안전영향평가 등을 대행하게 할 수 있다.

나. 지하안전영향평가 등록 기준

지하안전영향평가 전문기관은 엔지니어링 활동주체, 정밀안전진단기관, 건설사, 계측회사 등의 기존 법인이 등록하는 데는 제한이 없다. 이의 등록기준은 크게 3가지로 구분하였다.

1) 자본금은 기존 자본금을 제외하고 별도의 1억 원의 자본금을 확보하게 하였다.
2) 기술 인력은 토질 및 지질분야의 초급 2명, 중급 2명, 특급 2명 등 전체 6명의 기술자를 확보하게 하였다. 이때 등록기준과는 별개로 지하안전영향평가 전문기관에 대한 교육을 이수하지 않은 경우, 참여기술자로 참여할 수는 없다. 따라서 등록기준의 6명과 참여기술자 기준과는 상이하다.
3) 필수장비는 디지털카메라, 내시경카메라, 줄자, GPS이며, 필수 소프트웨어는 지반거동해석 P/G, 침투해석 P/G, 지하수 거동해석 P/G, 압밀해석 P/G이다.

[별표 8] 지하안전영향평가 전문기관 등록기준 (제26조 제1항 관련)

구 분		기 준
1. 자본금		1억 원 이상
2. 기술인력	가. 「건설기술 진흥법」에 따른 토질·지질 분야의 특급기술자	2명 이상
	나. 「건설기술 진흥법」에 따른 토질·지질 분야의 중급기술자 이상	2명 이상
	다. 「건설기술 진흥법」에 따른 토질·지질 분야의 초급기술자 이상	2명 이상
3. 장비	가. 디지털카메라	1대 이상
	나. 지하시설물 내시경카메라	1대 이상
	다. 줄자(5m, 50m)	각 1개 이상
	라. 위치확인시스템(GPS)	1대 이상
	마. 지반 거동 수치해석 프로그램	1세트 이상
	바. 침투(Seepage) 해석 프로그램	1세트 이상
	사. 지하수 거동 해석 프로그램	1세트 이상
	아. 압밀해석 프로그램	1세트 이상

다. 유권해석

질의내용	유권해석 결과
범용프로그램 중 4가지 용도에 적용 가능한(Visual FEA) 프로그램의 경우 등록기준에 적합한지 여부?	적합함
등록기준 중 자본금의 정확한 의미는?	타 면허 취득을 위한 자본금 충족기준의 자본금을 제외한 별도 자본금의 의미임. 자본금 확보를 증명할 수 있는 서류인 대차대조표와 공인회계사나 세무사가 확인한 준비금이 적립되어 있음을 증명하는 서류를 첨부하여야 함.
지하안전영향평가 전문기관의 등록은 해당 주소지 관할 시·도에서만 가능한지?	전문기관이 위치한 해당 관할 시·도에서만 가능

CHAPTER

03

지하수와 지반침하

CHAPTER 03

지하수와 지반침하

– 김재봉 –

3.1 지하수와 지반침하

지하수는 지표하(地表下)를 흐르는 물을 말한다. 지하수는 대부분 흙 속으로 스며든 비와 눈이 녹은 물이 모여서 형성된다. 지하수의 변화는 지반침하의 중요한 원인을 제공하게 된다.

본 장에서는 지하안전법에 의거한 지하안전영향평가 등의 업무를 수행함에 있어 지하수와 관련된 내용을 중점적으로 기술하였다. 이를 위해서는 지하수와 관련된 기본적인 내용뿐만 아니라, 지하안전영향평가를 실시하는 기본적인 절차도 알아야 한다. 지하안전영향평가 절차는 제2장에서 기술하였으며, 지하수와 관련된 지반침하를 예방하기 위하여 지하안전영향평가에서 고려해야하는 사항은 후술하였다.

3.1.1 지하수 흐름과 대책

물은 높은 곳에서 낮은 곳으로 흐른다. 일반적으로 지표수는 위치가 높은 곳에서 낮은 곳으로 흐르는 반면, 지하수는 전수두가 높은 곳에서 낮은 곳으로 흐른다. 물론 공학적으로 전수두, 위치수두, 속도수두, 압력수두 등으로 설명하는 것과 같은 의미이지만, 일반적으로 알기 쉽게 표현하면 지표수와 지하수의 흐름은 다른 것처럼 이해할 수도 있을 것이다.

건설공사에서 전수두가 높아지는 요인은 ① 강우 특성, ② 지표수 유입, ③ 표면하수 유입, ④ 외부에서 유입가능한 물, ⑤ 피압대수층의 존재, ⑥ 공사 용수 유입 등이다. 반면, 전수두가 낮아지는 요인은 ① 지표수 유출, ② 표면하수 유출, ③ 증발 확산, ④ 중력 배수, ⑤ 피압 소멸 등이다. 전수두가 높아지는 요인을 유입량의 증가로 이해한다면, 전수두가 낮아지는 요소는 유출량의 증가로 설명할 수 있을 것이다.

따라서 지하수 흐름을 방지하는 방법은 유입량과 유출량을 동일하게 하는 방법과 물의 유출 통로를 차단하는 방법으로 나눌 수 있다.

지하안전법에 의한 지하안전영향평가는 물수지 분석을 통한 지하수 흐름 발생요인을 파악한 후, 지하수 흐름이 지반침하에 미치는 영향을 검토하는 것이 중요한 사항 중 하나이다. 허용치 이상의 변위나 침하가 발생하는 것으로 검토될 경우, 유출 통로를 차단하는 차수공법 대책을 1차로 수립하여야 하며, 차수공법 적용에 따른 안전성 검토를 추가로 수행하여야 한다. 2차로 허용치 이상의 변위에 대해서는 여러 가지 보강공법을 적용하고, 이 또한 안전성 검토를 실시하여야 할 것으로 판단된다.

지하안전법에서 대상으로 하고 있는 굴착공사와 터널공사에 대한 내용을 파악하기 전에 먼저 지하수 공학을 기본 학문으로 지하수의 흐름과 이로 인한 지반침하의 영향과 대책에 대하여 서술하였다.

가. 물 수지 분석

지하수 흐름 발생조건은 전수두차가 발생하여야 하므로 전수두차에 영향을 미치는 요인들에 대하여 각종 조사와 시험을 통하여 유입량과 유출량을 산정하여야 하며, 이러한 분석방법을 물 수지 분석이라고 한다.

지하굴착공사에서 유입량과 유출량이 같아지는 수문 평형방정식을 충족하는 조건은 현실적으로 불가능하다. 따라서 지하안전영향평가에서는 지하수 흐름특성으로 인하여 허용치 이상의 연직 방향 침하나 수평 변위가 발생하지 않도록 각종 조사와 시험을 하여야 하며, 그 결과를 종합하여 안전성을 검토하는데 목적이 있다고 할 수 있다.

물 수지 분석에 근간으로 하는 지하안전영향평가의 절차는 〈그림 3.1〉과 같다.

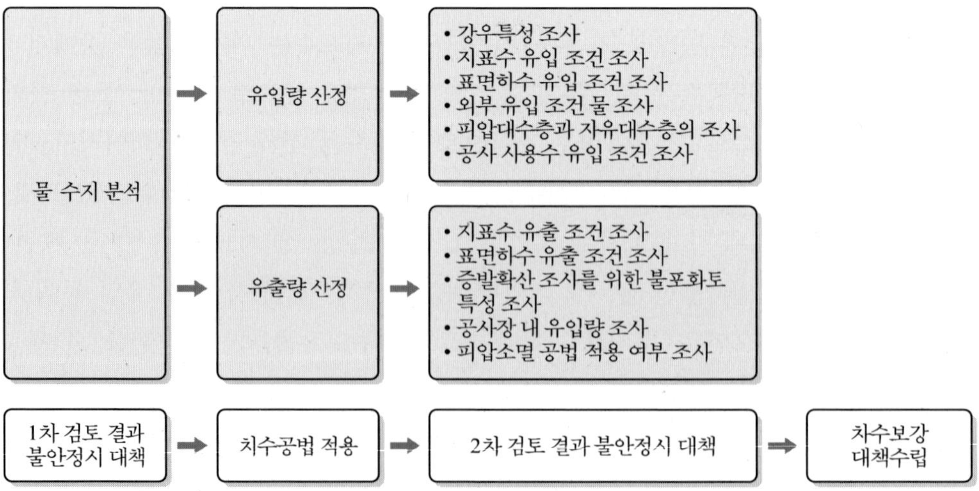

그림 3.1 물 수지 분석을 통한 지하안전영향평가 절차도

1) 유입량 산정을 위한 조사 및 시험

① 강우 특성

자연조건의 수문 순환과정에서 물의 흐름이 시작되는 것은 강우로부터 시작된다. 강우는 침투능력의 범위 내에서 침투수가 되며, 나머지는 지표면을 따라 흘러서 강이나 저지대로 유입된다. 따라서 침투수가 전수두 변화에 영향을 미치게 되므로 강우특성을 조사하여 계절적 요인이나 지역적인 강우 특성이 반영되도록 하여야 하므로 기상 자료 중 계절별, 월별 강우강도와 강우지속일수 등을 조사하여야 한다.

② 지표수 유입

지표수가 지하로 유입되는 조건은 토질특성에 따른 투수계수와 불포화토 특성의 모관흡수력(Matric suction) 등이다. 따라서 지표수 유입량에 영향을 미치는 유역 내 광역지질에 대한 문헌조사와 투수시험, 불포화토 특성 조사 등이 이루어져야 한다.

③ 표면하수 유입

표면하수 유입은 인근 산지의 계곡이나 지표로부터 침투한 침투수가 시간 의존적인 특성을 가지고 유입되는 수량이므로 산계와 수계를 조사하여야 하고, 정천 현황을 조사하여 이의 영향을 고려하여야 한다.

④ 외부에서 유입 가능한 물

일반적으로 지하 굴착공사장은 주변 지표보다 낮아서 외부로부터 물이 유입되기 쉬운 조건이므로 지형조건과 굴착방법에 따른 물의 진출입로 결정 등을 검토하여야 한다.

⑤ 피압대수층의 존재

대수층은 피압대수층과 자유대수층의 존재하므로 피압대수층에 대한 조사가 이루어져야 한다.

⑥ 공사 사용수 유입

굴착공사장에서 사용되는 공사 사용수가 지하수위 변동에 영향을 미칠 수 있는지 사전에 검토하여 그 영향을 고려하여야 한다.

2) 유출량 산정을 위한 조사 및 시험

① 지표수 유출

지하굴착공사 중 굴착면이 주변보다 낮으므로 주변의 지표수는 유출되고, 굴착공사장은 지표수가 증가하게 되므로 지표수 흐름특성을 고려할 수 있도록 지표지질조사가 이루어져야 한다.

② 표면하수 유출

지하굴착공사 중 굴착면이 낮아질수록 주변지반의 표면하수 유출이 빨라지므로 굴착단계별 표면 하수 유출량을 고려하여 침투해석이 되도록 흙막이 벽체 배면의 토질특성 반영을 위한 투수계수나 불포화토 특성 조사가 요구된다.

③ 증발 확산

공기함입치 이상의 조건에서 지속적으로 증발이 확산되므로 함수특성곡선을 이용한 불포화토 특성이 고려되어야 한다.

④ 중력배수

지하굴착공사에서 작업성 개선 등을 위하여 지속적으로 중력배수를 수행하므로 중력배수량을 사전에 산정할 수 있도록 지하굴착공사장으로 유입되는 유입량 산정을 위한 지반조사와 시험이 이루어져야 한다.

3) 차수 대책 및 보강 대책 수립

지하수와 관련된 지하안전영향평가는 각종 조사 자료와 시험 자료를 종합하여 물수지 분석을 통한 유입량과 유출량을 산정하여야 하며, 침투해석과 지하수 유동해석 등 다양한 방법으로 영향 범위와 변위량(지반침하)을 검토하여 허용치 이상의 영향이 있을 경우, 차수공법 또는 보강공법이 적용되어야 한다.

나. 제3장의 구성

제3장에서는 지하안전영향평가를 위한 지하수공학의 개념 정리와 이해를 돕는 내용으로 구성하였으며, 기술자들이 쉽게 접근할 수 있도록 해석 사례도 수록하였다.

- 지하수와 지하수공학 개론
- 지표수와 지하수 개념
- 불포화토의 역학적 특성
- 대수층의 수리특성
- 지하수와 지하굴착 공사
- 지하수위변동이 지반침하에 미치는 영향
- 지하수 유동이론(Darcy 법칙, Laplace 방정식, 영향원 산정)
- 지하수 변화에 의한 영향 검토 방법

3.1.2 지하수와 지하수공학

가. 자연환경의 지표수와 지하수

맑은 날 대기 중으로 증발하는 수분은 대지를 건조하게 하고 단단하게 하지만, 비가 내리면 대지는 젖으면서 연약한 상태로 바뀐다. 비가 많이 내리면 대지를 충분히 적시고 난 물은 지표면을 따라서 강이나 호수로 흘러가고, 땅속으로 스며든 물은 중력방향으로 내려가서 지하수와 만나게 된다. 지하수와 지표면 사이의 불포화토 지반은 맑은 날과 비오는 날의 포화도가 급하게 변하면서 지반 붕괴가 발생하기도 한다.

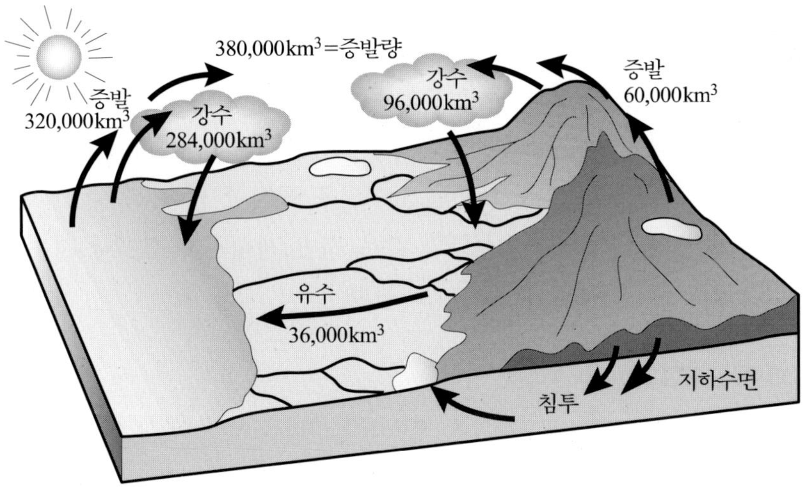

그림 3.2 물의 순환

지하에 있는 물을 통틀어 지각수라 하고, 지표상에 있는 모든 물을 표면수(surface water)라 한다. 지각수는 흔히 두 가지로 구분하는데 첫째, 지하의 공극 또는 빈 공간을 물과 함께 공기가 차지하고 있는 통기대(zone of aeration) 또는 불포화대(unsaturated zone)의 물과 둘째, 공극이 전적으로 물에 의해서만 채워져 있는 포화대(saturated zone)의 물이다(〈그림 3.3〉 참조).

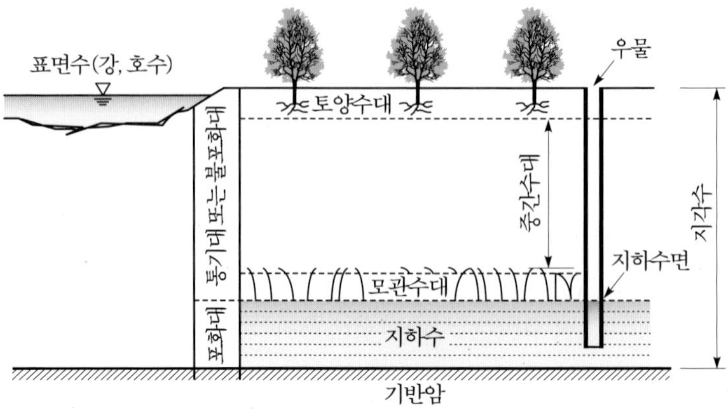

그림 3.3 지각수의 분류

나. 지표수

하천을 따라 흐르는 물을 유출(Runoff)이라 하고, 특히 배수지역으로부터 지표수의 형태로 배출되는 물을 배수지역으로부터의 유출이라 한다. 유출량은 체적단위로 나타내며, 유출률은 m^3/sec, m^3/분, m^3/일로 표시한다. 지표수는 빠른 시간 동안 많은 양이 흐르면서 산사태나 토석류와 같은 지반 재해와 하천이나 저수지의 범람에 따른 수리환경측면의 재해가 발생하기도 한다.

다. 포화대와 불포화대의 지하수 환경

1) 포화대의 지하수 환경

포화대의 수리지질적인 특성은 정지상태 특성과 흐름상태 특성으로 나타낼 수 있다. 정지상태 특성은 정수압과 저유특성으로 표현된다. 흐름상태 특성은 첫째, 침투수압으로 표현하는 역학적인 접근과 둘째, 관정에서 중력식 양수를 하거나, 상시 배수를 하는 구조물 설치 시 지하수 변동이 발생하는 영향범위가 시간 의존적으로 변하는 현상으로 표현하는 환경적인 접근으로 구분할 수 있다.

정지상태 특성과 관련된 저유특성의 중요 인자는 공극률, 비저류계수, 저유계수, 비산출률이며, 흐름특성 접근하는 수량 산정을 위한 중요 인자는 수리전도도와 투수량 계수이다.

2) 불포화대의 지하수 환경

불포화대의 지하수 환경은 지하수위보다 높은 위치의 지반에 대하여 함수비(w), 체적함수비(θ), 모관현상(Capillary potential), 모관흡수력(Matric suction) 등의 함수로 표현되며, 이는 다음 절에서 기술하였다.

라. 불포화토 특성

지하안전영향평가에서 지하수위 변동에 따른 침투해석을 수행할 경우, 지하수위 변동 폭은 지하수 함양량과 중력배수의 관계로 접근하여야 한다. 하지만 강우 시 대부분의 물은 지표수로 유출되므로 지하수 함양량이 상대적으로 많지 않아서 지하수위 변동 폭이 크지 않다. 하지만 불포화토의 포화도는 지표면으로부터 급하게 변하면서 굴착면과 흙막이 벽체 배면에 영향을 미치게 되므로 불포화토의 이해를 통하여 강우 시 흙막이 구조물 안정검토를 수행하는 것이 바람직하다.

1) 강우 시 불포화토의 포화도 변화

강우 시 지표면으로부터 깊이 내려갈수록 포화도가 감소하게 되며, 원지반의 포화도와 강우 영향으로 변하는 포화도의 경계를 침윤전선이라고 한다. 따라서 지표면에서 침윤전선까지 영역을 습윤대(wetting band)라고 하며, 습윤대의 특성은 다음과 같다.

① 강우 시 지표 부근은 100% 정도 포화된다.

② 깊이가 증가할수록 포화도는 감소한다.

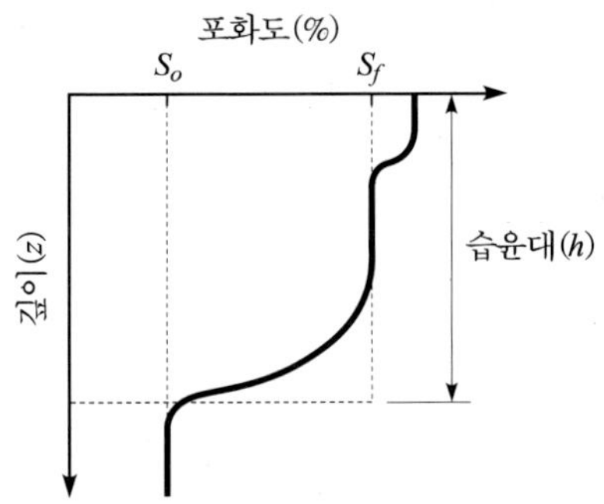

습윤대두께$(h) = \dfrac{k \cdot t}{n(S_f - S_o)}$

여기서, S_o : 강우 전 포화도
S_f : 강우 후 포화도
k : 투수계수
t : 강우 지속 시간
n : 간극률

그림 3.4 습윤대

2) 불포화토의 함수비(체적함수비)

일반적인 지반공학적 접근에서는 중량함수비를 사용하고 있으나, 불포화의 특성을 보다 정확히 나타내기 위해서는 흙속에 잔류하고 있는 간극수의 양을 전체 체적에 대한 부피로 나타낸 체적함수비(θ)를 사용한다.

① 중량 함수비 : $w = \dfrac{W_w}{W_s} \times 100(\%)$

② 체적 함수비 : $\theta = n \cdot S = \dfrac{V_v}{V} \times \dfrac{V_w}{V_v} = \dfrac{V_w}{V} = \dfrac{V_w}{V_s + V_v}$

③ w와 θ 관계 : $\theta = \dfrac{w}{100} \times \gamma_d \times \dfrac{1}{\gamma_w}$

3) 불포화토의 역학적인 이해

가) 불포화토 개념

일반적으로 불포화토 지반은 토립자–물–공기의 3상 구조로 정의되나 응력해석을 고려할 경우 독립적인 상으로서 물–공기 접촉면을 고려한 4상구조로 보아야 한다(Fredlund and Mogerstern, 1977).

나) 불포화토의 전단강도특성

불포화토의 전단강도 특성은 흡인력이 증가함에 따라 전단강도의 크기가 비선형적으로 증가하므로 전단강도의 예측이 어렵다. 전단강도 결정법은 일반적으로 다음과 같은 방법으로 구할 수 있다.

① 독립상태 변수접근법(Fredlund 등 제안)

$$\tau_f = c' + (\sigma_n - u_a)\tan\phi' + (u_a - u_w)\tan\phi^b$$

겉보기 마찰각(ϕ^b)에 의존하여 구하는 방법이나 ϕ^b도 비선형적으로 변하기 때문에 이 접근법의 예측 능력은 흡인력의 범위에 제한된다는 한계성이 있다.

② 유효응력접근법(Bishop)

포화토 : $\sigma' = \sigma - u$

불포화토 : $\sigma' = \sigma - [u_w(A_w/A + u_a(1 - A_w/A)$

여기서, 단면적을 $A_w/A = x$로 놓으면

$$\sigma' = \sigma - [x.u_w + (1-x)u_a]$$

$\sigma' = \sigma - u_a + x(u_a - u_w)$이므로

$$\tau_f = c' + (\sigma - u_a)\tan\phi' + x(u_a - u_w)\tan\phi'$$

응력상태의 변수를 사용하여 나타내며, 전응력, 간극수압, 공기압에 의해서 변화하는 전단강도를 하나의 응력상태 변수에 의해 연관시킨다. 여기서, x는 유효응력계수로 함수특성시험을 통해서 구해야 한다.

③ 겉보기 점착력 접근법(Lu) : Bishop의 접근법을 변형하여 제안

$$\tau_f = c' + x(u_a - u_w)\tan\phi' + (\sigma - u_a)\tan\phi'$$
$$= c' + c'' + (\sigma - u_a)\tan\phi'$$

여기서, c': 포화 시 점착력, c'': 불포화 시 모관 점착력

$c' + c''$: 겉보기 점착력

다) 불포화토의 흡수력(soil suction)

불포화토 지반의 거동특성을 결정짓는 중요 요소인 흙의 흡수력(soil suction)은 흙 입자 사이에 존재하는 자유에너지 상태로 정의된다.

전흡수력(total suction) = 모관흡수력 + 삼투압 흡수력

여기서, 모관흡수력(matric suction)은 물 표면에서 간극공기압(pore water pressure)과 간극수압(pore water pressure)의 차이에 의해 발생한다. 삼투압 흡수력은 간극수에 용해된 염분에 의해 발생하지만 그 영향은 작아서 무시해도 될 정도이다.

라) 모관흡수력(matric suction)

간극은 모세관 같은 역할을 하므로 모관흡수력의 크기는 간극크기 분포에 영향을 받는다. 간극 내 물과 흙의 접촉면에서의 응력평형은 모관흡수력과 표면장력의 균형을 말한다.

불포화 지반에서 음의 간극수압으로 표현되는 모관흡수력은 불포화토 지반의 거동특성에 영향을 크게 미치므로 불포화토 지반특성을 고려할 경우 반드시 고려해야 한다.

불포화 상태로 존재하는 대표적인 재료가 화강풍화토이며, 대부분은 세립분이 60% 이하이고 입도 분포가 양호한 조립토로서 모관흡수력이 크다.

마) 함수특성곡선(soil water characteristic curve, SWCC)

(1) 함수특성곡선 : 체적함수비와 모관흡수력의 관계로 정의되는 불포화토의 역학적 성질을 보여주는 곡선으로, 모관흡수력에 대한 물의 보유능력을 나타내는 수분 보유곡선이다.

(2) 함수특성곡선의 특징

① 포화영역(saturated zone) : 초기치인 공기 함입 값(air-entry value)을 초과할 때까지는 흙속의 간극 밖으로 물이 유출되지 않는 포화영역으로, 함입되는 공기가 유입되기 시작하는 시점을 말한다.

② 전이영역(transition zone) : 간극으로 공기가 유입되면서 물이 유출되고 모관흡수력이 증가하는 영역이며, 곡선으로 기울기가 정해지는 영역이다.

③ 잔류영역(residual zone) : 흙 속으로 공기의 유입이 계속되면 모관흡수력이 지속적으로 증가하는 영역으로서, 더 이상의 물이 유출되지 않을 때의 함수비를 잔류함수비(residual water content)라고 하며, 열에 의해서만 제거된다.

(3) 실트질 토사의 함수특성 이력곡선

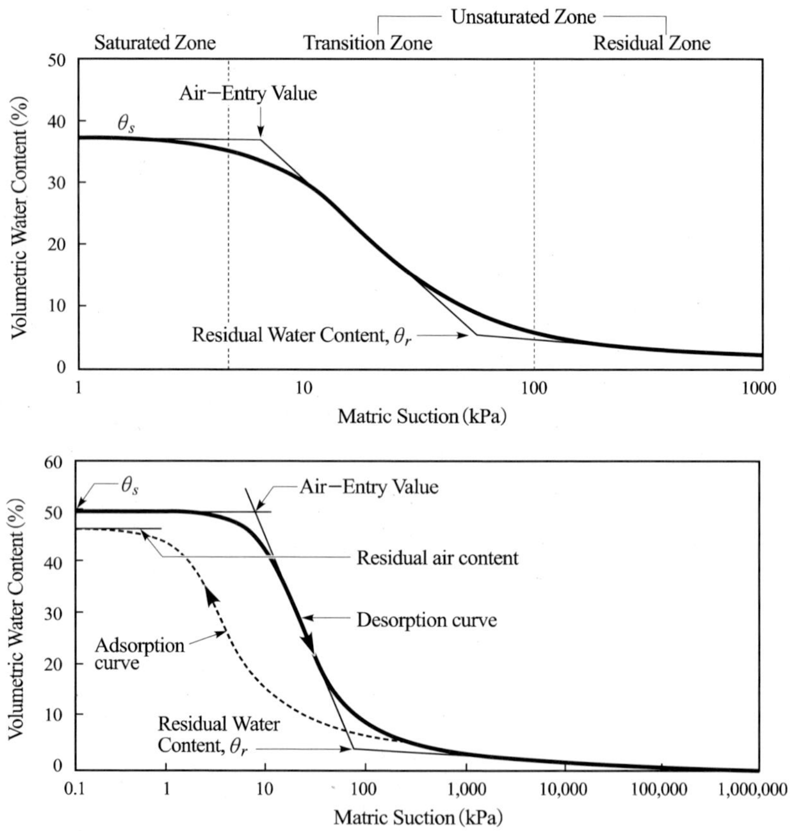

그림 3.5 함수특성 이력곡선

(4) 토질에 따른 함수특성곡선

① 사질토의 경우, 간극이 비교적 크고 균일한 편이며 점토와 달리 전기적 성질에 의한 흡착작용이 일어나지 않으므로, 작용하는 흡인력이나 수분함량이 작은 범위에서 결정된다.

② 점성토의 경우, 사질토에 비해 간극이 매우 작아서 흡인력이 크게 작용

하며 표면적이 커서 물을 많이 함유할 뿐만 아니라 이중층의 흡착수로 인해 흙-수분 특성곡선이 보다 큰 범위까지 확장된다.

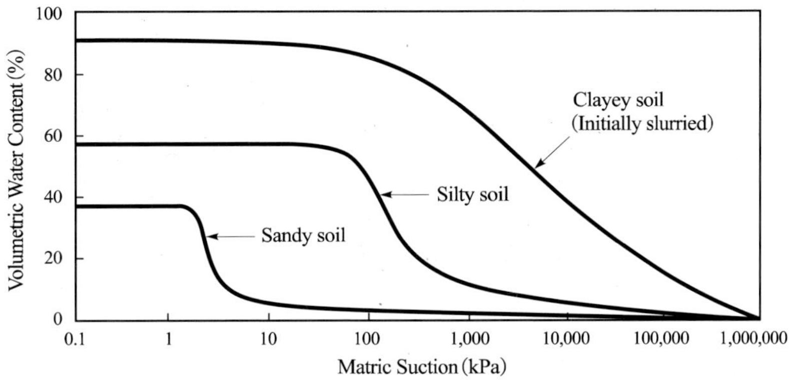

여기서, ψ : 정규화된 함수특성곡선, θ : 모관흡수력
a : 공기함입치와 관련된 맞춤변수
n : 변곡점 기울기와 관련된 맞춤변수
m : 높은 흡수력에서 곡선기울기와 관련된 맞춤변수

그림 3.6 함수특성 곡선의 개념

(5) 함수특성곡선의 이론식

① 함수특성곡선 모델식

모델식명	함수
Gardner(1958)	$\theta = \left[\dfrac{1}{1+(q\Psi)^n}\right]$
Brooke & Corey(1964)	$\theta = S_e = \dfrac{S-S_r}{1-S_r} = \left[\dfrac{\Psi_0}{\Psi}\right]^{\lambda}$
Van Genuchten(1980)	$\theta = \left[\dfrac{1}{1+(\alpha\psi)^n}\right]^n$
williams 등(1983)	$\ln\,\psi = a_1 + b_1 \ln\theta$
Mckee & Bump(1984)	$\theta = e^{-(\psi - s_0)/b_2}$
mckee & bump(1987)	$\theta = \dfrac{1}{1+e^{(\psi - s_0)b_2}}$
Sever & Wile(1989)	$\theta = \dfrac{1}{1+\left(\dfrac{\Psi}{a}\right)^n}$
Fredlund & Xing(1994)	$\theta = c(\psi)\dfrac{\theta_s}{\left\{\ln\left[e+\left(\dfrac{\psi}{a}\right)^n\right]\right\}^n}$

① Van Genuchten 이론식 : 적용성은 뛰어난 반면 국내 화강풍화토의 특성과는 차이가 있다.

$$\psi = \left[\frac{1}{1+(a\theta)^n} \right]^m$$

② Fredlund and Xing 이론식 : 모관흡수력의 최대 제한값($10^6\ kPa$)을 고려하여 전체 모관흡수력 범위를 고려한 보편적인 제안식이다.

$$\psi = \frac{1}{\left[\ln\left\{ e + \left(\frac{\theta}{a} \right)^n \right\} \right]^m}$$

여기서, ψ : 정규화된 함수특성곡선, θ : 모관흡수력

a : 공기함입치와 관련된 맞춤변수

n : 변곡점 기울기와 관련된 맞춤변수

m : 높은 흡수력에서 곡선기울기와 관련된 맞춤변수

(6) 함수특성곡선의 이용

국내연구동향은 Fredlund and Xing 이론식을 이용한 지역별 화강풍화토 연구가 이루어지고 있는 반면, 침투해석프로그램에서 제공되는 이론식은 Gardner, Van Genuchten, Frontal함수, 사용자정의이다. 따라서 침투해석프로그램에서 함수특성곡선을 이용하는데 한계성이 있으므로, 프로그램에서 제공하고 있는 Van Genuchten의 이론식을 이용할 수 있도록 해외 연구사례 중 다양한 토질 특성별 매개변수를 연구하여 발표한 내용을 일부 수록하여 참고하도록 하였다. 다음은 ERDC/GSL TN-17-1 May 2017), US Army Corps. of Engineers에 수록된 "A Spreadsheet for Estimating Soil Water Characteristic Curve(SWCC)" 내용 중 일부이다.

Table 1 | Default initial estimates of selected parameters in models for unsaturated hydraulic functions(UNSODA manual after Carsel and Parrish 1988).

Soil Type	θ_r	θ_s	n	a (kPa)	Ks (cm/sec)
Sand	0.045	0.43	2.68	0.677	8.25E-03
Loamy sand	0.057	0.41	2.28	0.791	4.05E-03
Sandy loam	0.065	0.41	1.89	1.308	1.22E-03

Soil Type	θ_r	θ_s	n	α (kPa)	Ks (cm/sec)
Sandy clay loam	0.100	0.39	1.48	1.663	3.64E-04
Loam	0.078	0.43	1.56	2.725	2.89E-04
Silt loam	0.067	0.45	1.41	4.905	1.25E-04
Clay loam	0.095	0.41	1.31	5.163	7.22E-05
Silt	0.034	0.46	1.37	6.131	6.94E-05
Clay	0.068	0.38	1.09	12.263	5.55E-05
Sandy clay	0.100	0.38	1.23	3.633	3.33E-05
Silty clay loam	0.089	0.43	1.23	9.810	1.94E-05
Silty clay	0.070	0.36	1.09	19.620	5.55E-06

m =1-1/n

θ_s is the saturated volumetric water content which is equal to porosity

여기서, θ_r : 잔류체적함수비

θ_s : 포화 체적함수비

바) 불포화토의 흐름 특성 요약

(1) 불포화토에서의 흐름은 물과 공기의 상호작용으로 인한 함수비, 모관흡수력, 수압변화에 의해 설명된다.

(2) 포화도가 클수록 물의 흐름은 공기의 흐름보다 점차 증가하고, 공기는 물속에 갇혀있게 되며, 반대로 포화도가 낮을수록 물의 흐름은 점차 감소한다.

(3) 체적함수비는 흙속에서 물이 흐를 수 있는 공간을 나타내는 지표이며, 흙에 작용하는 흡인력에 따라 변화하게 된다.

(4) 물은 간극사이에 생성된 유로만을 따라서 움직일 수 있으므로, 투수계수는 체적함수비와 흡인력의 함수로 표현할 수 있다.

3.2 대수층의 수리특성

3.2.1 대수층의 개요

대수층은 풍화대의 최상면에서 작용하는 압력이나 자유수면의 존재 여부에 따라 자유면 대수층과 피압 대수층으로 구분된다.

지하수면에서의 압력이 대기압과 동일한 상태 하에 있는 대수층을 자유면 대수층이라 한다. 자유면 대수층 내에 부존되어 있는 지하수를 자유면 지하수라 하며, 이러한 상태를 자유면 상태라 한다. 자유면은 고정된 것이 아니라 강수의 지하 함량이나 자연적인 지하수의 배출로 인해 주기적으로 변한다. 따라서 자유면 대수층에서 지하수위의 변화는 자유면 대수층 포화대의 두께 변화를 의미하며, 이는 지하수 저장량의 변화를 의미한다.

자유면 지하수의 수평범위가 국부적으로만 분포되어 있을 때 이를 부유대수층이라 하며, 비포화대 내에 국부적으로 분포되어 있는 특수한 경우의 자유면 대수층에 해당된다.

피압 대수층은 자유면 대수층과는 상대적인 개념이다. 즉, 포화되어 상·하부가 저투수 및 불투수층으로 피복되어 있을 때는 대수층이 심한 압력을 받는 상태 하에 있게 된다. 대수층 최상부에서의 압력은 대기압보다 높은 압력을 받게 되는데, 이러한 구속대수층을 피압대수층이라 한다. 피압 지하수위가 지표면보다 높아서 지하수가 굴착 우물을 통해 지표로 용출하면 자분정이라 한다.

지하수면은 지하수의 흐름이 수평적인 자유면 대수층에 관통정을 설치하여 지하수위를 측정해 보면 주변 지점의 지하수위와 동일한 곳이 있다. 이때 동일한 수위를 가지고 있는 지점들을 서로 연결한 면을 지하수면이라 한다. 자유면 대수층의 경우, 지하수면은 지하수의 전 포텐셜을 의미할 뿐만 아니라 지하수위의 최상위에 위치한 물리적인 경계면으로써 계절에 따라 상·하로 움직인다.

피압 대수층을 관통하여 설치한 우물에서 측정한 지하수위는 우물 설치지점에서 피압 대수층의 수두, 압력분포를 나타낸다.

대수층은 상당한 양의 지하수를 산출하는데 비해, 지하수를 저유하고 있는 지층에 생산정을 설치했을 때 충분한 양의 지하수를 산출시키지 못하는 비압축성, 저투수성 지층을 준대수층이라 한다.

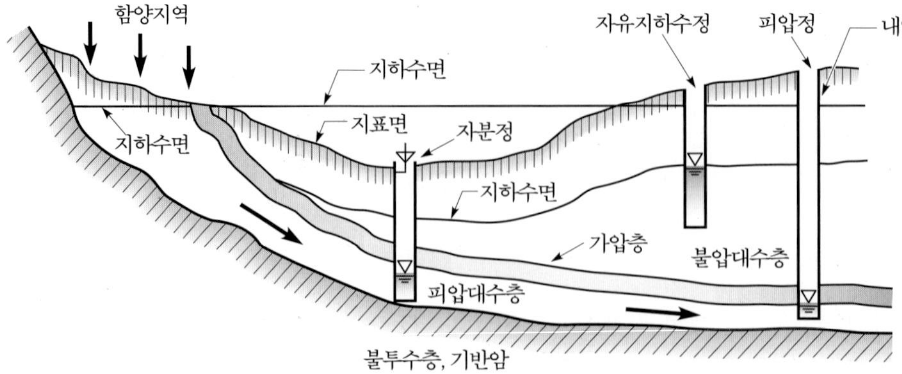

그림 3.7 대수층 종류

3.2.2 대수층의 공학적 특성

가. 공극률

대수층 내에 저유되어 있는 지하수의 부존량은 간극률과 관련이 크며, 간극률 n은 다음과 같다.

$$n = \frac{V_i}{V} = \frac{V - V_m}{V} = 1 - \frac{V_m}{V}$$

V_i : 공극의 체적, V : 시료의 전체적, V_m : 입자의 체적

비포화대 : 함수비 < 공극률, 최대함수비 : 공극률

나. 저류계수

저류계수란 대수층 내에 저류되어 있던 물이 단위수두 변화에 따라 단위면적을 통해 유입·유출되는 양을 무차원 상수로 표현하는 계수이다.

$$\text{저류계수}(s) = \frac{\text{배출된 지하수량(체적)}}{\text{면적} \times \text{수두변화}}$$

다. 비산출율과 비보유율

단위체적의 대수층 내에 저유된 지하수와 대수층으로부터 외부로 배출해낼 수 있는 지하수량과의 비를 비산출율이라 하고, 그 반대를 비보유율이라 한다.

비산출율은 피압대수층에 저류계수와는 달리 단순히 중력배수에 의해 자유면 대수층으로부터 채수해낼 수 있는 양과 대수층의 체적과의 비이다. 비산출율은 공극보다 항상 작다.

비산출율 Sy = Vw/V

비보유율 Sr = Vr/V

여기서, Vr : 배수되지 않고 남아있는 지하수량, 체적

Vw : 중력배수에 의해 배출시킬 수 있는 지하수량, 체적

V : 대수층 전체적

라. 수리전도도

수리전도도란 동수구배 하에서 동점성계수를 갖는 단위체적의 지하수가 유선의 직각방향에서 측정한 단위면적을 통해서 단위시간당 흐르는 양을 의미한다. 수온이 15.5°C이고, 동수구배 1:1인 지하수가 대수층의 단위면적을 통해 1일 동안 유출되는 양이다.

$$K = -V/i \quad (i : 동수구배)$$

$$Q = K \times I \times A = K \times dh/dl \times A$$

수리전도도는 대수층 내에서 유동하는 유체의 특성과 매체의 특성으로 구성되어 있으며, 수리전도도가 클수록 대수층을 통해 유동하는 유체의 양은 많다.

마. 투수량 계수

투수량 계수는 동점성계수를 갖는 지하수가 단위 동수구배 하에서 완전히 풍화되어 대수층의 전두께와 단위 폭으로 이루어진 면을 1일 동안 유동하는 지하수량을 말한다. 특히, 투수량 계수는 지하수가 투수될 수 있는 능력보다 투수되는 대수층의 성격을 의미한다.

$$T = K \times b \ (b=대수층의\ 두께)$$

바. 대수층의 지질특성

모래 및 자갈과 같은 미고결 퇴적물로 구성된 충적퇴적층은 대수층의 대부분을 이루며, 대수층은 지하수의 부존 형태에 따라 수로형, 매몰계곡형, 평야형 및 심산심곡형의 퇴적물로 구분한다.

수로형 퇴적물이란 하도나 하도 하부에 발달되어 있는 비교적 공극률이 크고 투수성이 양호한 퇴적물로 구성된 충적층으로서 일명 하상퇴적물이라고도 한다. 이러한 퇴적물에다 우물을 설치하면 하천으로부터 상당량의 지표수가 우물 내로 유입되므로 대규모 용수원으로서는 가장 적합한 퇴적물이다.

과거 국내에서도 심도가 얕은 집수정이나 집수암거를 수로형 퇴적층에 설치하여 다량의 공업용수를 취수하여 이용하였다.

3.3 지하수와 지하굴착공사

3.3.1 강우특성이 지하굴착공사에 미치는 영향

가. 지표수 영향

지표수는 자연 유하(流下)하여 하천이나 호수와 같은 저지대로 흐르면서 하천수위도 급격하게 변하게 된다. 따라서 강우 시 지하굴착공사에서 유의해야 할 사항은 다음과 같다.

일반적으로 지하굴착 공사장은 강우 시 지표면보다 저지대로 지표수가 유입되기 좋은 조건이다. 흙막이 벽체 중 차수공이 허술한 상부에서 유입되거나 장비진입로 등을 통해서 순식간에 물이 유입되어 공사장 전체가 물에 잠기기도 한다. 물이 잠기게 되면 작업장 내 장비, 자재 및 인력의 위험성이 증가하게 되며, 구조물은 양압력에 의해 불안정하게 된다.

하천수위가 증가할 경우, 하천과 인접한 지하굴착 공사장은 지하수위 변동 영향권에 들게 된다면 흙막이 벽체 배면의 지하수위 상승에 따른 전토압의 증가로 인하여 흙막이 구조체의 불안정 요인이 되기도 한다.

나. 불포화토 특성 변화

강우 시 불포화토의 침윤전선이 하강하면서 불포화토의 유효응력은 급하게 감소하여 전단강도가 감소하게 된다. 침윤전선이 지하수위와 만날 경우 지하수 함양량이 증가하면서 지하수위 상승속도가 증가하게 된다. 따라서 흙막이 벽체 배면의 지반특성은 매우 연약한 상태로 변화하지만 해석조건에서 결정된 강도정수는 대푯값을 사용하는 한계성이 있다. 따라서 반드시 불포화토 특성을 고려한 해석이 요구된다.

다. 지하수위 변화

강우 시 시간의존적인 지하수 상승 요인이 발생할 수 있다. 흙속의 물의 흐름은 느린 속도로 흐르기 때문에 강우 시 곧바로 지하수위 상승이 이루어지지 않는 경우가 대부분이므로 강우일수나 강우지속시간 등을 고려한 지하수위 변동을 고려하여야 한다.

관측정의 월별 지하수위 변동기록과 기상청의 강우기록을 비교·분석하고, 토양특성을 고려한 불포화토 특성이 고려된다면 강우특성이 지하수위 변동에 미치는 영향을 추정할 수 있으므로 반드시 지하수위 변동 폭을 고려한 해석이 요구된다.

3.3.2 중력배수가 지하굴착공사에 미치는 영향

포화된 지반에서의 굴착공사 및 중력배수를 할 경우 양수정에서 급격히 수위가 저하되지만, 흙속에서의 물의 흐름은 느린 속도로 흐르기 때문에 영향범위는 장시간에 걸쳐서 점진적으로 확대된다. 자갈층일 경우 약 1000m 이상까지 영향을 미치게 된다.

지하수위 변동은 지하수 흐름특성으로 나타나며, 한계유속 이상의 속도로 흐름이 발생한다면 지하공동이 발생하는 원인이 되기도 한다.

지하수위 변동요인 크게 자연적인 요인과 인위적인 요인으로 나눌 수 있다. 자연적인 요인은 기상학적 강우특성이 대표적이며, 인위적인 요인은 지하굴착 공사에 따른 지하수위 저하가 대표적이다.

지하굴착공사 중에서 지하수위 변동이 가장 크게 발생하는 조건은 지하안전영향평가 대상사업으로 지하굴착 깊이 20m 이상 또는 도심지 터널공사이다. 지하수위 변동 시 다음과 같은 항목들에 대한 고찰이 요구된다.

- 전수두차 변화에 따른 지하수 흐름특성
- 지하수위 상승 시 간극수압 증가에 따른 전토압 증가 요인
- 지하수위 하강 시 물체력 증가에 따른 압밀침하
- 지하수위 하강 시 간극 감소로 발생하는 지반침하

가. 지하수위 변동에 따른 지하수 흐름 발생 시 지반침하 Mechanism

〈지하수위 하강〉 → 〈흙속에서 물의 흐름 발생〉 → 〈한계유속 이상일 때 입자유실〉 → 〈파이핑 형태의 물길 형성 후 유선집중〉 → 〈유속 증가 및 입자 유실 가속화〉 → 〈지하공동 발생〉 → 〈극한평형상태를 초과하면 지반침하 발생〉

나. 공극 감소로 인한 즉시침하

지하수위 하강 시 사질토 지반에서는 간극수가 빠져 나가면서 공극이 감소하는 현상으로 즉시침하가 발생하게 된다.

다. 흙의 단위중량 증가에 따른 물체력 증가로 발생하는 압밀침하

지하수위가 하강하는 하부에 압밀층이 존재할 경우, 흙의 단위중량은 습윤단위중량에서 건조단위중량으로 바뀌면서 물체력이 증가하므로 하부 압밀층은 상재하중 증가에 따른 압밀침하가 발생하게 된다.

라. 지하수위 상승 시

중력배수를 중단하거나 강우 시에 지하수위가 급상승하게 되며, 이때 간극수압 증가로 인한 전토압은 약 2.5배까지 증가하면서 흙막이 구조의 안전을 위협하게 된다. 주변지반은 연약화와 유효응력의 감소로 인한 다양한 형태의 지반변형이나 침하가 발생하게 된다.

마. 지하수위 변동에 따른 지중응력 변화

지하수위 변동은 간극수압이 변하면서 유효응력에 영향을 미치므로 간극수압과 유효응력의 상호 관계를 이해해야 한다.

1) 전응력

전응력의 크기는 유효응력과 간극수압의 크기에 따라 달라지며 다음 식과 같다.

$$\sigma = \sigma' + u$$

따라서 지하수위가 변한다면 유효응력과 간극수압의 변화에 따라 전응력의 크기도 달라지게 되며, 지하수위가 일정하여 물의 흐름이 없는 경우에는 유효응력과 간극수압의 변화가 없으므로 전응력 변화는 없다.

만약 물의 흐름이 발생한다면 간극수압과 유효응력이 변하기 때문에 전응력도 변하게 될 것이며, 물이 흐르는 조건에서도 전응력의 변화가 없다면 간극수압 변화에 따른 유효응력의 변화만 발생하는 경우이다.

전응력의 변화 없이 간극수압 증가에 따른 유효응력 감소의 대표적인 지반공학적인 현상을 퀵샌드(Quick sand) 또는 Boiling현상이라고 한다.

$\sigma = \sigma' + u$ 식으로부터 이항하여 정리하면 $\sigma' = \sigma - u$이다.

여기서, 임의 기준점에 작용하는 간극수압은 물 높이의 물체력이다. 따라서 물높이를 압력수두(h_p)로 표현하면 간극수압(u)은 다음 식으로 정의할 수 있다.

$$u = h_p \cdot \gamma_w \ (\text{kN/m}^2)$$

또한 전응력의 변화 없이 유효응력만 감소하는 현상은 간극수압의 증가현상이므로 간극수압의 증가를 압력수두(h_p)의 증가로 설명할 수 있다. 압력수두는 다음 절에서 설명하기로 한다.

2) 유효응력

흙의 비체적은 간극수 변화에 따라 단위중량이 바뀌고, 이로 인해 흙 입자가 분담하는 유효응력의 크기도 변하게 된다.

불포화상태에서 흙의 단위중량은 건조단위중량은 (γ_t)이므로 유효응력은 다음 식으로 표현된다.

$$\sigma' = z \cdot \gamma_t \ (\text{kN/m}^2)$$

포화상태에서 흙의 단위중량은 습윤단위중량 (γ_{sat})이므로 흙 입자와 간극수가 분담하는 하중의 크기를 나누어서 적용해야 하므로 다음 식으로 표현된다.

$$\sigma' = \gamma_{sub} . z \ (\mathrm{kN/m^2})$$

$$u = \gamma_w . z \ (\mathrm{kN/m^2})$$

$$(\text{여기서, } \gamma_{sat} = \gamma_{sub} + \gamma_w)$$

포화상태에서 임의 기준점 상부에 수위변화가 없는 조건이라면 전응력의 변화는 없지만 전수두차에 의한 침투수압이 발생하면, 유효응력은 간극수압이 증가하는 만큼 감소하거나 간극수압이 감소하는 만큼 증가하게 된다.

3.4 지하수 유동과 침투

지하수 유동이론은 Darcy법칙에서 이론적 기본이 된다. 지하안전영향평가 시 지하수영향을 검토하고 해석하는 방법에는 해석적인 방법과 수치해석에 의한 방법을 사용한다. 해석적인 방법은 유선망과 등수두선 등을 이용하여 검토하는 방법을 말하며, 수치해석에 의한 방법은 지하수 유동해석 프로그램을 통하여 검토하는 것을 의미한다.

토질·지질 기술자는 지하수 유동이론을 이해하지 않고, 수치해석 결과만으로 판단하는 경향이 있으므로 이에 대해서는 보다 신중한 접근이 필요하다고 하겠다.

본 절에서는 지하수 유동이론의 기본이 되는 Darcy법칙, 평면흐름해석의 기본이 되는 Laplace방정식, 지하굴착 시 중력배수 영향을 받는 영향원 산정에 대하여 기술하였다.

3.4.1 지하수 흐름과 투수계수

흙속에서 지하수 흐름이 발생할 수 있는 조건은 전수두차와 유선이며 지하수 흐름에 영향을 미치는 주요인자는 투수계수이다.

가. 수두차

1) 수두(Head of water)의 정의

임의요소에 작용하는 압력의 크기를 단위중량의 물이 가진 Energy 크기로 나타낸 높이를 수두라고 한다.

2) 수두 종류

① 전수두(h_t) $= h_e + h_p$: 기준면에서 대기와 접한 수면까지 높이

② 압력수두(h_p) $= \dfrac{u}{\gamma_w}$: 기준점에서 대기와 접한 수면까지의 높이

③ 위치수두(h_e) $= Z$: 기준면에서 기준점까지의 높이

3) 기준면의 변화에 따른 수두변화의 이해

① 기준면의 변화에 따라 전수두와 위치수두는 변화한다.

② 물기둥의 높이 변화가 없으므로 압력수두는 일정하다.

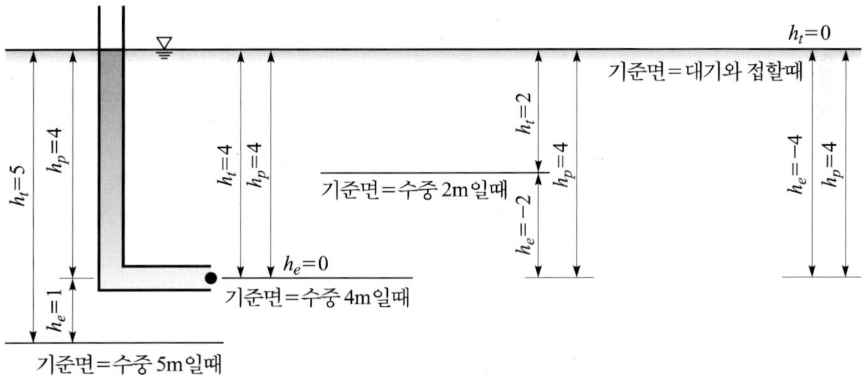

그림 3.8 수두의 정의

4) 기준점 변화에 따른 수두변화의 이해

① 기준면의 변화가 없다면 전수두의 변화는 없다.

② 스탠드 파이프 끝은 위치가 변하므로 압력수두와 위치수두가 변한다.

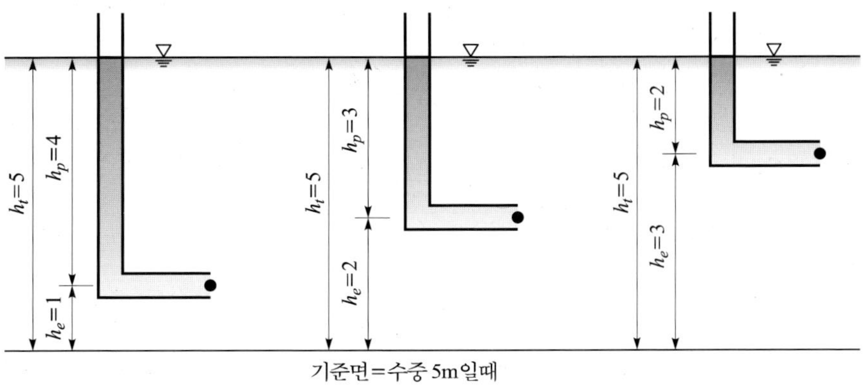

그림 3.9 수두변화의 이해

5) 압력수두(h_p)와 간극수압(u)의 관계

① 압력수두는 물기둥 높이이므로 물의 단위중량을 곱하면 물의중량에 해당하는 간극수압이 된다.

$$u = h_p \cdot \gamma_w$$

② 간극수압 측정법은 스탠드파이프를 이용하는 방법, 간극수압계를 이용하는 방법, 유선망을 이용하는 방법 등이 있다.

나. 전수두차($\triangle h$)

1) 수두차의 정의

수두차란 물이 흐를 수 있는 유선이 연속된 조건하에서 대기와 접한 두 지점의 상대적인 수면 높이차로 Δh로 나타낸다.

2) 수두차의 발생

흙 속을 통과한 물이 대기와 접할 때 대기와 접한면에서의 수압은 '0'이 되고 대기와 접한 두 지점 간의 수두차가 발생하게 되므로, 전수두의 손실은 흙 속에서만 일어난다.

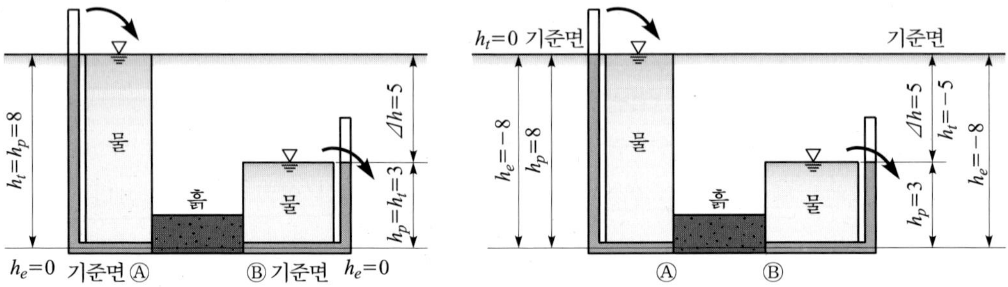

그림 3.10 수두차의 발생

3) 수두차의 발생(A점과 B점에 스탠드 파이프를 꽂을 때)

① A점의 전수두

$$\text{전수두}(h_{tA}) = \text{압력수두}(\frac{P_A}{\gamma_w}) + \text{속도수두}(\frac{{V_A}^2}{2g}) + \text{위치수두}(Z_A)$$

② B점의 전수두

$$\text{전수두}(h_{tB}) = \text{압력수두}(\frac{P_B}{\gamma_w}) + \text{속도수두}(\frac{{V_B}^2}{2g}) + \text{위치수두}(Z_B)$$

③ 수두차 = A점의 전수두 – B점의 전수두

속도가 느린 층류로 간주하여 속도수두를 무시한다면 전수두차는 아래와 같다.

$$\Delta h = h_{tA} - h_{tB} = \frac{P_A}{\gamma_w} + Z_A - \frac{P_B}{\gamma_w} + Z_B$$

다. 유선망

1) 유선과 등수두선

유선은 포화된 지반에서 물이 흐를 수 있는 물길이다. 물의 흐름은 낙차라고 할 수 있는 전수두 차가 있어야 하므로, 전수차가 없는 위치를 선으로 연결한다면 수두가 동일한 등수두선이 된다. 따라서 등수두선은 물이 흐르지 않는 지점들을 연결한 선이다.

유선과 등수두선은 서로 직교하는 특성을 가지고 있으므로 유선과 등수두선을 이용하여 유선망을 작성할 수 있으며, 유선망을 이용하면 지하수 흐름특성을 분석할 수 있다.

2) 유선망의 작도

흙 속의 2차원적인 침투 현상을 고려하여 물 입자의 이동 경로를 보여주는 유선과, 유선상에서 수두가 같은 점을 연결한 등수두선으로 이루어지는 망 모양의 네트로서 유선과 등수두선이 서로 직교하는 성질을 이용하여 다음과 같이 작도할 수 있다.

가) 가정조건

① 유선과 등수두선은 서로 직교한다.

② 두 유선과 두 등수두선은 정사각형이다.

나) 경계조건

① 등수두선 : ⒶⒷ, ⒹⒺ

② 유선 : ⒷⒸⒹ, ⒻⒼ

다) 작도방법

① 인접하는 2개의 유선 사이의 침투유량이 같도록 유선 간격을 결정한다.
(일반적으로 막이 구조에서 유선을 3~5개 정도 균등 배분하여 작도)

② 인접하는 2개의 등수두선 간의 손실수두가 같도록 간격을 결정한다.

③ 2개의 유선과 등수두선이 둘러싸인 도형은 정사각형이 되도록 작도한다.

④ 유선이 지반과 막이구조에 접하는 부분이 직교하도록 작도한다.

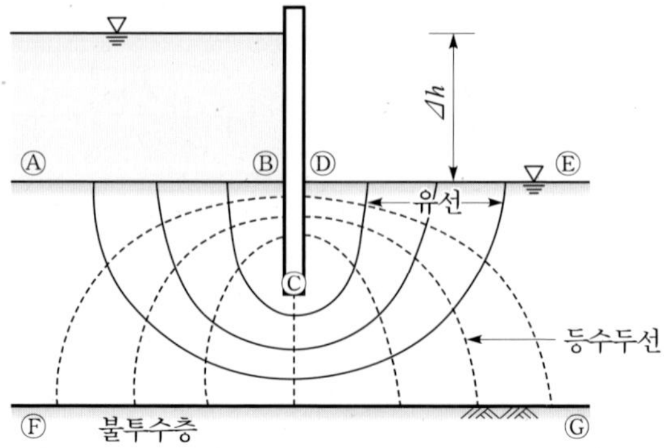

그림 3.11 유선망 작도

3) 유선망의 이용

가) 침투유량의 산정

$$Q = K \cdot \Delta h \frac{N_f}{N_d}$$

여기서, K : 투수계수

Δh : 전수두차

N_f : 유선에 의한 간격 수

N_d : 등수두선에 의한 간격 수

나) 간극수압과 동수경사 계산

전수두와 위치수두를 구하여 압력수두를 구한 뒤 간극수압을 구한다.

$$u = h_p \times \gamma_w$$

다) 보일링 검토

$$F_s = \frac{W}{J} = \frac{W}{i\gamma_w V} = \frac{\left(\frac{D}{2} \cdot D \cdot 1\right)\gamma_{sub}}{\left(\frac{D}{2} \cdot D \cdot 1\right) i \cdot \gamma_w}$$

라. 투수계수

1) 투수계수와 고유투수계수

투수계수는 표준온도일 때 단위동수경사에 의하여 직각으로 다공성 재료의 단위면적을 단위시간에 통과하는 정상류 상태의 수량을 말한다. 단위는 cm/sec 또는 m/sec로 표현되며, 응용지질분야에서는 "수리전도도"라고 한다.

고유투수계수는 물의 점성이나 밀도 변화를 고려하지 않고 흙의 입경에 관계되는 요소로 정의하고 있으므로 투수계수와 고유투수계수의 상관성은 다음 식으로 표현된다.

$$k = k' \frac{\rho g}{\mu}$$

여기서, k : 투수계수(수리전도도)

k' : 고유투수계수

μ : 점성계수

ρ : 밀도

g : 중력가속도

밀도(ρ)를 물의 밀도라고 가정하면, 물의 단위중량(γ_w)은 물의 밀도(ρ)와 중력가속도(g)를 곱한 값이므로 투수계수와 고유투수계수 관계식은 다음 식으로도 표현된다.

$$k = k' \frac{\gamma_w}{\mu}$$

2) 투수계수 산정방법

투수계수를 구하는 방법은 현장시험, 실내시험을 통해 구할 수 있으며, 각종 경험식과 참고문헌에서 값을 구할 수도 있다.

가) 각종 경험식

① Hazen : $K = CD_{10}^2$

(여기서, C : 사질토 100~150, 점성토 1.9)

위 식은 물의 밀도나 점성계수를 고려하지 않은 고유의 투수계수 값이다.

표 3.1 | Hazen식의 형상계수

Sand(any or all of the following applies)	
40 – 80	Very fine, well graded or with appreciable fines [(–) No.200]
80 – 120	Medium coarse, poorly graded: clean, coarse but well graded
120 – 150	Very coarse, very poorly graded, gravelly, clean

* Physical and Geotechnical Properties of Soils(Joseph E. Bowles pp.212)

② Taylor : $K = CD_{10}^2 \frac{\gamma_w}{\mu} \cdot \frac{e^3}{1+e}$ (여기서, μ : 점성계수)

③ Kozeny–Carman : $K = \frac{1}{K'S} D_{10}^2 \frac{\gamma_w}{\mu} \frac{e^3}{1+e}$

(여기서, K' : 형상 계수, S : 비표면적)

④ Casagrande : $K = 1.4e^2 K_{0.85}$ (깨끗한 가는 모래에 적합)

나) 실내 투수 시험

① 정수위 투수 시험 : 주로 조립토의 투수계수 산정법으로 수두차 변화가 없는 상태의 조건에서 시간당 투수량을 측정한다($k = 1 \times 10^{-3}$cm/sec 이상).

$$Q = kiAt = k\frac{\Delta h}{L}At$$

$$\therefore k = \frac{QL}{\Delta hAt} = \frac{Q}{iAt}$$

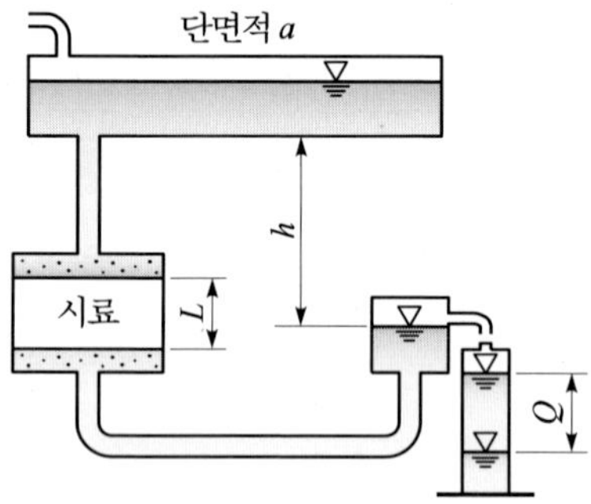

그림 3.12 정수위 투수 시험

② 변수위 투수 시험 : 주로 실트질과 같은 투수계수가 낮은 세립토의 투수계수 측정에 이용하며 수위가 변화하는 시간을 측정한다($k = 1 \times 10^{-3} \sim 10^{-6}$ cm/sec).

$$k = \frac{L.a}{A(t_2 - t_1)} \ln \frac{h_1}{h_2}$$

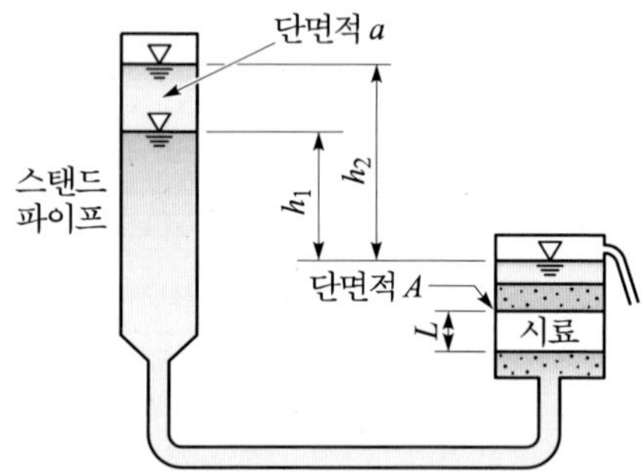

그림 3.13 변수위 투수 시험

③ 압밀 시험 : 투수계수가 아주 작은 점토질 등은 압밀 시험을 이용하여 압밀계수를 측정한 후 간접적으로 구한다($k = 10^{-6}$cm/sec 이하).

$$k = c_v \times m_v \times \gamma_w = \frac{TH^2}{t} \times \frac{a_v}{1+e} \times \gamma_w$$

④ 삼축 시험 : 불교란시료 또는 재 성형시료에 대해 현장 구속압을 결정하여 삼축 시험을 실시하며 상하부에 압력차를 줌으로써 동수경사를 결정한다.

$$i=\frac{\Delta h}{L}=\frac{1}{L}(\frac{P_a-P_b}{\gamma_w}) \qquad Q=kiAt \qquad k=\frac{Q}{iAt}$$

다) 시추공 내 현장투수시험

시추공 내 투수계수 산정하는 방법은 크게 토사지반과 암반지반으로 구분된다. 지하수 유동해석을 위한 침투조사는 사업구간의 지층조건에 따라 투수계수 관련 현장시험을 실시하고, 지층별 투수계수 및 수리특성 등을 산정하여 지하수 흐름분석, 지반안정성 분석, 지반의 보강 및 차수공법 적용 효과 등을 예측하기 위한 기초자료로 활용한다.

(1) 토사지반의 현장투수시험(주수시험)

토사지반의 현장투수시험은 지반 내 지하수위의 전수두차에 의해 발생하는 흐름을 측정하는 것으로 시추공 내 케이싱 하단 일정구간에 물을 주수하여 투수특성을 확인하는 주수법과 반대로 물을 퍼낸 후 회복되는 수두를 측정하는 수위회복법이 있다. 시추공 내 물을 퍼내기 힘들뿐 아니라 투수계수가 비교적 낮은 지반특성을 고려하여 주수법(변수위법)으로 현장투수시험을 주로 하게 된다.

시험방법은 시험구간 상단까지 Casing을 타입한 후 소요심도까지 굴진한 후 물을 주입하여 Casing 상단까지 채운 다음에 Casing 상단에서부터 물의 주입량을 측정하고 그 결과를 측정하여 투수계수를 산정한다.

투수계수 산정식은 시험구간이 지하수위면 하부에 위치하는 경우와 지하수위면 상부에 위치하는 경우 다르게 산정한다.

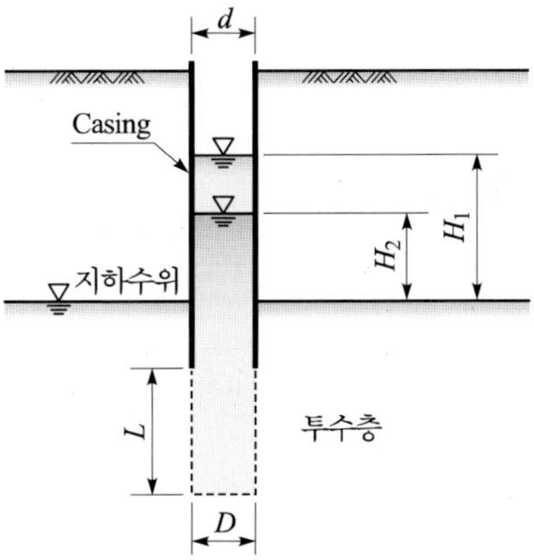

$$k=\frac{d^2\ln(\frac{2L}{D})}{8L(t_2-t_1)}\ln\frac{H_1}{H_2}\ (cm/s)$$

여기서, k: 투수계수
L : 시험구간(cm)
d : Casing 내경(cm)
D : 시추공 직경(cm)
t_1, t_2 : 경과시간(sec)
H_1, H_2 : 수두차(cm)

그림 3.14 시험구간이 지하수위면 하부에 위치하는 경우

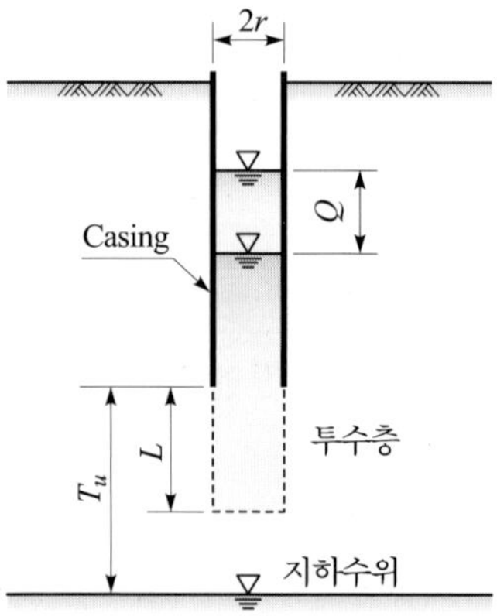

① Tu ≥ 3L일 때

$$k = \frac{Q}{2\pi L^2}[2.3\log_{10}(\frac{L}{r} + \sqrt{1+(\frac{L}{r})^2}) - 1]\ (cm/sec)$$

② Tu < L일 때

$$k = \frac{2.3 \cdot Q \cdot \log_{10}(\frac{L}{r})}{\pi Tu(2L - Tu)}\ (cm/sec)$$

③ L ≤ Tu < 3L일 때

$$k = \frac{6.9 \cdot Q \cdot \log_{10}(\frac{L}{r})}{\pi L(L + 2Tu)}\ (cm/sec)$$

여기서, r : Casing 반경(cm)
Q : 주입유량(cm^3/sec)
Tu : 시험구간에서 지하수위까지의 거리(cm)

그림 3.15 시험구간이 지하수위면 상부에 위치하는 경우

(2) 토사지반의 현장투수시험(순간충격시험)

시추 관측정이 설치된 지점에서 현장투수계수를 구하는 방법으로, 투수성이 매우 낮은 저투수성 지층에서 대수성시험을 실시할 때 또는 수중모터펌프를 공내에 설치할 수 없는 소구경의 관측정인 경우에 주로 사용한다. 시험은 굴착이 종료된 이후 시간 이상 경과하여 안정수위를 유지한 상태에서 체적을 알고 있는 물체(dummy)를 관측정 내 지하수에 순간적으로 투하하거나 순간적으로 인양하는 방법으로 시험을 하므로 자동수위 측정기와 diver 등이 있어야 한다.

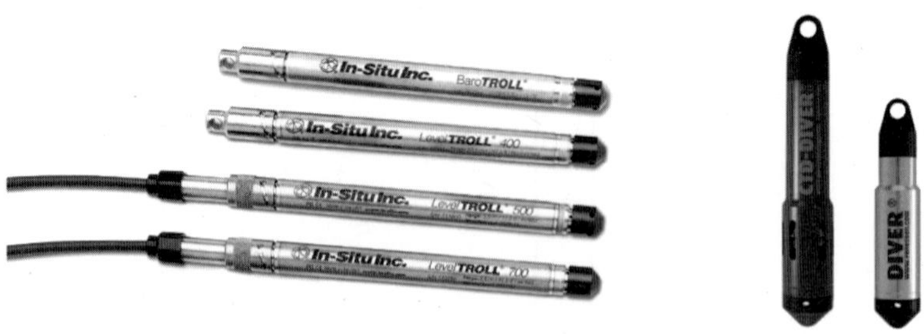

그림 3.16 자동수위측정기(좌)와 diver(우)

시험방법은 다음과 같이 2단계로 실시한다. 즉, 1단계는 체적을 알고 있는 물체(dummy)를 관측정 지하수 내에 순간적으로 투입시키면 물체의 체적만큼

관측정내 지하수위는 순간적으로 상승하지만, 주변 대수층으로 흘러나가면서 서서히 수위가 하강하는 원리를 이용하여 수위 변동치를 측정한 후 투수계수를 산정한다.

2단계는 관측정내 지하수에 잠긴 물체를 순간적으로 인양해 내면 관측정내 지하수위는 순간적으로 하강하지만, 주변 대수층으로 흘러 들어오는 물로 인해 수위가 회복하는 원리를 이용하여 변동치를 측정한 후 투수계수를 산정한다.

(3) 토사지반의 현장투수시험(양수시험)

양수시험은 굴착에 따른 지하수 유입량의 시간적 변화를 분석하여 투수량계수, 투수계수, 저류계수 등을 산정하는 시험법이다. 양수시험(Pumping Test)시 양수량은 안정수위가 형성될 때까지 일정하게 유지하여야 하며, 양수량은 적산유량계를 이용하여 측정하므로 수중펌프, 발전기, 자동수위 측정기 등이 있어야 한다.

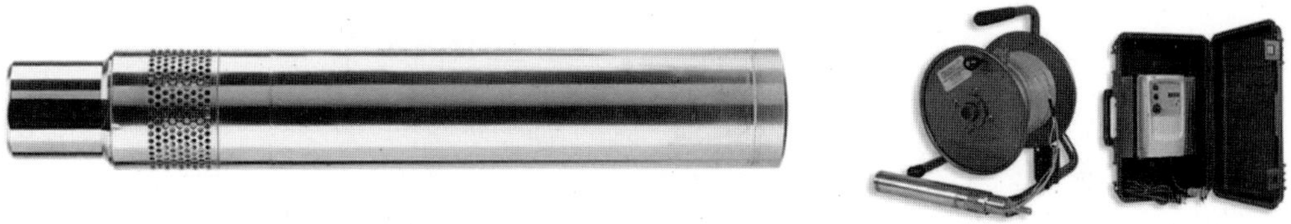

그림 3.17 양수시험 측정기

시험방법은 일정량 연속양수시험과 수위회복시험이 있다. 일정량 연속양수시험은 한계양수량을 밑도는 양수량을 정하고 그 양수량으로 연속시험하여 수위강하량과 시간과의 관계를 대수눈금으로 그려서 수위강하량의 차(Δs)를 구하는 시험이다.

수위회복시험(Recovery Test)은 양수시험을 종료한 즉시 실시하며 최초 자연수위의 80%까지 회복될 때까지 실시하며, 자동수위 측정기를 이용하여 측정 간격은 1분, 수위변화량은 1mm 단위까지 측정한다.

결과분석은 Theis법(1935), Cooper-Jacob법(1963) 등을 이용하여 분석하며, 수위회복시험의 경우 Theis Recovery법을 이용하여 해석한다.

(4) 암반지반의 현장수압시험

현장수압시험의 목적은 절리를 포함한 기반암의 투수 특성을 파악하여 용출수량을 예측하고 배수계획과 지반 보강 시 그라우팅 주입 범위 등을 산정하는데 있다. 시추조사와 병행하여 시행하며 약 76mm 시추공에 압력 1 MPa의 물을 주입하여 주입길이 1m당 주입량을 리터 단위로 나타내는 Lugeon으로 정의한다.

단계별 시험방법은 Packer로 시추공을 막은 뒤 압력의 증감은 5~9단계로 실시하며 각 단계에서 주입압력별로 약 10분간 가압시간을 유지하여 정확한 주입수량을 측정한다. 주입 압력이 상승하지 않거나 누수 시 시험을 중단하며, 투수계수와 Lugeon치는 아래 식을 이용하여 산정한다.

투수계수 산출공식 $k = \frac{2.3Q}{2\pi HL} \ln \frac{L}{R}$

Lugeon치 $Lu = \frac{10 \times Q}{P.L}$

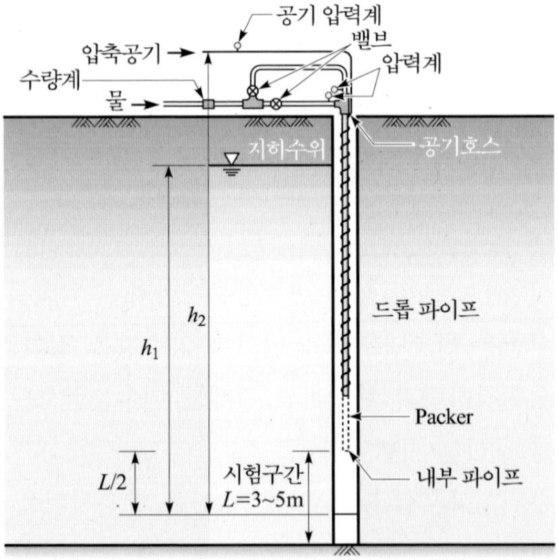

그림 3.18 현장수압시험 개념

수압시험에서 압력과 주입량 관계의 P-Q차트를 이용한 암반의 투수성을 판단하는 방법은 다음과 같다.

표 3.2 | 암반 투수성 판단

Flow Type	Lugeon 형태	압력-주입량곡선	시험특성 및 그라우팅 조건
A Type : 층류 (Laminar Flow)	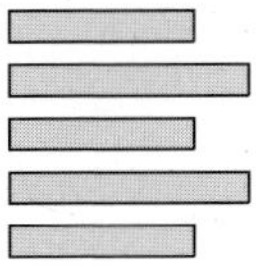	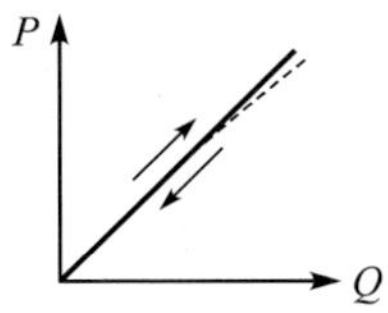	· 압력(P)과 주입량(Q)이 비례 · 각 압력단계별 Lugeon값이 비슷 · Lugeon값은 평균값을 사용 · 그라우팅 효과가 가장 양호
B Type : 난류 (Turbulent Flow)	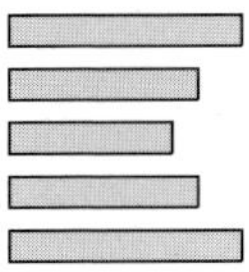	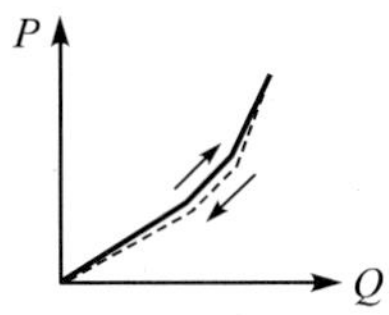	· 균열의 열림이 가역적이며 압력의 증가에 비해 주입량의 증가 비율이 작음 · 가장 높은 주입압력에서 가장 낮은 Lugeon값을 나타냄 · Lugeon값은 가장 높은 주입압력에서의 값을 나타냄 · 그라우팅 효과가 대체로 양호
C Type : 팽창 (Dilation)	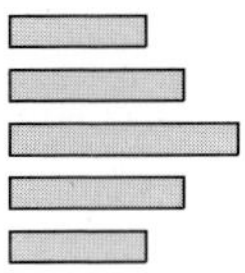	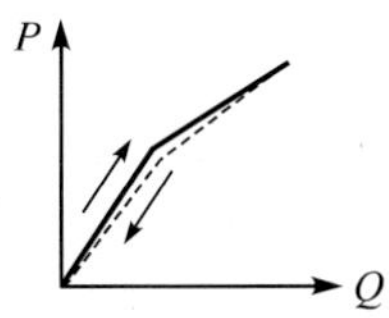	· 균열의 열림이 가역적이며 압력의 증가에 비해 주입량의 증가 비율이 큼 · 가장 높은 주입압력에서 가장 높은 Lugeon값을 나타냄 · Lugeon값은 최소(또는 중간) 주입압력에서의 값을 나타냄 · 그라우팅 효과가 대체로 양호
D Type : 유실 (Wash-out)	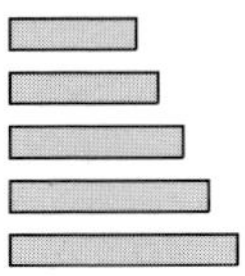	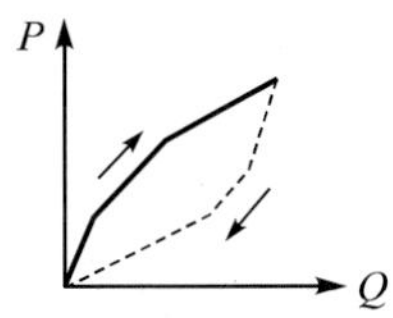	· 균열의 열림이 비가역적이며 같은 주입압력에서의 승압시보다 강압시의 주입량이 많음 · Lugeon값은 압력변화에 관계없이 점점 증가함 · Lugeon값은 최댓값을 적용 · 균열 틈사이의 충전물이 이동되어 균열이 Open · 그라우팅 효과가 가장 불량
E Type : 공극충전 (Void Filling)	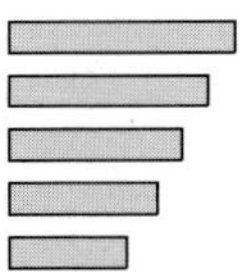	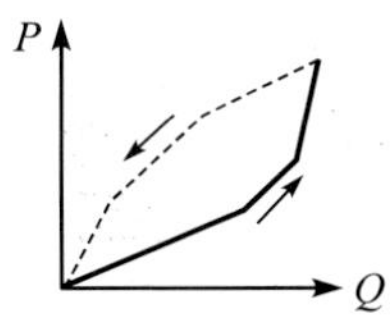	· 균열의 열림이 비가역적이며 같은 주입압력에서의 승압시보다 감압시의 주입량이 작음 · Lugeon 값은 압력변화에 관계없이 점점 증가함 · Lugeon값은 마지막 단계의 값을 사용 · 지반 내의 균열은 연결성이 미약하여 점차 공극이 채워짐 · 그라우팅 효과는 양호하지 못함

3) 각종 참고 문헌에 의한 투수계수

흙의 투수계수는 각종 문헌 및 자료를 통하여 비교할 수 있다. 이에 각종 흙의 대표적인 투수계수를 제안함으로써 실무에서 적용할 수 있게 하고자 한다.

가) 각종 흙의 대표적 투수계수

표 3.3 | 흙의 종류에 따른 투수계수

흙의 종류	투수계수(cm/sec)
깨끗한 자갈	$1 \sim 10^{-2}$
깨끗한 모래, 깨끗한 모래와 자갈이 섞인 흙	$10^{-3} \sim 1$
극 미립토사, 실트, 모래, 실트와 점토가 섞인 흙, 성층 있는 점토	$10^{-7} \sim 10^{-3}$
불투수층	10^{-7} 미만

(출처: 지반공학-이론과 실제, 천병식, pp.98)

나) 제방 축조 재료별 투수계수(단위 : cm/s)

표 3.4 | 재료별 투수계수

토 사	가는 모래를 포함한 토사	조그만 돌을 포함한 토사(Loan)
$1.67\times10^{-3} \sim 2.78\times10^{-3}$	$1.67\times10^{-2} \sim 2.78\times10^{-2}$	$2.78\times10^{-2} \sim 5.56\times10^{-2}$

(출처: 하천공학(山本三朗), pp.268)

다) 토질특성별 투수계수(단위 : cm/s)

표 3.5 | 토질특성별 투수계수

10^{-8}	10^{-7}	10^{-6}	10^{-5}	10^{-4}	10^{-3}	10^{-2}	10^{-1}	1	10	10^{2}	cm/s
	10^{-4}	10^{-3}	10^{-2}	10^{-1}	1	10	10^{2}	10^{3}	10^{4}	10^{5}	ft/day

⇐ 균질점토	실트 / 균열점토 및 풍화점토	모래	자갈 ⇒
불투수	투수 불량	투수 양호	

(출처: 토질역학, 김상규, p83)

라) 입경별 투수계수(단위 : cm/s)

표 3.6 | 입경별 투수계수

토 질	점 토	실 트	아주 가는 모래	가는 모래	중간 모래	굵은 모래	작은 자갈
입경 D(mm)	0.0~0.01	0.01~0.05	0.05~0.10	0.10~0.25	0.25~0.5	0.5~1.0	1.0~5.0
k(cm/s)	3.0×10^{-6}	4.5×10^{-4}	3.5×10^{-3}	1.5×10^{-2}	8.5×10^{-2}	3.5×10^{-1}	3.0

(출처: 지반공학핸드북, 엔지니어즈, p87)

마) 여러 재료에 대한 전형적인 투수계수 값(층류)

표 3.7 | 여러 재료별 투수계수

구 분	입자 크기				유효입경		투수계수(k)		
	in		mm		D20 (in)	D10 (mm)	ft/년	ft/월	cm/s
	Dmax	Dmin	Dmax	Dmin					
균등한 조립모래	1/8	1/64	2	0.5		0.6	0.4×10^{-6}	0.4×10^{-5}	0.4
균등한 중간모래			0.5	0.25		0.3	0.1×10^{-6}	0.1×10^{-5}	0.1
깨끗하고 입도가 양호한 실트질 모래와 자갈			10	0.05		0.1	0.01×10^{-6}	0.01×10^{-5}	0.01
균등한 세립모래			0.25	0.05		0.06	4000	400	40×10^{-4}
입도양호 실트질 모래 및 자갈			5	0.01		0.02	400	40	4×10^{-4}
실트질 모래			2	0.005		0.01	100	10	10^{-4}
균등한 실트			0.05	0.005		0.006	50	5	0.5×10^{-4}
모래질 점토			1.0	0.001		0.002	5	0.5	0.05×10^{-4}
실트질 점토			0.05	0.001		0.0015	1	0.1	0.01×10^{-4}
점토 (점토입자가 0~50%)			0.05	0.0005		0.0008	0.1	0.01	0.001×10^{-4}
콜로이드점토 ($-2\mu\leq50\%$)			0.01	10 Å		40 Å	0.001	10^{-4}	10^{-9}

(출처: 지반공학핸드북, 엔지니어즈, p.85)

바) 모래와 자갈의 투수성(Permeability of sands and sand-gravel mixtures)

표 3.8 | 모래와 자갈의 투수성

Type of soil	Coefficient of permeability, k(cm/s)
Medium to coarse gravel	Greater than 10^{-1}
Coarse to fine sand	10^{-1} to 10^{-3}
Fine sand, Silty sand	10^{-3} to 10^{-5}
Silt, Clayey silt, Silty clay	10^{-4} to 10^{-6}
Clays	10^{-7} or less

(출처: Braja M.Das, 기초공학원론, p20)

사) 암과 흙의 전형적인 투수계수

표 3.9 | 암과 흙의 투수계수

k, cm/s		신선암	간극률 n(%)	파쇄암	흙
실제로는 불투수	10^{-10} 10^{-9} 10^{-8} 10^{-7}	간극률이 작은 암괴	0.1~0.5 0.5~5.0		풍화대 아래의 균등한 점토
배수 불량	10^{-6} 10^{-5} 10^{-4} 10^{-3}	풍화된 화강암, 편암	5.0~30.0	점토로 충전된 절리	매우 세립한 모래 유기질과 무기질 실트 모래와 점토의 혼합물 방적토, 층이진 점토층
배수 양호	10^{-2} 10^{-1} 1.0 101 102			절리된 암반 절리가 열린 암반 파쇄가 심한 암반	깨끗한 모래 깨끗한 모래와 자갈혼합물 깨끗한 자갈

(출처: 지반공학핸드북, 엔지니어즈, p87)

아) Creager에 의한 D20과 투수계수(k) 간의 상관관계

표 3.10 | Creager에 의한 D20과 투수계수(k) 간의 상관관계

D20(mm)	k(cm/s)	토질 분류	D20(mm)	k(cm/s)	토질 분류
0.005	3.00×10^{-6}	점토	0.18 0.20 0.25	6.85×10^{-3} 8.90×10^{-3} 1.40×10^{-2}	세립모래
0.01	1.05×10^{-5}	세립실트			
0.02 0.03 0.04 0.05	4.00×10^{-5} 8.50×10^{-5} 1.75×10^{-4} 2.80×10^{-4}	조립실트	0.30 0.35 0.40 0.45 0.50	2.20×10^{-2} 3.20×10^{-2} 4.50×10^{-2} 5.80×10^{-2} 7.50×10^{-2}	중립모래
0.06 0.07 0.08 0.09 0.10	4.60×10^{-4} 6.50×10^{-4} 9.00×10^{-4} 1.40×10^{-3} 1.75×10^{-3}	매우 세립모래	0.60 0.70 0.80 0.90 1.00	1.10×10^{-1} 1.60×10^{-1} 2.15×10^{-1} 2.80×10^{-1} 3.60×10^{-1}	조립모래
0.12 0.14 0.16	2.60×10^{-3} 3.80×10^{-3} 5.10×10^{-3}	세립모래	2.00	1.80	잔자갈

(출처: 토질역학핸드북, 일본토질공학회, 1985)

자) 흙의 간극비와 입도분포 특성을 고려한 투수계수의 값(NAVFAC DM7.2-p.131)

흙의 입경으로 투수계수를 판단하는 방법의 한계성은 지반의 입도 분포특성을 고려하지 못하므로 NAVFAC에서는 흙의 입도분포특성이 고려된 투수계수를 제안하였다.

입도분포곡선으로부터 구한 유효입경(D_{10})의 크기와 투수계수의 상관성을 설명하기 위하여 균등계수와 간극비의 관계를 곡선으로 나타냈다. 조립질의 특성은 균등계수가 클수록 입도분포가 다양한 양입도에 해당하므로 간극비는 작아지며, 균등계수가 작을수록 입도분포가 단순한 빈입도에 해당하므로 간극비는 커진다. 입경이 클수록 투수계수가 증가하는 일반적인 조건 이외에도 간극비를 고려할 경우 간극비가 낮아질수록 투수계수도 낮아지는 토질특성을 나타낸 그래프이다.

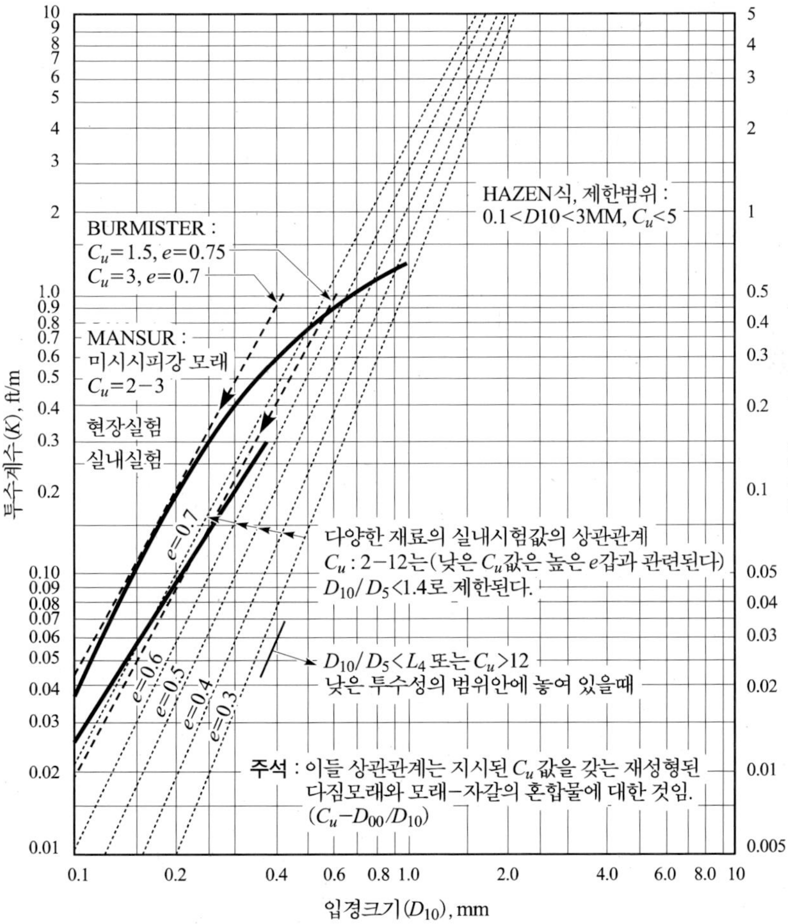

그림 3.19 흙의 간극비와 입도분포 특성을 고려한 투수계수

4) 개략적인 흙의 투수계수 범위

표 3.11 | 개략적인 흙의 투수계수

투수계수(cm/sec)	$10^{-1} \sim 10^{-3}$	$10^{-3} \sim 10^{-6}$	$10^{-6} \sim 10^{-9}$
흙 분류	모래	실트	점토

5) 등가 투수계수

가) 수평 흐름

각 층에서 동수경사가 일정하고 총 유량이 각 층의 유량 합과 같다고 하면 수평 흐름에 대한 등가 투수계수는 다음과 같다.

$$k_h = \frac{1}{H}(k_1 h_1 + k_2 h_2 + k_3 h_3 + \cdots + k_n h_n)$$

나) 연직 흐름일 때

각 층에서 유속이 일정하고 각 층에서 손실 수두의 합은 전수두와 같다.

$$k_v = \frac{H}{\dfrac{h_1}{k_1} + \dfrac{h_2}{k_2} + \dfrac{h_3}{k_3} + \cdots + \dfrac{h_n}{k_n}}$$

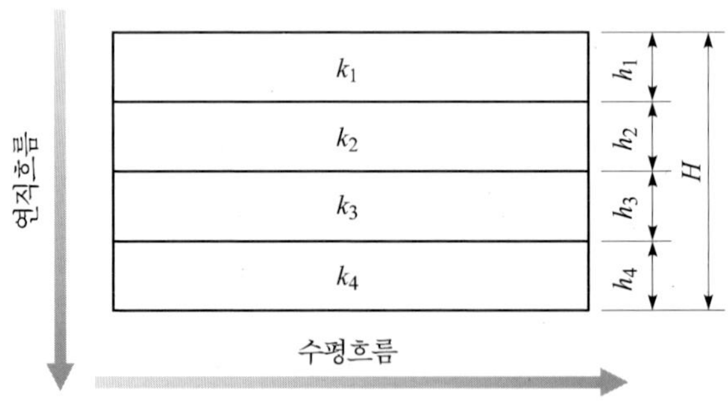

그림 3.20 등가 투수계수

다) 자연계 토질은 비등방으로 연직방향 투수계수가 수평방향 투수계수보다 작다 $(k_z < k_h)$. 하지만 등방으로 가정한다면 다음 식으로 표현된다.

$$k = \sqrt{k_x + k_z}$$

3.4.2 Darcy 법칙과 침투이론

가. 다르시의 법칙(Darcy's law)

프랑스 수리기술자 Henry Darcy는 물을 여과시킬 때 모래층을 통과하는 물의 흐름에 대하여 관심을 가지고 실험을 하였으며, 실험결과는 지하수 수리학에서 연속방정식으로 널리 이용하는 Darcy 법칙을 유도하는 계기가 되었다.

지반공학적인 이용은 지하수가 사암이나 석회석과 같은 다공질 물질 속에서 흐르는 유체의 흐름을 수학적으로 나타낸다.

1) 다르시 법칙의 기본적인 원리

$Q = Av$ 일 때 흙속에서 $v = ki$ 이며, 여기서 $i = \dfrac{\Delta h}{L}$ 이다.

2) 가정조건

① 흙은 균질하며 포화되어 있다.

② 지반 내 물의 흐름은 매우 느리므로 층류로 간주한다.

③ 물의 점성은 일정하다.

3) 이론식

① 실린더(용기)를 통과한 물이 흙 속을 통과한 후 배출된다면 실린더를 통과한 물의 양과 배출된 물의 양은 같으므로 〈그림 3.21〉과 같이 표현된다.

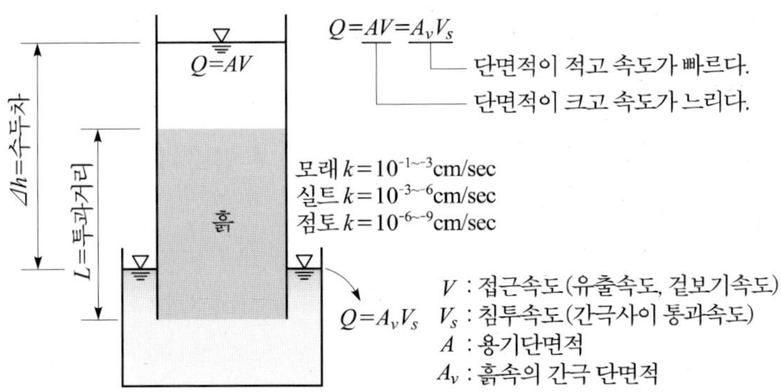

그림 3.21 Darcy 법칙

② 실린더를 통과한 물은 Q_{in} 이라 하고, 배출된 물을 Q_{out} 이라고 하면

$Q_{in} = Q_{out}$ 조건이므로 $Q_{in} = A.v$, $Q_{out} = A_V \cdot v_s$ 이다.

$$A.v = A_V \cdot v_s$$

여기서, A : 실린더 통수단면적 = 유입단면

A_V : 간극(void)면적 = 유출단면

v : 실린더 통과유속으로 = 접근속도 또는 유입속도

v_s : 흙의 간극 내 침투속도로 = 유출속도

③ 이항하여 정리하면 $v_s = \frac{A}{A_V}v$가 되고 실린더와 간극속의 물의 흐름속도를 비교하기 위해서 분모와 분자에 높이(H)를 곱해주고, 단면적을 체적단위로 바꾸면 다음 식과 같다.

$$v_s = \frac{A}{A_V}\left(\frac{H}{H}\right)v = \frac{V}{V_V}v = \frac{1}{n}v = \frac{1}{n}ki$$

여기서, $n = \frac{V_V}{V}$ 이고 $v = ki = k\frac{\Delta h}{L}$

4) 침투이론

지하수는 주로 강수에 의해 발생하는 자연적인 함양과 인공적인 함양지역으로부터 인근하천이나 늪 및 바다와 같은 자연적인 배출지역과 중력배수가 이루어지는 인공배출지역 등으로 흐르게 된다. 즉, 지하수는 포텐셜이 높은 지역에서 낮은 지역으로 유동하게 되므로, 흙속에서 물의 흐름을 Darcy velocity와 Seepage velocity로 접근하는 Darcy 법칙은 침투이론의 기본이 된다.

3.4.3 지하수 흐름의 이론 근거

포화된 흙속의 정상상태 흐름식으로 유도하기 위하여 유입량과 유출량 Q인 흙의 요소에 대하여 해석하기 위한 가정조건은 다음과 같다.

가. 가정조건

① 등방이다(Isotropic).

② Darcy 법칙에 따른다.

③ 비압축성이며 포화되어있다.

④ 2차원적 흐름으로 본다.

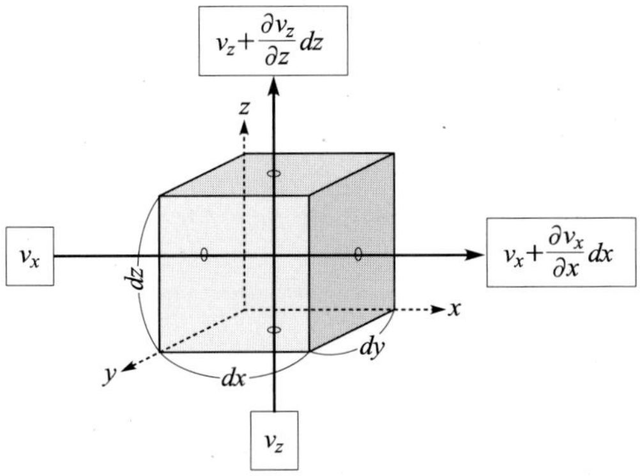

그림 3.22 포화된 흙속의 정상류 흐름

나. 2차원적 흐름으로 해석

x방향과 z방향으로 흐르는 유량은 흙속에서 임의 요소로 물이 들어와서 나갈 때 속도 성분 수평방향(v_x)과 수직방향(v_z)에 대하여 각각 통과하는 단면적인 $dz \cdot dy$와 $dx \cdot dy$을 곱한 볼륨이다.

즉, 단위시간 요소에 유입, 유출하는 전유량$(q) = A \cdot v$이므로

$$q_{\text{in}} = A \cdot v = (v_x)dz\,dy + (v_z)dx\,dy$$

$$q_{\text{out}} = A_V \cdot v_s = \left(v_x + \frac{\partial v_x}{\partial x}dx\right)dz\,dy + \left(v_z + \frac{\partial v_z}{\partial z}dz\right)dx\,dy$$

흙 요소에서 $q_{in} = q_{out}$이므로 물이 흐르는 동안 체적 변화가 없다고 가정한다면 다음 식으로 정리할 수 있다.

$$(v_x)dz\,dy + (v_z)dx\,dy = (v_x)dz\,dy + \frac{\partial v_x}{\partial x}dx\,dy\,dz + (v_z)dx\,dy + \frac{\partial v_z}{\partial z}dx\,dy\,dz$$

이항하여 정리하면

$$\frac{\partial v_x}{\partial x}dx\,dy\,dz + \frac{\partial v_z}{\partial z}dx\,dy\,dz = 0$$

양변을 $dx \cdot dy \cdot dz$로 나누면

$$\frac{\partial v_x}{\partial x} + \frac{\partial v_z}{\partial z} = 0$$

위 식에 Darcy의 법칙인 $v = ki$를 대입하기 위해 x와 z방향으로 정리하면

$$v_x = k_x \cdot i_x = -k_x \frac{\partial h}{\partial x}, \quad v_z = k_z \cdot i_z = -k_z \frac{\partial h}{\partial z}$$

여기서, 동수구배는 수두손실로써 (−)가 되므로 정리하면

$$k_x \cdot \frac{\partial^2 h}{\partial x^2} + k_z \cdot \frac{\partial^2 h}{\partial z^2} = 0$$

등방조건으로 가정한다면 $k_x = k_z$가 되므로 위 식은 다음과 같이 정리할 수 있다.

$$\frac{\partial^2 h}{\partial x^2} + \frac{\partial^2 h}{\partial z^2} = 0$$

Laplace 방정식은 3차원 공간에서 2차 미분이 가능한 실함수 $\Phi(x, y, z)$에 대해 $\frac{\partial^2 \Phi}{\partial x^2} + \frac{\partial^2 \Phi}{\partial y^2} + \frac{\partial^2 \Phi}{\partial z^2} = 0$을 만족하는 Φ를 찾는 방정식으로 그레디언트(∇)나 라플라스 연산자 단위(Δ)를 이용해 $\nabla^2 \Phi = 0$ 또는 $\nabla^2 \Phi = 0$으로 표기할 수 있으므로 라플라스 방정식을 만족하는 2차원적 흐름으로 볼 수 있다.

따라서 $\nabla^2 h = 0$으로 간략히 표현하면, 투수계수와 무관한 수두와 관련된 식으로서 경계조건이 주어지면 해를 구할 수 있다.

3.4.4 중력배수와 영향원

흙속에서의 물의 흐름은 매우 느린 속도로 흐르기 때문에 포화된 지반에서 지하굴착공사 현장이나 관정에서 중력배수를 할 경우 처음에는 시간의존적인 수위 변화 특성을 보이는 천이흐름(transient flow)이다. 반면, 장시간에 걸쳐서 양수할 경우 지하수위 변동이 발생하는 영향범위는 인접지반으로 점진적인 확대양상을 보이게 되며, 양수하는 수량과 주변 수위 저하로 유입되는 양이 균형을 이루게 되면 정상상태(steady state) 흐름이 이루어진다.

가. 지하수 흐름 조사

시추공을 이용한 지하수 채취 가능량 산정은 지하굴착공사 현장이나 관정에서 중력배수를 할 경우 또는 배수터널과 같은 지반구조물의 흐름해석을 하기 위하여 많이 이용한다.

1) 피압대수층을 관통하는 관정

균질하고 등방조건인 양수정 주변은 Darcy 법칙을 적용하는 것이 타당하므로 피압대수층을 관통한 관정에서 양수율 Q는 다음 식으로 정리된다.

$$Q = kiA = k\frac{\Delta h}{L}A = k\frac{dh}{dr}(2\pi rb)$$

여기서, b : 대수층 두께

r : 관정으로부터 떨어진 거리(반경)

h : r지점의 지하수위(포텐셜)

$A = 2\pi rb$

h와 r에 대하여 양변을 적분하면

$$\int_{h1}^{h2} dh = \frac{Q}{2\pi bK}\int_{r1}^{r2}\frac{dr}{r}$$

두 지점 간의 수두차를 정리하면

$$h_1 - h_2 = \frac{Q}{2\pi bK}\ln\frac{r_1}{r_2}$$

위와 같이 Thiem 식으로 정리되므로, 일정 두 지점 간의 수위 저하량을 알 수 있다면 투수량계수($T = bK$)를 다음 식으로부터 구할 수 있다.

$$T = \frac{Q}{2\pi(h_1 - h_2)}\ln\frac{r_1}{r_2}$$

2) 중력우물

$$Q = kiA = k\frac{\Delta h}{L}A = k\frac{dh}{dr}(2\pi rh)$$

여기서, $A = 2\pi rh$: 우물주변면적

h와 r로 각각 적분하면

$$\int_{h1}^{h2} hdh = \frac{Q}{2\pi K}\int_{r1}^{r2}\frac{dr}{r}$$

양변을 $2\pi K$를 곱하여 정리하면

$$2\pi K\int_{h1}^{h2} hdh = Q\int_{r1}^{r2}\frac{dr}{r}$$

두 지점 간의 수두차를 정리하면

$$h_1 - h_2 = \frac{Q}{\pi K}\ln\frac{r_2}{r_1}$$

위 식을 K에 대하여 다음 식으로 정리할 수 있으므로 두 지점 간 수두차를 알면 대상지반의 현장 투수계수와 유량을 구할 수 있다.

$$K = \frac{Q\ln\left(\frac{r_2}{r_1}\right)}{\pi\left(h_2^2 - h_1^2\right)}, \quad Q = K\pi\frac{\left(h_2^2 - h_1^2\right)}{\ln\left(\frac{r_2}{r_1}\right)}$$

여기서, $h_{1,}\, h_2$: 관측정에서 대수층의 수위 높이

$r_{1,}\, r_2$: 양수정에서 관측정까지 거리

또한 관측정이 없는 경우 양수정과 영향권 반경(R)을 각각 제1, 제2 관측정으로 사용하면 영향권 반경은 양수에 의하여 수위의 강하가 일어나지 않는 최소반경을 뜻하므로 다음 식으로 정리된다.

$$Q = \pi k\frac{(H_o^2 - h_o^2)}{\ln(\frac{R}{r_0})}$$

여기서, H_o: 양수하기 전 수위(영향권 반경에서의 수위)

h_o: 양수정에서 양수 후 수위(현장조건에서 배수층 높이)

R: 영향권 반경

r_o: 양수정 반경(현장조건에서 배수층 폭)

나. 영향원(R)의 계산

영향원(Radius of influence)은 우물 양수로 인하여 수두저하가 발생하는 최대 거리이다. 영향거리(R) 구하는 방법으로는 경험식에 의한 방법과 USC에서 제시하는 대수층의 토질특성과 입경의 크기를 이용하여 구하는 방법 등이 있다.

1) Sichart의 식 : 현장의 수리특성 자료가 많지 않은 경우에 적용

$$R = C \cdot \Delta h \sqrt{k}$$

여기서, C : 경험계수(웰포인트일 때 : 1500~2000, 우물양수 : 3000)

Δh : 수위강하량

2) Weber의 식 : 대수층의 두께와 투수계수, 간극률을 알고 있는 경우 시간의 변화에 따른 R은 다음 식으로 구한다.

$$R = 3\sqrt{\frac{bKt}{n}}$$

여기서, b : 대수층

t : 시간(sec)

n : 간극률

3) Kozeny의 식 : 시간당 양수량을 알고 있는 경우 다음 식을 이용하여 구한다.

$$R = \left[\frac{12\,t}{n}\left(\frac{QK}{n}\right)^{\frac{1}{2}}\right]^{\frac{1}{2}}$$

여기서, Q : 양수량

4) USC가 제시한 대수층 토질특성과 입경에 따른 영향반경은 다음 표와 같다.

표 3.12 | USC가 제시한 대수층 토질특성에 따른 영향반경

대수층의 토질특성	평균 입경(mm)	영향 반경(m)
세립자갈~조립자갈	10 이상	1,500 이상
조립모래~세립자갈	2~10	500~1,500
중립모래~조립모래	1~2	400~500
중립모래	0.5~1	200~400
세립모래~중립모래	0.25~0.5	100~200
실트~세립모래	0.1~0.25	50~100
	0.05~0.1	10~50
실트	0.025~0.05	5~10

3.5 지하수 변화에 의한 영향 검토 방법

3.5.1 개 요

지하수 변화에 의한 영향 검토는 지하굴착공사로 인한 산출량 발생 시 지하수위 강하에 따른 주변지반의 지하수 흐름 변화 및 유입량 등을 종합적으로 분석되어야 한다.

지하수 함양량과 산출량을 산정하기 위해서는 기초자료 조사가 수행되어야 하며, 시추공 내에서 실시하는 투수관련 시험 자료들과 종합하여 2차원적 간편해석과 3차원적인 정밀해석 수행을 하여야 한다.

소규모지하안전영향평가는 지하수 변화에 의한 영향이 상대적으로 적으므로 2차원적 간편해석 결과와 침투해석 결과를 종합하여 주변영향에 대한 결론을 내릴 수 있다. 지하안전영향평가는 지하수변화가 주변에 미치는 영향이 크므로 3차원적인 정밀 해석을 수행하여 종합 결론을 내려야 한다.

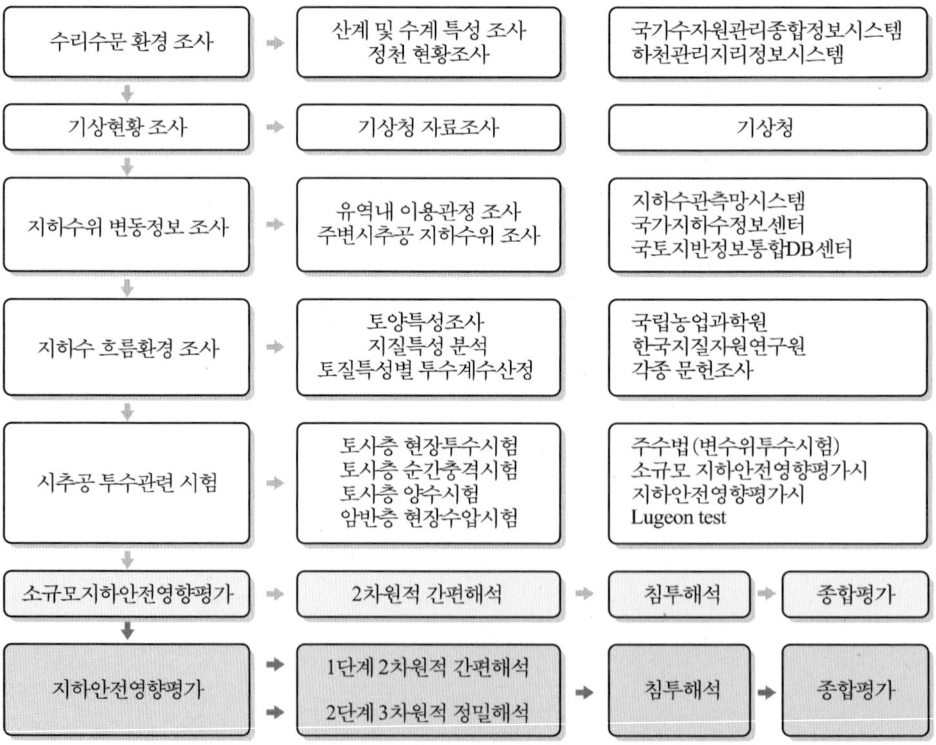

그림 3.23 지하수 변화에 의한 영향검토 절차도

3.5.2 기존 자료 조사

가. 수리수문 환경조사

수리수문 환경조사를 위한 기초자료는 국가수자원관리종합정보시스템(http://www.wamis.go.kr) 또는 하천관리지리정보시스템(http://www.river.go.kr) 등에서 구할 수 있으며, 3차원적인 지형공간으로 가공하여 〈그림 3.24〉와 같이 나타낼 수 있다.

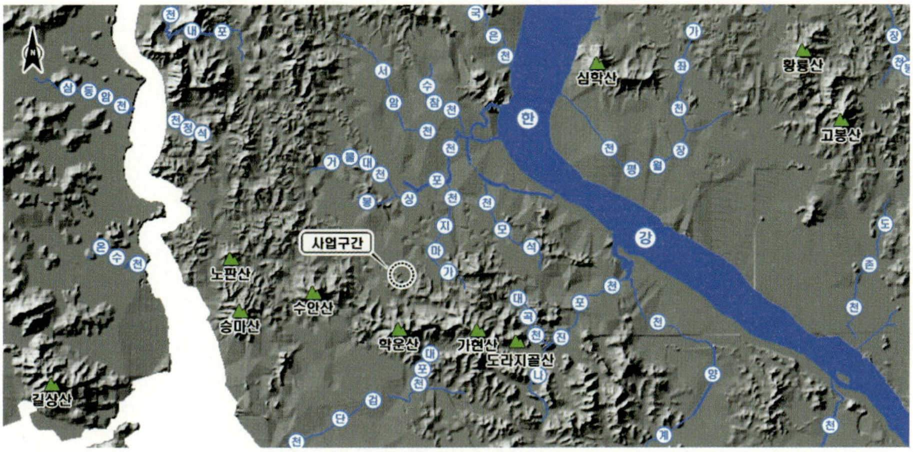

그림 3.24 수리수문 환경조사

나. 기상현황 조사

기상자료 조사는 지하수의 양적 평가인 지하수 함양량을 결정짓는 중요한 요소이므로 대상 부지와 인접한 기상관측소의 약 10개년 기상자료를 통계·분석하여 검토대상 지역의 기상 특성을 조사하여야 한다. 분석 항목은 기온, 강수량, 강우일수 등이다. 〈그림 3.25, 3.26〉은 기상청에서 제공하는 연강수량 변화와 월별 강수량 변화 그래프이다.

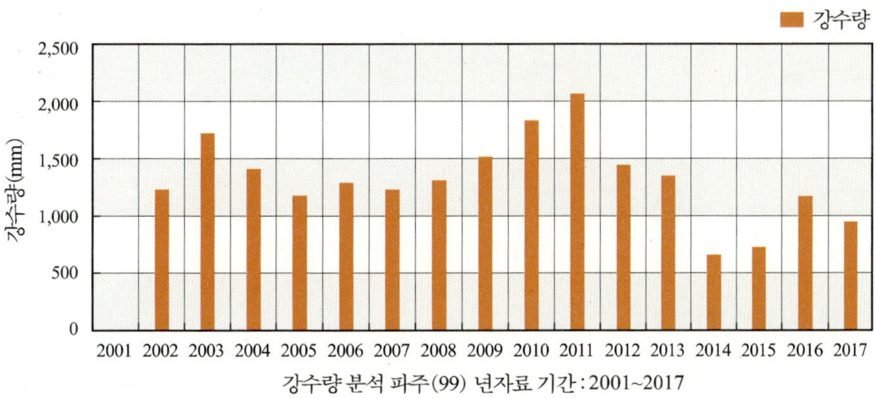

그림 3.25 기상청 연강수량 분석

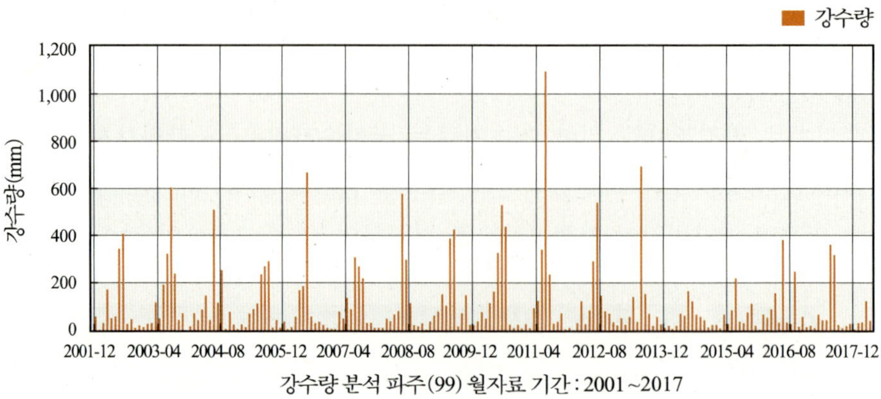

그림 3.26 기상청 월강수량 분석

다. 지하수위 변동정보 조사

현재 우리나라는 국가지하수 관측망 구축을 위해 1995년~2016년까지 전국에 412개소의 지하수 관측소를 설치하였으며, 1996년부터 자동관측장비를 이용하여 지하수위, 수온 등을 장기 관측하고 있다. 대상 부지와 인접한 관측소의 자료와 유역 내 관정정보 등의 자료를 구득하여 활용할 수 있다. 〈그림 3.27〉은 국토교통부 국가지하수정보센터(http://www.gims.go.kr) 자료화면이다.

그림 3.27 국가지하수정보센터

라. 지하수 흐름 환경조사

지하수 흐름환경은 토양특성조사, 지질특성분석 및 토질특성별 투수계수 산정을 하여 과업대상지역과 주변지역의 지하수 흐름환경을 종합적으로 분석하여야 한다.

1) 토양특성조사

토양특성조사는 국립농업과학원(http://www.nass.go.kr)에서 제공하는 토양 특성에 대하여 사업대상구간에 인접한 토양관련 분류의 내용을 분석하여 활용할 수 있다.

〈그림 3.28~31〉은 조사구간의 토양토 조사결과를 분석한 사례이다.

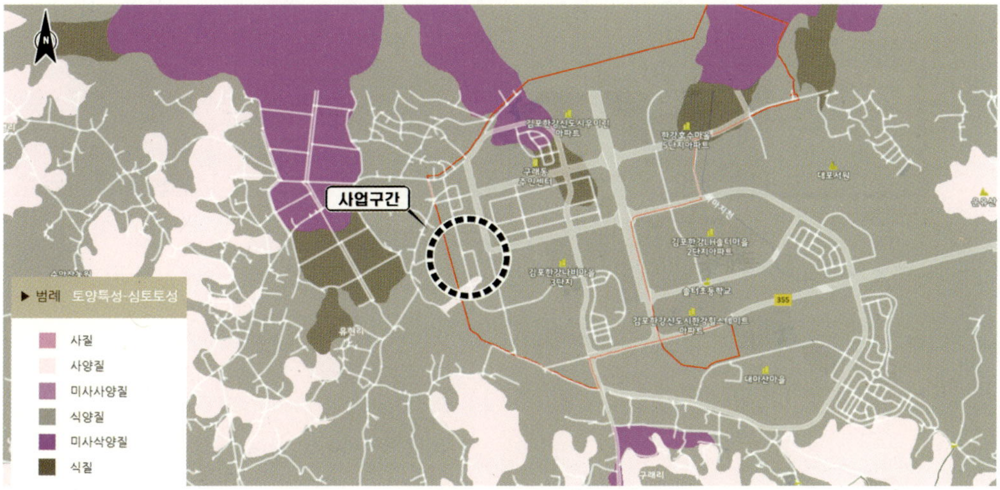

그림 3.28 토양특성조사

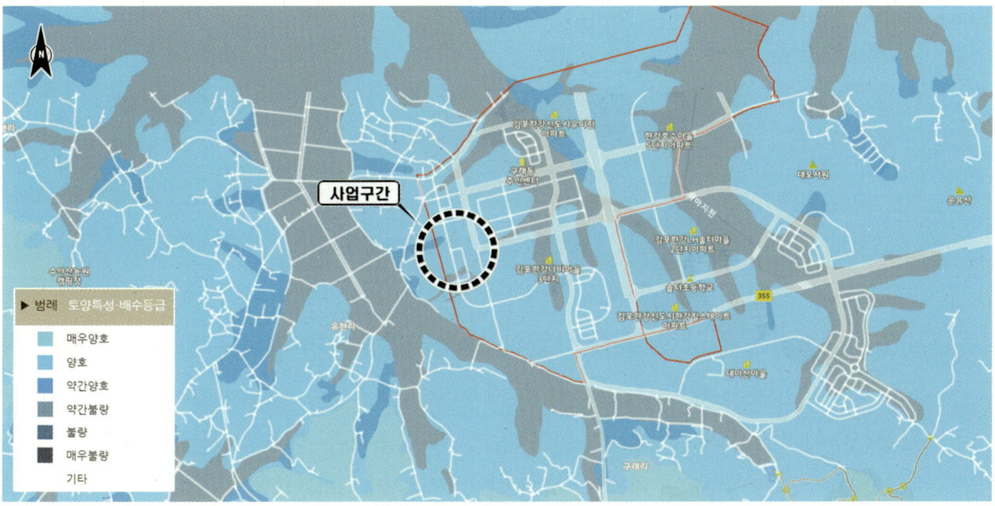

그림 3.29 배수등급조사

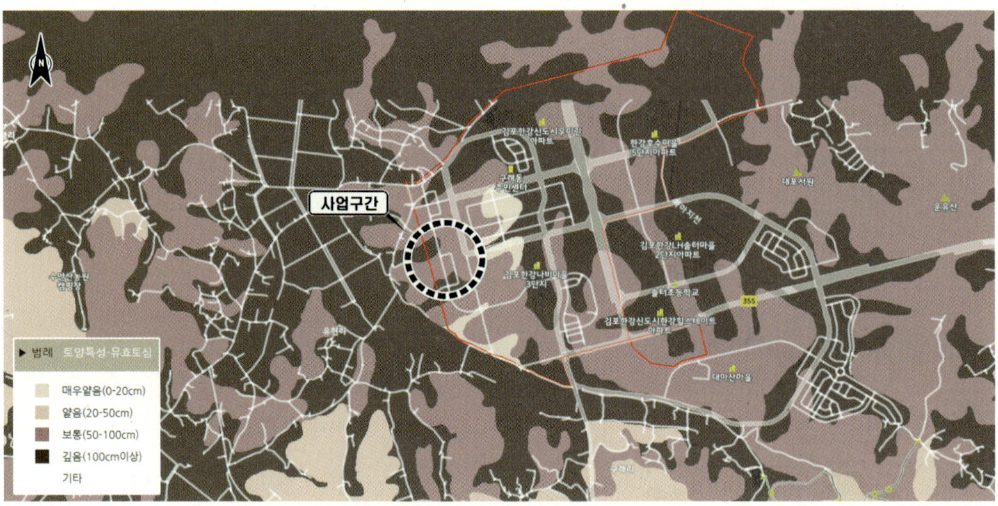

그림 3.30 유효토심조사

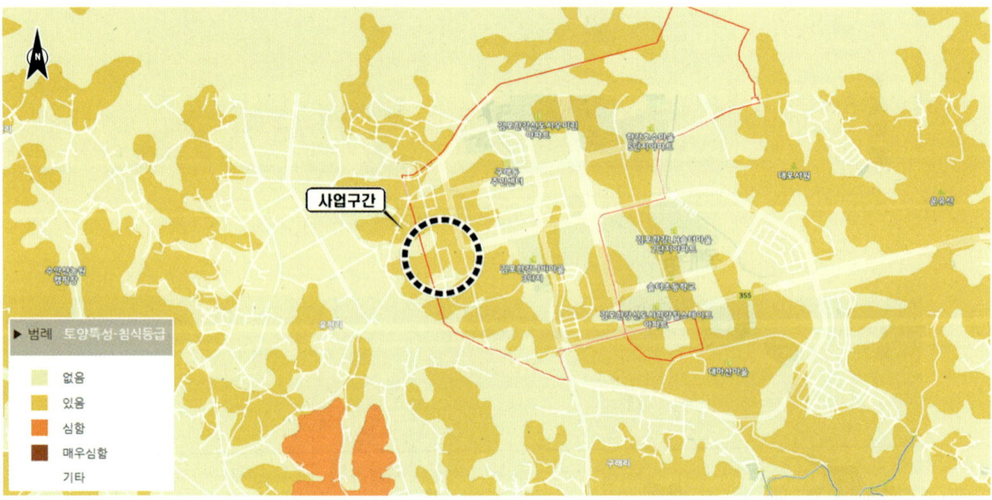

그림 3.31 침식등급조사

과업대상지역은 식양질 내지 사양질 분포로 점토, 미사, 모래의 혼합토로 모래의 분포가 50% 이상의 배수가 양호한 토양으로 구분된다. 사업구간의 유효토심의 깊이는 보통(50~100cm)의 등급으로 분포하고, 배수등급은 양호의 등급, 침식등급은 있음으로 침식은 다소 발생할 것으로 예상되며 평가결과는 〈표 3.13〉과 같다.

표 3.13 | 토양특성

구 분	1	2	3	4	5	6	7
토양특성	사질	사양질	미사사양질	식양질	미사식양질	식질	기타
배수등급	매우 양호	양호	약간 양호	약간 불량	불량	매우 불량	기타
유효토심	매우 얕음 (0~20cm)		얕음 (20~50cm)	보통 (50~100cm)		깊음 (100cm 이상)	기타
침식등급	없음		있음	심함		매우 심함	기타

여기서, 흙의 성질을 지반공학적으로 표현할 때는 점성토와 사질토로 구분한다. 식물 생육과 밀접하게 관계되는 매우 중요한 토양의 기본적인 성질은 양분을 지니면서 공급하는 능력인 보비력뿐만 아니라 통기성, 보수성, 투수성 등이 있으므로 농업과 관련한 토성을 식토, 식양토, 양토, 사양토 및 사토 등으로 구분하고 있다.

점토 함량이 많은 식토 쪽으로 갈수록 양분의 보존능력은 크나 공기나 물의 유통을 느리게 하며, 건조 시에는 단단하여 뿌리 신장에 나쁘다. 모래 함량이 많은 사토 쪽으로 갈수록 투수성 및 통기성은 양호하지만 가뭄을 잘 타며 양분이 결핍되기 쉽다.

2) 지질특성 분석

지질특성 분석은 지질도 및 문헌자료 등을 검토하여 기반암의 특성을 고려한 지반조사 수행과 성과분석이 이루어져야 한다. 따라서 과업구간의 지질도, 인공위성 영상 및 음영기복도 등을 이용한 광역 선구조분석 및 단층대, 습곡 등의 지질구조대를 파악한다. 사업구간 내부 또는 주변에 노출암 분포 시 암종 분포특성, 불연속면 발달 상태를 파악하여 암반의 지질공학적 특성을 분석하고 필요시 물리탐사 결과와 비교·분석하여야 한다. 특히 노두관찰이 불가능한 도심지 구간은 현장여건을 고려한 분석이 중요하다.

〈그림 3.32〉는 한국지질자원연구원(http://www.kigam.re.kr)의 지질조사보고자료를 활용하여 지질구조대를 분석한 결과를 나타낸 사례이다.

그림 3.32 지질구조대

조사지역은 운모편암이 풍화되어 풍화암과 풍화토 특성을 보이며, 매립층이 일부 존재한다. 매립토가 피복되어 노두 관찰은 불가능하지만 기반암의 지질조사보고서를 분석한 결과 과업지역은 전기원생대(선캠브리아기)의 호상구조의 편암류가 분포하며, 중생대와 신생대의 단층 및 화산활동에 수반된 중성암맥이 소규모로 협재되어 있다.

3) 토질특성별 투수계수 산정

토질특성별 투수계수 산정방법은 3.4.1절에서 수록하였다.

마. 시추공 투수 관련 시험

시추공 투수 관련 시험은 투수계수를 산정하는 시험과 흐름특성을 판단하기 위한 시험으로 구분할 수 있다. 이에 대한 세부적인 내용은 3.4.1절에서 수록하였다.

3.5.3 지하수 변화에 의한 영향 검토

지하수위 변화가 발생하면 전수두차가 발생하면서 지하수는 흐름특성을 가지게 되므로 3.3절에서 지하수와 지하굴착공사에 대하여 기술하였다. 지하굴착공사는 지하수 변화가 발생하는 공법 특성을 가지고 있으므로 지하수 변화에 의한 영향 검토를 하여야 한다.

검토방법은 지하수 유동과 침투이론이 있으나, 컴퓨터 프로그램의 보급으로 이론적인 접근보다는 해석결과를 중시하는 경향이 커지고 있으므로 프로그램상의 오류를 찾아내기 힘들 뿐 아니라 전문성이 떨어지고 있다. 따라서 2차원적 평면해석은 계산식을 이용하여 간편하게 해석하는 사례와 수치해석을 통한 침투해석 사례를 기술하였다. 3차원적인 지하수 유동특성은 Visual MODFLOW프로그램 사용자를 위한 기초적인 매뉴얼 중심으로 서술하였다.

가. 유선망을 이용한 흙막이구조의 흐름 해석

유선망을 이용한 해석법은 흐름해석 중 수작업으로 간단히 할 수 있는 해석법으로 유선망을 이용하여 침투유량, 간극수압, 전수두 등을 구할 수 있으며, 보일링 검토가 가능하므로 강널말뚝과 같은 수직단면의 2차원적 평면해석이 가능하다. 다음은 유선망 작도법과 안전 검토 결과를 이용한 사례이다.

1) 강널말뚝의 수직단면에 대한 안정검토 사례

강널말뚝(Steel Sheet Pile) 차수벽이 그림과 같이 설치될 경우

(1) 유선망을 작도하여 침투유량을 산정

(2) A점의 간극수압을 산정

(3) 지반융기(Boiling)에 대한 안정성을 검토 후 불안정 시 보강대책을 제시

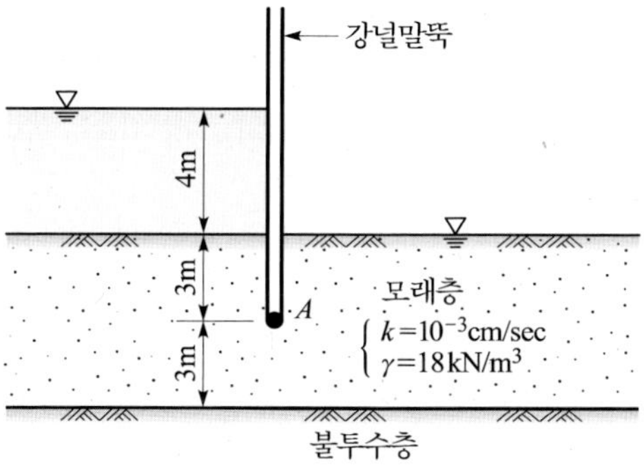

그림 3.33 강널말뚝 수직단면 안정 검토사례

가) 유선망의 작도

(1) 가정조건

① 유선과 등수두선은 서로 직교한다.

② 두 유선과 두 등수두선은 정사각형이다.

(2) 경계조건

① 상류면 바닥과 하류면 바닥은 등수두선이다.

② 강널말뚝 관입면과 불투수층 경계면은 배수경계면으로 유선이다.

(3) 유선망 작도

유선과 등수두선의 개수는 임의로 정하여 가능한 서로 직각이 되도록 작도한다. 작도결과 유선통로(Nf)는 4개이며, 등수선(Nd) 개수는 8개로 작도되었다.

나) 기준면의 결정

기준면은 본인이 원하는 곳을 정하여도 결과값은 동일하다. 만약 하류면을 기준면으로 결정한다면 잔류 전수두차와 전수두가 동일하게 산정되므로 유리한 측면이 있다.

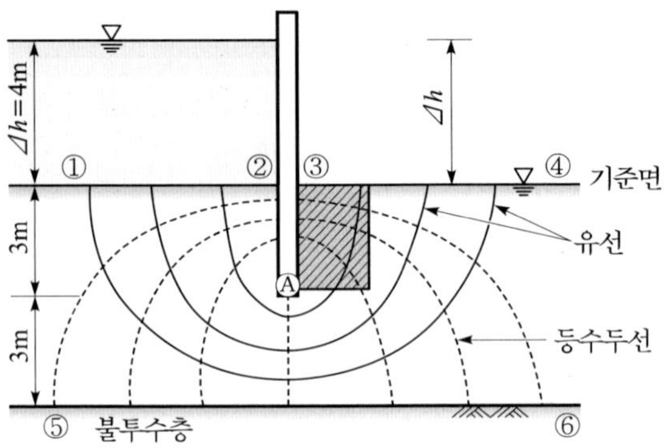

그림 3.34 기준면 결정

다) 침투유량 산정

$k = 10^{-3}\text{cm/sec},\ H = 4\text{m} = 400\text{cm},\ Nd = 8\ ,\ Nf = 4$이므로

$$Q = k \cdot \Delta h \frac{Nf}{Nd} = 10^{-3} \times 400 \times \frac{4}{8} = 0.2\ \text{cm/sec}$$

라) A점의 간극수압 산정

전수두$(h_t) = 4\text{m} - (\frac{4}{8} \times 4) = 2\text{m}$

위치수두$(h_e) = -3\text{m}$, 압력수두$(h_p) = 2\text{m} - (-3\text{m}) = 5\text{m}$

$\therefore$ 간극수압$(u) = 5\text{m} \times 10\ \text{kN/m}^2$(여기서, $u = h_w \times \gamma_w$)

마) Boiling 검토

① 평균 손실 수두

$$H_{avr} = \left(\frac{Nd_1}{Nd} + \frac{Nd_2}{Nd}\right)\frac{1}{2} \times H = \left(\frac{4}{8} + \frac{1.2}{8}\right)\frac{1}{2} \times 4 = 1.05\text{m}$$

② 평균 동수 경사 : $i_{avr} = \dfrac{H_{avr}}{z} = \dfrac{1.05}{3} = 0.7$

③ 침투수력 : $J = i \cdot \gamma_w \cdot V = 0.7 \times 10 \times \left(3 \times 1 \times \dfrac{3}{2}\right) = 31.5\text{KN/m}^2$

④ 유효응력 : $W = \gamma_{sub} \cdot V = 8 \times \left(3 \times 1 \times \dfrac{3}{2}\right) = 36\text{KN/m}^2$

∴ 안전율 $F_s = \dfrac{W}{J} = \dfrac{36}{31.5} = 1.13 < 1.5$ 이므로 〈NG〉

2) 불안정시 대책

① 동수구배 $i = \dfrac{\Delta h}{L}$ 를 조정하는 방법

- 근입깊이를 조정하여 L 을 증가하는 방안
- Δh 가 감소하도록 상류면 수위를 감소시키거나 하류면 수위를 증가시키는 방법

② 유선이 형성되지 않도록 강널말뚝 하부에면 차수그라우팅을 실시하는 방법

③ 하류면에 필터를 설치하여 물체력을 증가시키는 방법

나. 유선망을 이용한 평면을 통과하는 유량 계산

아래 그림과 같은 단면의 투수계수가 높은 사질토 지반의 지층 두께가 5m라고 할 때, 사질토지반을 통과하는 총 유출량을 산정하고자 한다(단, 등수두선 사이 거리 $\Delta y = 1\text{m}$, 유선 사이의 거리 $\Delta x = 1\text{m}$, $k = 3 \times 10^{-3}\text{m/sec}$).

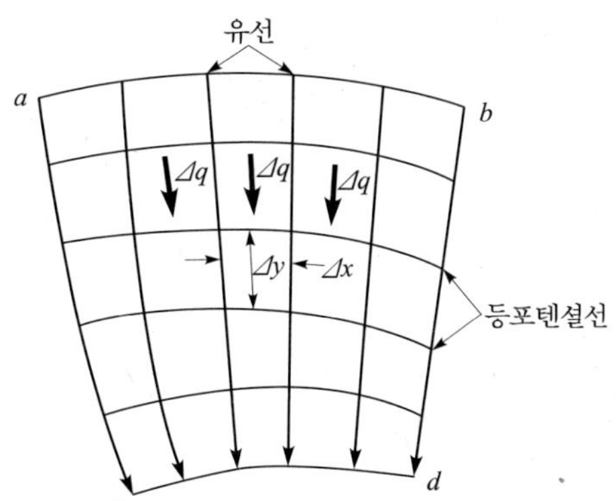

그림 3.35 유선망을 이용한 유량 계산

Darcy 법칙은 흙속에서 물의 흐름속도를 $v_s = ki = k\dfrac{\Delta h}{L}$ 로 정리하였으므로 유량은 다음 식으로 정리된다.

$$Q = AV = A \cdot ki$$

Δx 거리만큼 통과하는 변화유량을 구하여야 하므로

$$\Delta q = k \cdot \frac{\Delta h}{\Delta y}\Delta x = k \cdot \frac{\Delta x}{\Delta y}\Delta h = 0.003 \times \frac{1}{1} \times 1 = 0.003\ (\mathrm{m^2/sec})$$

등포텐셜이므로 격자망을 개수를 위 식에 곱하고 지층의 두께를 곱하면 총 유출량이 산정된다.

$$\Delta Q = \Delta q \times n = 0.003 \times 25 \times 5 = 0.375\ \ (\mathrm{m^3/sec})$$

다. 수치해석 사례

침투해석의 프로그램은 대체적으로 사면안정 해석에서 주로 사용하는 Seep/W와 Midas Soilworks이며, 흙막이 침투해석은 Midas GEO-XD가 주로 이용된다. 따라서 흙막이 침투해석에 주로 사용하는 Midas GEO-XD 해석 사례를 다음과 같이 MIDAS사의 FAQ 내용을 인용하여 기술하였다.

GeoXD Analysis FEM해석에서는 지반특성 정의 시 지층별로 수직/수평 투수계수와 함수비만 입력하면 시공단계에서 설정된 수위높이에 따라 자동으로 침투해석을 수행하며, 각 단계별 지반의 간극수압 및 굴착면에서의 유량을 확인할 수 있다. 즉, FEM 해석수행 시 수위높이에 따른 정수압이 아닌 굴착단계별 침투결과를 반영한 지층별 간극수압을 적용하여 지반변위 및 부재력 산출이 가능하다.

이번 FAQ에서는 가시설 굴착에 따른 침투결과 중 실무에 가장 많이 적용되는 유량계산을 분석하였다. GeoXD FEM침투 해석결과의 검증을 위해 동일한 조건의 모델에 대해 Seep/W와 SoilWorks에서도 해석을 수행하였다.

1) 모델 개요 및 GeoXD 침투해석에 필요한 조건

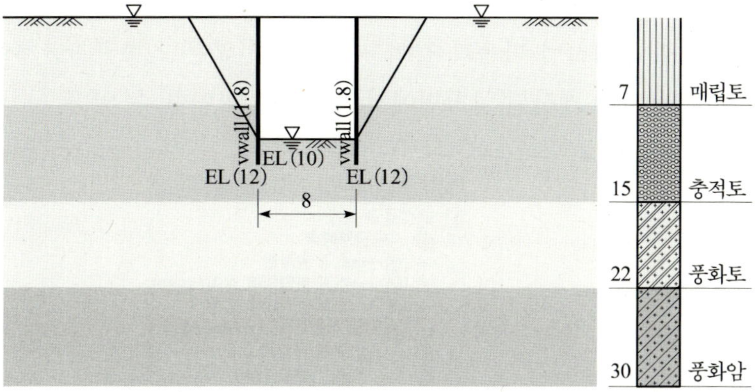

그림 3.36 해석 조건

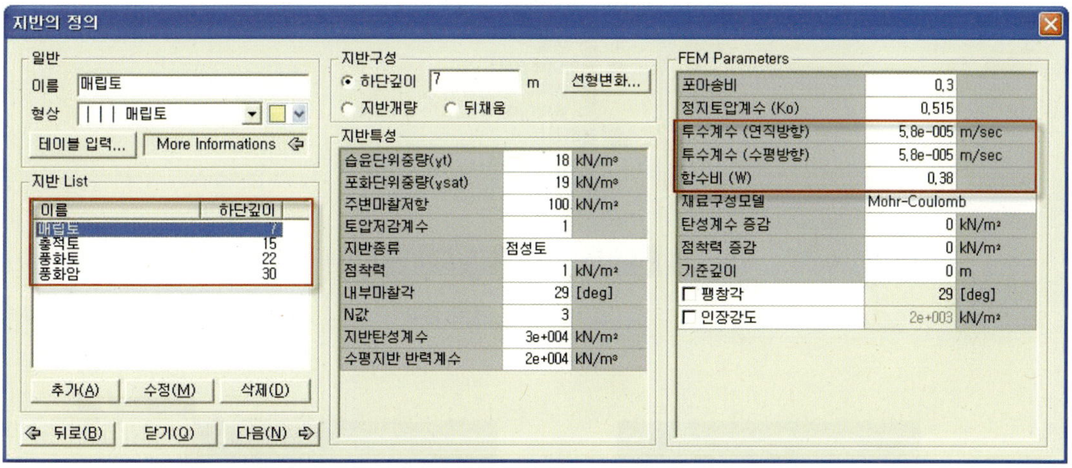

그림 3.37 해석 지반조건

표 3.14 | 해석 지반특성

번 호	이 름	K 투수계수(m/sec)	Water Content(W)
1	매립토	5.8e-005	0.38
2	충적토	5.8e-005	0.38
3	풍화토	2.9e-006	0.5
4	풍화암	4.5e-007	0.35

2) 침투해석결과 확인

침투해석 수행을 위해선 부재력을 산출했던 동일한 지층조건에서 투수계수와 함수비만 추가로 입력하면 다음과 같이 시공단계별 혹은 최종굴착단계에서 지반의 간극수압 분포와 자동 계산된 굴착면에서의 유량을 확인할 수 있다.

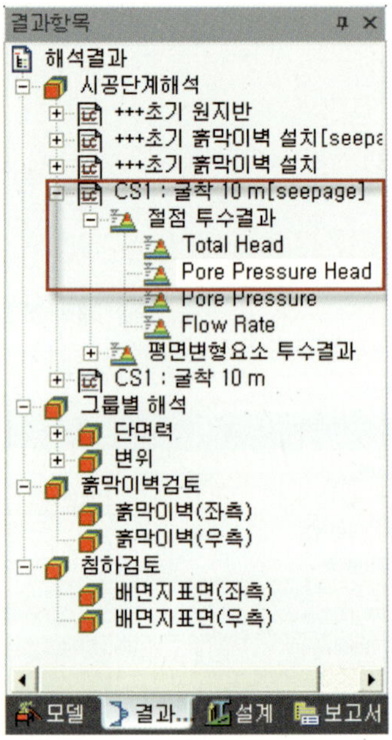

그림 3.38 해석 결과

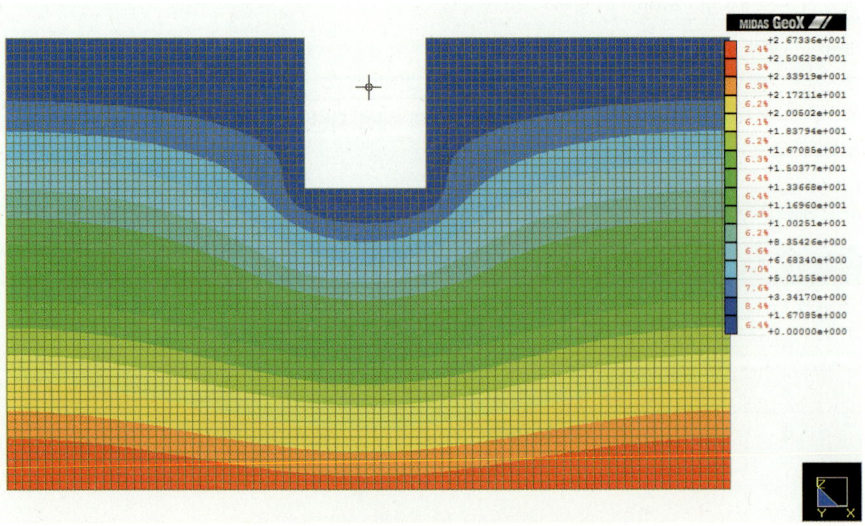

그림 3.39 최종굴착단계 - 간극수압 분포

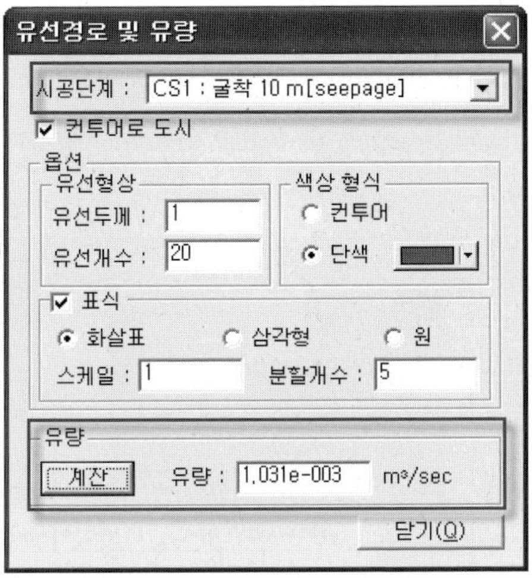

그림 3.40 유선경로 및 유량 계산

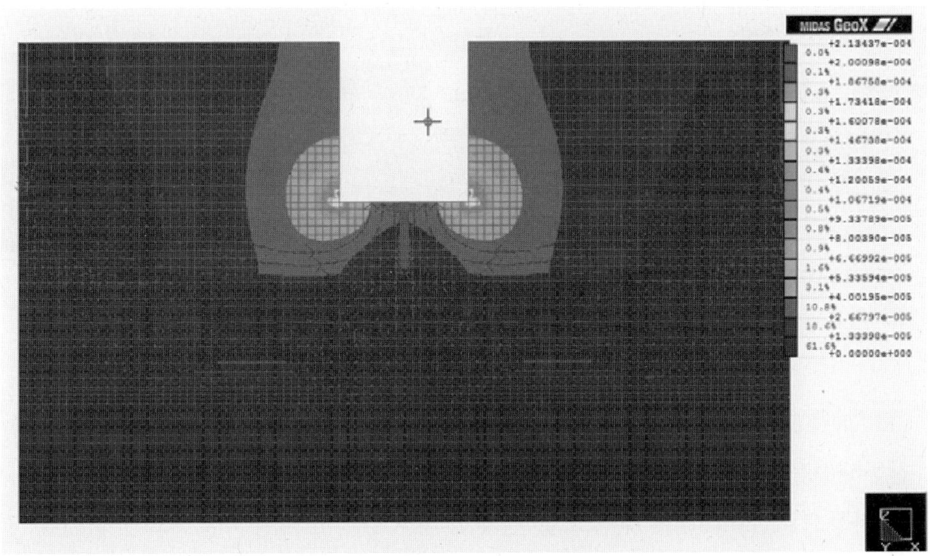

그림 3.41 최종굴착단계에서의 유량 계산

간극수압의 경우, FEM해석 수행 후 결과트리에서 해당 단계의 간극수압 결과 항목을 더블클릭하여 확인한다. 유선망 및 유량은 침투해석(Seepage)을 선택하여 시공단계를 설정하고 '계산' 버튼을 클릭하면 우측 Text창에 자동 계산된 유량을 확인할 수 있다.

계산된 유량은 단위폭(m)에 대한 결과이므로 수평간격으로 연장이 100m로 가정했을 때 1.031e−003(m^3/sec)×86,400(sec/day)×100(m) = 8,907.84m^3이 된다.

3) 해석결과 검증

GeoXD FEM 침투결과의 적정성을 검증하기 위해 동일한 조건에서 범용 FEM해석 프로그램인 GeoStudio의 Seep/W와 SoilWorks에 대해 비교해석을 수행하였다.

GeoXD Analysis	Seep/W	SoilWorks
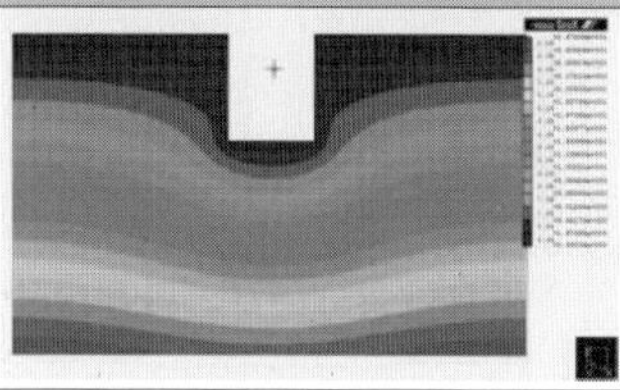	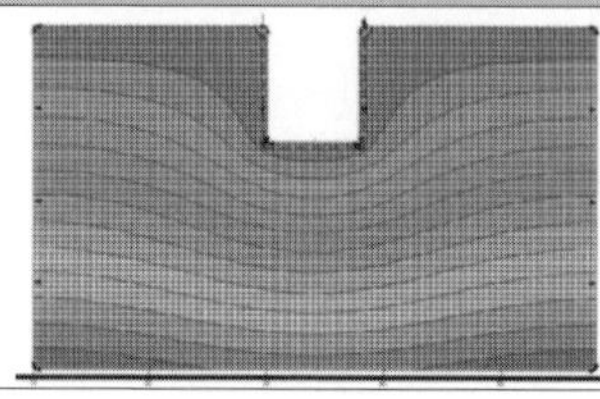	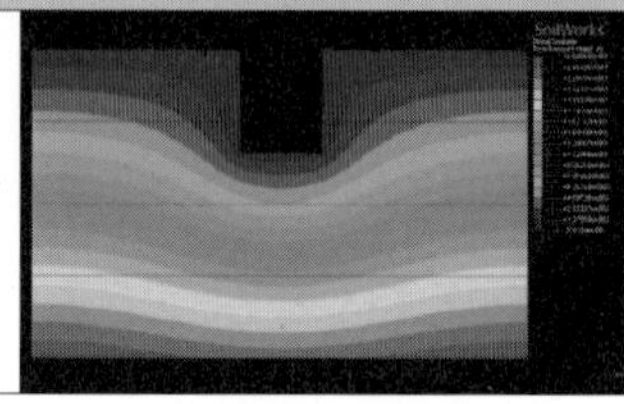
Max : 26.7336	Max : 25.766	Max : 26.205
Min : 0	Min : -0.392	Min : -0.392

그림 3.42 간극수압 분포

GeoXD Analysis	Seep/W	SoilWorks
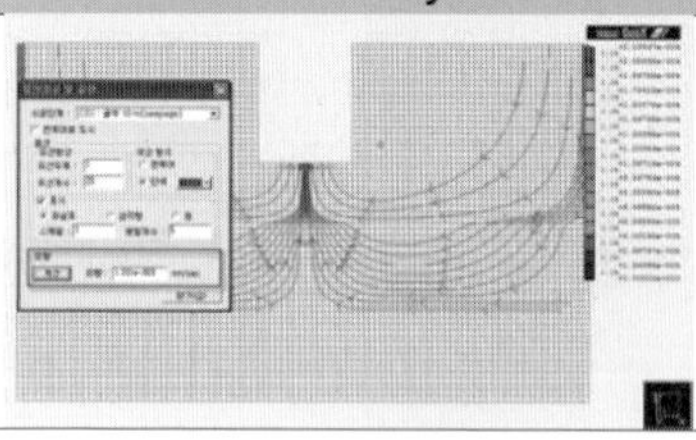	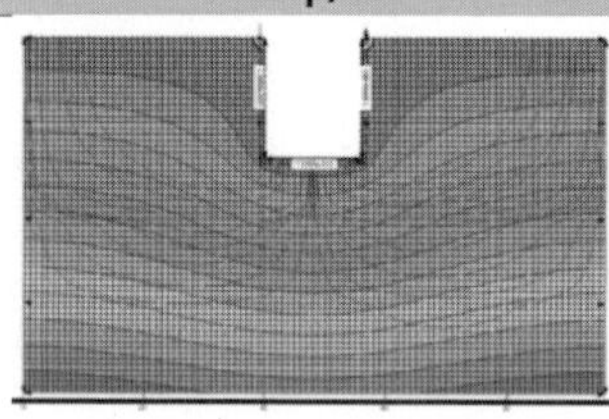	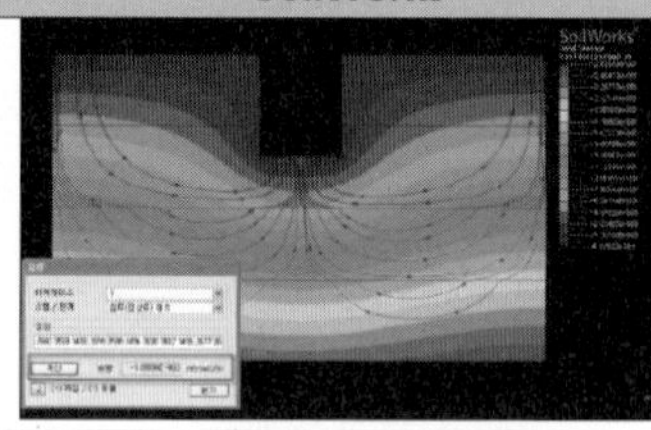
1.031e-003 m^3/sec	1.091e-003 m^3/sec	1.091e-003 m^3/sec

그림 3.43 유량

GeoXD FEM에서는 사용자 편의성을 극대화하기 위해 자동으로 요소망을 생성하고 침투해석을 위한 경계조건 및 지층별 수평/수직 투수계수와 수위차에 의한 배수조건을 자동으로 설정한다. 수동으로 경계조건을 설정할 경우, 설정조건에 따른 결과 오차를 최소화하기 위함이다.

Seep/W 및 SoilWorks의 경우 배수조건을 굴착면을 따라 임의로 설정한 결과이다. 프로그램별 오차는 경계조건의 차이에서 발생한 것으로 판단된다.

라. 3차원적 해석

1) 해석방법

지하안전법의 업무지침에서는 해석방법을 〈그림 3.44〉와 같이 제안하고 있다. 이를 근간으로 하여 해석방법의 세부적인 내용을 기술하였다.

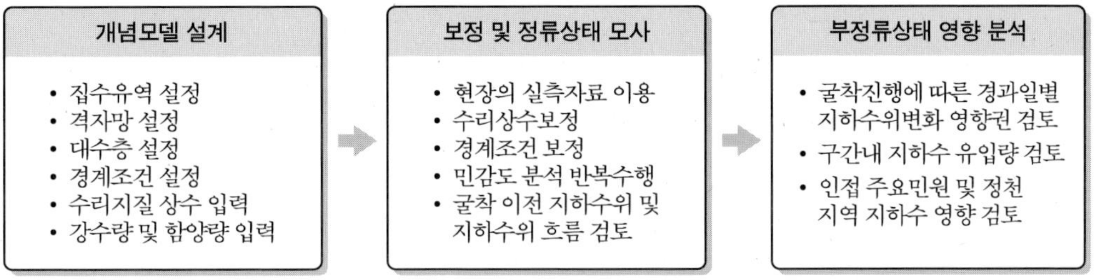

그림 3.44 3차원적 해석방법

2) 분석방법

기상청의 통계자료 등을 이용하여 평균기온, 강수량, 일조시간 및 일조량 등의 변화를 분석한다. 대상사업 주변 지하수계의 수위저하에 따른 주변 환경영향을 평가하기 위해 지하수 이용현황을 조사한다.

지하수 이용현황조사는 1단계(문헌조사 및 관련기간 자료수집)와 2단계(현장조사)로 구분하여 실시하고, 2단계에서는 신고되지 않은 관정에 대하여 탐문조사를 수행함으로써 문헌조사 내용을 보완하여 지하수 이용실태를 파악한다. 주변지역을 중심으로 사업구간에 대해 수리환경에 미치는 여러 요소(기상현황, 지하수 이용현황, 하천현황 등)들에 대해 검토하여 지형요인(수계 및 산계) 분석 자료와의 종합적인 검토를 통해 모델링 영역 및 초기·경계조건 설정에 활용한다.

(가) 지하수 수리특성 분석 및 산정

지하수 현장시험(투수시험, 수압시험, 순간충격시험, 양수시험 등) 및 실내시험 결과를 분석하여 지하수 유동분석에 필요한 수리상수(투수계수 및 저류계수, 지하수함양량 등)를 산정한다.

(나) 지하수 유동 모델링

① 대상영역 설정

- 굴착에 따른 지하수의 거동과 지표수의 흐름에 대한 영향을 충분히 파악할 수 있도록 모델링 해석영역을 설정한다.
- 수치지형도를 이용하여 지표형상을 3차원으로 모사한다.
- 지층분포 특성 및 수계, 지형고도 등을 고려하여 초기수두 현황을 파악한다.
- 모의 구역 내 유역경계를 설정하고 수리모델영역을 생성한다.

② 수리상수 입력 및 경계조건 설정

- 문헌자료, 현장 수리시험결과와 지반설계정수 등을 종합적으로 분석하여

지하수함양량 및 수리상수를 입력한다.

- 수치모델영역 수계의 발달특성을 고려하여 수리모델에 대한 경계조건을 설정한다.

③ 지하수 함양량 산정

- 기상자료 활용법 : 획득한 기상자료(평균기온, 강수량 등)를 분석하여 지하수 함양량을 산정한다.
- 물수지 분석법 : 물수지 분석 기본식, 손실량 및 증발산량 산출 경험식을 바탕으로 지하수 함양량을 산정한다.

④ 지하수 정류 모의

- 시추공 자료 및 정천현황 조사 시 측정한 지하수위를 이용하여 현 상태의 정류 모델링을 실시한다.
- 계산수위와 실측수위를 비교・분석하여 지하수 유동모델을 보정한다.

⑤ 지하수 부정류 모의

- 변수연산과정과 정류 보정단계를 통해 결정한 입력인자들을 바탕으로 최종적으로 확정시킨 예측모델(prediction model)을 이용하여 굴착에 따른 지하수계 변화를 분석한다.

3) 분석 결과

(가) 정류 모의결과

① 정류 모의로 자연 상태의 지하수위계를 모사하고, 굴착 전 지하수 함양량에 따른 지하수위 변화를 분석한다.

② 사업대상 주변 유역의 지하수 흐름을 파악하고 부정류 모의의 기초자료로 활용한다.

(나) 부정류 모의결과

① 정류상태 수위자료를 초기 수위로 적용하여 굴착구간을 배수경계로 설정해 부정류모사를 시행한다.

② 굴착 진행에 따른 지하수 유동특성을 굴착 중, 굴착 완료, 공사 완료 후의 경과일별로 단계적 분석한다.

4) 결과 활용

① 굴착 전·후의 지하수위 강하 및 영향권을 비교·분석하여 굴착 진행공정에 따른 환경적 특성을 고려한 차수대책 수립에 반영한다.

② 굴착으로 인한 사업대상 주변의 지하수위 변화 및 유입량, 유동방향 등을 파악하여 사업구간 인근의 수계변화 양상 검토에 활용한다.

③ 지하수 유동분석으로 산정된 유입량을 이용하여 구조물 시공시 굴착에 따른 지하수위영향범위 검토 및 배수공법, 지하수위를 고려한 지반침하 영향검토 및 구조물안정성분석 등에 활용한다.

④ 사업구간 주변에 위치한 관정이나 지하수 이용시설물들의 지하수위 변동 양상을 파악하여 이에 대한 대책 마련에 활용한다.

마. Visual MODFLOW를 이용한 지하수 유동해석

1) 개요

지하수모델이란 현장의 지하수환경을 근사해로 단순화시켜 표현하는 일종의 기구(tool)로서 실제 지하환경의 물리, 화학 및 생물학적인 현상을 수학적으로 재현하는 방법이다.

지하수의 흐름 상태나 지하수 내에 함유되어 있는 각종 물질의 거동현상을 상술한 모델을 이용해서 과거에 일어난 일을 재현하고 현재의 상황을 분석하며, 추후에 일어날 변화를 예측하는 전 과정을 지하수 모델링(Modelling)이라 한다. 따라서 모델 결과물은 현장에서 일어난 현상을 개념적으로 이해할 수 있는 정도이어야 한다.

지하수유동 거동모델을 하는데 있어서 가장 먼저 수행해야할 일은 분석하고자 하는 지하수 환경의 현상을 지배하고 있는 물리, 화학 및 생물학적인 작용을 표현할 수 있는 개념모델을 구축하는 것이다. 두 번째로는 개념모델을 경계조건이 포함된 편미분방정식으로 구성된 수학적인 모델로 변형시킨다. 마지막 단계로는 해석학적이거나 수치방법을 이용해서 경계조건에 따른 해를 구해야 한다.

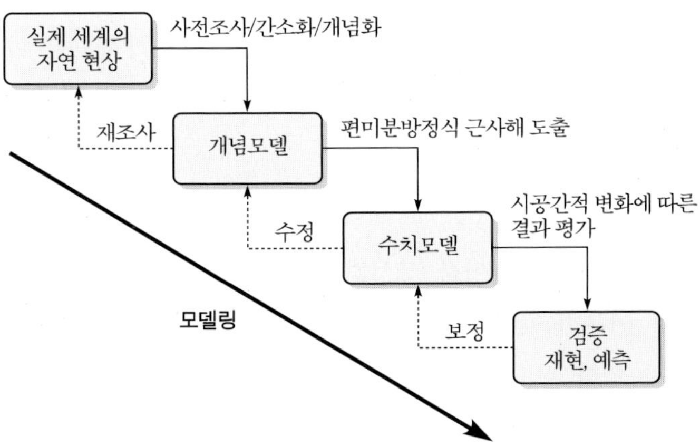

그림 3.45 지하수 모델링 과정

지하수 모델링을 작성하는 이유와 목적은 다음과 같다.

첫째, 대수층 내에서 일어나고 있는 물리, 화학 및 생물학적인 거동을 이해하고, 둘째, 발생 가능한 자연현상이나 인위적 활동으로 인해 발생 가능한 현상들을 예측하고, 셋째, 대수층의 오염 시 영향범위 및 복원방법 등을 평가하고 설계하며, 넷째, 지하수 자원을 합리적으로 관리하는데 있다.

2) Visual MODFLOW 프로그램 소개

USCS에서 공개한 MODFLOW, MODPATH, MT3DMS 등의 해석 엔진을 이용하여 사용자가 쉽게 데이터를 입력하고 모델을 구성할 수 있도록 도와주는 인터페이스와 해석결과를 화려하고 이해하기 쉬운 그래픽으로 표현할 수 있는 도구들을 추가하여 Waterloo Hydrogeologic사에서 개발한 3차원 지하수 모델링 프로그램이다.

가) 지하수 모델링의 분류

표 3.15 | 지하수 모델링 분류

분류방식	종 류
모의 목적	· 지하수 유동 · 오염물질 거동
시간 변화	· 정류 모델: 시간에 따른 수두 변화가 없는 흐름 · 부정류 모델: 시간의 흐름과 함께 수두가 변화하는 상태의 흐름
모의 목적	· 개념모델: 지하수의 흐름을 단순화하고 회화적으로 표현 · 물리적 모델: 실제지하수계와 유사한 축소 실사판 모형 · 수학적 모델: 개념모델을 기초로 해서 지하수계에서 일어나는 물리, 화학, 생물학적인 현상을 수학적으로 표현

나) 지하수 모델링을 위한 준비

(1) 모델링 대상 지역에 대한 이해 : 경계 조건을 시각적으로 확인하고 대상 지역을 이해하기 위해 가능한 넓은 지역을 사용하는 것이 바람직하다.

(2) 모델링에 사용될 자료 취합

① 층서 고도 데이터

지층의 고도 레이어를 작성하기 위해 Sufer.GRD로부터 들여온 데이터 객체를 이용하거나 XYZ포인트들을 보간하여 생성한 Surfaces 파일을 이용할 수 있다.

② 수리전도도, 공극률

대수성 시험 결과로 산출한 수리전도도, 공극률 값을 이용한다.

③ 초기 수두

정상류 모의를 위해 모의 시작 수두를 자유면 대수층에 할당한다.

④ 경계 조건

함양율, 정수두, 하천, 우물 등의 경계조건에 해당하는 값을 할당한다.

(3) 관측정 자료 : 관측정 데이터를 사용하여 모델을 보정한다.

3) 작성 예제를 통한 Visual MODFLOW 프로그램 이해

개념모델을 통해 프로젝트 생성, 모델범위 설정, 모델층서 만들기, 재료속성 할당, 경계조건 설정, 격자생성, 변환 및 프로그램 실행에 보고 프로그램을 이해하는데 목적이 있다.

가) 프로젝트 생성

① VMOD Flex를 실행한다.

② File → New project를 선택한다.

③ Name에 파일명을 입력한다.

④ 나머지는 디폴트로 지정된 값을 선택하고 [OK]를 클릭한다.

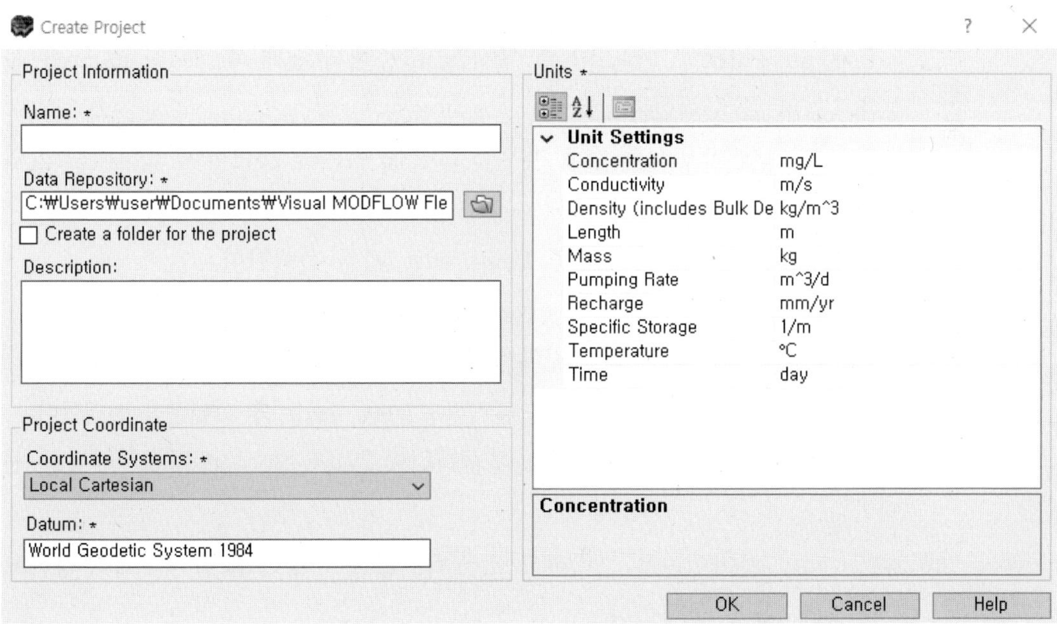

⑤ “Conceptual Modelling”을 클릭한다.

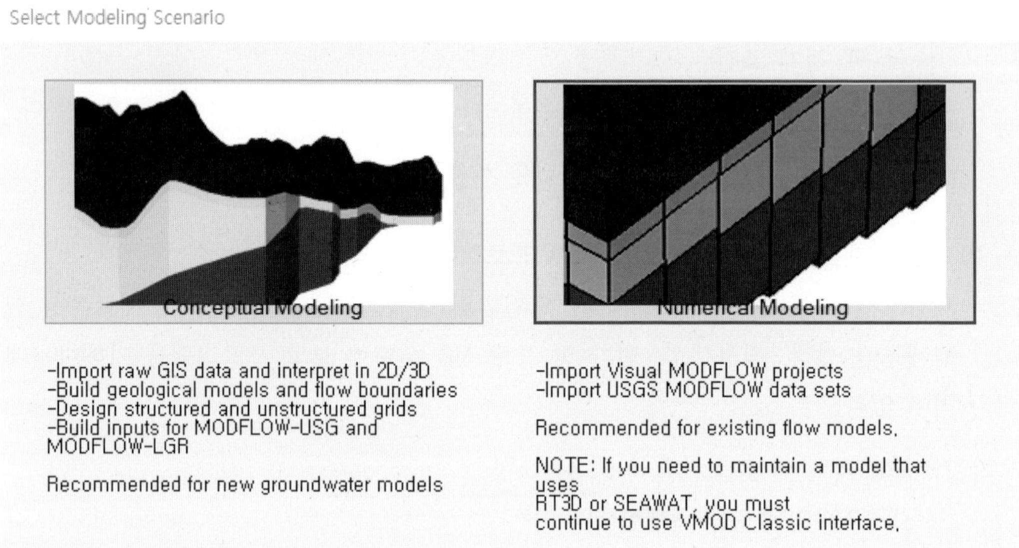

나) 모델범위 설정

① [Next Step]을 클릭한다.

② “Create New Data Object”를 선택한다.

③ Data type “Point”, “Polyiline”, “Polygon”중에서 선택 후, Data name을 설정하고 [OK]를 클릭한다.

④ 생성된 Data에 마우스를 두고 마우스 오른쪽 버튼을 클릭하여 표시되는 팝업 메뉴에서 “2d viewer” 선택한다.

⑤ 2D viewer상단 을 선택한 후 Begin edit 를 선택한다.

⑥ 2D viewer 왼쪽 아이콘 Add Polygon 을 선택한다.

⑦ 마우스로 사각형을 그리고 마지막에 더블 클릭하여 사각형을 완성한다.

⑧ 상단 아이콘 중 End edit 버튼을 클릭하고 View mode 아이콘을 선택한다.

⑨ Data패널의 Model항목을 마우스 우클릭하여 “View Spreadsheet” 메뉴를 선택한다.

⑩ Begin edit 아이콘을 클릭하고 X, Y좌표값을 지정한 모델범위로 수정하고 End Edit 를 클릭한다.

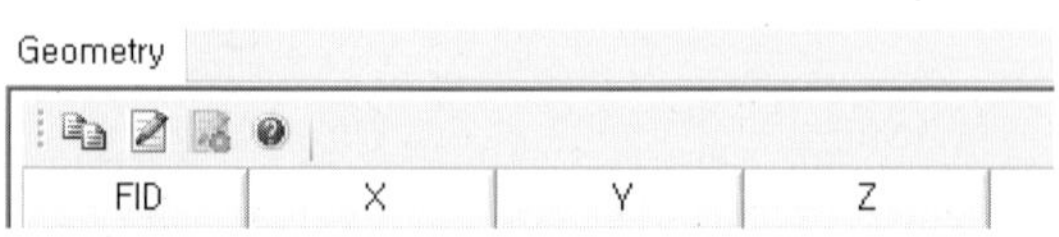

⑪ Apply를 클릭하고 [OK]를 클릭하고 2d viewer-1탭 화면을 닫는다.

⑫ Next step을 클릭한다.

⑬ Data패드 아래의 Model을 선택하고 Model area 아래의 화살표 버튼을 눌러 지정한다.

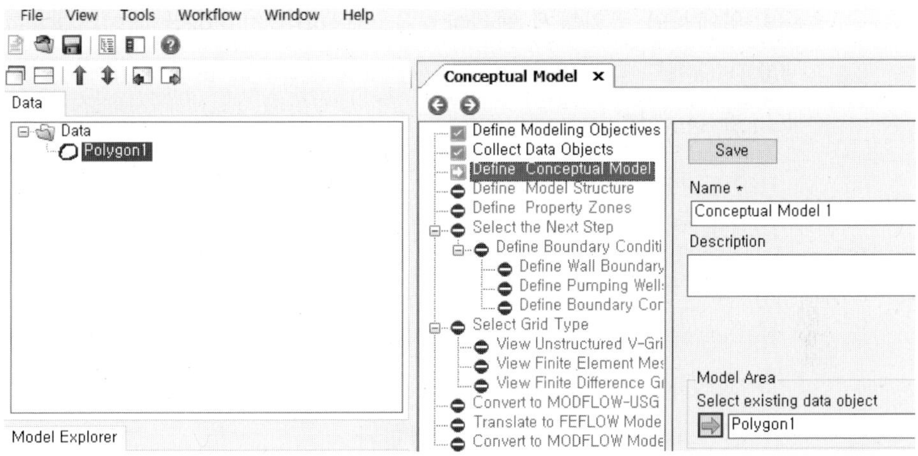

⑭ "Save" 버튼을 눌러 저장한다.

⑮ Next step을 클릭한다.

다) 모델 층서 만들기

① 층서를 만들기 위해 사전에 층서에 대한 엑셀 파일을 작성하고 모델범위 내에서 지층상단, 지층하단 파일을 만든 후 엑셀파일로 저장한다.

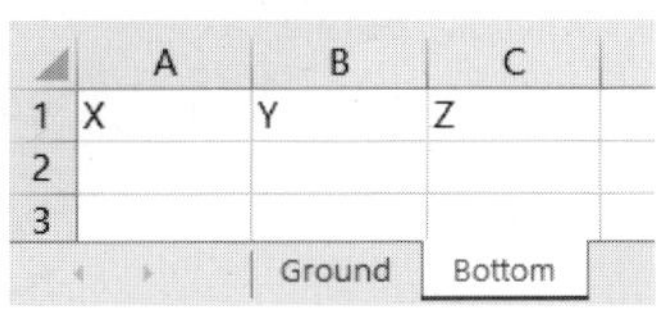

② File-import Data 메뉴를 선택한다.

③ Data type은 "point"를 선택한다.

④ Source file 지층상단 엑셀파일을 선택하고 Name을 입력한다.

⑤ [next>>] 버튼을 클릭한다.

⑥ Select worksheet는 지층상단을 선택하고 [next>>] 버튼을 클릭한다.

⑦ Elevation에 대해 map to를 "Z"로 지정하고 [next>>] 버튼을 클릭한다.

Data Mapping

Target fields	Map to	Unit category	Unit	Multiplier	Data Type
X	X	Length	m	1	Numeric
Y	Y	Length	m	1	Numeric
Elevation	Z	Length	m	1	Numeric

⑧ [Finish] 버튼을 클릭한다.

⑨ 위에서와 동일하게 엑셀파일을 선택하여 지층하단 데이터객체를 만든다.

⑩ Data패드에서 Data항목을 마우스 우클릭하고 팝업 메뉴에서 "Create surface"를 선택한다.

⑪ Surface name에 이름을 입력하고 Add 아이콘 을 누른다.

⑫ [OK]버튼을 클릭하고 다음에 [확인]을 클릭한다.

⑬ Next step을 클릭한다.

⑭ Define Mode Structure 단계에서 Add아이콘 을 두 번 누른다.

⑮ Data패널에서 지층상단 항목 을 선택하고 첫 번째 행의 버튼 을 눌러서 데이터 객체를 할당한다.

⑯ Data패널에서 지층하단 항목 을 선택하고 두 번째 행의 버튼 을 눌러서 데이터 객체를 할당한다.

⑰ [Create] 버튼을 클릭한다. [Preview] 버튼을 클릭한다.

⑱ Next step을 클릭한다.

라) 재료속성 할당

① [Define property zones]단계의 [Use structural zone(s)]를 클릭한다.

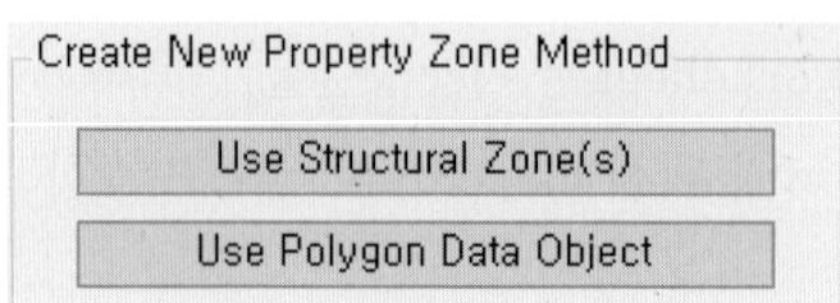

② Model explorer 패널의 Zone1 항목을 선택하고 버튼을 클릭한다.

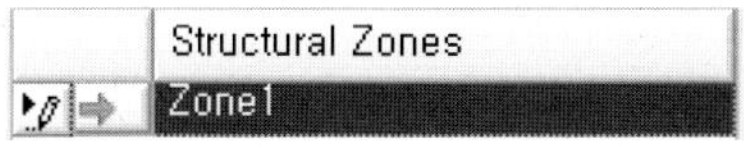

③ 등방으로 가정하고 [Value]컬럼에서 Kx, Ky ,Kz에 숫자를 입력한다.

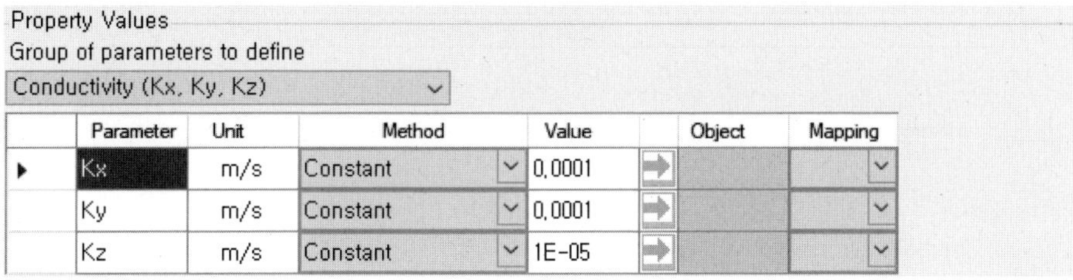

④ [Save]를 클릭한다.

⑤ Next step를 클릭한다.

⑥ 한 번 더 Next step를 클릭한다.

마) 경계조건 할당

① 사전에 Poylne 경계조건 파일을 만들어둔다.

② [Define boundary conditions]에서 함양값을 입력하기 위해 “Select boundary Condition type”에서 “Recharge(type2)”를 클릭한다.

③ [Select a polygon from data explorer]의 할당을 위해 Data패널의 Model을 선택하고 버튼을 클릭한다.

④ [Next>>] 버튼을 클릭한다.

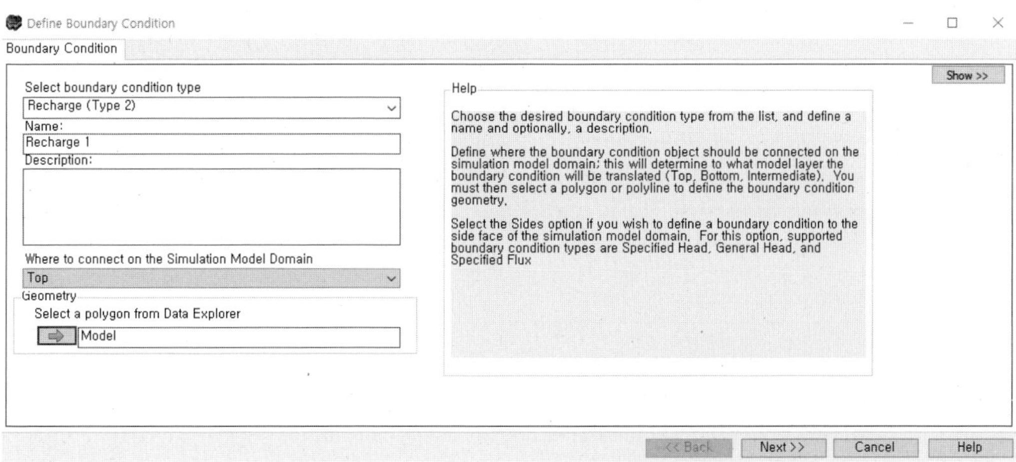

⑤ Recharge(mm/yr)컬럼에 숫자를 입력하고 Pounding depth(m) 컬럼은 그대로 두고 [Finish]버튼을 클릭한다.

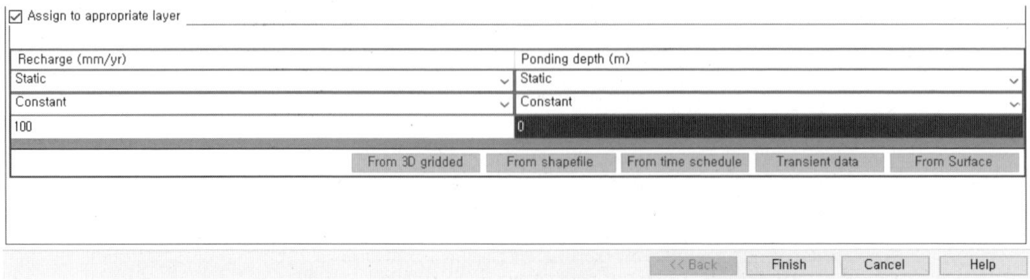

⑥ 정수두를 할당하기 위해 File-Import메뉴를 통해 경계조건 파일을 각각 들여오기 한다.

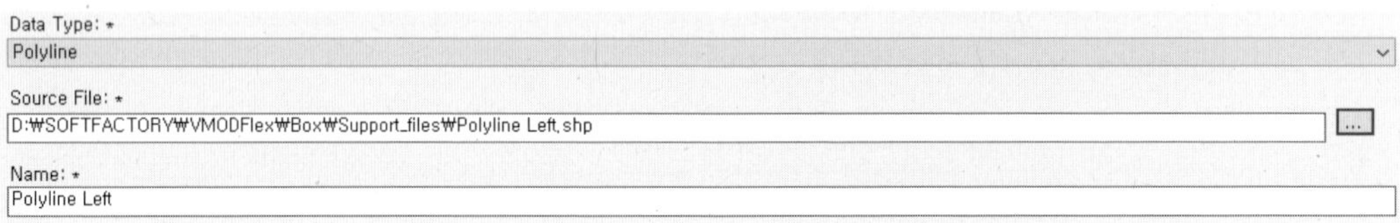

⑦ [Define boundary conditions] 단계로 되돌아간다.

⑧ [Define boundary conditions] 대화상자에서 경계조건 유형을 “Constant Head(type1)”을 선택한다.

⑨ Data패널의 경계조건 파일을 선택하고 버튼을 클릭한다.

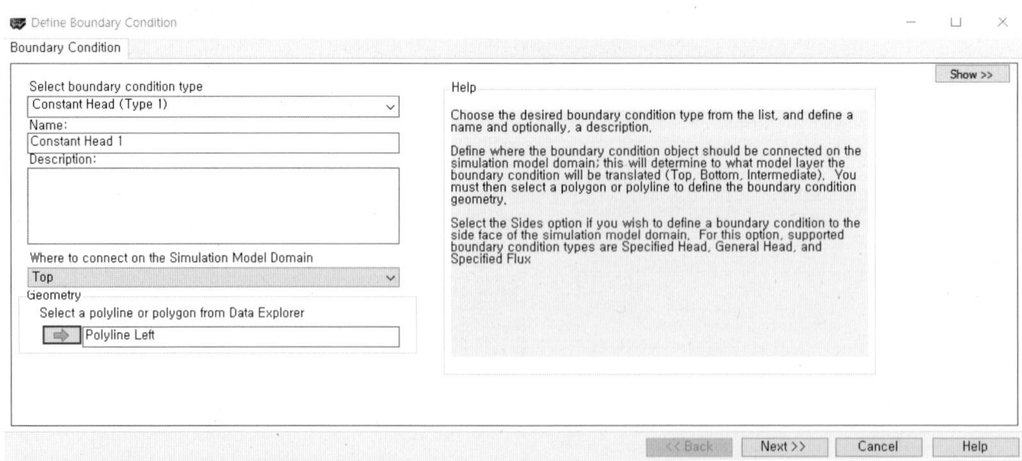

⑩ [Next>>] 버튼을 클릭한다.

⑪ Starting Head컬럼과 Ending Head컬럼에 숫자를 각각 입력하고 [Finish]를 클릭한다.

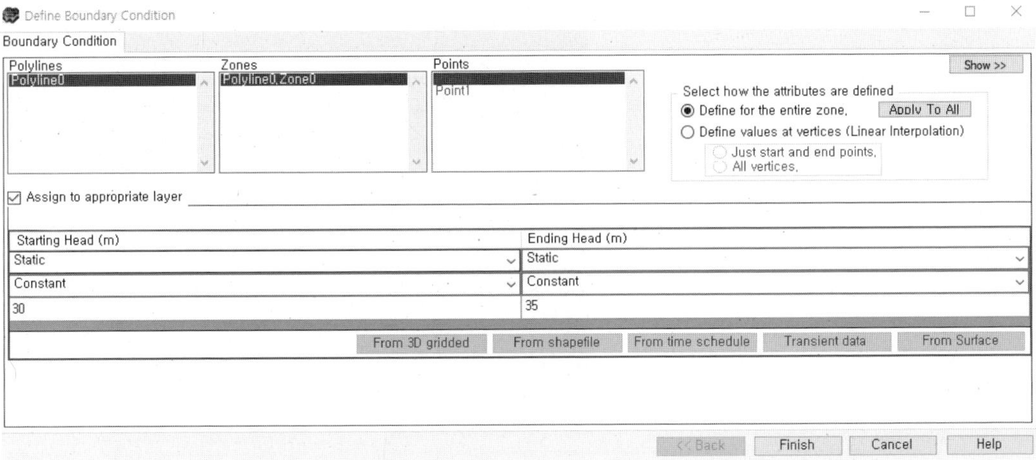

바) 격자 생성

① Define Finite Difference Grid를 선택한다.

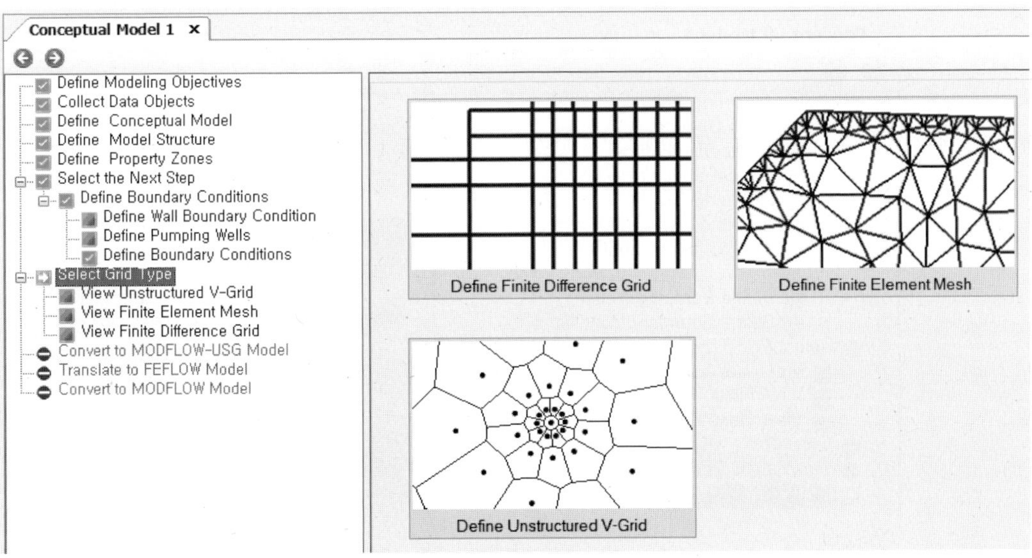

② Drid Size, Drid Extents 입력하고 [Next>>] 버튼을 클릭한다.

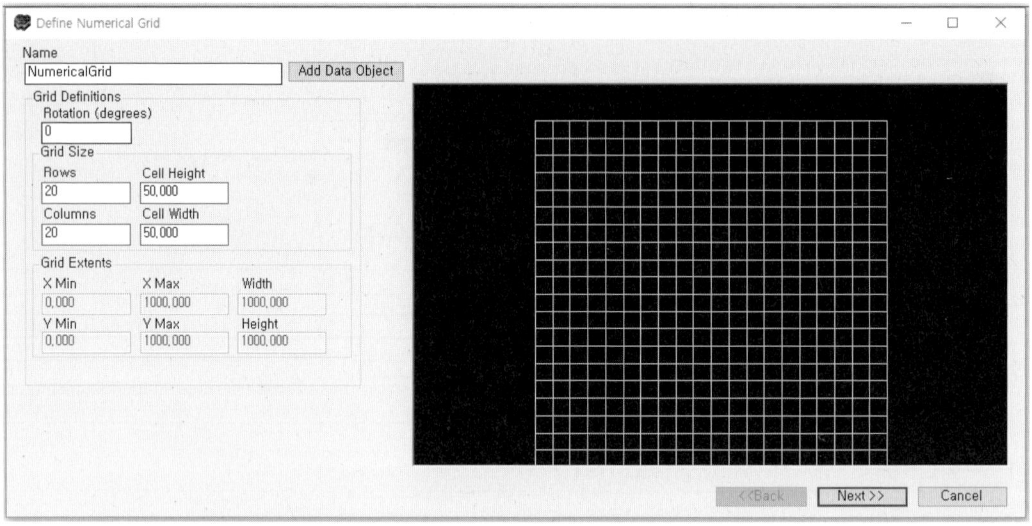

③ 디폴트값으로 두고 [Finish] 버튼을 선택한다.

④ Next step을 클릭한다.

⑤ [Convert To Numerical model]을 선택하여 등록 데이터를 격자에 할당하면

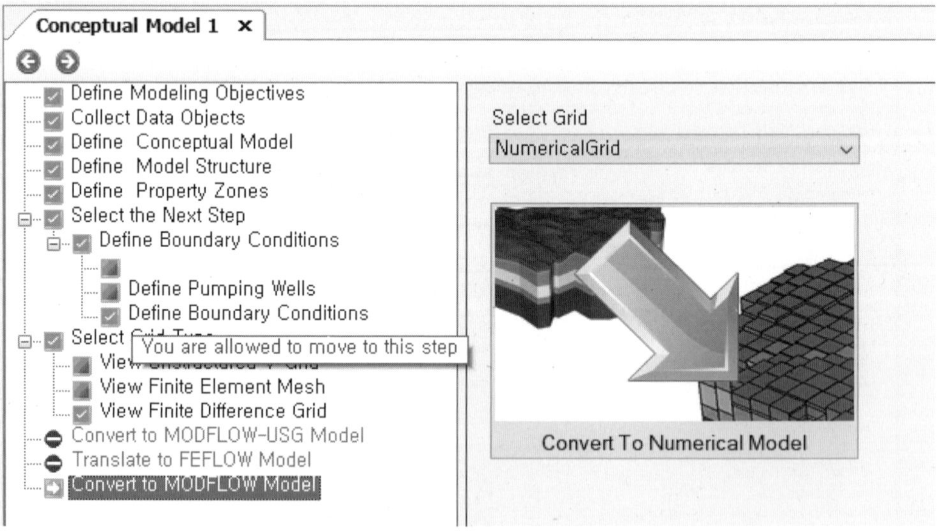

⑥ [Numericalgrid-Numerial Model]탭이 추가된다.

사) Translate 및 Run

① Tree에서 [Single run]으로 이동한다.

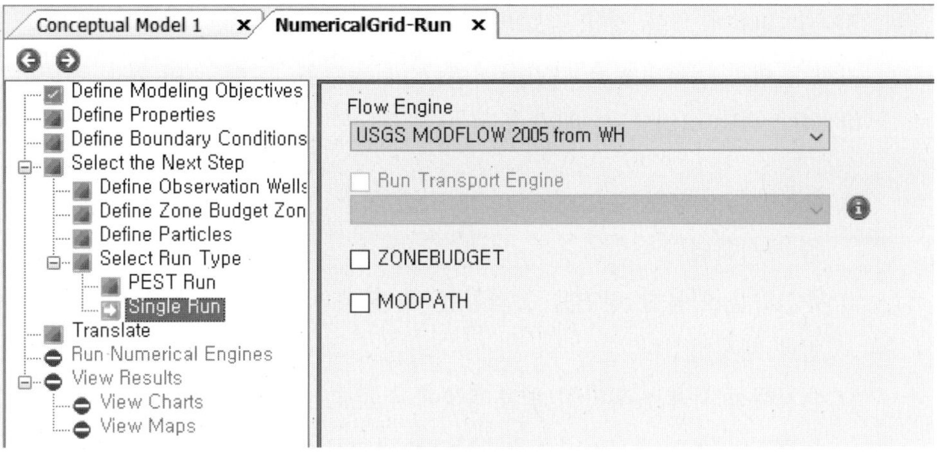

② Modflow-2005엔진을 디폴트로 두고 Next step을 클릭한다.

③ “Translate” 버튼을 클릭한다.

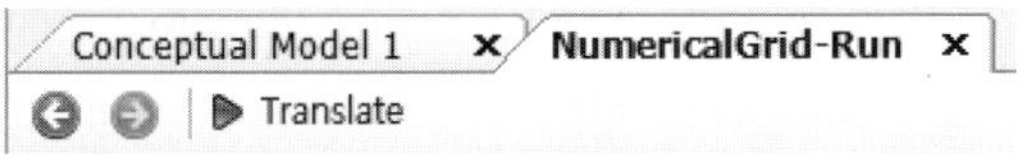

④ Next step을 클릭한다.

⑤ “Run” 버튼을 클릭한다.

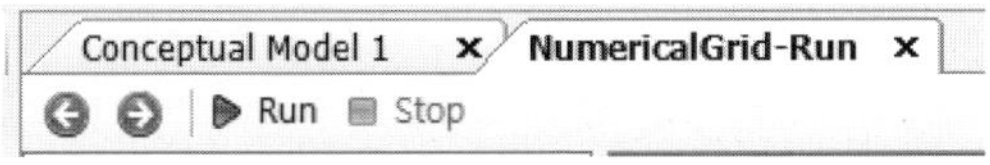

⑥ Tree에서 [View maps]단계를 선택하여 결과를 확인한다.

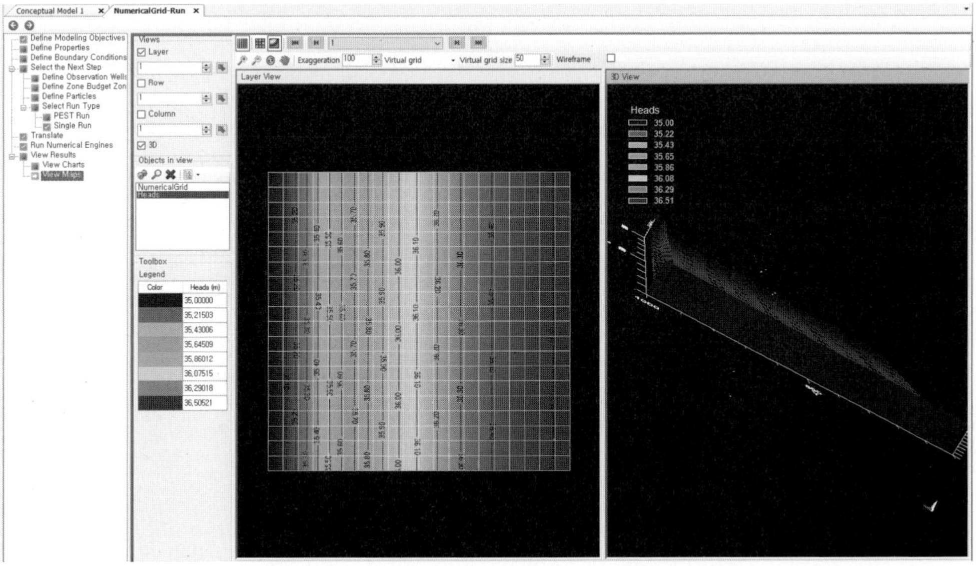

바. 지하수 변화에 의한 영향 검토방법 정리

지하수 영향 검토방법은 다양하지만 쉽게 접근할 수 있는 몇 가지 방법을 소개하였으며, 이를 정리하면 다음과 같다.

1) 유선망을 이용한 흙막이 구조의 흐름 해석 : 사례를 통하여 간단히 계산하는 방법을 제시하였다.
2) 유선망을 이용한 평면을 통과하는 유량 계산 : 사례를 통하여 간단히 계산하는 방법을 제시하였다.
3) 수치해석 사례 : 흙막이 침투해석에서 주로 사용하는 Midas GEO-XD의 해석사례는 Midas사의 FAQ 내용을 인용하였다. 사면침투해석에 주로 사용하는 Seep/W와 Midas Soilworks 결과값을 서로 비교한 결과 경계조건의 차이로 인한 결과 값이 발생함을 알 수 있다.
   대부분 침투해석에 이용되는 프로그램의 구성방정식은 Darcy 법칙이 기본이 되므로 침투해석 프로그램은 원하는 프로그램을 사용하면 되지만, 지반특성이나 지하수 흐름조건들을 잘 이해하고 최적의 경계조건을 설정하여야 올바른 결과 값을 얻을 수 있을 것으로 판단된다.
4) 3차원적 해석방법은 자료가 방대하므로 간단한 해석절차만 제시하였다.
5) Visual Modflow 프로그램은 토질·지질 기술자들에게 다소 생소한 프로그램이므로 매뉴얼 중심의 프로그램 사용방법을 소개하였다.

CHAPTER 04

흙막이 공사와 지반침하

CHAPTER

04 흙막이 공사와 지반침하

- 정석열 -

4.1 개요

가. 개요

일반적으로 도심지에서 건축구조물의 기초나 지하실과 같은 지하공간을 확보하기 위해 굴착할 때, 비탈면을 두지 못하고 연직굴착을 실시하여야만 될 경우가 많다. 연직굴착 시 지반의 붕괴를 방지하고 과도한 변형을 억제하기 위하여 연직면에 설치한 구조물을 흙막이 구조물이라고 부른다.

흙막이 구조물은 토압, 수압 및 기타 하중을 받는 흙막이 벽체와 그것을 지지하는 지보공으로 구성된다. 영구적으로 사용되는 경우도 있지만 대부분 본 공사를 하기 위해 일시적으로 설치하였다가 공사가 완료되면 제거하기 때문에 가설구조물이라고 한다.

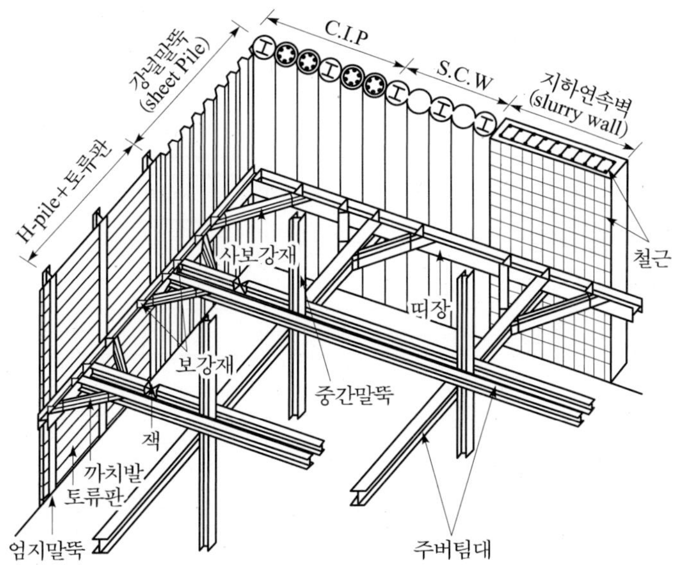

그림 4.1 흙막이 벽체의 종류

지하수가 많은 지반에서는 공사 중 배면 토립자의 유출, 구조체의 변형 및 배수에 의한 주위지반의 침하 등이 생겨 인접한 도로, 구조물 또는 지하매설물에 피해를 주는 경우가 많으므로 각종 주입공법에 의한 차수 및 지반보강 공법을 보조공법으로 함께 사용하기도 한다.

나. 흙막이 공사와 지반침하

흙막이 공사에서 벽체변위와 더불어 주변 지반침하를 완벽하게 막는다는 것은 이론적으로 가능하나 현실적으로 불가능하다. 즉, 미세하지만 지반침하는 발생할 수밖에 없으며, 계측 등을 통하여 기술적으로 예방하는 것이 토목기술자들이 해야 될 몫이다.

이에 본 장에서는 흙막이 공사의 공법 종류, 특징을 먼저 기술한 후 흙막이 공법과 차수공법별 투수계수도 제시하였다. 또한, 지하안전법에 의거하여 지하개발사업자에 대하여 의무를 부여한 지하안전영향평가 등을 업무에 적용할 수 있도록 흙막이 공사에서의 지반침하 원인 및 대책을 기술하였다. 즉, 지하안전영향평가 등의 업무를 수행함에 있어 지하수 변화에 의한 영향 검토, 지반 안전성 검토, 지하안전확보방안 등에 활용할 수 있는 이론적·기술적 내용을 중심으로 서술하였다.

4.2 흙막이 공법의 종류

4.2.1 지지방식에 의한 분류

굴착으로 인하여 지반 내 발생되는 측방토압을 받는 흙막이벽의 지지방식은 자립식, 버팀보식, 앵커식, 역타방식, 네일식으로 구분할 수 있다. 흙막이벽을 지지하는 방법은 〈그림 4.2〉와 같이 구분할 수 있다.

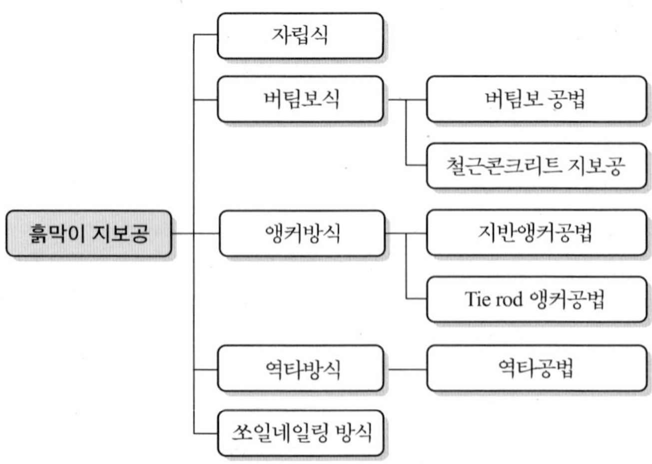

그림 4.2 흙막이벽 지지방식

가. 자립식 공법

버팀대 및 띠장 등의 지보공을 설치하지 않고 사면으로 굴착면을 형성하거나 흙막이 벽을 설치, 근입부의 수동저항과 흙막이벽의 강성으로 토압을 지지하며 굴착을 진행하는 공법이다.

그림 4.3 자립식 공법(사면개착공법(좌), 자립식 공법(우))

1) 장점

- 흙막이 지보공이 없으므로 공사비가 절감되고 작업성이 양호하다.
- 비교적 양호한 지반에서 얕은 굴착에 적합하다.

2) 단점

- 흙막이 벽의 변형이 크고 근입깊이를 충분히 확보하여야 한다.
- 연약지반에서 적용이 어렵고, 굴착깊이가 얕은 경우에만 적용가능하다.

나. 버팀보식 공법

흙막이 지보공 중에 가장 많이 사용하는 공법으로 굴착면에 흙막이 벽체를 설치하고 버팀대(strut, raker)와 띠장 등의 지보공으로 지지하며 굴착하는 공법이다. 좌우 토압을 균형시켜 안정을 도모하는 공법이므로 지반의 연경에 관계없이 이용할 수 있다. 부정형 부지에서는 버팀보 설치가 곤란할 수 있고, 좌우의 지반고가 다르게 되면 한쪽의 흙막이벽의 변위가 크게 발생되어 버팀보의 좌굴과 수축이 발생할 수 있어 주의하여야 한다.

▲ H형강 strut

▲ 강관 strut

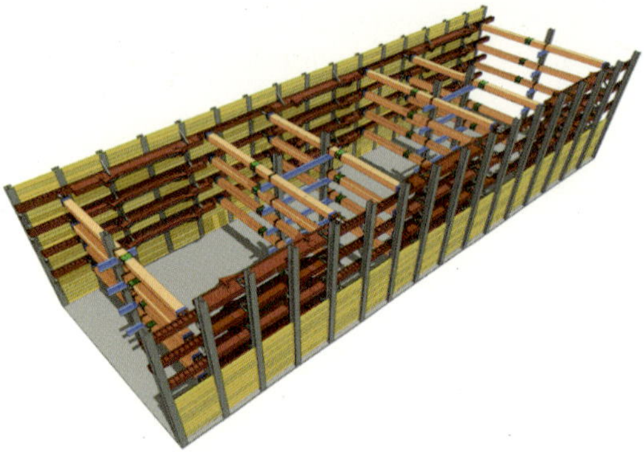

▲ 사각 strut

▲ raker

그림 4.4 형식별 버팀보식 공법

1) H형강 strut 공법의 장 · 단점

가) 장점

- 지반조건, 흙막이 벽의 종류에 상관없이 적용할 수 있는 범용성이 높은 공법이다.
- 재질이 신뢰되며 시공이 간편하고, 굴착깊이의 제한을 받지 않는다.

나) 단점

- 굴착평면의 크기와 형상에 따라 버팀보를 가설할 수 없는 경우가 있다(일반적으로 직선구간 50m, 코너구간 30m 길이가 한도임).
- 많은 버팀의 설치로 인해 굴착면 내의 작업공간이 협소하다.

2) 강관 strut 공법의 장 · 단점

가) 장점

- 원형 형태이므로 구조적으로 안정되어 있다.

- 버팀보와 중앙말뚝 간격을 넓게 할 수 있어 작업공간 확보가 H형강 strut에 비해 유리하다.

나) 단점

- 굴착평면의 크기와 형상에 따라 버팀보를 가설할 수 없는 경우가 있다(H형강 strut 비해 길이는 길게 할 수 있지만 한계는 있다).

3) 사각 strut 공법의 장 · 단점

가) 장점

- 강축과 약축의 구분이 없어 좌굴 및 비틀림에 유리하여 구조적으로 안정되어 있다.
- 버팀보와 중앙말뚝 간격을 넓게 할 수 있어 작업공간 확보가 H형강 strut에 비해 유리하다.

나) 단점

- 굴착평면의 크기와 형상에 따라 버팀보를 가설할 수 없는 경우가 있다.

4) raker 공법의 장 · 단점

가) 장점

- 굴착평면이 넓어 버팀보 설치가 곤란한 경우나 설치를 할 수 없는 경우에 사용된다.

나) 단점

- 연약지반 또는 굴착심도가 깊은 경우 벽체 변형이 크게 발생할 수 있다.
- 굴착심도가 깊은 경우 많은 버팀대가 요구되므로 구조물 시공이 어렵다(일반적으로 10m 이내 사용).

다. 앵커(earth anchor)공법

굴착 인접지반에 어스앵커 설치한 후 인장력을 가하고 그 반력으로 흙막이벽을 지지하는 공법이다. 굴착평면이 복잡하고 넓거나 대지에 경사가 있어서 버팀대의 설치가 곤란한 경우에 적합하다. 그러나 이 공법의 적용을 검토하는 경우에는 앵커를 정착시킬 수 있는 적합한 지반이 분포해야 하며 인접대지 소유주의 사용 동의를 구해야 하는 제약이 따른다.

그림 4.5 앵커(earth anchor)공법

1) 장점

- 굴착 내부 공간이 개방되어 있어 굴착작업 및 본체구조물 시공이 용이하다.
- 복잡한 평면형상이나 좌우 고저차가 있는 현장조건에서도 적용이 가능하다.
- 지층조건이 양호할 경우 Prestress(선행응력)를 작용시키면 인접지반의 침하를 최대로 줄일 수 있다.

2) 단점

- 앵커 정착이 가능한 견고한 지반이 존재하지 않으면 적용하기 곤란하다.
- 지하수위가 높아 차수벽이 있는 경우 시공시 누수가 발생하여 수위저하로 인한 주변 지반의 침하를 유발할 수 있다.
- 제거식 앵커를 사용할 경우 공사비가 늘어난다.

라. 역타(Top down)공법

역타공법은 굴착작업 전에 영구구조물의 지하 벽체와 기둥을 포함하는 기초를 완성한 후 지하층의 슬래브를 지하 벽체와 연결하여 상부에서 하부로 내려감과 동시에 지상구조물 공사를 실시하는 공법이다.

연약지반이나 인접건물이 밀집된 도심지에서 깊은 굴착을 요할시 또는 지하층과 지상층 공사를 동시에 수행함으로써 공기단축이 필요한 곳에 적합한 공법이다.

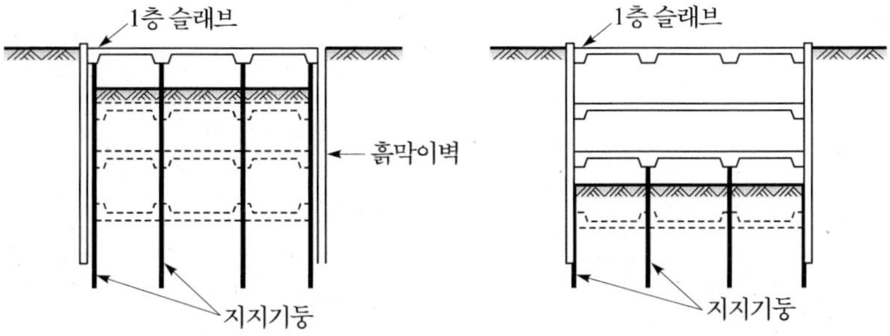

그림 4.6 역타(Top down)공법

1) 장점

- 인접구조물의 보호와 연약지반 등에서 안전한 공법이다.
- 지하구조물과 지상구조물을 동시에 시공하면 공기가 단축된다.
- 도심지에서 소음, 분진, 진동 등의 피해를 줄일 수 있어 민원이 예방된다.

2) 단점

- 시공이 완료된 바닥슬래브 아래에서 토공을 지탱해야 되므로 공사비가 고가이다.
- 시공 중 토압 및 작업하중을 영구구조, 슬래브가 진행해야 됨으로 많은 구조계산 검토와 바닥두께를 증가시킬 필요가 생길 수 있다.
- 철저한 계측분석 및 시공관리가 필요하다.

마. 네일링(Soil nailing)공법

인장응력, 전단응력 및 휨모멘트에 저항할 수 있는 네일(nail)을 프리스트레싱(prestressing) 없이 지반 내에 촘촘한 간격으로 삽입하고 숏크리트 등으로 굴착면을 보호하며, 원지반의 전단강도를 증가시켜 안정성을 확보하는 공법이다. 사면, 옹벽, 기존 구조물 보강 등에 널리 사용되며, 공사비가 저렴하고 시공성이 양호하여 점성토를 제외한 모든 지반에서 적용된다.

1) 장점

- 원지반 자체를 벽체(중력식 옹벽 개념)로 이용하기 때문에 안정성이 높은 벽체를 구축할 수 있다.
- 소형기계로 시공이 가능하기 때문에 좁은 장소나 경사가 급한 지형에도 적용성이 우수하다. 작업 시 소음, 진동이 적어 도심지 근접시공에 적용성이 높다.

그림 4.7 네일링(soil nailing)공법

2) 단점

- 공법자체의 특성에 기인한 수평 및 수직변위가 발생한다.
- 지하수위가 높은 지반 또는 깊은 파괴가 예상되는 경사지반, 점성토 지반에서는 부적합하다.

바. IPS, PS-S 공법

1) IPS 공법

H형강 받침대, 띠장, 강선으로 구성된 것을 흙막이 벽에 거치하고 강선에 긴장력을 주어 측압을 지지하는 공법이다. 굴착지반에 가해지는 프리스트레스를 통하여 버팀보의 간격을 기존보다 늘릴 수 있어 넓은 작업공간을 제공할 수 있다.

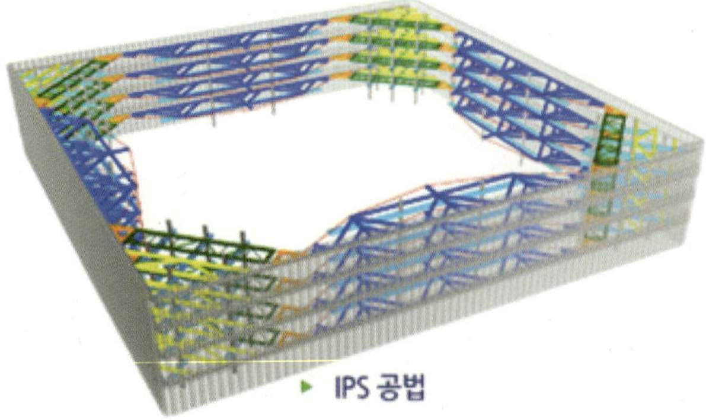

그림 4.8 IPS 공법

가) 장점

- 버팀대 등의 설치 간격 증대로 굴착작업 및 본체구조물 시공이 용이하다.
- 띠장의 연성 휨 거동으로 인한 안전성이 증가한다.

나) 단점

- 배면 토압을 고려한 선행하중 선정이 필요하다.
- 자재의 현장 제작이 어려워 자재 수급이 용이하지 않다.

2) PS-S 공법

버팀보를 사용하는 공법을 개선한 방법으로 프리스트레스가 도입된 띠장재와 버팀보를 함께 이용하여 버팀보 수평간격의 증대가 가능한 공법이다.

가) 장점

- 버팀대 등의 설치 간격 증대로 굴착작업 및 본체구조물 시공이 용이하다.
- 선행하중의 효과로 주변 시설물의 지반침하를 방지한다.

나) 단점

- 자재의 현장 제작이 어려워 자재 수급이 용이하지 않다.
- 평면 형상에 따라 버팀 지점 형성이 어려움에 따른 제약이 발생한다.

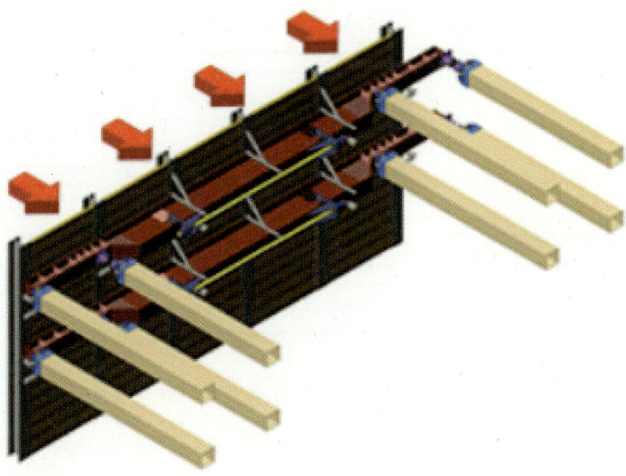

그림 4.9 PS-S 공법

4.2.2 흙막이 벽체의 분류

흙막이벽은 투수성 흙막이벽과 차수성 흙막이벽으로 구분된다. 이 중 어떤 흙막이공을 사용할 것인가는 굴착의 규모, 시공조건, 환경조건에 따라 결정한다. 예를 들어 도심지에서의 흙막이공을 시공할 경우에는 환경조건의 요소가 큰 비중을 차지하는 경우가 많다. 즉, 공법으로서는 소음, 진동의 경감대책, 구조적으로는 흙막이 배면의 방지대책 등에 대한 검토가 필요하다.

표 4.1 | 흙막이벽의 비교

흙막이벽의 종류	굴착심도	지층상태	시공구간	지하수위	경제성
강관널말뚝공법	20m 이내	비교적 조밀한 사질토 또는 암층, 단단한 점토지반	공기에 유리, 작업이 간편, 하자발생 요인이 많음	지하수위가 있는 지반에서는 별도의 차수그라우팅 실시	양호
CIP공법	20m 이내	토사구간, 암층에서 시공이 곤란	공기가 비교적 길고 하자요인이 적음	말뚝 이음부에 보조 그라우팅 실시	보통
강널말뚝공법	15m 이내	토사구간, 암층은 시공 안 됨	공기에 유리, 시공관리 보통	벽체 자체로서 방수	보통
SCW공법	30m 이내	토사구간, 암층은 시공 안 됨	공기에 유리, 하자요인 적음	벽체 자체로서 방수	보통
지하연속벽공법	40m 이내	모든 층에 적용	하자요인 적음	벽체 자체로서 방수	불량

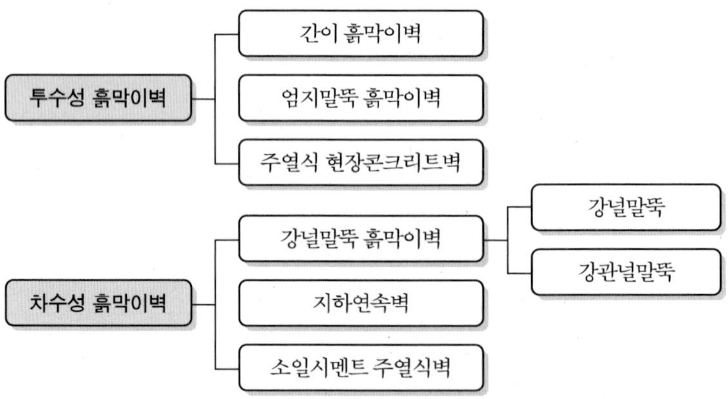

그림 4.10 차수성능별 흙막이벽의 종류

가. 엄지말뚝(H-Pile + 토류판)공법

국내에서 가장 많이 사용하는 공법으로 강재말뚝(H형강)을 1.0~2.0m 간격으로 타입 또는 진동 압입하거나 보링하여 지중에 삽입한 후에 굴착과 병행하여 토류판(목재, 콘크리트, 경량 강널판)을 끼워서 굴착벽을 지지하는 방법이다.

그림 4.11 엄지말뚝(H-pile + 토류판)공법

1) 장점

- 시공이 간단하고 쉬어 공기가 짧고, 엄지말뚝은 재사용이 가능하여 경제적이다.
- 엄지말뚝 간격 조정이 가능하여 지하매설물 저촉을 피할 수 있다.

2) 단점

- 차수가 되지 않아 토사유출이 쉽고 지하수위의 저하에 따른 지반침하가 예상된다.
- 지하수위가 높은 곳이나 연약지반에서는 별도의 보조공법이 필요해 공사비가 증가된다.
- 토류판과 굴착면 사이에 공간이 생기면 원지반의 변형이 커진다.

나. CIP 공법

CIP(cast-in-placed pile)는 원 지반을 천공장비로 천공한 후에 철근망을 삽입하고 콘크리트를 타설(직경 400~450mm)하면서 흙막이 벽체를 형성하는 주열식 연속벽의 일종이다. 일반적으로 콘크리트 말뚝 2~3본 사이에 H-형강을 삽입하는 방식으로 시공된다.

1) 장점

- 자갈층 및 암반지반을 제외하는 대부분의 지반에 적용이 가능하다.
- 장비가 소형이므로 협소한 장소에도 시공이 가능하며, 비교적 소음 및 진동이 적다.
- 강성이 커서 벽체 수평변위를 억제할 수 있으므로 인접구조물 주변 지반침하를 최소화할 수 있다.

그림 4.12 CIP 공법

2) 단점

- 기둥과 기둥 사이의 이음부가 취약하고 중첩시공이 어려우므로 지하수가 높은 경우에는 별도의 차수공 시설이 요구된다.
- 굴착공 저부에 슬라임이 발생할 수 있으며, 자갈 및 암반층에는 적용이 곤란하다.

다. SCW 공법

SCW(soiI cement wall)는 SMW(soil mixing wall)라고도 하며, 오거를 이용하여 지중을 굴착(원지반 교반), 관입시키면서 오거의 중공로드로 시멘트밀크 주입재를 압력 5~10kgf/cm^2 정도로 주입하여 원지반의 흙과 혼합한 쏘일시멘트를 만들어 흙막이벽을 형성하는 공법이다. 응력보강재로서 H형강, 강관, 강널말뚝 등을 삽입하여 사용한다.

그림 4.13 SCW 공법

1) 장점
- 소음 및 진동이 적다.
- H-Pile+토류판 공법에 비해 강도가 크고 응력보강재를 삽입하면 강도가 더욱 증가한다.

2) 단점
- 호박돌(전석)이 있는 지층에서는 시공이 어렵다.
- 토층의 변화가 심한 지반에서는 정확한 시멘트밀크 배합이 어렵다. 특히 유기질토에서는 강도를 기대할 수 없는 경우가 있다.

라. 지하연속벽(slurry wall, diaphragm wall)공법

지하연속벽공법은 지반을 벽체모양으로 굴착한 후, 안정액(벤토나이트 현탁액)으로 공벽을 유지하면서 철근망을 삽입하고 콘크리트 벽체를 지중에 연속적으로 형성하는 공법이다. 흙막이 공사가 완료된 후 본체구조물로 활용할 수 있으며 일반적으로 사용하는 벽두께는 60~100cm 정도이다.

그림 4.14 지하연속벽공법

1) 장점
- 소음 및 진동이 작아 도심지 공사에 적합하다. 또한 벽체강성이 커 주변구조물 피해나 주변지반의 침하가 작아 대규모, 대심도 굴착공사에 적합하다.
- 차수성이 뛰어나고 근입부 연속성이 보장됨으로 별도의 차수공법이 필요하지 않다.
- 대부분의 지반조건에 적용성이 양호하며, 영구구조물로 이용이 가능하다.

2) 단점

- 연속벽체의 시공을 위한 철저한 관리가 요구되며 비교적 고가인 공법이다.
- 안정액 처리에 따른 오염 문제가 발생하고, 그 처리비용이 비싸다.
- 구조체로 이용하는 경우는 슬러리(slurry)에 의한 철근의 부착력 및 콘크리트 강도 감소에 유의해야 하며, 깊은 심도의 경우 장비 수직도 오차에 따른 판넬결합부 단차 발생에 따른 취약부의 생길 수 있다.

마. 강널말뚝(sheet pile)공법

U형, Z형, H형, 직선형 등의 단면을 가진 강널말뚝을 이음부가 서로 맞물리게 하여 지중에 연속적으로 구축하여 차수벽과 흙막이벽의 역할이 동시에 이루어지는 공법이다. 하천이나 바다에서 차수를 목적으로 많이 사용되고 있다.

그림 4.15 강널말뚝공법

1) 장점

- 수밀성이 좋으므로 지하수 및 토사의 유출을 방지할 수 있어 지하수위가 높은 지반, 연약지반에 적용성이 좋다.
- 단면형상이 다양하고 재질이 균질하며, 각 단면을 조합하여 지반에 따라 벽체 강성을 조절할 수 있다. 굴착공사 이후 강재를 인발하여 반복 사용이 가능하다.

2) 단점

- 단단한 지반이나 자갈, 전석이 섞인 지반은 시공이 불가하다.
- 강성이 작아서 변형이 크고 인접지반의 침하가 예상되며, 도심 시 공사에서 적용성이 떨어진다.

바. 흙막이 벽체 종류별 적용성 비교

표 4.2 | 흙막이 벽체 종류별 적용성 비교

특성			벽의 종류	엄지말뚝	강널말뚝	강관널말뚝	지하연속벽	주열식연속벽	
								SCW	CIP
지질 및 굴착깊이 조건	연약지반 $N \leq 5$ $C \leq 2$	굴착깊이(m)	2~5	○	◎	–	–	–	–
			5~10	×	◎	–	–	–	–
			10~15	–	○	○	○	◎	◎
			15~20	–	×	◎	◎	◎	◎
			20~25	–	–	◎	◎	△	△
			25~30	–	–	○	◎	×	×
	보통지반 $5 < N \leq 20$ $2 < C \leq 3$	굴착깊이(m)	2~5	◎	○	–	–	–	–
			5~10	◎	◎	–	–	–	–
			10~15	○	◎	×	○	○	○
			15~20	×	○	○	◎	◎	◎
			20~25	–	×	○	◎	◎	◎
			25~30	–	–	–	◎	○	○
	단단한 지반 $N > 20$ $C > 3$	굴착깊이(m)	2~5	◎	○	–	–	–	–
			5~10	◎	○	–	–	–	–
			10~15	○	○	–	○	○	○
			15~20	○	○	–	○	◎	◎
			20~25	–	–	–	◎	◎	◎
			25~30	–	–	–	◎	×	×
	호박돌 층			△	×	△	◎	△	△
	암반층			△	×	×	○	△	△
	지하수위가 높다(차수성)			×	◎	◎	◎	○	△
시공조건	폭과 깊이	좁고 낮다		◎	◎	×	×	×	×
		좁고 깊다		×	×	◎	○	○	○
		넓고 낮다		◎	◎	×	×	×	×
		넓고 깊다		×	×	◎	◎	◎	◎
환경조건	지하매설물			적합	부적합	부적합	부적합	부적합	부적합
	인접구조물			부적합	부적합	적합	적합	적합	적합
	소음, 진동			보통	보통	보통	작다	작다	작다
	주변지반침하			크다	크다	보통	작다	보통	보통
기타	휨 강성			작다	작다	보통	크다	보통	보통
	건설기계의 반입			적다	적다	보통	많다	많다	많다
	작업관리			용이	용이	어렵다	어렵다	보통	보통
	공사비			1	2	3	6	4	5
	공시기간			◎	◎	○	×	○	△

주) ◎: 유리, ○: 보통, △: 보통~불리, ×: 불리

4.2.3 지반보강 및 차수공법

흙막이공에서 지반보강 및 차수공법은 일반적으로 흙막이 벽체 배면에 실시되며, 굴착배면 지반의 강도증대 및 투수성 저감(차수성 증대) 목적으로 사용된다.

지반굴착공사는 지하수를 어떻게 처리하느냐에 따라 공사의 난이도가 결정되고 공기, 공사비, 인접지반, 인접건물 등에 큰 영향을 미친다. 따라서 지하수위가 높고 투수성이 좋은 지반 또는 피압대수층이 존재하는 지반을 굴착할 경우에는 지하수의 처리를 충분히 검토하여야 한다.

일반적으로 투수층이라 함은 투수계수가 1.0×10^{-4}cm/sec 이상의 지층을 말하며, 투수계수가 1.0×10^{-5}cm/sec 이하의 지층에서는 유수방향으로 발달된 Sand seam이 없으면 굴착을 해도 침투수에 의한 문제는 크지 않다.

가. 약액주입공법

약액주입공법은 지반강도 증대와 지반의 불투수성(차수 또는 지수)을 증가시키기 위하여 사용되는 지반개량공법의 일종이다. 지반 내에 주입관을 삽입하고 이것을 통하여 약액 또는 주입재를 지중에 압송, 충진시켜 일정시간 경과 후 지반을 고결시키는 것을 말한다. 약액주입 공법의 주목적은 토립자의 간극이나 지반속의 틈을 메워 지하수의 용수를 방지하고 압축, 압밀효과에 의하여 토립자 상호 간의 점착력을 증가시켜 연약지반의 강도를 증가시키는 것이다. 또한, 지반 내 혹은 지반과 구조물과의 사이에서 발생된 간극이나 느슨함을 충진해서 지반 및 구조물의 변형을 방지하는데 있다.

약액주입공법은 다양한 종류가 있으나, 가장 많이 사용되고 있는 공법으로는 LW 공법과 SGR 공법이 있다.

표 4.3 | 약액주입공법

구 분		LW (Labiles Wasser Glass) 공법	SGR (Space Grouting Rocket) 공법
주입재	A액	물유리계 : 규산소다	SGR 약재 + 시멘트
	B액	시멘트 밀크	물유리계 : 규산소다
주입방식		1.5 shot 방식(주입관에서 혼합)	2.0 shot 방식(이중관 : 선단에서 혼합)
적용토질 투수계수		k = 1×10^{-3}cm/sec 이상	k = 1×10^{-5}cm/sec까지 가능
Gel Time		2~3	· 급결재 : 6~10초(대공극 충전) · 완결재 : 60~90초(주입반경 형성)
주입 압력		5~10kgf/cm^2	5~10kgf/cm^2
주입 효과		차수효과 저조	주입효과 양호
공사비		저렴	고가(LW의 2배 정도)

1) LW(Labiless Wasser glass) 공법

독일에서 개발한 후, 일본에서는 보완 LW 또는 ILW로 부르기도 하며, 일반적으로 LW공법이라 칭한다. 그라우트재로서 주재료는 A용액이라고도 부르는 물유리 용액을 사용하고, 경화제로는 B용액이라고도 부르는 시멘트 현탁액과 벤토나이트를 이용하여 지반 속에 침투시켜 강화시킨다. 여기서, 벤토나이트는 시멘트 입자가 침강하는 것을 막기 위해 사용한다.

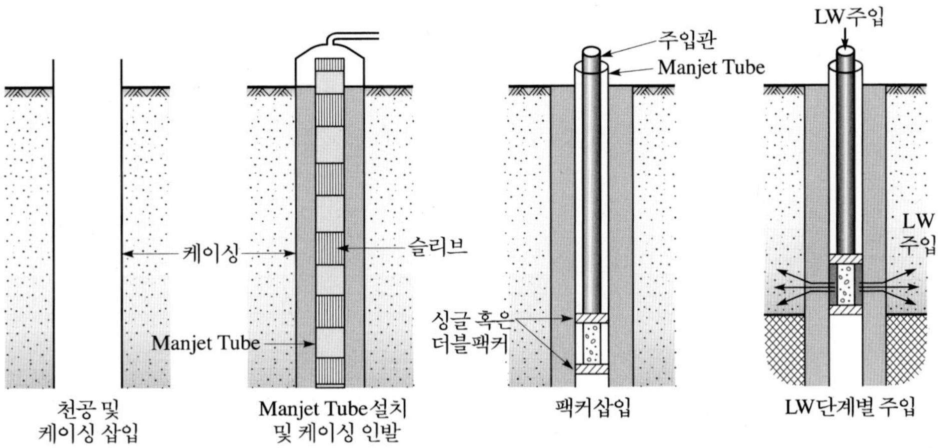

그림 4.16 LW(Labiless Wasser glass) 공법

가) 장점

- 믹싱 플랜트(mixing plant)가 소규모이므로 작업공간의 제약을 받지 않는다.
- 취급이 간편하고 가격이 저렴하며, 주입관이 보존되어 있어 결함 발생 시에 재주입이 가능하다.

나) 단점

- 공극이 매우 크고 지하수가 많은 지반에는 효율이 좋지 않다.
- 시공의 신뢰성이 떨어진다.

2) SGR(Space Grouting Rocket) 공법

이중관 로드에 특수선단장치와 3조식 교반장치를 갖추고 대상 지반 내에 유도 공간(inducement space)을 형성하여 급결성과 완결성의 주입재를 저압에 의해 연속적으로 주입하는 공법이다.

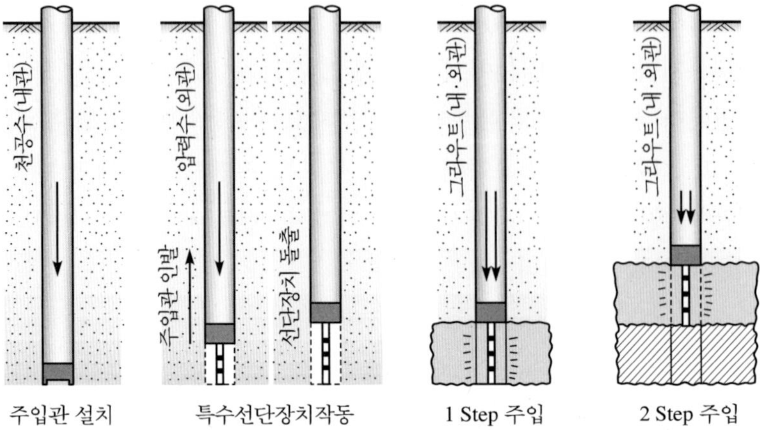

그림 4.17 SGR(Space Grouting Rocket) 공법

가) 장점

- 플랜트가 소규모이므로 작업공간의 제약이 적다.
- 여러 가지 주입재 선택이 용이하며, 저압 주입이므로 지하매설물에 영향이 적다.
- 3조식 교반장치를 사용하므로 급결 및 완결의 연속적인 복합주입이 가능하다.

나) 단점

- 높은 강도를 요할 때 용액주입으로는 효과를 기대하기 어렵다.
- 점토층에는 균일하게 액상보다는 맥상으로 주입된다.

나. 콘크리트 차수벽 설치공법

콘크리트 차수벽 설치공법으로는 지반에 소일시멘트말뚝을 연결 설치하여 벽체를 형성하는 SCW 공법, 현장타설 콘크리트 말뚝을 연결 설치하는 CIP 공법, 현장타설 콘크리트판을 연결 설치하여 벽체를 형성하는 지하연속벽공법 등이 있다. 이 공법들을 흙막이벽체로 사용할 경우 별도의 차수공법은 필요 없으나, CIP 공법은 이음부가 오버랩 되지 않아 누수 가능성이 있으므로 별도의 차수공법을 시행하기도 한다(공법 설명은 4.2.2 흙막이 벽체방식의 분류 참조).

다. 고압분사(jet grout) 주입공법

약액주입공법은 주입압력이 수 kgf/cm^2에서 수십 kgf/cm^2 정도의 저압주입공법인 반면, 고압분사주입공법은 주입압력이 수백 kgf/cm^2이다. 고압회전 보링기계의 로드선단에 특수한 노즐을 장착시켜 지중에 지반을 절삭하고 주입재를 고압으로 분사시켜 지반을 절삭시킨 후 토립자와 혼합교반하거나 치환시켜 개량체를 조성하는 공법이다.

이 공법의 주입재로서는 시멘트 밀크나 약액 등이 이용되고 있다.

고압분사 주입공법은 차수 및 지반강화를 목적으로 개발되어 대심도 굴착공사에 있어서 사질토지반에 대해서는 차수목적으로, 연약한 점성토지반에서는 지반강화를 목적으로 실시되고 있다. 고압분사주입공법은 약액주입공법으로 시공이 곤란한 지층에 대해서 확실한 지반개량이 가능하여 많이 사용되고 있다.

표 4.4 | 고압분사주입공법의 특징 및 개요

구 분		단관 분사주입공법(CCP)	2중관 분사주입공법(JSP)	3중관 분사주입공법(SIG)
공법 개요		초고압 경화재를 지중에 회전 분사시켜 지반을 절삭과 동시에 원주상의 개량체를 조성한다.	공기와 함께 초고압 경화재를 지중에 회전 분사시켜 지반을 절삭하고 원지반 흙과 경화재를 교반 혼합하여 원주 상의 개량체를 조성한다.	공기와 함께 초고압수를 지중에 회전 분사시켜 지반을 절삭하고 그 슬라임을 지표면에 배출시키고 동시에 경화재로 그 공간을 충진시켜 원주상의 개량체를 조성한다.
공법 특징		기계교반혼합공법	교반혼합공법	치환공법
적용 지반		점성토, 사질토	점성토, 사질토	점성토, 사질토, 사력층
시공 사양	상용압력	$P = 200kg/cm^2$	$P = 200kg/cm^2$	$P = 200kg/cm^2$
	피압대상	초고압경화재	초고압경화재 + 공기	초고압수 + 공기
	경화재	물유리계현탁형 시멘트계	시멘트계	시멘트계
	초고압 노즐지름	1.2~3.2mm	3.0~3.2mm	1.8~2.3mm
	로드	단관	2중관	3중관
	천공방법	단관로드로 천공	2중관으로 직접	3중관으로 천공
개량지름(φ)		300~500mm	800~1,200mm	1,200~2,000mm
개량 강도	점성토	q_u =25~30kg/cm^2	q_u =20~40kg/cm^2	q_u =100~200kg/cm^2
	사질토	q_u =30~40kg/cm^2	q_u =40~90kg/cm^2	q_u =200~300kg/cm^2
개요도		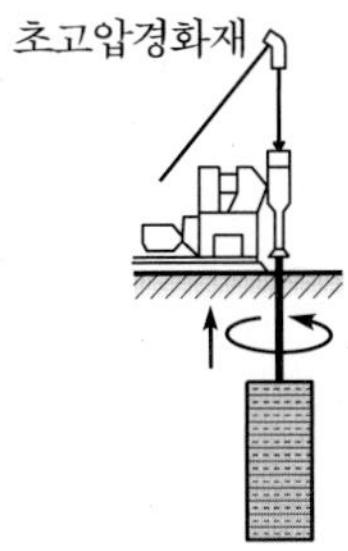	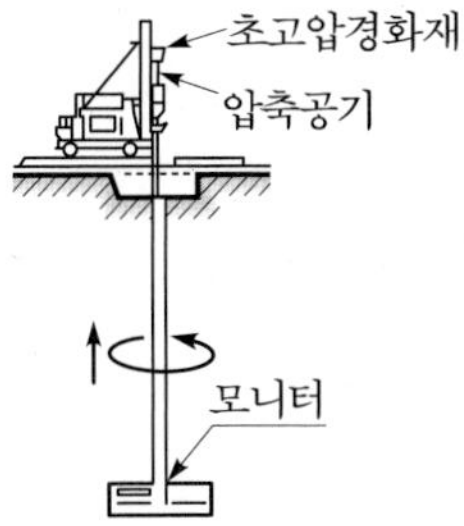	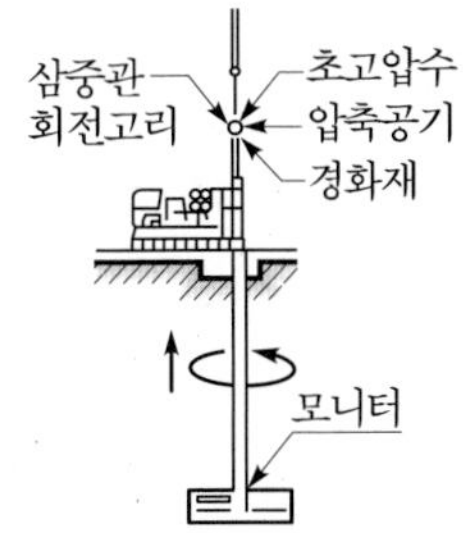

1) JSP(Jumbo Special Pattern) 공법

지반굴착 시 고압으로 경화재를 에어제트(air jet)와 함께 복수 노즐로부터 분사시켜 지반의 토립자와 교반하여 경화재와 혼합시켜 지반보강과 차수벽공사, 기초 등에 이용하는 저진동·저소음공법이다. 즉, 이중관로드 선단에 제팅노즐(Jetting nozzle)을 정착시켜 경화제(Cement milk)를 분사하면서 회전시켜 노즐(nozzle)이 한 바퀴 반을 회전하면 자동적으로 일정하게 상승하고, 이와 같은 과정을 연속적으로 반복하여 지반 내에 원주상의 고결체를 조성하는 방법이다.

JSP 공법의 특징은 에어제트로 지반을 파쇄시키고, 그 파쇄 부분만을 시멘트밀크가 혼합되는 것으로서 절삭 범위를 시공하므로 타 공법에 비해 신뢰도가 높다.

지반보강 이외로 단일 원주 또는 여러 개의 원주를 이용한 구조물 기초, 연속벽체 등의 형식으로 기초지반의 지지력 증대, 지중 누수방지 및 물막이, 흙막이벽, 지하저장탱크, 지하철사, 중량물 기초 등에 적용되고 있다.

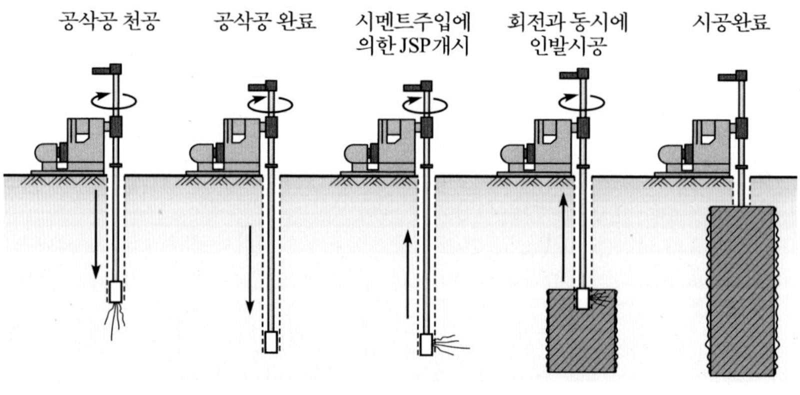

그림 4.18 JSP(Jumbo Special Pattern) 공법

가) 장점

- 확실한 시공효과를 기대할 수 있다.
- 적용되는 지반의 범위가 넓으며, 기존 구조물 기초의 보강 효과가 좋다.

나) 단점

- 천공과 주입장치의 설치가 곤란하다.
- 손실률이 많고 공사비가 고가이다.
- 초고압으로 인한 인접 구조물 및 지하 매설물에 피해를 줄 가능성이 있다.

2) SIG(Super Injection Grouting) 공법

SIG 공법은 물을 초고속으로 일정방향에 분사시킴으로써 유체의 분사류를 형성시켜 지반을 파괴, 절삭하는 공법이다. 약액주입공법이나 기존의 고압분사주입공법(CCP, JSP)과 다른 차이점은 SIG 공법은 토압축력이 대기압의 300배~800배 정도의 초고압으로 유체로 형성된 제트분류의 에너지로 지반을 절삭 파괴시켜 형성된 공간에 경화제를 충전시키는 공법이다. 지층의 복잡성, 이방성으로 인해 약액주입공법으로는 균질한 침투범위를 얻을 수 없거나 지반의 불확실성 요소로 인해 개량효과를 얻을 수 없는 등의 약액주입공법 및 기존의 고압분사주입공법의 단점을 보완한 것이다.

SIG 공법은 흙막이 굴착공사, 구조물의 기초공사의 보조공법으로 널리 사용되고 있지만, 최근에는 인공지반 조성 시에도 적용되고 있다.

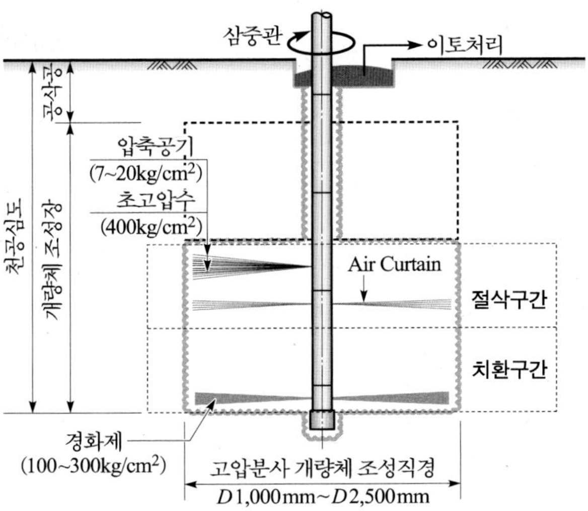

그림 4.19 SIG(Super Injection Grouting) 공법

가) 장점

- 절삭구간과 치환구간이 구분됨으로 개량체의 개량효과가 타 공법에 비해 우수하다.
- 상부노즐 및 중간 Air Curtain층에만 압축공기를 사용하므로 치밀한 주입 효과가 있고 재료손실이 적으며, 지반 내 절삭 및 주입효과가 우수하다.
- 물/시멘트비에 따라 개량체의 강도 조절이 용이하며, 모든 지층에 적용이 가능하고 개량체가 균질하다.

나) 단점

- 손실률이 많고 공사비가 고가이다.
- 초고압으로 인한 인접 구조물 및 지하 매설물에 피해를 줄 가능성이 있다.

라. 지반보강 및 차수공법별 투수계수

각 차수공법별 투수계수는 〈표 4.5〉와 같으며, 침투해석 시 본 투수계수를 이용하여 해석하여 공사 중 지하수 유입량, 지하수 유출에 따른 주변 지하수위 변동 등을 예측할 수 있다.

표 4.5 | 차수공법별 투수계수

구분	SGR공법 (Space Grouting Rocket system)	LW공법 (Labiles Wasser Glass)	고압분사공법 (jet grout)
개요	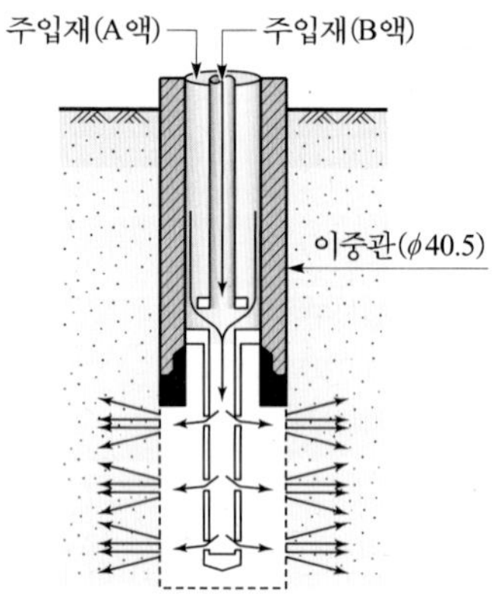	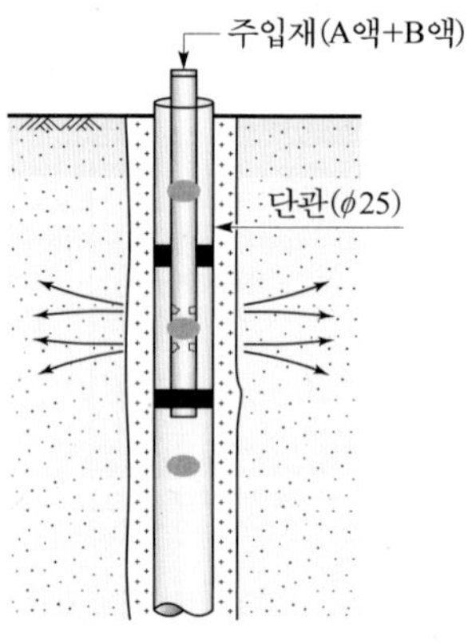	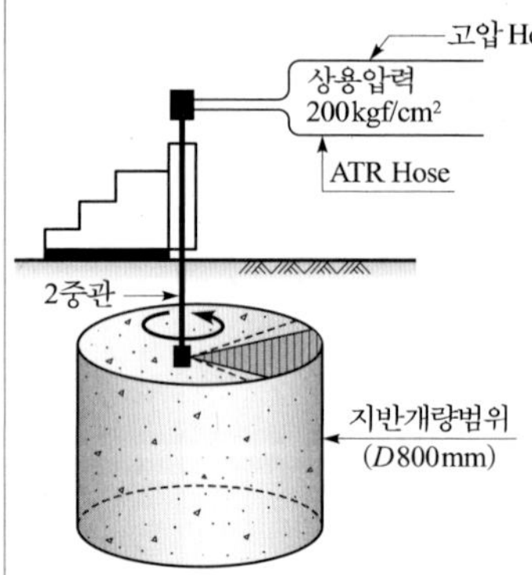
개량 강도	· 일축압축강도 : 6~10kg/cm^2 · 점성토 : 0.5~2.0kg/cm^2	· 일축압축강도 : 5~6kg/cm^2 · 점성토 : 0.5~2.0kg/cm^2	· 사질토 : 40~150kg/cm^2 · 점성토 : 20~40kg/cm^2
투수 계수	1×10^{-5}~1×10^{-6}cm/sec	1×10^{-4}~1×10^{-5}cm/sec	1×10^{-5}~1×10^{-7}cm/sec

4.3 흙막이 공사에서 발생하는 지반침하 원인 및 대책

4.3.1 지하수에 의한 지반침하 원인 및 대책

지하수가 함유되어 있는 지반에서 흙막이 벽체가 차수성을 확보하지 못하면 지하수위 하강으로 지반의 유효응력이 증가하여 탄성압축과 압밀침하가 일어난다. 또한 지하수의 흐름이 발생하면 침투력으로 인하여 지반이 압축되거나 히빙이 발생한다.

차수성을 확보한 벽체의 경우 배면측과 굴착측의 수위차로 발생한 수압으로 인해 보일링이 발생하거나 지반의 전단강도 부족에 의한 활동파괴, 즉 히빙이 발생한다.

흙막이 벽체에는 지반 자중에 의한 토압은 물론 외력에 의한 토압이 작용하며, 차수성벽체에서는 수압이 작용한다. 토압과 수압은 흙막이 벽체에 수평응력으로 작용하여 수평변위를 야기하며, 벽체에 작용하는 외력은 벽체 휨 변형, 버팀대 압축변형 등을 발생한다.

지반의 압축과 압밀, 보일링과 히빙, 외력에 의한 수평변위로 인해 지반손실이 발생하여 배면 지반의 공동, 지반침하로 이어진다.

가. 지하수에 의한 지반침하 원인

일반적으로 자연상태의 지반에는 지하수가 분포한다. 지하수위면 이하로 지반을 굴착하는 경우, 흙막이 벽체가 차수성을 확보하지 못하면(차수공법 시공불량, 개수성 흙막이 시공) 지하수 유출로 인해 배면 지하수위는 하강된다. 점성토의 경우 투수계수가 작아 지하수 유출량이 적고 강하속도도 느리지만 투수계수가 큰 사질토의 경우는 유출량이 많아 하강속도도 빠르다.

공사기간(지반굴착 기간)이 짧다면 투수계수가 큰 사질토 지반에서만 지하수위 하강으로 인한 영향을 받지만 공사기간이 길 경우 점성토 지반에서도 영향을 받는다.

비배수 조건에선 포화되어 있는 지반의 흙입자와 간극수는 비압축성을 갖지만 배수조건일 경우 간극수가 배수되어 과잉간극수압 감소로 인한 유효응력 증가로 배수량(간극수 차지 공간)만큼 지반의 입자재배열로 부피가 감소하여 지반이 침하된다. 도심지에서 영구배수(배수터널, 영구배수시스템)를 시행한 경우 공사 완료 후 장기간에 걸쳐 주변 지역에 침하를 일으키는 경우가 그 예이다. 지하수위가 하강되면 지반 내 유효응력이 증가되므로 흙의 구조골격이 압축되어 지반이 침하된다. 유효응력 증가량은 지하수위 하강량에 비례하므로 지하수위 하강량이 클수록 지반침하도 크게 일어난다. 유효응력 증가로 인한 하중 증가로 흙막이 벽체 배변지반에 침하가 발생하여

도로, 보도, 매설물과 건물에 침하, 부등침하가 발생하며 심한 경우 구조물 등에 균열, 전도로 인한 파괴가 발생할 수 있다.

〈그림 4.20〉은 지하수위 하강에 따른 유효응력 증가(지반하중 증가)로 지반이 침하되는 개념을 보여주는 것이다.

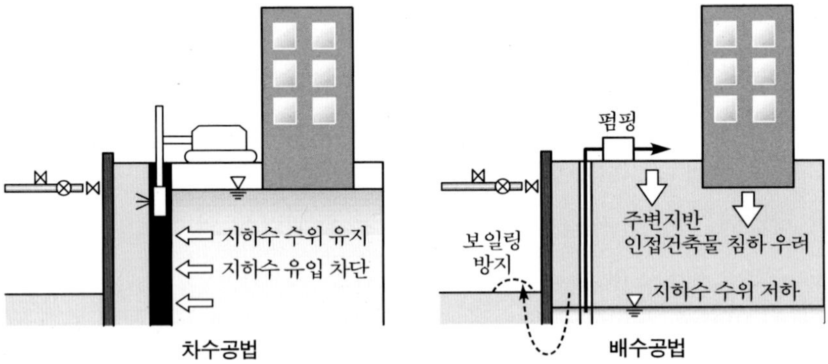

$\sigma' = \sigma - u \rightarrow \sigma' = \sigma$ (유효응력 증가)

$\gamma_{sub} \rightarrow \gamma_t, \gamma_{sat}, \gamma_d$, (지반하중 증가)

그림 4.20 지하수에 의한 지반침하 원인

지하수위가 하강되면 굴착면부터 일정한 거리 이내에 곡선형태 침윤선이 형성된다. 지하수 배수의 영향이 미치는 범위를 배수영향권(drainage influence area)이라 하며, 이 영향권 내에서 지반의 침하가 발생할 수 있다.

침윤선은 지반의 투수계수가 작을 경우 급한 기울기를 보이고, 투수계수가 클 경우 완만한 기울기를 보인다. 급한 기울기를 갖는 점성토의 경우 짧은 거리에서 주변 지반의 침하량 차이가 크기 때문에 구조물의 부등침하(각변위)가 커지므로 상부구조물에 큰 영향을 줄 수 있다. 배수영향권 범위와 침윤선 발생양상은 이론식 또는 수치해석(seepage, 지하수유동해석)을 통해 구할 수 있다.

나. 침투압에 의한 지반침하 원인

물은 흙속을 흐를 때 흐름을 방해하는 흙입자에 대해 흐름방향으로 압축력을 가하는데, 이 힘을 침투압(seepage pressure)이라 한다. 흐르는 지하수는 흙입자에 유선방향으로 침투력을 가하고, 하향 침투되면 침투압이 작용하여 단위중량 증가 효과(유효연직응력 증가)를 가져와 흙을 압축시킨다. 즉, 침투력이 외력으로 작용하여 지반을 변형시켜 지반침하, 흙막이 벽체 주변지반의 침투파괴, 지반의 내부 침식 등의 지반 안정문제를 발생시킨다. 지하수 하향흐름이 발생할 때 침투압에 의해 지반의 응력이 어떻게 변화하는가를 보여주는 예이다.

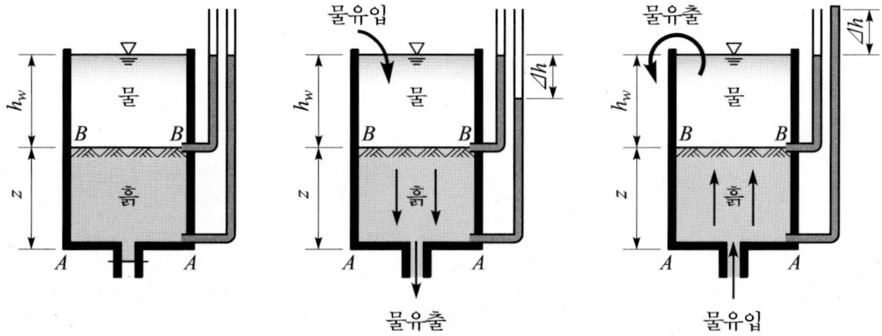

(a) 물이 흐르지 않는 경우 (b) 물이 아래로 흐르는 경우 (c) 물이 위로 흐르는 경우

구분	(a) 물이 흐르지 않는 경우	(b) 물이 아래로 흐르는 경우	(c) 물이 위로 흐르는 경우
전응력	$\sigma = r_w h_w + \gamma_{sat} z$	$\sigma = r_w h_w + \gamma_{sat} z$	$\sigma = r_w h_w + \gamma_{sat} z$
간극수압	$u = \gamma_w (h_w + z)$	$u = \gamma_w (h_w + z - \Delta h)$	$u = \gamma_w (h_w + z + \Delta h)$
유효응력	$\sigma' = (\gamma_{sat} - \gamma_w) z$	$\sigma' = (\gamma_{sat} - \gamma_w) z + \gamma_w \Delta h$	$\sigma' = (\gamma_{sat} - \gamma_w) z - \gamma_w \Delta h$
	$= \gamma' z$	$= \gamma' z + \gamma_w \Delta h$	$= \gamma' z - \gamma_w \Delta h$

그림 4.21 침투압 의한 지반침하 원인

하향침투, 즉 물이 아래로 흐르는 경우(b)에는 물이 흐르지 않은 경우(a)에 비해 간극수압이 $r_w \Delta h$만큼 감소하고 유효응력은 $r_w \Delta h$만큼 증가함을 알 수 있다. 다시 말하면, 흙속에서 물이 흐를 때 작용하는 물의 압력을 침투압(seepage pressure)이라고 하며, 침투압의 방향은 물의 흐름방향과 같은 방향으로 작용하며 침투압 $r_w \Delta h$만큼 유효응력이 증가하여 흙이 압축되어 지반침하가 일어난다.

다. 지하수위에 의한 지반침하 사례

1) 일산 ○○시설 신축공사부지 주변도로 침하

가) 사고 개요

① 일산 ○○시설 신축을 위한 터파기 공사 중 1, 2, 3차에 걸쳐 흙막이 벽체 누수 및 주변도로 침하가 발생하였다.

② 1차 누수 및 도로침하는 2017년 2월 6일경 지하연속벽 G.L(-) 20.0m 구간에서 지하수가 유출되면서 주변도로에 균열이 발생하였다.

③ 2차 누수 및 도로침하는 2017년 2월 14일경 JSP 그라우팅 보강공사 중 지하연속벽 G.L(-) 21.0m 구간에서 지하수가 유출되면서 주면도로 및 인도에 지반침하가 발생하였다.

④ 3차 누수 및 도로침하는 2017년 4월 12일경 지하연속벽 차수 그라우팅 공사 중 연결부위 주변으로 3차 지하수 유출이 발생하여 주면도로에 지반침하가 발생하였다.

▲ 1차 도로침하 발생 사진

▲ 1차 도로침하 응급복구 사진

▲ 2차 도로침하 발생 현장 사진

그림 4.22 일산 ○○시설 신축공사부지 주변도로 침하

나) 주변지반 침하 원인분석

① 한강변에 인접한 일산지역 지반특성상 느슨한 퇴적층(실트, 모래)이 두텁게 분포하고 있어, 유출사고 발생 시 수두차로 인해 느슨한 층을 따라 급격한 흐름을 보이는 것으로 판단되었다.

② 1, 2, 3차 유출사고가 D wall 벽체 GL(-) 20.0m 지점에서 발생한 원인은 D wall 공법의 시공오차로 인해 하부 벽체의 조인트부 단차와 벌어짐 현상에 기인한 것으로 판단되었다.

③ 1, 2, 3차 사고의 공통점은 지하수와 토립자 유출이 발생한 지점보다 인접지역(광장 구간, ○○종합터미널 앞 도로)에서 지반침하가 발생하였는바, 느슨한 퇴적층을 따라 흐르는 빠른 유속의 지하수로 인한 토립자 이동 및 유출이 사고에 원인으로 판단되었다.

④ 2차 사고의 경우 차수 및 지반보강을 위한 JSP 시공 시 고압 분사에너지가 D wall 조인트에 영향을 미쳤을 것으로 판단되었다.

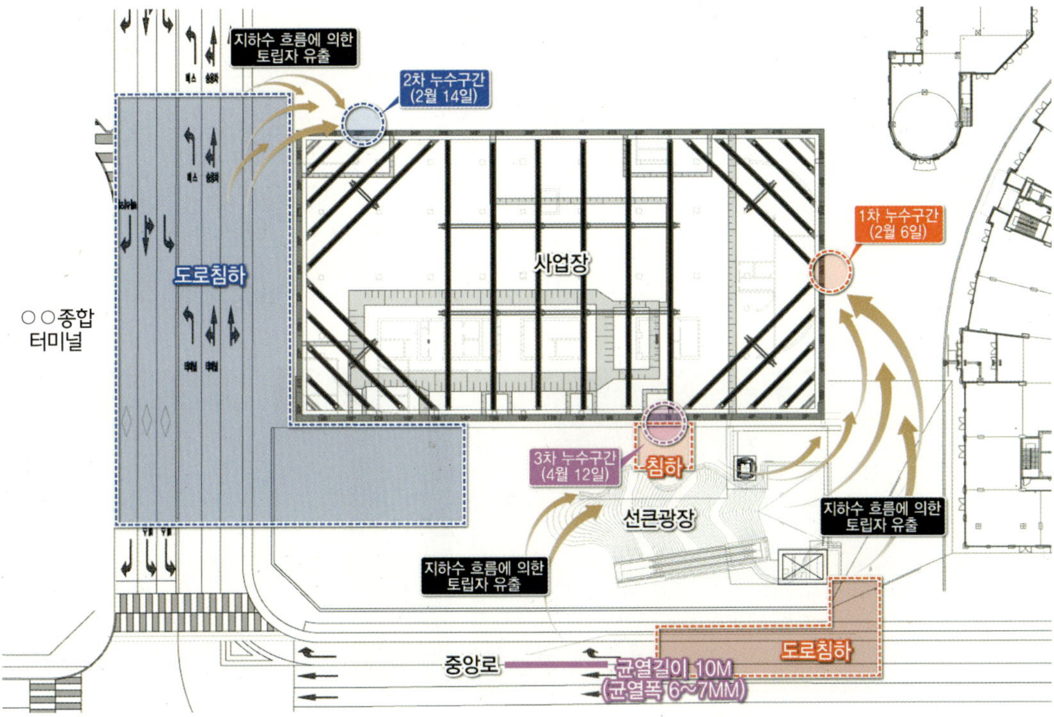

그림 4.23 일산 ○○시설 신축공사부지 주변도로 침하현황

2) 김포 ○○타운 하우스 지하주차장 침하

가) 사고 개요

① 김포 ○○타운 하우스는 8개 동 및 지하주차장으로 구성되어 있고, 지하주차장 구간에 침하 및 공동이 발생하였다.

② 현장에 약 37.3m 정도 이격되어 지하철 터널공사가 진행되었으며, 지반조사 결과 지층분포는 매립모래층, 매립자갈층, 퇴적 점토층, 풍화토, 풍화암 및 발파암으로 구성되어있다.

③ 2009.12~2010.05에 □□ 지구 택지개발사업으로 연약지반 처리가 완료되어 지하수가 안정화되었으며, 2012년 4월 김포 ○○타운하우스가 준공되었다. 그러나 2014년 이후부터 지하주차장에 침하 및 공동이 발생되었다.

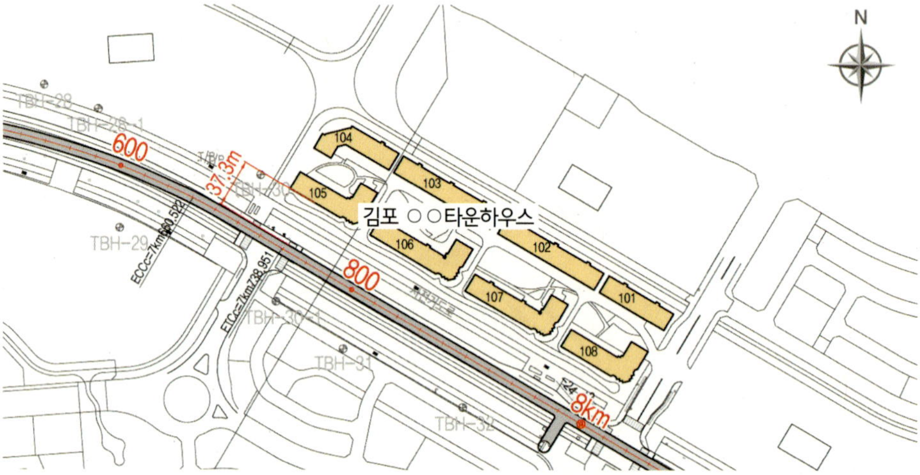

▲ 바닥 트렌치 변형 발생

▲ 주차장 바닥 변형 발생

▲ 지하층 복도벽체 균열발생

▲ 지하층 바닥 균열발생

그림 4.24 김포 ○○타운 하우스 지하주차장 침하

나) 주변지반 침하 원인분석

① 2017년 07월에 실시한 지하수위 측정 결과 GL(−) 12.9m~18.4m로 측정되었으며, 아파트 착공 전 지반조사 보고서상 최초 지하수위 GL(−) 4.3m~7.2m 대비 8.6m~11.2m 정도 지하수위가 저하된 것으로 나타났다.

② 침하 원인으로는 지하철 터널공사로 지하수위가 저하되어 유효응력 증가로 인해 지반침하가 발생한 것으로 판단되었다.

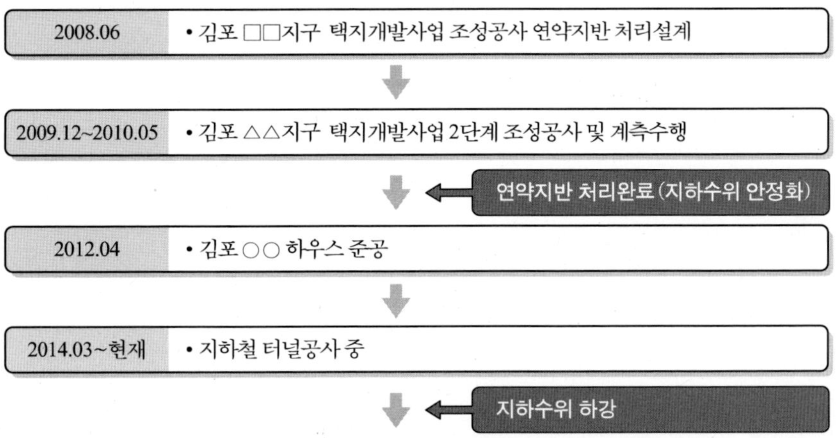

그림 4.25 김포 ○○타운 하우스 지하주차장 침하 진행 상황

3) 세종 ○○빌딩 신축공사부지 주변 도로 침하

가) 사고 개요

① 본 현장은 인근에 43m 도로 및 주유소(10.0m 이격)가 인접하여 있으며, 부지 2개면으로 하천이 위치한다.

② 지반조사 결과, 지층분포는 매립층, 퇴적점성토층, 퇴적사질토층, 풍화토, 풍화암순으로 구성되어있다. 토사층 구성 성분은 실트질 세·중립 모래 및 모래 섞인 실트질 점토가 주를 이루고 있으며, 매우 느슨한 상태의 상대밀도로 조사되었다.

③ 사업부지 주변에 인공하천이 위치하고 있으며, 지하수위가 높게 위치하며 지하수의 흐름이 속도가 매우 빠르게 조사되었다.

④ 세종 ○○빌딩 신축공사 중 공사장 흙막이(CIP공법+SGR공법) 내부로 지하수 유입 및 토사유출이 과다하게 발생하였다.

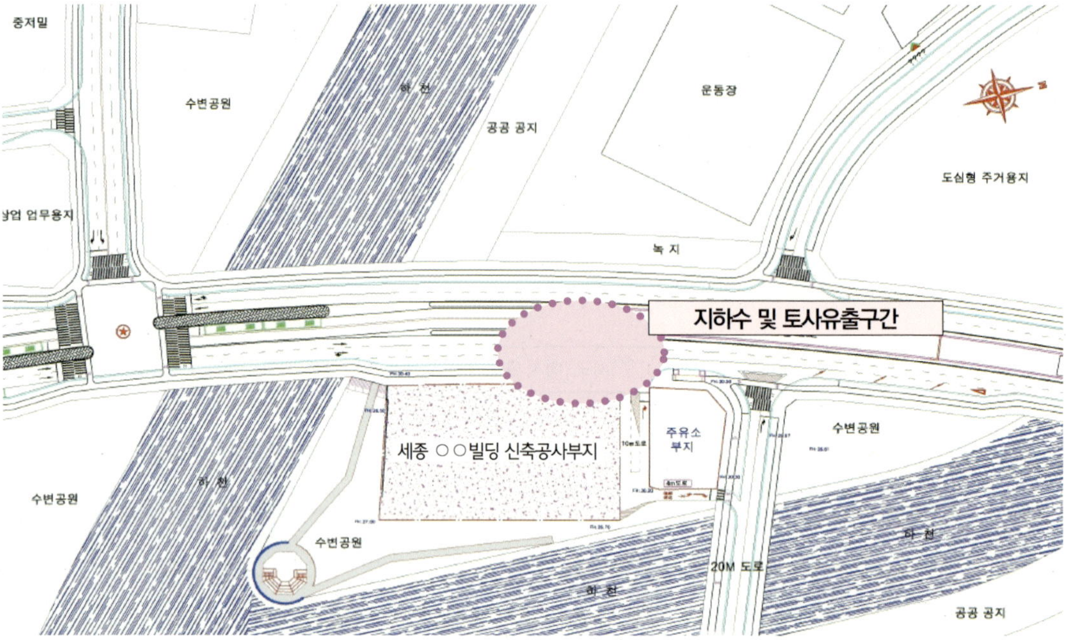

▲ 지하수 유출 현황

▲ 토사 유출 현황

▲ 도로침하구간

그림 4.26 세종 ○○빌딩 신축공사부지 주변 도로 침하

나) 주변지반 침하 원인분석

① 흙막이 배면 도로 침하원인으로는 흙막이 벽체 배면에 적용된 SGR 공법이 지하수의 빠른 흐름으로 인한 구근 형성이 제대로 이루어지지 않아 차수기능을 상실하여 흙막이 내부로 지하수가 유입되면서 배면측 토립자 이동 및 유실로 주변 도로가 침하된 것으로 판단되었다.

4) 부천시 ㅇㅇ주유소 지반 침하

가) 사고 개요

① 부천시 ㅇㅇ주유소와 인접하여 지하철 터널공사가 진행되었다.

② 지반조사 결과, 지층분포는 매립층, 퇴적층, 풍화토, 풍화암 및 연암순으로 구성되어 있으며, 매립층 및 퇴적층의 N값은 2/30~9/30으로 매우 느슨~느슨한 상태로 나타났다.

③ 지하철 터널공사와 함께 지하수량이 급격하게 감소하고, 주유소 세차물탱크 및 맨홀 등 지중 구조물에 균열 및 구조물 파손이 발생하였다.

④ 세차장 바닥 하부에 10~15cm 내외의 공동이 발생하였으며, 주유소 외벽 및 내부에 균열이 발생하였다.

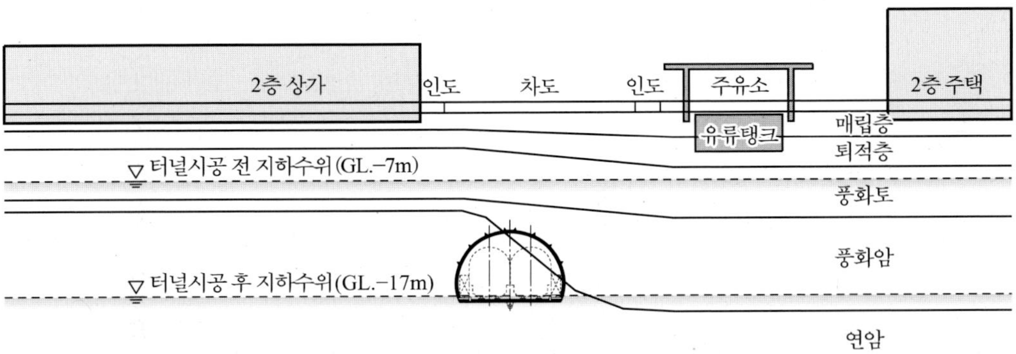

▲ 바닥공동 전경

▲ 바닥공동 근경

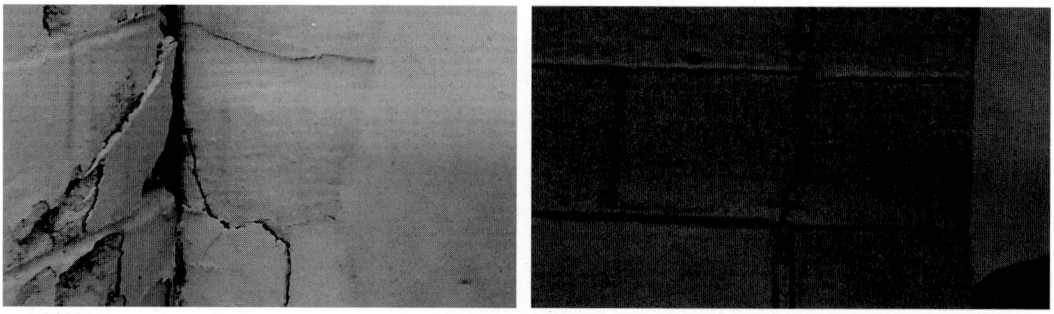

▲ 외벽 균열

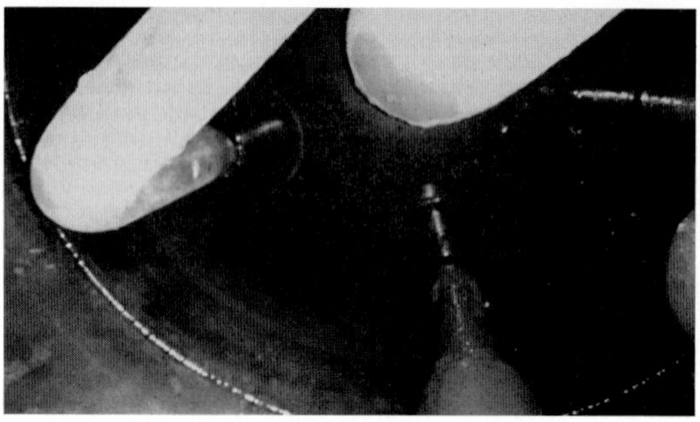

▲ 파손으로 내부에 유입된 물

▲ 유입된 물 펌핑 배출

그림 4.27 부천시 ○○주유소 지반 침하

나) 주변지반 침하 원인분석

① 지하철 터널 작업일지 분석결과, 터널 굴착에 있어 가장 중요한 지보재로서 숏크리트 타설과 락볼트 설치가 누락되었거나 지반을 고려한 설계기준량에 미달하게 적용하여 지반변형이 수렴되지 못한 것으로 조사되었다.

② 지하수위 계측결과 터널시공과 함께 지하수위가 GL(-) 7.0에서 GL(-) 17m로 하강하였다. 지하수위의 급격한 하강은 2014년 1월 6일부터 2014년 1월 19일 동안 13일 만에 발생하였으며, 이는 터널 굴착과 함께 저하된 것으로 추정·판단되었다.

③ 침하 원인으로는 지하철 터널공사로 지하수위가 저하되어 유효응력 증가로 인해 지반침하가 발생한 것으로 판단되었다.

라. 지하수에 의한 지반침하 대책

건물의 대형화, 고심도화에 따른 토공사 중 지하수 유출로 인한 지반침하로 민원 발생에 따른 공사 지연 및 불필요한 원가 투입 사례가 빈번하게 발생하고 있는 바, 차수공법별 관리 POINT, 단계별 지하수 대응방법, 지반침하 대책방안을 살펴보면 다음과 같다.

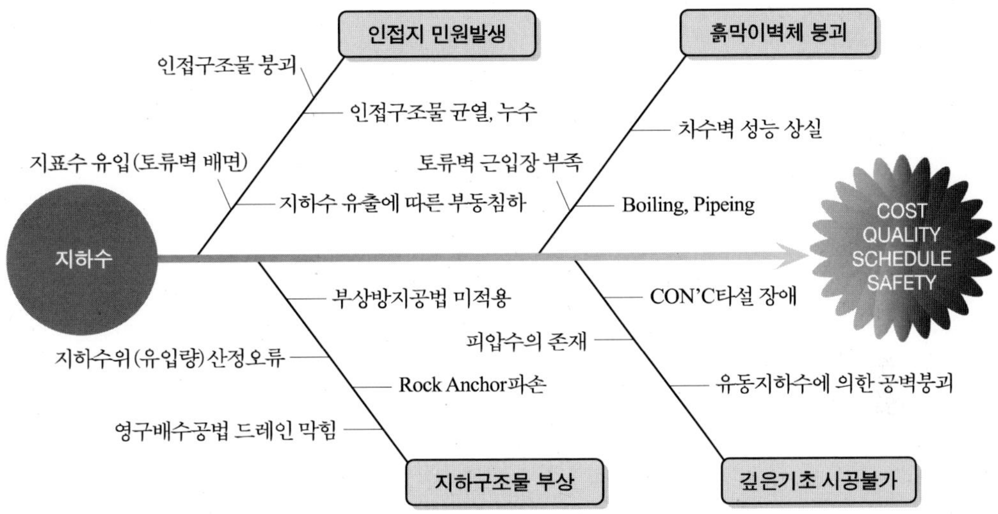

그림 4.28 지하수위에 의한 지반침하

1) 차수공법별 관리 POINT

표 4.6 | 차수공법별 관리 POINT

공 법		주요관리 POINT	관리오류 시 영향
차수벽	Slurry wall	피압수, 유동지하수 파악	공벽 붕괴, CON'C 치환불량 및 타설 불가
		지하수위에 뜬 안정액 관리	공벽 붕괴, CON'C 치환불량
	SCW, CIP	Element 겹침관리, 주입공법 병행검토	Pipeing 현상으로 지반침하
		유동지하수 유무, 지하수위 파악	몰탈유실로 품질, 강도 저하
		근입장의 관리	Boiling에 의한 흙막이 붕괴
	Sheet pile	근입장의 관리	Boiling에 의한 흙막이 붕괴
		연결부 이탈 방지	배면토사 유출에 의한 지반침하
	H-Pile+토류판	근입장의 관리	Boiling에 의한 흙막이 붕괴
		뒷채움 관리, 별도 주입공법 병행	배면토사 유출에 의한 지반침하
주입공법	LW-Grouting	시멘트 + 혼화제 배합비 관리	지하수의 영향으로 고결체 부실
		주압압력 및 간격(겹침), 깊이의 관리	차수성능 불량으로 지하수 유출
	JSP	토질에 뜬 주입압력의 적정성 검토	초고압으로 인한 주변지반 변형
		유동지하수의 유무	몰탈유실로 차수성능, 강도 저하

2) 단계별 지하수 대응방법

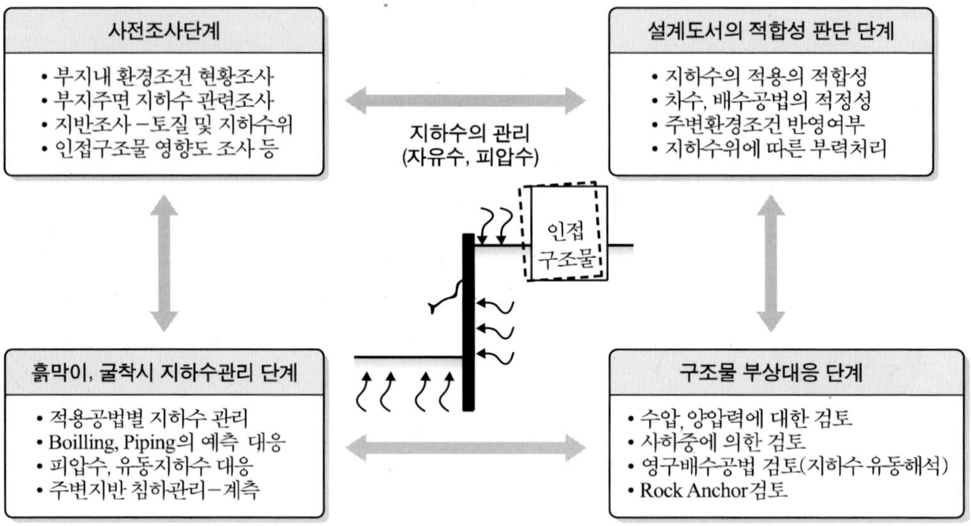

그림 4.29 단계별 지하수 대응방법

3) 지하수위에 의한 지반침하 대책방안

- 지표수 유입 차단 : 배면바닥 불투수층 시공(비닐+콘크리트 타설, 천막 등)
- Piping 방지 : 토류벽(차수벽) 시공 시 조인트 품질관리 철저 또는 주입에 의한 지반보강
- 토류벽 뒷채움 : 토류벽 시공 시 뒷채움 및 다짐 철저 관리
- 상하수관 확인 : 토공사전 토류벽과 근접된 상하수관 조사 실시
- 지반배수 지양 : 배수공법을 지양하고 차수공법으로 적용
- 차수벽의 근입심도 관리 : 흙막이 토류벽 시공 중 가장 중요한 사항으로 구조계산에 의한 근입심도 미확보 시 보일링, 히빙 등의 영향으로 흙막이 붕괴의 주요 원인이 되므로 특별관리 필요
- Slurry Wall과 현장타설 콘크리트말뚝의 품질관리 : 피압수 및 유동지하수의 유무 및 정도에 따른 콘크리트 관리, 안정액의 비중, 점성 관리

4.3.2 흙막이 벽체 배면의 지반침하 원인 및 대책

실무에서는 주로 지반손실에 기인한 지반침하를 고려하며, 이는 지반상태와 흙막이 벽체의 강성 및 굴착방법에 의해 영향을 받는다. 지반굴착 시 굴착면 배면지반에서 발생되는 지표침하의 형상과 발생원인은 다양하다.

가. 개요

일상적 방법으로 지반을 굴착할 때 흙막이 벽체 배면 지반에 일어나는 지표침하 발생 원인은 지반 및 지보시스템의 변형이나 시공오차로 대별된다.

1) 지반 및 지보시스템의 변형으로 인한 지표침하

- 흙막이 벽체 변위에 따라 배면토가 이동하여 생기는 지반손실에 따른 지표침하
- 배수에 의해 점성토가 압밀됨으로 인한 지표침하
- 연약한 굴착저면의 히빙(heaving)으로 인한 벽체 배면지반의 지표침하
- 지하수 유출시 토사가 동반·배출되어 발생되는 지표침하

2) 시공오차로 인한 침하

- 되메우기 시공불량으로 인한 배면지반의 이동 및 침하
- 불안정 매립지반에서 말뚝 천공작업 시 발생한 진동으로 인한 침하
- 상하수도 파손 등 물 유출에 동반한 대량토사유출 및 지반함몰에 따른 침하

나. 지반손실에 의한 지반침하 원인

지반굴착 후 굴착면(측면 및 저면)이 변형되면, 그만큼 주변지반이 굴착공간 내로 유입되어 지반이 손실(ground loss)된다. 지반이 손실되면 흙막이 벽체 배면지반이 유입되므로 인접 구조물의 기초나 지하매설물이 침하되어 피해가 발생한다.

지반굴착으로 인한 지반손실은 여러 가지 원인들에 의해 발생된다.

1) 흙막이 벽체의 변형
2) 굴착 저면의 융기
3) 토류판 변형
4) 벽체 배면지반의 세굴(사질토)
5) 흙막이 벽체의 배면과 지반 사이 공동의 압축변형

다. 흙막이 벽체 배면 지반침하에 따른 인접구조물 영향

흙막이 벽체 배면 지반침하로 인접구조물에 영향을 살펴보면 다음과 같다.

1) 지중연속벽, 현장타설말뚝 등의 이수굴착에서 토사붕괴나 지반이완의 발생
2) 널말뚝이나 엄지말뚝의 타입에 따라 지반의 다짐과 융기현상이 발생
3) 지반개량에 의한 지반의 변형
4) 기존 말뚝 등의 지중 장해물 철거에 생기는 지반의 교란

5) 현장타설말뚝 상단의 굴착부에 생기는 지반의 교란
6) 연약 점성토 지반에서 히빙에 의한 굴착저면의 융기
7) 지하수위가 높은 사질토 지반에서 보일링에 의한 굴착저면의 교란
8) 지하수위 전하에 의한 지반의 압밀침하
9) 흙막이벽의 결함부로부터 지하수위 토사의 유출, 토류판 배면토사의 과다한 굴착이나 뒷채움 불충분
10) 흙막이벽의 강성부족, 과대한 버팀대 길이, 근입지반의 연약함에 의한 흙막이벽의 변형
11) 굴착에 의한 지반융기로 흙막이 구조물이나 주변지반의 변형
12) 굴착으로 편토압의 작용을 받는 인접구조물의 변형과 거동
13) 흙막이 지보공의 철거에 따른 흙막이벽의 변형
14) 협소한 장소에서 뒤메움이 불충분하여 생기는 흙막이벽의 변형
15) 흙막이벽의 인발 및 철거에 의한 지반의 교란과 모재토류판의 부식으로 공극발생

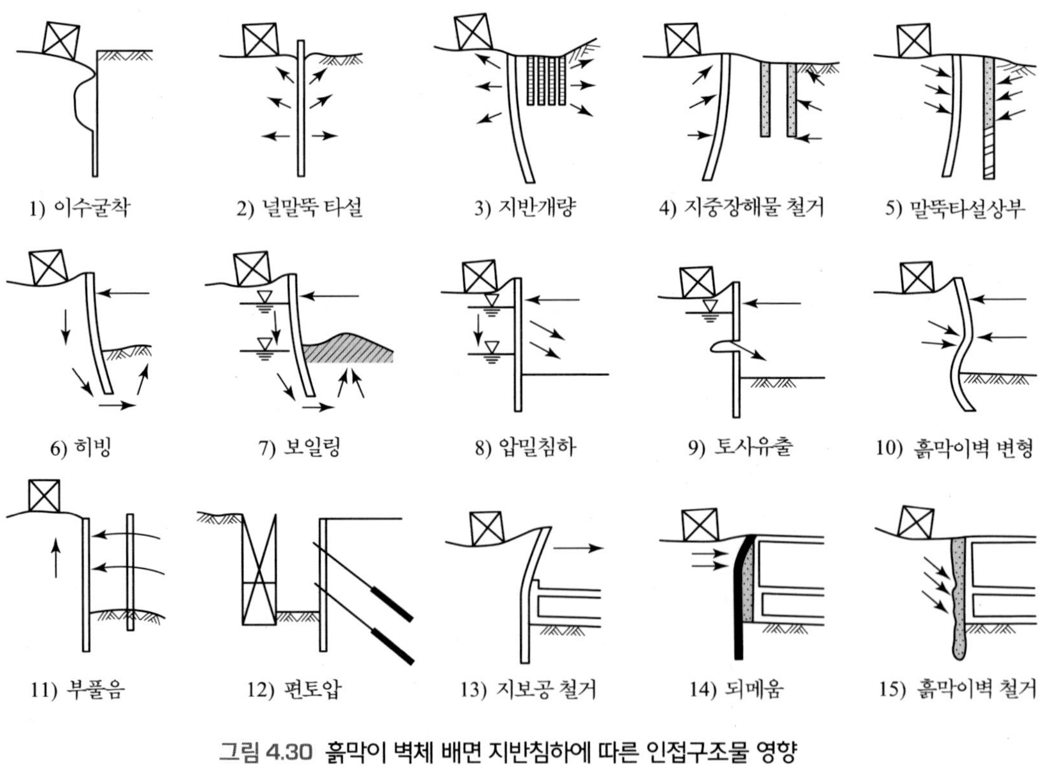

그림 4.30 흙막이 벽체 배면 지반침하에 따른 인접구조물 영향

라. 벽체 배면 지표침하의 형상

지반굴착에 의한 배면지반의 지표침하는 지반상태와 종류 및 지하수 조건에 따라 다양한 형상으로 발생한다. 따라서 지반상태를 고려하여 지표침하 형상을 가정하고, 그 변형체적이 흙막이 벽체의 수평변위에 의한 손실부피와 같다는 조건으로부터 결정한다. 실제의 지표침하는 한정된 범위의 이내에서 일어나고, 벽마찰이 있으면 벽체의 배면에서 일정거리 이격된 위치에서 최대가 되며, 벽마찰이 없으면 벽체의 배면에서 가장 크고 위로 볼록한 배사곡선 형상으로 발생된다. 실제 지표침하의 형상은 함수로 나타내기가 어려우므로, 대수나선형이나 사다리꼴 등으로 단순화한다.

마. 흙막이 벽체 배면 지반침하 대책

흙막이 벽체 배면 지반침하는 지반손실과 흙막이 벽체 변위에 인해 복합적으로 일어나며, 이의 대책은 4.3.3장에서 기술한다.

4.3.3 흙막이 벽체 변위로 인한 지반침하 원인 및 대책

흙막이 벽체에서 수평변위가 발생되는 원인은 흙막이 벽체에 작용하는 토압과 수압에 의한 변형, 버팀대 탄소성 변형, 버팀대 설치의 시간적 지체(단계별 설치), 흙막이 벽체 근입깊이의 부족 등이 있다. 이러한 원인에 의해 흙막이 벽체에 구조적 안정성이 깨지면서 변위에 의한 지반침하가 발생한다.

가. 흙막이 벽체 수평변위 발생원인 및 대책

흙막이 벽체가 변위를 일으키면 배면지반에서 지반침하가 발생된다. 흙막이 벽체의 수평 변위는 다음 원인에 의해 발생된다.

- 작용력(토압 및 수압)에 의한 벽체의 휨 변형
- 버팀대의 탄소성 압축변형
- 설치 시 시간적 지체로 인한 버팀대의 변형(단계별 설치)
- 흙막이 벽체 근입깊이 부족에 의한 변형

1) 작용력에 의한 흙막이 벽체의 휨 변형

가) 발생원인

흙막이 벽체에 작용하는 힘에 의한 벽체의 휨은 버팀대의 변형과 유관하게 발생하므로 예측이 가능하다. 벽체의 휨 량은 굴착 시 최하단 버팀대 위치에서 굴착저면 가상 지지점까지 거리와(굴착깊이 및 지반조건에 좌우됨) 흙막이 벽체의 강성(rigidity stiffness) 및 지반조건에 따라 다르다.

나) 대책

흙막이벽 휨강성에 대한 흙막이벽의 거동은 벽체강성이 증가할수록 수평변위와 지표침하가 현저히 감소하므로 충분한 강성이 확보될 수 있도록 하여야 한다. 강성이 작은 흙막이 벽체 재료를 촘촘히 설치한 경우보다 강성이 큰 재료를 넓게 설치하는 경우가 흙막이벽의 변형을 크게 억제하고 부재력 또한 적게 증가하는 효과를 나타낸다.

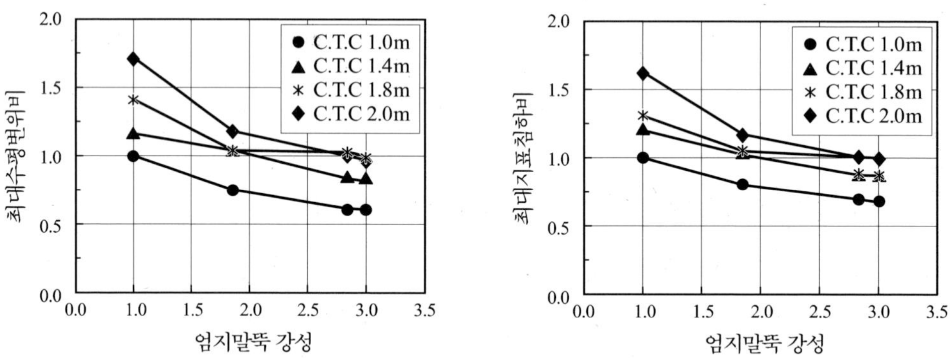

▲ 최대수평변위 ▲ 최대지표침하

(출처: 흙막이 공학, 오정환 · 조철현, p.61)

그림 4.31 엄지말뚝 강성과 설치간격에 따른 수평변위 및 지표침하

2) 버팀대의 탄소성 변형

가) 발생원인

흙막이 벽체 버팀대에서 일어나는 압축변형은 버팀 부재의 탄성 압축변형과 좌굴에 의한 변형 및 흙막이 벽체와 연결부의 변형을 합한 크기이다(버팀대 대신 앵커를 설치한 경우에는 좌굴변형을 제외). 버팀부재의 탄성변형과 좌굴에 의한 변형은 온도응력을 포함한 설계응력으로부터 정확히 추정할 수 있다. 그러나 흙막이 벽에 연결되는 연결부 변형은 시공상태에 의해 좌우되며, 연결부는 최대한 밀착해서 시공해야 한다. 버팀대에 대해 선행하중(pre-stressing)을 가할 때 특히 유의할 필요가 있다.

나) 대책

strut을 지보로 이용하는 경우 strut의 강성을 충분히 발휘시킬 수 있도록 시공이 이루어져야 한다. 기존 연구결과에 의하면 strut의 강성이 감소함에 따라 흙막이벽의 수평변위량 및 변위의 면적은 지속적으로 증가하고, 흙막이벽의 최대 휨모멘트 및 최대 전단력 등은 거의 일정한 값을 보이고 있는 것으로 나타나고 있다. 즉, strut의 강성차이는 부재력에 비해 지반변형에 훨씬 더 큰 영향을 주고 있으므로 strut 설치 시 이상적인 강성이 발휘되도록 설치하여 과도한 지반변형을 억제시키도록 하여야 한다.

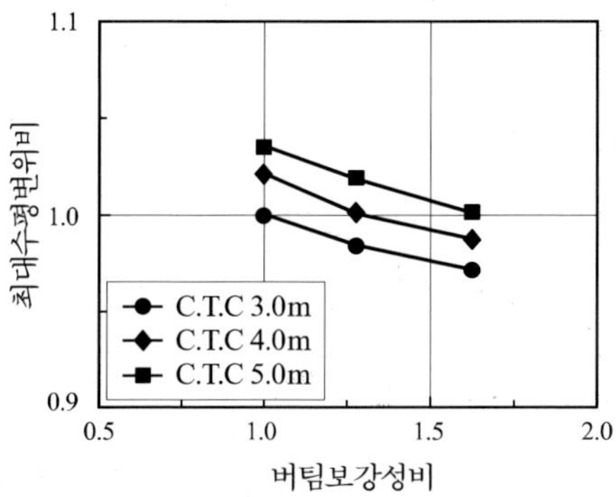

▲ 최대수평변위

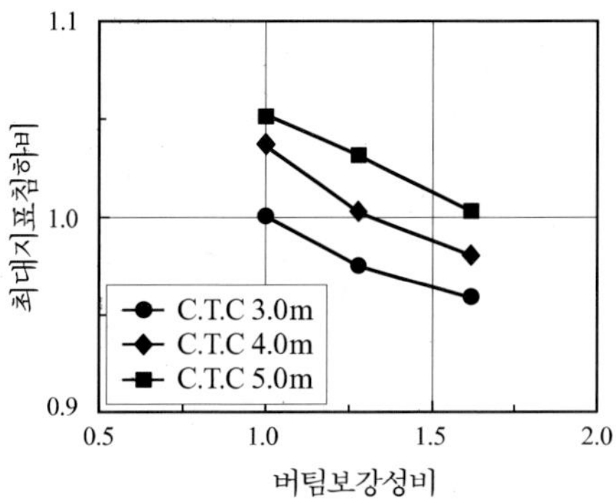

▲ 최대지표침하

(출처: 흙막이 공학, 오정환·조철현, p.62)

그림 4.32 버팀보 강성과 설치간격에 따른 수평변위 및 지표침하

국내의 경우 strut 사용은 선행하중을 가하기 위한 유압식 재하 시스템 사용보다 스크류 잭을 이용하고 있다. 유압식 잭을 이용하는 경우에 비해 strut의 선행하중이 상당히 작은 편으로 지보공과 흙막이 시스템의 밀착, 흙막이벽의 과대한 변형 방지, 버팀대 굴착 시 흙막이벽에 작용하는 토압분포 등을 형성하는 데에는 많은 문제점을 안고 있는 실정이다. 실제 시공 시 계측에 의한 유압잭 사용유무에 따른 흙막이벽체 변형량을 보면 최대 수평변형량이 유압잭을 사용한 경우가 사용하지 않는 경우에 비해 2~3배 정도 적게 나타난다. 탄소성 수치해석에서도 유압잭 사용으로 인한 strut 선행하중 효과는 지반변형억제에 큰 영향을 미치는 것으로 분석되고 있다. 하지만 지반변형을 억제하기 위해 많은 양의 선행하중을 작용시킬 경우 선행하중을 작용시키지 않을 때보다 배면 측으로 더 큰 지반변형을 일으킬 수 있다.

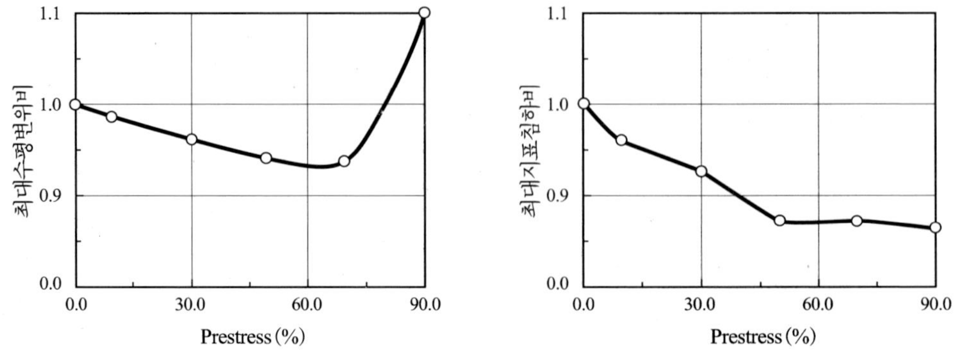

▲ 최대수평변위 ▲ 최대지표침하

(출처: 흙막이 공학, 오정환 · 조철현, p.63)

그림 4.33 지보공의 선행하중에 따른 수평변위 및 지표침하

3) 버팀대 설치 시 시간적 지체로 인한 버팀대 변형

가) 발생원인

흙막이 벽체의 버팀대를 설치할 때 발생되는 흙막이 벽체 변형의 원인은 두 가지가 있다. 첫째는 버팀대 설치 시 지반을 과굴착하는 경우이며, 둘째는 버팀대 설치지연으로 인해 흙막이 벽체가 변형된 경우가 있다.

지반을 과굴착하면 버팀대의 설치간격이 벌어져서 변형이 크게 발생한다. 굴착 후 버팀대 설치가 지연되면 버팀대가 그 기능을 발휘하기 전에 반력이 최대가 되어 벽체에 과도한 변위가 발생된다. 지반의 creep특성에 따라 상이하지만 버팀대 반력이 최대가 되는 시간은 실측한 기록에서 점성토에서는 4~8일 정도(단, 액상 연약지반 제외), 사질토에서는 2~3일 정도로 알려져 있다.

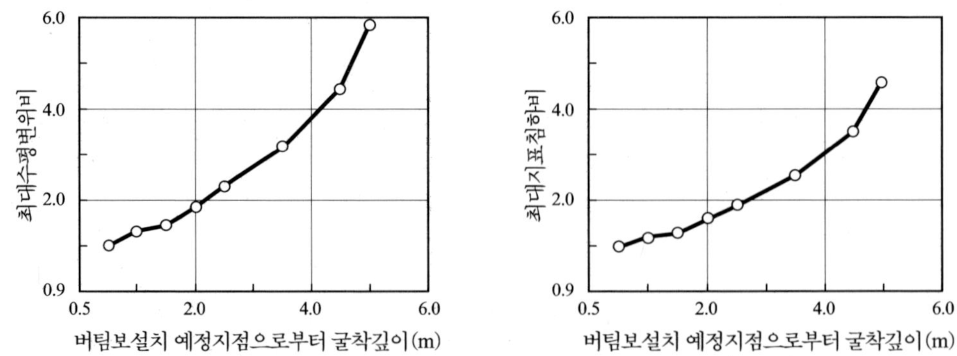

▲ 최대수평변위 ▲ 최대지표침하

(출처: 흙막이 공학, 오정환 · 조철현, p.62)

그림 4.34 지보공 설치지점으로부터 굴착깊이에 따른 수평변위 및 지표침하

나) 대책

지보공은 가급적 조기에 설치하는 것이 바람직하고 굴착규모가 큰 경우에는 공구를 분할하여 시공할 필요가 있다.

4) 흙막이 벽체의 근입깊이에 의한 변형

가) 발생원인

흙막이 벽체의 근입깊이가 부족하면 벽체 근입부가 변형되거나 이동하여 굴착부 하부지반이 활동하며, 근입깊이 부족에 의한 영향은 비교적 크고 광범위하게 발생한다. 한편, 지하수위가 높은 사질지반에서는 흙막이 벽체의 근입깊이를 결정할 때에 boilling에 대한 영향을 검토하여야 하는데 근입깊이와 영향이 매우 크다.

나) 대책

국내 도심지 굴착공사에서는 일반적으로 흙막이벽의 근입깊이를 암반층에서는 1.5~2.0m 정도이고 일반 토사층일 경우에는 3.0~5.0m 정도이다.

굴착공사가 거의 최종단계에 이르렀을 때 굴착저면 부근에서 흙막이벽의 수평변위가 상당량 증가하는 경우가 많다. 이는 굴착 시 제거된 수동측 토사와 흙막이벽의 작은 근입깊이의 영향을 크게 받기 때문이다.

강성이 작은 흙막이 벽체 재료를 촘촘히 설치한 경우보다 강성이 큰 재료를 넓게 설치하는 경우가 흙막이벽의 변형을 크게 억제하고 부재력 또한 적게 증가시키는 효과를 나타낸다. 측벽파일 간격을 넓게 하고 근입장을 충분히 확보하였을 경우 공사비 증가가 미미하기 하기 때문에 수동토압이 충분히 발휘되도록 흙막이 벽체를 계획하는 것이 바람직하다.

주동토압에 대응하는 수동토압이 흙막이 벽체의 안전율을 확보하였다 하더라도 보일링(boiling), 히빙(heaving)에 대한 영향을 검토하여 두 조건 모두 안전율을 확보하여야 한다.

나. 흙막이 벽체 붕괴형태별 지반침하 원인

1) 앵커시스템의 파괴

흙막이벽체를 형성하는 엄지말뚝, 띠장, 앵커두부, 앵커로드들을 연결하는 부위의 접속 잘못이나 부재의 단면 부족으로 인하여 파괴되는 경우이다. 또한 배면에 예상하지 않은 과대한 상재하중이 작용하여 이로 인하여 흙막이벽에 측압이 크게 증가하여 앵커로드가 절단되거나 앵커 본체가 빠지는 경우이다.

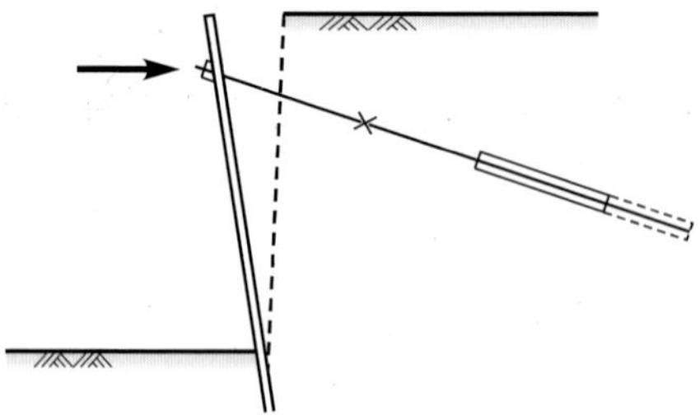

그림 4.35 앵커시스템의 파괴

2) 과도한 휨모멘트에 의한 엄지말뚝의 파괴

엄지말뚝의 단면이 부족한 경우로서 토압산정 시 오류를 범했거나 예상하지 못한 과재하중이 배면에 작용했을 때 측압의 증가에 의해 발생된다.

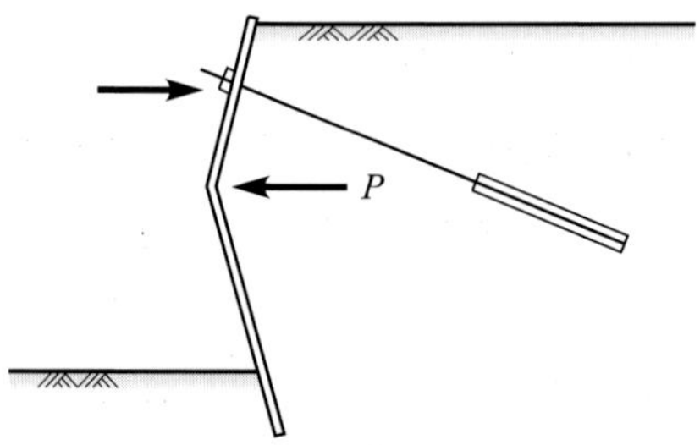

그림 4.36 과도한 휨모멘트에 의한 엄지말뚝의 파괴

3) 근입심도의 부족에 의한 굴착바닥면 파괴

흙막이벽체의 근입심도가 부족한 경우 수동토압영역의 굴착바닥면이 솟구쳐 오르면서 파괴가 일어난다. 이는 근입심 부위의 지반이 연약할 경우 발생 가능성이 높다.

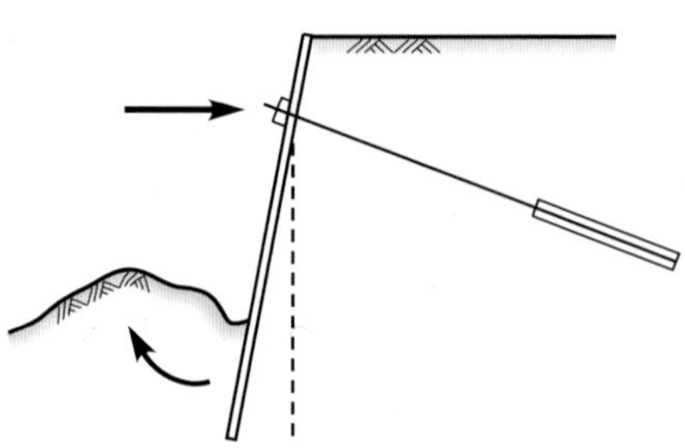

그림 4.37 근입심도의 부족에 의한 굴착바닥면 파괴

4) 사면활동에 의한 파괴

배면지반 전체가 연약해서 사면안정이 되지 못했거나 암반의 경우 불연속면이 존재하는 경우 발생 가능성이 높다. 또한 어스앵커 설치 시 자유장이 충분히 확보되지 못한 경우 발생된다.

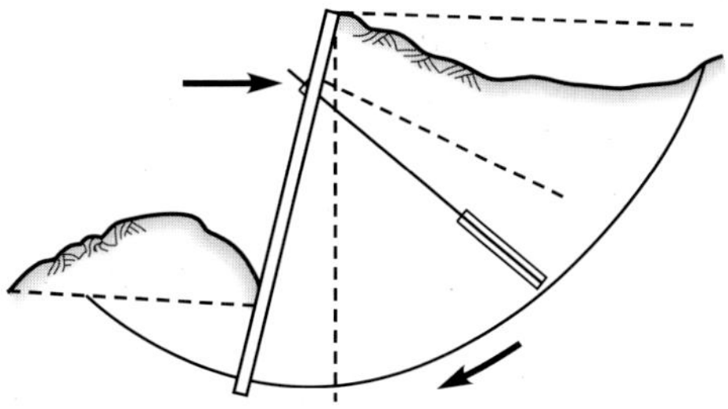

그림 4.38 사면활동에 의한 파괴

5) 배면의 과도한 침하에 의한 파괴

흙막이벽 배면부가 과도하게 침하하는 경우 앵터로드를 아래로 끌어내리면서 앵커로드에 과대한 축력이 발생하게 됨으로 해서 파괴가 일어날 수 있다.

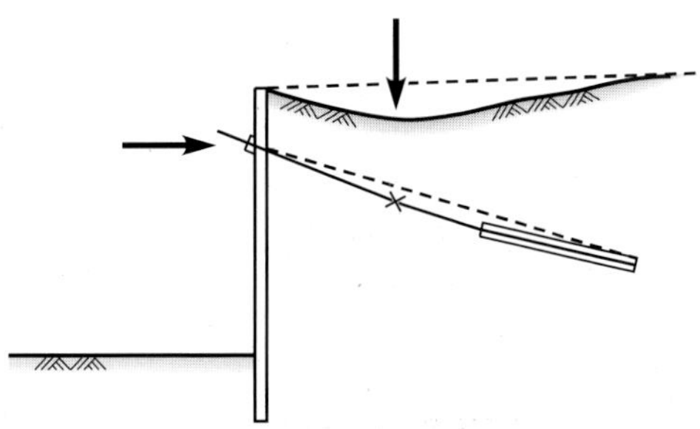

그림 4.39 배면의 과도한 침하에 의한 파괴

6) 2단 흙막이벽 설치 시 연결부위 파괴

상이한 토층에서 장비 효율성에 따라 2단으로 흙막이벽을 설치하는 경우가 있는데, 이때 연결부위가 취약점이 된다.

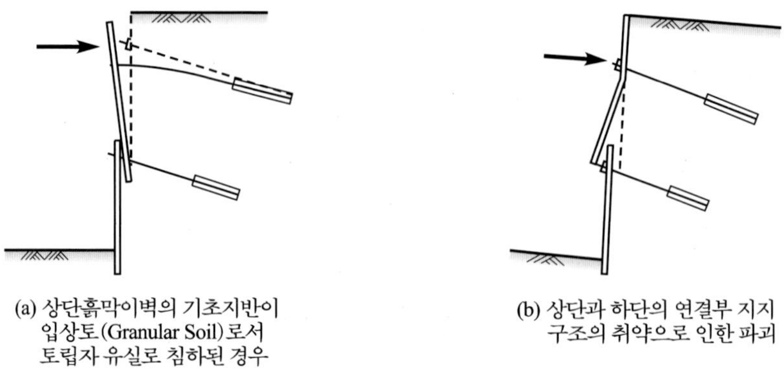

그림 4.40 2단 흙막이벽 설치 시 연결부위 파괴

7) 엄지말뚝 근입깊이를 암반에서 종료했을 때 암반파괴

흙막이벽을 상부 토사층과 하부 암반층 일부에만 근입되게 설치하고, 하부의 대체로 신선한 암반층에 대해서도 Rockbolt와 Shotcrete로 처리한 경우로서 흙막이벽 근입부위의 암반이 균열면을 통해 굴착면쪽으로 미끄러지면서 흙막이벽의 파괴가 일어난다.

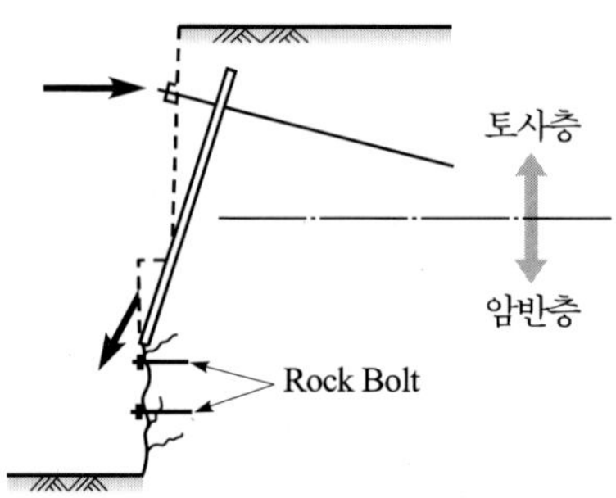

그림 4.41 엄지말뚝 근입깊이를 암반에서 종료했을 때 암반파괴

8) 지지구조의 평면배치가 역학적으로 불리한 경우의 파괴

건축예정부지의 모양새가 지지 구조체를 평면배치 하는데 역학적으로 불리하고 또 배면에 인접하여 지하층이 있는 건물이 존재하여 Back-Tie System에 의한 보강조치도 불가능한 경우에는 발생 가능성이 매우 크다. 이때의 파괴형태는 상부의 지지 구조가 역학적으로 제 기능을 못하기 때문으로 어스앵커 시스템의 파괴 시와 유사하다.

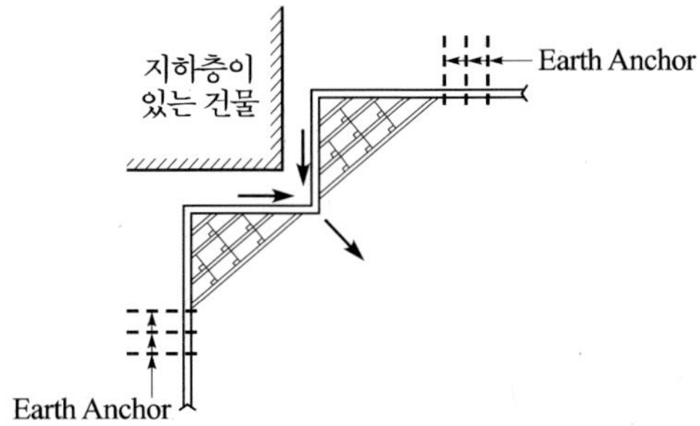

그림 4.42 지지구조의 평면배치가 역학적으로 불리한 경우의 파괴

9) 과다굴착에 의한 파괴

단계별 굴착 시 소단을 두어 벽체의 안정성을 확보하여야 하나 이를 무시할 경우 굴착면 내부 수동토압의 감소로 인해 벽체의 붕괴가 유발된다.

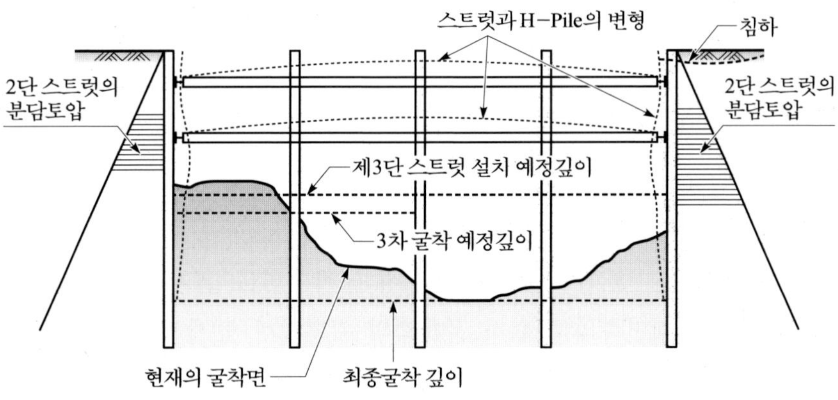

그림 4.43 과다굴착에 의한 파괴

10) 흙막이벽의 변형과 전도활동에 의한 파괴

벽체의 변형이 클 경우 전도나 활동에 의해 파괴될 수도 있으므로 대책을 실시하여 허용변위량 이내에서 시공관리를 하여야 한다.

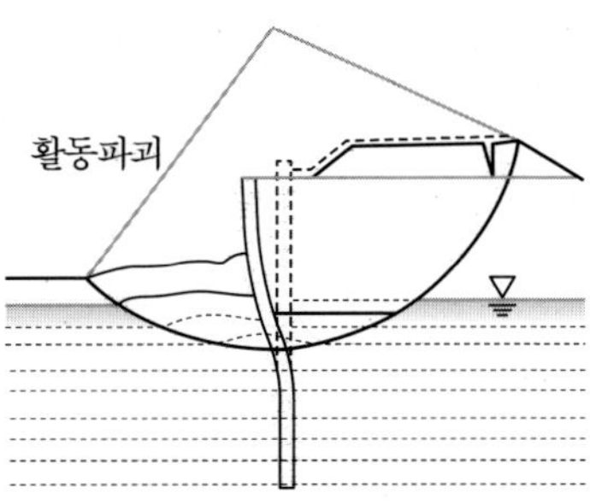

그림 4.44 흙막이벽의 변형과 전도활동에 의한 파괴

11) 부지의 지반고 차에 의한 파괴

내부 버팀대 시스템에서 대응하는 흙막이벽의 배면지반고 차이가 있을 때 토압의 불균형이 생기고 응력집중현상으로 벽체의 과도한 변위 또는 버팀구조 파괴를 초래할 수 있다.

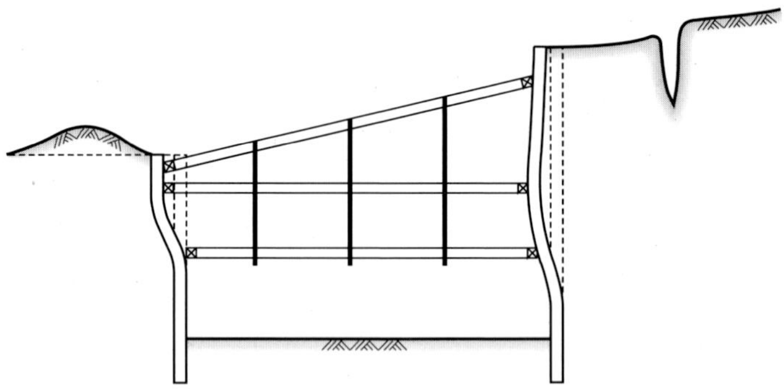

그림 4.45 부지의 지반고 차에 의한 파괴

4.3.4 보일링(boiling), 히빙(heaving)에 의한 지반침하 원인 및 대책

가. 보일링(boiling)에 의한 지반침하 원인 및 대책

1) 보일링(boiling) 에 의한 지반침하 원인

지하수위가 높은 사질토 지반에 차수성 흙막이벽을 설치하고 굴착하는 경우 〈그림 4.46〉과 같이 배면측의 수위가 굴착측의 수위보다 높게 되고 수위차에 따라서 굴착측으로 상향의 침투류가 발생하게 된다. 수위차가 크면 상향 침투압(Δhr_w)이 굴착측의 연직 유효중량($Z\,r_{\text{sub}}$, 근입부 유효 토체중량)과 동일하게 되어 흙의 저항은 급격히 저하되고 모래층이 교란되는 상태가 되는데, 이를 보일링(boiling)이라 한다.

보일링을 일으킨 지반은 전단저항이 거의 없게 되어, 흙막이벽 전면의 저항토압(수동토압)이 상실하므로 하부의 버팀보에 설계하중 이상의 토압이 작용하여 흙막이 구조물의 안정이 불안해져 흙막이공의 파괴에 도달하게 된다. 또한 보일링을 일으킨 지반은 매우 느슨한 상태가 되므로 기초의 지지력 부족이나 침하의 원인도 된다.

보일링에 대한 검토방법에는 Terzaghi의 방법(과잉간극수압에 대한 검토)과 동수구배와 한계동수구배의 비로 평가하는 방법의 2가지가 있는데, 검토에 대한 견해가 다르기 때문에 반드시 두 식을 만족하도록 한다.

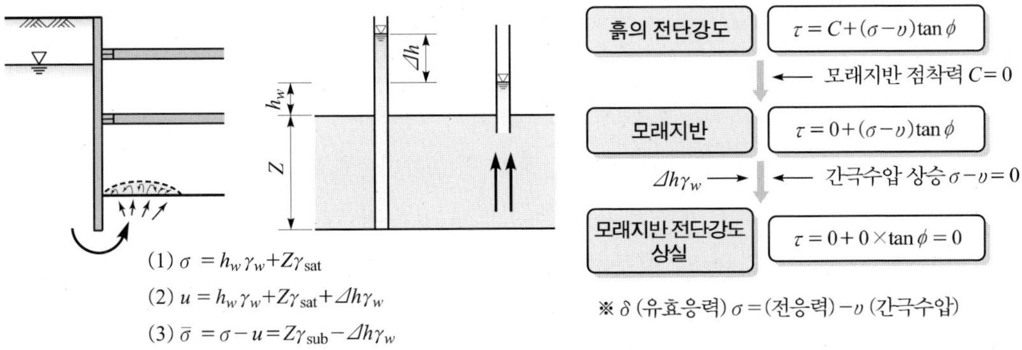

그림 4.46 보일링(boiling) 현상

2) 보일링(boiling)에 의한 붕괴형태

보일링 현상이 발생되면 지반의 전단강도가 급격히 상실되고 흙막이벽 전면의 저항토압(수동토압)이 사라져 근입부가 굴착측으로 밀리면서 흙막이 벽체의 붕괴로 이어진다. 일부 근입부 수동토압이 유지되더라도 버팀보에 설계하중 이상의 토압이 작용하여 과다한 축력이 걸리며, 비틀림 현상과 맞물려 흙막이공의 파괴에 도달하게 된다.

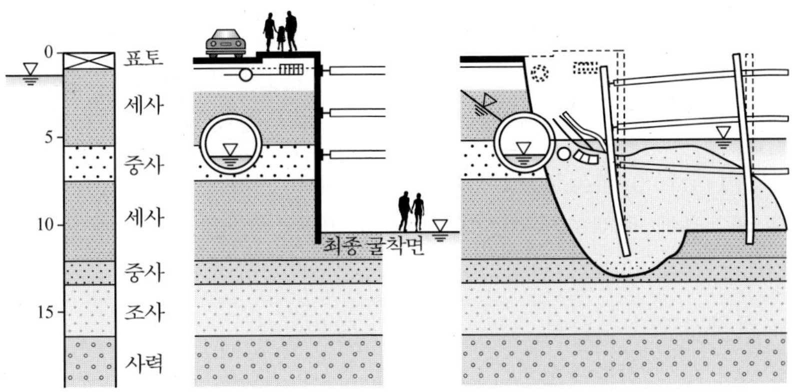

그림 4.47 보일링(boiling)에 의한 붕괴형태

3) 보일링(boiling) 에 의한 지반침하 대책

보일링에 대한 방지대책으로서는 터파기면 아래에 불투수층이 있을 때에는 불투수층까지 차수벽을 관입시키거나 웰포인트 혹은 심정호 등 적당한 배수공법을 적용하여 터파기 바닥면의 수압을 낮추는 방법, 근입깊이 이하로 적당한 차수재를 주입하는 차수공법 등이 있다.

흙막이벽의 근입깊이는 일반적으로 토압의 평형과 보일링의 검토만으로 결정하는 경우가 많은데 배면지반에 대한 영향 등을 고려하여 종합적으로 검토하는 것이 바람직하다. 웰포인트나 심정호등의 배수공법을 적용하여 지하수위를 저하시킬 때는 주변의 지반침하나 우물고갈에 대한 검토가 필요하다. 또한, 차수공법은 주변의 수위저하가 허용되지 않거나 배수가 곤란할 정도로 용수가 많은 경우, 평면규모가 작을 경우 등에 채택하며, 신속히 시공하는 것이 바람직하다.

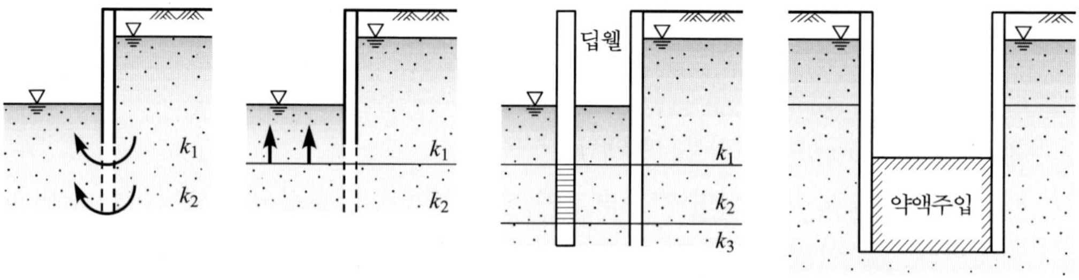

▲ 근입깊이를 늘리는 방법 ▲ 지하수위저하공법 ▲ 바닥면 지수

그림 4.48 보일링(boiling)에 의한 지반침하 대책

나. 히빙(heaving)에 의한 지반침하 원인 및 대책

1) 히빙(heaving)에 의한 지반침하 원인

히빙이란 연약한 점토지반을 굴착할 때 굴착배면 지반의 토괴중량이 굴착저면 아래 지반의 지지력보다 크게 되면 굴착 배면측의 점성토 지반이 굴착측으로 이동하여 굴착저면이 부풀어 오르는 현상을 말한다. 또한 피압수에 의해서도 히빙현상이 발생하는데 대수층에 존재하는 지하수가 높은 압력을 받고 있을 때 초기에는 상부 토층의 하중으로 인해 피압을 견디다가 굴착측 흙이 제거되면서 압력을 이기지 못해 분출되면서 굴착저면이 부풀어 오르는 현상이 발생한다.

히빙에 대한 검토방법으로는 지지력 공식에 의한 것과 활동면의 모멘트 균형에 의한 것이 있다. 지지력 공식에 의한 것은 굴착배면측의 굴착저면 하부의 지반이 토괴중량과 상재하중을 지지할 수 있는지 없는지를 판단하는 것으로 재하하중과 지지력의 균형을 평가하는 것이다. 활동면에 의한 것은 활동면을 가정하고 토괴중량 및 상재하중에 의한 회전모멘트와 활동면에 따른 흙의 전단저항모멘트의 비로서 평가하는 것이다.

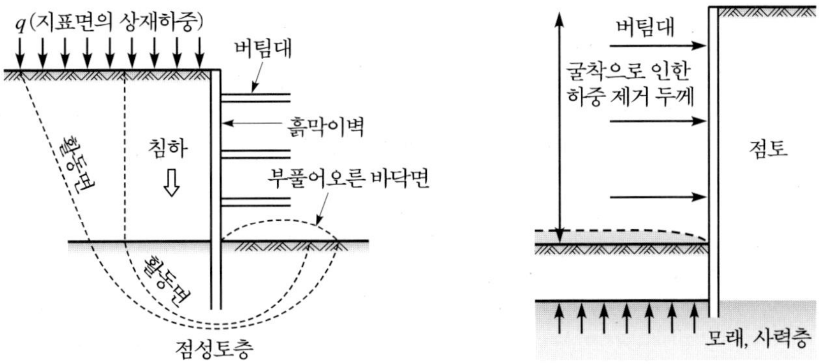

▲ 전단강도 부족에 의한 히빙현상 ▲ 파압수에 의한 히빙현상

그림 4.49 히빙(heaving) 현상

2) 히빙(heaving)에 의한 붕괴형태

흙막이벽 배면의 흙 중량이나 흙막이 벽에 인접한 지표면 하중 등에 의하여 활동면이 생겨 굴착저면의 융기되며 주변지반의 침하가 발생하고 근입부가 굴착측으로 밀리면서 흙막이 벽체의 붕괴로 이어진다.

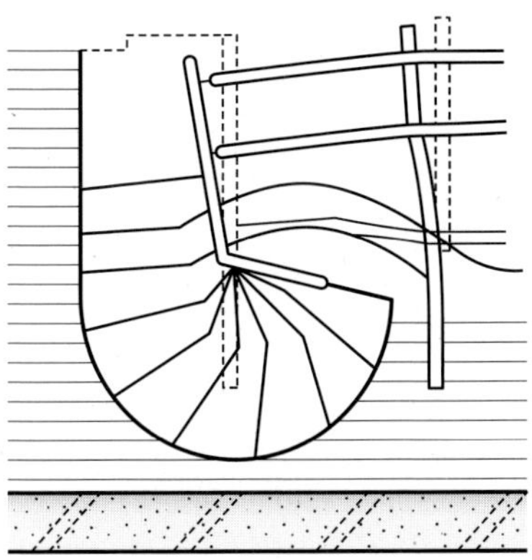

그림 4.50 히빙(heaving)에 의한 붕괴형태

3) 히빙(heaving)에 의한 지반침하 대책

연약한 점성토 지반을 굴착할 때에는 히빙현상에 대한 안정성 확보를 위하여 계획 및 설계, 시공 시에도 다음과 같은 대책이 필요하다.

- 가장 많이 사용하는 방법으로 강성이 높은 흙막이벽을 적용하여 근입깊이를 충분히 늘린다.
- 예정 터파기면 아래의 점성토 지반을 개량하여 점성토의 전단강도를 크게 한다

(soil-cement, 생석회 말뚝공법 등).

- 공정이나 공사부지에 여유가 있을 때에는 굴착의 평면규모를 축소 또는 배면의 지반을 절취한다.
- 부분적으로 모서리 부분의 흙을 남기고 굴착하여 골조의 일부를 시공한 후에 나머지부분을 굴착한다.

히빙에 대한 대책방안을 적용할 경우, 안전율이 어떻게 개선될 것인가를 정량적으로 파악하여야 한다. 히빙이 우려되는 연약한 점성토는 일반적으로 예민비가 높고 전단강도가 저하되기 쉽기 때문에 히빙의 위험이 더욱 크므로 강성이 높은 흙막이벽을 사용하여야 하며, 각 단계의 굴착작업은 흙막이 부재가설에 필요한 최소한의 깊이로 하고 되도록 신속히 완료하여야 한다.

일반적으로 최하단의 버팀대는 굴착 바닥면에서의 어느 정도 높이에 가설되나 그 높이에서 굴착바닥면까지의 터파기에서 히빙의 안전율이 가장 작게 되며, 벽체 근입부분의 변형도 발생하기 쉽다는 점을 고려하여야 한다.

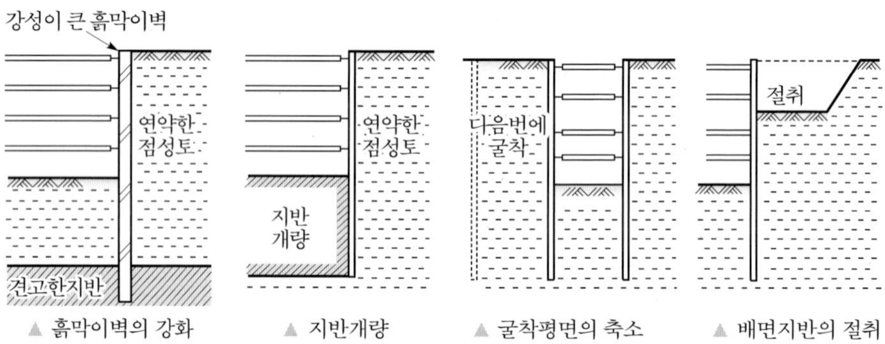

그림 4.51 히빙(heaving)에 의한 지반침하 대책

4.4 흙막이 공사 지반침하 예측방법

흙막이를 시공할 때는 주변 지반 및 구조물에 미치는 영향은 대단히 중요한데, 특히 흙막이가 도로나 구조물, 지하매설물에 근접하여 시공하는 경우에는 주의를 요한다.

주변 지반의 침하량은 흙막이 벽체의 횡방향 변위로 인해 발생하는 배면토 이동량(체적)으로 예측하며, 점성토 압밀침하량은 별도로 검토한다. 흙막이 벽체에서 횡방향 변위가 발생되면 그만큼 주위지반이 유입되어 손실되는데, 이를 지반손실(ground loss)이라 하며, 지반 손실량만큼 지표가 침하된다. 지반굴착에 따른 침하량은 이론 및 경험적 추정방법과 수치해석에 의한 방법으로 예측할 수 있다. 여기에서는 실무에서 자주 이용하는 방법들을 위주로 기술하였다.

4.4.1 경험식을 이용한 지반침하 예측방법

가. Peck(1969)의 곡선을 이용한 방법

지표침하량의 예측을 위한 많은 모델들 중에서 가장 대표적인 모델은 Peck(1969)이 제안한 곡선을 이용하는 방법이다. 〈그림 4.52〉는 Peck(1969)이 제안한 도표로 굴착 대상 지반의 종류에 따라 지반의 침하량 분포를 3개 영역으로 분류하여 도시한 것으로 굴착 공사 시 다양한 지반조건 아래에서 굴착심도에 따라 예상되는 침하량에 대한 개략적인 산정방법을 제시하고 있다. 이 방법은 침하가 일어나는 벽체배면의 침하영향거리 산정에 주안점을 두었으며, 점착력이 있는 지반에서 침하에 대한 계측자료 분석을 통하여 경험적인 지표 침하곡선을 제안하였다.

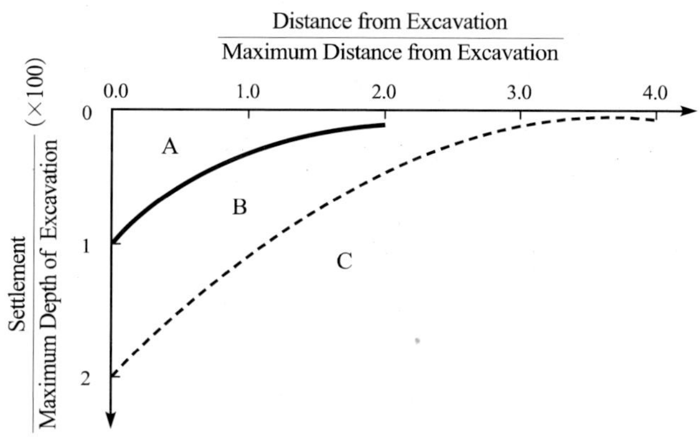

그림 4.52 Peck의 지반종류와 굴착깊이에 따른 지반침하 예측

Peck의 곡선은 다음과 같이 지반조건별로 A~C지역으로 구분된다.

- A지역 : 모래와 연약 또는 견고한 점토
- B지역 : 매우 연약 내지 연약한 점토
- C지역 : 굴착 바닥면 아래 상당 깊이까지 매우 연약 내지 연약한 점토층 존재

사업구간의 지반조건이 A지역에 해당하면 굴착깊이 대비 2배 거리, B, C지역에 해당하면 굴착깊이 대비 2~4배 거리까지 지반침하 영향거리라 판단하며 구간 내 도로나

구조물, 지하매설물에 있는 경우 침하로 인한 안정성을 검토하여야 한다.

나. O'Rourke(1976)의 방법

O'Rourke(1976)는 중간~조밀한 모래 지반과 단단한 점토가 있는 모래 지반에서 시공 수준이 중간~양호할 때, 현장 측정 결과로부터 굴착에 따른 인접 지표의 침하 포락선으로서 최대 침하량은 토류벽 부근에서 약 0.3%H(H : 굴착깊이), 최대 침하 영향거리는 토류벽으로부터 2.0H를 제안하였다. 이때 침하곡선은 모든 굴착단계에서 곡선의 기울기가 토류벽쪽으로 갈수록 급하게 나타나는 형태를 띠고 있다. 또한 굴착 완료 후 버팀보를 해체했을 때, 침하량이 상당히 증가하는 굴착 단면도 있다.

다. Clough 등(1990)의 방법

Clough, O'Rourke(1990)는 중간~연약한 점토 지반에서의 최대 변위에 대해서는 Clough 등에 의해 제안된 결과를 인용하였으며 굴착 바닥에 대한 안정성이 문제가 되지 않는 단단한 점토, 잔적토, 모래 등의 지반에서는 Goldberg(1976) 등이 제시한 결과 이외에도 새로운 시스템(소단으로 지지된 토류벽)에 대한 측정 결과를 추가하였다.

토류벽의 최대 수평 변위는 평균적으로 굴착깊이의 0.2%, 최대 침하량은 평균적으로 굴착깊이의 0.15% 정도로 발생하였으며, 이때 침하량보다 수평변위가 큰 값을 보이고 있다. 또한 토류벽의 형태가 상이해도 최대 수평, 수직변위에는 큰 차이를 보이지 않았다. 유한요소해석 시 물성치는 단단한 지반에 해당하는 전형적인 입력치를 사용하였으며 지반은 탄성거동을 한다고 가정하였다.

지반의 강성, 토류벽의 강성, 지보재 간격, 측압계수 등을 변화시켜 해석한 결과, 토류벽의 최대 수평변위는 굴착깊이에 따라 0.2%H 근처의 선형적인 거동을 보여 관측된 결과와 일치하고 있다. 이러한 조건에서의 지반은 강성이 커서 구조 부재에 대한 요구가 최소화되기 때문에 토류벽체의 강성과 지보 간격은 변위에 작은 영향만을 줄 뿐이며, 오히려 지반의 탄성계수와 측압계수가 훨씬 큰 영향을 주는 것으로 나타났다.

모래와 조립토로 형성된 지반에서는 최대 지표 침하량은 0.3%H 이내, 최대 침하 영향거리는 토류벽으로부터 2H이다. 단단한 점토지반에서의 최대 지표 침하량은 0.3%H 이내, 최대 침하 영향거리는 3H이며 침하량의 분포는 토류벽에서 떨어짐에 따라 감소하는 삼각형 분포를 나타낸다고 하였다.

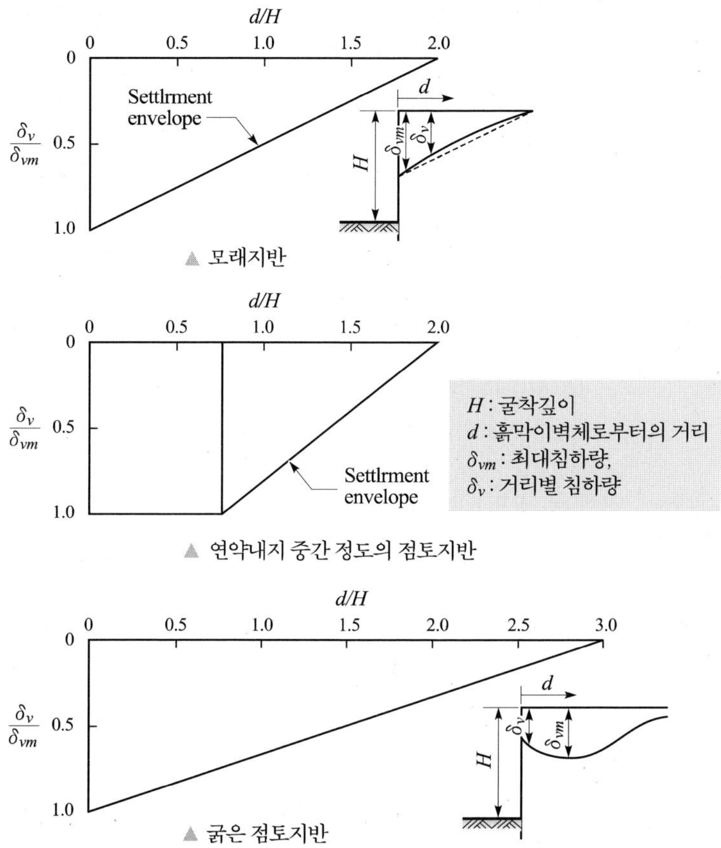

그림 4.53 Clough & O'Rourke(1990) 지반종류와 굴착깊이에 따른 지반침하 예측

사업구간의 지반조건이 모래, 연약 내지 중간정도의 점토지반에 해당하면 굴착깊이 대비 2배 거리, 굵은 점토지반 해당하면 굴착깊이 대비 3배 거리까지 지반침하 영향 거리라 판단하며 구간 내 도로나 구조물, 지하매설물에 있는 경우 침하로 인한 안정성을 검토하여야 한다.

라. Caspe의 방법

Caspe(1966)는 굴착 완료단계에서 발생하는 침하량은 흙막이 벽체의 수평변위에 의하여 손실되는 체적과 같다는 이론을 바탕으로 침하-거리곡선으로 침하량을 구하는 방법이다. 지표침하 형상을 대수나선형으로 가정하고 벽체로부터 이격거리별 지표 침하량을 구한다. Caspe 이론은 해석이 간편하지만 침하형상을 대수나선형으로 가정하므로 실제 침하량과 반드시 일치하지는 않는다.

Caspe 방법으로 다음과 같은 단계로 침하량을 계산한다.

① 각 굴착단계별(계측하거나 추정하여) 벽체의 횡방향 최대 변위량을 구한다.

② 수평변위체적 V_i를 구한다. 굴착단계별로 벽체의 횡방향 변위를 합하여 수평변위로 인한 변위체적 V_i(체적변화)를 계산한다(변위체적 V_i는 사다리꼴 공식이나 평균단면적법(Average End Area Method) 또는 simpson의 제1공식(simpson의 1/3 Rule)으로 계산한다).

③ 지반침하 영향권 D(균열거리)를 계산한다. 지표침하 영향권은 지표에서 가장 크고, 벽면으로부터 이격거리 x의 함수이다.

$$D = H_t \tan(45° + \phi/2)$$

④ 굴착 영향권 H_t 계산 ; $H_t = H_p + H_w$ 계산(B ; 굴착 폭, H_w ; 굴착 심도, H_p : 굴착선 아래의 깊이)

$$H_t = H_w + H_p = H_w + B \qquad (\phi = 0)$$
$$= H_w + 0.5B\tan(45° + \phi/2) \quad (\phi \neq 0)$$

⑤ 벽체 배면의 지표침하량 s_w를 계산한다.

$$s_i = \frac{4V_i}{D} \text{ (cm)} \tag{6.12}$$

⑥ 지표침하 s_i를 계산한다(지표침하곡선을 포물선으로 간주).

흙막이벽부터 거리 x인 지점의 침하량 s_i ;

$$s_i = s_w\left(\frac{D-x}{D}\right)^2 \text{ (cm)} \tag{6.13}$$

```
Ground Settlement by Caspe(1966) method
      (see FOUNDATION ANALYSIS AND DESIGN 4th ed. p659)

Excavation Depth   (HW)    =  14.90 m
Average Phi to ex. depth   =  25.12 Deg
Width of Excavation (B)    =  10.00 m
Hp = (0.5 B tan(45+PHI/2) =   7.87 m
Ht = (Hw+Hp)               =  22.77 m
Distance of Influnce D=Ht*tan(45-PHI/2)) =  14.47 m

Volume of deflection (Vs) =    0.11348 m3
Settlement at wall Sw = 4 Vs/D = 0.03137 m =  -31.37 mm

Distance          0.0*D   0.1*D   0.2*D   0.3*D   0.5*D   1.0*D
  ( m )             0.0     1.4     2.9     4.3     7.2    14.5

Settlement(mm)  -31.37  -25.41  -20.07  -15.37   -7.84    0.00

Note. The results shown are approximation recommended by Caspe.
```

그림 4.54 Caspe 방법에 따른 지반침하 예측 사례

마. 지반침하 영향거리

지반굴착으로 인해 발생하는 주변지반의 지표침하 예측 및 침하 영향거리에 관한 연구내용을 종합하면 〈표 4.7〉과 같다.

표 4.7 | 지표침하 예측 및 침하 영향거리에 관한 연구내용

지반 조건	토류구조물	제안값 및 측정값	제안자
느슨한 모래, 자갈	엄지말뚝과 토류판, 강널말뚝	δvm : 0.5%H	Terzaghi & Peck(1967)
중간~조밀한 모래, 단단한 점토와 모래가 있는 지반	엄지말뚝과 토류판	δvm : 0.3%H Dr : 2.0H	O'Rourke(1976)
연약~중간 점토	-	$\delta vm > \delta hm$ Dr > 2.0H	Goldberg(1976) $\delta vm=(1/2\sim1\frac{1}{2})\delta hm$ 대부분의 경우 $\delta vm=(2/3\sim1\frac{1}{3})\delta hm$ $\delta vm,\ \delta hm \leq 0.5\%H$
단단한 점토~ 매우 단단한 점토	-	$\delta vm=(1/2\sim1)\delta hm$ Dr > 2.0H 모래 지반인 경우 : Dr ≤ 2.0H	
단단한 점토	강성이 작은 벽체~ 강성이 큰 벽체(다양함)	δvm : 0.3H Dr : 2.0H	Clough & O'Rourke(1990) 단단한 점토, 잔적토, 모래 : 평균 δvm : 0.15%H
모래, 조립토		δvm : 0.3H Dr : 2.0H	
실트질 모래와 실트질 점토의 혼합 지반	지하연속벽, 버팀보	δvm : $(0.5\sim0.7)\delta hm$	Chang Yu-Ou(1993)

* δvm는 최대 지표 침하량, δhm는 토류벽의 최대 수평 변위량, H는 최종 굴토 높이, Dr는 침하 영향거리.

4.4.2 유한요소법에 의한 지반침하 예측방법

굴착공사에 따른 굴착면 배면지반의 침하나 굴착면 수평변위를 정량적으로 파악하기 위하여 유한요소법을 적용할 수 있다. 유한요소법은 지반과 지지 구조체를 동시, 즉 지반-구조물 상호거동을 고려한 해석이다. 지반 전체와 지보시스템 전체를 일체로 모델링하고 굴착단계별 배면지반의 침하나 수평변위, 지보재의 단면력과 변위 등을 구할 수 있기 때문에 각종 공법(버팀보 프리로드공법, 지반개량공법, 아일랜드공법)의 효과를 고려할 수 있는 유효한 방법이다.

다만 유한요소법은 주변지반의 변형을 정밀도 좋게 해석할 수 있는 방법이지만, 해석방법이 복잡하고 토질 파라미터 설정에 전문적인 지식을 요한다. 이를 위해서는 대상 지반 및 흙막이 구조물의 거동을 정확히 나타낼 수 있는 응력-변형률 관계가 필수 요구사항이며,

해석결과의 적합성에 매우 큰 영향을 미친다. 벽체와 지반 사이에는 interface 요소가 고려되어야 한다.

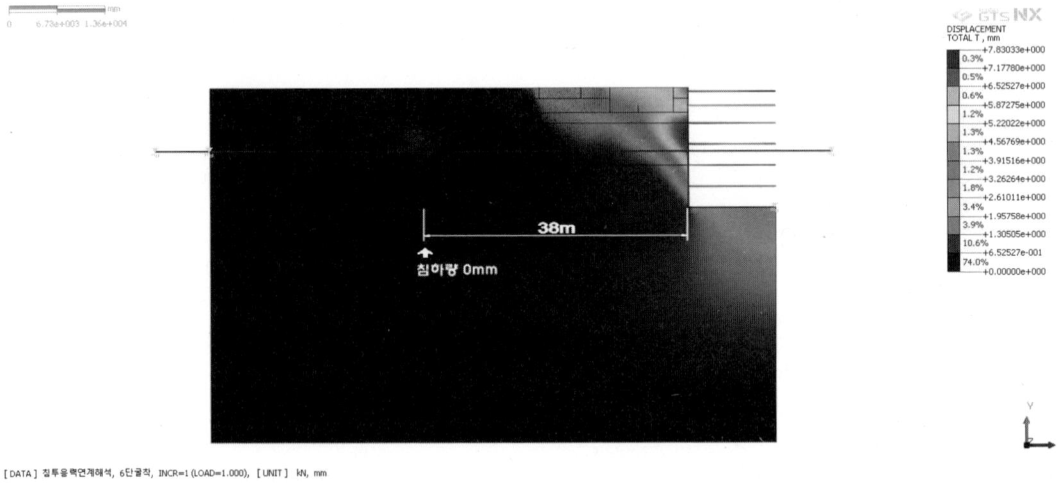

그림 4.55 유한요소법 의한 지반침하 예측

4.4.3 지반침하를 고려한 주변구조물의 근접정도 판정

주변구조물 근접정도의 판정은 구조물 계획으로 인하여 지하안전에 영향을 미칠 것으로 예상되는 지반 및 주변 구조물 등의 안정성을 파악하고 분석하기 위한 것이다. 이 판정에 의하여 영향이 없을 때 주변구조물의 영향 검토를 생략하기보다는 근접시공 유무나 어스앵커 길이 산정의 판단자료로만 활용하기를 추천한다.

점성토 지반인 경우 이론 및 경험적인 방법, 수치해석적 방법의 결과와 비슷한 양상을 보이지만 사질토 지반의 경우는 불안전측 검토결과를 도출할 수 있기 때문이다.

가. 사질지반 주변구조물 근접정도의 판정

사질토지반에 있어서 주변지반의 영향범위는 〈그림 4.56〉과 같이 흙막이벽 상단에서 가상지지점까지의 깊이에 대한 가상 파괴면으로 둘러싸인 부분(영역 II)을 영향범위로 하여 아래 식으로 구한다.

① 영역 I : 흙막이의 시공에 의하여 지반에 영향이 미치지 않는다고 보는 범위

② 영역 II : 흙막이의 시공에 의하여 지반에 영향이 미친다고 보는 범위

$$L_x = \frac{d_y}{\tan(45 + \varnothing/2)}$$

여기서, L_x : 사질토지만의 영향범위(m)

d_y : 흙막이 벽 가상지지점까지의 깊이(m)

∅ : 흙의 전단저항각(°)

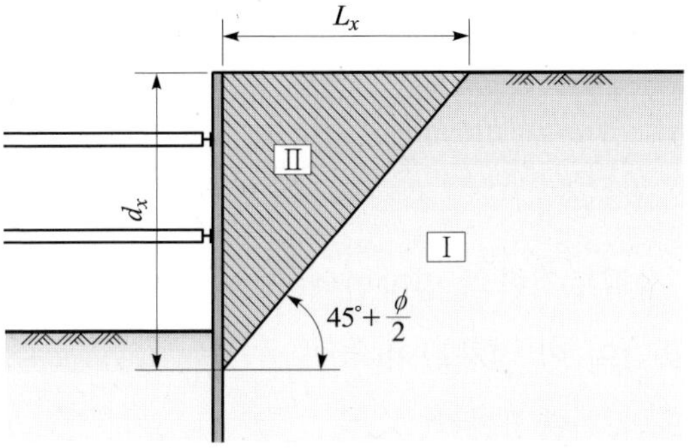

그림 4.56 사질지반 주변구조물 근접정도의 판정

나. 점토지반 주변구조물 근접정도의 판정

점성토지반에 있어서 주변지반의 영향범위는 〈그림 4.57〉과 같이 복잡한 형상인데, 아래 식에 의하여 영향범위 L_x를 구한다.

① 영역 Ⅰ : 흙막이의 시공에 의하여 지반에 영향이 미치지 않는다고 보는 범위

② 영역 Ⅱ : 흙막이의 시공에 의하여 지반에 영향이 미친다고 보는 범위

$$L_x = \sqrt{2} \times d_y$$

여기서, L_x : 사질토지만의 영향범위(m)

d_y : 흙막이벽 가상지지점까지의 깊이(m)

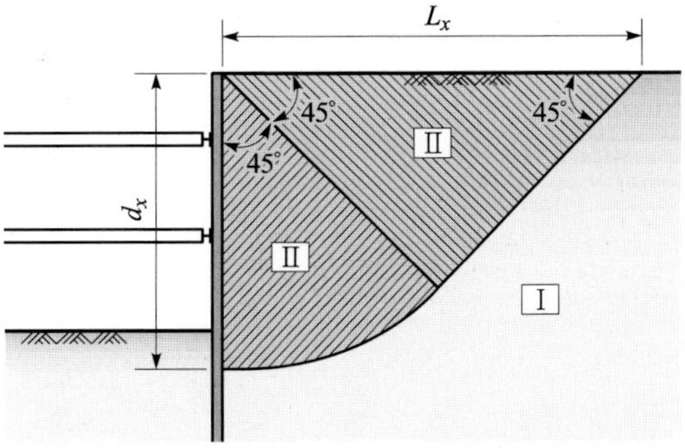

그림 4.57 점토지반 주변구조물 근접정도의 판정

다. 흙막이 벽을 인발할 경우 주변구조물 근접정도의 판정

흙막이 벽을 인발할 경우에는 벽 전체길이에 대한 가상파괴면으로 둘러싸인 부분(영역 Ⅱ)을 영향범위로 하여 아래 식으로 구한다.

① 영역 Ⅰ : 흙막이의 시공에 의하여 지반에 영향이 미치지 않는다고 보는 범위

② 영역 Ⅱ : 흙막이의 시공에 의하여 지반에 영향이 미친다고 보는 범위

$$L_x = \frac{L_y}{\tan(45 + \varnothing/2)}$$

여기서, L_x : 사질토지반의 영향범위(m)

L_y : 흙막이 벽 전체길이(m)

$\varnothing$: 흙의 전단저항각(°)

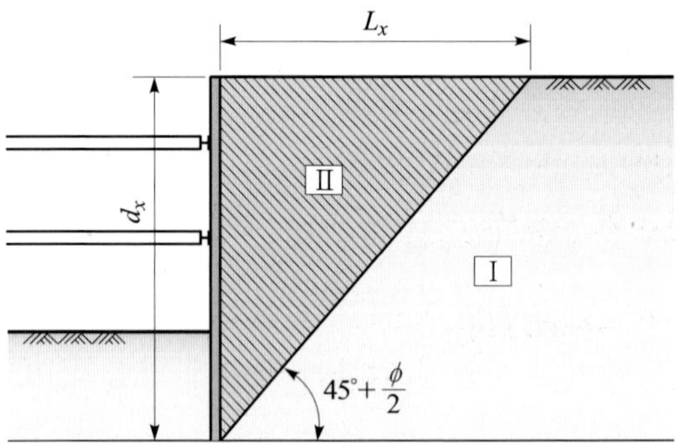

그림 4.58 흙막이 벽이 인발할 경우에 영향범위

근접정도를 판정할 때에는 흙막이벽 배면에 위치한 구조물이나 매설물을 여러 개 지정하여 그 영역 Ⅱ에 속하는지 아닌지를 판정하는 것이 좋다. 단, 그 구조물이나 매설물이 영역 Ⅱ에 포함되지 않더라도 중요한 구조물인 경우에는 주변지반의 영향을 검토하는 것이 바람직하다.

4.5 흙막이 공사에서의 지하안전영향평가, 사후지하안전영향조사

4.5.1 흙막이 공사에서의 지하안전영향평가

지하안전영향평가는 현장조사, 기본설계 및 실시설계 내용 등을 기초자료로 활용하여 평가방법에 따라 평가를 진행한다. 설계기준 미준수 및 위험구간 선정 시 주요 고려사항에 대한 자료가 불충분하거나 지하안전영향평가 수행 전・중에 주변여건 및 현장여건 급변화 시 추가 조사나 검토 등을 수행하여야 한다. 지하안전영향평가서 목차를 중심으로 실무에서 다루어질 주요 내용을 예제 중심으로 정리하면 다음과 같다.

가. 지하안전영향평가 사례

1) 대상지역의 설정

이론 및 경험식 추정방법과 수치해석에 의한 방법을 비교・검토하여 사업대상 부지의 굴착공사에 따른 영향범위를 산정한다. 지하수 유동해석결과 영향범위가 커질 수 있는데, 이때는 해석결과로 대상지역을 선정하는 것이 바람직하다.

표 4.8 | 굴착영향범위 검토결과 예제

Peck(1969)	O'Rourke(1976)	Clough, O'Rourke(1990)	수치해석	적용범위
33.4m	33.4m	33.4m	40.0m	40.0m

2) 대상지역 내 건축물, 지하매설물 현황

지반안정성 영향검토 대상지역 내 분포하는 건축물들의 현황 및 노후화 등을 조사하고, 국토교통부의 온나라 부동산정보 통합포털, 항공사진, 등기부등본 등의 자료와 비교・검토한다. 건축물은 번호를 부여하여 구분하고 주소, 규모(지상/지하층수), 건물면적, 높이, 구조, 용도 및 사용승인일자 등의 정보를 수집하여 지반안정성 평가 시 참고자료로 활용한다.

표 4.9 | 인접건축물 현황 예제

번호	주소	층수 (지상/지하)	건축면적 (m)	건물높이 (m)	구조	승인일자
BD1	×××길 ×-×	5/0	179.76	14.10	철근콘크리트조	02.05.04
BD2	×××길 ×-×	5/0	91.08	13.75	철근콘크리트조	02.11.16
BD3	×××길 ×-×	2/1	65.92	-	연와조	77.06.25

지하매설물은 유관기관을 방문하여 관련자료(GIS 도면)를 입수하고 현장조사 시 위치와 매설깊이, 존재 유무를 확인한 후 실제 도면화하여 지반안정성 평가 시 참고자료로 활용한다.

3) 지하수 변화에 의한 영향 검토

가) 투수계수 결정

현장투수시험 결과값을 우선적으로 적용하되 시험치가 없거나 지질조건에 따른 일반적인 값과 차이가 나는 경우 문헌값과 비교·검토한 후 합리적인 투수계수값을 적용하여 지하수 변화에 의한 영향 검토를 수행한다.

표 4.10 | 현장투수시험 결과 예제

지 층	현장시험 투수계수 (cm/sec)	문헌값 투수계수 (cm/sec)	적용 투수계수 (cm/sec)	비 고
풍화토-1(N〈40)	9.25 × E-04	6.12 × E-04	9.25 × E-04	시험치
풍화토-2(N〉40)	1.17 × E-06	6.67 × E-04	6.67 × E-04	문헌치

나) 지하수 변화에 의한 영향 검토

사업대상 부지의 굴착계획을 반영하여 단계별 굴착에 따른 지하수위 저하 영향 검토(침투해석, 광역지하수 유동해석)를 실시한다. 가시설 벽체 배면에 차수그라우팅이 설치하는 경우 이를 감안하여 경계조건을 설정한다.

① 해석결과

- 주요 인접구조물 : BD9(××××빌딩, 철근콘크리트구조물, 지상 4층/지하 1층)
  BD10(××××빌딩, 철근콘크리트구조물, 지상 5층/지하 1층)
- 초기 지하수위 : GL(-) 8.00m(실트 퇴적층에 위치)
- 최종 지하수위 : GL(-) 9.13m(1.13m 지하수위 저하)

② 모델링

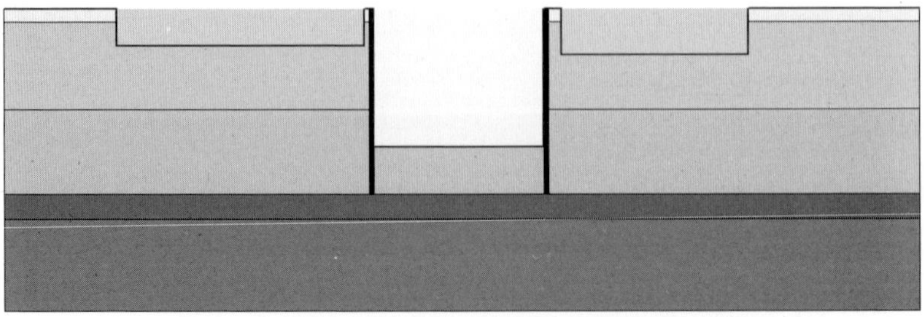

그림 4.59 지하수 변화에 의한 영향 검토 예제(모델링)

③ 간극수압

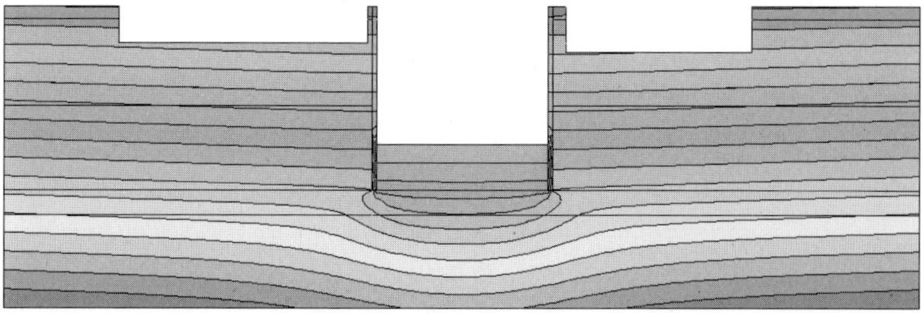

그림 4.60 지하수 변화에 의한 영향 검토 예제(간극수압)

④ 흐름 Vector

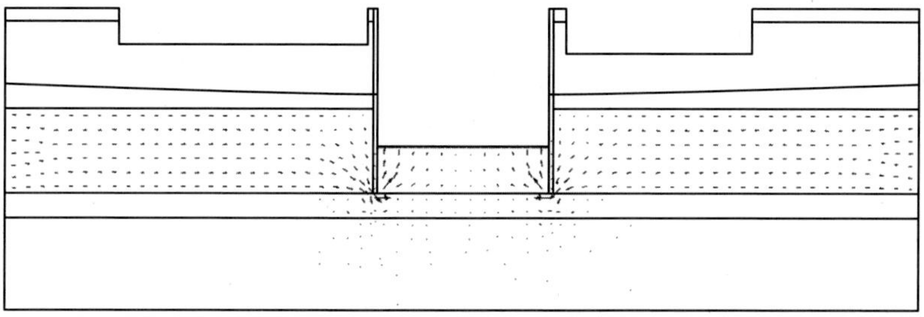

그림 4.61 지하수 변화에 의한 영향 검토 예제(흐름 Vector)

⑤ 결과 분석

- 사업대상부지 굴착으로 인한 지하수위 저하 영향 검토를 위해 침투해석 실시
- Section A-A 구간에서 자갈층까지 완벽한 차수벽 형성과 J.S.P의 차수기능 (k=1.0E-05cm/sec)을 발휘하는 조건에서의 침투해석 결과 지하수위는 1.13m 저하하는 것으로 나타남.

4) 지반안전성 검토

가) 지반정수 결정

현장시험 결과값을 우선적으로 적용하되 시험치가 없거나 지질조건에 따른 일반적인 값과 차이가 나는 경우 문헌값과 비교·검토한 후 합리적인 지반정수값을 적용하여 지반안정성 검토를 수행한다.

나) 지반안전성 검토

사업대상 부지의 굴착계획을 반영하여 단계별 굴착에 따른 흙막이 가시설 구조물의 안정성 검토 및 주변 지반 안전성 평가를 위해 해석을 실시한다.

① 평가 단면

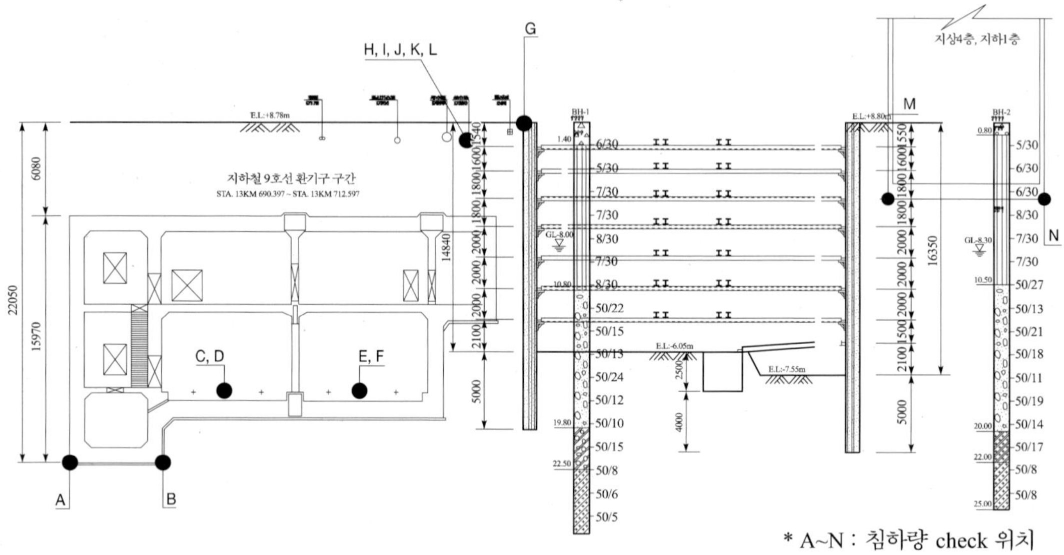

그림 4.62 지반안전성 검토(평가 단면)

② 인접 구조물 안정성 검토

구분	지하구조물
최대침하량 (mm)	1.41 < 25.0
부등침하량 (mm)	0.22 < 10.0
각변위	3.7×10-5 < 2.0×10-3
수평변형률	5.7×10-5 < 5.0×10-4
레일 궤간 틀림(mm)	상행 : +0.60 < (+10, -2) 하행 : +0.37 < (+10, -2)
레일 수평 틀림(mm)	상행 : 0.02 < 7 하행 : 0.03 < 7
평가	OK

시공단계별 침하발생 경향

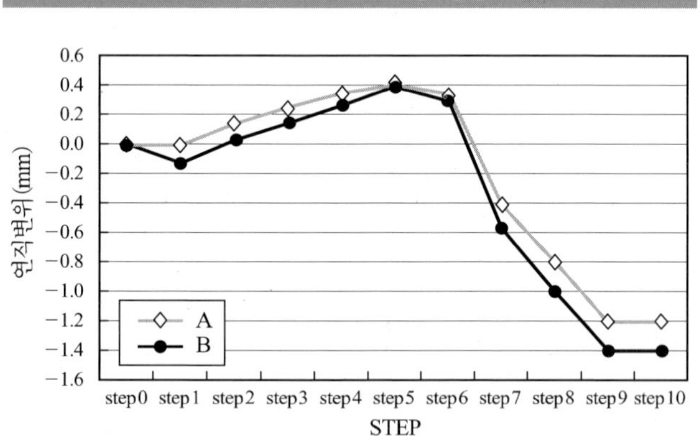

그림 4.63 지반안전성 검토 예제(인접 구조물 안정성 검토)

검토 결과 최대침하량은 1.41mm 발생하였으며, 부등침하 및 각변위, 수평변형률, 레일 틀림 모두 허용기준치 이내의 안전성 확보를 확인하였다.

③ 인접구조물 각 변위와 수평변형율과의 안정성 검토

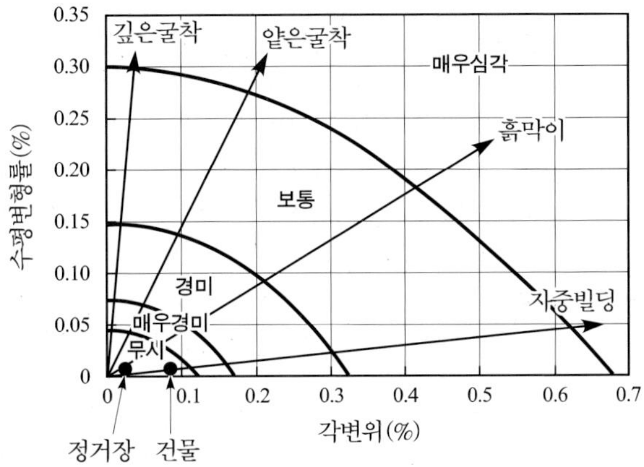

그림 4.64 지반안전성 검토 예제(인접구조물 각변위와 수평변형율과의 안정성 검토)

Boscardin과 Cording의 각변위와 수평변형율 관계에서 건물에 가해지는 손상 정도가 무시할 정도로 미미하여 안전성을 확보하는 것으로 판단된다.

표 4.11 | 인접건축물 침하 검토 예제

구분	전력	도시가스관	우수관	상수관	통신관
발생침하량	1.23mm	0.94mm	0.93mm	1.12mm	1.85mm
허용침하량	25mm				
평가	OK	OK	OK	OK	OK

④ 인접도로 침하검토

표 4.12 | 인접도로 침하 검토 예제

구분	발생 침하량	허용 변위량	안전성평가
도로	4.97mm	25.0mm	OK

⑤ 가시설 벽체 변위량 검토

표 4.13 | 가시설 벽체 변위량 검토 예제

구분	발생 변위량	허용 변위량	안전성평가
CIP	3.91mm	32.70mm	OK

⑥ 가시설 벽체 단면 검토

표 4.14 | 가시설 벽체 단면 검토 예제

구분	단면력 검토
압축강도	401.72 < 16,200.00 kN/m^2, OK
전단강도	173.92 < 1,229.00 kN/m^2, OK

평가단면 B-B′(자갈층에 완벽한 차수벽 형성과 지수기능 발휘 시 : k=1.0E-05cm/sec)에서의 시공단계별 검토결과 모든 검토결과 안정성을 만족하는 것으로 나타났다.

⑦ 해석 성과물

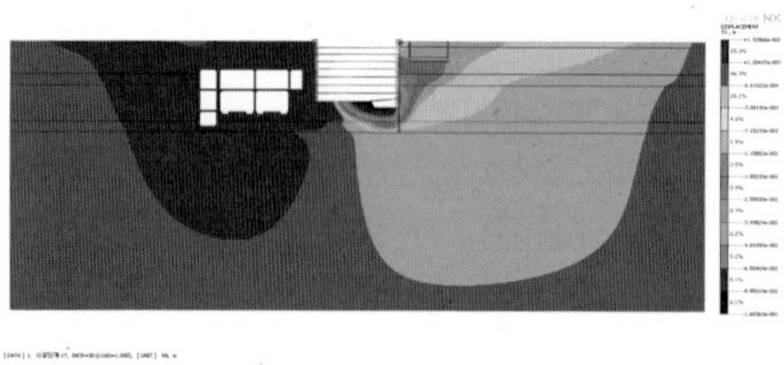

▲ X방향 변위도

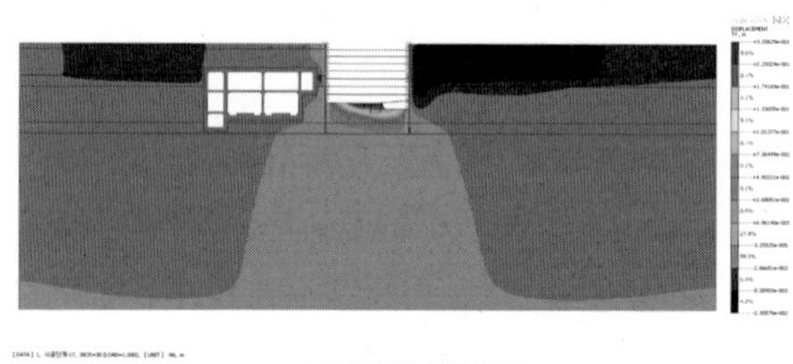

▲ Y방향 변위도

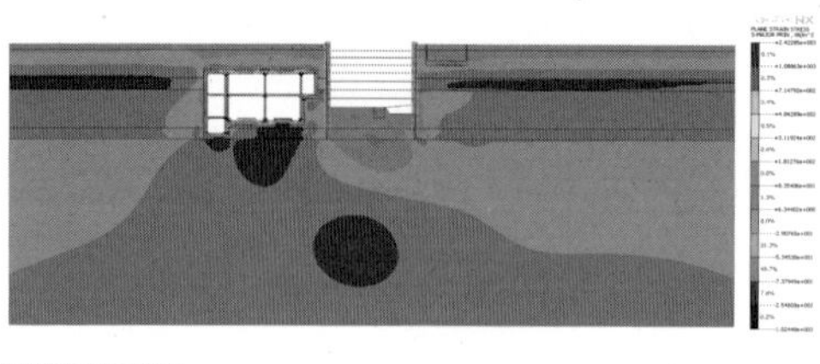

▲ 최대 주응력도

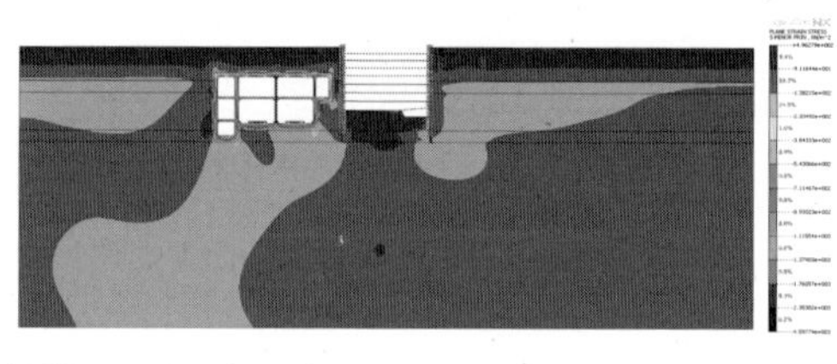

▲ 최소 주응력도

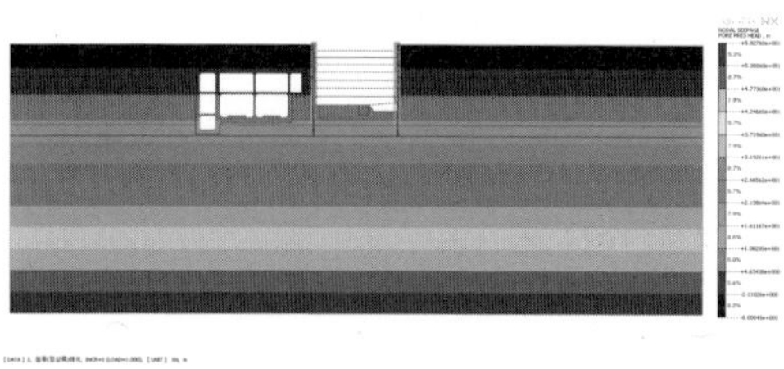

▲ 간극수압

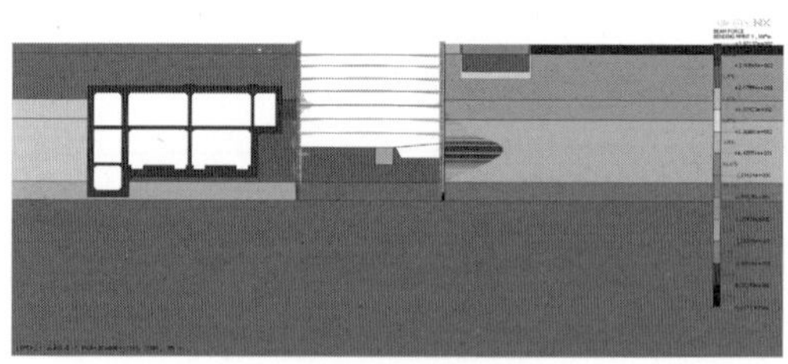

▲ 벽체 모멘트도

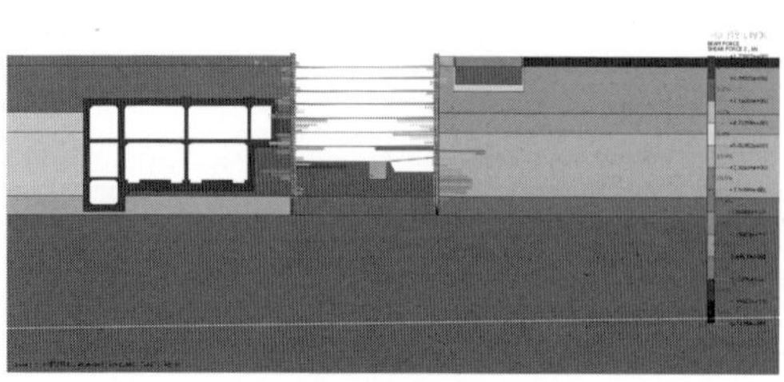

▲ 벽체 전단력도

▲ 벽체 축력도

그림 4.65 지반안전성 검토 예제(해석 성과물)

나. 지하안전 확보방안 수립

대상사업의 규모, 지반조건, 지하수 조건 등과 지반침하가 예상되는 구간의 특성 등을 고려하여 취약구간을 선정하고 보강 및 차수 방안을 수립한다.

1) 지하수 영향 검토에 따른 지하안전 확보방안

표 4.15 | 지하수 영향 검토에 따른 지하안전 확보방안

문제점	지하안전 확보방안
차수공 미계획으로 지하수 저하높이가 큼	· 지하수위 저하에 따른 인접지반 침하검토 수행 · 침하량 클 때 지반조건에 맞는 차수공법 적용
차수공은 계획했으나 지하수 유입량 많음	· 지반조건에 맞는 차수공법 적용 · 차수공법 단면을 키우거나 2열 시공
유속이 빠른 지반에 차수공 계획	· 물분리에 강한 그라우트 재료 사용 · 고결율이 양호한 마이크로 시멘트 계열 사용
차수공 존치기간이 1년 이상인 경우	· 용탈현상에 약한 LW, SGR 공법사용 자제 · 물유리계 용액을 사용하지 않은 그라우팅 공법 적용
영구배수시스템(Dewatering) 반영	· 지하수위 저하에 따른 인접지반 침하검토 수행 · 지하수 유동 및 침하량 클 때 공법사용 자제 · 부력앵커 공법 적용 · 지하벽체 외부에 차수벽를 시공하여 부력이 받지 않도록 설계
보일링(boiling) 발생	· 근입깊이 증가 · 그라우팅을 통한 바닥면 지수, 지반개량
깊은 굴착에 CIP 계획	· 장비수직도 오차로 접속부가 벌어져 누수가 예상되므로 별도의 차수공법 계획
깊은 굴착에 지하연속벽 계획	· 장비수직도 오차로 판넬접속부에 단차가 발생하여 취약부로 누수가 발생할 수 있으므로 접속부만 별도의 차수공법 계획
대수층 지반에 어스앵커 계획	· 천공 시 지하수와 토사유출로 지반침하가 예상됨으로 배면에 그라우팅 계획 · 1차 천공 시 고압력 그라우팅제 주입 후 재천공
느슨하고 포화된 사질토 지반에 흙막이 계획	· 시공 시 장비 진동으로 인한 액상화 가능성 · 프리보링을 통한 흙막이 벽체 시공 · 그라우팅을 통한 지반개량

2) 지반안정성 검토에 따른 지하안전 확보방안

표 4.16 | 지반안정성 검토에 따른 지하안전 확보방안

문제점	지하안전 확보방안
흙막이 벽체의 단면 부족	· 벽체 강성이 큰 공법으로 변경 – H-pile + 토류판 < Sheet pile < SCW < CIP < 지하연속벽 – H-pile 간격을 줄이거나 단면이 큰 H-pile로 변경 – 다만, H-pile 단면을 키울수록 구조적으로 유리
버팀보 단면 부족	· 버팀보 간격을 줄이거나 단면이 큰 버팀보로 변경 – 다만, 버팀보 단면을 키울수록 구조적으로 유리
흙막이 벽체의 단면은 만족하나 수평변위량이 허용치를 초과	· 벽체 강성이 큰 공법으로 변경 · 선행하중(pre-stressing) Jack 사용
버팀보 강축, 약축에서 좌굴 우려	· 중간말뚝 간격 줄임 · 수평, 수직 브레이싱 보강 · 약축, 강축 강성이 같은 버팀보(강관, 사각)로 변경
흙막이 벽체 단면, 변위량 만족하나 근입깊이 부족	· H-pile 근입장을 증가 · H-pile 간격을 줄이거나 단면이 큰 H-pile로 변경 – 다만, H-pile 단면을 키울수록 공사비 증가효과 미미
흙막이 벽체 변형에 따른 주변 지반침하	· 벽체 강성, 버팀보 강성이 큰 공법으로 변경 · 선행하중(pre-stressing) Jack 사용 · 그라우팅을 통한 주변 지반개량
히빙(heaving) 발생	· 그라우팅을 통한 주변 지반개량 · 그라우팅을 통한 바닥면 지반개량 · 배면지반의 절취
노후구조물, 지하매설물에 근접하여 Sheet pile 계획	· 타입, 인발시 진동으로 지반침하, 구조물 변형, 균열을 유발할 수 있으므로 공법 변경
자갈층에 SCW 계획	· 오거에 의한 교반 및 천공이 어려우므로 공법 변경
자갈층에 지하연속벽 계획	· 자갈층 안정액 관리가 어려워 트렌치 붕괴가 예상됨으로 공법 변경
지반 고저차로 편토압 발생	· 토압 불균형으로 버팀보 좌굴발생 우려 · 높은 쪽 벽체 강성을 키우거나 지반보강으로 낮은 쪽으로 전달되는 토압에 의한 축력 최소화
부지 여건상 버팀보 길이 과다	· 어스앵커, IPS, PS-S 공법으로 변경 · 버팀보 강성 키움(강관, 사각, 2열 버팀보) · 지반보강으로 토압 경감 · 코너 30.0m, 직선 50.0m 이하로 계획
흙막이 벽체 설치 시 장비 진동에 의한 영향 우려	· 느슨한 사질토는 진동으로 다져지므로 침하 발생 · 점성토는 진동으로 교란되므로 전단강도 감소 · 진동으로 주변 구조물, 지하매설물 균열, 파손 · 프리보링을 통한 흙막이 벽체 시공 · 주변 구조물 부근 방진구 설치
구조물, 지하매설물에 근접하여 그라우팅 공법 계획 시	· 고압보다는 저압을 사용하는 그라우팅공법 선정 · 주입속도는 느리며, Gell time이 긴 그라우팅공법 선정

4.5.2 흙막이 공사의 사후지하안전영향조사

사후지하안전영향조사는 실시설계자료와 지하안전영향평가서를 기초자료로 하여 조사를 진행하는 것을 전제로 하며, 설계기준 미준수 및 위험구간 선정 시 주요 고려사항에 대한 자료가 불충분하거나 지하안전영향평가 수행 전·중에 주변 여건 및 현장여건 급변화시 추가 조사나 검토 등을 수행하여야 한다.

사후지하안전영향조사 목차를 중심으로 실무에서 다루어질 주요 정리하면 다음과 같다.

가. 지하수 변화에 의한 영향 검토

지하안전영향평가 시 획득한 지하수 자료 및 광역 지하수 흐름을 검토한다. 또한, 현장 시공 중에 확인된 지하수 변화에 의한 영향이 지하안전영향평가 시 검토된 내용과 상이할 경우, 보완조사(지하수 관측망 자료 및 주변 계측자료)를 통해 지하수 변화에 의한 영향을 검토한다.

검토방식은 지하안전영향평가 방식과 동일하다.

나. 지반안전성 검토

시공 중에 확인된 지반안전성이 지하안전영향평가 시 검토된 내용과 상이할 경우, 이러한 사항을 반영하여 사후지하안전영향조사를 실시하여야 한다.

계측 결과를 검토하여 대상사업 시공에 따른 지반안전성과 주변 시설물의 손상도, 주변 지반의 침하, 인접 매설물의 시공 전·후 현황 등 주변시설물의 영향을 검토하여야 하며, 필요 시 수치해석에 의한 공학적 역해석을 통해 지반정수를 재평가하여 지반안전성을 검토할 수 있다.

검토방식은 지하안전영향평가 방식과 동일하다.

CHAPTER 05

터널공사와 지반침하

CHAPTER 05

터널공사와 지반침하

– 남준희 –

5.1 개 요

가. 개 요

터널이란 도로, 철도, 수로(水路) 등의 용도로 사용하기 위하여 땅속에 2.0m^2 이상의 단면으로 만든 통로를 말한다. 터널을 구분하는 방법에는 여러 가지가 있으나, 용도에 따라서는 철도터널, 도로터널, 수로터널, 광산터널 등으로 나뉘고, 터널이 위치한 장소에 따라서는 산악터널, 도심지터널, 수저(水底)터널 등으로 구분된다. 또한 터널은 지하에 건설되는 구조물이므로 공법별로 지보형식이나 거동이 상이하며, 이의 특징, 장·단점 등은 후술하기로 한다.

터널이 최초로 사용된 것은 자연동굴을 활용하여 원시인의 주거지로 사용되어 왔으며, 이집트 왕의 묘와 물길로서의 터널이 이용되기도 하였다. 그 이후 지하자원 또는 수자원 등을 개발하기 위하여 채석장용, 광산용, 수로용 터널로 발전하였다. 터널은 최초에는 인력 굴착방법이 사용되었으며, 14세기에 노벨에 의하여 발명된 화약이 17세기 후반부터 터널에 사용되면서 다이너마이트, 전기뇌관 등을 사용한 근대적 터널 시공법이 확립되었다.

터널은 지중구조물이므로 지형 및 지질조사의 중요성은 터널공사의 승패가 결정될 만큼의 중요한 사항이다. 지형 및 지질에 따라 설계, 시공, 유지관리에 이르기까지 모든 부분에서 영향을 미치게 된다. 예를 들면, 설계 시 토압의 크기, 용수의 유무, 시공순서, 시공법 등이다.

본 절에서는 지하안전법에 근간한 터널의 지하안전영향평가 등의 업무를 수행하기 위하여 필요한 터널의 공법별 특징, 장·단점, 터널에서의 지하수 거동에 의한 지반침하, 대책공법 등을 서술하고자 한다.

나. 도심지 터널공사에서 발생하는 지반침하 원인

지하안전영향평가 대상구조물은 산악터널과 수저터널을 제외한 터널로 복잡한 시가지 하부, 기존 구조물의 하부 또는 기존 지하철 노선의 하부 등에 설치되는 터널이다.

국내 지반의 특성상 심층터널은 대부분이 암반지역이면서 아칭효과가 충분히 발휘되기 때문에 지반침하 영향이 거의 없는 반면, 천층터널은 미고결 지반에 설치되면서 아칭효과가 충분하지 못하므로 지반침하가 쉽게 발생할 수 있다. 또한 굴착과 동시에 지속적으로 배수가 되므로 지하수 변화에 의한 영향이 크고, 기타 근접시공 영향 및 굴착공법에 따른 지반침하 원인이 다양하다.

터널에서의 지반침하 원인 및 공법별 특성을 요약하면 〈표 5.1〉과 같다.

표 5.1 | 터널에서의 지반침하 원인

공 통	NATM	쉴드 TBM공법
지하수 유동 근접 시공	미고결 저토피 갱구부 불안정 막장면 불안정 설계의 제한성	막장면 불안정 갭파라메타

다. 도심지 터널굴착에 따른 주변 침하 예측

도심지 터널굴착에 따른 지반침하 예측은 터널노선 전 구간에 대한 지상건물, 지중구조물 및 지하매설물에 대하여 침하와 변형을 예측하여야 하므로 노선측량 및 대상지역의 설정이 우선되어야 한다.

또한, 대상지역의 기존 시설물에 대한 기초조사를 실시하고, 기존 자료들과 조사 및 시험을 통한 결과를 종합적으로 분석하여 주변 침하 예측을 수행하고 안전대책을 수립하여야 한다.

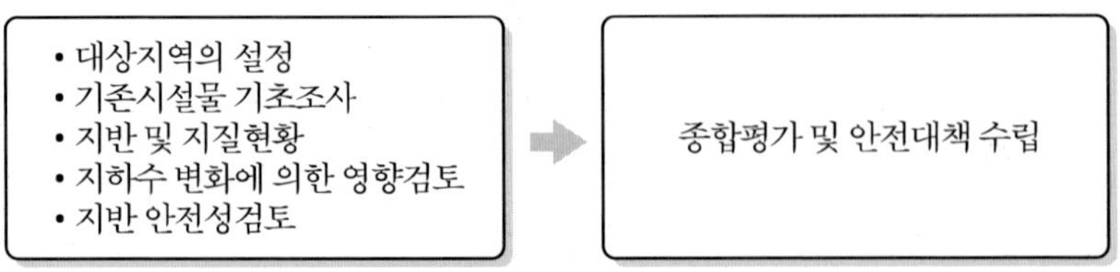

그림 5.1 도심지 터널 굴착 시 주변 침하 예측방법

5.2 도심지 터널공사의 종류 및 특징

우리나라 도심지 도로터널의 대부분은 산악터널이며, 복잡한 도심지 지하를 관통하는 터널은 지하철 터널, 전력구와 통신구, 일부 시공하거나 계획 중인 도로터널이 있다.

〈표 5.2〉는 터널의 용도별 굴착깊이, 시공 시 발생하는 지하수 유동 및 이로 인한 지반침하의 영향 정도를 파악한 것이다.

표 5.2 | 터널 용도별 종류와 지반침하

터널 종류		굴착 깊이	지하수 유동	지반침하 영향
지하철 터널	본선	대심도 터널	발생	작음
	역사	천층 터널	발생	큼
전력구, 통신구		천층 터널	발생	큼
지하차도 및 보도터널		천층 터널	발생	큼
도로터널		대심도 터널	발생	작음

5.2.1 도심지 터널 용도별 종류

가. 지하철 터널

지하철 터널의 단면형상은 일반적으로 철도터널의 형상과 유사하나 지하철 정거장, 지상으로의 연결통로 및 계단 등을 설치해야 하므로 터널과 Box구조물을 연결해야하는 등 복잡한 형상이 많은 편이다. 도심지 지하철터널의 시공상의 가장 큰 문제로는 건물들이 밀집되어 있는 도심지의 낮은 지하를 통과하는 것으로서, 실제 시공 중이나 시공 후에 인접한 구조물에 피해가 발생하는 사례가 빈번하다. 따라서 많은 설계, 시공상의 문제와 함께 다양한 지반보강공법들이 적용되어야 하며, 지하안전영향평가 시 지하굴착에 따른 영향범위 설정부터 보강공법까지 전문적인 지식과 경험이 요구된다.

대표적인 지하철 터널로서는 서울지하철 1호선의 경우 지하철 시대를 연 최초의 도심지 터널로 1974년 8월 개통되었다.

(출처: 2004 대한토목학회 선정 한국토목걸작선)

그림 5.2 지하철 1호선 시공 중 사진(좌), 개통식 사진(우)

나. 전력구, 통신구

도심지는 지중화전력사업의 일환으로 대부분 구간의 전주가 사라지고 모든 전력선과 통신선이 지중으로 옮겨졌다. 전력선과 통신선의 지중화를 위한 터널이 전력구와 통신구이며, 원형의 쉴드TBM공법으로 시공된 터널이 대부분이다.

그림 5.3 전력구(좌), 전력구 굴착 쉴드TBM(우)

다. 지하차도 및 보도터널

지하차도 및 보도터널은 도심지에 설치되는 천층터널로 보행자의 안전을 위하여 차도와 나란히 설치하거나, 차도의 하부를 횡단하도록 설치하는 소단면의 시설물이다.

라. 도로터널

우리나라 도심지 도로터널 대부분은 도심지 지하를 관통하는 산악터널로서, 현재 건설 중인 서울시 서부간선 지하도로가 대표적이다. 도심구간의 만성적인 교통체증을 해결하기 위하여 지하도로를 계획한다. 현재 계획 중인 지하도로는 경인고속도로 지하도로와 광명~서울 간 고속도로, 만덕~센텀시티 간 지하도로, 감전동~송정 간 지하도로 등이다. 도심지 지하를 통과하는 도로터널 대부분은 심층터널로 계획되고 있으므로 지하굴착에 따른 주변 영향은 상대적으로 크지 않을 것으로 판단된다.

5.2.2 도심지터널 굴착공법별 분류

도심지 터널 굴착공법 및 방법은 원지반이 본래 가지고 있는 지지능력을 최대한 보존할 수 있는 굴착공법을 선정하여야 한다. 또한, 터널연장, 지반조건, 굴착단면의 형상, 사용목적, 공사기간, 안정성, 경제성, 시공성 등도 고려하여야 한다.

일반적으로 도심지터널 굴착공법을 선정하는 방법은 〈그림 5.4〉와 같다.

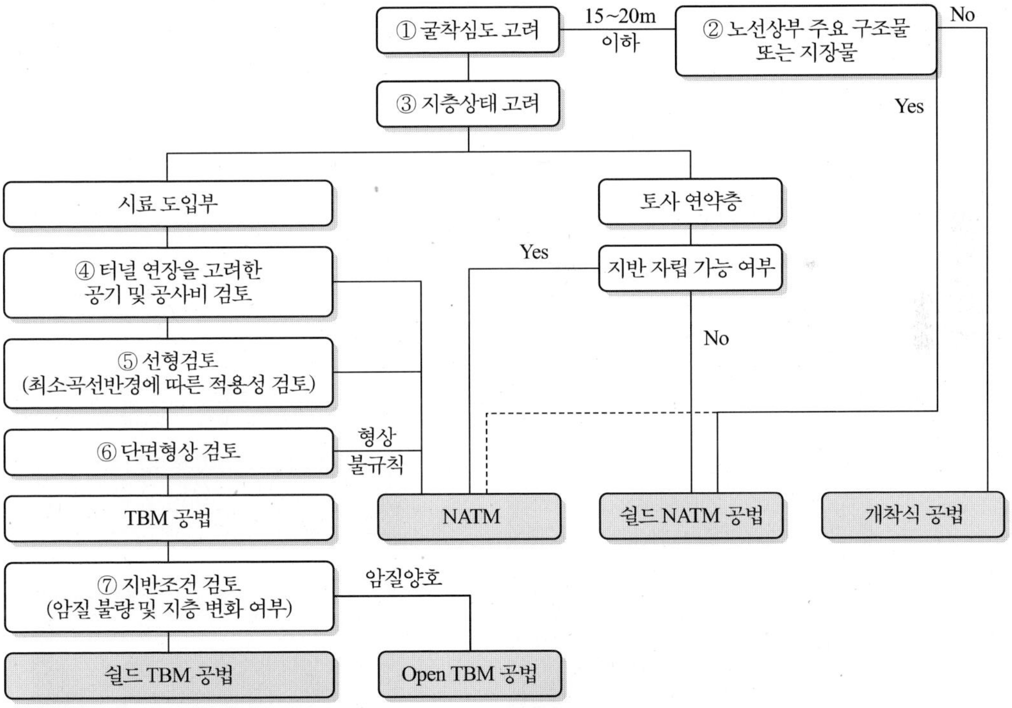

그림 5.4 굴착공법 선정 절차도

표 5.3 | 굴착공법별 분류

구 분	장 비	지반 조건	적용 구간
기계굴착	TBM	지반상태가 양호한 암반	지반이완 최소화 및 여굴 억제
	Shield	토사지반, 연약한 지반	
	브레이커(Breaker) Road Header ITC	풍화암 이하 연약한 지반 절리・파쇄가 심한 연약대 및 단층대	지반이완 최소화 여굴 억제 발파진동 영향 있는 곳
발파굴착 (NATM)	천공장비 뇌관 및 화약	일반적인 암반 굴착방법 발파로 인한 지반의 이완영역 영향이 없는 풍화암 이상	진동과 소음에 의한 영향이 없고 제약이 없는 곳
인력굴착	곡괭이 및 삽, 착암기 등 간단한 굴착도구	자립시간 짧은 토사터널 소규모 분할굴착 요구되는 연약지반	지보재 조기 설치구간 진동영향 민감 구간
파쇄굴착	유압 암파쇄 수압 암파쇄 비폭성 암파쇄 가스압이용 암파쇄	저진동으로 파쇄 가능한 연・경암 기계굴착을 적용할 수 없는 견고한 암반	발파진동으로 인한 민원 문제 있는 곳

가. NATM과 Shield TBM공법의 차이점

본 절에서는 도심지터널을 굴착하는 공법 중 가장 널리 사용되어지는 NATM과 Shield TBM공법의 특징을 정리하였다.

표 5.4 | NATM과 Shield TBM공법 비교

구분	NATM	Shield TBM공법
개요도		
특징	막장의 지질상태 파악 가능 지질변화 대응 용이 불리한 지반조건에도 시공 가능 단면형상, 구배, 곡선 제약 없음 공사비 저렴하고 시공실적 및 경험 많음	토사층 등 불리한 지반조건 적용 지층변화가 심한 경우 적용 곤란 비배수형 터널 적용성 우수 인근구조물에 미치는 영향이 거의 없음 원형단면에 적용 제한

구분	NATM	Shield TBM공법
지보재	숏크리트 록볼트 강지보(필요 시)	콘크리트 세그먼트 뒷채움 그라우팅 약액주입(필요 시)
여굴	여굴이 클 경우 채움 공사비 증가	세그먼트 조립 설치 여굴은 뒷채움재 주입
콘크리트 라이닝	현장타설 콘크리트 라이닝 구조	Segment 라이닝
시공성	암질불량구간에서 소단면 분할굴착 가능 단면변화 및 암질변화에 유연하게 대처 가능	지반이완 최소화로 근접시공 및 불리한 지반에 유리 굴착, 버력처리 자동화 암질변화 시 트러블로 시공성 저하
안정성	계측관리로 터널안정성 사전예측 암질불량구간에 대한 보강방안이 조기 강구됨 발파에 의한 낙반발생 가능	쉴드 자체의 지지효과로 낙반사고 없음 원지반의 이완을 최소화 원형단면으로 구조적 안정성 확보
경제성	토사지반 적용 시 공사비 증가 원지반을 주지보재로 활용해 지보량 최소화	초기비용 과다로 장대터널에서 제한적으로 적용 가능 토사 및 풍화암 조건에서 굴진속도 빠름
적용조건	산악 및 도심지터널 암질이 양호한 하저 통과구간	도심지 천층터널 하저터널
시공사례	국내 도로 및 철도터널 대다수	부산지하철230공구, 광주도시철도 서울지하철909공구 등

최근 도심지 터널굴착은 굴착에 따른 영향을 최소화하기 위하여 쉴드TBM 공법을 많이 적용하고 있다. 막장면의 개폐방식에 따라 개방형, 밀폐형, 복합형으로 구분되어지고, 막장면의 지지방식에 따라 이수가압식과 토압식으로 나누어진다.

나. 쉴드TBM 공법의 종류

일반적으로 쉴드TBM 공법은 커터헤드가 장착된 강제원통 내에 버력처리를 위한 컨베이어 시스템을 갖추고 후방에서 세그먼트를 조립하며 터널을 축조하는 방법이다. 쉴드TBM 장비의 분류는 막장면 개폐방식에 따라서 개방형(Open Type), 밀폐형(Closed Type), 복합형(Dual Type)으로 분류할 수 있으며, 특징은 다음과 같다.

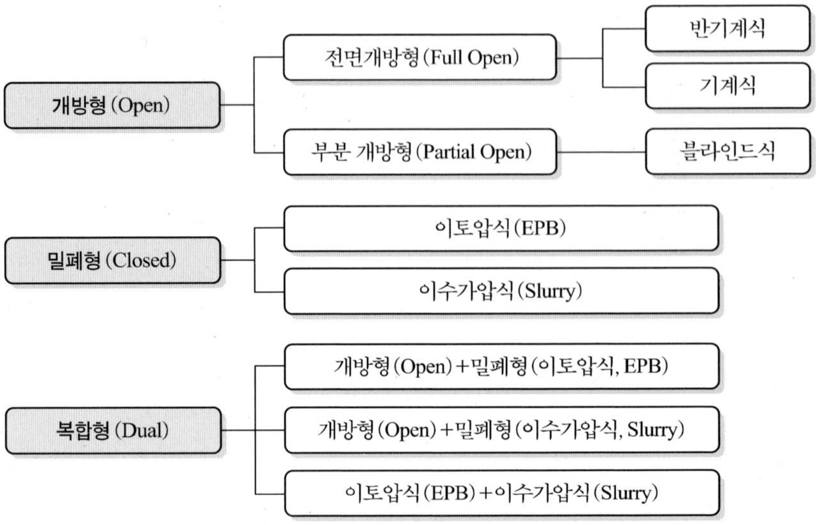

그림 5.5 쉴드TBM공법의 종류

표 5.5 | 개방형(Open Type)

공법 개요도	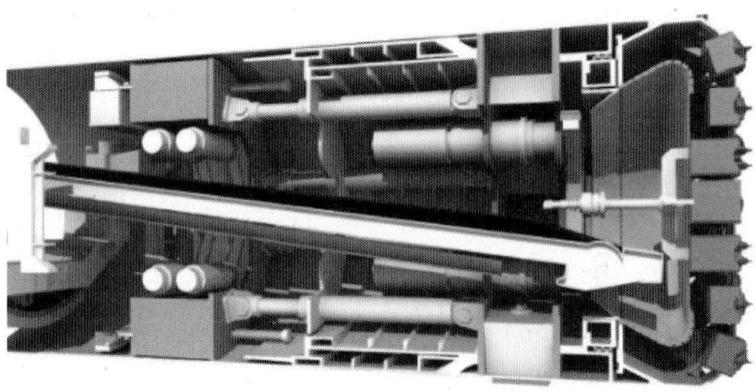
막장지지	- 별도의 지지구조 없음 - 막장자립+면판(막장면 개방)
대상지반	- 막장 자립이 가능한 지반 - 암반(연암~경암)
지하수 대응성	- 막장면 지하수 유입 시 대응 곤란 - 보조공법(동결공법)필요
굴진능력	- 암반을 주대상으로 하는 장비 - 장비 자체의 굴진성능은 우수
복합지질 대응성	- 암반 굴진 성능은 우수하나 파쇄대 굴진 시 막장 안정화 및 지하수에 의한 문제 발생 우려

표 5.6 | 밀폐형 (Closed Type)

공법 개요도	
막장지지	- 이토압 또는 이수압에 의한 지지(막장면 폐쇄)
대상지반	- 고강도 경암을 제외한 대부분 토질 - 토사, 암반
지하수 대응성	- 이토압(이수압)에 의한 지하수 유입 방지 가능
굴진능력	- 토사~연암 대상의 장비 - 장비 굴진능력은 다소 낮음
복합지질 대응성	- 파쇄대 굴진 시 막장 안정화 및 지하수 대응성은 우수하나 암반구간 굴진 시 굴진효율 다소 낮음

표 5.7 | 복합형 (Dual Type)

공법 개요도	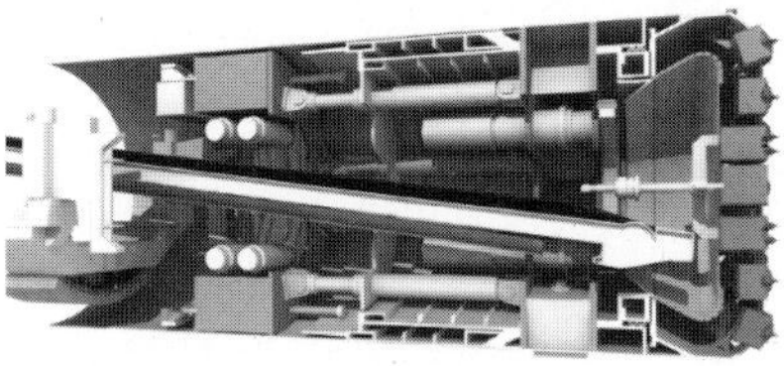	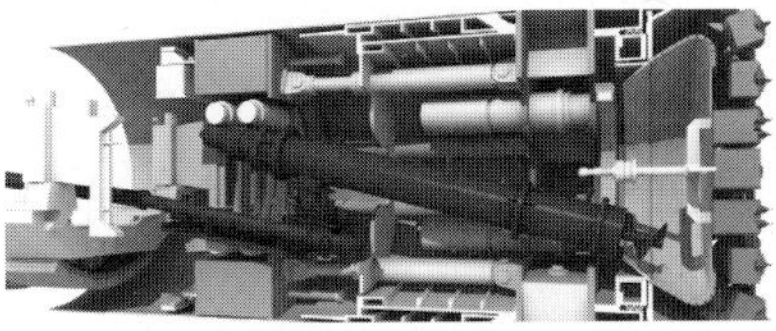
막장지지	- 개방형과 밀폐형 복합 적용	
대상지반	- 모든 토질에 적용 가능 - 토사, 암반	
지하수 대응성	- 지하수 영향 발생 시 밀폐형 적용 - 지하수 영향 없을 시 막장면 개방	
굴진능력	- 모든 토질을 대상 - 장비 굴진능력 우수	
복합지질 대응성	- 대상토질에 따른 굴진방식 변화(암반 : 개방형, 파쇄대 : 밀폐형) 적용으로 복합지반에 최적	

다. 이수가압식과 토압식

TBM 형식 중에서 도심지에 적합한 형식은 밀폐형(Closed Type)이다. 막장면의 지지 방식에 따라 이수가압식과 토압식으로 구분되어지며, 특징은 〈표 5.8〉과 같다.

표 5.8 | 이수가압식과 토압식

구 분	이수가압식 (Slurry Type)	이토압식 (EPB)
공법개요도	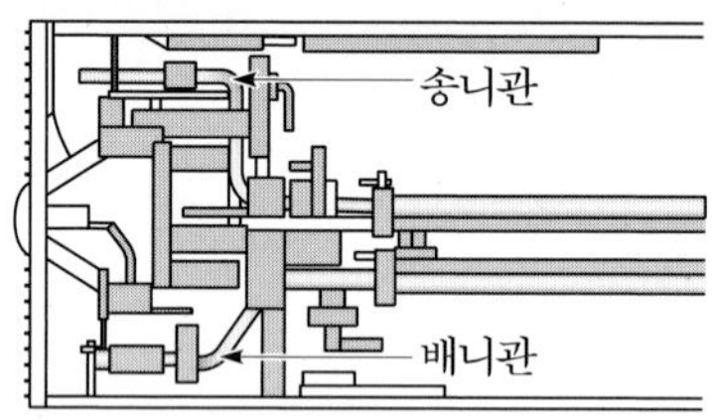	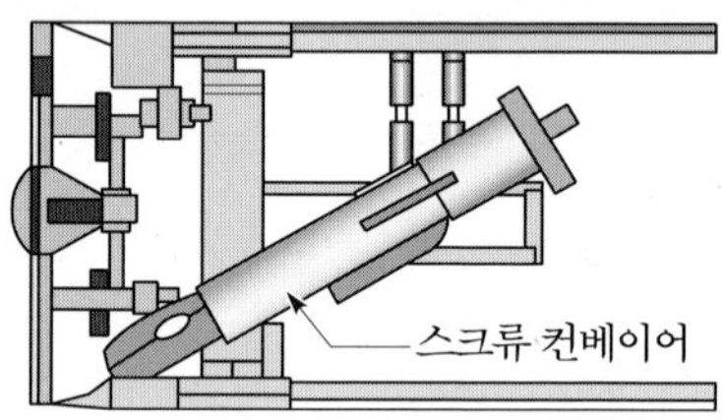
막장면 지지	막장에 작용하는 토압 및 수압을 지지하기 위해 챔버에 채워진 이수에 가압, 막장안정 및 이완 억제	커터 후방에 설치된 격벽과 막장면 사이에 토사를 충진시켜 막장안정 및 지반이완 억제
복합지반 대응성	- 파쇄대 통과 시 이수 이탈 가능 - 토질변화 대응 다소 느림	- 파쇄대 통과성능 우수 - 배토상태 육안으로 확인, 토질변화 신속 대응
버력처리	이수와 혼합된 굴착토사는 배니관을 통해 지상으로 운반되며 버력처리 효율은 우수	일반적인 광차(궤도)+횡형대차 시스템 적용 시 수직구 규모 증가(ϕ12.0m)
지상설비	이수처리를 위한 지상 상부에 플랜트 필요	지상설비 간단, 작업장 규모 최소화 가능
적용성	암반구간에 있어 굴진성능이 다소 떨어지며, 지상설비 규모가 일반적으로 크나 버력처리가 Pipe Line을 통해 이루어져 별도의 반출설비 불필요	암반구간에 있어 굴진능력이 우수하며, 지상설비가 간단하나 일반적인 광차운반시스템 적용 시 수직구 규모 증가 예상

5.3 터널공사에서 발생하는 지반침하 원인 및 대책

최근 도심지 순환도로를 비롯하여 계획 중인 지역 간 연결도로는 대구경의 터널이 불리한 조건의 지층이나 미고결 저토피고에 계획되거나 시공되는 사례가 증가하고 있다. 이러한 조건의 터널에 활용 가능한 NATM 터널 기술이 지속적으로 발전하고 있으며, 근래에는 터널 보링장비를 활용한 기계화 시공이 제한적인 범위에서 사용되어지고 있다. 또한 막장전방 탐사기술, 굴착보조공법 및 수치해석 등의 개발에 힘입어 터널 굴착과정이 경험적인 기술에서 제어 가능한 영역으로 변화되었다. NATM 터널기술의 적용도 풍화정도가 심한 도심지 미고결 지반까지 확장되어 '도심지 NATM'이란 용어까지 등장하였다.

터널공사의 지반침하 원인은 광범위하지만 요약하면 〈표 5.9〉와 같다.

표 5.9 | 터널공사에서의 지반침하 원인 및 대책

구 분	침하 원인	대 책
지하수유동	지하수위 변동영향	지하수영향 검토(유입량 검토)
근접 시공	기존구조물 근접 / 쌍굴터널	영향거리 산정 및 해석
NATM터널	미고결 저토피	공법 대책
	단층대	조사 및 시험 / 공법 대책
	막장면과 각부 불안정	공법 대책
	설계의 제한성	지보설계 적정성 검토
쉴드TBM	막장면 불안정	공법 대책
	갭 파라메터	갭 파라메터 대책

5.3.1 터널굴착에 따른 지하수 유동

가. 터널굴착 시 지하수 유동 원인

터널은 굴착과 동시에 지속적으로 배수가 이루어지므로 주변 지반의 지하수 유동을 근본적으로 차단할 수 없다. 지하수 유동 특성을 파악하기 위하여 각종 조사와 시험 자료를 종합하여 물수지 분석을 하여야 하지만, 터널은 연장이 길고 심도가 깊어서 물수지 분석의 한계성이 있다. 하지만 공용 중 터널 내로 유입되는 총량을 유출량으로 본다면 주변지반에서 유입되는 총량과 동일하게 볼 수 있으므로 지하철 유입량 산정 사례를 이용하여 유입총량을 적용하고자 한다.

따라서 배수터널의 흐름특성을 고려한 침투해석을 수행한다면 지하수위 변동에 따른 주변 영향을 고려할 수 있으므로 배수터널과 비배수터널의 차이점과 배수터널의 측벽으로 유입되는 지하수량 산정방법에 대하여 기술하였다.

1) 배수터널과 비배수터널

도심지 터널은 대부분 지하수위 아래에 설치되므로 지하수위 변화에 따른 주변 영향을 우선적으로 고려하여야 한다. 주변 지하수 처리 방법에 따라 배수형 터널과 비배수형 터널로 분류된다. 배수형 터널은 터널주변의 지하수를 인위적으로 배수시키는 형식이므로 지하수위 변동이 발생하는 반면, 비배수형 터널은 터널 주변의 지하수가 터널 내부로 유입되지 않도록 완전히 차단하는 형식이므로 지하수위 변동이 발생하지 않는다.

배수형 터널은 라이닝에 수압이 작용하지 않는 조건으로 설계되며, 비배수형 터널은 라이닝에 정수압이 작용하는 조건으로 설계가 이루어진다.

표 5.10 | 배수형 터널과 비배수형 터널에서의 설계 개념

구분	배수 개념	비배수 개념
개념	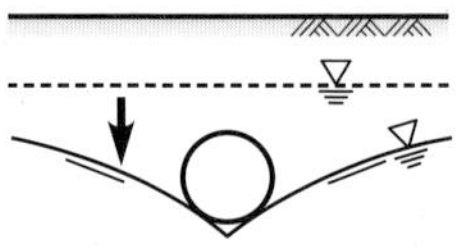	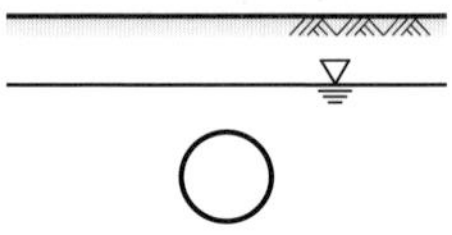
지하수위	배수에 의한 강하	변동 없음
침투	발생	발생 없음
지중응력	유효응력(=전응력)	유효응력+정수압
라이닝에 작용하는 수압	0	정수압
문제점	배수개념 → 지하수위 저하개념	

2) 배수형 터널에서 터널로 유입되는 지하수량

국내 시공되는 대부분의 터널은 배수형 터널이다. 시공 중 또는 공용 중에 지속적인 배수가 이루어지면서 인접지반의 지하수위 변동이 발생하게 되지만 라이닝에 작용하는 수압이 없으므로 경제적이 측면에서 유리한 형식이다. 배수형 터널에서 터널 내로 유입되는 지하수는 숏크리트와 콘크리트라이닝 사이에 설치된 배수층을 따라 터널 측벽 하단 종배수관과 인버트의 횡배수관으로 유입되어 배수되며, 배수층 설치 개념도는 〈그림 5.6〉과 같다.

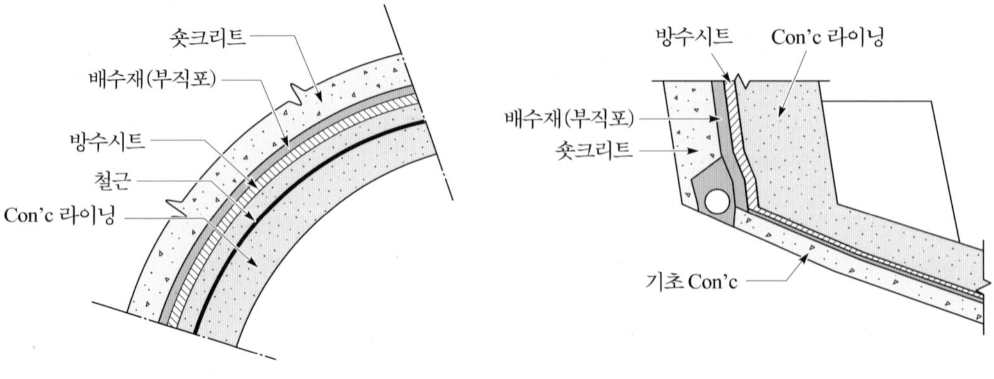

그림 5.6 배수층 개념도

터널연장에 따라 주변 환경, 지형 및 수계가 변화하므로 주변여건을 고려하여 수리관계를 설정해야 할 필요가 있으며, 터널굴착 시 구속조건 혹은 비구속조건의 채택이 지반침하와 크게 연관된다.

(가) 구속흐름 조건의 배수터널

배수터널 형식 중 하천통과구간이나 하천주변에 인접하여 건설된 터널은 지하수 공급이 충분하여 자유수면의 변화가 없는 구속 흐름으로 가정할 수 있다. 이 경우 터널 내 유입량은 시간의존적으로 항상 일정하다고 할 수 있다.

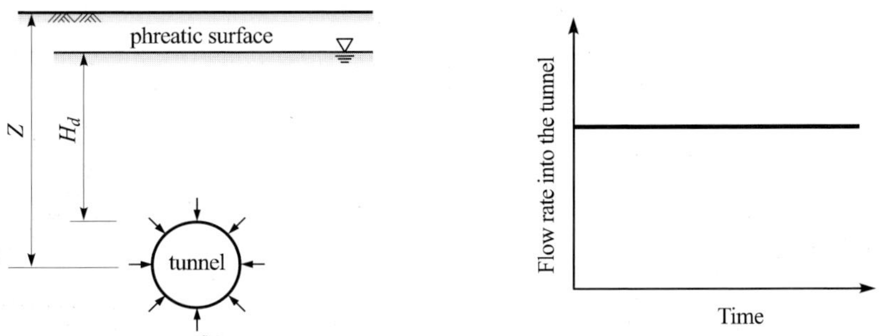

그림 5.7 구속흐름

(나) 비구속 흐름조건의 배수터널

지하수 이동이 제약되고 물 공급이 충분하지 못한 경우 흐름은 자유수면이 저하하게 되며, 이때 흐름은 비구속 흐름이다. 특히, 비구속인 경우 자유수면 위의 지반은 불포화토 특성을 보이므로, 포화토와 투수계수가 함께 감소하는 특성을 보이며, 세립토일수록 급격한 변화를 보인다.

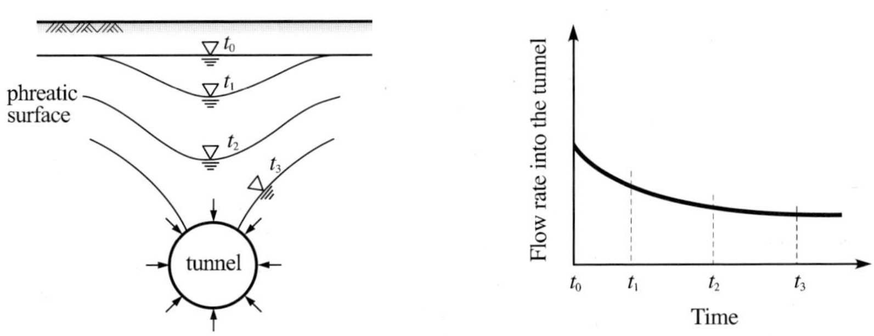

그림 5.8 불구속흐름

나. 터널 굴착 시 지하수 유입량 산정사례

터널굴착에 따른 지하수 유입량의 접근은 한계성이 있으므로, 공용 중 유입되는 총량을 기준하여 시공 중 굴착과정에 유입되는 양으로 볼 수 있다.

따라서 본 절에서는 유입되는 총량 산정을 위한 사례 분석 및 2차원 침투류 해석(SEEP/W)을 비교하여 불리한 조건으로 배수시설 처리능력을 검토한 사례를 기술하였다.

1) 사례 분석을 통한 터널 유입 총량 산정

표 5.11 | 공용 중 터널 내로 유입수량 사례

구 분		유입수량(m^3/min/km)	비 고
사례 분석	서울지하철 3호선	1.40~2.39	토사~연암층(실측자료)
	서울지하철 4호선	1.40~2.10	토사~연암층(실측자료)
	일본 산악철도터널	0.24~1.21	(실측자료)
	터널설계실무자료집(1995) 터널설계기준(1999)	0.50~1.50	보통의 암반상태
	도로설계요령(2001)	2.0~3.0	
	대한터널협회	0.5~1.5	보통의 암반상태
	국내 지하철 설계(배수형 터널구간)	3.00	설계 적용

측벽으로 유입되는 수량 중 가장 보수적으로 예측된 국내 지하철 설계(배수형 터널구간)값을 적용한 결과, 터널 유입되는 총량은 연장 1.265km를 곱하여 다음과 같다.

$$Q_{total} = \text{유입량} \times \text{터널연장} = 3.0\text{m}^3/\text{min}/\text{km} \times 1.265\ \text{km} = 3.765\ \text{m}^3/\text{min}$$

2) 침투해석을 통한 지하수 유동해석으로 접근

가) 침투해석 개요

침투로 인한 터널의 안정성 확보와 지하수 유동특성을 파악하기 위해서는 침투류 해석을 기본적으로 수행하여야 한다. 산악터널의 경우 일반적으로 부정류에 대한 해석을 수행하지만, 도심지의 터널은 터널 상부의 토피고 및 강우량 등을 고려하여 볼 때 급격한 수위강하의 가능성이 적을 것으로 판단되므로 정상류 상태를 가정하여 침투 해석을 수행하는 것이 유리하다.

나) 지하수의 흐름

지하수위면보다 낮은 지중에 배수형 터널을 건설하게 되면 터널은 지중에 설치된 배수관과 같은 역할을 하게 되며, 이에 따라 지하수의 흐름상태는 〈그림 5.9〉와 같이 크게 두 가지 형태로 분류할 수 있다.

첫째, 터널로 배수되는 배출 수량이 터널 주변 지반으로 충원되는 지하수량보다 많아서 시간이 경과함에 따라 지하수위가 저하되면서 터널내로의 배출수량이 감소하는 부정류 상태(Transient State)이다.

둘째, 지반의 투수성이 크고 지하수의 유입원이 무한하여 시간에 따라 지하수위와 터널을 통한 배출 수량이 크게 변화하지 않는 정상류 상태(Steady State)이다.

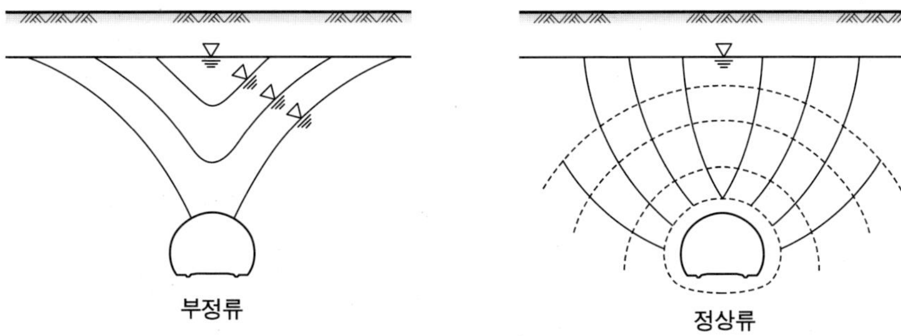

그림 5.9 부정류와 정상류

다) 해석프로그램(SEEP/W)

침투해석을 위해 사용한 프로그램은 정상류 침투해석, 시간적 수위 변화와 침투류의 거동에 영향을 미치는 불포화 영역(자유수면 윗부분)의 거동까지도 해석할 수 있는 Canada의 Geo-Slope사에서 개발된 유한요소해석 프로그램인 SEEP/W (Version. 4.22)를 적용하여 해석하였다.

SEEP/W는 흙이나 암체와 같은 공극을 가진 물질의 간극수압의 거동을 모델링할 수 있고, 사각형 요소와 삼각형 요소의 모델링이 가능하다.

① Darcy의 법칙

SEEP/W 프로그램은 물의 흐름이 포화토와 불포화를 통과할 때 Darcy의 법칙을 따른다는 전제 하에 구성되었다. Darcy의 법칙은 원래 포화토에서 유도되었으나 이후의 연구에서 불포화토에서도 적용될 수 있다고 보고된 바 있다 (Rechards, 1931 and Child-George, 1950). 유일한 차이점은 불포화토에서 투수계수는 더 이상 일정하지 않고 함수량의 변화에 의해 변화하며, 간접적으로 간극수압에 따라 변화한다는 것이다.

Darcy의 법칙의 세부적인 내용은 제3장을 참고로 한다.

② 투수 함수의 지정

불포화토와 포화토에서의 흐름의 가장 큰 차이점은 불포화토에서 투수계수가 간극수압의 변화에 따라 크게 변화하는 반면 포화토에서의 투수계수는 간극수압에 대해서 민감도가 작다. 〈그림 5.10〉은 일반적인 투수함수와 간극수압의 관계를 보여준다.

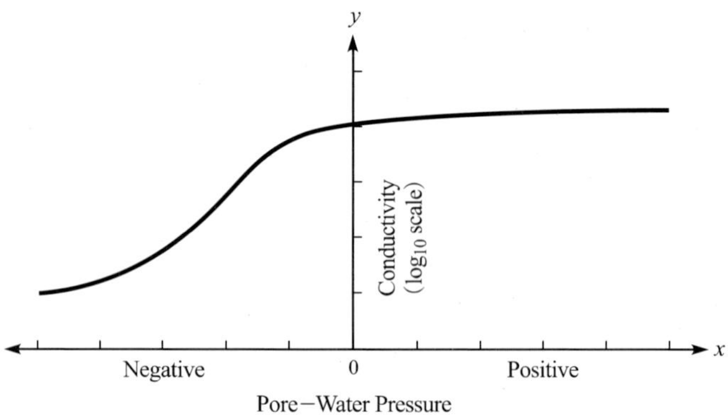

그림 5.10 투수함수와 간극수압의 관계

위의 관계를 투수함수(Conductivity Function)라 하며, 프로그램 해석 시에 포화토 및 불포화토 모두 투수함수를 지정해주어야 한다. 물을 통과시키는 흙의 능력은 투수계수의 함수로 볼 수 있으며, 투수계수는 흙 속에 존재하는 함수량에 의존한다. 즉, 함수량은 간극수압의 함수이고 투수계수는 함수량의 함수이므로 투수계수는 간극수압의 함수로 표현될 수 있다.

각각의 해석을 실시할 경우, 각 층마다 투수계수가 다르기 때문에 지층별 투수함수를 다르게 지정해주어야 한다. 간극수압의 변화에 대하여 투수함수의 변화는 프로그램에서 제공되는 함수들을 이용하여 가정할 수도 있다.

간극수압과 투수계수의 변화는 유한요소방정식을 비선형으로 만들고, 따라서 방정식의 해를 구하기 위해서는 반복계산(Iteration)을 수행하는 과정이 요구된다. 근사함수일지라도 불포화대에서의 곡선적인 함수의 지정은 투수계수를 일정하게 규정하는 경우보다 현장과 부합하는 결과를 도출해낼 수 있다.

③ 함수량의 지정

물이 흙속을 흐를 때 일정량의 물이 흙속에 저장되거나 보존되며 저장된 물에 의해 흙의 구조적인 특성이 변화하고, 이러한 변화는 간극수압의 함수로 표현될 수 있다. 침투 해석에서 투수의 저장량을 전체 용적의 비율로 지정하며, 이를 용적당 함수량(Volumetric Water Content)이라 한다. 용적당 함수량은 간극수압에 의해 변화하며 다음 식과 같다.

$$\Theta = \frac{V_W}{V}$$

여기서, Θ : 용적당 함수량, V_W : 용적, V : 전체 용적

〈그림 5.11〉은 흙-물의 특성함수(soil-water characteristic function)로 알려져 있다(Fredlund D. G. and Rahardjo H., 1993, pp.136-140). 포화의 정도가 100%일 때 용적당 함수량은 흙의 공극비에 상당하게 되고 전체 용적에 대한 공극의 용적의 비율로 지정할 수 있다.

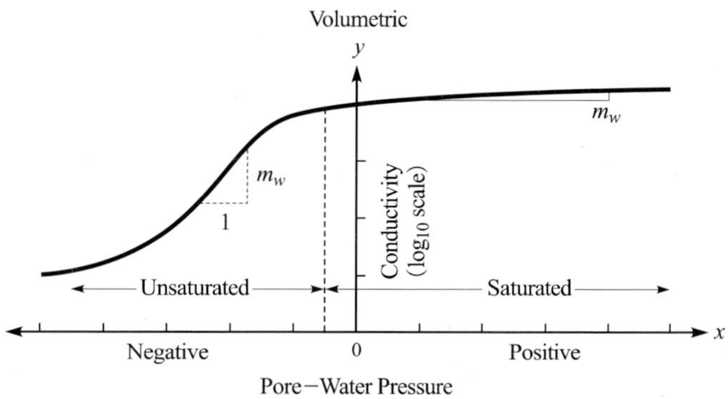

그림 5.11 간극수압과 용적당 함수량의 관계

흙-물의 특성함수(soil-water characteristic function)는 모래의 경우 아주 가파른 경사를 갖는 것에 비하여 점토는 상대적으로 평평한 경사를 가진다. 〈그림 5.12〉는 미세한 모래, 실트, 점토에 있어서 실제의 용적당 함수량 곡선으로(Ho, 1979), 이 곡선들의 변화는 흙의 특성치가 갖는 영향이 특성함수에 미치는 효과를 설명해준다.

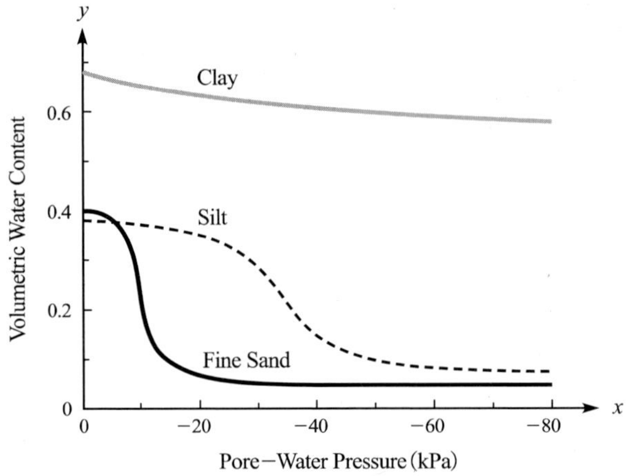

그림 5.12 실제 흙의 용적당 함수량의 함수

불포화토의 투수계수는 부간극수압과 밀접한 관련이 있으며 일반적으로 부간극수압이 작을수록 투수계수는 감소한다. 불포화영역에서의 투수계수를 실제로 측정하는 것은 매우 어렵다. 그러나 흙의 종류에 따른 간극수압-체적함수비 변화곡선은 쉽게 얻을 수 있으며 불포화영역에서의 체적함수비와 투수계수는 함수관계에 있다.

Green and Corey(1971)는 간극수압-체적함수비곡선으로부터 부간극수압과 투수계수 관계를 〈그림 5.13〉과 같이 추정하였다.

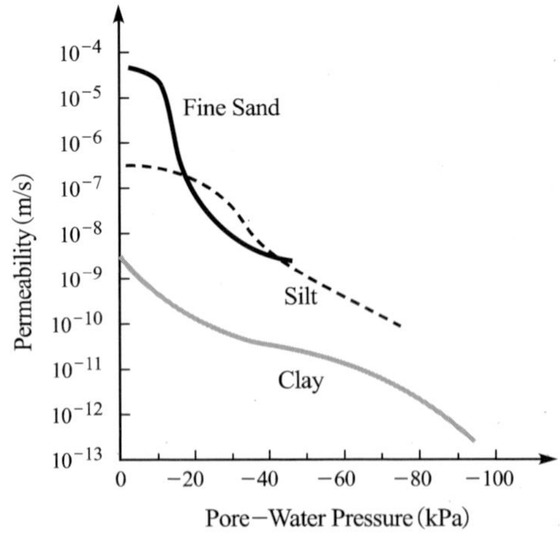

그림 5.13 부간극수압과 투수계수의 관계 (Green & corey 1971)

④ 입력 물성치 산정

해석 단면의 암반 내의 투수계수 및 암반의 투수계수를 파악하기 위해 조사 시추공에 대하여 수압시험을 실시하여 투수계수를 산정하였다. 압력(P)-주입량(Q) 곡선을 작성하여 수압에 의한 암반 균열의 파괴 및 이완양상을 파악하고 터널 주변의 투수계수와 지반의 수리상태 변화양상을 파악, 필요시 보강 설계 수립을 위한 기본 자료로 사용한다.

수위변화에 따른 포화 및 불포화 투수해석을 위해서는 기초지반의 투수계수가 필요하며, 기초지반의 포화 시 투수계수는 시험 결과치와 각종 문헌을 참조하여 정하였다. 또한 불포화 시 투수계수는 부간극수압과 투수계수 및 체적함수비의 관계에서 산정하여야 하나, 어느 정도 오차가 있어도 공학적으로 큰 문제는 없을 것으로 판단하였다.

라) 침투류 해석결과

① 해석영역 및 경계조건

해석영역은 터널형상, 크기, 지질의 수리특성을 고려하여 터널 수평방향으로 40m, 하부는 30m, 상부는 지표면까지를 적용하였다.

경계조건은 해석영역의 좌·우측, 하부 경계면에 대하여 유량을 '0'으로 설정하였고, 배수구를 제외한 터널 내부의 모든 절점들의 유량도 '0'으로 설정하여 물의 유입을 배제하였다. 터널 배수구의 수두는 압력수두를 '0'으로 적용하였고 지하수위는 지표면에서의 수두를 적용하여 정상류 해석을 수행하였다.

유출단면은 ○○터널의 배수구에 flux section 1, 2를 설정하였다.

표 5.12 | 침투류 해석을 위한 경계조건

구 분	표 시	경계 조건	비 고
좌·우측 및 하부 경계면	▲	유량 $Q = 0.0\ m^3/sec$	물의 흐름을 차단
지하수위	●	지표면의 전수두	지하수위는 지표면에 위치
배수구	●	배수구의 전수두 (압력수두 = 0.0 m)	물의 흐름을 배수구로 유도
유입단면	↑	flux section 1, 2, 3, 4	배수구의 유입수량을 산정

② 해석 모델링

침투류 해석단면의 모델링은 〈그림 5.14〉와 같으며 사각형 요소와 삼각형

요소를 사용하여 모델링하였다. 요소의 밀도는 터널 주위일수록 높게 하였고 흐름의 유출부에 집중적으로 조밀하게 배치하여 해석의 신뢰도를 높였다.

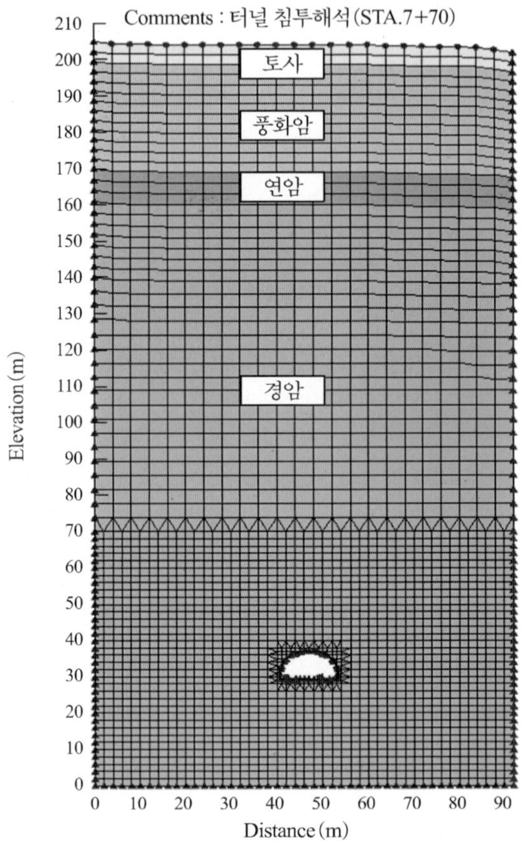

그림 5.14 해석단면 모델링

③ 해석 결과

수치해석은 Input Data가 해석의 신뢰도에 가장 큰 영향을 미치며, 이에 대한 정확한 선정이 현장상황에 적합한 해석을 가능하게 할 수 있다. 본 해석의 경우 현장실험과 기존 적용 투수계수를 종합적으로 분석하여 투수계수를 산출하여 해석의 신뢰도를 높였다.

실제 지반의 해석은 고려되지 못한 미지의 요소로 인해 수치해석 결과와 다른 양상을 보일 수 있다.

원지반의 해석결과, ○○터널에 유입되는 유입수량은 다음과 같으며, section-1의 양으로 적용하였다.

표 5.13 | 침투류 해석에 의한 유입수량

구 분	단 위	○○터널	
		section 1	section 2
유입 수량	$m^3/sec/m$	1.1154×10^{-5}	1.0584×10^{-5}
	$m^3/min/km$	0.6692	0.6350

$$Q_{total} = \text{유입량} \times \text{터널연장} = 0.669\text{m}^3/\text{min/km} \times 1.265\ \text{km} = 0.846\ \text{m}^3/\text{min}$$

3) 터널 내 유입되는 총량 산정 결과

○○터널로 유입되는 유입수량을 사례 적용값과 침투류 해석결과를 비교한 결과, 사례 적용값이 크므로 $Q_{total} = 3.765\ \text{m}^3/\text{min}$를 적용하였다.

다. 터널 굴착 시 지하수 유동대책

도심지 터널은 대부분 지하수위면보다 낮은 지중에 배수형 터널로 건설하게 된다. 터널은 지중에 설치된 배수관과 같은 역할을 하게 되므로 주변지반에 대하여 지하수 영향이 없도록 하여야 한다. 지하수위와 터널을 통한 배출 수량이 크게 변화하지 않는 정상류 상태(Steady State)가 유리하지만, 지하수량이 많을 경우 시공상 어려움이 있다.

따라서 시간이 경과함에 따라 지하수위가 저하되면서 터널 내로의 배출수량이 감소하는 부정류상태(Transient State)가 시공상 유리하지만 지하수위 변동에 따른 주변지반의 영향이 있다. 그러므로 천층터널의 경우 지반조건과 터널상부 구조물의 특성을 고려한 터널 내 유입량과 지하수 함양량의 관계로 접근하여야 한다.

터널벽면으로 유입되는 양과 지하수 함양량의 관계를 지하수 흐름특성으로 해석하여야 한다. 터널 근접지역은 침투해석 프로그램을 이용한 침투해석을 수행하고, 광역범위의 지하수 흐름 해석은 3차원적인 해석을 하여야 한다.

5.3.2 터널 근접 시공

암반지역에서 터널을 굴착하게 되면 터널 주변에 작용하는 응력은 초기지압 상태에서 반경방향 응력과 접선응력으로 바뀌게 된다. 터널 굴착에 따른 응력변화가 주변에 미치는 영향을 검토하고 대책을 세우는 것이 터널 근접 시공의 문제점과 원인 및 대책을 세우는 방안으로 볼 수 있다.

초기지압 상태의 시험방법과 유도응력 조건과의 관계를 정리한 Kirsh 해를 이해하기 쉽도록 정리하였다.

가. 굴착 전 암반의 초기 지중응력

초기지중 응력이란 암의 생성 초기부터 굴착 전까지 암반이 가지고 있는 고유의 응력이다. 터널 굴착 전 암반이 가지고 있는 고유의 초기연직응력과 초기수평응력은 구간별로 다르게 나타나게 되며, 초기지중응력(K_o)은 다음 식으로 표현된다.

$$K_o = \frac{\sigma_h}{\sigma_v}$$

나. 굴착에 따른 응력 재분배(Kirsh의 방정식)

초기지중응력(K_o)상태의 터널을 굴착하면, 굴착면 주변의 지반은 원래의 3축 응력 상태에서 2축 응력 상태인 평면 변형률 조건이 된다. 이때 소멸되는 지중응력으로 인해 굴착면의 접선응력은 크게 증가하게 되고 굴착면의 변위가 굴착 내측으로 발생하게 된다. 따라서 굴착으로 인해 증가된 접선응력이 지반의 강도보다 적으면 터널주변 지반은 적은 변위와 함께 초기에 안정된다. 반면 접선응력이 지반의 고유 강도보다 크면 큰 변위가 발생하게 되므로, 지보재가 설치되지 않는다면 결국 파괴된다.

터널은 형상이 복잡하고 주변지반의 응력상태를 예측하기가 어렵기 때문에 원형단면에 탄성체를 가정한 Kirsh의 식을 이용하여 주변지반의 응력을 검토한다. Kirsh의 일반해를 이용하면 근접터널에서 굴착 후 중앙 필러부의 반경방향 응력과 접선 응력을 계산할 수 있으며, Mohr-Coulomb 조건에 의하여 중앙 필러부의 안전율을 산정할 수 있다. Kirsh의 방정식은 다음과 같으며, 탄성체로 가정한 일반해를 구하면 근접시공 $\frac{r}{a}=3$이 확보되어야 하므로 1D이상의 거리 확보가 요구된다. 쌍굴터널은 2D 이상의 거리가 확보되어야 지중응력 변화에 따른 영향이 최소화된다고 판단할 수 있다.

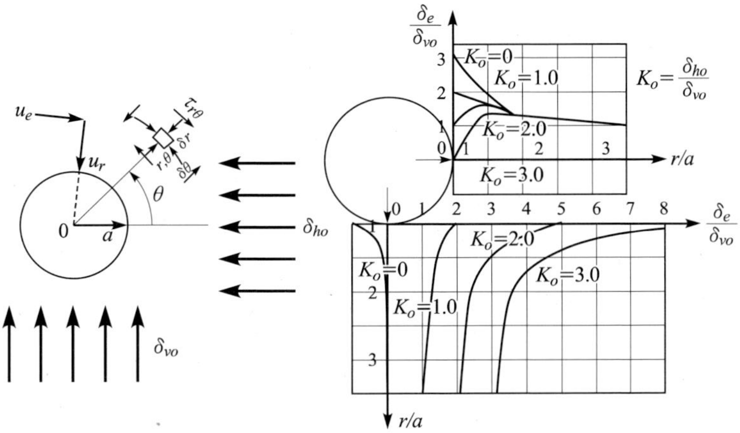

$$\delta_r = \frac{1}{2}\delta_{vo}\left[(1+K_0)\left(1-\frac{a^2}{r^2}\right) - (1-K_0)\left(1+3\frac{a^4}{r^4}-4\frac{a^2}{r^2}\right)\cos 2\theta\right]$$
$$\delta_\theta = \frac{1}{2}\delta_{vo}\left[(1+K_0)\left(1+\frac{a^2}{r^2}\right) + (1-K_0)\left(1+3\frac{a^4}{r^4}\right)\cos 2\theta\right]$$
$$\delta_{r\theta} = \frac{1}{2}\delta_{vo}\left[(1-K_0)\left(1-3\frac{a^4}{r^4}+2\frac{a^2}{r^2}\right)\sin 2\theta\right]$$

그림 5.15 Kirsh가 제안한 방정식

해를 구하면 다음과 같은 식을 얻을 수 있다.

$$K_0 = 1\text{조건에서 } \sigma_r = \sigma_{v0}\left(1-\frac{a^2}{r^2}\right),\ \sigma_\theta = \sigma_{v0}\left(1+\frac{a^2}{r^2}\right)$$

터널 굴착면은 $a=r$이므로 해를 구하면 다음과 같은 식이다.

$$\sigma_r = 0$$
$$\sigma_\theta = \sigma_v\{(1+K_0)+2(1-K_0)\cos 2\theta\}$$

또한 같은 조건에서 천단부와 측벽부의 응력상태는 2θ값에 따라 $\theta=0$도와 180도는 측벽부이다. 따라서 σ_θ 값을 구하면 다음 식이 된다.

$$\sigma_\theta = (\sigma_v + \sigma_v K_0) + (2\sigma_v - 2\sigma_v K_0) = (3-K_0)\sigma_v$$

$\theta=90$도와 270도는 천단과 인버터이다. 따라서 σ_θ 값을 구하면

$$\sigma_\theta = (\sigma_v + \sigma_v K_0) - (2\sigma_v + 2\sigma_v K_0) = (3K_0 - 1)\sigma_v$$

이를 이용하여 터널 굴착면에 작용하는 응력을 $\frac{\sigma_\theta}{\sigma_0}$ 조건으로 구하면, 다음과 같이 초기지압과 유도응력 관계의 해를 얻을 수 있다.

K_o	0	1	2	3	비고
σ_θ/σ_v	3	2	1	0	측벽부
σ_θ/σ_v	−1	2	5	8	천단/인버터

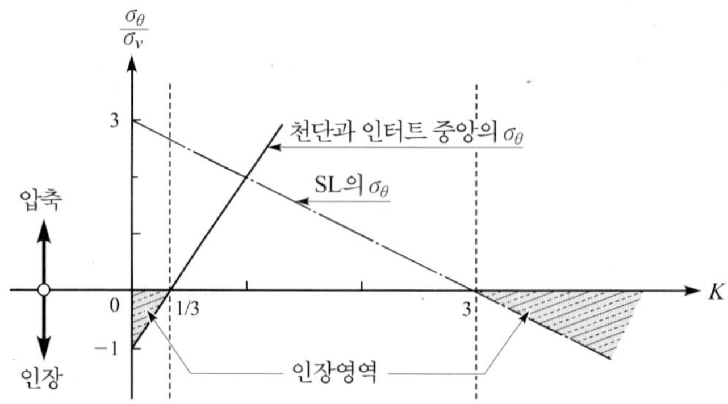

그림 5.16 굴착면의 초기지압과 유도응력의 상관성

굴착 후 응력 재분배에 따른 천단부와 측벽부에 작용응력은 다음과 같이 정리된다.

표 5.14 | 천단부와 측벽부에 작용하는 응력

$K<1$ ($\sigma_v>\sigma_h$ 조건)	$K=1$ ($\sigma_v=\sigma_h$ 조건)	$K>1$ ($\sigma_v<\sigma_h$ 조건)
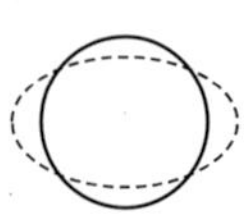	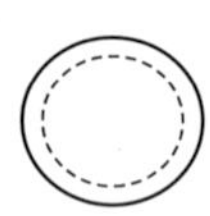	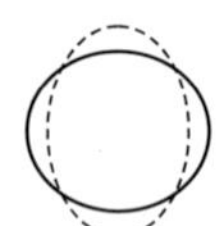
측벽 : 압축 응력	측벽 : 압축 응력	측벽 : 인장 응력
천단, 바닥 : 인장 응력	측벽 : 압축 응력	천단, 바닥 : 압축 응력
인장측 보강	소성 영역 최소	인장측 보강

다. 굴착 시 터널주변 응력변화를 고려하기 위한 초기지압 시험

초기지압에 다른 천단부와 측벽의 위험요인을 사전에 차단하고 주변의 응력변화를 알 수 있도록 초기지압시험을 실시한다. 쌍굴터널은 2D 이상의 거리가 확보되지 않을 경우에 Pillar부 보강이 요구된다.

1) 초기지압 측정방법

가) 플래트잭법(Flat jack test)

① 기 시공된 터널의 암반 벽면에서의 시험법이다.

- 굴착면에 계측기를 일정 간격으로 설치
- 벽면에 플래트 잭을 삽입할 틈을 평면 굴착하면서 응력 이완과정 측정
- 플래트판 삽입 후 압력을 가하면서 응력 변화 측정

② 기 시공된 벽면의 측정값이므로 계산식을 이용하여 초기 응력값을 산정한다.

나) 수압 파쇄법(Hydraulic fracturing test)

① (시추공) Bohr hole에서 실시하는 시험법으로 깊은 깊이에서도 가능하다.

② 불투수성 암반에 주로 적용한다.

③ 시험법

- 시험 구간 시추
- 측정 구간의 양쪽을 팩커로 막은 뒤 수압을 가함.
- 시추공의 인장력이 암석의 인장 강도를 넘게 되면 암석은 갈라지게 되며, 갈라지는 면은 최소 주응력에 수직이 된다.
- Impression packer로 균열의 방향성을 구한다.

④ 적용 한계 : 수압 파쇄 시 균열이 연직으로 일어난다는 가정으로 균열이 수평 방향으로 일어난다면 분석이 어렵다.

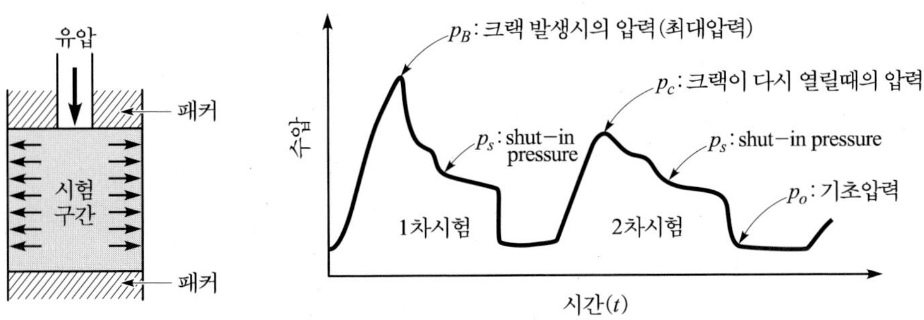

그림 5.17 수압파쇄법

다) 응력 해방법(Overcoring)

① 작은 size의 시추공을 뚫고 시추공 안에 게이지를 설치한 다음 더 큰 size의 시추공을 Overcoring하여 응력 해방을 시킨 상태로 응력 변화를 측정하는 방법이다.

② 시험법 종류에는 미 광무국 제안법과 CSIRO 셀 이용법 등이 있다.

2) Pillar부 보강

(가) 안정성 검토

근접 병설터널 중앙 필러부의 개략적인 안정성 검토방법으로 지류론(Tributary theory)이 있다. 지류론은 원활하게 이동하고 있는 흐름 속에 교각을 설치했을 경우 유속 증가의 정도는 교각과 교각 사이의 폭과 전체 폭과의 비에 따라 결정된다는 이론으로서 지반 내 공동의 굴착에 따른 응력흐름도와 유사하다. 즉, 병설터널 사이의 필러에서 응력전달은 교각 사이의 물의 흐름과 유사한 관계에 있다는 것으로 서로 인접한 공동사이의 필러에 대한 응력선 분기 및 연직응력의 집중도 등을 취급하는 이론이다.

지류론에서는 공동의 전 단면적과 필러의 면적비에 의하여 정해지는 평균 필러 응력과 필러형상에 따라 결정되는 응력집중도에 따른 응력에 관한 사항으로 나눌 수 있다(Hoek and Brown, 1980). 토피가 얇은 초근접 터널의 경우, 암반 필러부의 응력 상태를 일축압축상태로 가정할 수 있다. 토피고(H)와 터널 굴착 폭(D)의 관계에 따라 일축압축강도와 필러부 응력의 비로 필러의 안전성을 검토할 수 있다(Matsuda 등, 1997).

$$Fs = \frac{\text{pillar 일축압축강도}}{\text{pillar 응력}}$$

(나) Pillar부 보강

대단면 터널의 근접시공에 의한 필러 폭의 축소는 추가적인 터널의 단계굴착에 의하여 필러부의 변형 및 응력집중이 발생되어 터널 안정에 악영향으로 작용한다. 따라서 지반조건이 불량하고 필러의 폭을 증가시킬 수 없는 현장조건을 고려하였을 때, 필러부에 보강공법의 적용이 요구된다.

근접병설터널의 경우 이격거리를 충분히 확보하고 있는 터널보다 안정성 측면에서 불리한 점이 많으므로 보강대책에 대한 검토가 충분히 수행되어져야 한다. 터널 상호 간의 영향에 대해서는 지반이 완전탄성체일 경우에는 중심간 간격이 굴착 폭(D)의 2배, 지반이 연약지층인 경우 5배 이상으로 하면 거의 상호 간에 영향을 미치지 않는 것으로 보고되어 있으며, 통상적으로 터널 중심 간격을 2.5D로 적용하여 설계한다.

5.3.3 미고결 저토피 터널

도심지 터널은 주변 구조물의 아래에 설치되는 미고결 저토피 지반에 건설되는 경우가 많기 때문에 굴착에 따른 지표면 침하와 주변 지반의 변위가 터널 설계를 지배하는 중요 인자이다. 미고결 저토피 터널의 굴착에 따른 변형거동은 터널 상부 측벽부에서 발달하는 전단대의 형성과 터널 상부 지반의 이완에 따른 지반침하가 동시에 발생하므로 지표면 침하가 크게 발달하는 원인이 된다. 이러한 지반에서 변형 거동은 터널굴착에 따른 터널 어깨로부터 발달하는 전단존의 형성과 터널 상부 지반의 이완에 따른 천단과 지표부까지의 지반이 동시에 침하 현상이 발생하게 된다.

따라서, 도심지의 미고결 저토피 터널은 지중 및 지상에 위치한 인접 구조물들의 굴착에 따른 천단 및 지표면의 침하량과 기울기를 적절하게 평가할 수 있는 해석기법이 필요하다. 반면, 미고결 저토피 터널의 설계와 해석은 기존의 탄성 및 탄소성 모델을 활용한 수치해석 방법이 일반적이므로 실제 침하특성을 완벽하게 표현하는데 한계성이 있다.

그러므로 도심지의 미고결 저토피 지반은 터널 굴착에 따른 변형거동의 역학적인 특성, 지하수의 영향, 지보공 및 보조공법의 효과, 지표면과 주변 지반의 안정성 문제에 관하여 모형터널 실험, 현장 데이터 분석과 수치해석적인 관점을 통한 조사와 해석이 요구된다.

가. 미고결 지반의 공학적 특징

① 미고결 지반은 암이 되기 전 상태의 퇴적지반이나 잔류토 지반으로 사질토지반, 점성토지반, 풍화대지반, 애추지역 등 공학적으로 불리한 지반이다.

② 원지반강도가 상대적으로 약하고 지반변형계수가 크다.

③ 지하수 유출통로가 되거나 지표수의 영향을 받기 쉬운 지반이다.

나. 미고결 저토피 터널의 공학적인 문제점

① 토피가 적은 경우 터널안정성을 좌우하는 Ground Arch형성이 곤란하므로 지표면 침하가 발생하게 된다.

② 전단강도가 약하므로 굴착 중 붕괴나 과대변형에 의한 이완영역이 증대되는 악영향이 발생하기 쉽다.

③ 투수계수가 큰 지반에서는 지하수 유출이나 지표수 침투에 의한 지반의 교란이나 이완영역의 확대 등의 문제점을 수반한다.

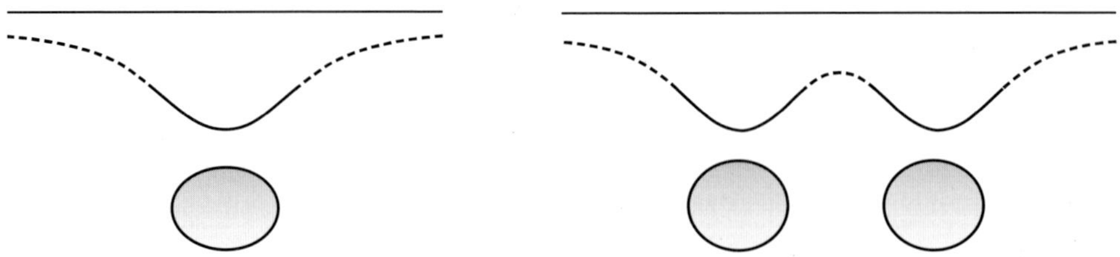

그림 5.18 미고결 저토피 터널에서의 침하

다. 미고결 저토피 대책

도심지 미고결 저토피 터널의 공학적인 대책으로는 내부에서 보강하는 방법과 외부에서 보강하는 방법이 있으며, 보강공법 분류는 다음과 같다.

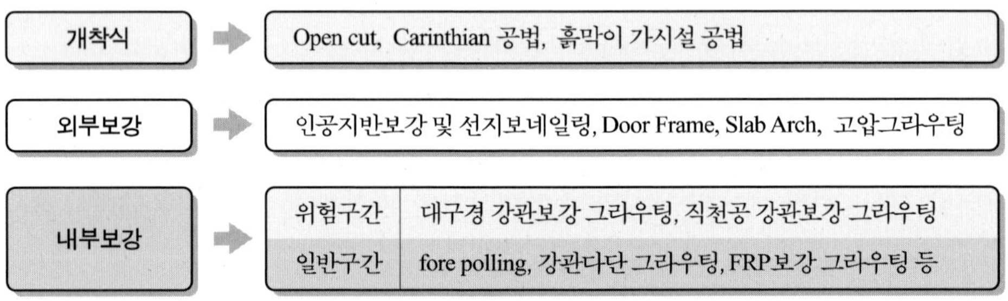

(출처: 터널(국토교통부))

그림 5.19 미고결 저토피 터널에서의 침하 대책

1) 카린시안(Carinthian) 공법

터널 다면 하부지층이 암반일 경우, 하부지층을 NATM으로 시공한 후 상부 토층만 Open cut하여 완성하는 공법으로 전체 Open cut공법에 비하여 터파기 양을 줄일 수 있다.

2) 인공지반 보강 및 선지보 네일링

석분과 시멘트를 혼합기계로 건비빔한 인공지반을 부설하고 살수하면서 롤러 다짐을 실시하여 토피고를 형성하는 공법이다.

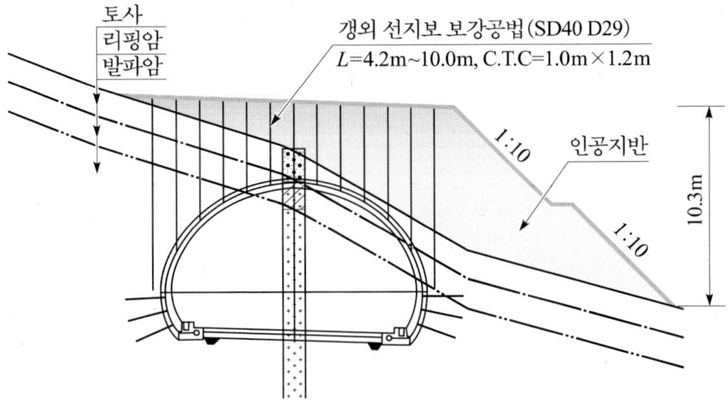

그림 5.20 인공지반 보강 및 선지보 네일링 공법

3) 대구경 강관보강 그라우팅 공법

대구경 강관보강 그라우팅 공법은 연약한 토사 지반을 통과하는 터널의 굴착 시 지보재의 강성증가를 통해 천단변위를 효과적으로 억제하고 상부시설물 보호 및 터널의 안정성 확보를 위해 적용하는 공법이다.

터널 바깥둘레를 따라 길이가 12m 이상인 대구경 강관(일반 구조용탄소강관 KS D 3566, 외경 ϕ114.3mm)을 횡방향(설치간격은 300~600mm)으로 삽입하고, 강관 내부에 이동식 패커를 설치하여 다단으로 주입재를 주입한다. 강관의 설치각도는 수평 또는 10° 이내로 해야 하며, 연속 설치 시 천단의 안정 효과를 높이기 위해서는 지보재를 설치 연장의 1/4 이상 중첩시켜야 한다.

대구경 강관을 사용함으로써 그라우팅에 의한 지반 개량 효과뿐 아니라 강관의 빔(Beam) 효과가 극대화되어 상재하중, 토압의 분산작용 및 경감효과가 기대되고, 특히 막장의 안정성 확보를 위해 이용된다.

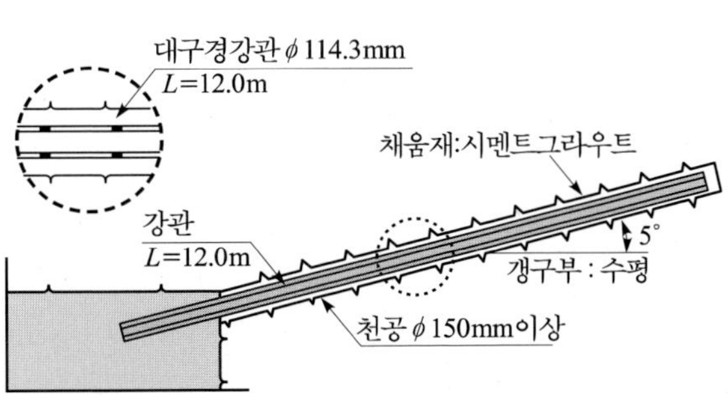

그림 5.21 대구경 강관보강 그라우팅 공법

4) 훠폴링 공법

훠폴링 공법은 상반 아치에 5m 이하의 철근, 강봉, 강관 등을 삽입하여 천단의 전단 강도 증대, 전방지반의 이완 방지 등을 도모하고자 사용하며, 충전식 공법과 주입식 공법으로 구분된다.

보강재 재질은 철근, 강봉, 강관을 사용하며, 철근의 직경은 ϕ25mm, 강관 파이프의 직경은 약 ϕ30~40mm를 주로 사용한다. 횡방향의 설치간격은 지반조건과 굴착장에 따라서 상이하지만 약 0.3~0.8m 이내로 한다. 설치범위는 터널 굴착면 천장부에서 좌우로 약 30°~60° 범위에 보강재를 설치한다.

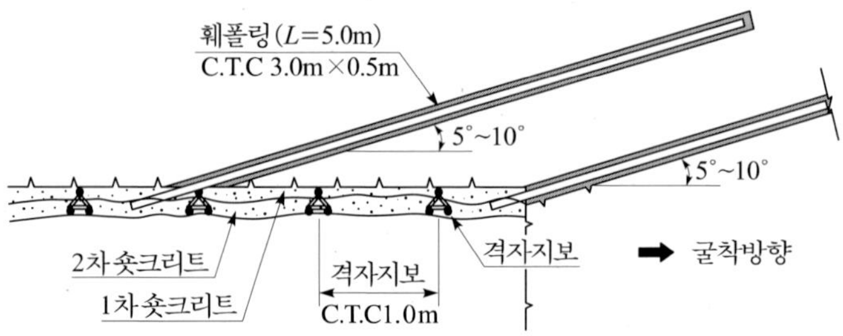

그림 5.22 훠폴링 공법

5) 강관보강형 다단 그라우팅 공법

길이 5m 이상의 강관이 이용되는 강관보강형 그라우팅은 애추, 단층파쇄대, 미고결 지반 등과 같이 아칭효과가 기대될 수 없는 불안정한 지반을 보강하고 선행변위를 억제하여 천단부 안정뿐만 아니라 굴착면 안정화를 도모하는 공법이다. 강관을 이용한 주입재 주입을 통해 차수 및 보강효과를 동시에 얻기 위하여 사용한다. 기대되는 효과는 주입재에 의한 외곽 차수효과, 강관에 의한 beam arch형성 효과, 상부 지반압의 경감효과, 지표침하, 천단침하 경감효과 등이 있다.

터널 현장의 지반조건 및 굴착단면 규모, 용출수 상태 등 여러 가지 요인들에 따라 강관 설치를 위한 천공규격을 결정해야 한다. 천공직경은 보강용 강관의 약 1.8~2.0배(ϕ100mm 이상)이며, 천공장은 지반조건에 따라 수평방향으로 10~18m 정도이다. 천공각도는 갱구부에서는 상향 2°~7° 이내, 터널 내부에서는 상향 15° 이내로 가급적 수평을 유지해야 한다. 설치간격은 약 0.3~0.6m 이내로 한다.

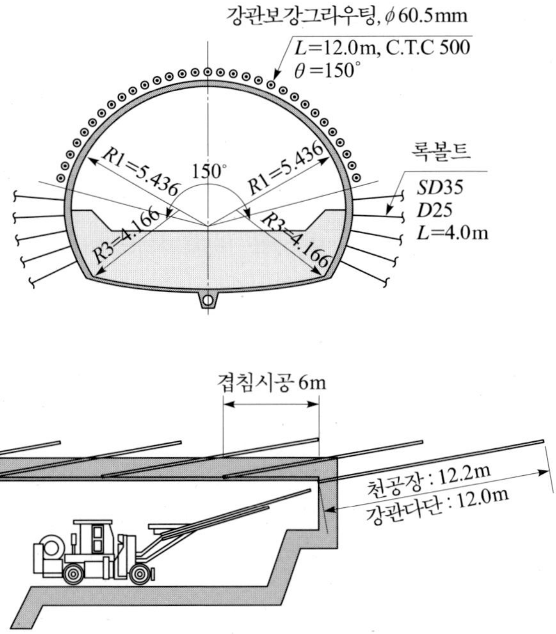

그림 5.23 강관보강형 다단 그라우팅 공법

6) FRP(Fiberglass Reinforced Plastic) 그라우팅 공법

FRP공법은 강관 대신 비강도(강도/비중)가 우수하고 부식에 강한 경량 고강도 섬유강화 복합재료로 성형된 보강관을 사용한다. 신소재 보강관의 활용으로 그라우팅 효과와 시공성의 향상된다.

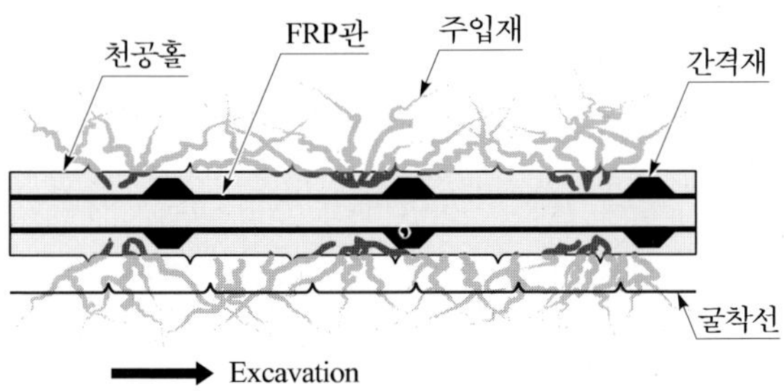

그림 5.24 FRP 그라우팅 공법

7) 직천공 강관보강 그라우팅

점보드릴을 활용하여 천공 후 강관 삽입이 연속된 공정으로 이루어져 터널천단 및 갱구부 안정을 효과적으로 유도할 수 있는 공법들을 말한다.

천공의 크기는 ϕ75mm~ϕ125mm, 천공 각도는 0°~15° 이내이다. 강관 규격은 ϕ60.5mm~ϕ114.3mm이고, 본당 길이는 12m 정도이다.

8) 직천공 동시주입 그라우팅

비회수용 팩커와 U-type 동시 주입장치를 이용하여 주입재를 동시에 주입・완료하는 공법으로 공기단축 및 시공성 향상을 위해 적용되고 있다.

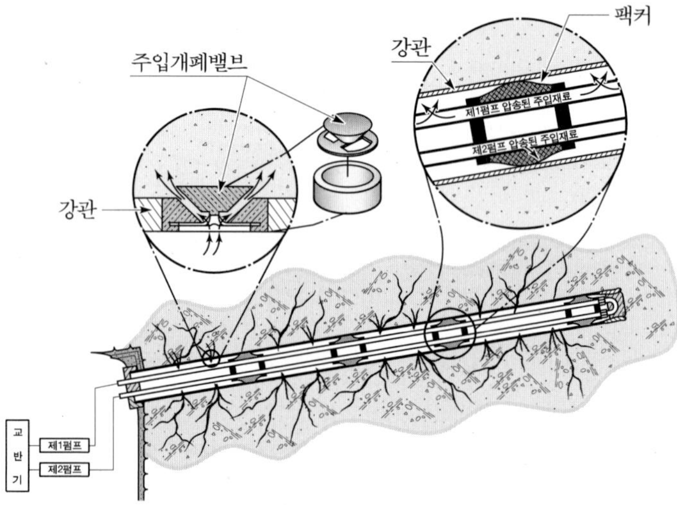

그림 5.25 팩커 및 U-type 동시주입장치

5.3.4 단층점토대와 단층파쇄대

가. 단층파쇄대와 단층점토대에 의한 지반침하

단층은 암괴, 지괴, 지층 등이 지각에 미치는 압력에 의하여 깨진 틈을 중심으로 깨어져서 상대적으로 어긋나거나 미끄러지는 현상 또는 이러한 현상에 의해서 만들어진 모습이다. 단층이 발생하면서 틈으로 분리되는 면을 단층면(fault plane)이라 하고, 지표면에 선형으로 표시되는 선을 단층선(fault line)이라 한다. 단층면이 마찰작용으로 연마된 상태가 되면 단층경면(slickenside)이 되며, 때로는 단층면에 파쇄물질들이 형성되는데 점토물질로 이루어진 단층점토(fault gouge)와 각력에 의한 단층각력(fault breccia)이 대표적이다.

활성단층은 제4기 이후 지질적, 지형적인 증거를 보여주면서 역사지진과 계기지진이 빈번한 지역의 단층을 말한다. 그 대표적인 사례로는 부산, 양산, 경주, 포항으로 연결되는 양산단층대와 울산에서 경주로 연결되는 울산단층대가 대표적이다.

나. 단층점토 존재 시 고려사항 및 대책

1) 단층점토대 존재 시 고려사항

① 단층점토대 두께/함수비/점토광물종류(팽창성)로 굴착방법 및 지보압 고려

② 단층점토와 암반의 경계면 거칠기로 전단강도 고려

③ 경면(Slicken side) 방향성에 따른 붕락요인 고려

④ 단층점토대의 강도정수를 고려한 전반적인 터널 해석

2) 단층점토대의 조사 및 시험 대책

단층 점토대는 암반사이 단층에 소성상태의 점토가 충전된 상태로 swelling현상과 암반블록의 슬라이딩 파괴를 유발시키는 위험한 구간이다. 단층파쇄대는 지하수 유출통로로 이용되므로 지표지질조사, 물리탐사 등의 사전조사가 중요하다.

3) 단층점토대의 대책

단층점토대의 대책은 직천공식 대구경 강관다단그라우팅으로 천단부를 보강하거나, H-Beam 지보로 보강하여 팽창압에 대비하여야 한다.

다. 단층대 규모와 특성을 파악하기 위한 현장조사, 탐사 및 시험의 종류

① 지표지질조사, 인공위성 탐사

② 현장조사 및 탐사 : 시추조사, 탄성파탐사, Geotomograph, 전기비저항시험

③ 현장시험 : 초기지압시험, 수압시험, Sounding, BHTV, BIPS

④ 실내시험 : 정적시험(물리적 특성 및 역학적 특성 시험), 동적시험

라. 시공 시 단층대 예측방법

① TSP로 막장면 100m~150m 전방탐사

② 선진수평보링으로 10m 전방탐사

③ 3차원계측관리로 영향선과 경향선을 이용한 예측

5.3.5 막장면과 각부 불안정

암반은 많은 불연속면이 존재할 뿐 아니라 초기지압이 작용하므로, 터널 굴착 후 응력이 재분배되는 과정은 터널 안정성 확보가 매우 중요하다. 하지만 막장전방의 단층대, 핵석, 연약한 암반 등은 응력전이가 충분히 되지 못하므로 응력이 집중되는 부위를 중심으로 파괴가 발생하기 쉽다.

또한 각부는 상반굴착 시 강지보재를 지지하는 인버트 양단의 지지부위 또는 아치 하단부를 의미한다. 연약한 지층을 통과하는 터널의 경우 굴착지반의 지내력 유지, 측벽부의 변위억제와 지하수 차단이 필요하다.

가. 막장면 대책공법

막장과 막장면은 지보가 설치되기 전 상태로 불안정 요인이 매우 많다. 막장면 전방의 상황을 알 수 없으므로 막장면 전방에 대한 위험요인을 사전에 차단할 수 있도록 Face mapping과 선진수평보링 등을 실시하여야 한다.

막장면 보강은 수압이 감소되도록 선진 도갱을 설치하거나 deep well, well point 등의 공법이 요구된다. 막장면 자립이 불가능한 경우에는 코어 핵 설치, 굴착면 숏크리트 타설, 굴착면 록볼트 설치 등의 방법이 있다. 천단부는 훠폴링, 강관보강형 다단그라우팅, FRP 그라우팅 등의 공법이 있다.

1) 코어 핵 설치

막장의 자립성이 약한 지반에 대해 적용하며, 굴착면으로 작용하는 힘에 저항할 수 있도록 굴착면의 일부를 코어 핵(core)의 형태로 남기는 방법이다. 코어 핵의 길이는 보통 2~3막장 이상이지만, 코어의 규모는 후속 작업공정(지보재 설치 및 굴착장비 등)의 원활한 수행이 가능한 여건 내에서 결정하며 굴착면 숏크리트와 병행할 수 있다.

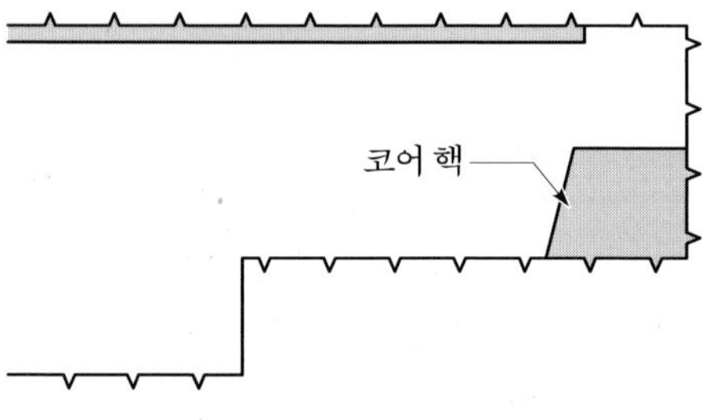

그림 5.26 코어 핵 설치

2) 굴착면 숏크리트 타설

미고결 지반이나 팽창성 지반과 같이 취약한 지반에서 1회 작업시간 사이에 지반이 약화되어 붕락이 예상되는 경우에 적용한다. 막장의 상황에 따라 굴착면에 약 50mm 이상의 숏크리트를 타설하여 굴착면의 굴곡을 완화시켜 응력집중을 분산시키고, 암반의 절리에 따른 이동을 숏크리트의 전단저항력에 의해 막는 효과를 기대하는 것이다.

시공이 간편하며 특히 굴착면 지지효과가 크고, 장기간 굴착작업이 중단되는 경우 굴착면의 강도 약화를 방지시킬 목적으로 시공한다.

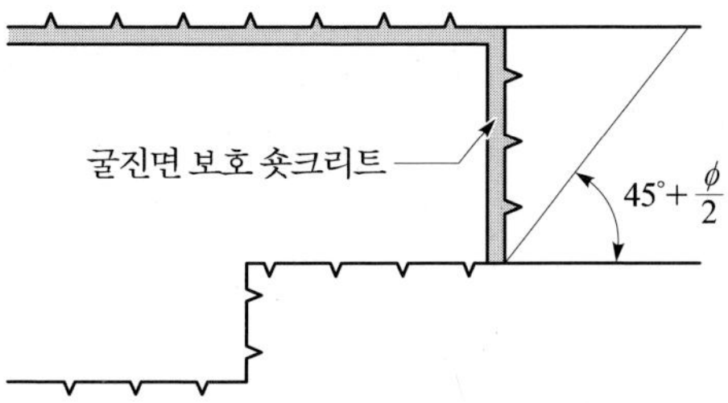

그림 5.27 굴착면 숏크리트 타설

3) 굴착면 록볼트

팽창성 지반이나 굴착면의 자립성이 극히 불량한 지반에서 굴착면 이완방지 및 강화 대책의 하나로써 굴착면에 수직으로 록볼트 형태의 보강재를 설치하는 방법이다.

보강재의 규격은 지반의 상황에 따라 설치 개수와 설치 빈도를 결정하며, 또한 굴착면 일부 혹은 전면에 설치할 것인지를 결정한다. 길이는 보통 1회 굴착장의 3배 정도이며, 설치 빈도는 일반적으로 1~2m^2당 1개를 설치하고, 추후 굴착 시 절단이 용이한 재질의 록볼트를 적용한다.

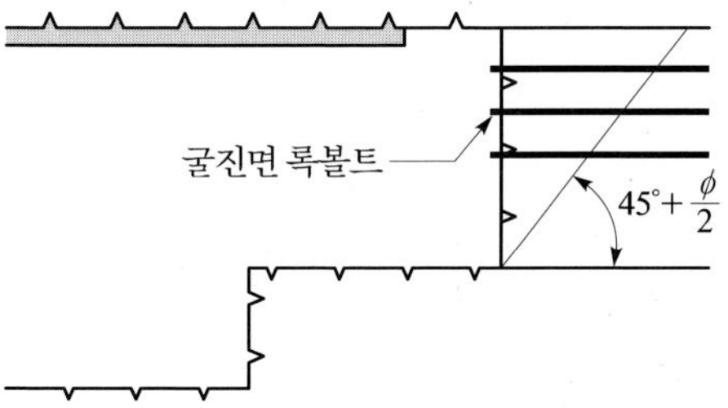

그림 5.28 굴착면 록볼트 설치

4) 1회 굴착장을 짧게 하는 방법

굴착면의 이완현상은 막장 상부에서 시작하여 점차 넓어져가므로, 굴착장이 길어지면 당연히 굴착면에 작용하는 하중도 증가한다. 따라서 굴착장을 짧게 하는 방법에 의해 굴착면에 작용하는 하중을 경감할 수 있다.

5) TAS(Tunneling method on Advanced reinforcing System) 공법

기존의 우레탄 주입공법은 주입재인 우레탄이 무독성으로 친환경적이나 주입 길이가 제한되고 공사비가 고가인 관계로 시공성이 좋지 못하였다. TAS 공법은 우레탄 주입재의 성능을 개선하여 약액의 강도는 유지하면서 저점도화함으로써 주입 길이의 제약을 극복하고, 이중관 구조의 강관을 사용함으로써 강관의 강성을 증가시켰다. 또한 많은 주입량을 필요로 하는 현장조건 변화 등에 대처하기 위해 우레탄계뿐만 아니라 시멘트계 주입재도 사용 가능하도록 개선한 공법이다.

기존의 강관보강 그라우팅에서 적용되는 침투성보다 우레탄 주입재를 사용할 경우, 투수효과는 $k = 10^{-4} \sim 10^{-5}$cm/sec로 개선되었다.

6) 강관 동시삽입형 수평제트 그라우팅(일명 Trevi Jet 공법)

강관이 지반에 삽입됨과 동시에 롯드 선단에 설치된 분사장비를 통해 강관 주변에 고압분사(분사압: 400 kgf/cm^2)를 실시하여 원주형 개량체를 형성한다. 고압으로 지반을 절삭해서 교반하여 경화제와 치환하는 공법이기 때문에 토사에 혼입된 시멘트계 슬라임이 발생하므로 분사압력에 의해 절삭이 가능한 지반에서만 적용할 수 있다.

강관의 길이는 L=13.5m를 표준으로 하며 필요에 따라 길이를 증감할 수 있다. 설치간격은 600mm 정도이나 시험시공을 통해 구근형성범위를 확인한 후 조정한다. 시공 전에 150~250mm 두께의 막장 숏크리트를 시공한다. 천공각도는 10° 이내가 되도록 하고 강지보공과 지반을 이용하여 2점 지지가 되도록 한다.

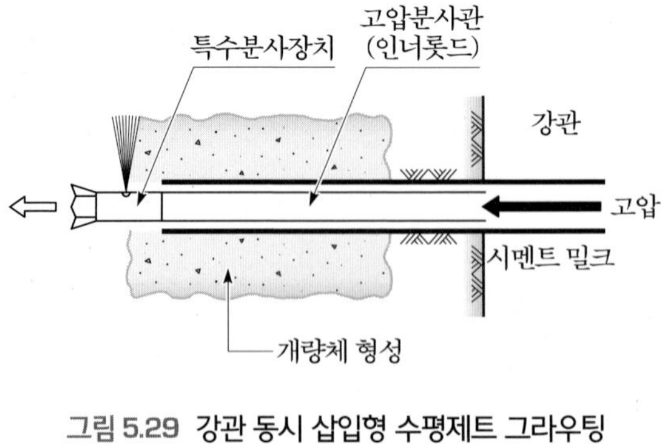

그림 5.29 강관 동시 삽입형 수평제트 그라우팅

나. 각부 보강공법

각부의 보강공법은 지보재의 각부 부근 지지지반의 지내력이 부족하여 각부 침하나 침하에 따른 지반이완이 발생하여 터널 안정에 손상을 야기하는 것에 대한 대책이다. 숏크리트에 의한 상반 가인버트시공, 각부에서 아래로 향하는 제트그라우팅 또는 록볼트 및 강관을 시공하여 지지력을 증가시키는 방법이 있다.

1) 상반 가인버트

상반 가인버트는 일반적으로 숏크리트를 이용하여 상반을 가폐합하는 것이다. 효과가 크고, 계측결과 및 굴착면의 상황에 따라 시공가능하다는 이점이 있다. 상반굴착 시의 시공성 저하와 하반작업 시의 인버트 파괴작업에 의한 시공능률 저하가 야기된다.

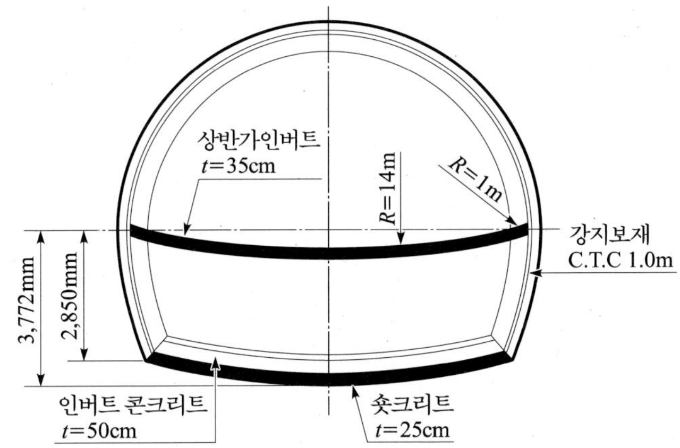

그림 5.30 상반 가인버트

2) 각부 보강 볼트·파일

각부 보강 볼트·파일은 상반 지보공 지지부의 응력집중 완화 및 하반굴착 시의 지반붕괴방지 등의 목적으로 지보재 각부에서 아래로 향한 제트그라우팅이나 록볼트, 소구경 강관 등을 시공하는 방법이다. 각부 주변지반의 지반강도가 부족할 경우에는 볼트를 타설함과 동시에 급결성 시멘트 밀크 또는 약액 등을 압력주입하고, 각부 지반의 강도증가를 도모하는 방법 등이 있다. 볼트나 소구경 강관의 타설 시에 천공수가 지반을 교란하여 역효과가 되는 경우가 있기 때문에 천공방법에 주의하여야 한다.

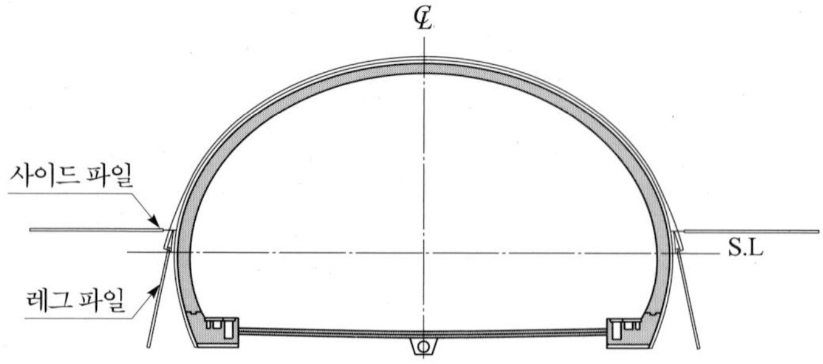

그림 5.31 각부 보강파일

3) 측벽보강공법

측벽보강공법은 연약한 지층에 위치한 터널 하반의 측벽부 변위를 억제하고 측벽부로 유입되는 지하수를 효과적으로 차단하기 위한 목적으로 측벽부에 강관 등의 보강재를 경사 삽입하고 보강재 주변을 그라우팅하여 지반을 보강하는 공법을 말한다.

터널하반 굴착 시 주변지반의 이완으로 인한 측벽 및 바닥부의 팽창압 발생 및 구조물 손상방지에 효과적이다. 또한 세립자의 유출을 최소화할 수 있으므로 스프링라인 하부에 존재하는 지하수로 인해 느슨해진 지반의 차수 및 보강에 효과적이다.

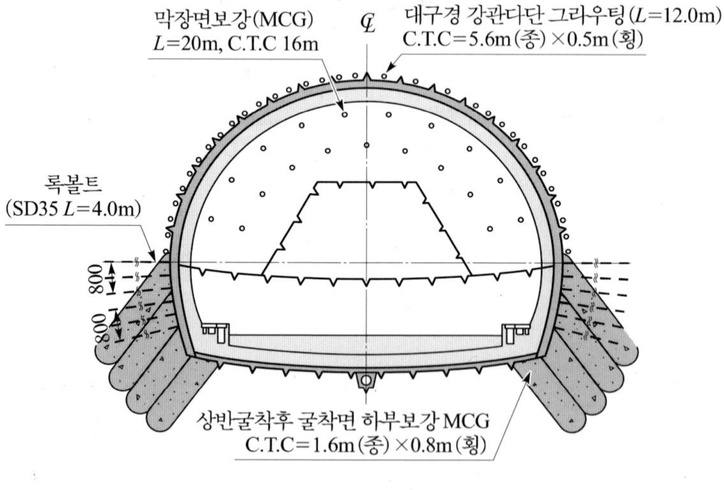

그림 5.32 측벽 보강 그라우팅

5.3.6 NATM 터널의 설계 제한성

암석(Intact rock)은 절리가 없는 아주 적은 체적의 무결점의 암으로 연속체 거동으로 해석이 가능하지만, 암반은 수많은 불연속면에 존재하는 REV(Representative Elementary Volume, 대표 단위체적) 이상의 체적으로 불연속체 해석을 하는 불안정요소가 많다. 터널은 REV 이상 체적의 암반에 설치되는 지하공간 구조물로 설계의 제한성이 많으므로 암반분류를 통한 개략적인 지보설계를 수행하고 수치해석을 통한 적정성 검토를 하며, 시공단계에서 계측을 통한 설계의 적정성을 다시 검토하여 불안정시 설계변경을 하게 된다.

따라서 본 절에서는 NATM 터널의 지보설계 절차 및 방법과 해석 사례를 수록하였다. 〈그림 5.33〉은 설계단계 및 시공단계의 흐름이다.

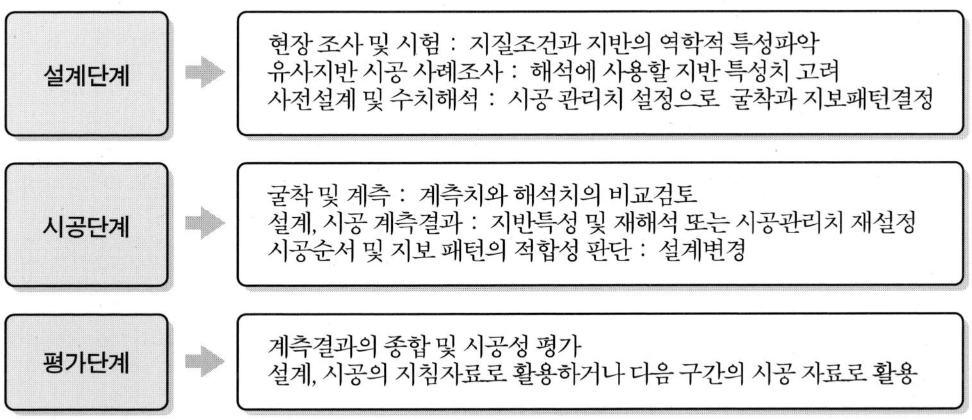

그림 5.33 NATM 터널의 설계단계

가. 굴착공법의 선정방법

1) 터널 굴착 단면

터널 굴착 단면의 최근 도로설계에 적용되는 사례는 다음과 같다.

표 5.15 | 터널 굴착공법 사례

공법		개략도		적용조건 (지반 및 단면의 크기)
		횡단면	종단면	
전단면 공법 (Full Face Cut)		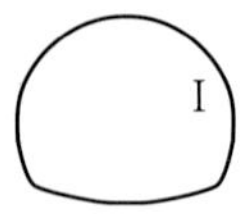	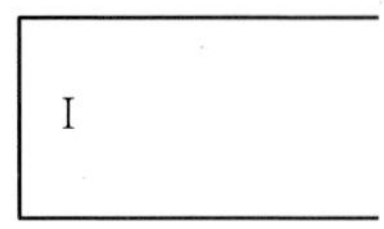	· 소단면에서 일반적인 공법 · 양호한 지반에서 중단면 이상도 가능
분할굴착공법	Long Bench Cut 공법	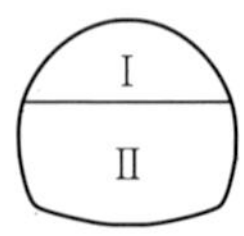	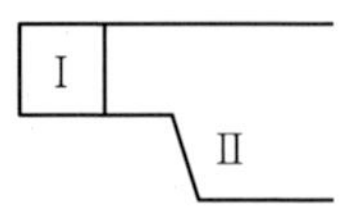	· 비교적 양호한 지반에서 중단면 이상의 일반적 시공법
분할굴착공법	Short Bench Cut 공법	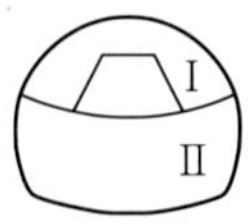	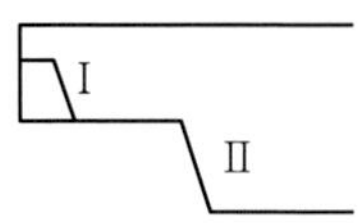	· 보통지반에서 중단면 이상의 일반적 시공법
분할굴착공법	Mini Bench Cut 공법	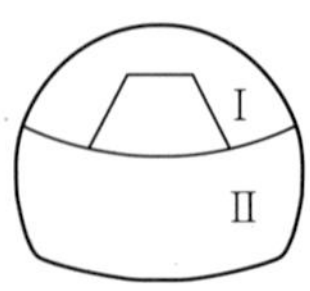	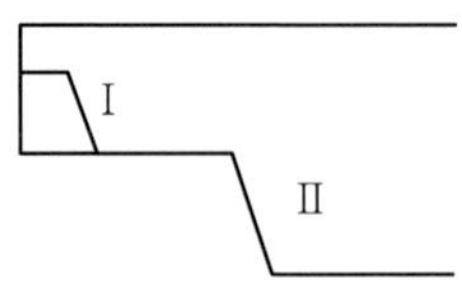	· 연약한 지반에서 중·소단면일 경우
분할굴착공법	Multi Bench Cut 공법	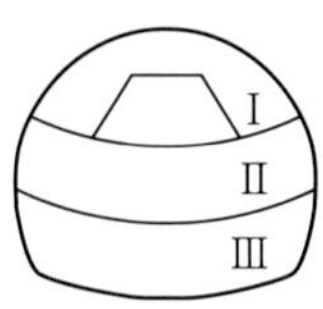	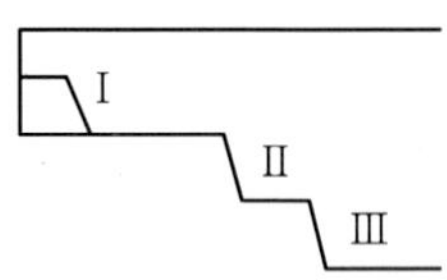	· 중단면 이상에서 막장의 자립성이 극히 불량한 경우
분할굴착공법	Invert 공법	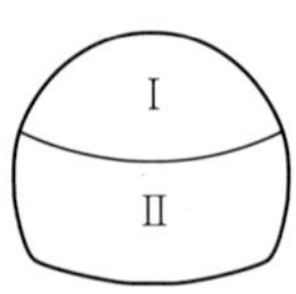	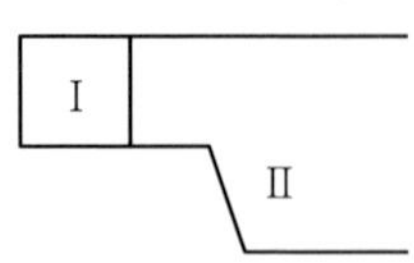	· 중단면 이상에서 Bench의 길이를 크게 할 필요가 있는 경우
분할굴착공법	측벽선진 도갱공법 (Pilot or Side Pilot)	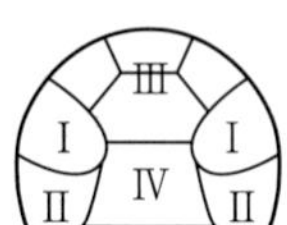	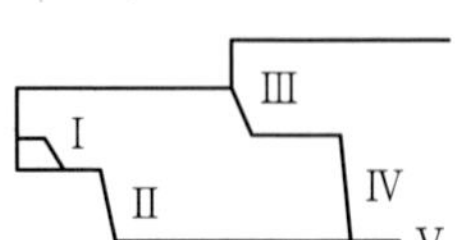	· 대단면에서 지반이 비교적 불량한 경우 · 침하를 극소화할 필요가 있는 경우

2) 발파공법의 선정

터널 발파설계는 터널이 굴착되는 암반 및 지질의 특성, 지장물의 위치 및 종류, 환경에 대한 영향 등 현장조건에 따라 제한 조건이 발생하며, 이러한 각각의 조건들에 대한 충분한 검토와 시공방법을 고려하여 발파효율이 극대화되도록 이루어져야 한다. 특히 도심지 터널 굴착 시 소음·진동이 최소화되도록 정확한 암반계수와 진동 추정식을 알아야 하며, 이를 위해서는 시험발파를 통한 계측자료의 회귀분석이 가장 효과적이다.

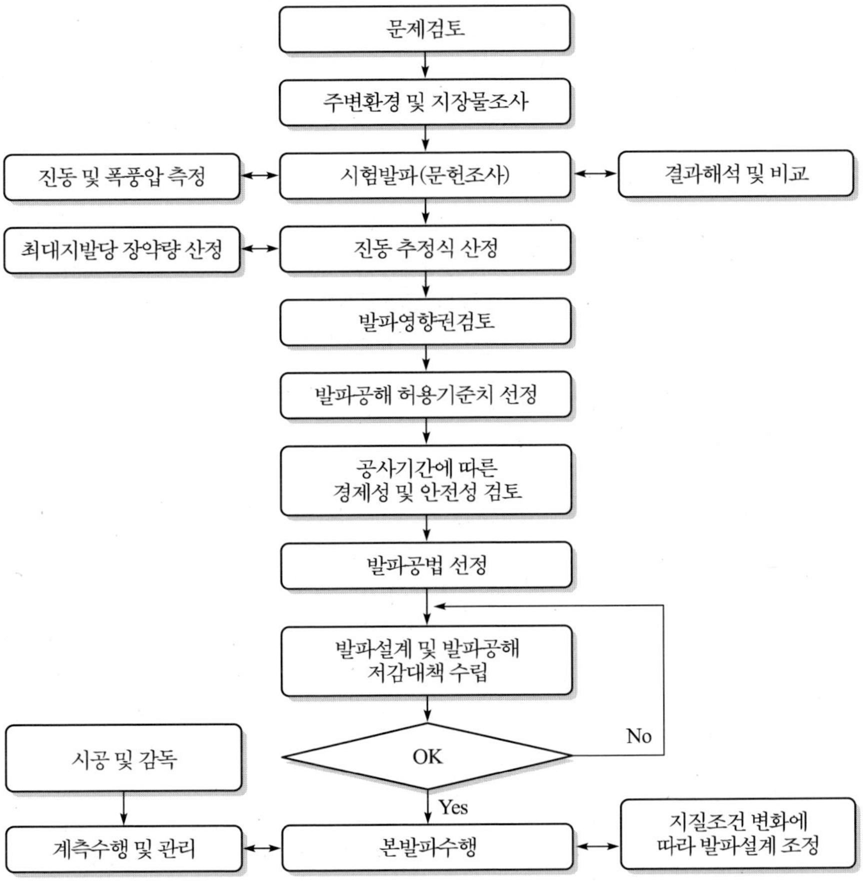

그림 5.34 발파 설계 절차도

3) 발파진동 및 소음에 대한 허용치

국내 구조물의 경우는 발파진동에 대한 허용치가 법규로 명시되지 않기 때문에 관련 기관의 고시 기준에 의존하여 사용되어 왔으며, 근래에는 관련기관 고시 기준 이외에 법원의 판례 기준 및 중앙환경분쟁조정위원회의 조정사례를 기초로 하여 설정한다.

다음은 국내 기관의 발파진동 규제기준이다.

표 5.16 | 서울 및 부산지하철 발파진동 허용치

건물 등급	I	II	III	IV
분 류	문화재	주택, 아파트 (실금이 있는 정도)	상가 (crack이 없는 상태)	철근콘크리트 빌딩 및 공장
건물기초에서의 허용진동치(cm/sec)	0.2	0.5	1.0	1.0~4.0

표 5.17 | 설계기준 분석 (터널표준시방서, 국토교통부 2009년)

구 분	문화재 및 진동예민 구조물	조적식(벽돌, 석재 등) 벽체와 목재로 된 천장을 가진 구조물	지하기초와 콘크리트 슬래브를 갖는 조적식 건물	철근콘크리트 골조 및 슬래브를 갖는 중소형 건축물
최대입자속도 (cm/sec)	0.2~0.3	1.0	2.0	3.0

표 5.18 | 생활진동 규제기준 (소음진동관리법 시행규칙 제20조 제3항) 분석

구 분	주간 (06:00~22:00)	심야 (22:00~06:00)	주간적용 (발파진동+10dB)
주거지역, 녹지지역 등에 소재한 학교, 병원, 공공도서관	65dB(V)	60dB(V)	75dB(V)
기타 지역	70dB(V)	65dB(V)	80dB(V)

나. 지보설계방법

1) 지보패턴의 선정 기본방향

① 기본설계 표준지보패턴의 문제점 분석

② 설계구간의 지형, 지반조건, 터널현황 반영 및 지보재 역할 이해와 시공성을 고려한 최적 지보재 선정

③ RMR 분류법과 Q-system에 의한 암반분류법을 사용하여 지반을 분류하고, 공학적 접근방법에 의한 지보량 산정

④ 해석적 방법을 통한 적용 표준지보패턴의 적정성 검증

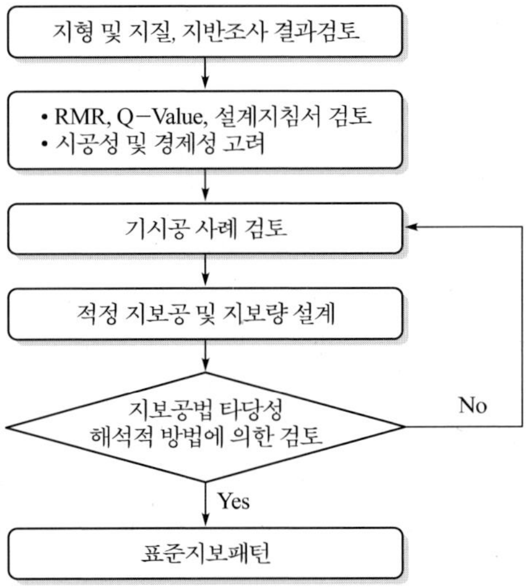

그림 5.35 표준 지보패턴 적정성 분석 절차도

2) 지보량 산정

(가) 기본방향

① RMR, Q-System에 의한 지보체계 분석

- RMR : 20, 40, 60, 80을 경계로 5개 등급으로 구분
- Q-System : 0.1, 0, 4, 10, 40을 경계로 5개 등급으로 구분
- RMR에 의한 무지보 자립시간 검토

② 국내 시공사례 분석

③ RMR, Q-System에 의한 지보량 산정 및 해석적 방법에 의한 검증

(나) RMR에 의한 무지보 자립시간 및 지보량 산정

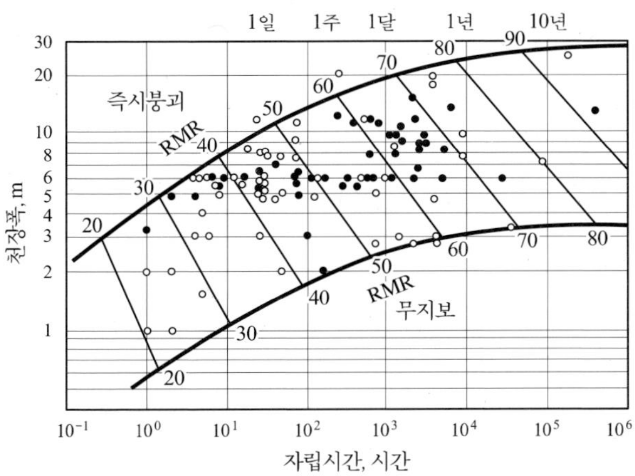

RMR	무지보 시간
81~100	영구자립~20.0m/10년
61~80	4.0m/5년~20.0m/2개월
41~60	2.5m/3주~12.0m/1일
21~40	1.0m/10시간~4.5m/2시간
20 이하	0.8m/1시간~3m/30분

그림 5.36 RMR에 의한 무지보 자립시간 및 지보량

(다) RMR에 의한 지보량 산정

① Shotcrete 두께(mm)

T = 200−2.5×RMR ≥ 50 (RMR <80)

② Rock Bolt 길이(m)

L = 6−0.05×RMR ≥ 3 (RMR<80)

③ Rock Bolt 간격(m)

S = 0.5+0.025×RMR ≥ 1 (RMR <80)

④ 강지보공 간격(m)

Sr = 0.375+0.0375×RMR (RMR <40)

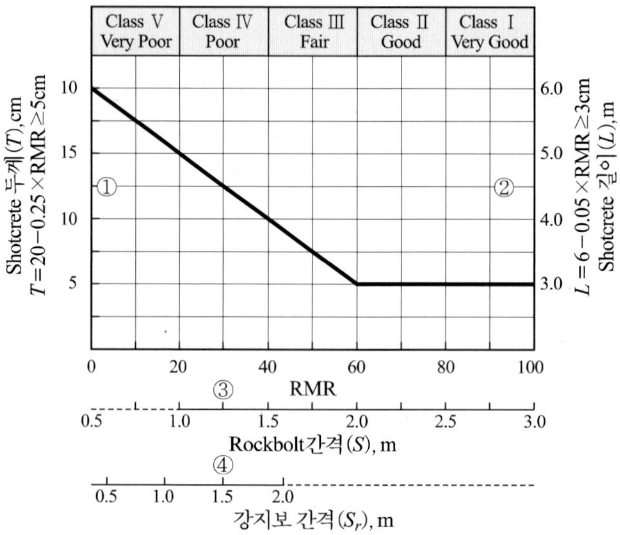

그림 5.37 RMR에 의한 지보량 산출

(라) Q-System에 의한 지보량 산정

① 표준지보량 산정의 제한적 요소가 많은 RMR 분류범위 한계

② (터널크기, 터널종류, 지중응력의 크기 미고려) 극복

③ 비상주차대/본선/피난연결통로 등의 다양한 터널크기에 대한 표준지보량 기준 제시

④ 강섬유보강 숏크리트 적용에 따른 타설두께 조정기준 제시(RMR의 경우 일반 숏크리트)

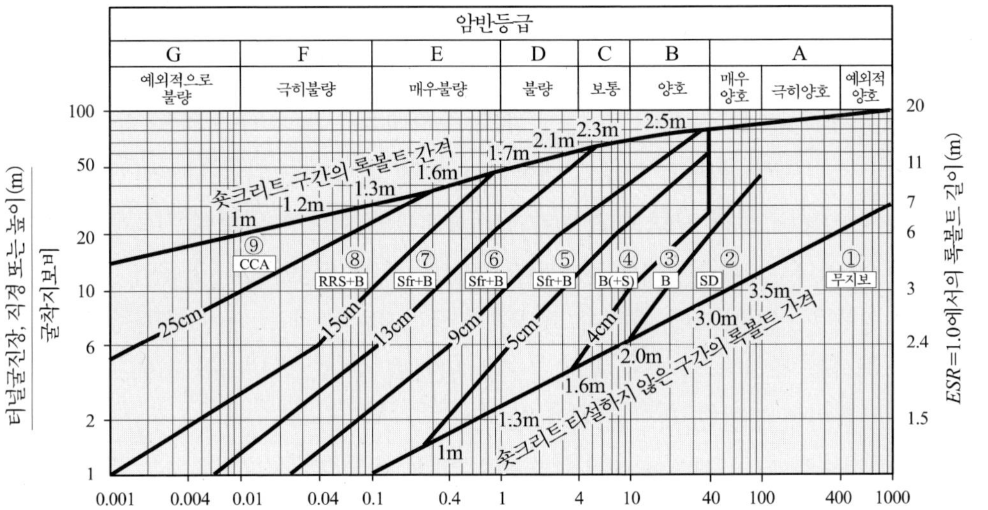

$$Q=\frac{RQD}{J_n}\times\frac{J_r}{J_a}\times\frac{J_w}{SRF}$$

① 무지보
② Random Rock Bolt
③ System Rock Bolt
④ System Rock Bolt + 일반숏크리트(40~100mm)
⑤ System R/B + SFRS(50~90mm)
⑥ System R/B + SFRS(90~120mm)
⑦ System R/B + SFRS(120~150mm)
⑧ System R/B + SFRS(150mm 이상)

그림 5.38 Q-system에 의한 지보량 산출

(마) 록볼트의 길이 산정

① 록볼트의 길이는 길수록 효과적이며 이완영역 및 아치영역 크기를 고려

② 소성영역 폭의 1.5~2배 이상, 록볼트 간격의 2배 이상

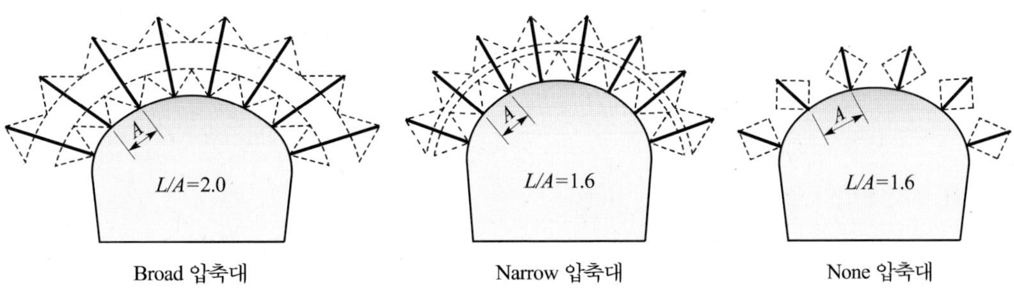

그림 5.39 록볼트 길이 산정

다. 지보설계 적정성 검토 사례

1) 수치해석 개요

불확실성을 내포한 지반 내 터널에 대한 수치해석은 굴착 주변의 변형 및 침하를 예측하고 인접 구조물의 영향을 고려하여야 한다. 터널유지의 한계선을 설정하며 지보재 및 라이닝의 설계 자료로 활용되며 계측결과를 이용한 역해석 자료와 비교하여 분석할 수 있다. 굴착순서에 따른 응력-변형률 관계 및 변위의 영향이 지하조건에 어떠한 영향을 미치는가에 대하여 조사하여 근접지반의 각 조건에 따른 응력 흐름의 이해와 해석을 통해 터널 구조체의 단면을 완성할 수 있으나 해석 시에 불연속면의 고려가 부족하여 정밀한 해석 한계가 있다.

일반적으로 터널 해석에 이용되고 있는 해석 흐름도는 〈그림 5.40〉과 같다.

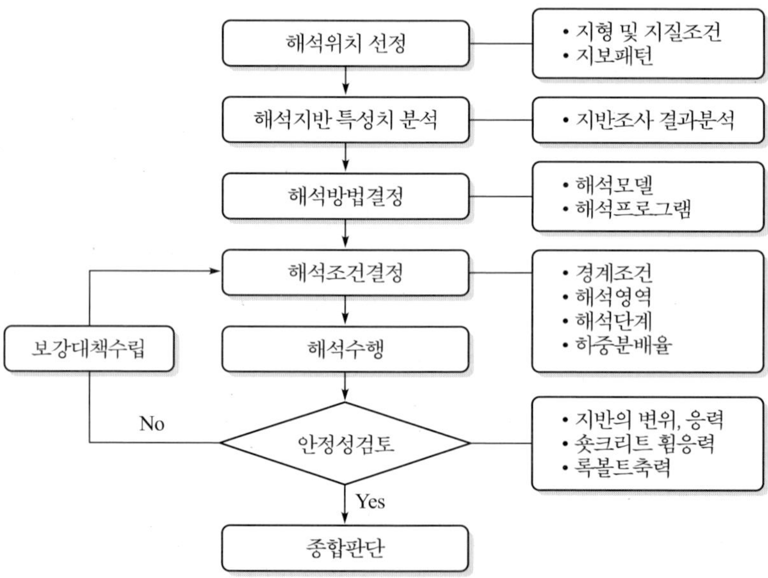

그림 5.40 터널 안정해석 절차도

2) 수치해석의 종류 및 특징

터널을 해석하기 위한 수치해석법에는 〈그림 5.41〉과 같이 지반을 연속체로 가정하여 접근하는 방법과 불연속체로 가정하여 접근하는 방법, 두 가지 방법을 혼합한 조합 모델, 지반반력 모델 등으로 구분할 수 있다.

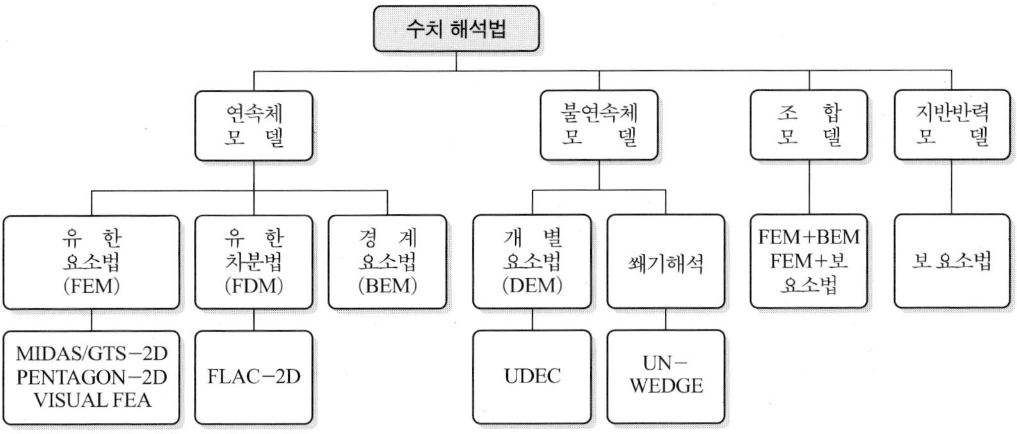

그림 5.41 터널 수치해석의 종류

3) 지보패턴에 따른 하중분배율 적용

표 5.19 | 지보패턴별 하중분배율

해석 단계	0	1	2	3
시공 과정	초기단계	전단면 굴착	S/C & R/B	H/C & R/B
하중분배율(%)	100	60	20	20
단면 형상			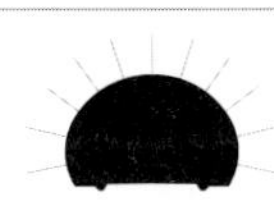	

4) 단면형상 및 지보패턴1 표준지보패턴의 검토

표 5.20 | 지보패턴별 검토 사례

구 분		TYPE 2	비 고
굴착방법		전단면 굴착	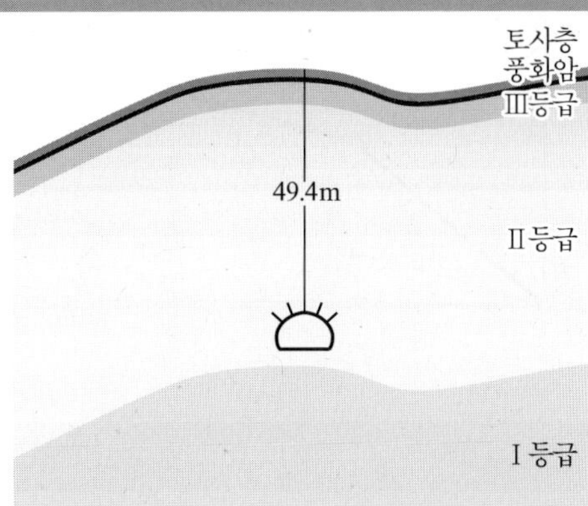
굴진장(m)		3.5	
강섬유보강 숏크리트 두께(cm)		5.0	
록볼트	길이(m)	3.0	
	횡간격(m)	2.5	
	종간격(m)	3.5	

5) 해석단계 및 해석결과 분석방법

표 5.21 | 해석단계 및 해석결과 분석방법

STEP	시공 순서	하중분담율(%)	해석결과 분석방법
1	초기 상태	-	각 시공단계별 해석: 천단침하, 내공변위, 숏크리트 응력, 록볼트 축력 등에 대한 해석을 수행
2	터널 전단면 굴착	60	
3	Soft Shotcrete + Rockbolt	20	
4	Hard Shotcrete	20	

6) 해석결과

표 5.22 | 해석결과 사례

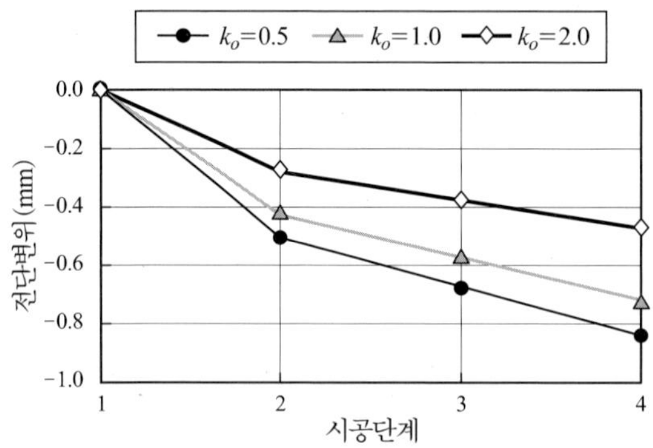

천단부(y방향 변위)

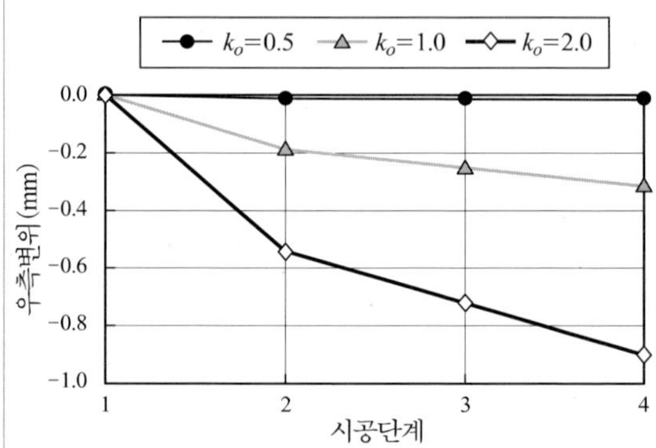

우측내공(x방향 변위)

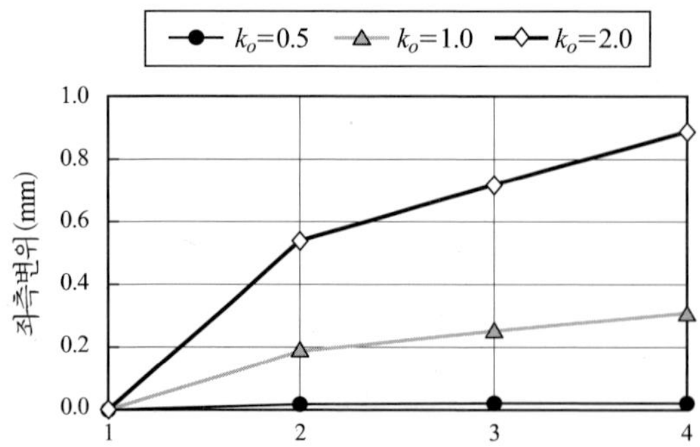

좌측내공(x방향 변위)

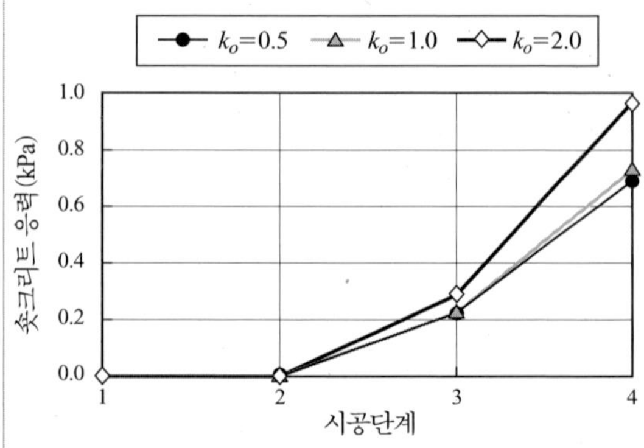

숏크리트 휨압축응력

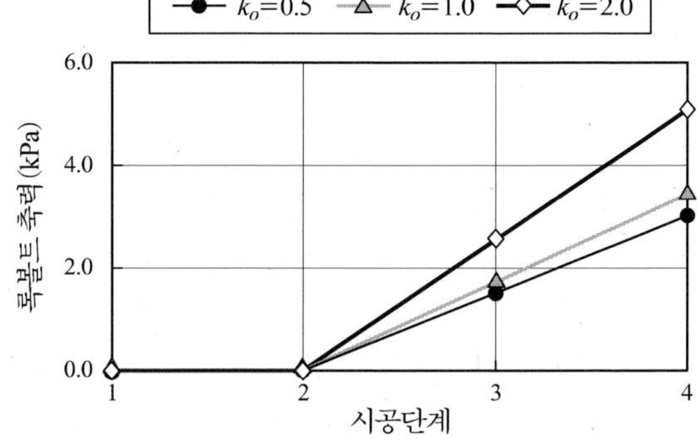

록볼트 축력

7) 해석결과

① 터널 주변 변위

해석 구간은 최대 천단부 변위량은 Ko=0.5일 때 0.847mm이다. 내공변위량은 Ko=2.0일 때 0.892mm(→), 0.899mm(←)로 나타났다.

② 숏크리트 응력

NATM에서 숏크리트는 록볼트와 함께 주 지보재로 작용하여 굴착면에 밀착되어 그 자체로서 응력을 수용하면서 원 지반을 삼축 응력상태로 구속하여 지반의 전단 강도를 높이는 작용을 한다. 해석 결과, 숏크리트 최대 압축응력은 0.963MPa으로 나타났으며, 이는 허용치(fca = 8.4MPa) 이내로서 안정성을 확인하였다.

③ 록볼트 축력

록볼트의 최대 축력은 5.104kN으로 나타났다. 이는 본 터널에 사용된 록볼트의 허용 축력 86kN 이내로, 록볼트의 안정성을 확인하였다.

④ 해석결과 분석

해석결과 검토 위치에 대하여 발생하는 응력은 모두 허용응력 기준을 만족하므로 계획 지보공 및 보조공법의 시행에 의해 터널의 안정성은 확보되는 것으로 판단된다.

표 5.23 | 해석결과 사례

구 분	최종 단계의 연직변위 발생도
K_0=0.5	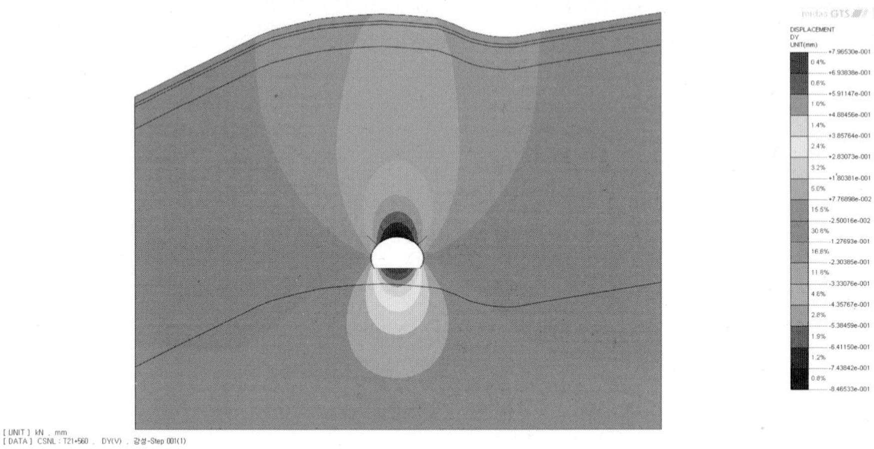
K_0=1.0	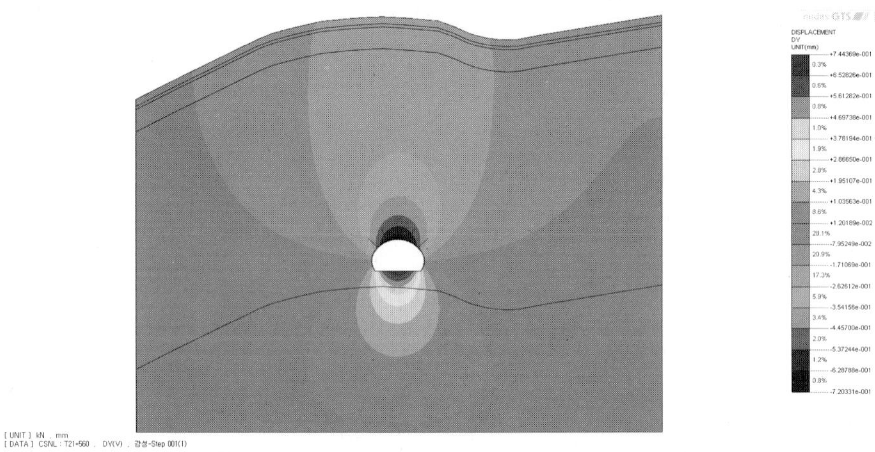
K_0=2.0	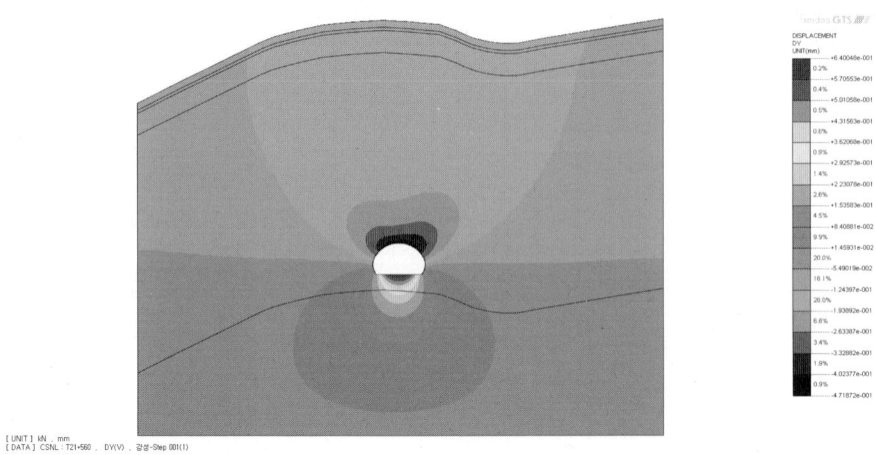

표 5.24 | 해석결과 사례

구 분	최종 단계의 숏크리트 응력	최종 단계의 록볼트 축력
K_0=0.5	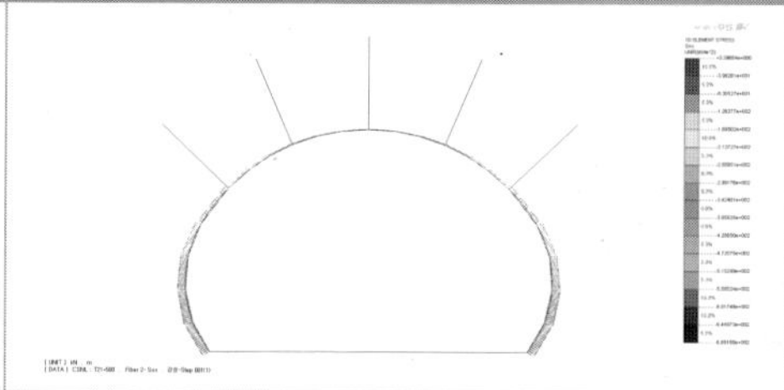	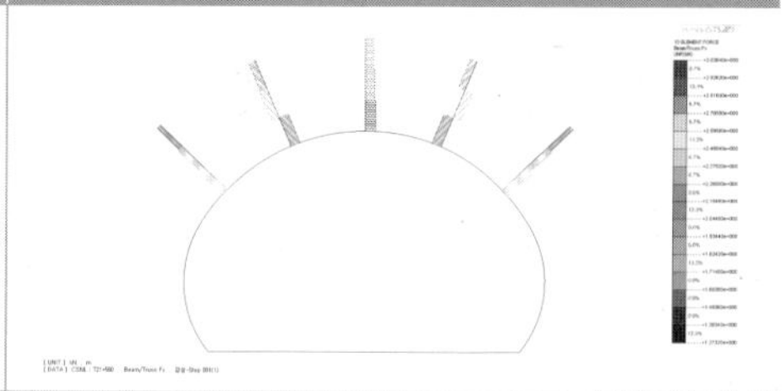
K_0=1.0	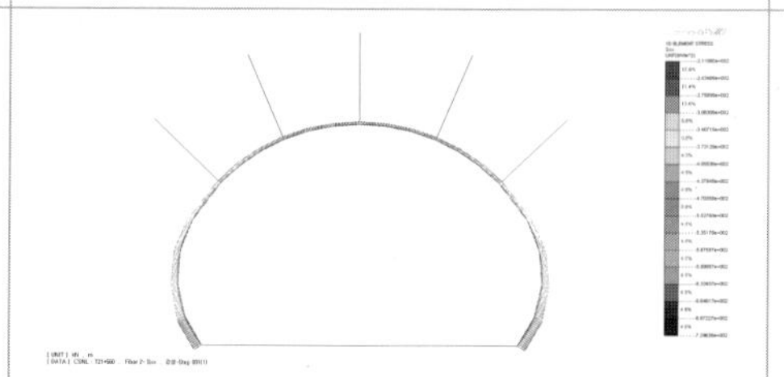	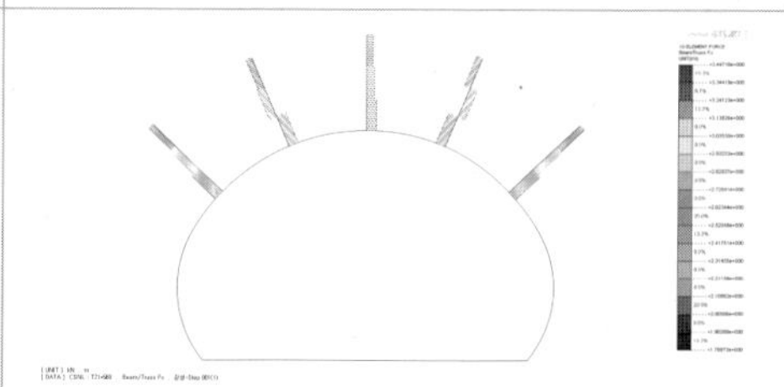
K_0=2.0	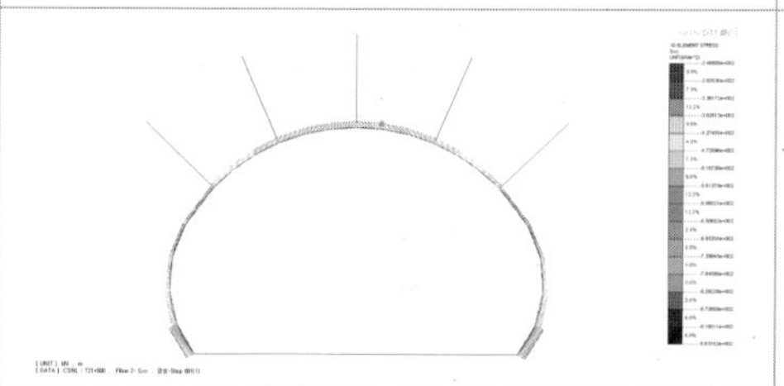	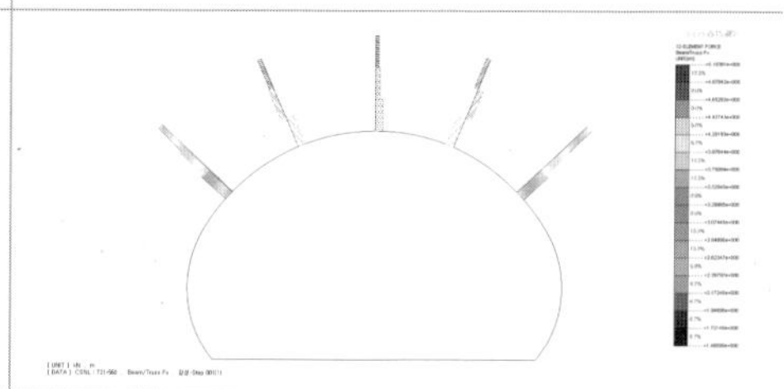

5.3.7 쉴드 TBM의 갭 파라메타

가. 갭 파라메타 개요

터널 굴착 시 지반은 3차원적 변위특성이 있다. 쉴드 TBM 굴착공사에서 막장면 전방에서는 지반변형이 시작되며, 시공 여유와 지반침하 등 다양한 원인에 인해서 쉴드 세그먼트 설치 후 단면적보다 터널굴착 단면이 커지게 된다.

갭 파라메타는 터널 굴착 단면과 쉴드 라이닝 외경과의 갭이 발생하는 모든 인자들을 정량적으로 합산한 값이다. Shield기계 외경과 Segment 외경 차이가 발생하는 각종 변수들을 사전에 정량적 수치로 산정하여 굴착 및 Segment 설치에 따른 지반 거동을 해석하는 방법에 활용하고 있다.

갭 파라메타 = 막장 손실 + 쉴드 본체 여굴 + 쉴드 후미 여굴에 의한 변위량

$$G = 2\Delta + \delta + U$$

2 = Δ 쉴드 본체 외관면과 lining 사이 공간

δ = lining 설치 시 변위

$$U = \text{막장변위에 따른 변위} + \text{쉴드기 위치 변동에 따른 변위}$$

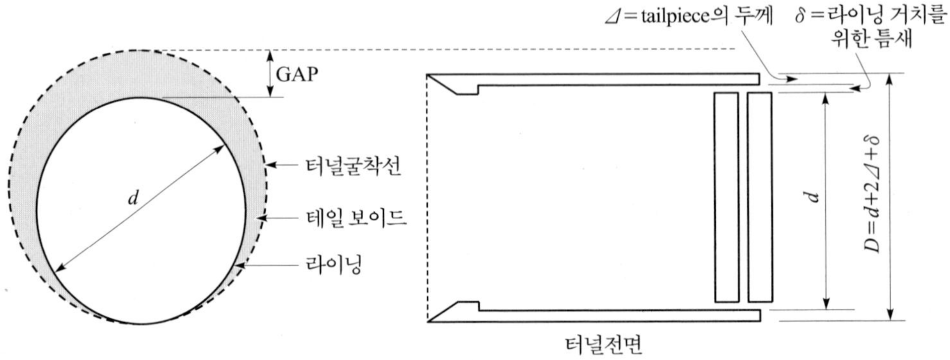

그림 5.42 쉴드 터널의 갭 파라메타

나. 발생 원인

① 막장손실로 인해 발생하는 3차원적 거동

② 쉴드기가 위 아래로 벗어나 발생하는 과다 굴착

③ 쉴드 외경과 Shield segment 외경 차이

④ Shield segment 설치 시 변위

다. 쉴드 터널에서 갭 파라메타 저감대책

① 지반조건을 고려한 적정한 막장압을 작용시켜 막장손실 최소화

② 쉴드 머신의 정밀운용

③ 굴착과 동시에 Shield segment 설치 및 그라우팅 실시로 외경 차이에서 오는 지반손실 최소화

5.4 터널 굴착에서의 지하안전영향평가

5.4.1 도심지 터널공사와 지하안전영향평가

도심지 터널공사는 복잡한 시가지 하부 또는 기존 구조물의 하부에 설치되거나 기존 지하철 노선의 하부에 설치되는 터널이 대부분이다. 도심지에 설치되는 터널 중 천층터널은 개착식 지하철터널, 전력구, 통신구터널, 환기터널 등이 있으며, 심층터널은 도로터널, 철도터널, 지하철터널 등으로 사용된다.

터널과 관련된 지하안전영향평가는 터널노선을 따라서 지하안전영향평가를 실시하는 대상지역 범위 설정부터 시공 중 발생할 수 있는 지하수 유동특성 및 터널 주변 지반의 침하, 붕락까지 고려해야 하므로 전문기술자에 의한 검토가 이루어져야 한다.

도심지 터널공사의 지하안전영향평가를 수행하기 위한 일반적인 조사 및 분석 절차는 다음과 같다.

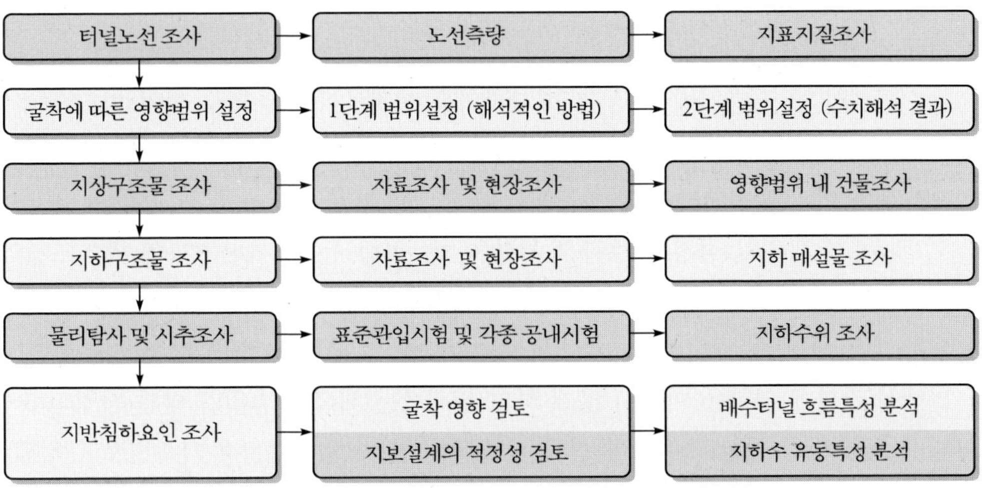

그림 5.43 도심지 터널에서의 지하안전영향평가 절차도

5.4.2 터널 굴착에 따른 영향범위

터널 굴착에 따른 영향범위를 설정하는 방법은 전체 3단계를 걸쳐 결정한다. 첫 번째 단계에서는 조사범위 및 시험위치를 결정하기 위하여 지하수위 변화 예상범위와 터널 설계수치해석의 경계범위를 결정한다. 두 번째 단계에서는 침투해석 결과를 이용하여 영향범위를 정한다. 세 번째 단계에서는 1, 2단계에서 결정된 범위 중 넓은 영역을 확정한다.

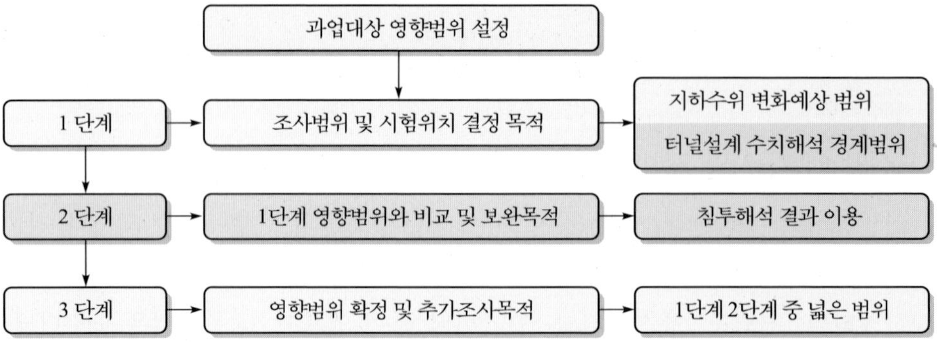

그림 5.44 과업대상 범위 설정 절차도

가. 제1단계 영향범위 설정

지하안전영향평가 대상지역의 설정은 터널굴착으로 인하여 지하안전에 영향이 미칠 것으로 예상되는 터널상부와 인접지반 및 주변 구조물 등에 대하여 안전성을 확보되도록 해석하고 평가하는 경계조건이다. 따라서 사업 부지를 포함한 인접지역의 평가 대상지역 설정은 이론적인 추정방법과 수치해석에 의한 결과를 비교·분석하여 결정하여야 한다.

수치해석 이전 단계에서 1차로 대상지역을 설정하여 시추조사 위치 및 주변구조물과 건물 조사를 위한 경계영역 결정한 후, 추가로 수치해석 결과를 반영하여 최종적으로 영향범위를 설정하여야 했다.

수치해석 범위의 설정은 주관심 부분(터널, 공동 등)의 계산결과에 경계조건의 영향이 미치지 않도록 하기 위해서 매우 중요하다. 즉, 터널 굴착에 따른 지반의 응력 영향권 전 영역을 해석영역으로 설정하여야 한다. Kulhawy(1974)는 경계조건이 터널해석 결과에 영향을 미치지 않게 하기 위해서는 해석의 범위가 터널 반경의 6배(터널 직경의 3배) 이상 떨어져야 한다는 주장을 한 바 있으며, 각 기준별로 규정되어있는 터널 해석의 범위는 다음과 같다.

표 5.25 | 각 기준별 해석범위 설정 예

구 분	Kulhawy (1974)	도로설계요령	고속도로 터널설계 실무자료집 (P165)	터널표준시방서
해석범위	상부 : 지표면 측방 : 3D 하부 : 3D	상부 : 지표면 측방 : 4D 하부 : 3D	상부 : 지표면 측방 : 2.5D 하부 : 2H	상부 : 지표면 측방 : 2D 하부 : 1.5H

터널 수치해석 영역을 결정한 사례로는 ○○터널의 경우 도심지 지하에 설치되는 4차선 도로터널로 NATM으로 시공되는 터널이므로, 도로설계요령의 측방 4D 이상 폭의 지표면을 영향범위로 결정한 사례가 있다.

나. 제2단계 영향범위

제2단계는 터널 굴착에 따른 침투해석을 이용하여 영향범위를 결정하는 방법이다. 예를 들어, 수도권에 위치한 ○○터널 침투해석 결과, 간극수압수두가 0.5m 이상 변화하는 00m를 영향범위로 결정한다. 여기서 0.5m는 지하굴착공사에서 지하수위계 계측값이 0.5m 이상 변할 때 1차 관리로 설정하는 기준을 적용하였다.

다. 터널 굴착에 따른 영향범위 결정

1단계 영향범위와 2단계 영향범위 중 영향범위가 가장 큰 값을 다음과 같이 보수적으로 결정한다.

표 5.26 | 터널 굴착에 따른 영향 범위

1단계 검토 결과		2단계 검토 결과	결정	비고
경험식	경험값	침투해석 결과		
00 m	00 m	00 m	00 m	보수적으로 가장 큰 값 적용

5.4.3 지상구조물 조사

지상구조물 조사는 기본적으로 다음과 같은 절차로 조사를 수행하여야 한다.

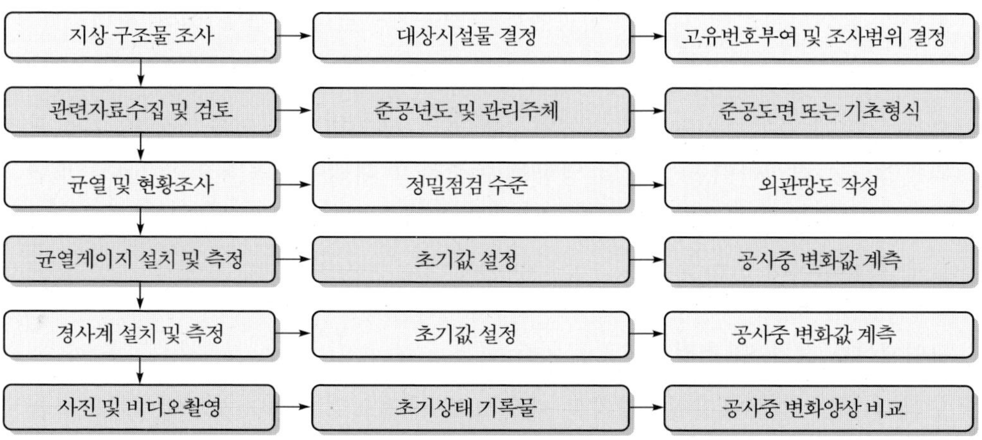

그림 5.45 지상물 조사 절차도

가. 지상구조물 조사 범위

대상 영향범위가 결정되면 영향범위 내 지상물 중 공공시설과 민간시설로 나누어서 다음과 같이 대상시설물을 결정하여야 한다.

1) 공공시설물 : 공공빌딩, 도로 포장면, 부대시설물 등

2) 민간시설물 : 건물, 옥외시설 등

조사범위는 건물(빌딩) 자료조사 및 외관조사, 도로 포장면 균열 및 침하조사, 부대시설물 상태조사를 실시한다.

나. 관련자료 수집 및 검토

1) 건물(빌딩)

최근에 준공된 건물은 준공 도서를 구할 수 있으나 비교적 오래된 건물이나 시설물은 준공도서가 없는 경우가 많아서 자료조사가 쉽지 않다. 건물은 얕은 기초와 깊은 기초 형식에 따라서 위험도가 크게 달라지며, 특히 얕은 기초 중에서 독립기초와 mat 기초 형식이 매우 중요하다. 최소한 기초형식은 조사를 하여야 하며, 준공년도를 조사하여야 한다.

2) 옥외시설물

옥외시설물들의 설계도서나 관련 자료를 조사하여야 하며, 시설물들에 대한 개별번호를 부여하고 사진촬영이나 비디오 촬영을 하여, 공사 전 상황을 보존하여야 한다. 공사 중 발생할 수 있는 영향을 예측하고 사후 평가 시 비교·분석할 수 있어야 한다.

다. 균열 및 현황조사

건물과 옥외콘크리트 시설은 외관조사를 우선적으로 조사를 하여야 한다. 고유번호가 부여된 건물 또는 구조물에 대하여 균열 폭은 균열길이 및 진행서 여부 등을 1차적으로 조사하여야 한다. 기 발생한 결함들에 대하여 정밀점검 수준의 조사를 통한 외관망도를 작성하여 구조물별 영향을 예측하고 대책이 수립되어야 한다. 또한 외관망도에 표시된 값들은 초기값으로 설정하여 사후지하안전영향조사 시 비교·분석자료로 활용하여야 한다.

라. 균열게이지 설치 및 측정

도심지 터널 지하안전영향평가는 대규모로 사업으로 사후지하안전영향조사를 수행하여야 하므로 초기계측기 값이 매우 중요하다. 따라서 외관조사 결과, 균열 수준이

심각하거나 진행성인 균열에 대하여 별도의 균열게이지 설치 및 초기 값이 설정될 수 있도록 별도의 과업으로 균열게이지를 설치하여야 한다.

마. 경사계 설치 및 측정

도심지의 건물은 지하굴착공사의 영향으로 부등침하가 발생하거나 경사도가 변하는 경우가 있다. 고유번호가 부여된 건물에 대한 경사도를 측정한 후 관리범위 이상으로 기울어진 건물은 초기 값이 설정될 수 있도록 별도의 과업으로 경사계를 설치하여야 한다.

바. 사진 및 비디오 촬영

도심지의 건물과 옥외시설물들은 준공시기와 물체력이 다르므로 터널공사 수행 시 영향을 받는 부하도 다르게 나타난다. 따라서 건물과 옥외시설물들은 지하안전영향평가 단계에서 영향을 예측하고 사후영향평가 단계에서 비교·분석할 수 있도록 초기상태를 사진과 비디오로 남겨야 한다.

5.4.4 지하구조물 조사

지하구조물 조사는 제4장에서 기술한 내용을 참조한다.

5.4.5 물리탐사 및 시추조사

지하구조물 조사는 제4장과 제6장에 수록된 내용을 참조한다.

CHAPTER

06

물리탐사와 지반침하

CHAPTER

06 물리탐사와 지반침하

– 김창동 –

6.1 지반조사와 물리탐사

6.1.1 개 요

가. 지반의 거동

지반의 특성을 파악하기 위해서는 먼저 흙의 삼상구조, 즉 토립자, 공기, 물로 구성되어 있는 것을 이해하여야 한다. 즉, 인간이 인위적으로 만든 건설재료인 콘크리트, 금속, 석재 등과는 달리 흙은 자연이 만들어낸 분리된 재료(Discrete Material)이므로 비탄성, 비균질, 비등방성 재료로 구분되어지고, 지중이나 흙막이 구조물에 작용하는 토압도 발생하게 되며, 토립자 사이의 공극이 물이 흐를 수 있는 통로를 만들어 주는 역할도 하게 된다. 이로 인해 흙의 거동은 응력에 의존할 뿐만 아니라 시간과 환경에도 의존하는 특성을 보이게 된다. 토질역학 또는 지반공학이란 토립자 자체의 변화보다도 오히려 토립자 주변을 감싸고 있는 물, 공기의 변화에 대해 연구하는 학문이라 해도 과언이 아니다.

2018년 1월. 지하안전법이 시행되게 된 것도 결국 토립자 주변의 지하수 변동으로 인해 토립자가 유실되어 지반침하 및 공동 등이 발생하게 된 것이며, 이러한 지하수 변동으로 인한 지반침하를 미리 예측하지 못해 사회적으로 많은 문제가 대두된 것으로 이해할 수 있다.

이러한 지반의 복잡한 거동 특성으로 인해서 설계 및 시공 전에 반드시 경험이 풍부하고 자격이 있는 엔지니어가 설계의 목적에 맞는 합리적인 지반조사 계획을 수립하여야 함에도 불구하고, 아직까지도 지반조사의 중요성에 대한 인식이 많이 부족한 것이 사실이다. 이제부터라도 지하안전법 시행을 통해 지반조사의 중요성에 대한 인식이 바뀌는 계기가 되기를 기대해 본다.

나. 지반조사와 물리탐사

지반조사는 크게 시추조사 및 물리탐사로 구분될 수 있다. 지반의 구성과 공학적 성질은 일반적으로 시추를 통해서 자세히 판명될 수 있으나, 시추조사를 통해서는 조사대상 면적 중 한 점에 대한 직접 확인 조사만이 가능하다. 반면에 물리탐사는 지하매질의 물리적 특성을 측정하여 지하의 지질구조 및 지반 특성 등을 지표 또는 시추공 내에서 직접/간접적으로 지하정보를 취득하는 조사방법으로서 미 시추구간에서 지반의 구성과 공학적 성질을 개략적으로 파악할 수 있다. 의약분야에서는 신체의 전반적인 검진을 위해서 CT 촬영, MRI 등을 먼저 시행하고 자료를 판독한 후 의심이 되는 부위에 대한 조직검사를 통해 상세한 진단을 내리게 되는데, CT 촬영, MRI 등을 물리탐사와 비교한다면 시추조사는 조직검사와 같다고 볼 수 있다.

물리탐사는 조사대상 외부에서 지하물성의 공간적 변화 양상을 간접적으로 추정할 수 있어 시추 비용을 절감할 수 있고, 미 시추구간 및 시추 불가지역의 지층상태 파악이 가능하다는 장점이 있다. 물리탐사를 통해 시추조사에서 얻을 수 없는 조사대상 전반에 대한 정보를 얻을 수 있으며, 합리적인 시추계획 수립과 수행을 가능하게 하여 경제성 확보도 가능하다. 또한, 시추공 내 검층 및 탐사를 통해서 일반 물리탐사와는 달리 조사대상 물성에 대한 직접적인 정보 획득도 가능하다. 따라서 시추조사 및 물리탐사 결과를 적절히 반영할 수 있는 조사계획 수립이 필요하다.

지하안전법 시행에 따라 지반침하, 공동 발생 가능성 등에 확인을 위해서는 물리탐사가 시추조사의 한계를 극복할 수 있는 대안이 될 수 있으나, 토목 및 건축 분야 종사자 입장에서는 아직 물리탐사에 대한 이해가 다소 부족한 것이 현실이므로 본서에서는 물리탐사의 기본 원리, 자료취득방법 및 건설현장에서의 적용방법 등에 대해 기술하고자 한다.

6.1.2 지반조사 계획

가. 지반조사의 목적

지반조사 목적은 일반적으로 "설계 및 시공 측면에서 시공현장의 지반조건에 대한 정보를 설계자나 시공자에게 제공하는데 있다."라고 정의될 수 있다. 그러나 지반의 정보를 제공한다는 의미로만 한정할 경우, 측량 등과 같이 단순히 조사결과를 제공하는 의미로만 전달될 수 있으며, 불확실성이 많이 내재되어 있는 흙의 거동을 파악하기 위한 숙련된 엔지니어의 판단은 배제된 채 지반조사의 궁극적인 목적 및 역할에 대한 의미가 다소 퇴색될 우려가 있다. 실제로 제대로 된 지반조사 결과는 설계방향 및 시공 공법 선정에 중요한 역할을 하게 되며, 전체 건설공사의 승패를 좌지우지 할 수 있을 정도로 파급력이 큰 것이 현실이다. 실제로 흙막이공사와 터널공사 시 문제발생의 대부분 원인이 지반조사의 부실에 기인하다는 통계결과가 이를 증명해 준다.

지반공학의 문제해결을 위한 계산식은 주로 경험식을 이용하거나 다양한 가정을 기초로 하고 있다. 따라서 구조물 지반특성, 지반 거동, 지반과 구조물의 상호작용 등에 대한 신뢰성 있는 설계는 지반조사로 얻어지는 합리적인 지반정수의 결정을 통해서만이 가능하다. 이를 통해 경제적이고 안전한 시공에도 기여할 수 있어 모든 건설공사에서의 계획, 설계, 시공 및 유지관리 면에서 지반의 특성을 정확히 파악하는 것이 무엇보다 선행되어야 한다. 모든 지반조사는 Engineering Minded Approach를 통해서 계획, 시행되고 평가되며, 합리적인 지반조사 계획 및 결과분석을 통해서만 가능하다는 점을 다시 한 번 강조하고자 한다. 합리적인 지반조사 계획수립을 바탕으로 지반조사 결과에 대하여 경험이 풍부한 엔지니어의 판단(Engineering judgement)을 통해서만이 설계를 위한 지반정보를 제공하는 고유의 목적을 달성할 수 있다. 따라서, 제대로 된 지반조사 결과를 반영해야만, 향후 공사 중 지반이 내재하고 있는 리스크를 최소화할 수 있으며, 지반안정성 확보에 기여함은 물론이며, 궁극적으로는 공사비 절감에도 기여할 수 있다.

나. 지반조사 계획

앞서 언급한 바와 같이 지반은 복잡한 거동을 보이는 특성으로 인해서 설계 및 시공 전에 설계의 목적에 맞게 합리적으로 지반조사 계획이 수립되어야 하므로 설계 및 시공 측면을 고려한 지반조사 계획 수립을 위해서는 다음과 같은 점에 유의하여야 한다.

① 대상이 되는 프로젝트 자체의 성격, 목적, 특징 등을 충분히 파악할 것
② 필요한 지반정보가 무엇인지를 명확하게 파악할 것
③ 필요한 지반정보를 정확하게 제공하는 조사법, 시험법을 명확하게 파악할 것
④ 기존 자료로 무엇이 있는지를 잘 조사하고 기존자료와 해당 지역에 관한 지질정보를 최대한 활용할 것
⑤ 단계적으로 조사를 진행하여 문제점을 떠오르게 하는 동시에 중점적으로 조사해야 할 사항을 계획하여 획일적 조사가 아닌 목적에 적합한 조사를 해야 할 것
⑥ 조사 시험에 요구되는 비용과 조사 성과 가치의 비용 균형감각을 가질 것
⑦ 정확도가 낮은 데이터는 엔지니어 판단에 매우 유해하고 많이 있어도 전혀 도움이

되지 않아, 오히려 양은 적어도 질이 좋은 데이터를 얻도록 노력할 것

⑧ 지반조사 비용을 무리하게 절약하고자 하면, 오히려 프로젝트 전체 비용이 증가되는 결과를 초래할 수 있다는 사실을 인지할 것

위의 내용을 종합하여 정리하면 올바른 지반조사계획 수립을 위한 기본원칙으로 〈그림 6.1〉과 같이 요약될 수 있다.

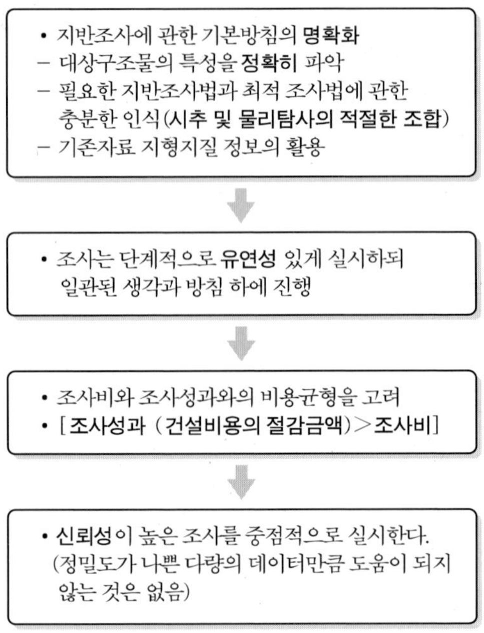

그림 6.1 지반조사 계획 수립 원칙

한편 지반조사 계획을 수립함에 있어서 지반조사의 투입비용에 대한 효과도 간과되어서는 안 될 것이다. 〈그림 6.2〉는 전체 건설공사비 산정 시 최적의 지반조사 수량을 어떻게 결정할 것인가에 대한 가이드라인을 제공해 준다.

〈그림 6.2〉에서 X축은 지반조사의 수량, Y축은 공사비라고 가정할 때 어떤 프로젝트에 대하여 전체 건설공사비(C, C')는 지반조사비용(A, A')과 시공비(B, B')의 합(C=A+B, C'=A'+B')으로 표현될 수 있으며, 지반조사 투입비용이 전체 건설공사비에 주는 영향에 대해 설명해 주고 있다. A line, A' line은 지반조사 수량 증가에 따라 지반조사 비용도 함께 증가하고 있음을 나타내주고 있으며, A' line에서 A line으로 갈수록 효율적인 지반조사 계획이 수립된 것으로 볼 수 있다.

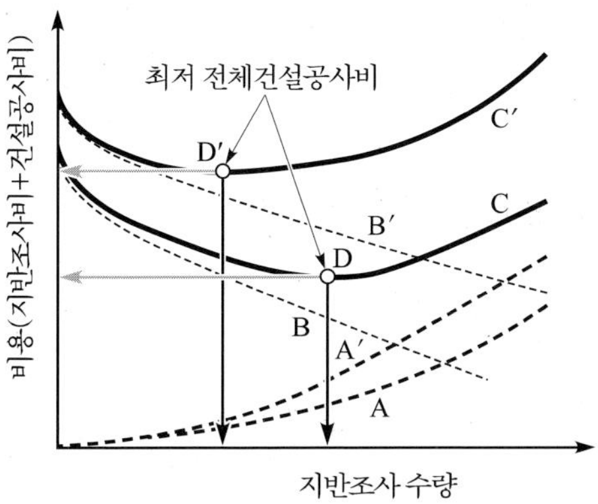

그림 6.2 지반조사 비용 투입효과 분석방법

반면, B line, B' line은 지반조사 수량이 증가하는 경우, 지반에 대한 정보가 많아질수록 최적설계가 가능하므로 궁극적으로는 공사비가 줄어드는 효과를 가져 오게 되어 지반조사 수량이 증가되는 경우에 오히려 공사비가 감소하고 있음을 보여준다. 여기에서 B line에서 B' line으로 갈수록 설계 시 안전율을 높이는 경우에 공사비가 증가될 수 있다는 사실을 알 수 있다. 한편, C라인, C'라인은 지반조사비용(A line, A' line)과 공사비(B line, B' line)를 각각 더한 값으로서 전체 건설공사비를 나타낸다. 특이한 점은 전체 건설공사비는 지반조사 수량이 증가함에 따라 서서히 감소하다가 일정한 지반조사 수량에 도달하였을 때 다시 또 증가하는 경향을 보여준다는 것이다.

따라서 C라인 또는 C'라인 중 가장 최저 건설공사비를 나타내는 점(D, D')에서의 지반조사 수량이 전체 건설공사비를 최소화할 수 있는 최적의 지반조사 수량임을 알 수 있다. 이는 적정한 지반조사비용을 투입하는 경우에 일반적인 건설공사에서 시공 중 안정성 확보뿐만 아니라 궁극적으로 전체 건설공사비 절감에도 그 역할을 할 수 있다는 점을 시사해 준다.

기술자는 조사시험에 요구되는 비용과 조사 성과의 가치에 있어서 비용 균형감각을 가져야 하며, 설계 목적에 맞는 적정한 지반조사를 실시하는 경우에 전체 공사비의 절감효과도 발생하여 최종적으로는 투입된 지반조사 비용을 충분히 보상받을 수 있게 된다. 지반조사 비용을 무리하게 절약하고자 하면 오히려 공사 전체 비용이 증가되는 결과를 초래할 수 있다는 사실을 인지해야 한다. 즉, 지반조사 계획을 수립함에 있어서 지반조사를 통해 얻어지는 장점이 조사에 요하는 비용을 상회할 수 있도록 반드시 적절한 조사수량이 선정되어야 하며, 설계 및 시공 중에 추가로 확인 지반조사가 필요한 경우도 종종 발생하므로 예비비의 형태로 지반조사 비용의 일정

부분을 책정해 놓을 필요도 있을 것이다.

다. 시추간격 기준 제안

지금까지 국내 각 기관의 다양한 건설기준이 건설기준 코드체계(2016년 6월 30일)로 전면 전환됨에 따라, 국가건설기준센터 (http://www.kcsc.re.kr)에서 지반조사기준 (KDS 11 10 10)을 제시하고 있다(제2장 참조). 한편, 국가건설기준은 개략적인 시추간격의 범위만을 제시함으로써 지하안전영향평가에서와 같이 한정된 구역 내에서 시추간격 및 시추공수를 산정해야 하는 경우 기준이 모호하여 조사계획 수립 시 다소 혼선이 생기는 경우가 종종 발생한다. 복잡한 거동을 나타내는 지반을 대상으로 통용될 수 있는 일관된 조사기준을 제시한다는 것은 현실적으로 매우 어려운 일일 수 있겠으나, 실무 적용 시 참고가 될 수 있도록 국내 및 국외에서 통용되는 조사기준을 종합하여 건축물 규모에 따른 합리적인 시추간격 및 시추공수를 제안하면 다음과 같다.

표 6.1 | 국내 · 외 기관별 시추조사 기준

탐사법		시추 간격	시추 심도
국가건설기준 (KDS 11 10 10)	기본설계	· 구조물 규모에 따라 50~100m 간격	· 기반암 3m 이상
	실시설계	· 구조물 규모에 따라 30~50m 간격	· 기반암 3m 이상
한국수자원공사, 미국해군공병단 (NAVFAC)		· 대규모 구조물 15m · 면적이 크고 하중이 작은 구조물은 네 모서리에 한 공씩 · 면적 225~900m^2 독립강성기초는 주변을 따라 최소 3공 · 면적 225m^2 이하 독립강성기초는 반대쪽 모서리에 최소 2공	· 연직응력이 접촉응력의 10%보다 적게 분포하는 깊이까지 · 기초 최하부에서 최소한 9m를 조사하되 그 이전에 암반이 나타나면 종료
한국수자원공사, 일본 지반조사위원회		· 토층 균일 50m · 토층 보통 30m · 토층 불규칙 15m	· 보통토층에서는 기초 폭 최소변장의 3배(6m 이상) · 연약토층에서는 지지층을 지나 5m까지
일본 건축학회		· 지반추정 가능 : 구조물당 1공 이상, 건축면적 300~500m^{2}마다 1공 · 지반추정 불가능 : 구조물당 2공 이상, 건축면적 100~300m^{2}마다 1공	· 건축물 기초를 확인하기 위해 최소한 1공 이상 N>50 지층 확인
BS (British Standard)		· 10~30m · 면적이 작은 구조물은 개소당 3공 · 구조물이 인접해 있을 경우 구조물당 1공	· 하중이 작용하는 구조물 폭의 최소한 1.5배 깊이까지 · 신설구조물이 지반이나 지하수에 영향을 미치거나, 지반이나 지하수가 신설구조물에 영향을 미치는 깊이까지 · 신설구조물로 침하가 일어날 수 있는 압축성 토층은 응력이 더 이상 증가하지 않는 깊이까지

표 6.1에서는 국내외 건축물에 대한 조사기준을 비교하여 나타내었다. 먼저, 국가건설기준(KDS 11 10 10)에 의하면, 시추심도는 기반암 3m 이상으로 규정하고 있으며, 시추간격은 기본설계 시 50m~100m로, 실시설계 시 30m~50m로 규정하고 있다. 미국해병공병단(NAVFAC)은 모서리에 시추 2~3공 배치를 추천하고 있으며, 일본지반조사위원회는 지층이 균일한 경우 50m 간격, 불규칙한 경우에 15m~30m를 추천하고 있다. 일본건축학회의 경우, 구조물당 지반추정 가능 여부에 따라 1공~2공을 추천하되, 건축면적 100~300m^{2}마다 1공씩 추가하도록 제안하고 있다. BS 기준에서는 10m~30m 간격으로 면적이 작은 구조물은 개소당 3공을 추천하고 있다.

위의 기준을 종합해볼 때 지하안전영향평가 대상은 굴착심도가 최소 10m 이상 되는 구조물로 최소 2~3개의 시추공을 배치해야 할 것이며, 미국해병공병단(NAVFAC)에서 제안한 바와 같이 모서리 및 굴착면 주변을 따라 시추공을 배치하는 것을 추천하며, 시추간격은 국내, 해외기준을 모두 만족하기는 현실적으로 어려워 기본적으로 국내 국가건설기준(KDS 11 10 10)을 따르는 것이 바람직할 것으로 판단된다. 국가건설기준(KDS 11 10 10)을 따르는 경우, 지하안전영향평가에서의 흙막이 구조물 설계는 통상적으로 바로 시공을 착수하는 것이 일반적이므로 기본설계보다는 실시설계 기준의 시추공 간격을 따르는 것이 타당하나, 가시설이라는 측면을 고려해 본다면 기본 및 실시설계 기준의 중간값인 50m 시추간격이 적절할 것으로 판단된다. 이럴 경우 1개의 시추공에 해당하는 영향 반경은 25m가 될 수 있으며, 각각 시추공의 영향범위가 구조물 기초영역을 모두 포함할 수 있도록 시추공 위치 및 간격을 적절히 배치할 것을 추천한다. 여기에서 불규칙한 지층이나 주요 구조물인 경우 시추공 영향범위를 20m 이내로 제한할 수 있으며, 보통 또는 균질한 지층의 경우에는 영향범위를 30m까지 확대할 수 있을 것으로 사료되어, 엔지니어의 판단에 따라 1개의 시추공 영향 반경범위를 20m~30m(평균 25m)로 적절히 산정한다면 국가건설기준(KDS 11 10 10)을 만족하는 데 큰 무리가 없을 것으로 판단된다.

이를 고려하여 지하안전영향평가 시 건축물 규모에 따른 시추공 배치간격의 산정 예를 몇 가지 소개하면 〈그림 6.3〉과 같다.

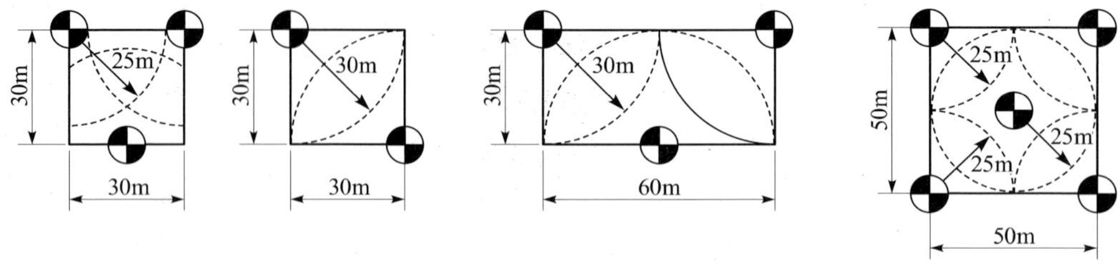

(a) 구조물 30m×30m
(영향반경 25m(좌), 영향반경 30m(우)

(b) 구조물 30m×60m
(영향반경 30m)

(c) 구조물 50m×50m
(영향반경 25m)

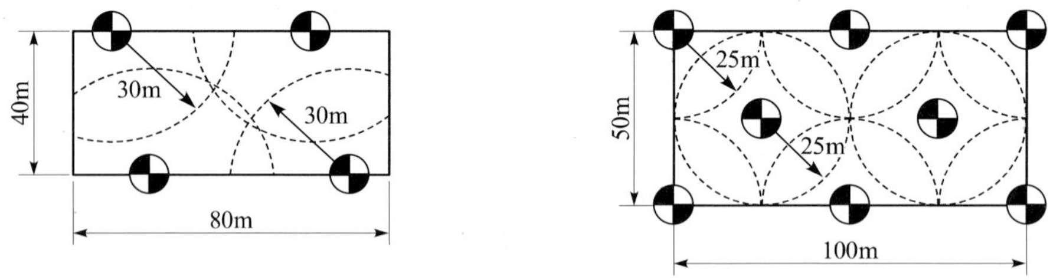

(d) 구조물 40m×80m
(영향반경 30m)

(e) 구조물 50m×100m
(영향반경 25m)

그림 6.3 건축물 규모에 따른 시추공 배치

6.1.3 물리탐사 기본이론

가. 물리탐사에서의 현상과 물성

물리탐사는 지구물리탐사(地球物理探査, geophysical survey)라고도 하며, 지표면(하저면, 해저면, 수면을 포함), 공중 또는 시추공에서 물리적 현상을 이용하여 지하 물성의 공간적 분포를 파악하려는 기술이라 정의할 수 있다. 물리탐사에서 이용하는 현상은 전기장, 탄성파, 전자파/레이더파, 방사선, 자기장, 중력장 등이며, 그 현상을 발생시키는 물성은 전기전도도(electrical conductivity), 탄성파속도(seismic velocity), 유전율(dielectric permitivity), 방사성(radioactivity), 자성(대자율; magnetic susceptibility), 밀도(density) 등이다. 이러한 물성과 그에 따른 현상을 측정하고 해석하는 방법에 따라 여러 물리탐사법이 구분될 수 있다.

나. 물리탐사의 기본개념

기술자가 현장여건에 맞는 적절한 물리탐사법 선정 및 물리탐사 결과를 제대로 이해하기 위해서는 먼저 다음과 같이 기본적으로 필요한 개념을 숙지해야 한다.

1) 자연적 물리장 및 인공적 물리장

물리탐사에서 이용하는 현상인 물리장은 자연적으로 생성되기도 하고 인위적으로 형성시키기도 한다. 지전류, 지자기장, 중력장, 방사선 등은 물체 자체가 발생시키거나 또 다른 자연적인 물리장에 의해 유도되기도 한다. 인위적으로 물리장을 형성시키고 그 반응을 측정하는 방법에는 레이더파를 방출하는 GPR(Ground Penetrating Radar)탐사, 땅속으로 전류를 공급하는 전기비저항탐사, 탄성파에너지를 방출하는 탄성파탐사 등이 대표적인 예이다.

2) 이상(anomaly), 이상체(anomalous body), 이상대(anomalous zone)

물리탐사에서 주변과 물리장이 다르게 나타나는 현상을 이상(anomaly), 대상이 되는 주변과 물성이 다른 물체를 이상체(anomalous body), 주변과 물리장의 변화가 보이는 구간을 이상대(anomalous zone)라 한다. 지하안전영향평가 시 주요 관심대상인 지반침하구간, 연약대, 지하공동 등은 결국 물리탐사 결과로부터 확인된 이상체 또는 이상대에 해당한다고 볼 수 있다.

3) 탐지 가능성(detectability)

가) 물성의 차이

물리탐사 대상이 되는 물체(이상체)는 주변 매질과 물성의 차이를 충분히 보여야 한다. 그 차이는 그에 따른 물리장의 크기를 변화시켜 현재 입수할 수 있는 측정 장비로 구분이 가능할 정도의 수준 이상으로 커야 한다. 〈그림 6.4〉는 이상반응 측정가능 여부를 도식화하여 설명해준다. 중력탐사의 경우라면, 주변보다 밀도가 매우 높거나 낮아야 측정이 가능하다고 할 수 있다(〈그림 6.4(a), (b)〉). 반면, 이상체와 주변의 물성(밀도) 차이가 너무 작은 경우, (c)와 같이 측정이 어려울 정도로 이상반응이 발생할 수도 있다.

나) 대상체의 크기

물성의 차이뿐만 아니라 물리탐사 대상이 되는 물체가 〈그림 6.4(d)〉와 같이 주변 매질과 물성의 차이가 크더라도 그 크기가 작다면 탐지가 어려울 수 있다. 탐지가능 대상체 크기의 하한은 물성의 차이가 클수록 적어지고 물성의 차이가 작을수록 커지게 된다. 색으로 비교하자면 하얀 바탕에 검정색의 점은 작아도 잘 보이겠지만, 희미한 회색의 점은 충분히 커야 구분되어질 수 있다. 반면에 대상체가 너무 커지면 그 자체가 배경이 되어 이를 구분하려면 대상체보다 충분히 큰 영역을 탐사해야 구분이 가능하며, 탐사측선의 길이가 대상체의 크기보다 충분히 커야함을 의미하기도 한다.

다) 대상체의 심도, 측선의 길이

일반적으로 어떤 물체가 형성하는 물리장의 크기는 물체로부터 거리가 멀어질수록 그 크기가 감소하게 된다. 따라서 동일한 규모의 이상체라도 지표면으로부터 깊은 심도에 존재할수록 탐지 가능성은 줄어든다(〈그림 6.4(e)〉). 이상대의 공간적인 형성은 대략 이상체의 심도에 비례하는 경향을 보인다. 일반적으로 대상체의 깊이보다 약 2배의 측정 가능한 이상대가 형성된다고 가정하여 측선의 길이는 대상체 깊이보다 2배 이상의 길이로 설정하는 것이 바람직하다.

통상적으로 주변과의 이상체 물성차이와 이상체 크기의 곱에 비례하여 탐지 가능성은 증가하게 되고, 이상체의 깊이에는 비례하여 탐지 가능성은 줄어드는 경향을 보인다. 이러한 점을 고려하여 물리탐사 계획이 수립되어야 한다.

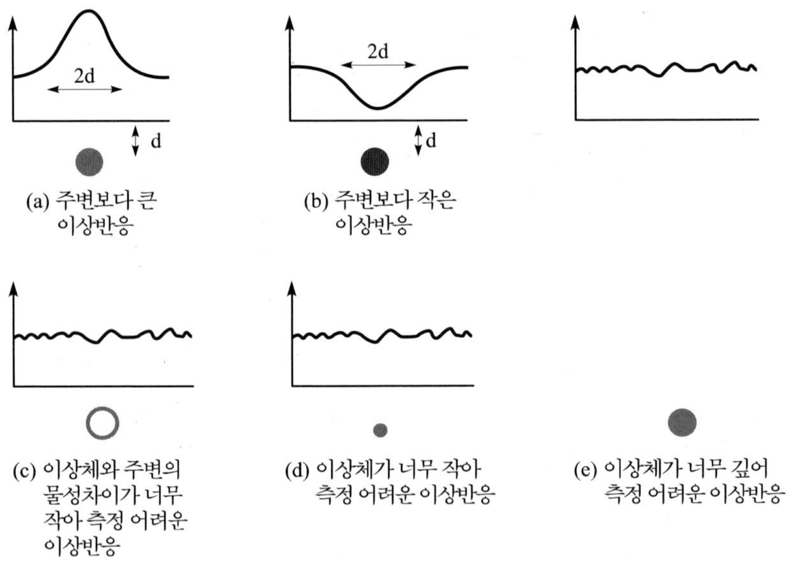

그림 6.4 이상반응 측정 가능성

라) 장비의 성능

측정 장비의 정밀도(precision)와 수신 센서의 민감도(sensitivity)는 이상체의 반응을 주변 값으로부터 분해할 수 있을 정도로 높아야 한다. 이상체가 주변 값보다 차이를 보이는 경우에도 수신 센서의 민감도가 낮거나 본체장비의 정밀도가 낮으면 이상을 감지하지 못한다. 현재의 물리탐사장비는 대부분 충분한 민감도를 보여서 장비성능이 부족하여 이상반응을 구분해내지 못하는 경우는 드물다.

마) 배경잡음

물리탐사 시 측정되는 기록은 〈그림 6.5〉와 같이 이상체의 신호와 배경잡음의 합으로 나타나게 된다. 따라서 배경잡음의 크기는 이상체의 신호보다 충분히 작아야 하며, 역으로 이상체의 신호는 배경잡음보다 충분히 커야 한다. 이는 신호 vs. 잡음비(S/N, signal to noise ratio)가 커야한다는 의미로 요약될 수 있다. 배경잡음은 자연적 물리장의 영향인 경우도 있으나 대부분 인공적인 잡음이 주를 이룬다. 특히 지하안전영향평가는 주로 도심지에서 이루어지는데 도심지에서는 전자기파, 접지전류, 전원공급에 의한 자기장, 차량 등에 의한 진동 등 다양한 종류의 잡음이 무시할 수 없는 크기로 상존하고 있어 물리탐사에서는 장애가 될 수 있으므로 이 점을 고려한 물리탐사 계획을 수립하여야 한다.

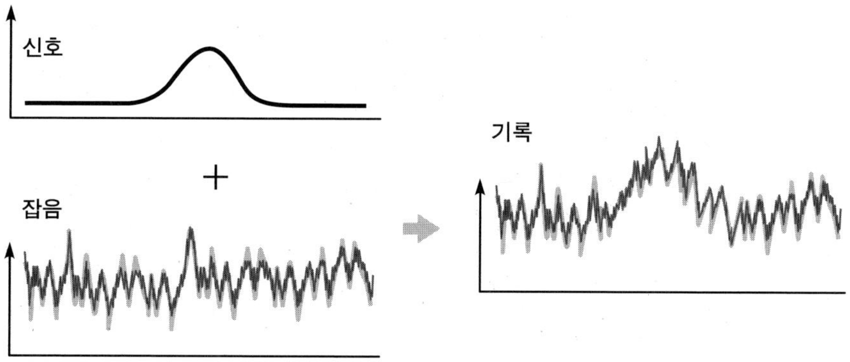

그림 6.5 물리탐사 시 측정되는 기록(이상체에 기인한 신호 + 주변 배경잡음)

바) 측정간격

이상체의 반응은 시간적으로 공간적으로 제한적이다. 따라서 측정간격은 공간적으로나 시간적으로 충분히 좁거나 짧아야 한다. 〈그림 6.6〉에서는 측정간격과 이상체의 감지에 대한 관계를 설명해준다. 이상 값은 주변 값보다 분명한 차이를 보이고 있으나, 측정간격이 너무 넓으면(a1, a2, a3, a4) 신호를 감지하지 못한다. 시간적 측정간격은 자료 취득 시 탐사매개변수 설정에서 실수하지 않으면 해결되는 비교적 용이한 과정이다. 그러나 공간적 측정간격은 탐사시간과 직결되는 문제이고 탐사비용과도 관련이 있으므로 적절한 측정간격 선정이 필요하다.

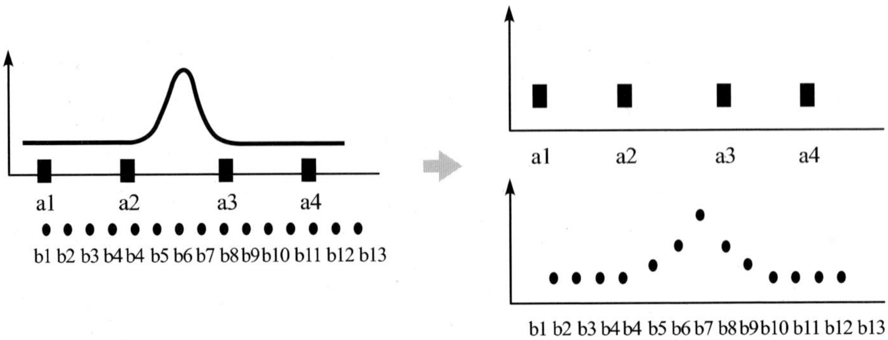

(a) 이상대의 형성과 측정간격.
a1, a2, a3, a4(측정간격이 넓은 경우),
b1, b2, …(측정간격이 좁은 경우)

(b) 기록된 측정결과

그림 6.6 측정간격과 이상체의 감지

사) 이상대 규모와 측선의 간격

이상대 규모와 측선간격도 고려하여야 할 중요한 사항이다. 〈그림 6.7〉에서 이상대가 형성되어 있고 이상대의 크기 중 탐사장비의 민감도와 주변잡음의 크기를 고려한 최소 반응의 크기를 a2라 하자. 이 경우 설정된 측선 중에서 이상반응을 감지할 수 있는 측선은 '나', '다', '라', 'C' 측선이다. 탐사가 이루어지기 전 이상대의 규모를 예상할 수 없는 경우에 측선 간격을 너무 넓게 설정하면 이상대 탐지가 어려울 수 있고, 측선간격을 너무 좁게 설정하면 탐사시간이 증대될 수 있다. 따라서 현장에서는 시험탐사를 통해 최적 측선 간격을 비롯한 탐사매개변수를 설정할 필요가 있다.

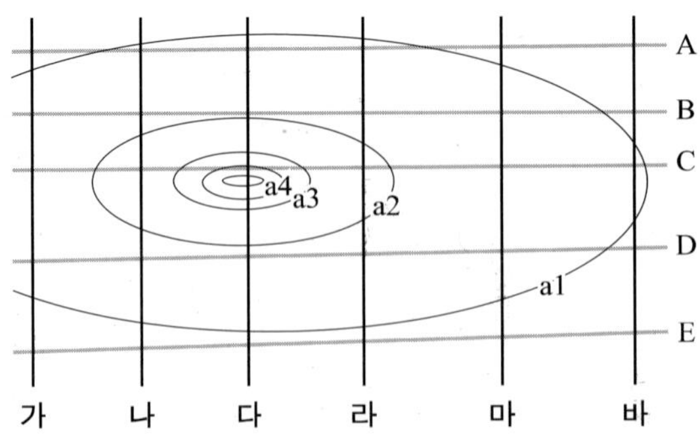

그림 6.7 이상대 규모와 측선 간격 설정

4) 분해능(resolution)과 가탐심도(depth of investigation)

이상체를 탐지해낸다면 그 이상체를 얼마나 정밀하게 파악할 수 있는가의 문제가 제기되는데, 이를 탐사의 분해능이라 한다. 동시에 얼마나 깊은 물체까지 탐사할 수 있는가의 문제도 제기되는데, 이를 탐사의 가탐심도라고 한다.

일반적으로 분해능과 가탐심도는 역의 관계에 있다. 분해능이 높을수록 가탐심도는 낮아지며, 분해능이 낮을수록 가탐심도는 깊어진다. 〈그림 6.8〉에서는 주파수, 파동, 진폭에 대한 관계를 보여준다. 파동의 측면에서 보면, 송신 주파수가 높을수록 분해능은 높아지지만 가탐심도는 낮아진다. 이에 해당하는 탐사는 전자탐사, GPR탐사, 탄성파탐사이다. 주파수(frequency)가 높다는 것은 파장(wave length)이 짧다는 의미이다. 지하로 전송되는 에너지는 진폭에 비례하지만 주파수가 높을수록 회절과 산란현상이 심해져서 지하 심부로 전달되는 에너지는 낮은 주파수에 비해 줄어든다.

전기탐사에서는 전위 전극의 간격이 좁을수록 분해능이 높아지지만 가탐심도는 낮아지게 된다. 그러나 독립적인 변수도 있는데 인공적 물리장을 사용하는 탐사의 경우 공급하는 에너지가 클수록(전기탐사의 경우 공급 전류가 클수록, GPR탐사의 경우 송신레이더파의 파워가 클수록) 가탐심도가 깊어진다. 이는 장비의 성능과 직접적으로 관련되어 있다. 동일크기의 송신원이라도 배경 잡음이 적다면 상대적으로 송신 에너지가 크다고 간주될 수 있어 작업 환경조건도 탐지가능성은 물론 가탐심도를 결정짓는 주요한 요인이 된다.

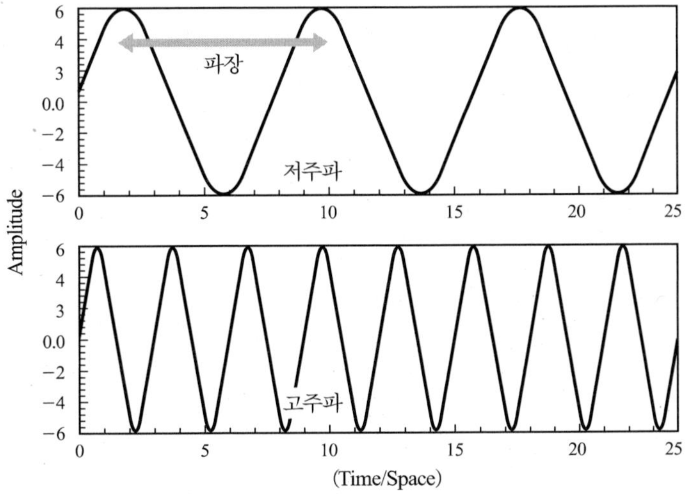

그림 6.8 주파수(frequency), 파장(wave length), 진폭(amplitude)

6.1.4 물리탐사의 종류

가. 탐사 대상의 물리적 특성에 따른 분류

흙 또는 암반이 가지고 있는 고유의 물성은 전기전도도, 탄성파 속도, 밀도, 유전율, 대자율, 방사능 등으로 분류되며, 대상체에 대한 이상의 변화를 감지하고 해석하여 각각 고유의 물리적 성질이 다른 경계지점의 위치 또는 주변 매질과 물리적 성질이 다른 대상체(이상체)의 분포범위를 파악하고자 하는 것이 물리탐사이다.

대상 물성으로서 탄성파 탐사는 탄성파 속도를, 전기비저항 탐사는 전기전도도를, GPR 탐사는 유전율, 대자율 및 전기전도도의 고유물성을 이용하게 된다.

〈표 6.2〉에는 탐사 대상의 물리적 특성에 따른 탐사법 분류가 정리되어 있다.

표 6.2 | 대상물성에 따른 물리탐사법 분류

탐사법	대상물성	비 고
탄성파(seismic) 탐사	· 탄성파속도 · 탄성파속도와 밀도의 곱	굴절법탐사 반사법탐사
전기(electric) 탐사	· 직류(DC) 전기전도도 · 복소(complex) 전기전도도	전기비저항탐사 유도분극탐사
전자(electromagnetic; EM) 탐사	· 전기전도도	
GPR탐사	· 유전율, 전기전도도, 대자율	
중력(gravity) 탐사	· 밀도	
자력(magnetic) 탐사	· 대자율	
방사능(radioactivity) 탐사	· 방사능	

나. 탐사 자료 획득 위치에 따른 분류

1) 육상탐사 : 일반적인 육상지표에서 수행하는 탐사로 대부분의 탐사방법이 육상탐사로 분류될 수 있다.
2) 수상탐사 : 강, 호수, 바다의 수면 또는 바닥에서 수행하는 탐사이다. GPR탐사는 바다조건에서는 높은 전기전도도로 인해 전자파 에너지의 감쇄가 커서 수행이 불가능하다.
3) 항공탐사 : 전자탐사, 자력탐사, 방사능탐사가 적용되며 넓은 지역을 신속히 조사하는데 효과적으로 활용된다.
4) 시추공탐사 : 시추공을 이용한 탐사법으로 1개의 시추공 내에서 수행하는 탐사, 2개의 시추공을 이용하는 탐사, 시추공과 지표면을 모두 이용하는 탐사법이 있다

(〈그림 6.9〉 참조). 좁은 지역에 대한 정밀탐사법으로 널리 활용되며, 일반적으로 물리검층은 1개의 시추공을 이용하는 시추공탐사에 해당될 수 있다. 시추공탐사와의 차이점은 시추공탐사의 탐사거리는 수 m 이상인데 반해 물리검층은 시추공 반경 수십 cm에 불과하다는 점이다. 물리검층의 하나인 시추공 영상촬영의 경우는 공벽상태만을 파악한다.

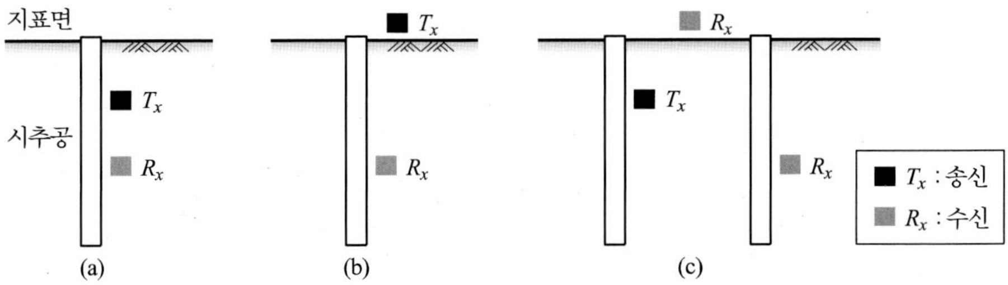

(a) 1개 시추공 내에서 수행하는 탐사 (in-hole 탐사)

(b) 시추공과 지표를 이용하는 탐사(hole to surface 탐사). 송신원 위치와 수신기 위치는 바뀌어질 수 있음

(c) 2개의 시추공을 이용하여 1개는 송신공 다른 시추공은 수신공으로 사용하는 탐사(cross-hole tomography 탐사). 지표면에 송신원 또는 수신기를 설치할 수 있음.

그림 6.9 시추공탐사의 종류

6.1.5 토목분야에서의 물리탐사

토목분야에서 지반에 대한 주요 관심사항은 지층/암층의 안정성과 관련된 역학적 물성과 지하수 관련 정보일 수 있다. 지하안전영향평가의 측면으로 볼 때는 지반침하 분포상태, 지반침하 가능성이 있는 연약대 및 지하공동 등이 주요 관심사라 할 수 있다.

적절한 물리탐사법을 선정하기 위해서는 주변매질과 물리적 성질이 다른 이상체의 분포범위를 파악하는 것이 중요하므로, 먼저 흙의 고유물성(전기전도도, 탄성파 속도, 밀도, 유전율 등)을 정확히 이해하여야 한다. 조사목적을 충족하기 위해서는 이상체의 경계부위를 찾는 데 가장 적합한 대상물성이 무엇일지를 먼저 파악하는 과정이 선행되어야 한다.

먼저, 역학적 물성과 직접 관련된 물리탐사의 정량적 물성은 탄성과 밀도라 할 수 있다. 일반적으로 매질이 강할수록 탄성파속도와 밀도가 증가하는 경향을 보이기 때문이다(탄성파속도 자체도 물질의 탄성과 밀도의 함수이기도 함). 이런 목적으로 사용되는 탐사법은 주로 굴절법탐사 또는 표면파탐사라 할 수 있다. 굴절법탐사는 지층과 암층(기반암층) 구분에 효과적으로 사용되며 절토공사에서 굴삭도(리핑암과 발파암의 구분) 평가에 활용된다. 반면에, 지반/암반의 역학적 성질과 정성적으로 관련될 수 있는 또 하나의 물성으로는 전기비저항이라 할 수 있다. 신선한 암반이나 지반은 전기비저항이 높고 파쇄가 심한 암반이나 연약대는 내부에 존재하는 점토질이나 지하수의 영향으로 전기비저항이 낮은 경향을 보이며, 이러한 특성은 전기비저항탐사나 전자탐사에 주로 활용될 수 있겠다. 전기비저항탐사는 지층과 암층구분 시에도 사용될 수는 있으나, 신뢰성 측면에서 보면 터널 설계 시 암반의 파쇄대, 단층대 파악에 매우 효과적이어서 암반 분류에 주로 적용하는 것이 바람직하다. 또한, 토목공사의 터파기 작업 등에는 지하시설물 파악이 중요하므로 효과적으로 사용될 수 있는 탐사법으로는 높은 주파수를 활용하여 3m 이내의 낮은 심도에 적용될 수 있는 GPR(Ground Penetrating Radar) 탐사법이 적용될 수 있을 것이다.

지하안전법과 관련한 지반침하, 연약대 및 공동 확인을 위해서는 위에서 언급한 GPR 탐사, 전기비저항탐사, 탄성파탐사 등이 주로 활용될 수 있다. 이와 관련된 탐사법 위주로 기본이론, 장비, 자료처리방법 및 현장적용 사례를 다음 장에서 설명하고자 한다.

6.2 GPR탐사와 지반침하

6.2.1 개 요

가. GPR탐사 기본이론

GPR(Ground Penetrating Radar)탐사는 송신안테나를 통해 전자기파를 방사시키고, 방출된 전자파가 전자기적 물성이 다른 물체를 만나 반사되어 돌아오는 신호를 수신 안테나에서 탐지하고, 이를 처리하여 대상물 내부의 상태를 해석하는 과정이라 요약할 수 있다(〈그림 6.10〉 참조). 전자기파는 송신안테나로부터 송출되어 전자기적 물성 차이를 갖는 물체를 만날 때까지 진행한다. GPR시험에서 고려되는 주된 전자기적 물성은 유전율과 전기전도도이다.

〈표 6.3〉에 지반침하탐사에 주로 고려되는 유전상수(=유전율/진공의 유전율)를 정리해 놓았다. 여기서 암석과 토양은 암종과 성분, 그리고 물 포화도에 따라 표에 제시된 값보다 유전상수 범위가 더 클 수 있음에 유의하여야 한다.

지하매질은 전도성 열손실, 물 분자의 이완에 의한 손실, 점토에 의한 전기화학적 손실과 같은 전기적인 에너지 손실 작용에 의해 주파수가 증가할수록 전자파의 감쇠와 분산이 일어난다. 전기전도도와 주파수가 높을수록 전자파 신호는 지수 함수적으로 감소한다.

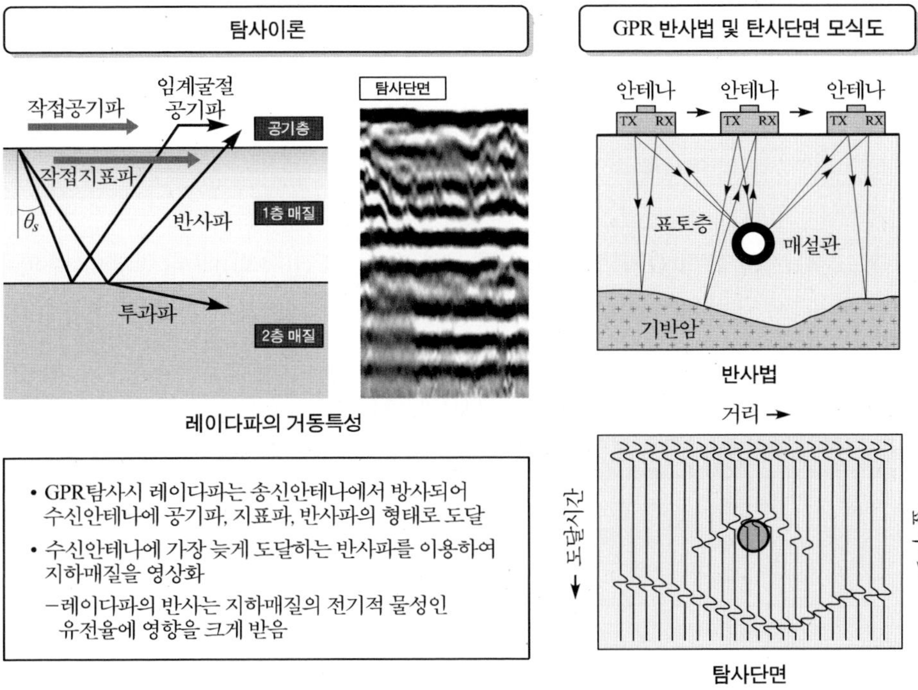

(출처: 한기환, 2018)

그림 6.10 GPR탐사의 원리

전자파 진행속도는 주로 매질의 유전율에 의존하며, 반사파의 진폭 역시 이웃하는 두 매질의 유전율의 상대적 차이에 따라 달라진다. 즉, 유전율의 대비가 큰 물질은 매우 잘 탐지될 수 있다. 예를 들어, 지하 내부에 공동이 존재하여 있을 경우 주변 물질과 공기의 유전율 차이가 크므로 뚜렷한 반사 신호를 얻을 수 있다. 그러나 이러한 반사체의 하부에 있는 또 다른 이상체는 이미 상부에서의 반사에너지가 크므로 투과에너지가 작아 반사될 에너지가 미약하기 때문에 탐지되기가 곤란하다. 따라서 전석층의 경우와 같이 공기와 돌이 혼재되어있을 경우나 철근콘크리트 등에서는 이러한 산란 에너지가 막대하여 그 하부 또는 배면의 탐지가 매우 곤란하게 된다.

표 6.3 | 대표적인 물질의 유전상수

물질	유전상수
진공	1 (정의에 의해)
공기	1.00059
PVC	3.2
콘크리트	4~5
암석	4~6

물질	유전상수
마른 흙	4~6
습기 머금은 흙	8~10
젖은 흙	12 <
물	81

〈표 6.4〉에는 유럽 GPR협회에서 제시한 토양 조건(유럽)에서 안테나 주파수에 따른 GPR탐사의 대략적인 가탐심도와 이상체의 탐지 가능 최소 규모가 제시되어 있다.

표 6.4 | 토양 조건에서 GPR탐사 가탐심도와 탐지 가능 최소 규모(www.eurogpr.org)

안테나 중심 주파수(MHz)	대략적 영상화 가능 깊이(m)	대략적 최소 탐지 가능 규모(m)
1500	0.3	0.03
1000	1	0.1
500	2	0.2
250	3	0.3
100	5	0.5
50	10	1
20	20	2

나. GPR탐사 자료처리

GPR탐사에서 측정되는 자료는 시간기록이다. 그러나 해석결과로서 알고자하는 것은 지하의 상태, 즉 지하공간적인 물성변화이므로, 자료의 분석은 깊이를 기준으로 수행되고 정리되어야 한다. 따라서 GPR 자료의 분석은 우선 전파속도의 결정에서 시작된다. 속도결정에는 지하매질을 아는 경우 알려진 유전상수 표를 이용하는 방법과 회절점 근사법이 있다.

1) 유전상수 표 이용

매질의 유전상수(e)는

$$e = \left(\frac{C}{V}\right)^2$$

의 관계에 있다. 여기서, C는 공기 중에서 빛의 속도이고, V는 매질의 전자파 속도이다. 따라서 지하매질의 속도는 다음 식으로 계산할 수 있다.

$$V = \frac{C}{\sqrt{e}}$$

2) 회절점 근사법

지하 반사체의 규모가 깊이에 비해 약 1/3 이하로 작다면 그 반사체를 그러한 매설체를 회절점으로 가정하고 속도를 결정할 수 있다. GPR 송신안테나와 수신안테나가 매우 가깝게 위치한다면 회절점에서 반사되어 오는 시간은 회절점의 직상부에서 가장 짧고, 이에서 멀어질수록 증가한다. 이러한 현상을 이용하여 전자파 속도를 계산할 수 있다. 〈그림 6.11〉과 같이 속도가 V로 균일한 매질에서 국부적 이상체(회절체)가 존재하는 경우, 직상부에서 반사시간(파의 왕복시간)을 t_0라 하고 직상부에서 x만큼 떨어진 곳에서 반사시간을 t라 할 때, 반사시간은 피타고라스정리에 의해 다음과 같은 관계를 나타낸다.

$$x^2 + \left(\frac{t_o}{2}V\right)^2 = \left(\frac{t}{2}V\right)^2$$

이를 정리하면

$$V = \frac{x}{\sqrt{(\frac{t}{2})^2 - (\frac{t_0}{2})^2}}$$

과 같은 전자파속도 계산식을 얻어낼 수 있다. 따라서 이상체 상부까지의 깊이 d는 $d = V \cdot \frac{t_0}{2}$으로 구해진다. 이상의 과정은 GPR 자료처리 프로그램에 제공되어 있어, 심도변환과정에 사용되고 있다(〈그림 6.11(b)〉 참조).

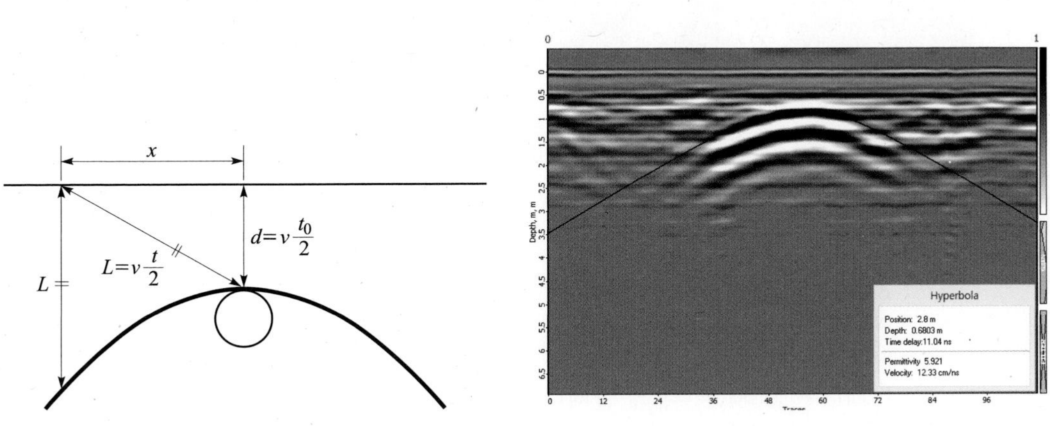

그림 6.11 균질 매질에서 회절점으로부터 포물선 형상과 속도 결정

다. GPR탐사 장비

GPR탐사 장비는 전자파 송수신 제어, 수신자료 A/D 변환 및 기록하는 제어기록부와 전자파를 송수신하는 안테나 부, 연결 케이블로 이루어진다. 보조장치로는 안테나의 위치를 결정하여 주는 정밀 GPS 수신기, 안테나가 정해진 측선으로 이동할 때 그 이동거리를 측정하여 주는 장치가 있다. 거리측정기는 제어부와 연결되어 전자파를 단위 거리당 몇 개를 송신할 것인가(예를 들어, 1m에 50개의 트레이스: 2cm마다 1파 송수신)를 결정해준다.

1) 단일채널 GPR탐사 장비

근래까지는 단일채널 GPR탐사 장비(〈그림 6.12〉 참조)가 주로 사용되어 왔으며, 단일채널 장비는 송수신 안테나가 각각 1개씩으로 구성되어 있다. 간단하고 간편한 구성이 되어 좁은 공간이나 측선이 짧은(수 km 이내) 탐사에서 효과적으로 사용될 수 있다. 또한 정밀한 결과를 얻어야 하는 조건에서 측선의 위치와 현장상태와의 관계를 명확히 정의할 수 있는 장점이 있다.

(a) 자료취득 장면

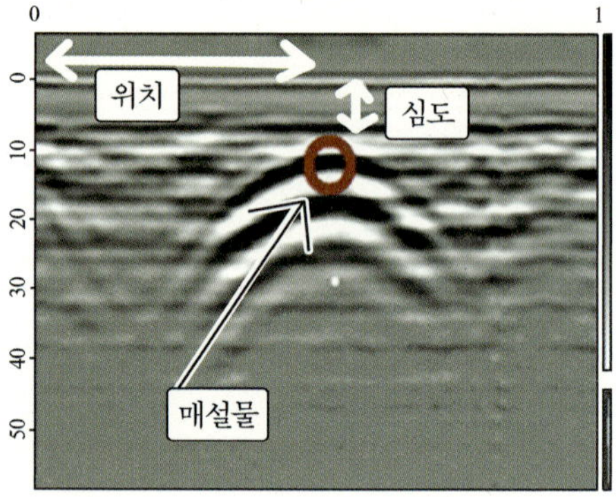

(b) 취득단면과 해석

그림 6.12 단일채널 GPR탐사

2) 다채널 GPR탐사 장비

다수의 안테나를 배열하여 일정폭에 대한 탐사를 동시에 수행함으로써 지하에 대한 3차원 탐사자료를 얻을 수 있다. 장비 제조사마다 안테나의 대역과 채널수가 다르지만 주로 200~1,000MHz 대역 안테나를 8~40채널로 구성하고 있다. 다채널 안테나는 차량에 장착되어 측정폭 2~3m에 수~수십 km/hour 속도로 자료를 측정할 수 있어 도로 하부탐사에 적합하다(〈그림 6.13〉 참조).

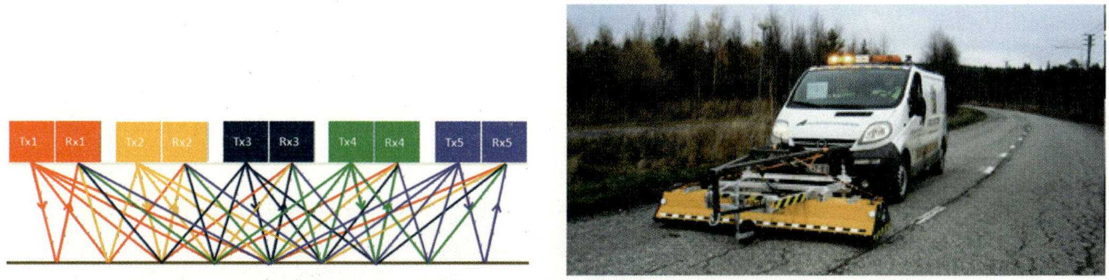

(a) 다채널 안테나 원리(www.malagpr.com.au)　　(b) 차량 장착된 다채널 안테나

그림 6.13 다채널 GPR탐사

6.2.2 GPR 탐사를 이용한 연약대 및 공동탐사

지반이 느슨한 상태의 연약대를 형성하면 공극의 부피가 늘어난다. 따라서 그 위치가 지하수면 상부이면 공기가 주변보다 많이 존재할 것이고, 지하수면 하부이면 물이 주변보다 많이 존재할 것이다. 공기는 일반 토양보다 유전상수가 작고, 물은 반대로 일반 토양보다 유전상수가 높다. 따라서 지반에 투과된 전자파는 이들 연약대를 만나게 되면 반사파를 형성하게 된다. 이론적으로는 주변매질보다 유전상수가 높은 이상대를 만나는 경우와 그 반대로 유전상수가 낮은 이상대를 만나는 경우 파형의 극성(polarity) 또는 위상(phase)이 바뀌게 되며, 실제 현장자료는 매우 복잡하여 뚜렷하게 구분되지 않는 경우도 많이 발생하여 분석에 있어서 많은 주의를 요한다.

가. 지반 연약대 탐사

지반 연약대는 지표로부터 수 m~수십 m까지도 형성되어 있을 것이나 GPR의 가탐심도는 2~5m 이내라는 점과 흙의 종류에 따라서도 GPR탐사의 가탐심도는 다르게 나타날 수 있어 탐사계획 수립 시 고려되어야 한다. 건조한 마사토의 경우 전기전도도가 낮기 때문에 저주파 안테나(100MHz 이하)를 사용하는 경우 10m 이하까지도 탐사가 가능할 경우도 있으나, 일반적인 경우는 저주파 안테나를 사용하는 경우에도 가탐심도는 5m 이내로 가정해야 한다. 점토성분은 전기전도도가 높으므로 가탐심도를 급격히 낮추므로 점토성분이 높은 토양에서는 저주파 안테나를 사용하는 경우에도 가탐심도를 3m 이상 기대할 수 없다. 암반은 토양보다 전기전도도가 낮아 해상도가 상대적으로 높은 200~300 MHz 중저주파 안테나를 사용하여도 가탐심도 10m 이상을 확보할 수 있다.

지반 연약대는 공동이나 지하매설물과는 달리 불규칙 내지는 비대칭적인 이상반응 형상을 보이고, 특히 이상대의 양끝에서 회절현상을 잘 보이지 않는다. 이는 지반 연약대는 정상적인 지반과 급격한 경계를 보이는 것이 아니라 점이적인 물성변화를 나타내기 때문이다. 〈그림 6.14〉에는 지반 연약대에서 형성되는 이상반응(노란색으로 표시)이 심도 약 1.5m 내외, 측정거리 1.5m 에서 6m에 걸쳐 나타나고 있다.

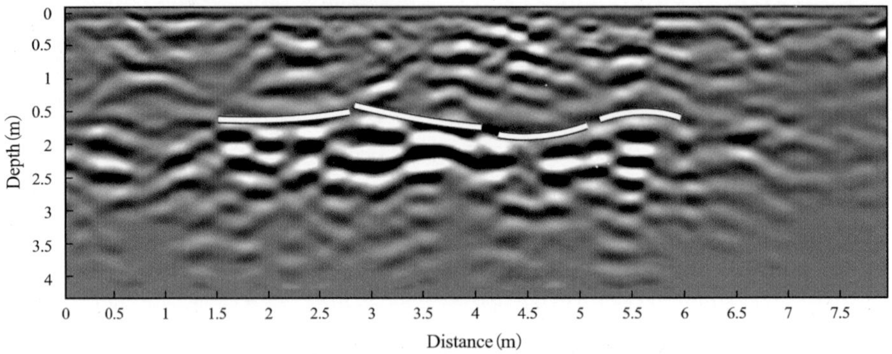

그림 6.14 지반 연약대 이상반응 (300MHz 안테나 사용 자료)

나. 지하공동 탐사

도심지의 지하에 형성되는 공동은 대부분 인공시설물의 노후화나 인위적인 행위의 결과로 생성된다. 이들은 당초에 지하 심부에 형성되었더라도 토층의 경우에는 시간이 경과함에 따라 지표천부로 전이되어 GPR탐사의 가탐심도 안으로 들어올 때 탐지가 가능하게 된다. 석회암지역에 형성되어 있는 공동은 그 크기가 매우 커질 때까지도 암반이 붕괴되지 않고 암반 내부에 성장할 수 있다. 참고로 〈그림 6.15〉에서는 석회암지역에서 수행한 GPR탐사 결과를 보여준다.

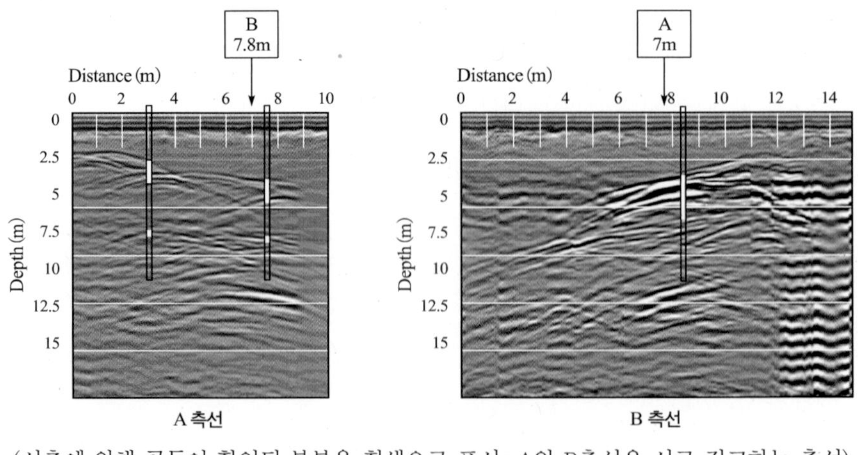

(시추에 의해 공동이 확인된 부분을 흰색으로 표시. A와 B측선은 서로 직교하는 측선)

그림 6.15 석회암 지역에서 수행한 공동 탐사 결과

6.2.3 GPR탐사 현장 적용

도심지에는 다양한 종류의 지하시설물이 매설되어 있으며, 이들은 주변 지반과 전자기적 물성이 다르므로 너무 깊이 매설되어있는 경우를 제외하고는 GPR탐사 시 매우 뚜렷한 이상반응을 보이게 된다. 〈그림 6.16〉에는 다양한 지하시설물과 공동의 GPR 이상 반응을 함께 나타내었다. 여기에서 중요한 점은 공동이나 지반침하구간에 대한 GPR 이상 반응은 지하시설물과의 반응과 확연히 구분되어 나타나지 않는 경우가 많다는 점이다. 예를 들어, 상수관으로 표시된 반응은 전형적인 기하학적 포물선 반응인데, 가스관, 하수관, 통신관, 또는 공동도 유사한 형상을 보일 수도 있다. 따라서 이상 반응에 대해서는 현장의 여건 또는 지장물도 등을 활용하여 이상반응의 원인을 정확하게 규명하는 것이 중요하다.

한편, 콘크리트 박스처럼 구조물 내부에 철근이 배근되어 있는 경우 철근에 의한 반응이 함께 나타날 수 있으며, 공동은 인공적인 시설물에 비해 기하학적 포물선 형태보다는 불규칙한 형상을 보이는 경우가 많다는 점에 유의해야 한다.

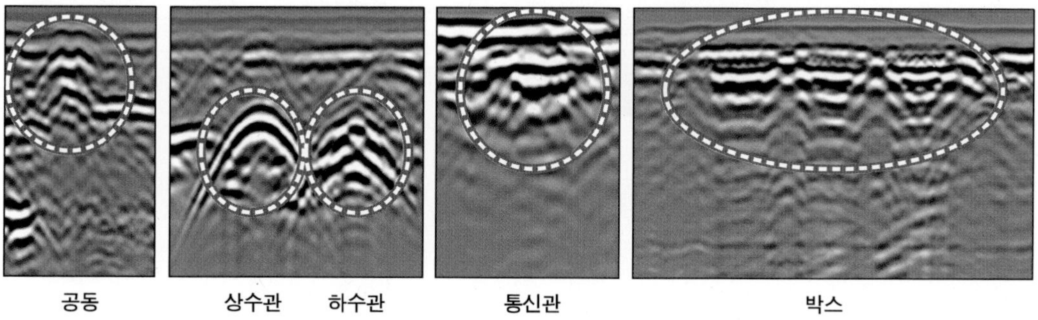

(출처: www.geoglobus.com)

그림 6.16 도로하부 지하시설물과 공동의 GPR 반응 비교

도로 하부에 존재하는 공동탐사는 차량용 3D GPR 탐사장비로 수행되며, 일반적으로 〈표 6.5〉와 같이 노면하부 공동 탐사는 '1차 탐사' 및 '2차 조사'로 나누어 수행하게 된다. 1차 탐사는 전수조사 단계로 차량에 탑재된 다중채널 GPR 장비를 이용하여 고속으로 도로 전 구간의 노면 하부를 탐사하고 해석하여 공동 존재 가능지역을 선정한다. 2차 조사는 정밀탐사단계로서 1차 탐사에서 선정된 구간에 대하여 인력에 의한 GPR탐사를 수행한다. 이 단계에서는 차량탐사보다 더 정확한 위치정보를 확보할 수 있으며, 대상지의 지하매설물 상황과 공사 여부 등을 고려한 정밀해석이 수반된다. 여기서 공동으로 재차 해석되는 경우 휴대용 천공기를 이용하여 공동 의심지점을 천공하고 예상 심도까지 천공한 후, 공동이

확인되면 내시경 장비를 투입하여 영상으로 공동의 존재 상황을 확인한다.

서울시는 도로함몰 관리대책의 일환으로 차량용 3D GPR탐사장비를 이용하여 도로하부 공동탐사(서울시에서는 '공동'이란 어감을 부정적으로 인식하여 '동공탐사'란 단어를 사용함)를 지속적으로 수행하고 있다. 이 사업에서 사용되는 공동탐사조사서 중 예시를 참고적으로 첨부하였다(〈그림 6.17〉 참조). 1, 2차 탐사과정을 통해 공동의 크기 및 규모, 진행 방향 등을 파악하여 종합보고서 작성 및 추후 공동 관리를 위한 정보를 획득하게 된다.

표 6.5 | 차량용 3D GPR탐사장비를 이용한 도로하부 공동탐사 절차

1차 탐사		2차 조사	
고속탐사	자료처리	정밀탐사	영상조사
도로 전구간 조사	공동 가능지점 선정	공동 위치 파악 천공 위치 제시	공동 존재 확인
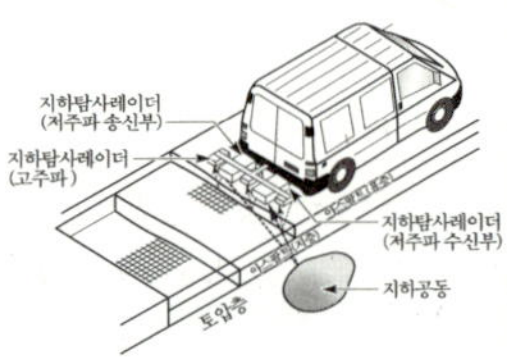	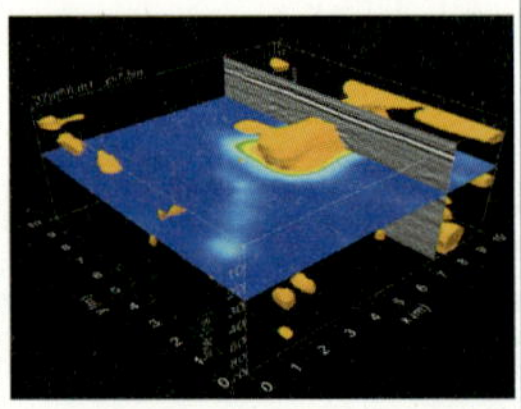	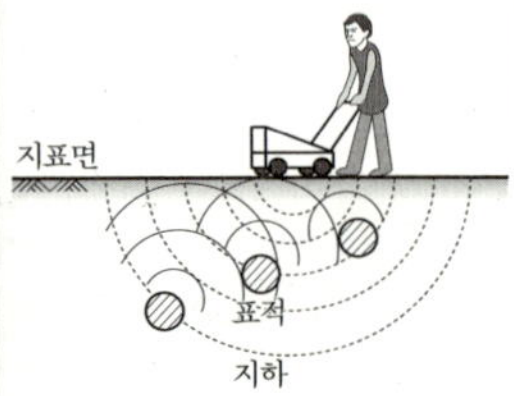	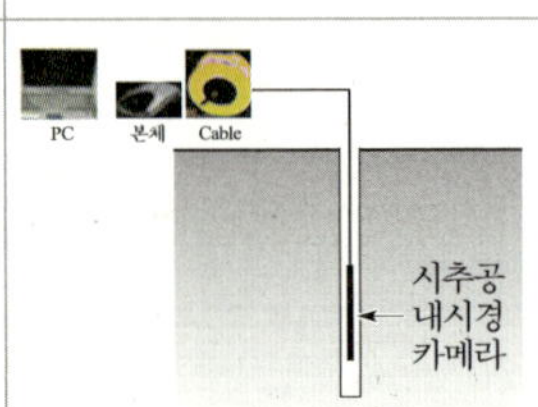
차량형 다중채널 GPR 장비	3차원 자료처리 분석 소프트웨어	인력 구동 단일채널 GPR 장비	내시경 장비
탐사자료 DB축적	대용량 자료처리	공동 중복 해석 및 위치 정밀 측정	공동 영상촬영
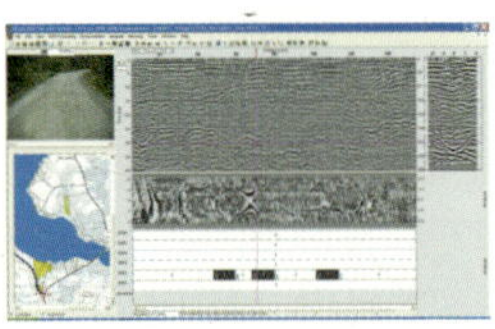	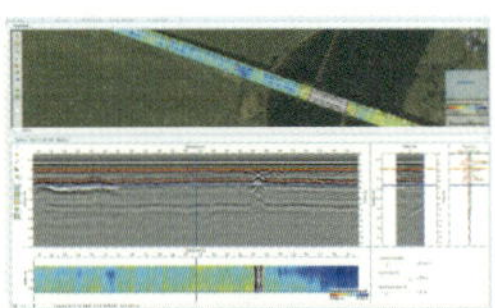		

▲ 천공

▲ 내시경 확인

▲ 공동 크기 측정

동공 조사서

탐사/천공	탐사일 2017.1.30/천공일 2017.2.20	위치	위도	N37° 30′ 22.54″	동공규모	토피(cm)	35	동공관리	번호	2015-1-003
지번주소	서울시 강남구 대치동 1011-3 (동부금융 앞)		경도	E127° 3′ 17.31″		도로종단 길이(cm)	60		등급	일반등급
도로명주소	서울시 강남구 테헤란로 432		차선	중앙선 기준 4번째 차로		도로횡단폭(cm)	150	분석동공	번호	업체 분석번호
탐사방향	동향(선릉역→삼성역)		지점	맨홀 후방 6.4m		바닥 깊이(cm)	GL-70		등급	우선등급

동공 위치도

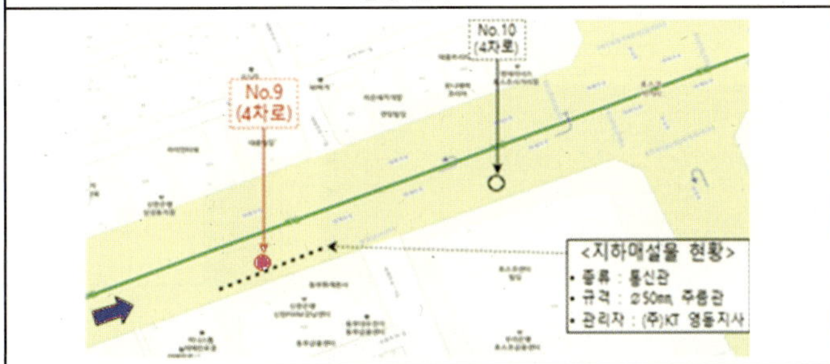

동공 주변사진

천공노면 사진

〈분석사의견/현장조사 내용〉
- 포장상태 :
- 토질 :
- 기타 :

(상단)탐사영상 평면/(하단)노면영상

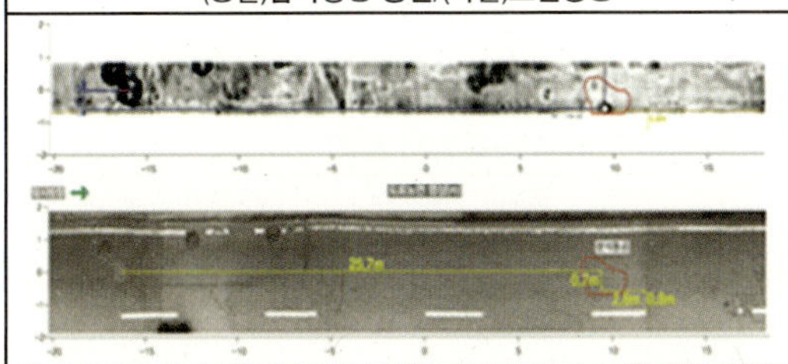

탐사영상 수직단면

도로 종단면 | 도로 횡단면

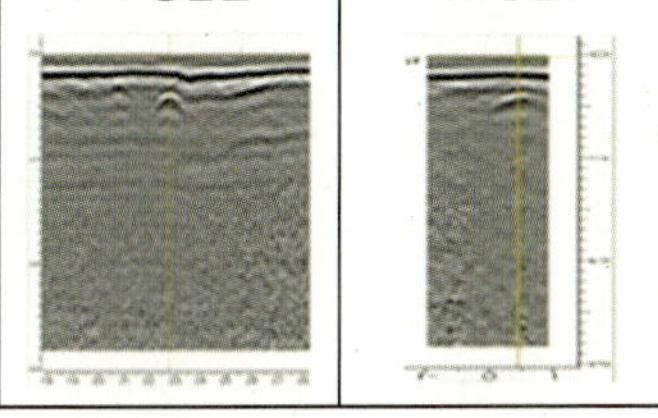

동공확인 내시경 영상

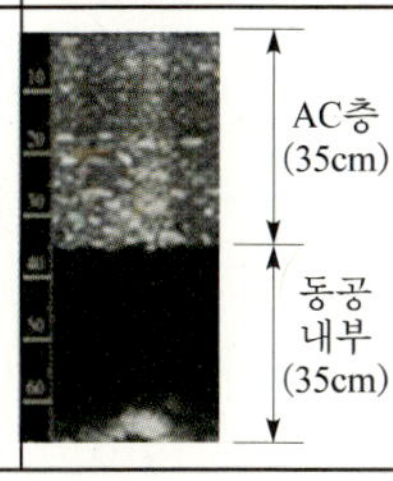

그림 6.17 서울시 도로하부 공동의 확인 및 결과 정리

3D GPR 탐사자료는 방대하기 때문에 효율적인 자료처리 및 해석 SW가 요구된다. 〈그림 6.18〉에는 3D GPR 탐사자료 과정이 나타나는데, 맨 위에는 일정 탐사구간의 지표면 자료가 제시되어있고, 맨 아래에는 일정 심도(0.256m)의 등심도 평면(depth slice)자료와 이상대로 해석되는 지점에 파란색으로 cross line을 설정하여 놓았다. 중간에는 cross line에 해당하는 종단면(왼쪽 긴 단면)과 횡단면(오른쪽 짧은 단면)이 제시되어 있는데, 종단면에 나타나는 cross line 중 수평선은 심도, 수직선은 횡단면의 위치를 의미한다. 마찬가지로 횡단면에 나타나는 cross line 중 수평선은 심도, 수직선은 종단단면의 위치를 의미한다. 중간 맨 오른쪽 그림은 그 위치에서 GPR 트레이스 파형을 보여주고 있어 극성과 진폭 해석을 가능하게 한다.

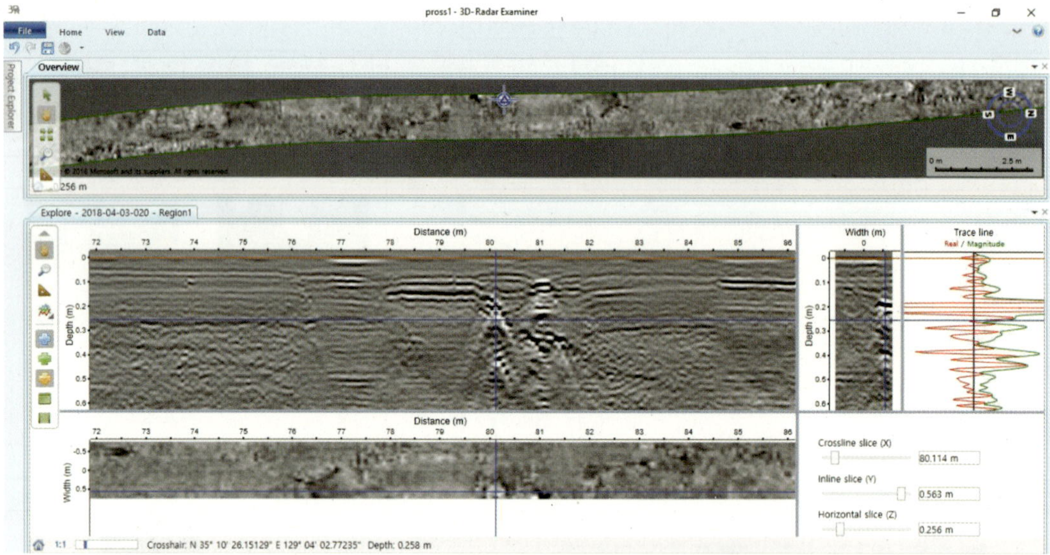

그림 6.18 **차량용 3D GPR 탐사장비를 이용한 도로하부 공동탐사 사례**

서울시에서는 2014. 12월 최초 공동탐사 이후 주요 도로 공동발생 현황, 도로함몰 발생 원인 등을 지속적으로 파악하여 도로 여건에 맞는 공동관리 기준을 마련 중에 있다. 향후에도 GPR 활용사례는 전국으로 지속적으로 증가할 것으로 예상되며, 이에 맞추어 국내 GPR 탐사기술도 계속 발전해 나갈 수 있기를 기대해 본다.

6.3 전기비저항탐사와 지반침하

6.3.1 개 요

가. 전기비저항탐사 기본이론

전기비저항탐사는 지하매질의 전기비저항(전기전도도의 역수로서 전류가 잘 흐르지 않는 정도) 차이에 의해 야기되는 이상전위차를 측정하고 이를 정밀 해석함으로써 지하구조를 규명해내는 물리탐사기술이다. 전류전극을 통해 대지에 공급된 전류(I)와 지하매질의 전기적 물성 차이로 인해 형성된 전위차(ΔV)를 측정함으로써 전기비저항치의 변화 양상을 탐지하는 방법이다. 〈그림 6.19〉에는 균질 반무한 공간에 전류를 보내면 형성되는 전위장과 지하에 전기전도도가 높은 이상체가 존재하는 경우 전류의 집중도와 전위장이 달라져서 지표의 전위분포도 영향을 보여주는 모식도가 제시되어 있다. 여기에서, C1과 C2는 전류를 공급하는 전극이고, P1과 P2는 전위차를 측정하는 전극이다.

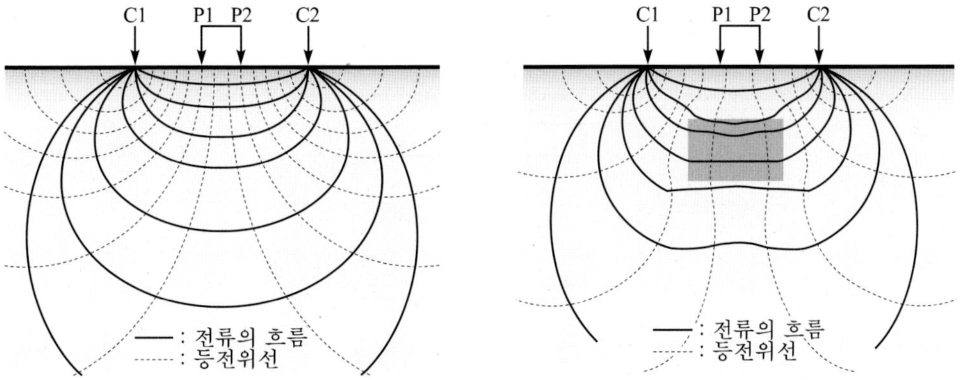

그림 6.19 전기비저항탐사의 원리

지하매질의 전기비저항은 암반과 흙에서 크게 차이가 난다. 일반적으로 암반을 이루고 있는 기질(matrix)은 대개 전기비저항이 높게 나타나는데, 그 이유는 암반에 균열이나 파쇄가 심하지 않은 경우에 전기전도도를 높이는 물이나 점토의 함량이 적기 때문이다. 흙의 경우에 토립자 자체는 암반의 기질과 같이 전기비저항이 높다고 볼 수 있으나, 토립자 사이에 존재하는 공극의 부피가 암반에 비해 크고 그 공극에는 물이 존재할 수 있기 때문에 전기비저항이 낮은 특성을 보인다. 점토질 흙은 상대적으로 대부분 전기비저항이 낮게 나타나며, 건조한 흙은 공극에 공기가 존재하므로 신선한 암반과 거의 비슷하게 전기비저항이 높을 수 있다.

전기비저항 탐사에서는 다양한 전류전극 대 전위전극배열법이 사용되는데 〈그림 6.20〉에 전극배열법을 나타내었다. 가장 기본적인 전극배열법은 단극배열(pole-pole array; 단극-단극배열)법이고 안정적인 측정값을 보일 수 있다. 단극이라고 표현하지만 실제로는 참조 전극을 측선에서 멀리(측선 전체 길이의 3배 이상) 떨어진 곳에 고정시켜놓고 나머지 하나 전극을 측선을 따라 이동시키며 수행한다. 탐사의 분해능이 가장 우수한 배열법은 쌍극자배열(dipole-dipole array; 쌍극자-쌍극자배열)법이며, 우리나라에서 현재 가장 널리 활용되고 있으나, 잡음에 취약하다는 단점이 있다.

도심지에서는 많은 전기선들이 발생시키는 전자기적 잡음이 존재할 수 있으며, 이들이 전기비저항탐사 결과에 영향을 끼칠 수 있어, 도심에서는 좀 더 안정적인 배열 방법을 채택해야 할 필요성이 있다. 〈그림 6.20(d)〉의 슐럼버저(Schlumberger) 배열 또는 (e)의 웨너(Wenner) 배열은 상대적으로 전자기적 잡음에 영향을 적게 받으므로 잡음이 많은 도심지 구간에서 적합할 수 있다.

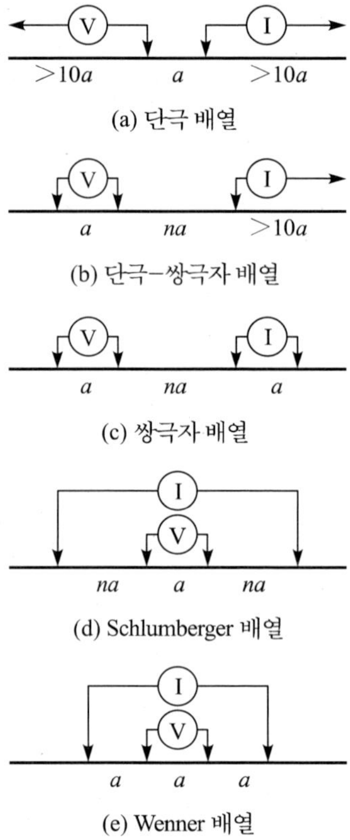

그림 6.20 전기비저항탐사의 대표적인 배열

지하에 존재하는 철재 배관이나 지표에 설치되어 있는 철재 가드라인, 철재 펜스 등은 높은 전기전도도를 보여 전류의 흐름을 강하게 유도하는 경우가 있어 이들의 영향으로 지반 연약대 파악이 곤란하거나 철재 시설물을 지반 연약대로 오인될 소지가 있다. 따라서 철재 시설물로 인해 탐사결과에 미치는 영향에 대해서도 결과분석 시 고려되어야 한다.

나. 전기비저항탐사 자료 처리

전기비저항탐사는 탐사 대상지역에서 전류전극과 전위전극의 위치를 다양하게 변화시키면서 전류전극의 위치와 공급되는 전류량, 전위전극의 위치와 그 전위차를 기록한다. 자료처리는 대부분 전기비저항 역산 프로그램을 이용한다. 처리과정은 기록을 입력시키고 수치모델링에 의한 이론적 계산값과 측정값과의 오차를 줄이도록 반복하고 지정된 판단기준 내에 들면 결과를 얻는 방식으로 수행된다. 얻어지는 결과는 측선하부의 전기비저항의 공간적 분포이다.

다. 전기비저항탐사 장비

전기비저항탐사 장비는 전류를 공급하고 전위차를 측정하는 본체와 전극, 본체와 전극을 연결하는 케이블로 이루어져 있다. 전기비저항탐사 장비 선택에 있어서 얼마나 큰 전류를 안정적으로 공급할 수 있는가가 성능을 판단하는 주요 요인이 된다. 전기비저항탐사 자료의 품질은 안정되고 구분 가능한 전위차를 측정해야 하는데, 전위차를 형성시키는 요인은 충분이 높은 공급전류에 의존하기 때문이다. 지층의 저항은 매우 높으므로 수백 mA의 전류를 안정적으로 공급할 수 있는 장비가 요구된다. 전기비저항 탐사기 본체는 수신 전위차를 A/D변환하고 기록하는 기능도 함께 지니고 있다. 〈그림 6.21〉에 전기비저항 탐사장비와 탐사 장면을 나타내준다.

전극은 통상 스테인리스 스틸 봉을 사용하며, 탐사의 편의를 위해 다수의 전극을 설계된 위치에 설치하고 멀티코어전선을 사용하여 연결시킨다. 설계된 전극 배열에 따라 수동 혹은 자동으로 전극을 조합하여 전류를 공급하고 전위를 측정하는 작업을 반복한다.

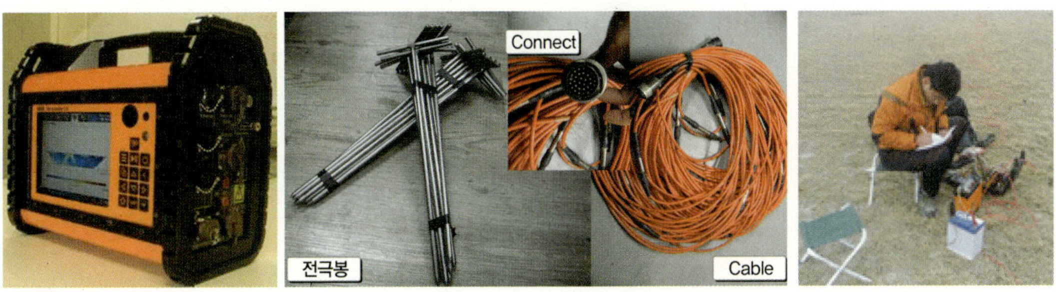

그림 6.21 전기비저항탐사(좌), 자료취득 전경(우)

6.3.2 전기비저항탐사를 이용한 연약대 및 공동 탐사

전기비저항탐사는 느슨한 연약대에 물이 차서 전기비저항이 주변보다 낮아진 상태인 경우 효과적으로 적용될 수 있다. 터파기 현장에서 차수에 실패하는 경우 지하수와 함께 토립자가 빠져나간 상태에서 형성되는 연약대나 공동에는 다시 지하수로 채워지게 되므로 전기비저항탐사가 수행되면 낮은 저비저항 이상대가 형성된다. 그러나 대상지역의 지하수위가 연약대나 공동보다 낮게 형성되어 있다면 지반의 빈 공간은 공기로 채워지게 되고, 그 결과는 주변보다 높은 전기비저항대 형성으로 나타날 수도 있어 높은 전기비저항 이상대 구간도 공동으로 파악되는 경우도 있다. 따라서 신뢰성 있는 결과분석을 위해서 전기비저항탐사 수행 시 대상지역의 지질 및 지하수 조건 파악이 매우 중요하다.

6.3.3 전기비저항탐사 현장 적용

〈그림 6.22〉에 제시된 전기비저항탐사 사례는 나대지에서 매몰된 수직갱의 위치를 파악하기 위하여 수행한 사례이다. 탐사결과 녹색으로 하부까지 연결되는 저비저항 이상대가 나타난 지역의 추정이 가능하였으며, 시추를 수행하여 호박돌, 점토, 자갈, 모래로 충진된 수직공임이 확인되었다.

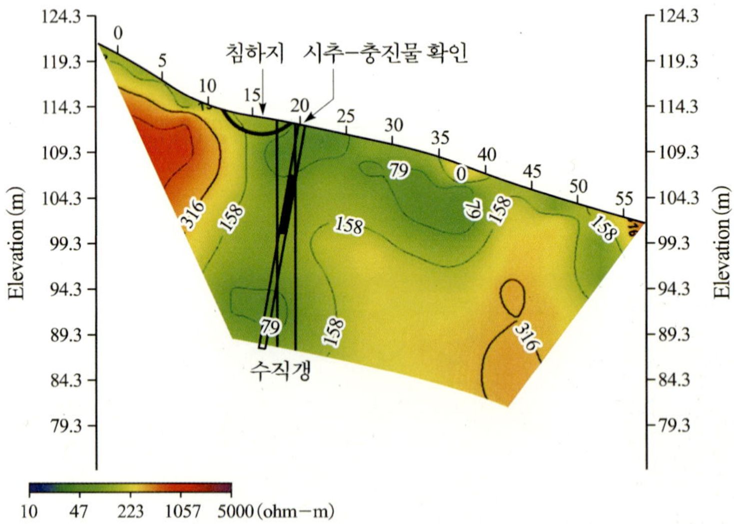

그림 6.22 수직갱 침하지역 전기비저항탐사 결과

6.4 기타 물리탐사를 활용한 연약대 및 공동 탐사

6.4.1 탄성파 탐사

가. 표면파 탐사(MASW, Multichannel Analysis of Surface Waves)

표면파의 주파수 또는 파장에 의해 그 전파속도가 변하는 분산 특성을 이용하여 지표면상에서 심도방향 전단파 속도(Vs)의 분포를 측정하는 탐사로써 분산곡선(dispersion curve), 위상속도(phase velocity) 대 주파수(frequency)의 관계를 도식하여 계산된 분산곡선으로부터 반복적 역산(inversion)과정을 통하여 2D 전단파 속도 단면을 획득한다. 〈그림 6.23〉에 표면파 탐사의 흐름도 및 모식도를 나타내었다.

표면파 탐사 시에는 수진 지오폰(geophone)은 가급적 저주파를 사용하여야 하며, 통상적으로 4.5 Hz 지오폰을 사용한다. 가탐 심도는 약 15~30m로 알려져 있지만, 15m까지가 신뢰도 높은 구간으로 간주될 수 있다.

지반에 연약대가 형성되면 탄성파 속도가 낮아지고 특히 전단파(횡파, S파) 속도는 낮아지는 정도가 더 심하다. 따라서 전단파 속도단면은 지하의 연약대 분포와 상관관계를 나타내줄 수 있다. 그러나 표면파 탐사는 매우 정밀한 자료 취득이 전제되어야 하고, 분석과정에서 분산곡선이 명확하게 드러나지 않는 경우가 많아 해석자의 자의적 판단이 개입될 소지가 많아, 특히 경험이 풍부한 전문가에 의해 결과분석이 수행

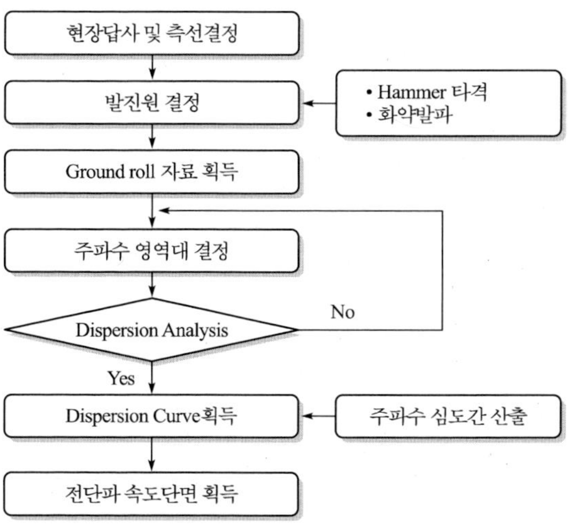

▲ 탐사절차도

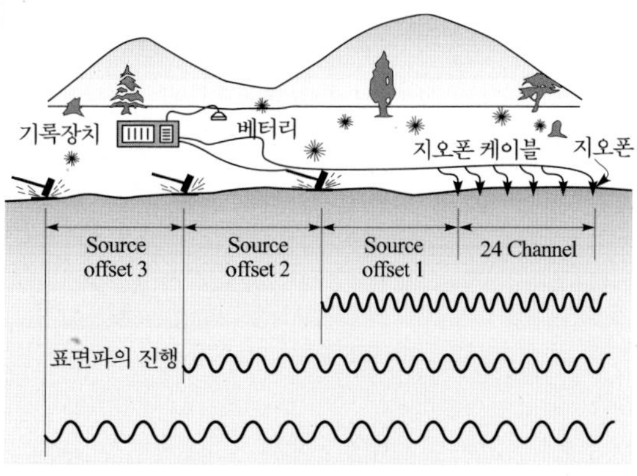

▲ 탐사모식도

그림 6.23 표면파 탐사절차도 및 모식도

되어야 한다. 〈그림 6.24〉에 폐탄광지역에서 수행한 표면파 탐사 사례를 제시하였다. 갱도와 채굴적 구간이 낮은 전단파 속도대로 나타나고 있다.

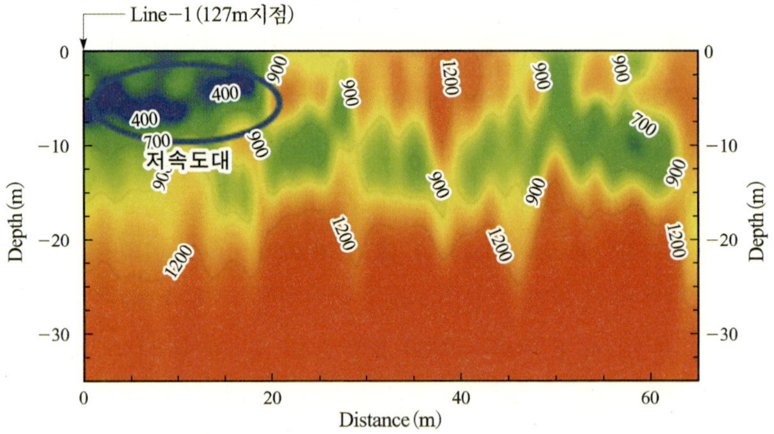

그림 6.24 탄광지역 표면파탐사 결과 단면(저속도대-채굴적)

나. 굴절법 탐사

지표에서 발생시킨 탄성파는 속도가 서로 다른 두 매질의 경계면에서 그 에너지의 일부는 반사되고 일부는 굴절된다. 하부지층의 속도가 상부지층 속도보다 큰 경우에는 송신원과 수신원의 거리가 증가됨에 따라 송신원에서 수신기로 직접 도달하는 파동보다 지층 경계면에서 굴절되어 지표에 도달하는 굴절파의 파동이 더 빠르게 도달할 수 있다. 이러한 송신원-수신기와의 거리와 수신기에서 측정된 초동 정보로부터 지하의 탄성파속도 분포를 파악하는 탐사법이 굴절법 탄성파 탐사이다. 〈그림 6.25〉에 굴절법 탄성파 탐사 모식도를 나타내었다.

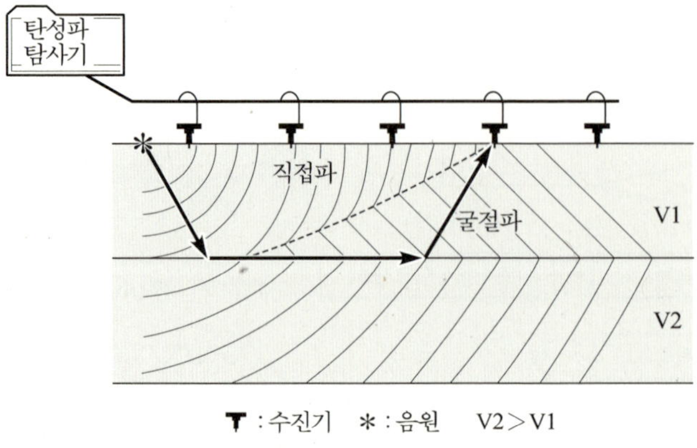

그림 6.25 굴절법 탄성파 탐사 모식도

탄성파 굴절법 탐사 장비는 본체, 수진기(지오폰), 케이블, 음원 발생장치로 이루어진다. 굴절법에서는 다수의 수신기를 동시에 측정하여야 하므로 통상장비는 24채널 이상의 수신 기능을 제공한다. 케이블은 통상 12채널을 연결할 수 있게 제작되어 있어 탐사 시 2개의 케이블을 연결하여(24채널) 사용한다. 음원은 대규모 탐사 시 화약도 사용하나 도시 내 지반탐사의 경우에는 주로 해머음원을 사용한다.

〈그림 6.26〉에서는 굴절법 탐사 사례를 나타내었다. 굴절법 탐사를 지반침하 및 연약대 조사목적으로 시행할 때는 탐사원리 특성 상 상부지층의 속도가 하부지층의 속도보다 낮아야 한다는 점에 유의해야 한다. 연약대가 지하심부에 형성되어 있는 경우 연약대의 속도는 상부의 조밀한 토층보다 속도가 낮으므로 굴절법 탐사방법은 적절치 않으며, 굴절법탐사를 적용할 수 있는 조건은 연약대가 지표에 발달되어 있는 경우 그 하한과 규모가 어느 정도인가를 파악하려는 목적에서만 채택이 가능하다. 또한, 도심지에서는 지표면이 아스팔트 등과 같이 포장되어 있는 경우에 지오폰의 설치가 용이하지 않아 신호가 제대로 측정되지 않을 수 있으며, 탄성파 속도가 높은 포장체가 두터운 경우 하부의 탄성파 속도가 낮은 연약대의 파악은 어려울 수 있다는 점에 유의해야 한다.

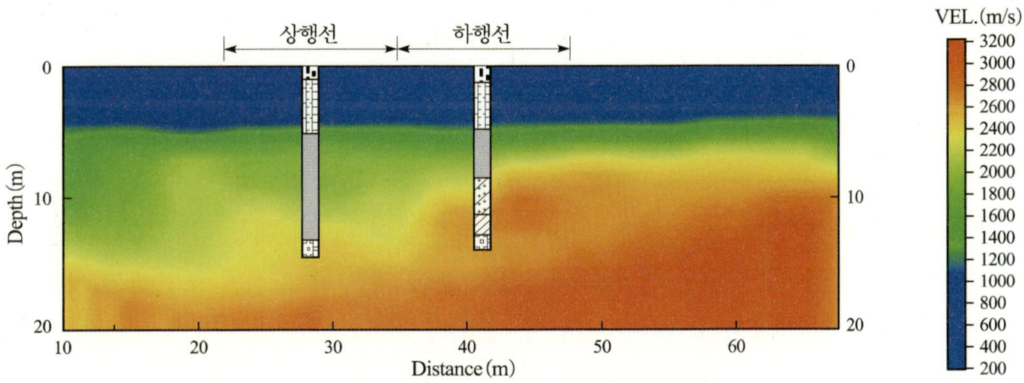

그림 6.26 굴절법 탄성파 탐사 해석결과

6.4.2 시추공 탐사

가. 시추공간 탄성파토모그래피 탐사

시추공간 탄성파토모그래피(cross-hole seismic tomography)는 한 시추공에 탄성파 발생원 장치를, 또 다른 시추공에는 수신기 장치를 설치한 후 탄성파 발생원의 위치를 규칙적으로 이동하면서 탄성파를 발생시키고 수신기에서 신호를 측정하고 해석하는 과정으로 이루어진다(〈그림 6.27〉 참조).

시추공 탄성파토모그래피 장비는 탄성파 기록계, 음원, 수신기로 구성된다. 음원으로는 뇌관, 시추공 스파커, 에어건 등이 사용될 수 있으며, 수신기는 하이드로폰 어레이(주로 24채널)가 일반적으로 사용된다.

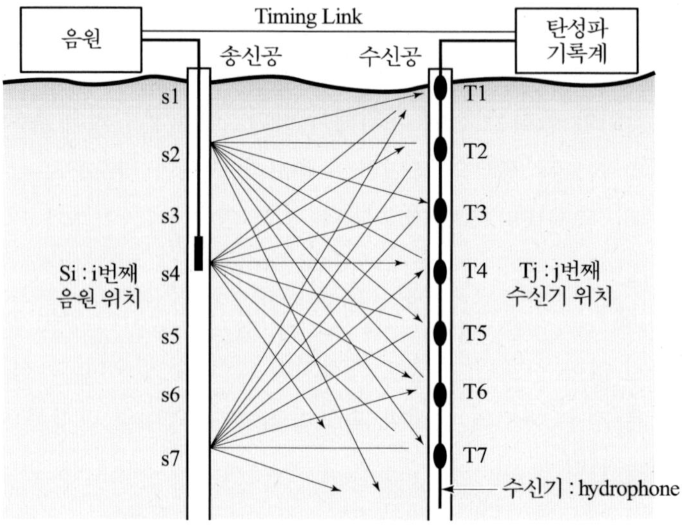

그림 6.27 시추공간 탄성파토모그래피 탐사 모식도

시추공간 탄성파토모그래피 탐사는 일반적으로 시추공과 시추공 사이의 탄성파 속도의 단면으로 결과를 나타내며, 2개 이상의 시추공이 필요하므로 시간과 비용이 지표탐사보다 더 많이 소요된다. 그러나 시추공을 이용하여 대상 심도까지 접근하여 조사하므로 정확도가 높은 결과를 제공하여 준다. 더구나 도심지 조건에서 지표부근의 다양한 잡음, 지표조건, 지하시설물 등에 의해 지반탐사가 어려울 때 대안으로 고려될 수 있다. 〈그림 6.28〉에는 석회암 지역에서 발견된 공동의 정확한 규모를 파악하기 위하여 수행된 시추공간 탄성파토모그래피 탐사 결과를 제시하였다. 지표에서 심도 2~3m까지 풍화대가 발달되어 있고, 심도 15~19m까지 석회공동으로 해석되는 저속도 이상대가 나타나고 있음을 알 수 있다.

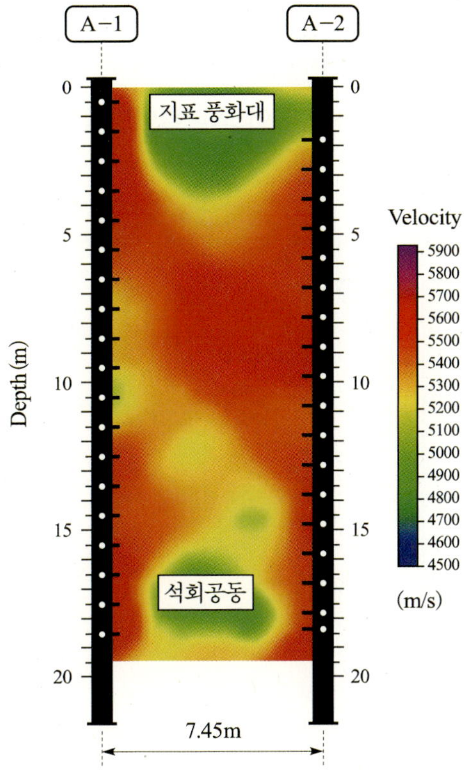

그림 6.28 석회공동에 대한 시추공간 탄성파토모그래피 탐사 사례

나. 밀도검층

밀도검층은 감마-감마(gamma-gamma)검층이라고 하며, 지반 또는 암반의 현장밀도(bulk density)를 측정하는 시험이다. 〈그림 6.29〉에서는 밀도검층 모식도를 보여준다. 밀도검층의 물리학적 기본 원리는 컴프턴 효과(Compton effect)와 광전효과(photoelectric effect)이다. 컴프턴 효과란 x선이나 감마선 파장을 가진 광자가 물질의 전자와 상호작용하여 에너지를 잃는 비탄성 산란과정이며, 광전효과란 어떤 물질이 고유의 특정파장보다 짧은 파장을 가진 전자기파를 흡수했을 때 전자를 내보내는 현상이다.

밀도검층값으로부터 지층의 구분, 암반의 파쇄정도, 풍화대 등 지반의 특성을 추정할 수 있으며, 다운홀 탐사, 서스펜션 P.S 검층 등의 탄성파 속도를 구할 수 있는 실험들과 병행하여 내진설계를 위한 지반의 동탄성정수(동포아송비, 동전단계수, 동체적계수 및 동탄성계수)를 산출하는데 사용된다. 지반침하와 관련해서는 연약대가 형성되면 공극이 커지고, 그 공극에는 밀도가 낮은 공기나 물로 채워지게 되므로 전체적인 현장밀도값은 주변 건전한 지반보다 낮아지게 된다. 단, 밀도검층의 탐사 범위는 시추공을 중심으로 반경 10~30cm 이내에 머무르며, 시추공 내 지하수의 존재 여부에 따라 그 영향을 받는다는 점이 고려되어야 한다.

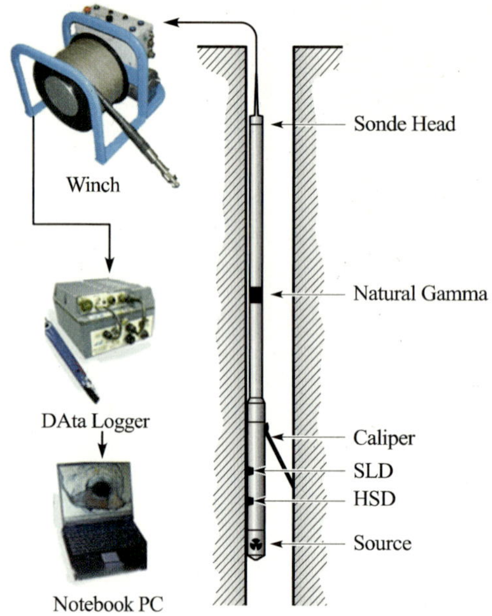

그림 6.29 밀도검층 모식도

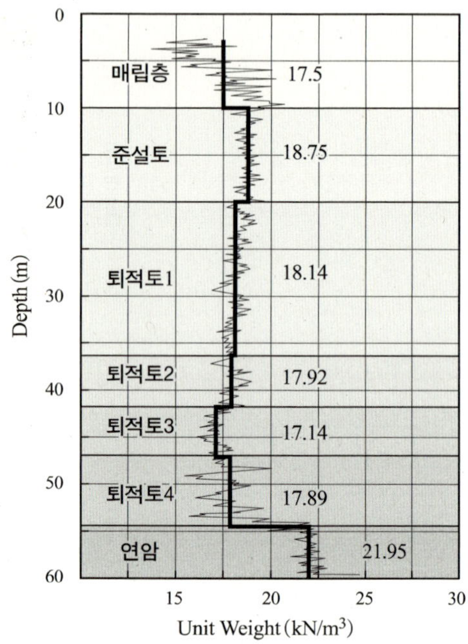

그림 6.30 밀도검층 사례

지반조사에 적용된 밀도검층 사례를 〈그림 6.30〉에 제시하였다. 지반의 심도별 원위치 밀도를 측정하여 설계 및 시공에 필요한 기본 물성치를 제공하기 위하여 수행한 밀도검층 결과이다. 동일한 매립층에서 밀도 변화가 크게 차이나는 이유는 심도 5m 부근이 지하수면이고 시추공 내에 존재하는 지하수의 영향으로 밀도값이 변화하는 것을 알 수 있다.

6.5 굴착지반 주변도로 물리탐사 적용사례

6.5.1 개 요

현재까지 국내에는 흙막이 구조물 주변 지반 및 인접도로에 연구차원에서 물리탐사를 일부 적용한 사례는 있으나, 실무적인 차원에서 다양한 물리탐사를 수행한 사례는 매우 드물다고 할 수 있다. 2017년 ○○ 흙막이 굴착현장에서 굴착 도중 지하수 유출로 인한 주변지반이 함몰 또는 침하되는 사례가 발생하였으며, 이에 대한 원인 규명 및 보강방안을 제시하기 위하여 시추조사 및 다양한 물리탐사를 수행하였으며, 이 결과를 활용하여 공동여부 확인 및 보강영역을 산정한 사례가 있다. 향후 지하안전법 시행으로 인해 시추조사와 병행하여 물리탐사를 수행하는 사례는 계속 증가할 것으로 예상되며, 굴착현장에 실제로 적용된 다양한 물리탐사 적용사례를 소개함으로서 흙막이 구조물 설계 시 시추조사 및 물리탐사 수행계획 수립에 있어서 참고가 될 수 있기를 기대한다.

6.5.2 시추조사 및 물리탐사

가. ○○현장 흙막이 가시설 설계 현황

1) 굴착 면적 : 40m × 80m, 최대굴착심도 : H ≒ 27.50m
   지반고 : E.L (+)11.20, 굴착고 : E.L (−)10.95 ~ (−)16.70

2) 지층현황
   부지의 지층구성 상태는 상부로부터 매립층(N=3~16)이 심도 7.3~8m로 분포하고 있으며, 하부에 17.0~18.5m의 층후로 모래질 실트 또는 실트질 모래(N=8~22)가 분포하며, 하부에 풍화암, 연암층이 분포하고 있음. 굴착바닥면은 대부분이 퇴적층 및 연암층으로 구성되어 있으며, 지하수위는 상부 10~11m 사이에 분포함.

3) 흙막이 가시설 설계공법
   ① 벽체공법 : 벽체강성이 우수한 지하연속벽(D−wall) 공법 적용
   ② 지지방식 : 버팀보 공법(대구경 강관 + H형강)

4) 굴착 중 가시설 주변 지반침하 현황 : 지하 6단 터파기(심도 20~22m) 공사 중 가시설 벽체(D−wall) 조인트 틈새로 미세립토 및 지하수가 유출됨에 현장 주변 공원 및 도로에 침하 발생

나. 조사계획 수립

1) 시추조사 수행(총 6공 수행)

① 기존 시추공 위치에서 확인 시추조사를 통해 지반상태 변화 조사

② 지반함몰 및 주변 균열발생 지역에 대한 지반조건 파악

2) 지표탐사(GPR 19측선 및 MASW 13측선) 수행

본 현장에서는 흙막이 주변의 함몰되었거나 또는 향후 함몰될 가능성이 있는 도로와 인도에서 지표부근(심도 3m 내외까지)에 형성된 공동을 GPR탐사로 탐지하고 그 이하 심도(10m 내외)에 형성된 연약대는 MASW(표면파 탐사법)로 파악

3) 전기비저항 탐사 수행(7측선) : 지반침하(함몰) 부위 추정 및 지반 보강범위 산정에 활용 목적으로 수행

4) 지하수위 및 지하수위 흐름에 대한 조사 및 검토

① 지하수 유향유속 시험(총 6공에 한해 수행) : 각 시추공에 대한 지하수 평균 흐름 속도 및 방향 조사

② 지층별 투수시험 수행 : 각 시추공에 대해 매립층 2회, 상부 실트층 3m 간격, 하부 모래층 1m 간격, 암반층 1회 수행

5) 공내밀도검층 및 시추공 자력탐사

① 공내밀도검층 : 시추공별 심도별 연속적인 지층에 대한 밀도 파악

② 시추공 자력탐사 : 철근 자력 영향을 측정하여 D Wall 근입 심도 파악

다. 시추조사 결과 분석

〈그림 6.31〉에서는 총 6공 시추조사 결과 중에 대표적인 총 2개의 시추공에서의 심도별 SPT N값을 나타내 준다. BH-3, BH-4의 경우, 흙막이 시공 전 실트 퇴적층의 SPT N값은 5~20 사이에 분포하나, 지하수 유출로 인해 주변지반 침하가 발생한 후의 N값은 2~6 사이로 매우 느슨한 상태로 변한 것을 알 수 있다. 특히, 상부 실트층과 하부 모래층과 경계부에서 N값이 확연히 감소한 것을 알 수 있으며, 특히 하부 모래층에 인접한 실트층에서는 1~2m의 공동이 확인되었다.

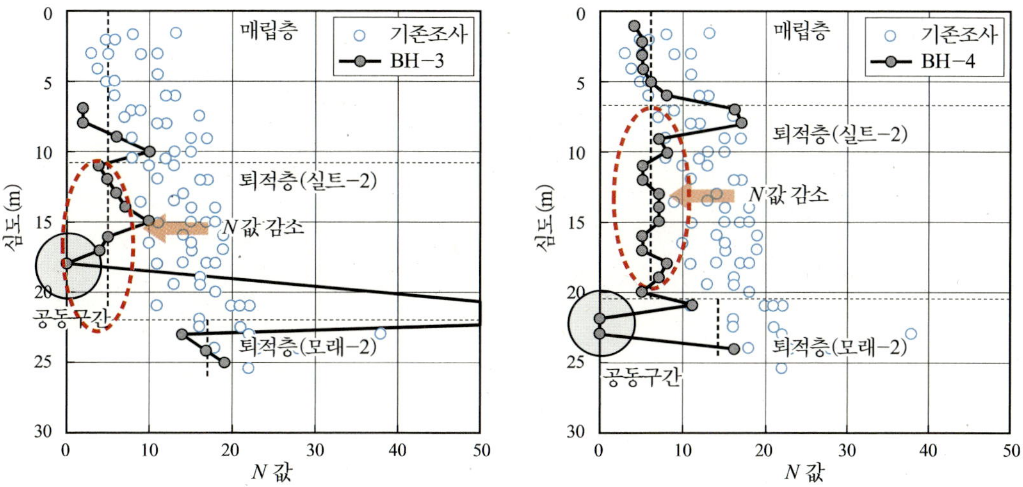

BH-3 BH-4

그림 6.31 확인 시추조사 결과 (심도별 SPT N값의 변화)

라. GPR탐사 결과

〈그림 6.32〉에서는 지표부근 3m 내외 지반 내 공동 분포 유무 확인을 위해 GPR탐사를 수행한 결과를 나타내 준다. GPR의 가탐심도는 앞서 설명한 바와 같이 흙의 종류, 주파수의 특성에 따라 달라질 수 있으나, 대부분 상부 3m 내에서 신뢰성 있는 결과를 보여주므로 3m 내외의 자료에 국한되어 분석을 수행하였으며, 분석결과, 측정거리 3~6m, 9~14m 구간, 119~124m 구간에서 연약대 또는 지반교란 이상대를 확인하였다.

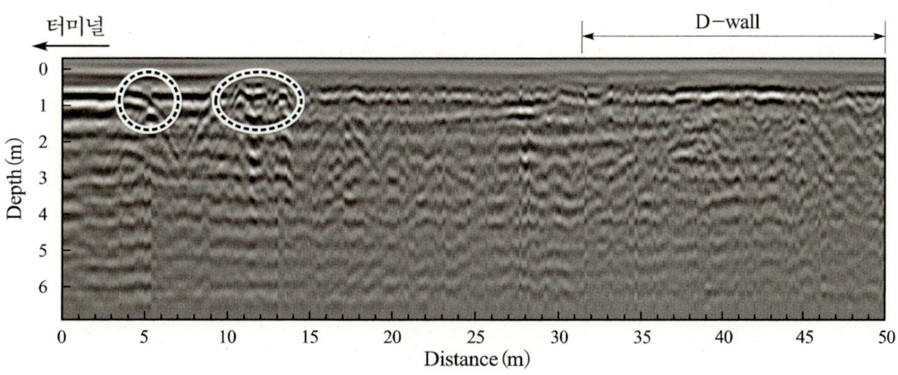

(a) GPR 측정구간 0~50m

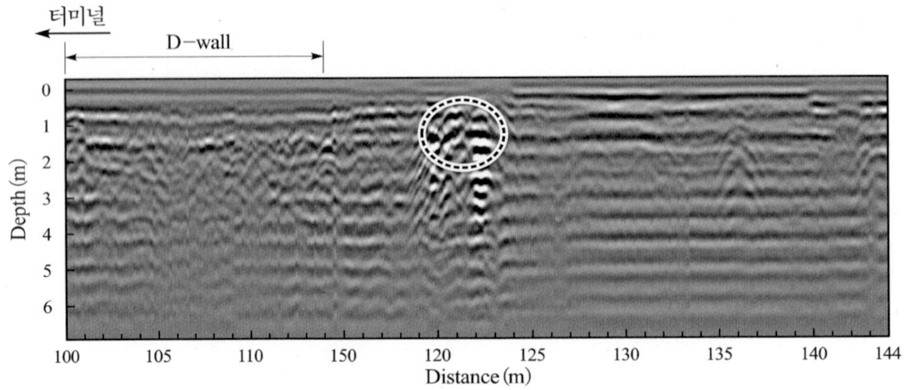

(b) GPR 측정구간 100~144m

그림 6.32 GPR탐사 결과

마. MASW(표면파 탐사) 탐사 결과

〈그림 6.33〉에서는 MASW(표면파 탐사) 결과를 보여주며, GPR탐사는 신뢰성 있는 가탐심도가 2m 이내이므로 이를 보완하기 위하여 가탐심도가 15m 이내까지도 가능한 표면파 탐사를 추가로 수행하였다.

〈그림 6.33(a)〉는 흙막이 벽체에서 최대한 근접(1.5m 이내)하여 수행한 결과로, 횡파속도 400m/s 이하의 저속도층이 심도 10~15m 이내에 분포하고 있는 것으로 나타났으며, 일부 구간에서는 심도 20m 이상까지도 분포하며, 이러한 저속도 이상대는 토사유출에 의해 형성된 지반 연약대와 관련된 반응으로 추정된다. 반면, 흙막이 벽에서 약 15m 떨어진 곳에서 수행한 (b)의 경우에는 횡파속도 400m/s 이하의 저속도층은 심도 8~10m 범위에 분포한다. (a)에 비해서 저속도 이상대의 형성이 두드러지지 않으며, 심도 10m 이상인 심부에서 더 높은 속도를 보이는 것으로 나타났다. 이는 D-wall 굴착선에서 멀어질수록 심부의 지반 상태가 더 밀실해지는 경향을 보여 굴착시 주변 흙의 교란영향을 덜 받았을 것으로 예상할 수 있다.

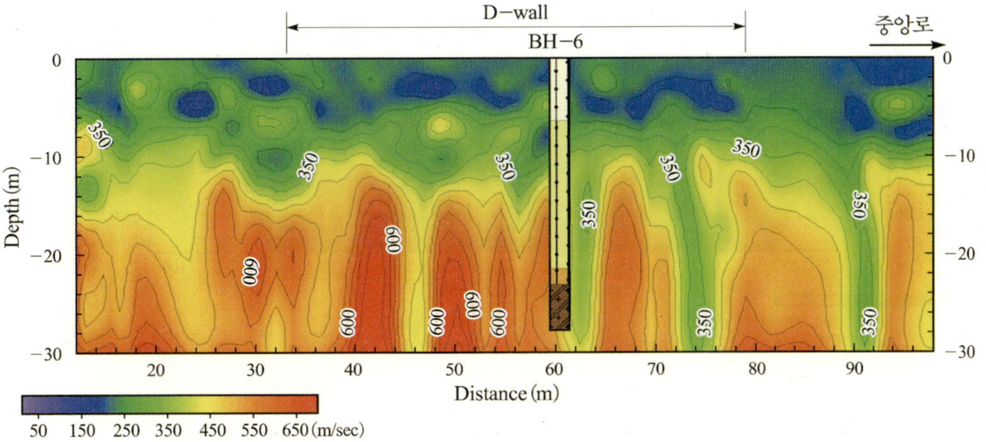

(a) MASW(벽체 1.5m 이격)

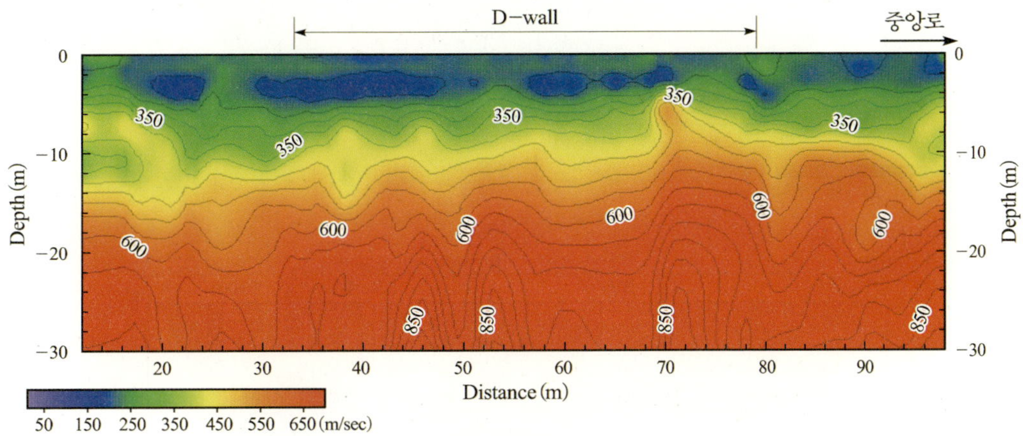

(b) MASW(벽체 15m 이격)

그림 6.33 MASW(표면파 탐사)를 이용한 연약대 파악

바. 전기비저항 탐사 결과

〈그림 6.34〉에서는 전기비저항 탐사 결과를 나타내 준다. 벽체와 인접한 구간인 6.34(a), (c)에서는 각각 측정거리 44~63m, 65m~80m에서 심도 15m 이상 부근에서 저비저항 이상대(파란색)가 형성되어 있다. 저비저항 이상대의 원인은 토사유출에 의해 형성된 지반 연약대의 반응으로 추정될 수 있으며 시추결과와 비교해볼 때 공동이 발생된 구간으로 확인되었으며, 보강영역 산정 시 이 결과를 활용하였다. 벽체와의 이격 거리가 15m 이상인 (b), (d)에서는 (a), (c)에 비해서 10m 하부인 천부에서 상대적으로 낮은 비저항값을 보여주고 있다. 이는 굴착면으로부터 멀어지면서 토사유출의 영향 범위가 천부화되고 있는 것으로 추정되며, 실제 시추조사 결과와 일치하는 것을 확인할 수 있었다.

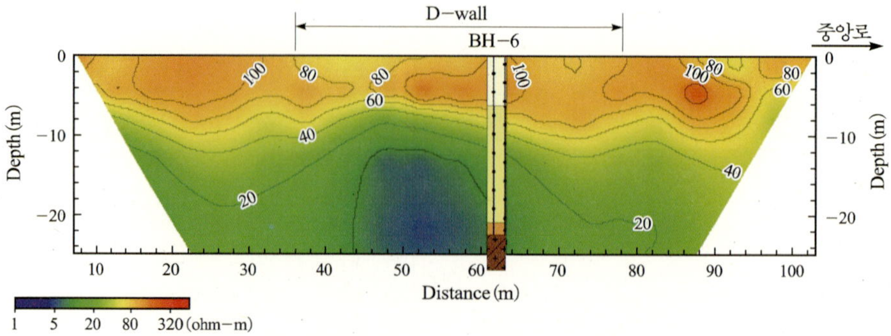

(a) 전기비저항(서측, 벽체 1.5m 이격)

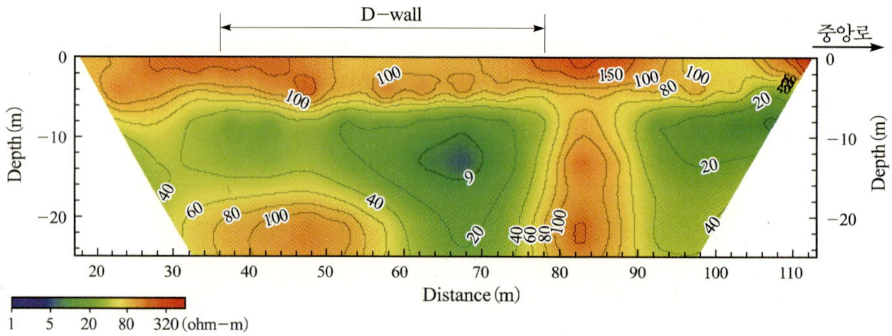

(b) 전기비저항(서측, 벽체 15m 이격)

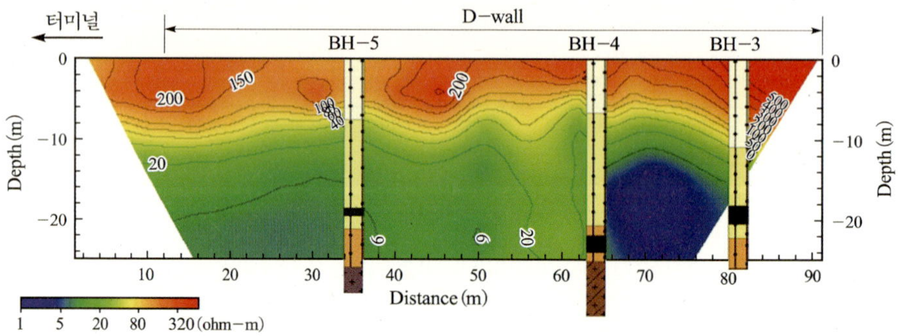

(c) 전기비저항(남측, 벽체 1.5m 이격)

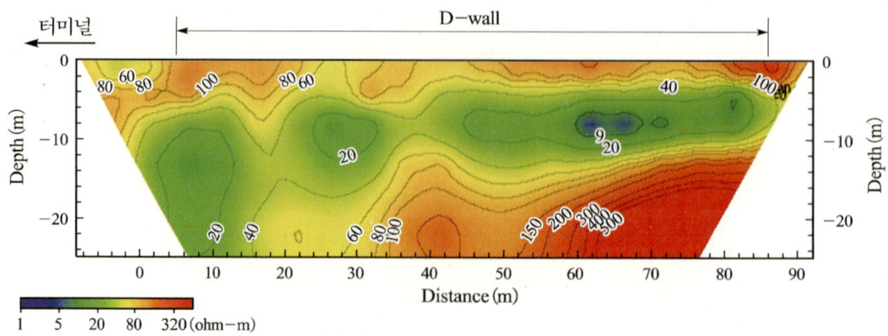

(d) 전기비저항(남측, 벽체 15m 이격)

그림 6.34 전기비저항 탐사 결과를 이용한 공동구간 파악

사. 물리탐사 결과를 활용한 지반 보강영역 산정

터파기 도중 지하수 유출과 함께 실트질 미세립토가 굴착면 안으로 상당부분 유입되어 주변지반 침하가 유발된 사례이므로 안정성 확보방안 수립을 위해서는 먼저 느슨한 연약대나 공동발생 구간의 범위산정이 필요하였으나, 시추조사를 통해서는 조사대상 중 한 점에 대한 확인 조사만이 가능하여 보강영역 범위 산정을 위해서는 한계가 있었다. 따라서 조사대상 외부에서 지하물성의 공간적 변화 양상 추정이 가능하고 연약대 및 공동발생 구간 파악에 적합한 물리탐사인 GPR 탐사, 표면파 탐사, 전기비저항 탐사를 시행하였다.

이러한 다양한 물리탐사 결과 및 시추조사 결과와의 비교·분석을 통해서 다량의 지하수 유출로 인한 대규모 느슨한 연약대나 공동발생 구간의 범위를 산정함으로서 굴착주변 지반함몰 원인 규명 및 보강방안 수립에 필요한 합리적이고 타당성 있는 기초자료를 제공할 수 있었다.

아. 지하안전법과 물리탐사

지하안전법 시행으로 지반조사의 중요성은 지속적으로 증대될 것으로 예상된다. 시추조사와 병행하여 물리탐사의 특성을 잘 이해하고 물리탐사의 장점을 잘 활용할 수 있다면, 설계 및 시공에 필요한 다양한 지반정보 제공 이외에도 지반이 내재하고 있는 불확실성에 대한 사전예측이 가능하여 시공 중 리스크도 최소화할 수 있을 것이다. 이를 통하여 궁극적으로는 공사비 절감과 더불어 안전사고 예방에도 기여할 수 있을 것이라 판단된다.

참고문헌

1. 지하안전관리에 관한 특별법, 시행령, 시행규칙, 법제처.
2. 김상규, 1996, 토질역학(이론과 응용), 청문각.
3. 김선철, Visual MODFLOW FLEX를 이용한 지하수 모델링 Manual, SoftFactory.
4. 김지수・송영수・윤왕중・조인기・김학수・남명진(편역), 2014, 최신 물리탐사의 활용(원저자: John M. Reynolds), 시그마프레스.
5. 김학수, 2001, 시추공 탄성파탐사와 토모그래피, 대한지질공학회 지질공학 단기실무강좌 학술연구보고서.
6. 大志万和也, 1987, 土留め計測の現場活用法, 山海堂.
7. 민경덕・서정희・권병두, 1987, 응용지구물리학, 성우문화사.
8. 福岡正己, 1986, 그라운드 앵커공법, 구미서관.
9. 신경수, 2010, 21C, 토목시공기술사본서, 예문사.
10. 윤지선・박종관(2003), 토목기술자를 위한 암반역학, 구미서관.
11. 이송 외, 이론 토질역학, 예문사.
12. 이인모, 2013, 암반역학의 원리, 씨아이알.
13. 이인모, 2016, 터널의 지반공학적 원리, 씨아이알.
14. 이정인・조태진・이연규, 1997, 터널설계, 구미서관.
15. 이희근・임한욱, 1995, 터널・지하공간 굴착공학, 구미서관.
16. 日本土質工學會, 1989, 岩の調査と試驗.
17. 임종석, 1998, 지반조사상세편람(응용편), 엔지니어즈.
18. 지반공학시리즈 7, 1996, 터널, 한국지반공학회.
19. 지반공학시리즈 11, 1966, 토목기술자를 위한 암반공학, 구미서관.
20. 한국지구물리탐사학회(편역), 2011, 물리탐사 길라잡이(원저자: 일본 물리탐사학회), 한림원.
21. 한국지반공학회, 1992, 지반공학시리즈 3, 굴착 및 흙막이 공법, 구미서관.
22. 한국지반공학회, 2003, 지반공학시리즈 지반조사결과의 해석 및 이용, 구미서관.
23. 한기환, 2018, 지하안전영향평가 전문교육 교재, 건설기술교육원.
24. 한정상, 2015, 수리지질과 지하수 모델링, 내하출판사.
25. 한정상・한찬, 1999, 3차원지하수모델과 응용, 박영사.
26. 현병구, 1988, 물리탐사의 기본원리, 서울대학교 출판부.
27. A. M. Amer and A.A. Awad(1974), "Permeability of Cohensionless Soils", J. Geotech Eng. Div1000 GT12.
28. Bieniawski, Z. T.(1984), "Rock Mechanics Design in Mining and Tunneling". A. A. Balkema, Roterdam.
29. Bowles, J. E.(1977), "Foundation Analysis and Design", 2nd Edition, McGraw-Hill, New York.
30. Braja M. Das(1999), "Principle of Foundation Engineering Fourth Edition", PWS Publishing.
31. Casagrande, L. (1932), "Naeherungsmethoden zur Bestmmung vpn Art und Menge der Sickerung dorch geschuettete Daemme." thesis, Technische Hochschule, Vienna, Translated by U.S. Corps of Engineers, Waterways Exp. Sta., Vicksburg, Miss.

32. Caspe, M. S.(1966), "Surface Settlement Adjacent to Braced Open Cuts", J. of Soil Mechanics and Foundation Division, ASCE, Vol.92, SM4.
33. Clough, G.W. and Leca, E.(1989), "With focus on use of finite element methods for soft ground tunnelling", Review paper in Tunnels et Micro-Tunnels en Terrain Meuble-du Chantier Theorie", Presse de l'Ecole Natinale des Pontes et Chaussees, Paris.
34. Daemen, J. J.(1977), "Problem in tunnel support mechanics", Underground Space, Vol.1.
35. Deere, D. U., Peck, R. B., Monsees, J. E. and Schmidt, B.(1970), "Design of Tunnel Linings and Support Systems", Highway Research Record, Washington, DC, No.339.
36. Duncan Fama, M. E.(1993), "Numerical modelling of yield zones in weak rocks", Comprehensive rock engineering, Vol 2, Chapter 3.
37. Hazen, A. (1930), "Water supply. American Civil Engineers Handbook", John Wiley & Sons, New York, NY.
38. Hoek E. and Brown E. T.(1997), "Practical Estimates for Rock Mass strergth", Int. J. Rock Mech. Min. Sci., Vol.34, NO. 8.
39. Hoek E., and Brown E. T.(1980), "Underground Excavations in Rock", The Institution of Mining and Metallurgy, London, pp.7~328.
40. Hoek, E., Kaiser, P. K. and Bawden, W. F.(1995), "Support of Underground Excavations in hard Rock", A. A. Balkema, Roterdam.
41. Lambe, T. W. and Whitman, R. V.(1969), "Soil Mechanics", Wiley, New York.
42. Ostermeyer, H & Scheele, H(1977), "Research on ground Anchors in Non-cohesive Soils", Specialty, Session No. 4, 9th ISCMFE, Tokyo.
43. Petrasovits, G.(1982), "Interaction between Soil and Grouted Anchor", Proc. of 10th ISCMFE, Stockholm.
44. Robert D. Holtz & William D. Kovacs, 1981. An Introduction to geotechnical engineering, Prectice-Hall, Inc.
45. Samarasinghe, A. M., Y. H. Huang, V. P. and Drnevich(1982), "Permeability and Consolidation of Normally Consolidated Soils", Journal of the Geotechnical Engineering Division, ASCE, 108(GT6).

부 록

지하안전관리에 관한 특별법(법률, 시행령, 시행규칙)

지하안전영향평가서등 및 지하안전점검 지침 해설서

부 록 지하안전관리에 관한 특별법(법률, 시행령, 시행규칙)

법은 여러 가지로 나눌 수 있다. 실체법과 절차법, 국내법과 국제법, 실정법과 자연법, 공법과 사법, 일반법과 특별법 등으로 구분할 수 있다.

지하안전관리에 관한 특별법의 제목에서 알 수 있듯이 지하안전법은 특별법이다.

일반법과 특별법은 법의 효력범위에 따라 구별하는 방법이다. 양자를 구별하는 실익은 법의 효력과 적용의 순서를 명확히 하는데 있다. 우선 일반법은 주체와 상황에 제한 없이 국민의 모든 관계를 규율하는 법이다. 즉, 일반법은 사람의 지위에 막론하여 적용되고 장소적 제약이 따르지 않는다.

특별법은 특별한 사람이나 사항에 대하여 적용되는 법이다. 특별법은 그 대상을 하는 행위나 사건에 한정하여 적용하게 된다. 특히 특별법은 사회가 변화함에 따라 복잡해지고, 특별한 사항에 대처할 필요성이 강하게 제기됨에 따라 등장한 것이며, 점차 증가하고 있는 추세이다. 그러므로 동일한 관계에서 일반법과 특별법이 경합하는 경우에는 특별법이 우선 적용된다. 지하안전법 제5조1은 지하의 개발과 이용에 필요한 안전관리에 관하여 다른 법률에 우선하여 적용한다고 규정하여 이 점을 확실하게 하였다.

일반적으로 법에서는 모든 법적 사항을 규정할 수 없고, 법의 취지와 목적에 적합하게 현실적으로 신속한 대응을 위하여 법은 하부체계를 운영하고 있다. 즉, 법의 하부에 시행령, 시행규칙을 두고 있다. 단, 이러한 시행령, 시행규칙은 법에서 위임된 사항에 대해서만 규정할 수 있다.

3단비교표 (법률-시행령-시행규칙)

「지하안전관리에 관한 특별법 시행령」

지하안전관리에 관한 특별법 [법률 제14545호, 2017. 1. 17., 타법개정]	지하안전관리에 관한 특별법 시행령 [대통령령 제28628호, 2018. 2. 9., 타법개정]	지하안전관리에 관한 특별법 시행규칙 [국토교통부령 제483호, 2018. 1. 18., 타법개정]
제1장 총칙		
제1조(목적) 이 법은 지하를 안전하게 개발하고 이용하기 위한 안전관리체계를 확립함으로써 지반침하로 인한 위해(危害)를 방지하고 공공의 안전을 확보함을 목적으로 한다.		
	제1조(목적) 이 영은 「지하안전관리에 관한 특별법」에서 위임된 사항과 그 시행에 필요한 사항을 규정함을 목적으로 한다.	
		제1조(목적) 이 규칙은 「지하안전관리에 관한 특별법」 및 같은 법 시행령에서 위임된 사항과 그 시행에 필요한 사항을 규정함을 목적으로 한다.
제2조(정의) 이 법에서 사용하는 용어의 뜻은 다음과 같다. 1. "지하"란 개발·이용·관리의 대상이 되는 지표면 아래를 말한다. 2. "지반침하"란 지하개발 또는 지하시설물의 이용·관리 중에 주변 지반이 내려앉는 현상을 말한다. 3. "지하개발"이란 지반형태를 변형시키는 굴착, 매설, 양수(揚水) 등의 행위를 말한다. 4. "지하시설물"이란 상수도, 하수도, 전력시설물, 전기통신설비, 가스공급시설, 공동구, 지하차도, 지하철 등 지하를 개발·이용하는 시설물로서 대통령령으로 정하는 시설물을 말한다.	**제2조(지하시설물의 범위)** 「지하안전관리에 관한 특별법」(이하 "법"이라 한다) 제2조 제4호에서 "대통령령으로 정하는 시설물"이란 다음 각 호의 시설물을 말한다. 1. 「수도법」 제3조 제5호의 수도 2. 「하수도법」 제2조 제3호의 하수도 3. 「전기사업법」 제2조 제16호의 전기설비 4. 「전기통신사업법」 제2조 제2호의 전기통신설비 5. 「도시가스사업법」 제2조 제5호의 가스공급시설 6. 「집단에너지사업법」 제2조 제6호의 공급시설 7. 「국토의 계획 및 이용에 관한 법률」 제2조 제9호의 공동구,	

지하안전관리에 관한 특별법 [법률 제14545호, 2017. 1. 17., 타법개정]	지하안전관리에 관한 특별법 시행령 [대통령령 제28628호, 2018. 2. 9., 타법개정]	지하안전관리에 관한 특별법 시행규칙 [국토교통부령 제483호, 2018. 1. 18., 타법개정]
5. "지하안전영향평가"란 지하안전에 영향을 미치는 사업의 실시계획·시행계획 등의 허가·인가·승인·면허 또는 결정 등(이하 "승인등"이라 한다)을 할 때에 해당 사업이 지하안전에 미치는 영향을 미리 조사·예측·평가하여 지반침하를 예방하거나 감소시킬 수 있는 방안을 마련하는 것을 말한다. 6. "소규모 지하안전영향평가"란 지하안전영향평가 대상사업에 해당하지 아니하는 소규모 사업에 대하여 실시하는 지하안전영향평가를 말한다. 7. "지하개발사업자"란 지하를 안전하게 개발·이용·관리하기 위하여 지하안전영향평가 또는 소규모 지하안전영향평가 대상사업을 시행하는 자를 말한다. 8. "지하시설물관리자"란 관계 법령에 따라 지하시설물의 관리자로 규정된 자나 해당 지하시설물의 소유자를 말한다. 이 경우 해당 지하시설물의 소유자와의 관리계약 등에 따라 지하시설물의 관리책임을 진 자는 지하시설물관리자로 본다. 9. "승인기관의 장"이란 지하안전영향평가 또는 소규모 지하안전영향평가 대상사업에 대하여 승인등을 하는 기관의 장을 말한다. 10. "지반침하위험도평가"란 지반침하와 관련하여 구조적·지리적 여건, 지반침하 위험요인 및 피해예상 규모, 지반침하 발생 이력 등을 분석하기 위하여 경험과 기술을 갖춘 자가 탐사장비 등으로 검사를 실시하고 정량(定量)·정성(定性)적으로 위험도를 분석·예측하는 것을 말한다.	같은 법 시행령 제2조 제2항 제1호 사목의 지하도로(지하보행로를 포함한다) 및 같은 항 제3호 라목의 지하광장 8. 「도로법」 제2조 제1호의 도로 9. 「도시철도법」 제2조 제3호의 도시철도시설 10. 「철도건설법」 제2조 제6호의 철도시설 11. 「주차장법」 제2조 제1호의 주차장 12. 「건축법」 제2조 제1항 제2호의 건축물 13. 「시설물의 안전관리에 관한 특별법 시행령」 별표 1 제5호 나목의 1종 시설물 및 2종 시설물 중 지하도상가 **제3조(지하정보)** 법 제2조 제11호에서 "대통령령으로 정하는 정보"란 다음 각 호의 정보를 말한다. 1. 지질정보: 암석의 종류·성질·분포상태 및 지질구조 등 지질을 조사하여 생산된 정보 2. 시추(試錐)정보: 지반의 특성, 지층의 종류 및 지하수위 등 시추기계 또는 기구를 사용하여 생산된 정보 3. 관정(管井)정보: 지하수의 수위분포, 지하수를 함유하고 있는 지층의 구조와 수리적(水理的) 특성 등 관정을 통하여 측정된 정보 4. 제2조 각 호에 해당하는 지하시설물의 위치·규모·용도 및 관리주체 등 현황에 관한 정보	

지하안전관리에 관한 특별법 [법률 제14545호, 2017. 1. 17., 타법개정]	지하안전관리에 관한 특별법 시행령 [대통령령 제28628호, 2018. 2. 9., 타법개정]	지하안전관리에 관한 특별법 시행규칙 [국토교통부령 제483호, 2018. 1. 18., 타법개정]
11. "지하정보"란 「국가공간정보 기본법」 제2조 제1호에 따른 공간정보 중 지반특성, 지하시설물의 위치 등 지하에 관한 정보로서 대통령령으로 정하는 정보를 말한다. 12. "지하공간통합지도"란 지하를 개발·이용·관리하기 위하여 필요한 지하정보를 통합한 지도를 말한다. 13. "지하정보관리기관"이란 「국가공간정보 기본법」 제2조 제4호에 따른 관리기관으로서 지하정보를 생산하거나 관리하는 기관을 말한다.		
제3조(국가 등의 책무) ① 국가 및 지방자치단체는 국민의 생명·신체 및 재산을 보호하기 위하여 지반침하 예방 및 지하안전관리에 관한 종합적인 시책을 수립·시행하여야 한다. ② 지하개발사업자 및 지하시설물관리자는 지하개발 또는 지하시설물 이용으로 인한 지반침하를 예방하고 지하안전을 확보하기 위하여 필요한 조치를 하여야 한다. ③ 국민은 국가와 지방자치단체의 지반침하 예방 및 지하안전관리를 위한 활동에 적극 협조하여야 하며, 자기가 소유하거나 이용하는 지하시설물로부터 지반침하가 발생하지 아니하도록 노력하여야 한다.		
제4조(적용범위) 「광산피해의 방지 및 복구에 관한 법률」 및 「광산보안법」에서 규정한 사항에 대하여는 이 법을 적용하지 아니한다.		
제5조(다른 법률과의 관계) 이 법은 지하의 개발과 이용에 필요한 안전관리에 관하여 다른 법률에 우선하여 적용한다.		

지하안전관리에 관한 특별법 [법률 제14545호, 2017. 1. 17., 타법개정]	지하안전관리에 관한 특별법 시행령 [대통령령 제28628호, 2018. 2. 9., 타법개정]	지하안전관리에 관한 특별법 시행규칙 [국토교통부령 제483호, 2018. 1. 18., 타법개정]
제2장 지하안전관리 기본계획의 수립 등		
제6조(국가지하안전관리 기본계획의 수립 등) ① 국토교통부장관은 지반침하를 예방하기 위하여 5년마다 국가의 지하안전관리에 관한 기본계획(이하 "기본계획"이라 한다)을 수립·시행하여야 한다. ② 기본계획에는 다음 각 호의 사항이 포함되어야 한다. 1. 중장기 지하안전관리 정책의 기본목표 및 추진방향에 관한 사항 2. 지하안전관리에 관한 법령·제도의 개선에 관한 사항 3. 지반침하로 인한 사고를 예방하기 위한 교육·홍보에 관한 사항 4. 지하안전관리를 위한 정책 및 기술 등의 연구·개발에 관한 사항 5. 지하안전에 관한 정보체계의 구축·운영에 관한 사항 6. 그 밖에 지하안전관리를 위하여 대통령령으로 정하는 사항 ③ 국토교통부장관은 기본계획을 수립하거나 변경하려면 미리 관계 중앙행정기관의 장과 협의하여야 한다. 다만, 대통령령으로 정하는 경미한 사항을 변경하려는 경우에는 협의 절차를 생략할 수 있다. ④ 국토교통부장관은 기본계획을 수립하거나 변경한 경우에는 관계 중앙행정기관의 장 및 특별시장·광역시장·특별자치시장·도지사·특별자치도지사(이하 "시·도지사"라 한다)에게 통보하고, 공고(인터넷 게재를 포함한다)하여야 한다.	**제4조(국가지하안전관리 기본계획의 수립 등)** 법 제6조 제2항 제6호에서 "대통령령으로 정하는 사항"이란 다음 각 호의 사항을 말한다. 1. 법 제25조 제1항에 따라 지하안전영향평가 전문기관으로 등록한 자(이하 "지하안전영향평가 전문기관"이라 한다)의 육성 및 지원에 관한 사항 2. 지하시설물 및 주변 지반의 안전에 관한 기준의 연구·개발 및 보급에 관한 사항 **제5조(경미한 사항의 변경)** 법 제6조 제3항 단서에서 "대통령령으로 정하는 경미한 사항을 변경하려는 경우"란 다음 각 호의 어느 하나에 해당하는 경우를 말한다. 1. 계산착오, 오기(誤記), 누락, 그 밖에 이에 준하는 명백한 오류를 수정하려는 경우 2. 법의 개정 또는 다른 법령의 제정·개정 또는 폐지에 따라 그 내용을 반영하기 위하여 변경하려는 경우 **제6조(집행계획의 수립 등)** ① 관계 중앙행정기관의 장은 법 제6조 제5항에 따라 수립한 연도별 집행계획(이하 "집행계획"이라 한다)을 계획 시행 전년도 12월 31일까지 국토교통부장관 및 특별시장·광역시장·특별자치시장·도지사·특별자치도지사(이하 "시·도지사"라 한다)에게 통보하여야 한다. ② 관계 중앙행정기관의 장은 제1항에 따라 통보된 집행계획을 변경한 경우에는 지체 없이 그 변경 사항을 국토교통부장관 및 시·도지사에게 통보하여야 한다.	

지하안전관리에 관한 특별법 [법률 제14545호, 2017. 1. 17., 타법개정]	지하안전관리에 관한 특별법 시행령 [대통령령 제28628호, 2018. 2. 9., 타법개정]	지하안전관리에 관한 특별법 시행규칙 [국토교통부령 제483호, 2018. 1. 18., 타법개정]
⑤ 관계 중앙행정기관의 장은 기본계획에 따라 연도별 집행계획(이하 "집행계획"이라 한다)을 수립하여 국토교통부장관 및 시·도지사에게 통보하고 시행하여야 한다. ⑥ 제1항부터 제5항까지의 규정 외에 기본계획 및 집행계획의 수립 및 변경 등에 필요한 사항은 대통령령으로 정한다.		
제7조(시 · 도 지하안전관리계획의 수립 등) ① 시·도지사는 관할 지역의 지반침하 예방을 위하여 기본계획과 집행계획에 따라 지하안전관리에 관한 계획(이하 "시·도 관리계획"이라 한다)을 수립하여야 한다. 이 경우 제12조제1항에 따른 시·도 지하안전위원회가 설치되어 있는 경우에는 해당 위원회의 심의를 거쳐 시·도 관리계획을 수립(변경하는 경우를 포함한다)하여야 한다. ② 시·도지사는 시·도 관리계획을 수립하거나 변경한 경우에는 이를 국토교통부장관 및 관할 시장·군수·구청장(자치구의 구청장을 말한다. 이하 같다)에게 통보하여야 한다.	**제7조(시 · 도 지하안전관리계획 등의 수립)** ① 법 제7조 제1항에 따라 시·도지사가 수립하는 지하안전관리에 관한 계획(이하 "시·도 관리계획"이라 한다)과 법 제8조 제1항에 따라 시장·군수·구청장(자치구의 구청장을 말한다. 이하 같다)이 수립하는 지하안전관리에 관한 계획(이하 "시·군·구 관리계획"이라 한다)에는 다음 각 호의 사항이 포함되어야 한다. 1. 관할 지역 지하안전관리의 기본방향 2. 관할 지역의 지하시설물에 대한 실태점검에 관한 사항 3. 법 제35조 제2항에 따른 지반침하 중점관리시설 및 지역(이하 "중점관리대상"이라 한다)의 지정·해제 및 안전관리에 관한 사항 4. 지하안전에 대한 관계 기관 간의 상호 협력 및 조치에 관한 사항 5. 그 밖에 관할 지역의 지하안전관리에 필요한 사항 ② 시·도지사는 매년 1월 31일까지 해당 연도의 시·도 관리계획을 국토교통부장관 및 관할 시장·군수·구청장에게 통보하여야 한다. ③ 시장·군수·구청장은 매년 2월 말까지 해당 연도의 시·군·구 관리계획을 시·도지사, 지하개발사업자 및 지하시설물관리자에게 통보하여야 한다.	

지하안전관리에 관한 특별법 [법률 제14545호, 2017. 1. 17., 타법개정]	지하안전관리에 관한 특별법 시행령 [대통령령 제28628호, 2018. 2. 9., 타법개정]	지하안전관리에 관한 특별법 시행규칙 [국토교통부령 제483호, 2018. 1. 18., 타법개정]
제8조(시 · 군 · 구 지하안전관리계획의 수립 등) ① 시장·군수·구청장은 관할 지역의 지반침하 예방을 위하여 시·도 관리계획에 따라 지하안전관리에 관한 계획(이하 "시·군·구 관리계획"이라 한다)을 수립하여야 한다. 이 경우 제12조 제1항에 따른 시·군·구 지하안전위원회가 설치되어 있는 경우에는 해당 위원회의 심의를 거쳐 시·군·구 관리계획을 수립(변경하는 경우를 포함한다)하여야 한다. ② 시장·군수·구청장은 시·군·구 관리계획을 수립할 때에는 제10조 제1항 및 제2항에 따른 건설공사의 안전관리계획과 지하시설물 및 주변 지반에 대한 안전점검 및 유지관리규정의 내용을 고려하여야 한다. ③ 시장·군수·구청장은 시·군·구 관리계획을 수립하거나 변경한 경우에는 이를 시·도지사, 지하개발사업자 및 지하시설물관리자에게 통보하여야 한다.	**제7조(시 · 도 지하안전관리계획 등의 수립)** ① 법 제7조 제1항에 따라 시·도지사가 수립하는 지하안전관리에 관한 계획(이하 "시·도 관리계획"이라 한다)과 법 제8조제1항에 따라 시장·군수·구청장(자치구의 구청장을 말한다. 이하 같다)이 수립하는 지하안전관리에 관한 계획(이하 "시·군·구 관리계획"이라 한다)에는 다음 각 호의 사항이 포함되어야 한다. 1. 관할 지역 지하안전관리의 기본방향 2. 관할 지역의 지하시설물에 대한 실태점검에 관한 사항 3. 법 제35조 제2항에 따른 지반침하 중점관리시설 및 지역(이하 "중점관리대상"이라 한다)의 지정·해제 및 안전관리에 관한 사항 4. 지하안전에 대한 관계 기관 간의 상호 협력 및 조치에 관한 사항 5. 그 밖에 관할 지역의 지하안전관리에 필요한 사항 ② 시·도지사는 매년 1월 31일까지 해당 연도의 시·도 관리계획을 국토교통부장관 및 관할 시장·군수·구청장에게 통보하여야 한다. ③ 시장·군수·구청장은 매년 2월 말까지 해당 연도의 시·군·구 관리계획을 시·도지사, 지하개발사업자 및 지하시설물관리자에게 통보하여야 한다.	
제9조(자료 제출 요청 등) 국토교통부장관, 시·도지사, 시장·군수·구청장은 기본계획, 시·도 관리계획 또는 시·군·구 관리계획의 수립 또는 변경을 위하여 필요한 경우에는 관계 행정기관의 장, 「공공기관의 운영에 관한 법률」 제4조에 따른 공공기관의 장에게 관련 자료의 제출이나		

지하안전관리에 관한 특별법 [법률 제14545호, 2017. 1. 17., 타법개정]	지하안전관리에 관한 특별법 시행령 [대통령령 제28628호, 2018. 2. 9., 타법개정]	지하안전관리에 관한 특별법 시행규칙 [국토교통부령 제483호, 2018. 1. 18., 타법개정]
협력을 요청할 수 있다. 이 경우 요청을 받은 자는 정당한 사유가 없으면 이에 따라야 한다.		
제10조(지하개발사업자 및 지하시설물관리자의 안전관리) ① 지하개발사업자는 「건설기술 진흥법」에 따른 건설업자와 주택건설등록업자로 하여금 다음 각 호의 사항이 같은 법 제62조에 따른 건설공사의 안전관리계획(이하 "건설공사 안전관리계획"이라 한다)에 반영되도록 하여야 한다. 이 경우 지하개발사업자는 이를 승인하기 전에 관할 시장·군수·구청장에게 제출하여야 한다. 1. 지하안전영향평가 또는 소규모 지하안전영향평가 2. 제16조부터 제18조까지에 따른 협의 내용(제23조 제3항에 따라 준용되는 경우를 포함한다) ② 지하시설물관리자는 소관 지하시설물의 관리부실로 인한 지반침하를 예방하기 위하여 지하시설물 및 주변 지반에 대한 안전점검 및 유지관리규정(이하 "안전관리규정"이라 한다)을 정하여 관할 시장·군수·구청장에게 제출하여야 한다. 이를 변경하는 경우에도 또한 같다. ③ 시장·군수·구청장은 지반침하를 예방하기 위하여 필요하다고 인정하는 경우에는 건설공사 안전관리계획 또는 안전관리규정의 변경을 명할 수 있다. 이 경우 변경명령을 받은 자는 정당한 사유가 없으면 이에 따라야 한다. ④ 시장·군수·구청장은 제1항에 따른 건설업자와 주택건설등록업자 또는 지하시설물관리자가 각각 안전관리계획과 안전관리규정을 준수하고 있는지의 여	**제8조(건설공사 안전관리계획 등의 제출 등)** ① 법 제10조 제1항 각 호 외의 부분 후단에 따라 「건설기술 진흥법」 제62조 제1항에 따른 건설공사의 안전관리계획(이하 "건설공사 안전관리계획"이라 한다)을 받은 시장·군수·구청장은 건설공사 안전관리계획을 받은 날부터 15일 이내에 내용의 적정 여부를 심사하여 지하개발사업자에게 그 결과를 다음 각 호의 구분에 따라 통보하여야 한다. 1. 적정: 법 제10조 제1항 각 호의 사항이 적정하게 반영되어 건설공사의 안전성이 충분히 확보되어 있다고 인정되는 경우 2. 조건부 적정: 법 제10조 제1항 각 호의 사항이 반영되어 있어 건설공사의 안전성 확보에 직접적인 영향을 미치지는 아니하지만 일부 보완이 필요하다고 인정되는 경우 3. 부적정: 법 제10조 제1항 각 호의 사항이 적정하게 반영되지 아니하여 건설공사에 따른 지반침하가 발생할 우려가 있거나 건설공사 안전관리계획에 중대한 결함이 있다고 인정되는 경우 ② 건설공사 안전관리계획에 대하여 조건부 적정 또는 부적정 통보를 받은 지하개발사업자는 건설업자 또는 주택건설등록업자에게 건설공사 안전관리계획의 보완 또는 변경을 요청하는 등 필요한 조치를 하고, 조치 결과를 시장·군수·구청장에게 제출하여야 한다.	**제2조(안전관리규정의 수립기준 등)** ① 「지하안전관리에 관한 특별법」(이하 "법"이라 한다) 제10조 제2항 및 같은 법 시행령(이하 "영"이라 한다) 제9조 제5항에 따른 안전점검 및 유지관리규정(이하 "안전관리규정"이라 한다)의 세부항목 및 수립기준은 별표 1과 같다. ② 제1항에서 규정한 사항 외에 안전관리규정의 수립에 관한 세부적인 기준은 국토교통부장관이 정한다. **제3조(안전관리계획 등의 준수 여부 확인)** ① 시장·군수·구청장(자치구의 구청장을 말한다. 이하 같다)은 법 제10조 제4항에 따라 「건설기술 진흥법」 제62조에 따른 건설공사의 안전관리계획(이하 "안전관리계획"이라 한다) 및 안전관리규정의 준수 여부를 연 1회 이상 확인하여야 한다. ② 제1항에 따라 안전관리계획 및 안전관리규정의 준수 여부를 확인하는 공무원은 그 결과를 별지 제1호 서식의 점검대장에 기록하여야 한다.

지하안전관리에 관한 특별법 [법률 제14545호, 2017. 1. 17., 타법개정]	지하안전관리에 관한 특별법 시행령 [대통령령 제28628호, 2018. 2. 9., 타법개정]	지하안전관리에 관한 특별법 시행규칙 [국토교통부령 제483호, 2018. 1. 18., 타법개정]
부를 국토교통부령으로 정하는 바에 따라 확인하여야 한다. ⑤ 건설공사 안전관리계획의 제출시기, 안전관리규정의 수립 절차 및 방법, 제출시기 등에 필요한 사항은 대통령령으로 정한다.	**제9조(안전관리규정의 수립 등)** ① 지하시설물관리자는 법 제10조 제2항에 따른 안전점검 및 유지관리규정(이하 "안전관리규정"이라 한다)을 소관 지하시설물의 사용개시일(안전관리규정을 변경하는 경우에는 변경된 안전관리규정을 시행하는 날을 말한다) 30일 전까지 관할 시장·군수·구청장에게 제출하여야 한다. ② 제1항에 따라 안전관리규정을 제출받은 시장·군수·구청장은 안전관리규정을 받은 날부터 15일 이내에 그 적정 여부를 심사하여 지하시설물관리자에게 통보하여야 한다. ③ 제2항에 따른 안전관리규정의 심사 및 통보에 관하여는 제8조제1항을 준용한다. 이 경우 "건설공사 안전관리계획"은 "안전관리규정"으로, "지하개발사업자"는 "지하시설물관리자"로 본다. ④ 안전관리규정에 대하여 조건부 적정 또는 부적정 통보를 받은 지하시설물관리자는 안전관리규정의 보완 또는 변경 등 필요한 조치를 하고, 조치 결과를 시장·군수·구청장에게 제출하여야 한다. ⑤ 제1항부터 제4항까지에서 규정한 사항 외에 안전관리규정의 세부항목 및 수립기준 등에 관한 사항은 국토교통부령으로 정한다.	
제11조(지하안전관리에 관한 자문) 국토교통부장관은 지하안전관리에 관한 다음 각 호의 사항에 관한 자문을 위하여 국토교통부령으로 정하는 바에 따라 관련 기관·단체 및 전문가 등으로 구성하는 자문단을 둘 수 있다. 1. 기본계획의 수립 및 변경에 관한 사항 2. 지하안전관리에 관한 법령·제도의 개선에 관한 사항		**제4조(지하안전관리에 관한 자문단)** ① 법 제11조에 따른 자문단은 20명 이내의 자문위원으로 구성한다. ② 자문위원은 다음 각 호의 사람 중에서 국토교통부장관이 성별을 고려하여 위촉한다. 1. 건축·토목·공간정보 또는 안전관리 관련 기관 또는 단체의 장이 추천한 사람 2. 건축·토목·공간정보 또는 안전관리에 관한 전문지식과 경험이

지하안전관리에 관한 특별법 [법률 제14545호, 2017. 1. 17., 타법개정]	지하안전관리에 관한 특별법 시행령 [대통령령 제28628호, 2018. 2. 9., 타법개정]	지하안전관리에 관한 특별법 시행규칙 [국토교통부령 제483호, 2018. 1. 18., 타법개정]
3. 지하안전 기술 및 기준의 연구·개발에 관한 사항 4. 그 밖에 지하안전관리에 관한 사항으로서 국토교통부장관이 의뢰하는 사항		풍부한 사람 ③ 제1항 및 제2항에서 규정한 사항 외에 자문단의 구성 및 운영에 관한 구체적인 사항은 국토교통부장관이 정한다.
제12조(지방지하안전위원회) ① 지방자치단체의 지하안전관리계획 등을 심의하기 위하여 특별시·광역시·특별자치시·도·특별자치도(이하 "시·도"라 한다) 및 시·군·구(자치구를 말한다. 이하 같다)에 각각 시·도 지하안전위원회와 시·군·구 지하안전위원회를 둘 수 있다. ② 지방지하안전위원회의 구성 및 운영 등에 필요한 사항은 대통령령으로 정하는 기준에 따라 해당 지방자치단체의 조례로 정한다.	**제10조(지방지하안전위원회의 구성 및 운영)** ① 법 제12조 제1항에 따른 시·도 지하안전위원회와 시·군·구 지하안전위원회는 각각 위원장 1명과 부위원장 1명을 포함하여 10명 이내의 위원으로 구성한다. ② 위원은 다음 각 호의 어느 하나에 해당하는 사람 중에서 시·도 지하안전위원회 위원은 시·도지사가, 시·군·구 지하안전위원회 위원은 시장·군수·구청장이 각각 임명하거나 위촉한다. 1. 지질·환경 또는 건설 관련 기관 또는 단체에 소속된 전문가 2. 지하개발 또는 지하시설물관리와 관련된 행정기관의 소속 공무원 3. 그 밖에 지하개발 또는 지하시설물관리에 관한 전문지식과 경험이 풍부한 사람 ③ 위원장 및 부위원장은 위원 중에서 시·도 지하안전위원회는 시·도지사가, 시·군·구 지하안전위원회는 시장·군수·구청장이 임명하거나 위촉한다. ④ 제2항 제1호 및 제3호에 따른 위원의 임기는 2년으로 하고, 한 차례만 연임할 수 있다. ⑤ 제1항부터 제4항까지에서 규정한 사항 외에 시·도 지하안전위원회 또는 시·군·구 지하안전위원회의 구성 및 운영 등에 필요한 사항은 해당 지방자치단체의 조례로 정한다.	
제13조(지하안전에 관한 기술 및 기준에 관한 연구 · 개발사업) ① 국토교통부장관은 대통령령으로 정	**제11조(지하안전에 관한 기술 및 기준에 관한 연구 · 개발사업)** ① 법 제13조 제1항에서 "대통령령으로 정하는	

지하안전관리에 관한 특별법 [법률 제14545호, 2017. 1. 17., 타법개정]	지하안전관리에 관한 특별법 시행령 [대통령령 제28628호, 2018. 2. 9., 타법개정]	지하안전관리에 관한 특별법 시행규칙 [국토교통부령 제483호, 2018. 1. 18., 타법개정]
하는 기관 또는 단체와 협약을 체결하여 지하안전에 관한 기술 및 기준에 관한 연구·개발사업을 할 수 있다. ② 제1항에 따른 연구·개발사업에 필요한 경비는 정부 또는 정부 외의 자의 출연금이나 그 밖의 기업 기술개발비로 충당한다. ③ 제1항에 따른 협약의 체결방법과 제2항에 따른 출연금 등의 지급·사용 및 관리에 필요한 사항은 대통령령으로 정한다.	기관 또는 단체"란 다음 각 호의 기관 또는 단체를 말한다. 1. 국공립 연구기관 2. 「고등교육법」 제2조에 따른 학교 3. 「국가과학기술 경쟁력 강화를 위한 이공계지원 특별법」 제18조 제2항에 따라 연구개발서비스업자 중 국가연구개발사업 등에 참여하거나 정부의 각종 지원을 받기 위하여 신고한 자 4. 「기초연구진흥 및 기술개발지원에 관한 법률」 제14조 제1항 제2호에 따른 기업부설연구소 및 기업의 연구개발전담부서 5. 「민법」 또는 다른 법률에 따라 설립된 법인인 연구기관 6. 「산업기술연구조합 육성법」에 따른 산업기술연구조합 7. 「정부출연연구기관 등의 설립·운영 및 육성에 관한 법률」에 따라 설립된 정부출연연구기관 8. 「과학기술분야 정부출연연구기관 등의 설립·운영 및 육성에 관한 법률」에 따라 설립된 과학기술분야 정부출연연구기관 9. 「특정연구기관 육성법」에 따른 특정연구기관 10. 그 밖에 국토교통부령으로 정하는 기관·협회·학회 등의 부설연구소 또는 연구·개발 전담부서 ② 국토교통부장관은 지하안전에 관한 기술 및 기준에 관한 연구·개발과제(이하 "연구·개발과제"라 한다)를 선정하였을 때에는 제1항 각 호의 기관 또는 단체 중 해당 분야의 연구를 주관하여 연구·개발할 기관 또는 단체(이하 "주관연구기관"이라 한다)와 연구·개발사업에 관한 협약을 체결하여야 한다. ③ 제2항에 따른 협약에는 다음 각 호의 사항이 포함되어야 한다.	

지하안전관리에 관한 특별법 [법률 제14545호, 2017. 1. 17., 타법개정]	지하안전관리에 관한 특별법 시행령 [대통령령 제28628호, 2018. 2. 9., 타법개정]	지하안전관리에 관한 특별법 시행규칙 [국토교통부령 제483호, 2018. 1. 18., 타법개정]
	1. 연구·개발과제 수행계획서 2. 연구·개발비의 지급방법 및 사용·관리에 관한 사항 3. 연구·개발 결과의 귀속 및 활용에 관한 사항 4. 기술료의 징수·사용에 관한 사항 5. 협약의 변경 및 해약에 관한 사항 6. 그 밖에 연구·개발에 관한 사항으로서 국토교통부장관이 필요하다고 인정하는 사항 ④ 주관연구기관의 장은 필요하다고 인정하는 경우에는 해당 연구·개발과제의 일부를 제1항 각 호의 기관 또는 단체에 위탁하여 수행하게 할 수 있다. **제12조(출연금의 지급 · 사용 및 관리)** ① 법 제13조 제2항에 따른 연구·개발사업의 출연금은 분할하여 지급한다. 다만, 연구·개발과제의 규모와 착수시기 등을 고려하여 국토교통부장관이 필요하다고 인정하는 경우에는 한꺼번에 지급할 수 있다. ② 제1항에 따라 출연금을 받은 기관 또는 단체는 출연금을 연구·개발사업과 관련한 다음 각 호의 용도에 사용하여야 한다. 1. 인건비 2. 연구장비비, 연구재료비, 연구활동비, 연구수당 등 직접비 3. 연구개발준비금, 지식재산권 출원·등록비, 교육훈련비, 연구지원비 등 간접비 4. 위탁연구개발비 5. 그 밖에 연구·개발에 수반되는 경비 ③ 제1항에 따라 출연금을 받은 기관 또는 단체는 별도의 계정(計定)을 개설하여 출연금을 관리하여야 한다. ④ 제1항에 따라 출연금을 받은	

지하안전관리에 관한 특별법 [법률 제14545호, 2017. 1. 17., 타법개정]	지하안전관리에 관한 특별법 시행령 [대통령령 제28628호, 2018. 2. 9., 타법개정]	지하안전관리에 관한 특별법 시행규칙 [국토교통부령 제483호, 2018. 1. 18., 타법개정]
	기관 또는 단체는 출연금의 사용실적을 다음 각 호의 구분에 따라 국토교통부장관에게 보고하여야 한다. 1. 다년도 연구과제: 해당 연도 사용실적을 다음 해 3월 31일까지 보고. 다만, 연구과제가 종료되는 연도의 경우에는 연구과제 종료 후 3개월 이내에 보고한다. 2. 다년도 연구과제 외의 연구과제: 연구과제 종료 후 3개월 이내에 보고 ⑤ 국토교통부장관은 제1항에 따라 출연금을 받은 기관 또는 단체가 정당한 사유 없이 제3항 각 호의 용도 외의 비용으로 출연금을 사용하였을 때에는 해당 금액을 회수하여야 한다.	
제3장 지하개발의 안전관리		
제1절 지하안전영향평가		
제14조(지하안전영향평가의 실시 등) ① 다음 각 호의 어느 하나에 해당하는 사업 중 대통령령으로 정하는 규모 이상의 지하 굴착공사를 수반하는 사업(이하 "지하안전영향평가 대상사업"이라 한다)을 하려는 지하개발사업자는 지하안전영향평가를 실시하여야 한다. 1. 도시의 개발사업 2. 산업입지 및 산업단지의 조성사업 3. 에너지 개발사업 4. 항만의 건설사업 5. 도로의 건설사업 6. 수자원의 개발사업 7. 철도(도시철도를 포함한다)의 건설사업 8. 공항의 건설사업	**제13조(지하안전영향평가 대상사업의 규모 등)** ① 법 제14조 제1항 각 호 외의 부분에서 "대통령령으로 정하는 규모 이상의 지하 굴착공사를 수반하는 사업"이란 다음 각 호의 사업을 말한다. 1. 굴착깊이(공사 지역 내 굴착깊이가 다른 경우에는 최대 굴착깊이를 말한다. 이하 같다)가 20미터 이상인 굴착공사를 수반하는 사업 2. 터널[산악터널 또는 수저(水底)터널은 제외한다] 공사를 수반하는 사업 ② 법 제14조 제1항 제16호에서 "대통령령으로 정하는 시설"이란 「건축법」 제2조 제1항 제2호의 건축물을 말한다.	**제5조(책임기술자 등의 교육훈련)** ① 영 제15조 제1항에서 "국토교통부령으로 정하는 교육"이란 다음 각 호의 어느 하나에 해당하는 기관에서 실시하는 지하안전분야의 신규교육 및 보수교육을 말한다. 〈개정 2018.1.18.〉 1. 「건설기술 진흥법 시행령」 제43조 제2항에 따른 건설안전분야의 교육훈련기관 2. 「시설물의 안전 및 유지관리에 관한 특별법」 제45조에 따른 한국시설안전공단 3. 국가 또는 지방자치단체 소속 공무원교육원 ② 제1항에 따른 신규교육은 70시간 이상으로 한다. ③ 제2항에 따른 신규교육을 이수한 후 3년마다(매 3년이 되는

지하안전관리에 관한 특별법 [법률 제14545호, 2017. 1. 17., 타법개정]	지하안전관리에 관한 특별법 시행령 [대통령령 제28628호, 2018. 2. 9., 타법개정]	지하안전관리에 관한 특별법 시행규칙 [국토교통부령 제483호, 2018. 1. 18., 타법개정]
9. 하천의 이용 및 개발 사업 10. 관광단지의 개발사업 11. 특정 지역의 개발사업 12. 체육시설의 설치사업 13. 폐기물 처리시설의 설치사업 14. 국방·군사 시설의 설치사업 15. 토석·모래·자갈 등의 채취사업 16. 지하안전에 영향을 미치는 시설로서 대통령령으로 정하는 시설의 설치사업 ② 지하안전영향평가 대상사업의 구체적인 종류·범위 등과 지하안전영향평가의 평가항목·방법, 지하안전영향평가를 실시할 수 있는 자의 자격 등에 필요한 사항은 대통령령으로 정한다.	**제14조(지하안전영향평가 대상사업의 종류 및 평가방법 등)** 법 제14조 제2항에 따른 지하안전영향평가 대상사업의 구체적인 종류 및 범위는 별표 1과 같고, 평가항목 및 방법은 별표 2와 같다. **제15조(책임기술자의 자격 등)** ① 법 제14조 제2항에 따라 지하안전영향평가를 할 수 있는 사람(이하 "책임기술자"라 한다)은 「건설기술 진흥법 시행령」 별표 1에 따른 토질·지질 분야의 특급기술자로서 국토교통부령으로 정하는 교육을 이수한 사람으로 한다. ② 책임기술자는 지하안전영향평가를 할 때 필요한 경우에는 별표 8 제2호에 따른 기술인력의 자격 요건을 갖춘 사람으로 하여금 자신의 감독하에 지하안전영향평가를 하게 할 수 있다. 이 경우 책임기술자의 감독하에 지하안전영향평가를 하려는 사람은 제1항에 따른 교육을 이수하여야 한다.	해의 12월 31일 전까지를 말한다) 제1항에 따른 보수교육을 받아야 한다. 이 경우 보수교육은 21시간 이상으로 한다. ④ 제1항부터 제3항까지에서 규정한 사항 외에 교육과정 및 그 내용 등에 관하여 필요한 사항은 국토교통부장관이 정한다.
제15조(지하안전영향평가서의 작성 및 협의 요청 등) ① 승인등을 받아야 하는 지하개발사업자가 지하안전영향평가 대상사업에 대한 승인등을 요청할 때에는 지하안전영향평가에 관한 평가서(이하 "지하안전영향평가서"라 한다) 및 사업계획서 등 필요한 자료를 첨부하여 승인기관의 장에게 제출하여야 하고, 승인기관의 장은 승인등을 하기 전에 국토교통부장관에게 협의를 요청하여야 한다. ② 승인등을 받지 아니하여도 되는 지하개발사업자(승인기관의 장이 지하개발사업자인 경우를 말한다. 이하 같다)는 지하안전영향평가 대상사업의 실시계	**제16조(지하안전영향평가서의 작성방법 등)** ① 법 제15조에 따른 지하안전영향평가서(이하 "지하안전영향평가서"라 한다)의 작성방법은 별표 3과 같다. ② 지하안전에 영향을 미치는 사업의 실시계획·시행계획 등의 허가·인가·승인·면허 또는 결정 등(이하 "승인등"이라 한다)을 받아야 하는 지하개발사업자는 지하안전영향평가서를 전자문서의 형태로 승인기관의 장에게 제출하여야 한다. ③ 법 제15조 제1항에 따라 지하안전영향평가서를 받은 승인기관의 장 또는 법 제15조 제2항에 따라 승인등을 받지 아니하여도 되는 지하개발사업자(이	

지하안전관리에 관한 특별법 [법률 제14545호, 2017. 1. 17., 타법개정]	지하안전관리에 관한 특별법 시행령 [대통령령 제28628호, 2018. 2. 9., 타법개정]	지하안전관리에 관한 특별법 시행규칙 [국토교통부령 제483호, 2018. 1. 18., 타법개정]
획·시행계획 등(이하 "사업계획등"이라 한다)을 확정하기 전에 지하안전영향평가서 및 사업계획서 등 필요한 자료를 첨부하여 국토교통부장관에게 협의를 요청하여야 한다. ③ 제1항 및 제2항에 따른 지하안전영향평가서의 작성방법 및 제출방법, 협의 요청시기 등에 필요한 사항은 대통령령으로 정한다.	하 "승인기관장등"이라 한다)가 국토교통부장관에게 협의를 요청하는 시기는 별표 1과 같다.	
제16조(지하안전영향평가서의 검토 및 통보 등) ① 국토교통부장관은 제15조 제1항 및 제2항에 따라 협의를 요청받은 경우에는 지하안전영향평가서를 검토하여야 한다. ② 국토교통부장관은 제1항에 따라 지하안전영향평가서를 검토할 때에 지하개발사업자 또는 승인기관의 장에게 관련 자료의 제출을 요청할 수 있고, 필요한 경우 다음 각 호의 자에게 검토 및 현지조사를 의뢰할 수 있다. 〈개정 2017.1.17.〉 1. 「시설물의 안전 및 유지관리에 관한 특별법」 제45조에 따른 한국시설안전공단 2. 「과학기술분야 정부출연연구기관 등의 설립·운영 및 육성에 관한 법률」에 따라 설립된 연구기관 3. 「특정연구기관 육성법」 제2조에 따른 특정연구기관 4. 그 밖에 대통령령으로 정하는 기관 ③ 국토교통부장관은 제1항에 따라 지하안전영향평가서를 검토한 결과 제15조 제3항에 따른 작성방법에 따라 작성되지 아니하는 등 대통령령으로 정하는 사유가 있는 경우에는 승인기관의 장 또는 승인등을 받지 아니하여도 되는 지하개발	**제17조(지하안전영향평가서의 검토 및 통보)** ① 국토교통부장관은 법 제16조 제1항에 따라 지하안전영향평가서에 대하여 다음 각 호의 사항을 검토하여야 한다. 1. 평가항목·방법 및 작성방법 등의 준수 여부 2. 지하안전영향평가서 내용의 타당성 여부 ② 법 제16조 제3항 전단에서 "대통령령으로 정하는 사유가 있는 경우"란 다음 각 호의 경우를 말한다. 1. 제16조 제1항에 따른 지하안전영향평가서의 작성방법을 준수하지 아니한 경우 2. 사업 시행으로 지하안전에 해로운 영향을 미칠 우려가 있어 실시계획·시행계획 등(이하 "사업계획등"이라 한다)의 보완 또는 조정이 필요하다고 인정하는 경우 ③ 법 제16조 제4항에서 "대통령령으로 정하는 기간"이란 30일(부득이한 사유로 협의기간을 연장한 경우에는 50일)을 말한다. 이 경우 지하개발사업자가 지하안전영향평가서를 보완하는 기간과 공휴일 및 토요일은 기간 산정에서 제외한다. ④ 제1항부터 제3항까지에서 규정한 사항 외에 지하안전영	

지하안전관리에 관한 특별법 [법률 제14545호, 2017. 1. 17., 타법개정]	지하안전관리에 관한 특별법 시행령 [대통령령 제28628호, 2018. 2. 9., 타법개정]	지하안전관리에 관한 특별법 시행규칙 [국토교통부령 제483호, 2018. 1. 18., 타법개정]
사업자(이하 "승인기관장등"이라 한다)에게 지하안전영향평가서 또는 사업계획 등의 보완·조정을 요청하거나 보완·조정을 지하개발사업자에게 요구할 것을 요청할 수 있다. 이 경우 승인기관장등은 정당한 사유가 없으면 이에 따라야 한다. ④ 국토교통부장관은 제15조 제1항 또는 제2항에 따라 협의를 요청받은 날부터 대통령령으로 정하는 기간 이내에 승인기관장등에게 협의 내용을 통보하여야 한다. ⑤ 제4항에 따라 협의 내용을 통보받은 승인기관의 장은 이를 지체 없이 지하개발사업자에게 통보하여야 한다. ⑥ 제1항에 따른 지하안전영향평가서의 검토 기준·방법과 제3항에 따른 지하안전영향평가서 등의 보완·조정에 필요한 사항은 대통령령으로 정한다.	향평가서의 검토 기준·방법, 보완 또는 조정에 관하여 필요한 사항은 국토교통부장관이 정하여 고시한다. **제19조(협의 내용의 조정)** ① 법 제18조 제1항에 따라 승인기관장등이 국토교통부장관에게 협의 내용의 조정을 요청하려는 경우 법 제16조 제4항에 따라 협의 내용을 통보받은 날부터 90일 이내에 다음 각 호의 사항이 포함된 협의 내용 조정요청서(이하 "조정요청서"라 한다)를 제출하여야 한다. 이 경우 승인등을 받아야 하는 지하개발사업자는 법 제16조 제5항에 따라 협의 내용을 통보받은 날부터 75일 이내에 승인기관의 장에게 조정요청서를 제출하여야 한다. 1. 조정을 요청하는 협의 내용 2. 조정요청 사유 및 조정요청안 3. 조정요청안에 따른 지하안전영향평가의 분석 ② 국토교통부장관은 제1항에 따른 조정요청서를 받은 날부터 30일(부득이한 사유로 기간을 연장한 경우에는 50일) 이내에 그 결과를 통보하여야 한다. 이 경우 지하개발사업자가 지하안전영향평가서를 보완하는 기간과 공휴일 및 토요일은 기간 산정에서 제외한다.	
제17조(협의 내용의 반영 등) ① 지하개발사업자나 승인기관의 장은 제16조 제4항 또는 제5항에 따라 협의 내용을 통보받았을 때에는 그 내용을 해당 사업계획 등에 반영하기 위하여 필요한 조치를 하여야 한다. ② 승인기관의 장은 사업계획 등에 대하여 승인등을 하려면 협의 내용이 사업계획 등에 반	**제18조(협의 내용의 반영 결과 통보)** 법 제17조 제3항에 따른 협의 내용의 반영 결과 통보는 다음 각 호의 구분에 따른 날부터 30일 이내에 하여야 한다. 1. 승인기관의 장이 통보하는 경우: 지하안전영향평가 대상사업의 사업계획등에 대하여 승인등을 한 날 2. 승인등을 받지 아니하여도	**제6조(협의 내용의 반영결과 통보)** 법 제17조 제3항 및 영 제18조에 따른 협의 내용의 반영결과 통보는 별지 제2호 서식에 따른다.

지하안전관리에 관한 특별법 [법률 제14545호, 2017. 1. 17., 타법개정]	지하안전관리에 관한 특별법 시행령 [대통령령 제28628호, 2018. 2. 9., 타법개정]	지하안전관리에 관한 특별법 시행규칙 [국토교통부령 제483호, 2018. 1. 18., 타법개정]
영되었는지를 확인하여야 한다. 이 경우 협의 내용이 사업계획등에 반영되지 아니한 경우에는 이를 반영하게 하여야 한다. ③ 승인기관장등은 사업계획 등에 대하여 승인등을 하거나 사업계획 등을 확정하였을 때에는 협의 내용의 반영 결과를 국토교통부장관에게 통보하여야 한다. ④ 국토교통부장관은 제3항에 따라 통보받은 결과에 협의 내용이 반영되지 아니한 경우 승인기관장등에게 협의 내용을 반영하도록 요청할 수 있다. 이 경우 승인기관장등은 정당한 사유가 없으면 이에 따라야 한다.	되는 지하개발사업자가 통보하는 경우: 사업계획등을 확정한 날	
제18조(협의 내용의 조정 및 사업계획등의 변경 · 재협의 등) ① 지하개발사업자나 승인기관의 장은 제16조 제4항 또는 제5항에 따라 통보받은 협의 내용에 이의가 있으면 국토교통부장관에게 협의 내용을 조정하여 줄 것을 요청할 수 있다. 이 경우 승인등을 받아야 하는 지하개발사업자는 승인기관의 장을 거쳐 조정을 요청하여야 한다. ② 지하개발사업자는 제15조 및 제16조에 따라 협의한 사업계획등을 변경하는 경우에는 사업계획등의 변경에 따른 지하안전확보방안을 마련하여 이를 변경되는 사업계획 등에 반영하여야 한다. ③ 승인등을 받아야 하는 지하개발사업자는 제2항에 따른 지하안전확보방안에 대하여 미리 승인기관의 장의 검토를 받아야 한다. 다만, 국토교통부령으로 정하는 경미한 변경사항에 대하여는 그러하지 아니하다. ④ 승인기관장등은 제2항 및 제3항에 따라 지하안전확보방안을	**제19조(협의 내용의 조정)** ① 법 제18조 제1항에 따라 승인기관장등이 국토교통부장관에게 협의 내용의 조정을 요청하려는 경우 법 제16조 제4항에 따라 협의 내용을 통보받은 날부터 90일 이내에 다음 각 호의 사항이 포함된 협의 내용 조정요청서(이하 "조정요청서"라 한다)를 제출하여야 한다. 이 경우 승인등을 받아야 하는 지하개발사업자는 법 제16조 제5항에 따라 협의 내용을 통보받은 날부터 75일 이내에 승인기관의 장에게 조정요청서를 제출하여야 한다. 1. 조정을 요청하는 협의 내용 2. 조정요청 사유 및 조정요청안 3. 조정요청안에 따른 지하안전영향평가의 분석 ② 국토교통부장관은 제1항에 따른 조정요청서를 받은 날부터 30일(부득이한 사유로 기간을 연장한 경우에는 50일) 이내에 그 결과를 통보하여야 한다. 이 경우 지하개발사업자가 지하안전영향평가서를 보완하는 기간과 공휴	**제7조(지하안전확보방안 검토의 예외)** ① 법 제18조 제3항 단서에서 "국토교통부령으로 정하는 경미한 변경사항"이란 다음 각 호의 사항을 말한다. 1. 법 제15조 및 제16조에 따라 협의한 지하안전영향평가 대상사업의 실시계획·시행계획 등(이하 "사업계획등"이라 한다)에 포함된 시설물이 구조의 변경 없이 그 용도가 변경되는 경우로서 새로운 지반침하 요인이 발생하지 아니하는 경우 2. 최대 굴착 깊이가 법 제15조 및 제16조에 따라 협의한 사업계획등에 반영된 깊이보다 감소하는 경우 3. 지하안전시설을 법 제15조 및 제16조에 따라 협의한 사업계획등에 반영된 규모 또는 용량 이상으로 정비하는 경우 4. 그 밖에 제1호부터 제3호까지에 준하는 경우로서 새로운 지반침하의 요인이 없다고 승인기관의 장이 인정하는 경우

지하안전관리에 관한 특별법 [법률 제14545호, 2017. 1. 17., 타법개정]	지하안전관리에 관한 특별법 시행령 [대통령령 제28628호, 2018. 2. 9., 타법개정]	지하안전관리에 관한 특별법 시행규칙 [국토교통부령 제483호, 2018. 1. 18., 타법개정]
마련하거나 검토하는 경우로서 해당 사업계획 등의 변경된 내용이 지하안전에 영향을 줄 수 있다고 대통령령으로 정하는 사항에 해당하는 경우에는 국토교통부장관에게 재협의를 요청하여야 한다. ⑤ 제1항부터 제4항까지에 따른 협의 내용의 조정 및 사업계획 등의 변경·재협의 등에 필요한 사항은 대통령령으로 정한다. ⑥ 제2항에 따른 지하안전확보방안의 사업계획 등에 대한 반영 여부의 확인·통보에 관하여는 제17조 제2항부터 제4항까지를 준용한다. 이 경우 "협의 내용"은 "지하안전확보방안"으로 본다.	일 및 토요일은 기간 산정에서 제외한다. **제20조(사업계획등의 변경 · 재협의)** ① 법 제18조 제3항 본문에 따른 검토를 요청받은 승인기관의 장은 해당 지하안전확보방안이 법 제18조 제4항에 따른 재협의 요청 대상에 해당하는지 여부에 대하여 검토하여 승인등을 받아야 하는 지하개발사업자에게 통보하여야 한다. ② 법 제18조 제4항에서 "해당 사업계획 등의 변경된 내용이 지하안전에 영향을 줄 수 있다고 대통령령으로 정하는 사항에 해당하는 경우"란 다음 각 호의 경우를 말한다. 1. 최대 굴착깊이가 법 제15조 및 제16조에 따라 협의한 사업계획등에 반영된 깊이보다 3미터 이상 증가하는 경우 2. 굴착면적이 법 제15조 및 제16조에 따라 협의한 사업계획등에 반영된 면적보다 30퍼센트 이상 증가하는 경우 ③ 법 제18조 제4항에 따라 재협의를 요청하려는 승인기관장등은 법 제18조 제2항에 따라 지하안전확보방안을 마련한 날 또는 제1항에 따른 검토를 완료한 날부터 90일 이내에 다음 각 호의 사항이 포함된 재협의 요청서를 국토교통부장관에게 제출하여야 한다. 이 경우 승인등을 받아야 하는 지하개발사업자는 제1항에 따른 통보를 받은 날부터 75일 이내에 승인기관의 장에게 재협의 요청서를 제출하여야 한다. 1. 사업계획등의 변경 사유 및 내용 2. 사업계획등의 변경 등에 따른 지하안전확보방안	② 지하개발사업자는 제1항에 각 호의 경미한 사항을 변경하는 경우 별지 제3호 서식의 관리대장에 변경 내용을 기록하여야 한다.

지하안전관리에 관한 특별법 [법률 제14545호, 2017. 1. 17., 타법개정]	지하안전관리에 관한 특별법 시행령 [대통령령 제28628호, 2018. 2. 9., 타법개정]	지하안전관리에 관한 특별법 시행규칙 [국토교통부령 제483호, 2018. 1. 18., 타법개정]
	④ 국토교통부장관은 제3항에 따른 재협의 요청서를 받은 날부터 30일(부득이한 사유로 기간을 연장한 경우에는 50일) 이내에 그 결과를 통보하여야 한다. 이 경우 지하개발사업자가 재협의 요청서를 보완하는 기간과 공휴일 및 토요일은 기간 산정에서 제외한다.	
		제18조(관계인에 대한 통지) ① 시장·군수·구청장은 제17조에 따라 중점관리대상의 지정등을 한 경우 지정등을 한 날부터 15일 이내에 별지 제19호 서식 또는 별지 제20호 서식에 따라 지하시설물관리자 및 해당 토지의 소유자 또는 점유자(이하 "관계인"이라 한다)에게 통보하여야 한다. ② 시장·군수·구청장은 제17조에 따라 중점관리대상의 지정등을 한 경우 관계인의 주소·거소가 분명하지 아니할 때에는 다음 각 호의 사항을 관보에 게재하거나, 관할 시·군·구의 홈페이지에 게시하여야 한다. 1. 제17조 제1호부터 제3호까지의 사항 2. 법 제40조 제1항에 따른 정비계획 제출에 관한 사항
제19조(사전공사의 금지 등) ① 지하개발사업자는 제15조부터 제18조까지에 따른 협의 등의 절차가 끝나기 전에 지하안전영향평가 대상사업의 공사를 하여서는 아니 된다. 다만, 제15조부터 제18조까지에 따른 협의를 거쳐 승인등을 받은 사업으로서 제18조 제2항에 따른 사업계획 등의 변경 및 같은 조 제4항에 따른 재협의 대상에 포함되지 아니한 공사의 경우에는 그러하지 아니하다.		

지하안전관리에 관한 특별법 [법률 제14545호, 2017. 1. 17., 타법개정]	지하안전관리에 관한 특별법 시행령 [대통령령 제28628호, 2018. 2. 9., 타법개정]	지하안전관리에 관한 특별법 시행규칙 [국토교통부령 제483호, 2018. 1. 18., 타법개정]
② 승인기관의 장은 제15조부터 제18조까지에 따른 협의 등의 절차가 끝나기 전에 사업계획 등에 대한 승인등을 하여서는 아니 된다. ③ 승인기관의 장은 승인등을 받아야 하는 지하개발사업자가 제1항을 위반하여 공사를 시행하였을 때에는 해당 사업의 전부 또는 일부에 대하여 공사중지를 명하여야 한다. ④ 국토교통부장관은 지하개발사업자가 제1항을 위반하여 공사를 시행하였을 때에는 승인등을 받지 아니하여도 되는 지하개발사업자에게 공사중지나 그 밖에 필요한 조치를 할 것을 명령하거나 승인기관의 장에게 공사중지나 그 밖에 필요한 조치를 명할 것을 요청할 수 있다. 이 경우 승인기관장등은 정당한 사유가 없으면 이에 따라야 한다.		
제20조(사후지하안전영향조사) ① 지하개발사업자(지하안전영향평가 대상사업을 하려는 사업자를 말한다. 이하 이 조에서 같다)는 해당 지하안전영향평가 대상사업을 착공한 후에 그 사업이 지하안전에 미치는 영향을 조사(이하 "사후지하안전영향조사"라 한다)하고, 그 결과 지하안전을 위하여 조치가 필요한 경우에는 지체 없이 필요한 조치를 하여야 한다. ② 지하개발사업자는 사후지하안전영향조사에 관한 조사서(이하 "사후지하안전영향조사서"라 한다)와 지하안전을 위하여 조치가 필요한 사실 및 조치 내용을 국토교통부장관 및 승인기관의 장에게 통보하여야 한다. ③ 국토교통부장관 및 승인기관의 장은 제2항에 따라 통보받은	**제21조(사후지하안전영향조사)** ① 법 제20조제1항에 따른 사후지하안전영향조사(이하 "사후지하안전영향조사"라 한다)는 지하안전영향평가서에 기재된 사후지하안전영향조사 실시기간에 한다. ② 사후지하안전영향조사의 조사항목 및 방법은 별표 4와 같다. ③ 법 제20조 제2항에 따른 사후지하안전영향조사서(이하 "사후지하안전영향조사서"라 한다)의 작성방법은 별표 5와 같다. ④ 지하안전영향평가 대상사업을 하려는 지하개발사업자는 사후지하안전영향조사서와 지하안전을 위하여 조치가 필요한 사실 및 조치 내용을 사후지하안전영향조사가 끝난 날부터 60일 이내에 전자문서의 형태로 국토교통부장관 및 승인기관의 장에게 제출하여야 한다.	**제8조(사후지하안전영향조사 결과의 작성)** 영 제21조 제4항에 따른 사후지하안전영향조사서와 지하안전을 위하여 조치가 필요한 사실 및 조치 내용은 별지 제4호 서식에 따라 작성한다.

지하안전관리에 관한 특별법 [법률 제14545호, 2017. 1. 17., 타법개정]	지하안전관리에 관한 특별법 시행령 [대통령령 제28628호, 2018. 2. 9., 타법개정]	지하안전관리에 관한 특별법 시행규칙 [국토교통부령 제483호, 2018. 1. 18., 타법개정]
내용을 검토하여야 하며, 필요한 경우 제16조 제2항 각 호의 자에게 검토 및 현지조사를 의뢰할 수 있다. ④ 사후지하안전영향조사의 조사항목·조사기간, 사후지하안전영향조사를 실시할 수 있는 자의 자격, 사후지하안전영향조사서의 작성방법, 제2항에 따른 통보방법 등에 필요한 사항은 대통령령으로 정한다.	⑤ 사후지하안전영향조사를 할 수 있는 사람의 자격에 관하여는 제15조를 준용한다. 이 경우 "지하안전영향평가"는 "사후지하안전영향조사"로 본다.	
제21조(협의 내용의 이행 및 관리 · 감독 등) ① 지하개발사업자는 사업계획 등을 시행할 때에 사업계획 등에 반영된 협의 내용을 이행하여야 한다. ② 승인기관의 장은 승인등을 받아야 하는 지하개발사업자가 협의 내용을 이행하였는지를 확인하여야 하며, 승인등을 받아야 하는 지하개발사업자가 협의 내용을 이행하지 아니하였을 때에는 그 이행에 필요한 조치를 명하여야 한다. ③ 승인기관의 장은 승인등을 받아야 하는 지하개발사업자가 제2항에 따른 조치명령을 이행하지 아니하여 해당 사업이 지하안전에 중대한 영향을 미친다고 판단하는 경우에는 그 사업의 전부 또는 일부에 대한 공사중지명령을 하여야 한다. ④ 국토교통부장관은 협의 내용의 이행을 관리하기 위하여 필요하다고 인정하는 경우에는 승인등을 받지 아니하여도 되는 지하개발사업자에게 공사중지나 그 밖에 필요한 조치를 할 것을 명령하거나, 승인기관의 장에게 공사중지명령이나 그 밖에 필요한 조치명령을 할 것을 요청할 수 있다. 이 경우 승인기		

지하안전관리에 관한 특별법 [법률 제14545호, 2017. 1. 17., 타법개정]	지하안전관리에 관한 특별법 시행령 [대통령령 제28628호, 2018. 2. 9., 타법개정]	지하안전관리에 관한 특별법 시행규칙 [국토교통부령 제483호, 2018. 1. 18., 타법개정]
관장등은 정당한 사유가 없으면 이에 따라야 한다. ⑤ 국토교통부장관 또는 승인기관의 장은 지하개발사업자에게 협의 내용의 이행에 관련된 자료를 제출하게 하거나 소속 공무원으로 하여금 사업장에 출입하여 조사하게 할 수 있다. 이 경우 조사에 관하여는 제30조 제2항 및 제3항을 준용한다.		
제22조(재평가) ① 국토교통부장관은 해당 사업을 착공한 후에 지하안전영향평가 협의 당시 예측하지 못한 사정이 발생하여 주변 지하안전에 중대한 영향을 미치는 경우로서 제20조 제1항 또는 제21조에 따른 조치나 조치명령으로는 지하안전확보방안을 마련하기 곤란한 경우에는 승인기관장등과의 협의를 거쳐 제16조 제2항 각 호의 자에게 재평가를 하도록 요청할 수 있다. ② 제1항에 따른 요청을 받은 자는 해당 사업계획 등에 대하여 재평가를 실시하고 그 결과를 대통령령으로 정하는 기간 이내에 국토교통부장관과 승인기관장등에게 통보하여야 한다. ③ 국토교통부장관이나 승인기관장등은 제2항에 따라 재평가 결과를 통보받았을 때에는 재평가 결과에 따라 지하안전확보를 위하여 지하개발사업자에게 필요한 조치를 하게 하거나 다른 행정기관의 장 등에게 필요한 조치명령을 하도록 요청할 수 있다.	**제22조(재평가 결과 통보)** 법 제22조 제2항에서 "대통령령으로 정하는 기간"이란 법 제22조 제1항에 따라 재평가를 요청받은 날부터 180일을 말한다.	
제2절 소규모 지하안전영향평가		
제23조(소규모 지하안전영향평가의 실시 등) ① 지하안전영향평가 대상사업에 해당하지 아니하는 사업으로서 대통령령으로 정하는	**제23조(소규모 지하안전영향평가 대상사업)** 법 제23조 제1항 본문에서 "대통령령으로 정하는 소규모 사업"(이하 "소규모 지하안전영	

지하안전관리에 관한 특별법 [법률 제14545호, 2017. 1. 17., 타법개정]	지하안전관리에 관한 특별법 시행령 [대통령령 제28628호, 2018. 2. 9., 타법개정]	지하안전관리에 관한 특별법 시행규칙 [국토교통부령 제483호, 2018. 1. 18., 타법개정]
소규모 사업(이하 "소규모 지하안전영향평가 대상사업"이라 한다)을 하려는 지하개발사업자는 소규모 지하안전영향평가를 실시하고, 소규모 지하안전영향평가에 관한 평가서(이하 "소규모 지하안전영향평가서"라 한다)를 작성하여야 한다. 다만, 천재지변이나 사고로 인한 긴급복구가 필요한 경우 등 대통령령으로 정하는 사유에 해당한다고 국토교통부장관이 인정한 지하시설물 공사(이하 "긴급복구공사"라 한다)의 경우에는 그러하지 아니하다. ② 소규모 지하안전영향평가의 평가항목·방법, 소규모 지하안전영향평가를 실시할 수 있는 자의 자격, 소규모 지하안전영향평가서의 작성방법 등에 필요한 사항은 대통령령으로 정한다. ③ 소규모 지하안전영향평가에 관하여는 제15조부터 제22조까지를 준용한다. 이 경우 "지하안전영향평가"는 "소규모 지하안전영향평가"로, "지하안전영향평가서"는 "소규모 지하안전영향평가서"로 본다.	향평가 대상사업"이라 한다)이란 굴착깊이가 10미터 이상 20미터 미만인 굴착공사를 수반하는 사업으로서, 그 종류 및 범위는 별표 1과 같다. **제24조(소규모 지하안전영향평가 면제 사유)** ① 법 제23조 제1항 단서에서 "천재지변이나 사고로 인한 긴급복구가 필요한 경우 등 대통령령으로 정하는 사유"란 다음 각 호의 경우를 말한다. 1. 천재지변으로 인하여 긴급복구가 필요한 경우 2. 전기·전기통신의 불통 또는 상하수도관·가스관 등의 파열·누출 등으로 긴급복구가 필요한 경우 3. 그 밖에 관계 중앙행정기관의 장 또는 지방자치단체의 장이 긴급복구가 필요하다고 인정하는 경우 ② 법 제23조 제1항 단서에 따라 긴급복구공사(이하 "긴급복구공사"라 한다)를 한 지하개발사업자는 긴급복구공사를 한 후 공사 결과를 지체 없이 국토교통부장관 및 승인기관의 장에게 통보하여야 한다. **제25조(소규모 지하안전영향평가의 평가항목 및 방법 등)** ① 소규모 지하안전영향평가의 평가항목 및 방법은 별표 6과 같다. ② 법 제23조 제2항에 따라 소규모 지하안전영향평가를 실시할 수 있는 자의 자격에 관하여는 제15조를 준용한다. 이 경우 "지하안전영향평가"는 "소규모 지하안전영향평가"로 본다. ③ 법 제23조 제2항에 따른 소규모 지하안전영향평가서(이하 "소규모 지하안전영향평가서"라 한다)의 작성방법은 별표 7과 같다.	

지하안전관리에 관한 특별법 [법률 제14545호, 2017. 1. 17., 타법개정]	지하안전관리에 관한 특별법 시행령 [대통령령 제28628호, 2018. 2. 9., 타법개정]	지하안전관리에 관한 특별법 시행규칙 [국토교통부령 제483호, 2018. 1. 18., 타법개정]
	④ 제1항부터 제3항까지에서 규정한 사항 외에 소규모 지하안전영향평가에 관하여는 제16조 제2항 및 제3항, 제17조부터 제20조까지 및 제22조를 준용한다. 이 경우 "지하안전영향평가"는 "소규모 지하안전영향평가"로, "지하안전영향평가서"는 "소규모 지하안전영향평가서"로 본다.	
제4장 지하안전영향평가 등의 대행		
제24조(지하안전영향평가 등의 대행) ① 지하안전영향평가, 사후지하안전영향조사, 소규모 지하안전영향평가 및 제35조 제1항에 따른 지반침하위험도평가(이하 "지하안전영향평가등"이라 한다)를 하려는 지하개발사업자 또는 지하시설물관리자는 제25조제1항에 따라 지하안전영향평가 전문기관으로 등록을 한 자(이하 "지하안전영향평가 전문기관"이라 한다)에게 지하안전영향평가등을 대행하게 할 수 있다. ② 지하안전영향평가등을 하려는 지하개발사업자 및 지하시설물관리자는 다음 각 호의 사항을 지켜야 한다. 1. 다른 지하안전영향평가서, 사후지하안전영향조사서, 소규모 지하안전영향평가서 및 제35조 제1항에 따른 지반침하위험도평가서(이하 "지하안전영향평가서등"이라 한다)의 내용을 복제하여 지하안전영향평가서등을 작성하지 아니할 것 2. 지하안전영향평가서등과 그 작성의 기초가 되는 자료를 거짓으로 또는 부실하게 작성하지 아니할 것 3. 지하안전영향평가서등과 그		**제9조(지하안전영향평가서 등의 보존기간)** ① 법 제24조 제2항 제3호 및 제27조 제3호에서 "국토교통부령으로 정하는 기간"이란 각각 다음 각 호의 구분에 따른 기간을 말한다. 1. 법 제15조 제1항에 따른 지하안전영향평가서, 법 제20조 제2항에 따른 사후지하안전영향조사서(이하 "사후지하안전영향조사서"라 한다) 및 법 제23조 제1항 본문에 따른 소규모 지하안전영향평가서: 해당 사업의 완료 또는 시설의 준공 후 10년 2. 법 제35조 제1항에 따른 지반침하위험도평가서: 지반침하위험도평가서를 제출한 날부터 10년 3. 제1호 및 제2호의 평가서·조사서(이하 "지하안전영향평가서등"이라 한다)의 작성을 위한 기초자료: 지하안전영향평가서등을 승인기관의 장 또는 국토교통부장관에게 제출한 날부터 5년. 다만, 사후지하안전영향조사서 작성을 위한 기초자료의 경우 3년으로 한다. ② 제1항 제3호에 따른 기초자료의 종류 및 범위 등은 국토교통부장관이 정하여 고시한다.

지하안전관리에 관한 특별법 [법률 제14545호, 2017. 1. 17., 타법개정]	지하안전관리에 관한 특별법 시행령 [대통령령 제28628호, 2018. 2. 9., 타법개정]	지하안전관리에 관한 특별법 시행규칙 [국토교통부령 제483호, 2018. 1. 18., 타법개정]
작성의 기초가 되는 자료를 국토교통부령으로 정하는 기간 동안 보존할 것 4. 지하안전영향평가 전문기관과 지하안전영향평가등에 관한 대행계약을 체결하는 경우에는 해당 지하안전영향평가등의 대상이 되는 계획이나 사업의 수립·시행과 관련되는 계약과 분리하여 체결할 것 5. 지하안전영향평가 전문기관과 사후지하안전영향조사에 관한 대행계약을 체결하는 경우에는 해당 사업의 지하안전영향평가 또는 소규모 지하안전영향평가 계약과 분리하여 체결할 것 ③ 제2항 제2호에 따른 거짓 또는 부실 작성의 구체적인 판단기준은 국토교통부령으로 정한다.		**제10조(지하안전영향평가서 등의 판단기준)** 법 제24조 제3항에 따른 지하안전영향평가서등과 그 작성의 기초가 되는 자료의 거짓 또는 부실 작성의 구체적인 판단기준은 별표 2와 같다.
제25조(지하안전영향평가 전문기관의 등록 등) ① 제24조 제1항에 따라 지하안전영향평가등을 대행하려는 자는 기술인력 및 장비 등 대통령령으로 정하는 등록기준을 갖추어 시·도지사에게 지하안전영향평가 전문기관으로 등록을 하여야 한다. ② 시·도지사는 제1항에 따라 지하안전영향평가 전문기관으로 등록을 한 때에는 국토교통부장관에게 통보하고, 등록증을 발급하여야 한다. ③ 제2항에 따라 등록증을 받은 자는 대통령령으로 정하는 등록사항이 변경된 때에는 그 날부터 30일 이내에 시·도지사에게 신고하여야 한다. ④ 지하안전영향평가 전문기관은 제2항에 따라 받은 등록증을 잃어버리거나 못쓰게 된 때에는 다시 등록증을 교부받을 수 있다. ⑤ 지하안전영향평가 전문기관은	**제26조(지하안전영향평가 전문기관의 등록 등)** ① 법 제25조 제1항에서 "기술인력 및 장비 등 대통령령으로 정하는 등록기준"이란 별표 8에 따른 등록기준을 말한다. ② 법 제25조 제3항에서 "대통령령으로 정하는 등록사항"이란 다음 각 호의 사항을 말한다. 1. 상호 2. 대표자 3. 사무소 소재지 4. 기술인력 5. 장비	**제11조(지하안전영향평가 전문기관의 등록)** ① 법 제25조 제1항에 따른 지하안전영향평가 전문기관(이하 "지하안전영향평가 전문기관"이라 한다)으로 등록하려는 자는 별지 제5호 서식의 신청서에 다음 각 호의 서류를 첨부하여 특별시장·광역시장·특별자치시장·도지사·특별자치도지사(이하 "시·도지사"라 한다)에게 제출하여야 한다. 1. 대표자 및 임원의 명단. 이 경우 대표자 또는 임원이 외국인인 경우 법 제26조 각 호의 결격사유에 해당하지 아니함을 확인할 수 있는 다음 각 목의 구분에 따른 서류 가. 「외국공문서에 대한 인증의 요구를 폐지하는 협약」을 체결한 국가의 경우: 해당 국가의 정부 그 밖에 권한 있는 기관이 발행한 서류 또는 공증인이 공증한 해당 외국인의

지하안전관리에 관한 특별법 [법률 제14545호, 2017. 1. 17., 타법개정]	지하안전관리에 관한 특별법 시행령 [대통령령 제28628호, 2018. 2. 9., 타법개정]	지하안전관리에 관한 특별법 시행규칙 [국토교통부령 제483호, 2018. 1. 18., 타법개정]
계속하여 1년 이상 휴업하거나 재개업 또는 폐업하려는 경우에는 시·도지사에게 신고하여야 한다. ⑥ 시·도지사는 제5항에 따라 폐업신고를 받은 때에는 그 등록을 말소하여야 한다. ⑦ 제1항부터 제4항까지에 따른 지하안전영향평가 전문기관의 등록 및 등록증 발급 절차, 등록사항의 변경신고, 등록증의 교부, 제5항에 따른 신고 등에 필요한 사항은 국토교통부령으로 정한다.		진술서로서 해당 국가의 아포스티유(Apostille) 확인서 발급 권한이 있는 기관이 그 확인서를 발급한 서류 나. 「외국공문서에 대한 인증의 요구를 폐지하는 협약」을 체결하지 않은 국가의 경우: 해당 국가의 정부 그 밖에 권한 있는 기관이 발행한 서류 또는 공증인이 공증한 해당 외국인의 진술서로서 해당 국가에 주재하는 우리나라 영사가 확인한 서류 2. 자본금 확보를 증명할 수 있는 다음 각 목의 구분에 따른 서류 가. 법인: 직전회계연도 또는 개시회계연도의 대차대조표와 공인회계사 또는 세무사가 확인한 준비금(법정준비금 및 임의준비금을 말한다)이 적립되어 있음을 증명하는 서류 나. 개인: 영업용자산액 명세서와 이를 증명하는 서류 3. 별지 제6호 서식의 기술인력 보유현황 및 해당 기술인력의 경력증명서 4. 별지 제7호 서식의 장비 보유현황 ② 제1항에 따라 등록신청서를 받은 시·도지사는 「전자정부법」 제36조 제1항에 따른 행정정보의 공동이용을 통하여 다음 각 호의 정보를 확인하여야 한다. 다만, 신청인이 해당 정보를 확인하는 것에 동의하지 아니하는 경우에는 그 사본을 첨부하도록 하여야 한다. 1. 외국인등록사실증명(대표자 또는 임원이 외국인인 경우만 해당한다) 2. 법인 등기사항증명서(신청인이 법인인 경우만 해당한다) ③ 시·도지사는 법 제25조 제2항에

지하안전관리에 관한 특별법 [법률 제14545호, 2017. 1. 17., 타법개정]	지하안전관리에 관한 특별법 시행령 [대통령령 제28628호, 2018. 2. 9., 타법개정]	지하안전관리에 관한 특별법 시행규칙 [국토교통부령 제483호, 2018. 1. 18., 타법개정]
		따라 지하안전영향평가 전문기관으로 등록한 경우 별지 제8호 서식의 등록대장에 그 내용을 기록하고, 별지 제9호 서식의 등록증을 발급하여야 한다. **제12조(등록사항의 변경 등)** ① 지하안전영향평가 전문기관은 법 제25조 제3항에 따라 영 제26조 제2항 각 호의 등록사항이 변경된 경우 별지 제10호 서식의 변경신고서에 변경사항을 증명하는 서류를 첨부하여 시·도지사에게 제출하여야 한다. ② 법 제25조 제4항에 따라 등록증을 다시 교부받으려는 지하안전영향평가 전문기관은 별지 제5호 서식의 신청서를 작성하여 시·도지사에게 제출하여야 한다. ③ 시·도지사는 법 제25조 제2항 및 제4항에 따라 등록증을 발급 또는 교부하는 경우 별지 제11호 서식의 발급대장에 그 내용을 기록하여야 한다. ④ 지하안전영향평가 전문기관은 법 제25조 제5항에 따라 휴업·재개업 또는 폐업을 하려는 경우 별지 제12호 서식의 신고서에 휴업·재개업 또는 폐업을 증명하는 서류 및 등록증 원본(폐업의 경우만 해당한다)을 첨부하여 시·도지사에게 제출하여야 한다.
		제25조(규제의 재검토) 국토교통부장관은 다음 각 호의 사항에 대하여 2018년 1월 1일을 기준으로 3년마다(매 3년이 되는 해의 1월 1일 전까지를 말한다) 그 타당성을 검토하여 개선 등의 조치를 하여야 한다. 1. 제5조에 따른 책임기술자 등의 교육훈련 2. 제9조에 따른 지하안전영향평가서등의 보존기간 등

지하안전관리에 관한 특별법 [법률 제14545호, 2017. 1. 17., 타법개정]	지하안전관리에 관한 특별법 시행령 [대통령령 제28628호, 2018. 2. 9., 타법개정]	지하안전관리에 관한 특별법 시행규칙 [국토교통부령 제483호, 2018. 1. 18., 타법개정]
		3. 제12조에 따른 지하안전영향평가 전문기관의 등록사항 변경·휴업·재개업 또는 폐업 신고 시 첨부서류 4. 제16조에 따른 안전점검의 대상 및 실시시기 등
제26조(결격사유) 다음 각 호의 어느 하나에 해당하는 자는 지하안전영향평가 전문기관으로 등록할 수 없다. 1. 피성년후견인 또는 피한정후견인 2. 파산선고를 받고 복권되지 아니한 자 3. 제28조에 따라 등록이 취소된 날부터 2년이 지나지 아니한 자. 다만, 같은 조 제1항 제6호에 해당하여 취소된 경우는 제외한다. 4. 이 법을 위반하여 금고 이상의 실형을 선고받고 그 형의 집행이 끝나거나(집행이 끝난 것으로 보는 경우를 포함한다) 집행을 받지 아니하기로 확정된 날부터 2년이 지나지 아니한 자 5. 이 법을 위반하여 금고 이상의 형의 집행유예를 선고받고 그 유예기간 중에 있는 자 6. 임원 중에 제1호부터 제5호까지의 어느 하나에 해당하는 자가 있는 법인		
제27조(지하안전영향평가 전문기관의 준수사항) 지하안전영향평가등을 대행하는 자는 다음 각 호의 사항을 준수하여야 한다. 1. 다른 지하안전영향평가서등의 내용을 복제하여 지하안전영향평가서등을 작성하지 아니할 것 2. 지하안전영향평가서등과 그 작성의 기초가 되는 자료를 거짓으로 또는 부실하게 작성		

지하안전관리에 관한 특별법 [법률 제14545호, 2017. 1. 17., 타법개정]	지하안전관리에 관한 특별법 시행령 [대통령령 제28628호, 2018. 2. 9., 타법개정]	지하안전관리에 관한 특별법 시행규칙 [국토교통부령 제483호, 2018. 1. 18., 타법개정]
하지 아니할 것 3. 지하안전영향평가서등과 그 작성의 기초가 되는 자료를 국토교통부령으로 정하는 기간 동안 보존할 것 4. 자신이 도급받은 지하안전영향평가등의 업무를 해당 지하개발사업자 또는 지하시설물관리자의 동의 없이 하도급하지 아니할 것 5. 다른 사람에게 등록증이나 명의를 대여하지 말 것		
제28조(등록의 취소 등) ① 시·도지사는 지하안전영향평가 전문기관이 다음 각 호의 어느 하나에 해당하면 그 등록을 취소하거나 1년 이내의 기간을 정하여 영업정지를 명할 수 있다. 다만, 제1호부터 제3호까지 또는 제6호에 해당하는 경우에는 그 등록을 취소하여야 한다. 1. 거짓이나 그 밖의 부정한 방법으로 등록한 경우 2. 영업정지기간 중 지하안전영향평가등의 대행계약을 새로 체결한 경우 3. 최근 2년 이내에 두 번의 영업정지처분을 받고 다시 영업정지처분에 해당하는 행위를 한 경우 4. 등록 후 2년 이내에 지하안전영향평가등의 대행실적이 없는 경우 5. 제25조 제1항에 따른 등록기준에 못 미치게 된 경우. 다만, 일시적으로 등록기준에 못 미치는 등 대통령령으로 정하는 경우에는 그러하지 아니하다. 6. 제26조 각 호의 어느 하나에 해당하는 경우. 다만, 제26조 제6호에 해당하는 법인이 6개	**제27조(일시적인 등록기준 미달)** 법 제28조 제1항 제5호 단서에서 "일시적으로 등록기준에 못 미치는 등 대통령령으로 정하는 경우"란 다음 각 호의 어느 하나에 해당하는 경우를 말한다. 1. 별표 8에 따른 등록기준 중 자본금 기준에 미치지 못하는 경우로서 다음 각 목의 어느 하나에 해당하는 경우 가. 「채무자 회생 및 파산에 관한 법률」에 따라 법원이 회생절차개시의 결정을 하고 그 절차가 진행 중인 경우 나. 회생계획의 수행에 지장이 없다고 인정되는 경우로서 해당 지하안전영향평가 전문기관이 「채무자 회생 및 파산에 관한 법률」에 따라 법원으로부터 회생절차종결의 결정을 받고 회생계획을 수행 중인 경우 다. 「기업구조조정 촉진법」에 따라 금융채권자협의회가 금융채권자협의회에 의한 공동관리절차 개시의 의결을 하고, 그 절차가 진행 중인 경우 라. 「상법」 제542조의8 제1항 단서의 적용 대상인 상장회사가 최근 사업연도 말 현재의 자본금 총액 감소에 따라 등	

지하안전관리에 관한 특별법 [법률 제14545호, 2017. 1. 17., 타법개정]	지하안전관리에 관한 특별법 시행령 [대통령령 제28628호, 2018. 2. 9., 타법개정]	지하안전관리에 관한 특별법 시행규칙 [국토교통부령 제483호, 2018. 1. 18., 타법개정]
월 이내에 그 임원을 바꾸어 임명한 경우에는 그러하지 아니하다. 7. 제27조 각 호의 준수사항을 위반한 경우 8. 최근 2년간 제31조에 따른 시정명령을 두 차례 받고 새로 시정명령에 해당하는 사유가 발생한 경우 9. 지하안전영향평가등을 수행할 자격이 없는 자에게 지하안전영향평가등을 수행하게 한 경우 10. 다른 행정기관으로부터 법령에 따라 영업정지 등의 요청이 있는 경우 ② 제1항에 따른 행정처분의 세부적인 기준은 그 처분의 사유와 위반의 정도 등을 고려하여 대통령령으로 정한다.	록기준에 미치지 못하는 기간이 50일 이내인 경우 2. 별표 8에 따른 등록기준 중 기술인력에 해당하는 사람의 사망·실종 또는 퇴직으로 등록기준에 미치지 못하는 기간이 30일 이내인 경우 **제28조(행정처분의 기준)** 법 제28조 제2항에 따른 행정처분의 세부적인 기준은 별표 9와 같다.	
제29조(행정처분 후의 업무수행) ① 제28조에 따라 등록취소 또는 영업정지처분을 받은 지하안전영향평가 전문기관은 그 처분 전에 체결한 지하안전영향평가등의 대행계약에 한정하여 해당 업무를 계속할 수 있다. 이 경우 지하안전영향평가 전문기관은 그 처분받은 내용을 지체 없이 지하안전영향평가등의 대행계약을 체결한 지하개발사업자 또는 지하시설물관리자에게 문서로 알려야 한다. ② 지하개발사업자는 또는 지하시설물관리자는 제1항에 따른 통지를 받거나 그 사실을 안 때에는 그 날부터 30일 이내에 해당 계약을 해지할 수 있다. ③ 제1항에 따라 업무를 계속하는 자는 그 업무를 끝낼 때까지 그 업무에 관하여는 지하안전영향평가 전문기관으로 본다. ④ 제1항에 따라 업무를 계속하		

지하안전관리에 관한 특별법 [법률 제14545호, 2017. 1. 17., 타법개정]	지하안전관리에 관한 특별법 시행령 [대통령령 제28628호, 2018. 2. 9., 타법개정]	지하안전관리에 관한 특별법 시행규칙 [국토교통부령 제483호, 2018. 1. 18., 타법개정]
는 자는 그 처분 전에 체결한 지하안전영향평가등의 대행계약 외의 대행계약을 새로 체결하여서는 아니 된다.		
제30조(보고 · 조사) ① 국토교통부장관, 시·도지사는 지하안전영향평가 전문기관의 지하안전영향평가등의 실시현황 등 그 업무에 관한 사항을 파악하기 위하여 필요하면 지하안전영향평가 전문기관에게 필요한 보고를 하도록 명하거나 관련 자료를 제출하게 할 수 있으며, 소속 공무원으로 하여금 관련 서류 등을 조사하게 할 수 있다. ② 제1항에 따른 조사를 하는 경우에는 조사 7일 전까지 조사의 일시·이유 및 내용 등에 대한 조사계획을 조사 대상자에게 알려야 한다. 다만, 긴급히 처리할 필요가 있거나 사전에 알릴 경우 증거인멸 등으로 조사의 목적을 달성할 수 없다고 인정하는 경우에는 그러하지 아니하다. ③ 제1항에 따른 조사를 하는 공무원은 그 권한을 표시하는 증표를 지니고 이를 관계인에게 내보여야 한다.		**제13조(조사)** ① 국토교통부장관 및 시·도지사가 법 제30조 제1항에 따라 지하안전영향평가 전문기관을 조사하는 경우 별지 제13호 서식의 조사대장에 조사일시 및 조사내용 등을 기록하여야 한다. ② 법 제30조 제3항에 따른 증표는 별지 제14호 서식과 같다.
제31조(시정명령) 국토교통부장관 또는 시·도지사는 지하안전영향평가 전문기관이 지하안전영향평가등을 성실하게 수행하지 아니한 경우에는 기간을 정하여 그 시정을 명할 수 있다.		
제32조(지하안전영향평가 전문기관의 실적관리 등) ① 지하안전영향평가 전문기관은 매년 1월 31일까지 전년도의 지하안전영향평가등의 대행실적을 국토교통부령으로 정하는 바에 따라 국토교통부장관에게 보고하여야 한다. ② 국토교통부장관은 제1항에		**제14조(대행실적의 보고 · 확인)** ① 법 제32조 제1항에 따라 지하안전영향평가, 사후지하안전영향조사, 소규모 지하안전영향평가 및 법 제35조 제1항에 따른 지반침하위험도평가(이하 "지하안전영향평가등"이라 한다)의 대행실적을 보고하려는 지하안전영향평

지하안전관리에 관한 특별법 [법률 제14545호, 2017. 1. 17., 타법개정]	지하안전관리에 관한 특별법 시행령 [대통령령 제28628호, 2018. 2. 9., 타법개정]	지하안전관리에 관한 특별법 시행규칙 [국토교통부령 제483호, 2018. 1. 18., 타법개정]
따라 지하안전영향평가등의 대행실적을 보고받으면 그에 관한 기록을 유지·관리하여야 하며, 지하안전영향평가 전문기관이 신청을 하는 경우에는 지하안전영향평가등 대행실적확인서를 발급할 수 있다. ③ 시·도지사는 매년 지하안전영향평가 전문기관에 대한 영업정지 등 행정처분 현황을 국토교통부령으로 정하는 바에 따라 국토교통부장관에게 보고하여야 한다.		가 전문기관은 별지 제15호서식의 대행실적보고서에 다음 각 호의 서류를 첨부하여 국토교통부장관에게 제출하여야 한다. 1. 지하안전영향평가서등 2. 기술용역계약서 및 세금계산서 3. 기술심의(자문) 증빙자료(해당하는 경우에만 제출한다) ② 법 제32조 제2항에 따른 지하안전영향평가등 대행실적확인서를 발급받으려는 지하안전영향평가 전문기관은 별지 제16호 서식의 신청서를 국토교통부장관에게 제출하여야 한다. ③ 제2항에 따른 지하안전영향평가등 대행실적확인서는 별지 제17호 서식과 같다. **제15조(행정처분 현황의 보고)** 시·도지사는 법 제32조 제3항에 따른 행정처분 현황을 별지 제18호 서식에 따라 작성하여 매년 3월 31일까지 국토교통부장관에게 제출하여야 한다.
제33조(지하안전영향평가등 대행비용의 산정기준) 국토교통부장관은 지하안전영향평가등의 대행에 필요한 비용의 산정기준을 정하여 고시하여야 한다.		
제5장 지하시설물 및 주변 지반의 안전관리		
제34조(지하시설물 및 주변 지반에 대한 안전점검 등) ① 지하시설물관리자는 소관 지하시설물 및 주변 지반에 대하여 안전관리규정에 따른 안전점검을 국토교통부령으로 정하는 바에 따라 정기적으로 실시하고 그 결과를 시장·군수·구청장에게 통보하여야 한다. ② 시장·군수·구청장은 관할 구역에 있는 지하시설물 및 주변 지반에 대하여 연 1회 이상 안전		**제16조(안전점검 대상 지하시설물 등)** ① 법 제34조 제1항에 따라 지하시설물관리자가 안전점검을 실시하여야 하는 지하시설물의 종류 및 주변 지반의 범위, 안전점검의 실시시기 및 방법은 별표 3과 같다. ② 제1항에 따른 안전점검의 결과에는 다음 각 호의 사항이 포함되어야 한다. 1. 지하시설물 개요

지하안전관리에 관한 특별법 [법률 제14545호, 2017. 1. 17., 타법개정]	지하안전관리에 관한 특별법 시행령 [대통령령 제28628호, 2018. 2. 9., 타법개정]	지하안전관리에 관한 특별법 시행규칙 [국토교통부령 제483호, 2018. 1. 18., 타법개정]
관리 실태를 점검하여야 한다. 다만, 제1항에 따라 통보받은 안전점검 결과를 검토하여 지반침하의 우려가 없다고 판단하는 경우에는 이를 생략할 수 있다. ③ 시장·군수·구청장은 제2항에 따른 안전관리 실태점검의 효율성을 높이기 위하여 필요한 경우 관계 기관 및 전문가와 합동하여 현장조사를 실시할 수 있다. ④ 시장·군수·구청장은 제2항에 따른 안전관리 실태점검 결과 지반침하의 우려가 있다고 판단되는 경우에는 이를 해당 지하시설물관리자 및 해당 토지의 소유자·점유자에게 통보하여 안전에 필요한 조치를 취하도록 하여야 하며, 해당 지하시설물관리자에게 제35조 제1항에 따른 지반침하위험도평가의 실시를 명할 수 있다. ⑤ 관계 중앙행정기관의 장은 소관 지하시설물 및 주변 지반에 대하여, 시·도지사는 관할 구역에 있는 지하시설물 및 주변 지반에 대한 안전관리 현황을 파악하기 위하여 현장조사를 할 수 있다.		2. 지하시설물 주변 현황 3. 지표 침하 및 지층(地層)의 빈 공간[이하 "공동"(空洞)이라 한다]이 있는지 조사한 결과 4. 그 밖에 안전점검과 관련하여 국토교통부장관이 필요하다고 정하는 사항 ③ 지하시설물관리자는 제1항에 따른 안전점검을 마친 날부터 30일 이내에 그 결과를 시장·군수·구청장에게 제출하여야 한다. ④ 제1항부터 제3항까지에서 규정한 사항 외에 안전점검의 실시에 필요한 사항은 국토교통부장관이 정한다.
제35조(지반침하위험도평가 및 중점관리대상의 지정 등) ① 지하시설물관리자는 다음 각 호의 어느 하나에 해당하는 경우 지반침하위험도평가를 실시하여야 하고, 지반침하위험도평가에 관한 평가서(이하 "지반침하위험도평가서"라 한다)를 관할 시장·군수·구청장에게 제출하여야 한다. 1. 긴급복구공사를 완료한 경우 2. 제34조 제1항에 따른 안전점검을 실시한 결과 지반침하의 우려가 있다고 인정되는 경우 3. 제34조 제4항에 따라 지반침하위험도평가의 실시명령을	**제29조(지반침하위험도평가의 방법 등)** ① 지반침하위험도평가의 방법 및 절차는 별표 10과 같다. ② 지반침하위험도평가를 할 수 있는 사람의 자격 등에 관하여는 제15조를 준용한다. 이 경우 "지하안전영향평가"는 "지반침하위험도평가"로 본다. ③ 법 제35조 제1항에 따른 지반침하위험도평가에 관한 평가서(이하 "지반침하위험도평가서"라 한다)의 작성방법은 별표 11과 같다. **제31조(중점관리대상 정비계획의 수립 등)** ① 지하시설물관리자는 법 제	**제14조(대행실적의 보고 · 확인)** ① 법 제32조 제1항에 따라 지하안전영향평가, 사후지하안전영향조사, 소규모 지하안전영향평가 및 법 제35조 제1항에 따른 지반침하위험도평가(이하 "지하안전영향평가등"이라 한다)의 대행실적을 보고하려는 지하안전영향평가 전문기관은 별지 제15호서식의 대행실적보고서에 다음 각 호의 서류를 첨부하여 국토교통부장관에게 제출하여야 한다. 1. 지하안전영향평가서등 2. 기술용역계약서 및 세금계산서 3. 기술심의(자문) 증빙자료(해

지하안전관리에 관한 특별법 [법률 제14545호, 2017. 1. 17., 타법개정]	지하안전관리에 관한 특별법 시행령 [대통령령 제28628호, 2018. 2. 9., 타법개정]	지하안전관리에 관한 특별법 시행규칙 [국토교통부령 제483호, 2018. 1. 18., 타법개정]
받은 경우 ② 시장·군수·구청장은 제1항에 따라 제출받은 지반침하위험도평가서를 검토한 결과 지반침하의 위험이 확인된 경우에는 지반침하 중점관리시설 및 지역(이하 "중점관리대상"이라 한다)을 지정·고시하여야 한다. 이 경우 제12조 제1항에 따른 시·군·구 지하안전위원회가 설치된 경우에는 해당 위원회의 심의를 거쳐 중점관리대상을 지정(변경을 포함한다)·고시하여야 한다. ③ 시장·군수·구청장은 제2항에 따른 중점관리대상으로 지정·고시하기 위하여 필요하다고 인정하는 경우에는 소속 직원과 지반침하 관련 전문가 등으로 구성된 현지조사단으로 하여금 현지조사를 실시하게 할 수 있다. ④ 시장·군수·구청장은 제2항에 따라 중점관리대상을 지정·고시한 때에는 그 사실을 지하시설물관리자 및 해당 토지의 소유자 또는 점유자(이하 "관계인"이라 한다)에게 알려주어야 한다. 다만, 관계인의 주소·거소가 분명하지 아니한 때에는 국토교통부령으로 정하는 바에 따라 고시로써 이를 갈음한다. ⑤ 시장·군수·구청장은 중점관리대상이 보수·보강 등 정비사업의 시행으로 지반침하 위험이 해소된 경우에는 중점관리대상의 지정을 해제하고 그 결과를 고시하여야 한다. 이 경우 제12조 제1항에 따른 시·군·구 지하안전위원회가 설치된 경우에는 해당 위원회의 심의를 거쳐 중점관리대상 지정을 해제·고시하여야 한다. ⑥ 지반침하위험도평가의 방법·	40조 제1항에 따른 정비계획(이하 "정비계획"이라 한다)을 법 제35조 제2항에 따른 지반침하 중점관리시설 및 지역(이하 "중점관리대상"이라 한다)으로 지정·고시된 날부터 30일 이내에 시장·군수·구청장에게 제출하여야 한다. ② 정비계획에는 다음 각 호의 사항이 포함되어야 한다. 1. 중점관리대상의 위치·규모·설계도서 및 관리주체 등 기본현황 2. 중점관리대상의 지반침하 위험 현황 3. 중점관리대상의 정비에 소요되는 기간·비용 등 정비사업계획 4. 중점관리대상 정비사업 전(前) 안전 확보를 위하여 필요한 사항 5. 그 밖에 중점관리대상 정비사업의 시행을 위하여 필요한 사항 ③ 정비계획을 받은 시장·군수·구청장은 정비계획을 받은 날부터 15일 이내에 그 정비계획을 시·도지사에게 제출하여야 한다. ④ 제3항에 따라 정비계획을 받은 시·도지사는 정비계획을 받은 날부터 15일 이내에 그 정비계획을 국토교통부장관에게 제출하여야 한다.	당하는 경우에만 제출한다) ② 법 제32조 제2항에 따른 지하안전영향평가등 대행실적확인서를 발급받으려는 지하안전영향평가 전문기관은 별지 제16호 서식의 신청서를 국토교통부장관에게 제출하여야 한다. ③ 제2항에 따른 지하안전영향평가등 대행실적확인서는 별지 제17호 서식과 같다. **제17조(중점관리대상의 지정 · 고시등)** 시장·군수·구청장은 법 제35조 제2항 및 제5항에 따라 지반침하 중점관리시설 및 지역(이하 "중점관리대상"이라 한다)을 지정·변경 또는 해제(이하 "지정등"이라 한다)한 경우 다음 각 호의 사항을 관보에 고시하고, 관할 시·군·구 홈페이지에 게시하여야 한다. 1. 중점관리대상 지정등의 날짜 및 사유 2. 중점관리대상의 위치 3. 중점관리대상에서 제한되는 행위 또는 금지사항 4. 보수·보강 등 정비사업 시행내용(해제하는 경우만 해당한다) **제21조(중점관리대상 정비계획의 제출)** 지하시설물관리자가 법 제40조 제1항에 따른 정비계획을 법 제47조에 따른 지하안전정보체계를 통하여 제출한 경우 시장·군수·구청장 및 시·도지사가 영 제31조 제3항 및 제4항에 따라 각각 시·도지사 및 국토교통부장관에게 정비계획을 제출한 것으로 본다.

지하안전관리에 관한 특별법 [법률 제14545호, 2017. 1. 17., 타법개정]	지하안전관리에 관한 특별법 시행령 [대통령령 제28628호, 2018. 2. 9., 타법개정]	지하안전관리에 관한 특별법 시행규칙 [국토교통부령 제483호, 2018. 1. 18., 타법개정]
절차, 지반침하위험도평가를 실시할 수 있는 자의 자격, 지반침하위험도평가서의 작성방법 등에 필요한 사항은 대통령령으로 정하고, 중점관리대상의 지정·고시 및 변경·해제 등에 필요한 사항은 국토교통부령으로 정한다.		
제36조(위험표지의 설치) ① 제35조 제2항에 따라 중점관리대상이 지정·고시된 때에는 해당 지하시설물관리자는 중점관리대상에 위험을 알리는 표지를 설치하여야 한다. ② 제1항에 따라 중점관리대상에 설치하는 위험표지의 크기·기재사항 등에 관한 세부사항은 국토교통부령으로 정한다. ③ 누구든지 제1항 및 제2항에 따라 위험표지를 설치한 자의 허락 없이 이를 이전하거나 훼손하여서는 아니 된다.		**제19조(위험표지)** ① 법 제36조 제2항에 따라 중점관리대상에 설치하는 위험표지의 크기 및 기재사항 등은 별표 4와 같다. ② 지하시설물관리자는 제1항에 따른 위험표지를 중점관리대상 내 사람들의 눈에 잘 띄는 곳에 적정 개수 이상 설치하여야 한다.
제37조(중점관리대상의 안전확보 등) 제35조 제4항에 따라 중점관리대상의 지정을 통보받은 지하시설물관리자는 지반침하 위험의 해소를 위하여 시설물 사용 제한이나 긴급 보수 등의 필요한 조치를 취하여야 한다.		
제38조(지반침하 사고예방을 위한 긴급안전조치 등) ① 시장·군수·구청장은 지하시설물에 의하여 지반침하가 발생하였거나 지반침하가 발생할 우려가 있는 때에는 대통령령으로 정하는 바에 따라 관계인에게 관련 시설의 사용을 제한·금지하거나 보수·보강 또는 제거하는 등의 안전조치를 명령할 수 있다. ② 제1항의 안전조치명령을 받은 관계인이 안전조치를 이행한 때에는 국토교통부령으로 정하는 바에 따라 그 결과를 시장·군	**제30조(지반침하 사고예방을 위한 긴급안전조치)** 시장·군수·구청장은 법 제38조 제1항에 따른 안전조치를 명령하는 경우 다음 각 호의 사항이 포함된 안전조치명령서를 지하시설물관리자 및 해당 토지의 소유자 또는 점유자(이하 "관계인"이라 한다)에게 발급하여야 한다. 1. 안전조치의 내용 및 사유 2. 안전조치의 방법 3. 안전조치의 완료기한	**제20조(안전조치의 명령 및 이행결과 통보)** ① 영 제30조에 따른 안전조치명령서는 별지 제21호 서식과 같다. ② 법 제38조 제1항에 따른 안전조치명령을 받은 자는 안전조치를 이행한 후 별지 제22호 서식의 통보서에 안전조치 이행결과를 증명할 수 있는 서류나 사진을 첨부하여 시장·군수·구청장에게 제출하여야 한다.

지하안전관리에 관한 특별법 [법률 제14545호, 2017. 1. 17., 타법개정]	지하안전관리에 관한 특별법 시행령 [대통령령 제28628호, 2018. 2. 9., 타법개정]	지하안전관리에 관한 특별법 시행규칙 [국토교통부령 제483호, 2018. 1. 18., 타법개정]
수·구청장에게 통보하여야 한다. ③ 시장·군수·구청장은 제1항에 따른 안전조치명령을 받은 자가 그 명령을 이행하지 아니하는 경우에는 그에 대신하여 필요한 안전조치를 취할 수 있다. 이 경우 「행정대집행법」을 준용한다.		
제39조(대피명령 등) 시장·군수·구청장은 중점관리대상에서 지반침하가 발생하거나 발생할 우려가 있는 때에 사람의 생명 또는 신체에 대한 위해를 방지하기 위하여 필요한 경우에는 해당 지역의 주민이나 위험지역에 있는 자에게 대피명령 또는 강제대피 등의 조치를 할 수 있다.		
	제39조(회의 및 의결 등) ① 중앙지하사고조사위원회의 회의는 위원장이 소집하고, 위원장은 의장이 된다. ② 중앙지하사고조사위원회의 회의는 재적위원 과반수의 찬성으로 의결한다. ③ 회의에 출석하거나 사고조사에 참여하는 위원에게는 예산의 범위에서 수당과 여비 등을 지급할 수 있다. 다만, 공무원인 위원이 소관 업무와 직접적으로 관련되어 출석하는 경우에는 그러하지 아니하다. ④ 제1항부터 제3항까지에서 규정한 사항 외에 중앙지하사고조사위원회의 구성 및 운영에 필요한 사항은 위원회의 의결을 거쳐 위원장이 정한다.	
제40조(중점관리대상 정비계획의 수립 등) ① 지하시설물관리자는 중점관리대상에 대하여 대통령령으로 정하는 바에 따라 보수·보강 등 정비계획을 수립하여 시장·군수·구청장에게 제출하여야 하며, 시장·군수·구청장은 시·도지사를 거쳐 국토교통부장관에	**제31조(중점관리대상 정비계획의 수립 등)** ① 지하시설물관리자는 법 제40조 제1항에 따른 정비계획(이하 "정비계획"이라 한다)을 법 제35조 제2항에 따른 지반침하 중점관리시설 및 지역(이하 "중점관리대상"이라 한다)으로 지정·고시된 날부터 30일 이내에 시장·군	**제21조(중점관리대상 정비계획의 제출)** 지하시설물관리자가 법 제40조 제1항에 따른 정비계획을 법 제47조에 따른 지하안전정보체계를 통하여 제출한 경우 시장·군수·구청장 및 시·도지사가 영 제31조 제3항 및 제4항에 따라 각각 시·도지사 및 국토교통

지하안전관리에 관한 특별법 [법률 제14545호, 2017. 1. 17., 타법개정]	지하안전관리에 관한 특별법 시행령 [대통령령 제28628호, 2018. 2. 9., 타법개정]	지하안전관리에 관한 특별법 시행규칙 [국토교통부령 제483호, 2018. 1. 18., 타법개정]
게 제출하여야 한다. ② 국토교통부장관, 시·도지사 및 시장·군수·구청장은 제1항에 따라 제출받은 정비계획에 대하여 필요하다고 인정되는 때에는 정비계획의 수정 또는 보완을 요구할 수 있고 이를 요구받은 지하시설물관리자는 정당한 사유가 없으면 이에 따라야 한다. ③ 국토교통부장관, 시·도지사 및 시장·군수·구청장은 제1항에 따른 정비계획을 성실히 이행하지 아니한 경우 이에 대한 이행 및 시정명령을 할 수 있다. ④ 제1항에 따른 정비계획을 이행한 지하시설물관리자는 그 결과를 국토교통부령으로 정하는 방법 및 절차에 따라 시장·군수·구청장에게 통보하고 중점관리대상의 해제를 요청하여야 한다.	수·구청장에게 제출하여야 한다. ② 정비계획에는 다음 각 호의 사항이 포함되어야 한다. 1. 중점관리대상의 위치·규모·설계도서 및 관리주체 등 기본 현황 2. 중점관리대상의 지반침하 위험 현황 3. 중점관리대상의 정비에 소요되는 기간·비용 등 정비사업 계획 4. 중점관리대상 정비사업 전(前) 안전 확보를 위하여 필요한 사항 5. 그 밖에 중점관리대상 정비사업의 시행을 위하여 필요한 사항 ③ 정비계획을 받은 시장·군수·구청장은 정비계획을 받은 날부터 15일 이내에 그 정비계획을 시·도지사에게 제출하여야 한다. ④ 제3항에 따라 정비계획을 받은 시·도지사는 정비계획을 받은 날부터 15일 이내에 그 정비계획을 국토교통부장관에게 제출하여야 한다.	부장관에게 정비계획을 제출한 것으로 본다. **제22조(정비계획 이행결과의 통보)** 지하시설물관리자는 법 제40조 제4항에 따라 정비계획을 이행한 날부터 30일 이내에 별지 제23호 서식의 통보서에 정비계획 이행결과를 증명할 수 있는 서류나 사진(전자문서를 포함한다)을 첨부하여 시장·군수·구청장에게 제출하여야 한다.
	제40조(사고조사보고서) ① 중앙지하사고조사위원회는 구성을 마친 날부터 6개월 이내에 활동을 완료하여야 한다. 다만, 이 기간 내에 활동을 완료하기 어려운 경우에는 중앙지하사고조사위원회의 의결로 한 차례만 활동기간을 3개월의 범위에서 연장할 수 있다. ② 중앙지하사고조사위원회는 제1항에 따라 활동을 완료한 날부터 30일 이내에 국토교통부장관에게 다음 각 호의 사항을 포함한 사고조사보고서를 제출하여야 한다. 1. 사고개요 2. 사고원인의 분석 3. 조치결과 및 사후대책 4. 그 밖에 사고와 관련하여 조사·분석한 사항	

지하안전관리에 관한 특별법 [법률 제14545호, 2017. 1. 17., 타법개정]	지하안전관리에 관한 특별법 시행령 [대통령령 제28628호, 2018. 2. 9., 타법개정]	지하안전관리에 관한 특별법 시행규칙 [국토교통부령 제483호, 2018. 1. 18., 타법개정]
	③ 국토교통부장관은 제2항에 따라 제출된 사고조사보고서를 관계 기관에 배부하여 유사한 사고의 예방을 위한 자료로 활용될 수 있도록 하여야 한다.	
제41조(토지 등의 시설의 일시 사용 등) ① 시장·군수·구청장은 관할 지역에서 지반침하로 인한 사고가 발생하거나 발생할 우려가 있어 응급조치를 하여야 할 사정이 있는 때에는 해당 현장에 있는 자 또는 인근에 거주하는 자에 대하여 응급조치를 하도록 하거나 대통령령으로 정하는 바에 따라 다른 사람의 토지·건축물·공작물, 그 밖의 소유물을 일시 사용할 수 있으며 장애물을 변경 또는 제거할 수 있다. ② 시장·군수·구청장은 제1항에 따른 응급조치로 손실이 발생한 때에는 「공익사업을 위한 토지 등의 취득 및 보상에 관한 법률」에 따라 보상하여야 한다. ③ 시장·군수·구청장은 제1항에 따라 응급조치에 종사한 자에 대한 치료와 보상에 대하여는 「재난 및 안전관리 기본법」 제65조를 준용한다.	**제32조(지반침하에 대한 응급조치)** ① 시장·군수·구청장이 법 제41조 제1항에 따라 응급조치를 하도록 하는 경우에는 응급조치를 하여야 하는 자에게 명령서를 발급하고, 응급조치 명령에 응하여 응급조치를 한 자에게는 확인서를 발급하여야 한다. 다만, 긴급한 경우에는 구두로 응급조치를 명할 수 있다. ② 시장·군수·구청장은 법 제41조 제1항에 따라 다른 사람의 토지·건축물·공작물, 그 밖의 소유물(이하 "토지등"이라 한다)을 일시 사용하거나 장애물을 변경 또는 제거하려는 경우 관계인에게 서면으로 그 내용을 통지하여야 한다. 다만, 긴급한 경우에는 구두로 통지할 수 있으며, 통지할 관계인을 알 수 없는 경우에는 토지등의 일시 사용 또는 장애물의 변경·제거 사실을 해당 시·군·구의 게시판 또는 홈페이지에 15일 이상 게시하여야 한다. ③ 법 제41조 제1항에 따라 다른 사람의 토지등을 일시 사용하거나 장애물을 변경·제거하는 공무원은 그 권한을 표시하는 증표를 지니고, 관계인에게 보여 주어야 한다.	**제23조(지반침하에 대한 응급조치)** ① 영 제32조 제1항에 따른 응급조치명령서 및 응급조치확인서는 각각 별지 제24호 서식 및 별지 제25호 서식과 같다. ② 영 제32조 제3항에 따른 권한을 표시하는 증표는 별지 제26호 서식과 같다.
제6장 지하공간통합지도의 제작 등		
제42조(지하공간통합지도의 제작) ① 국토교통부장관은 지하의 개발·이용·관리에 활용할 수 있도록 지하정보를 통합한 지하공간통	**제33조(지하공간통합지도의 제작)** ① 지하공간통합지도에는 지하정보가 포함되어야 한다. ② 지하개발사업자 및 지하시설	

지하안전관리에 관한 특별법 [법률 제14545호, 2017. 1. 17., 타법개정]	지하안전관리에 관한 특별법 시행령 [대통령령 제28628호, 2018. 2. 9., 타법개정]	지하안전관리에 관한 특별법 시행규칙 [국토교통부령 제483호, 2018. 1. 18., 타법개정]
합지도를 대통령령으로 정하는 바에 따라 제작하여야 한다. ② 지하개발사업자 및 지하시설물관리자는 소관 지하시설물 등과 관련된 지하정보의 변동이 발생한 경우 대통령령으로 정하는 바에 따라 갱신정보를 지하정보관리기관의 장에게 제출하여야 한다. ③ 지하공간통합지도의 제작과 관리에 필요한 기준은 이 법에서 정하는 것을 제외하고는 「공간정보의 구축 및 관리 등에 관한 법률」을 따른다.	물관리자는 법 제42조 제2항에 따른 갱신정보(이하 "갱신정보"라 한다)를 지하정보의 변동이 발생한 날부터 30일 이내에 지하정보관리기관의 장에게 전자문서의 형태로 제출하여야 한다. ③ 제2항에 따라 갱신정보를 받은 지하정보관리기관의 장은 법 제43조에 따른 지하정보통합체계(이하 "지하정보통합체계"라 한다)에 지체없이 반영하여야 한다. ④ 국토교통부장관은 제3항에 따라 지하정보통합체계에 반영된 갱신정보를 30일 이내에 지하공간통합지도에 반영하여야 한다. ⑤ 제1항부터 제4항까지에서 규정한 사항 외에 지하공간통합지도의 제작에 필요한 구체적인 사항은 국토교통부장관이 정하여 고시한다.	
	제42조(지하안전정보체계의 구축 · 운영) ① 국토교통부장관은 지하안전정보체계의 구축 및 운영을 위하여 다음 각 호의 업무를 수행하여야 한다. 1. 지하안전기술 관련 정보·자료의 수집 및 관리 2. 지하안전정보체계의 표준화 3. 지하안전정보체계의 구축 및 운영에 관한 연구·개발 및 기술지원 4. 지하안전기술에 관한 정보·자료를 보유하고 있는 기관 또는 단체와의 공동연구 등의 추진 ② 지하안전정보체계를 통한 자료의 제출방법, 처리절차 및 보관방법과 정보공개 등에 관하여 필요한 사항은 국토교통부장관이 정하여 고시한다.	
제43조(지하정보통합체계의 구축 · 운영) ① 국토교통부장관은 지하정보를 효율적으로 관리 및 활	**제33조(지하공간통합지도의 제작)** ① 지하공간통합지도에는 지하정보가 포함되어야 한다.	

지하안전관리에 관한 특별법 [법률 제14545호, 2017. 1. 17., 타법개정]	지하안전관리에 관한 특별법 시행령 [대통령령 제28628호, 2018. 2. 9., 타법개정]	지하안전관리에 관한 특별법 시행규칙 [국토교통부령 제483호, 2018. 1. 18., 타법개정]
용하기 위하여 다음 각 호의 사항이 포함된 지하정보통합체계를 구축·운영하여야 한다. 1. 지하정보 2. 지하공간통합지도 3. 그 밖에 대통령령으로 정하는 사항 ② 국토교통부장관은 제1항에 따른 지하정보통합체계를 구축하기 위하여 지하정보관리기관의 장에게 필요한 자료를 요청할 수 있다. 이 경우 요청을 받은 자는 정당한 사유가 없으면 이에 따라야 한다. ③ 제1항에 따른 지하정보통합체계의 구축·운영 등에 필요한 사항은 대통령령으로 정한다.	② 지하개발사업자 및 지하시설물관리자는 법 제42조 제2항에 따른 갱신정보(이하 "갱신정보"라 한다)를 지하정보의 변동이 발생한 날부터 30일 이내에 지하정보관리기관의 장에게 전자문서의 형태로 제출하여야 한다. ③ 제2항에 따라 갱신정보를 받은 지하정보관리기관의 장은 법 제43조에 따른 지하정보통합체계(이하 "지하정보통합체계"라 한다)에 지체없이 반영하여야 한다. ④ 국토교통부장관은 제3항에 따라 지하정보통합체계에 반영된 갱신정보를 30일 이내에 지하공간통합지도에 반영하여야 한다. ⑤ 제1항부터 제4항까지에서 규정한 사항 외에 지하공간통합지도의 제작에 필요한 구체적인 사항은 국토교통부장관이 정하여 고시한다. **제34조(지하정보통합체계의 구축·운영)** ① 법 제43조 제1항 제3호에서 "대통령령으로 정하는 사항"이란 다음 각 호의 사항을 말한다. 1. 지하정보의 변경 이력 2. 지하개발사업자 및 지하시설물관리자 등에 관한 정보 3. 지하정보와 연계하여 활용하기 위한 지형·건축물 등의 항공사진 등 지상정보 4. 그 밖에 국토교통부장관이 지하정보와 연계하여 활용이 필요하다고 인정하는 정보 ② 국토교통부장관은 지하정보통합체계의 구축 및 운영을 위하여 다음 각 호의 업무를 수행하여야 한다. 1. 지하정보의 수집 및 관리 2. 지하정보통합체계의 표준화 3. 지하정보통합체계의 구축 및 운영에 관한 연구·개발 및 기술지원	

지하안전관리에 관한 특별법 [법률 제14545호, 2017. 1. 17., 타법개정]	지하안전관리에 관한 특별법 시행령 [대통령령 제28628호, 2018. 2. 9., 타법개정]	지하안전관리에 관한 특별법 시행규칙 [국토교통부령 제483호, 2018. 1. 18., 타법개정]
	4. 지하정보통합체계와 법 제47조에 따라 구축·운영되는 지하안전정보체계(이하 "지하안전정보체계"라 한다) 및 다른 법령에 따라 구축·운영되는 정보체계와의 연계 및 공동 활용 ③ 국토교통부장관은 지하정보통합체계의 효율적인 구축 및 운영을 위하여 지하정보관리기관의 장과 협의체를 구성하여 운영할 수 있다. ④ 제1항부터 제3항까지에서 규정한 사항 외에 지하정보통합체계의 구축 및 운영을 위하여 필요한 사항은 국토교통부장관이 정하여 고시한다.	
제44조(지하정보통합체계의 활용지원) ① 국토교통부장관은 제43조 제1항에 따른 지하정보통합체계의 활용을 지원하기 위하여 「국가공간정보 기본법」 제9조 제2항에 따른 공간정보 관련 기관, 단체 또는 법인을 지하정보활용지원센터로 지정·운영할 수 있다. ② 지방자치단체는 제43조 제1항에 따른 지하정보통합체계의 활용 등을 주관하는 부서 및 담당하는 인력을 적정하게 두도록 노력하여야 한다. ③ 제1항에 따른 지하정보활용지원센터의 지정·운영 등에 필요한 사항은 대통령령으로 정한다.	**제35조(지하정보활용지원센터)** ① 법 제44조 제1항에 따라 지정된 지하정보활용지원센터(이하 "지하정보활용지원센터"라 한다)는 다음 각 호의 업무를 수행한다. 1. 제34조 제2항 제1호에 따른 지하정보의 수집 및 관리 지원 2. 제34조 제2항 제2호에 따른 지하정보체계의 표준화 지원 3. 지하정보의 제공 및 이용을 위한 정책 및 제도의 조사·연구 4. 지하정보의 제공 및 이용과 관련한 통계의 조사·분석 5. 지하공간통합지도 분석·연계를 통한 지하안전영향평가 및 지반침하위험도평가 지원 6. 지하공간통합지도의 보급 및 활용 지원 7. 지하공간통합지도 관련 기술의 실용화 촉진 및 국내외 보급 8. 지하공간통합지도 관련 교육·홍보 및 국제협력 ② 지하정보활용지원센터의 지정기준은 다음 각 호와 같다. 1. 지하정보활용지원센터의 사업 목표 및 계획이 적절할 것	

지하안전관리에 관한 특별법 [법률 제14545호, 2017. 1. 17., 타법개정]	지하안전관리에 관한 특별법 시행령 [대통령령 제28628호, 2018. 2. 9., 타법개정]	지하안전관리에 관한 특별법 시행규칙 [국토교통부령 제483호, 2018. 1. 18., 타법개정]
	2. 지하정보활용지원센터의 사업 내용에 제1항 각 호의 업무가 충실히 반영되어 있을 것 3. 인력·조직·시설·장비 등 업무수행능력을 갖출 것 4. 지하시설물 및 지반 등 지하정보 관련 연구 또는 사업 실적이 있을 것 ③ 국토교통부장관은 지하정보활용지원센터를 지정하였을 때에는 그 사실을 관보에 게재하여야 한다. ④ 국토교통부장관은 예산의 범위에서 지하정보활용지원센터의 운영에 필요한 예산의 전부 또는 일부를 지원할 수 있다. ⑤ 그 밖에 지하정보활용지원센터의 지정·운영 등에 필요한 사항은 국토교통부장관이 정하여 고시한다.	
제45조(지하정보 목록정보의 작성 및 관리) ① 지하정보관리기관의 장은 해당 기관이 보유하고 있는 지하정보에 관한 목록정보를 작성 및 관리하여야 한다. ② 제1항에 따른 목록정보의 작성 및 관리에 관하여는 「국가공간정보 기본법」에서 정하는 바에 따른다.		
	제45조(규제의 재검토) 국토교통부장관은 다음 각 호의 사항에 대하여 2018년 1월 1일을 기준으로 3년마다(매 3년이 되는 해의 기준일과 같은 날 전까지를 말한다) 그 타당성을 검토하여 개선 등의 조치를 하여야 한다. 1. 제13조 및 별표 1에 따른 지하안전영향평가 대상사업의 범위 및 협의의 요청시기 2. 제20조에 따른 재협의 대상 3. 제23조 및 별표 1에 따른 소규모 지하안전영향평가 대상사	

지하안전관리에 관한 특별법 [법률 제14545호, 2017. 1. 17., 타법개정]	지하안전관리에 관한 특별법 시행령 [대통령령 제28628호, 2018. 2. 9., 타법개정]	지하안전관리에 관한 특별법 시행규칙 [국토교통부령 제483호, 2018. 1. 18., 타법개정]
	업의 범위 및 협의의 요청시기 4. 제26조 및 별표 8에 따른 지하안전영향평가 전문기관 등록기준	
제7장 보칙		
제46조(사고조사 등) ① 지하개발사업자 또는 지하시설물관리자는 해당 사업 또는 소관 지하시설물과 관련하여 지반침하로 인한 사고가 발생한 경우에는 지체 없이 응급 안전조치를 하여야 하며, 대통령령으로 정하는 규모 이상의 사고가 발생한 경우에는 관할 지방자치단체의 장에게 사고발생 사실을 알려야 한다. ② 제1항에 따라 사고발생 사실을 통보받은 지방자치단체의 장은 이를 국토교통부장관에게 알려야 한다. ③ 국토교통부장관은 대통령령으로 정하는 규모 이상의 피해가 발생한 사고의 경위 및 원인 등을 조사하기 위하여 필요한 경우에는 중앙지하사고조사위원회를 구성·운영할 수 있다. ④ 지방자치단체의 장은 관할 구역에서 발생한 사고의 경위 및 원인 등을 조사하기 위하여 필요한 경우에는 지하사고조사위원회를 구성·운영할 수 있다. ⑤ 지하개발사업자 또는 지하시설물관리자는 제3항 및 제4항에 따른 중앙지하사고조사위원회 및 지하사고조사위원회의 사고조사에 필요한 현장보존, 자료제출, 관련 장비의 제공 및 관련자 의견청취 등에 적극 협조하여야 한다. ⑥ 지방자치단체의 장은 제4항에 따라 사고조사를 실시한 경우 그 결과를 지체 없이 국토교	**제36조(사고발생 사실의 통보)** ① 법 제46조 제1항에서 "대통령령으로 정하는 규모 이상의 사고"란 다음 각 호의 어느 하나에 해당하는 경우를 말한다. 1. 면적 1제곱미터 또는 깊이 1미터 이상의 지반침하가 발생한 경우 2. 지반침하로 인하여 사망자·실종자 또는 부상자가 발생한 경우 ② 법 제46조 제1항에 따라 관할 지방자치단체의 장에게 알려야 하는 사고발생 사실에는 다음 각 호의 사항이 포함되어야 한다. 1. 사고발생 일시 및 장소 2. 사고발생 경위 3. 응급 안전조치 내용 4. 향후 조치계획 **제37조(중앙지하사고조사위원회의 관할)** 법 제46조 제3항에서 "대통령령으로 정하는 규모 이상의 피해"란 다음 각 호의 어느 하나에 해당하는 경우를 말한다. 1. 면적 4제곱미터 또는 깊이 2미터 이상의 지반침하가 발생한 경우 2. 지반침하로 인하여 사망자·실종자 또는 부상자가 3명 이상 발생한 경우 3. 그 밖에 국토교통부장관이 피해의 정도가 중대하여 전문적인 조사가 필요하다고 인정하는 경우 **제38조(위원의 자격 및 임기)** ① 법 제46조 제3항에 따른 중앙지하사고조사위원회(이하 "중앙지하사고조사위원회"라 한다)는 위원장 1명을 포함한 12명 이내의	

지하안전관리에 관한 특별법 [법률 제14545호, 2017. 1. 17., 타법개정]	지하안전관리에 관한 특별법 시행령 [대통령령 제28628호, 2018. 2. 9., 타법개정]	지하안전관리에 관한 특별법 시행규칙 [국토교통부령 제483호, 2018. 1. 18., 타법개정]
통부장관에게 통보하여야 한다. ⑦ 제3항 및 제4항에 따른 중앙지하사고조사위원회 및 지하사고조사위원회의 구성·운영과 사고조사 등에 필요한 사항은 대통령령으로 정한다.	위원으로 구성한다. ② 위원은 다음 각 호의 어느 하나에 해당하는 사람 중에서 국토교통부장관이 성별을 고려하여 위촉 또는 임명하고, 위원장은 위원 중에서 호선한다. 1. 지하개발 또는 지하시설물관리와 관련된 행정기관에 소속된 4급 이상 공무원으로서 관련 직무에 2년 이상 종사한 사람 2. 변호사 자격을 취득한 후 10년 이상의 실무경험이 있는 사람 3. 대학에서 토질·지질 또는 안전관리 분야 과목을 가르치는 부교수 이상으로 5년 이상 재직하거나 재직하였던 사람 4. 박사학위를 취득한 후 토질·지질 또는 안전관리 분야 전문기관에서 10년 이상 근무한 사람 5. 지하안전영향평가 전문기관·단체에서 10년 이상 근무한 경력이 있는 사람으로서 위촉일 현재 그 기관에서 퇴직한 후 3년 이상 경과한 사람 6. 지하개발 관련 기관·단체에서 10년 이상 근무한 사람으로서 위촉일 현재 그 기관에서 퇴직한 후 3년 이상 경과한 사람 ③ 제1항 제2호부터 제6호까지의 규정에 따른 위원의 임기는 제40조 제2항에 따른 사고조사보고서를 제출한 날까지로 한다. **제41조(지하사고조사위원회)** 법 제46조 제4항에 따른 지하사고조사위원회의 구성 및 운영에 관하여는 제38조부터 제40조까지의 규정을 준용한다. 이 경우 "국토교통부장관"은 "지방자치단체의 장"으로, "중앙지하사고조사위원회"는 "지하사고조사위원회"로 본다.	
제47조(지하안전정보체계의 구축 · 운영) ① 국토교통부장관은 지하		**제21조(중점관리대상 정비계획의 제출)** 지하시설물관리자가 법 제40조

지하안전관리에 관한 특별법 [법률 제14545호, 2017. 1. 17., 타법개정]	지하안전관리에 관한 특별법 시행령 [대통령령 제28628호, 2018. 2. 9., 타법개정]	지하안전관리에 관한 특별법 시행규칙 [국토교통부령 제483호, 2018. 1. 18., 타법개정]
안전관리에 관한 정책의 수립·평가 또는 연구·조사 등에 활용하기 위하여 다음 각 호의 사항이 포함된 지하안전정보체계를 구축·운영하여야 한다. 1. 제6조부터 제8조까지에 따른 지하안전관리계획에 관한 사항 2. 지하안전영향평가서등에 관한 사항 3. 제25조·제28조·제32조 및 제56조에 따른 지하안전영향평가 전문기관의 등록, 등록사항의 변경신고, 휴업·재개업 신고, 등록말소, 등록취소, 영업정지, 대행실적 또는 과태료 등에 관한 사항 4. 제34조에 따른 지하시설물 및 주변 지반에 대한 안전점검에 관한 사항 5. 제35조 및 제37조에 따른 중점관리대상의 지정 및 안전확보에 관한 사항 6. 제40조에 따른 중점관리대상의 정비계획에 관한 사항 7. 제46조에 따른 지반침하 사고 및 피해 현황·통계에 관한 사항 8. 그 밖에 지하안전관리를 위하여 국토교통부령으로 정하는 사항 ② 국토교통부장관은 제1항에 따른 지하안전정보체계를 구축하기 위하여 관계 중앙행정기관의 장, 시·도지사 및 시장·군수·구청장, 지하안전영향평가 전문기관에게 필요한 자료의 제출을 요청할 수 있다. 이 경우 요청을 받은 자는 정당한 사유가 없으면 이에 따라야 한다. ③ 제1항에 따른 지하안전정보체계의 구축·운영 등에 필요한 사항은 대통령령으로 정한다.		제1항에 따른 정비계획을 법 제47조에 따른 지하안전정보체계를 통하여 제출한 경우 시장·군수·구청장 및 시·도지사가 영 제31조 제3항 및 제4항에 따라 각각 시·도지사 및 국토교통부장관에게 정비계획을 제출한 것으로 본다. **제24조(지하안전정보체계의 구축 · 운영)** 법 제47조 제1항 제8호에서 "국토교통부령으로 정하는 사항"이란 다음 각 호의 사항을 말한다. 1. 지하안전 관련 보고서, 연구논문집 및 정기간행물 2. 그 밖에 지하안전과 관련하여 국토교통부장관이 필요하다고 인정하는 자료
제48조(비밀유지의무) 지하안전영향평가등의 수행, 지하안전영향평		

지하안전관리에 관한 특별법 [법률 제14545호, 2017. 1. 17., 타법개정]	지하안전관리에 관한 특별법 시행령 [대통령령 제28628호, 2018. 2. 9., 타법개정]	지하안전관리에 관한 특별법 시행규칙 [국토교통부령 제483호, 2018. 1. 18., 타법개정]
가서등의 검토 또는 제46조에 따른 중앙지하사고조사위원회 및 지하사고조사위원회의 업무에 종사하거나 종사하였던 자는 업무상 알게 된 비밀을 누설하거나 도용하여서는 아니 된다. 다만, 지하안전관리를 위하여 국토교통부장관이 필요하다고 인정할 때에는 그러하지 아니하다.		
제49조(권한의 위임 · 위탁) ① 국토교통부장관은 이 법에 따른 권한의 일부를 대통령령으로 정하는 바에 따라 시·도지사 또는 소속 기관의 장에게 위임할 수 있다. ② 국토교통부장관, 시·도지사 및 시장·군수·구청장은 이 법에 따른 업무의 일부를 대통령령으로 정하는 바에 따라 「공공기관의 운영에 관한 법률」에 따른 공공기관 또는 지하안전과 관련된 기관·단체에 위탁할 수 있다.	**제43조(권한의 위임 · 위탁)** ① 국토교통부장관은 법 제49조 제1항에 따라 다음 각 호의 권한을 지방국토관리청장(관할 지역이 제주특별자치도인 경우에는 제주특별자치도지사를 말한다)에게 위임한다. 1. 법 제15조 제1항 및 제2항에 따른 협의 요청의 접수 2. 법 제16조에 따른 지하안전영향평가서의 검토 및 통보에 관한 다음 각 목의 권한 가. 법 제16조 제1항에 따른 지하안전영향평가서의 검토 나. 법 제16조 제2항에 따른 자료제출 요청 및 검토·현지조사의 의뢰 다. 법 제16조 제3항에 따른 보완·조정의 요청 및 보완·조정 요구의 요청 라. 법 제16조 제4항에 따른 협의 내용의 통보 3. 법 제17조에 따른 협의 내용의 반영에 관한 다음 각 목의 권한 가. 법 제17조 제3항에 따른 협의 내용 반영 결과의 접수 나. 법 제17조 제4항에 따른 협의 내용의 반영 요청 4. 법 제18조에 따른 협의 내용의 조정 및 재협의에 관한 다음 각 목의 권한 가. 법 제18조 제1항에 따른 협의 내용 조정 요청의 접수	

지하안전관리에 관한 특별법 [법률 제14545호, 2017. 1. 17., 타법개정]	지하안전관리에 관한 특별법 시행령 [대통령령 제28628호, 2018. 2. 9., 타법개정]	지하안전관리에 관한 특별법 시행규칙 [국토교통부령 제483호, 2018. 1. 18., 타법개정]
	나. 법 제18조 제4항에 따른 재협의 요청의 접수 및 재협의 다. 법 제18조 제6항에 따른 재협의 내용 반영 결과의 접수 및 재협의 내용 반영 요청 5. 법 제19조 제4항 전단에 따른 명령 및 명령의 요청 6. 법 제20조에 따른 사후지하안전영향조사에 관한 다음 각 목의 권한 가. 법 제20조 제2항에 따른 사후지하안전영향조사서 등의 접수 나. 법 제20조 제3항에 따른 검토와 검토·현지조사의 의뢰 7. 법 제21조에 따른 협의 내용의 이행 및 관리·감독에 관한 다음 각 목의 권한 가. 법 제21조 제4항에 따른 명령 및 명령의 요청 나. 법 제21조 제5항에 따른 자료제출 요구 및 조사 지시 8. 법 제22조에 따른 재평가에 관한 다음 각 목의 권한 가. 법 제22조 제1항에 따른 재평가의 요청 나. 법 제22조 제2항에 따른 재평가 결과의 접수 다. 법 제22조 제3항에 따른 조치명령 및 조치명령의 요청 9. 법 제23조 제3항에 따른 소규모 지하안전영향평가에 관한 제2호부터 제5호까지, 제7호 및 제8호의 권한 10. 법 제30조 제1항에 따른 보고·자료제출 명령 및 조사 지시 11. 법 제31조에 따른 시정명령 12. 법 제40조에 따른 중점관리대상 정비계획에 관한 다음 각 목의 권한 가. 법 제40조 제2항에 따른 수정 또는 보완의 요구 나. 법 제40조 제3항에 따른 이행 및 시정명령	

지하안전관리에 관한 특별법 [법률 제14545호, 2017. 1. 17., 타법개정]	지하안전관리에 관한 특별법 시행령 [대통령령 제28628호, 2018. 2. 9., 타법개정]	지하안전관리에 관한 특별법 시행규칙 [국토교통부령 제483호, 2018. 1. 18., 타법개정]
	13. 법 제56조 제1항 제1호·제3호, 같은 조 제2항 및 같은 조 제3항 제3호에 따른 과태료의 부과 및 징수 ② 국토교통부장관은 법 제49조 제2항에 따라 다음 각 호의 업무를 제3항 및 제4항에 따라 지정하는 기관에 위탁한다. 1. 법 제32조에 따른 지하안전영향평가 전문기관의 실적관리 등에 관한 다음 각 목의 업무 가. 법 제32조 제1항에 따른 대행실적의 접수 나. 법 제32조 제2항에 따른 기록의 유지·관리 및 대행실적확인서의 발급 2. 법 제42조 제1항에 따른 지하공간통합지도의 제작 3. 법 제43조 제1항에 따른 지하정보통합체계의 구축 및 운영 4. 법 제46조 제3항에 따른 중앙지하사고조사위원회의 운영 5. 법 제47조에 따른 지하안전정보체계의 운영 및 관리 ③ 제2항에 따른 업무를 위탁받을 수 있는 자는 다음 각 호의 어느 하나에 해당하는 기관으로서 위탁업무를 수행할 수 있는 인력과 장비를 갖춘 기관으로 한다. 1. 「공공기관의 운영에 관한 법률」 제4조에 따른 공공기관 2. 「시설물의 안전관리에 관한 특별법」 제25조에 따라 설립된 한국시설안전공단 3. 「국가공간정보기본법 시행령」 제14조 제1항 각 호의 기관 ④ 국토교통부장관은 제3항에 따라 위탁기관을 지정하는 경우에는 위탁한 업무의 내용 및 처리방법과 그 밖에 필요한 사항을 정하여 관보에 게재하여야 한다.	

지하안전관리에 관한 특별법 [법률 제14545호, 2017. 1. 17., 타법개정]	지하안전관리에 관한 특별법 시행령 [대통령령 제28628호, 2018. 2. 9., 타법개정]	지하안전관리에 관한 특별법 시행규칙 [국토교통부령 제483호, 2018. 1. 18., 타법개정]
	제44조(고유식별정보의 처리) 국토교통부장관(법 제49조에 따라 국토교통부장관의 권한을 위임·위탁받은 자를 포함한다), 시·도지사 및 시장·군수·구청장(법 제49조 제2항에 따라 시·도지사 및 시장·군수·구청장의 업무를 위탁받은 자를 포함한다)은 다음 각 호의 사무를 수행하기 위하여 불가피한 경우 「개인정보 보호법 시행령」 제19조 제1호 또는 제4호에 따른 주민등록번호 또는 외국인등록번호가 포함된 자료를 처리할 수 있다. 1. 제15조, 제21조 제5항, 제25조 제2항 및 제29조 제2항에 따른 지하안전영향평가, 사후지하안전영향조사, 소규모 지하안전영향평가 및 지반침하위험도평가(이하 "지하안전영향평가등"이라 한다)를 실시할 수 있는 사람의 자격 확인에 관한 사무 2. 법 제25조에 따른 지하안전영향평가 전문기관의 등록 및 등록사항의 변경신고에 관한 사무	
제50조(벌칙 적용에서 공무원 의제) 다음 각 호의 어느 하나에 해당하는 사람은 「형법」 제129조부터 제132조까지를 적용할 때에는 공무원으로 본다. 1. 제12조에 따른 지방지하안전위원회의 위원 중 공무원이 아닌 위원 2. 지하안전영향평가등을 수행하는 자 3. 제22조 제1항(제23조 제3항에 따라 준용되는 경우를 포함한다)에 따른 재평가 업무를 수행하는 자 4. 제44조에 따른 지하정보활용지원센터의 임직원		

지하안전관리에 관한 특별법 [법률 제14545호, 2017. 1. 17., 타법개정]	지하안전관리에 관한 특별법 시행령 [대통령령 제28628호, 2018. 2. 9., 타법개정]	지하안전관리에 관한 특별법 시행규칙 [국토교통부령 제483호, 2018. 1. 18., 타법개정]
5. 제46조에 따른 중앙지하사고조사위원회 및 지하사고조사위원회의 위원 중 공무원이 아닌 위원		
제8장 벌칙		
제51조(벌칙) ① 다음 각 호의 어느 하나에 해당하는 자는 10년 이하의 징역에 처한다. 1. 제14조 제1항에 따른 지하안전영향평가를 실시하지 아니하거나 성실하게 실시하지 아니함으로써 지반침하를 야기하여 공중의 위험을 발생하게 한 자 2. 제19조 제1항(제23조 제3항에 따라 준용되는 경우를 포함한다)을 위반하여 협의 등의 절차가 끝나기 전에 공사를 시행함으로써 지반침하를 야기하여 공중의 위험을 발생하게 한 자 3. 제19조 제3항(제23조 제3항에 따라 준용되는 경우를 포함한다)에 따른 공사중지명령을 이행하지 아니함으로써 지반침하를 야기하여 공중의 위험을 발생하게 한 자 4. 제20조 제1항(제23조 제3항에 따라 준용되는 경우를 포함한다)에 따른 사후지하안전영향조사를 실시하지 아니하거나 성실하게 실시하지 아니함으로써 지반침하를 야기하여 공중의 위험을 발생하게 한 자 5. 제21조 제2항(제23조 제3항에 따라 준용되는 경우를 포함한다)에 따른 조치명령을 이행하지 아니함으로써 지반침하를 야기하여 공중의 위험을 발생하게 한 자 6. 제21조 제3항(제23조 제3항에 따라 준용되는 경우를 포함한다)에 따른 공사중지명령		

지하안전관리에 관한 특별법 [법률 제14545호, 2017. 1. 17., 타법개정]	지하안전관리에 관한 특별법 시행령 [대통령령 제28628호, 2018. 2. 9., 타법개정]	지하안전관리에 관한 특별법 시행규칙 [국토교통부령 제483호, 2018. 1. 18., 타법개정]
을 이행하지 아니함으로써 지반침하를 야기하여 공중의 위험을 발생하게 한 자 7. 제23조 제1항에 따른 소규모 지하안전영향평가를 실시하지 아니하거나 성실하게 실시하지 아니함으로써 지반침하를 야기하여 공중의 위험을 발생하게 한 자 8. 제34조 제1항에 따른 안전점검을 실시하지 아니하거나 성실하게 실시하지 아니함으로써 지반침하를 야기하여 공중의 위험을 발생하게 한 자 9. 제35조 제1항에 따른 지반침하위험도평가를 실시하지 아니하거나 성실하게 실시하지 아니함으로써 지반침하를 야기하여 공중의 위험을 발생하게 한 자 ② 제1항 각 호의 죄를 범하여 사람을 사상(死傷)에 이르게 한 자는 무기 또는 3년 이상의 징역에 처한다.		
제52조(벌칙) ① 업무상 과실로 제51조 제1항 각 호의 죄를 범한 자는 5년 이하의 징역이나 금고 또는 5천만원 이하의 벌금에 처한다. ② 업무상 과실로 제51조 제2항의 죄를 범한 자는 10년 이하의 징역이나 금고 또는 1억원 이하의 벌금에 처한다.		
제53조(벌칙) 제19조 제3항(제23조 제3항에 따라 준용되는 경우를 포함한다) 또는 제21조 제3항(제23조 제3항에 따라 준용되는 경우를 포함한다)에 따른 공사중지명령을 이행하지 아니한 자는 5년 이하의 징역 또는 5천만원 이하의 벌금에 처한다.		
제54조(벌칙) ① 다음 각 호의 어느 하나에 해당하는 자는 2년 이하의 징역 또는 2천만원 이하의		

지하안전관리에 관한 특별법 [법률 제14545호, 2017. 1. 17., 타법개정]	지하안전관리에 관한 특별법 시행령 [대통령령 제28628호, 2018. 2. 9., 타법개정]	지하안전관리에 관한 특별법 시행규칙 [국토교통부령 제483호, 2018. 1. 18., 타법개정]
벌금에 처한다. 1. 제14조 제1항에 따른 지하안전영향평가를 실시하지 아니한 자 2. 제20조 제1항(제23조 제3항에 따라 준용되는 경우를 포함한다)에 따른 사후지하안전영향조사를 실시하지 아니한 자 3. 제23조 제1항에 따른 소규모 지하안전영향평가를 실시하지 아니한 자 4. 제24조 제2항 제1호 또는 제27조 제1호를 위반하여 다른 지하안전영향평가서등의 내용을 복제하여 지하안전영향평가서등을 작성한 자 5. 제24조 제2항 제2호 또는 제27조 제2호를 위반하여 지하안전영향평가서등을 거짓으로 작성한 자 6. 제25조 제1항에 따른 등록을 하지 아니하고 지하안전영향평가등을 대행한 자 7. 제29조 제4항을 위반하여 등록이 취소된 후 또는 영업정지기간 중에 새로 지하안전영향평가등의 대행계약을 체결한 자 8. 제35조 제1항에 따른 지반침하위험도평가를 실시하지 아니한 자 9. 제38조 제1항에 따른 안전조치명령을 이행하지 아니한 자 ② 다음 각 호의 어느 하나에 해당하는 자는 1년 이하의 징역 또는 1천만원 이하의 벌금에 처한다. 1. 제19조 제1항(제23조 제3항에 따라 준용되는 경우를 포함한다)을 위반하여 협의 등의 절차가 끝나기 전에 공사를 한 자 2. 정당한 사유 없이 제21조 제5항(제23조 제3항에 따라 준용되는 경우를 포함한다)에 따른 자료 제출을 거부하거나 출입·조사를 방해 또는 기피한 자		

지하안전관리에 관한 특별법 [법률 제14545호, 2017. 1. 17., 타법개정]	지하안전관리에 관한 특별법 시행령 [대통령령 제28628호, 2018. 2. 9., 타법개정]	지하안전관리에 관한 특별법 시행규칙 [국토교통부령 제483호, 2018. 1. 18., 타법개정]
3. 거짓이나 그 밖의 부정한 방법으로 제25조 제1항에 따른 지하안전영향평가 전문기관 등록을 한 자 4. 제27조 제4호를 위반하여 지하안전영향평가등의 업무를 하도급한 자 5. 제27조 제5호를 위반하여 등록증이나 명의를 대여한 자 6. 정당한 사유 없이 제30조 제1항에 따른 자료 제출 또는 보고·조사를 거부한 자 7. 제48조를 위반하여 비밀을 누설하거나 도용한 자		
제55조(양벌규정) 법인의 대표자나 법인 또는 개인의 대리인, 사용인, 그 밖의 종업원이 그 법인 또는 개인의 업무에 관하여 제51조부터 제54조까지의 어느 하나에 해당하는 위반행위를 하면 그 행위자를 벌하는 외에 그 법인 또는 개인에게도 해당 조문의 벌금형을 과(科)한다. 다만, 법인 또는 개인이 그 위반행위를 방지하기 위하여 해당 업무에 관하여 상당한 주의와 감독을 게을리하지 아니한 경우에는 그러하지 아니하다.		
제56조(과태료) ① 다음 각 호의 어느 하나에 해당하는 자에게는 2천만원 이하의 과태료를 부과한다. 1. 제21조 제2항(제23조 제3항에 따라 준용되는 경우를 포함한다) 또는 제22조 제3항(제23조 제3항에 따라 준용되는 경우를 포함한다)에 따른 조치명령을 이행하지 아니한 자 2. 제34조 제1항에 따른 안전점검을 실시하지 아니하거나 성실하게 수행하지 아니한 자(제51조 제1항 제8호에 따라 형벌을 받은 자는 제외한다)	**제46조(과태료의 부과)** ① 법 제56조 제1항부터 제3항까지의 규정에 따른 과태료의 부과기준은 별표 12와 같다. ② 법 제56조 제4항에 따른 과태료의 부과권자는 다음 각 호의 구분에 따른다. 1. 법 제56조 제1항 제1호·제3호, 같은 조 제2항, 같은 조 제3항 제3호· 제6호 및 제15호부터 제17호까지에 따른 과태료: 국토교통부장관 2. 법 제56조 제1항 제1호·제3호, 같은 조 제2항, 같은 조	

지하안전관리에 관한 특별법 [법률 제14545호, 2017. 1. 17., 타법개정]	지하안전관리에 관한 특별법 시행령 [대통령령 제28628호, 2018. 2. 9., 타법개정]	지하안전관리에 관한 특별법 시행규칙 [국토교통부령 제483호, 2018. 1. 18., 타법개정]
3. 제40조 제3항에 따른 이행명령 또는 시정명령을 따르지 아니한 자 ② 다음 각 호의 어느 하나에 해당하는 자에게는 1천만원 이하의 과태료를 부과한다. 1. 제20조 제1항(제23조 제3항에 따라 준용되는 경우를 포함한다)을 위반하여 필요한 조치를 하지 아니한 자 2. 제20조 제2항(제23조 제3항에 따라 준용되는 경우를 포함한다)을 위반하여 통보를 하지 아니한 자 3. 제24조 제2항 제2호 또는 제27조 제2호를 위반하여 지하안전영향평가서등을 부실하게 작성한 자 4. 제24조 제2항 제4호를 위반하여 지하안전영향평가서등에 관한 대행계약을 해당 지하안전영향평가등의 대상이 되는 계획이나 사업의 수립·시행과 관련되는 계약과 분리하여 체결하지 아니한 자 5. 제24조 제2항 제5호를 위반하여 사후지하안전영향조사에 관한 대행계약을 해당 사업의 지하안전영향평가 또는 소규모 지하안전영향평가 계약과 분리하여 체결하지 아니한 자 ③ 다음 각 호의 어느 하나에 해당하는 자에게는 500만원 이하의 과태료를 부과한다. 1. 제10조 제1항 또는 제2항에 따른 건설공사 안전관리계획 또는 안전관리규정을 제출하지 아니한 자 2. 제10조 제3항에 따른 변경명령을 이행하지 아니한 자 3. 제24조 제2항 제3호 또는 제27조 제3호를 위반하여 지하안전영향평가서등과 그 작성의 기초가 되는 자료를 보존	제3항 제3호부터 제5호까지, 제15호 및 제17호에 따른 과태료: 시·도지사 3. 법 제56조 제1항, 같은 조 제2항, 같은 조 제3항 제1호·제2호, 제7호부터 제15호까지 및 제17호에 해당하는 과태료: 시장·군수·구청장	

지하안전관리에 관한 특별법 [법률 제14545호, 2017. 1. 17., 타법개정]	지하안전관리에 관한 특별법 시행령 [대통령령 제28628호, 2018. 2. 9., 타법개정]	지하안전관리에 관한 특별법 시행규칙 [국토교통부령 제483호, 2018. 1. 18., 타법개정]
하지 아니한 자 4. 제25조 제3항에 따른 변경신고를 하지 아니한 자 5. 제25조 제5항에 따른 휴업·재개업 신고를 하지 아니한 자 6. 제32조 제1항을 위반하여 지하안전향평가등의 대행실적을 보고하지 아니하거나 거짓으로 보고한 자 7. 제36조 제1항을 위반하여 위험표지를 설치하지 아니한 자 8. 제36조 제3항을 위반하여 위험표지를 이전하거나 훼손한 자 9. 제37조에 따른 필요한 조치를 취하지 아니한 자 10. 제38조 제2항을 위반하여 안전조치 이행 결과를 통보하지 아니한 자 11. 제39조에 따른 대피 등의 명령을 거부한 자 12. 제40조 제1항에 따른 정비계획을 수립하지 아니한 자 13. 제40조 제4항을 위반하여 정비계획 이행 결과를 통보하지 아니한 자 14. 정당한 사유 없이 제41조제1항에 따른 토지·건축물·공작물, 그 밖의 소유물의 일시사용 또는 장애물의 변경이나 제거를 거부 또는 방해한 자 15. 제42조 제2항에 따른 갱신정보를 제출하지 아니한 자 16. 정당한 사유 없이 제43조제2항에 따른 자료 요청에 따르지 아니한 자 17. 제46조에 따른 사고조사를 거부·방해 또는 기피한 자 ④ 제1항부터 제3항까지에 따른 과태료는 대통령령으로 정하는 바에 따라 국토교통부장관, 시·도지사 또는 시장·군수·구청장이 부과·징수한다.		

지하안전관리에 관한 특별법 시행령 별표

[별표 1] 〈개정 2018. 2. 9.〉

지하안전영향평가 및 소규모 지하안전영향평가 대상사업의 종류, 범위 및 협의 요청시기

(제14조, 제16조 제3항 및 제23조 관련)

구 분	대상사업의 종류 및 범위	협의 요청시기
1. 도시의 개발사업	가. 「공공기관 지방이전에 따른 혁신도시 건설 및 지원에 관한 특별법」 제2조 제5호에 따른 혁신도시개발사업	「공공기관 지방이전에 따른 혁신도시 건설 및 지원에 관한 특별법」 제12조 제1항에 따른 실시계획의 승인 전
	나. 「공공주택 특별법」 제2조 제3호 가목 및 나목에 따른 공공주택지구조성사업 및 공동주택건설사업	「공공주택 특별법」 제17조에 따른 공공주택지구계획 승인 전
	다. 「교육기본법」 제9조에 따른 학교의 설치공사사업	1) 국가 또는 지방자치단체가 학교시설사업을 시행하는 경우: 「학교시설사업 촉진법」 제4조 제4항에 따른 시행계획의 협의 전 2) 국가 또는 지방자치단체 외의 자가 학교시설사업을 시행하는 경우: 「학교시설사업 촉진법」 제4조 제1항에 따른 시행계획의 승인 전 3) 「국토의 계획 및 이용에 관한 법률」에 따라 학교를 설치하는 경우: 같은 법 제88조 제2항에 따른 실시계획의 인가 전
	라. 「국토의 계획 및 이용에 관한 법률」 제2조 제10호에 따른 도시·군계획시설사업	「국토의 계획 및 이용에 관한 법률」 제88조 제2항에 따른 실시계획의 인가 전
	마. 「농어촌정비법」 제2조 제10호에 따른 생활환경정비사업	「농어촌정비법」 제59조 제2항 및 제3항에 따른 승인 전
	바. 「도시개발법」 제2조 제1항 제2호에 따른 도시개발사업	「도시개발법」 제17조 제2항에 따른 실시계획의 인가 전
	사. 「도시 및 주거환경정비법」 제2조 제2호에 따른 정비사업	1) 사업시행자가 지방자치단체인 경우: 「도시 및 주거환경정비법」 제50조 제7항 본문에 따른 사업시행계획인가의 고시 전 2) 사업시행자가 지방자치단체 외의 자인 경우: 「도시 및 주거환경정비법」 제50조 제1항 본문에 따른 사업시행계획인가 전

구 분	대상사업의 종류 및 범위	협의 요청시기
	아. 「물류시설의 개발 및 운영에 관한 법률」 제2조 제2호 또는 제9호에 따른 물류터미널 개발사업 또는 물류단지개발사업	「물류시설의 개발 및 운영에 관한 법률」 제9조 제1항 또는 제28조 제1항에 따른 인가 또는 승인 전
	자. 「민간임대주택에 관한 특별법」 제22조에 따른 기업형임대주택 공급촉진지구 조성사업	「민간임대주택에 관한 특별법」 제28조에 따른 기업형임대주택 공급촉진지구 계획의 승인 전
	차. 「여객자동차 운수사업법」 제2조 제5호에 따른 여객자동차터미널 설치공사사업	「여객자동차 운수사업법」 제38조 제1항에 따른 공사시행의 인가 전
	카. 「역세권의 개발 및 이용에 관한 법률」 제2조 제2호에 따른 역세권개발사업	「역세권의 개발 및 이용에 관한 법률」 제13조 제1항에 따른 실시계획의 승인 전
	타. 「유통산업발전법」 제2조 제16호에 따른 공동집배송센터 조성사업	「유통산업발전법」 제29조 제1항에 따른 공동집배송센터의 지정 전
	파. 「주택법」 제15조 본문에 따른 주택건설사업 또는 대지조성사업	「주택법」 제15조에 따른 사업계획의 승인 전
	하. 「택지개발촉진법」 제2조 제4호에 따른 택지개발사업	「택지개발촉진법」 제9조 제1항에 따른 택지개발사업 실시계획의 승인 전
	거. 「하수도법」 제2조 제9호·제10호·제11호 또는 제13호에 따른 공공하수처리시설·하수저류시설·분뇨처리시설 설치사업 또는 개인하수처리시설의 설치공사. 다만, 개인하수처리시설의 설치공사가 제16호에 따른 건축물 설치사업에 포함되는 경우에는 제외한다.	1) 시·도지사가 설치하는 경우: 「하수도법」 제11조 제2항에 따른 고시 전 2) 시장·군수·구청장이 설치하는 경우: 「하수도법」 제11조 제3항에 따른 인가 또는 같은 조 제4항 본문에 따른 변경인가 전 3) 지방자치단체의 장이 아닌 자가 공공하수도를 설치하는 경우: 「하수도법」 제16조 제1항에 따른 허가 전 4) 개인하수처리시설을 설치하는 경우: 「하수도법」 제34조 제2항에 따른 신고 전
2. 산업입지 및 산업단지의 조성사업	가. 「산업기술단지 지원에 관한 특례법」 제2조 제1호에 따른 산업기술단지의 조성사업	「산업기술단지 지원에 관한 특례법」 제4조에 따른 사업시행자로 지정을 받고 산업기술단지를 조성하기 위한 설계를 완료하기 전
	나. 「산업입지 및 개발에 관한 법률」 제2조 제9호 또는 제11호에 따른 산업단지개발사업 또는 산업단지 재생사업	「산업입지 및 개발에 관한 법률」 제17조, 제18조, 제18조의2 및 제19조에 따른 실시계획의 승인 전
	다. 「산업집적활성화 및 공장설립에 관한 법률」 제2조 제1호에 따른 공장을 설립하는 사업. 다만, 가목·나목 및 라목부터 바목까지의 규정에 따른 지하안전영향평가 대상사업에 해당하여 지하안전영향평가 협의를 한 공장용지 또는 산업용지에 공장을 설립하는 경우는 제외한다.	「산업집적활성화 및 공장설립에 관한 법률」 제13조 제1항에 따른 공장설립의 승인 전 또는 같은 조 제2항에 따라 공장설립등의 승인을 받은 것으로 보는 승인, 계약 또는 허가·인가·면허 등을 받기 전
	라. 「연구개발특구의 육성에 관한 특별법」 제2조 제1호에 따른 연구개발특구의 조성사업	「연구개발특구의 육성에 관한 특별법」 제27조 제1항에 따른 실시계획의 승인 전

구 분	대상사업의 종류 및 범위	협의 요청시기
	마. 「자유무역지역의 지정 및 운영에 관한 법률」 제2조 제1호에 따른 자유무역지역을 지정하는 경우로서 같은 법 제5조 제1호에 따른 산업단지, 공항 및 배후지, 물류터미널, 물류단지, 항만 및 배후지 조성사업. 다만, 자유무역지역 지정 전 산업단지, 공항 및 배후지, 물류터미널, 물류단지, 항만 및 배후지에 대하여 지하안전영향평가 협의를 한 경우는 제외한다.	「자유무역지역의 지정 및 운영에 관한 법률」 제4조 제1항에 따른 자유무역지역의 지정 전
	바. 「중소기업진흥에 관한 법률」 제31조 제1항에 따른 단지조성사업	「중소기업진흥에 관한 법률」 제31조 제1항에 따른 실시계획의 승인 전
3. 에너지 개발사업	가. 「도시가스사업법」 제2조 제5호에 따른 가스공급시설의 설치 및 정비사업	「도시가스사업법」 제11조에 따른 시설공사계획의 승인 전 또는 같은 법 제18조의3에 따른 가스공급시설 공사계획의 공고 전
	나. 「석유 및 석유대체연료 사업법」 제5조, 제9조 및 제10조에 따른 석유정제업, 석유수출입업 및 석유판매업의 시설 중 저장시설, 「액화석유가스의 안전관리 및 사업법」 제17조에 따른 액화석유가스 수출입업의 시설 중 저장시설 또는 「한국석유공사법」 제10조 제1항 제3호에 따른 석유비축시설의 설치	「위험물안전관리법」 제6조 제1항에 따른 위험물시설의 설치허가 전
	다. 「송유관 안전관리법」 제2조 제2호에 따른 송유관 설치공사	「송유관 안전관리법」 제3조 제1항에 따른 인가 전
	라. 「전기사업법」 제2조 제16호 및 제16호의2에 따른 전기설비의 설치사업 또는 전선로 설치사업	「전기사업법」 제61조 또는 제62조에 따른 공사계획의 인가 또는 신고 전
	마. 「전기통신사업법」 제2조 제2호에 따른 전기통신설비의 설치 또는 정비 사업	「전기통신사업법」 제6조에 따른 기간통신사업의 허가 전
	바. 「전원개발촉진법」 제2조 제2호 가목에 따른 전원설비를 설치·개량하는 사업	「전원개발촉진법」 제5조 제1항에 따른 실시계획의 승인 전
	사. 「집단에너지사업법」 제2조 제6호에 따른 공급시설의 설치 및 정비사업	「집단에너지사업법」 제6조에 따른 열 생산시설의 신설 등의 허가 전 또는 같은 법 제22조에 따른 공사계획의 승인 전
	아. 「한국가스공사법」 제16조의2 제1항 본문에 따른 가스사업	「한국가스공사법」 제16조의2에 따른 실시계획의 승인 전. 다만, 「한국가스공사법 시행령」 제14조의3 제1항 제4호의 가스사업의 경우에는 인·허가등 전
4. 항만의 건설사업	가. 「마리나항만의 조성 및 관리 등에 관한 법률」 제2조 제2호에 따른 마리나항만시설 개발사업	「마리나항만의 조성 및 관리 등에 관한 법률」 제13조에 따른 실시계획의 승인 전
	나. 「신항만건설 촉진법」 제2조 제2호에 따른 신항만건설사업. 다만, 「신항만건설 촉진법」 제2조 제2호 마목 공유수면의 매립사업은 제외한다.	「신항만건설 촉진법」 제8조 제1항에 따른 실시계획의 승인 전

구 분	대상사업의 종류 및 범위	협의 요청시기
	다. 「어촌·어항법」 제2조 제5호에 따른 어항시설 건설사업 또는 같은 조 제6호에 따른 어항개발사업	1) 지정권자가 시행하는 경우: 「어촌·어항법」 제19조 제1항에 따른 개발계획의 확정 전 2) 지정권자가 아닌 자가 시행하는 경우: 「어촌·어항법」 제23조 제2항에 따른 시행허가 전 3) 지정권자가 아닌 국가기관의 장 또는 지방자치단체의 장이 시행하는 경우: 「어촌·어항법」 제23조 제3항에 따른 지정권자와의 협의 전
	라. 「항만법」 제2조 제5호에 따른 항만시설 건설사업	1) 관리청이 시행하는 경우: 「항만법」 제9조 제6항에 따른 항만공사의 고시 전 2) 「항만공사법」에 따른 항만공사가 시행하는 경우: 같은 법 제22조에 따른 실시계획의 승인 전 3) 관리청이 아닌 자가 시행하는 경우: 「항만법」 제9조 제2항에 따른 항만공사 시행허가 전
	마. 「항만법」 제2조 제8호에 따른 항만재개발사업	「항만법」 제60조에 따른 실시계획의 승인 전
5. 도로의 건설사업	「도로법」 제2조 제1호 및 「국토의 계획 및 이용에 관한 법률」 제2조 제13호에 따른 도로의 건설사업	1) 「도로법」 제2조 제5호에 따른 도로관리청이 시행하는 경우: 같은 법 제25조에 따른 도로구역의 결정 전 2) 「도로법」 제2조 제5호에 따른 도로관리청이 아닌 자가 시행하는 경우: 같은 법 제36조에 따른 공사 시행의 허가 전 3) 「국토의 계획 및 이용에 관한 법률」 제2조 제11호에 따른 도시·군계획사업으로 건설하는 경우: 같은 법 제88조 제2항에 따른 실시계획의 인가 전
6. 수자원의 개발사업	가. 「농어촌정비법」 제2조 제6호에 따른 농업생산기반시설 설치사업	「농어촌정비법」 제9조에 따른 농업생산기반 정비사업 시행계획의 수립 전
	나. 「댐건설 및 주변지역지원 등에 관한 법률」 제2조 제1호에 따른 댐 설치사업	「댐건설 및 주변지역지원 등에 관한 법률」 제8조 제1항 또는 제2항에 따른 실시계획의 수립 또는 승인 전
	다. 「수도법」 제3조 제18호에 따른 수도사업	「수도법」 제17조 또는 제49조에 따른 일반수도사업 또는 공업용수도사업의 인가 전
	라. 「하천법」 제2조 제3호에 따른 하천시설 설치사업	1) 「하천법」 제8조에 따른 하천관리청이 시행하는 경우: 같은 법 제27조에 따른 하천공사시행계획의 수립 전 2) 「하천법」 제8조에 따른 하천관리청이 아닌 자가 시행하는 경우: 같은 법 제30조 제1항에 따른 허가 전

구 분	대상사업의 종류 및 범위	협의 요청시기
7. 철도(도시철도를 포함한다)의 건설사업	가. 「궤도운송법」 제2조 제7호에 따른 궤도사업(같은 조 제9호에 따른 전용궤도를 포함한다)	「궤도운송법」 제4조에 따른 궤도사업의 허가 전 또는 같은 법 제5조에 따른 전용궤도의 승인 전
	나. 「도시철도법」 제2조 제2호 및 제3호에 따른 도시철도 및 도시철도시설의 건설사업	「도시철도법」 제7조에 따른 사업계획의 승인 전
	다. 「철도건설법」 제2조 제7호 또는 「국토의 계획 및 이용에 관한 법률」 제2조 제6호에 따른 철도건설사업	1) 「국토의 계획 및 이용에 관한 법률」 제2조 제11호에 따른 도시·군계획사업으로 시행하는 경우: 같은 법 제88조 제2항에 따른 실시계획의 인가 전 2) 그 밖의 사업으로 시행하는 경우: 「철도건설법」 제9조에 따른 실시계획의 승인 전
8. 공항의 건설사업	「공항시설법」 제2조 제9호에 따른 공항개발사업	「공항시설법」 제7조 제6항 본문에 따른 실시계획의 고시 전
9. 하천의 이용 및 개발사업	「하천법」 제2조 제5호에 따른 하천공사사업	1) 「하천법」 제2조 제4호에 따른 하천관리청이 시행하는 경우: 같은 법 제27조에 따른 하천공사시행계획의 수립 전 2) 「하천법」 제2조 제4호에 따른 하천관리청이 아닌 자가 시행하는 경우: 다음의 구분에 따른 시기 가) 국가 또는 지방자치단체가 시행하는 경우: 「하천법」 제6조에 따른 협의 또는 승인 전 나) 국가 또는 지방지치단체가 아닌 자가 시행하는 경우: 「하천법」 제30조 제2항에 따른 관계기관의 장과의 협의 전
10. 관광단지의 개발사업	가. 「관광진흥법」 제2조 제1호에 따른 관광사업	「관광진흥법」 제4조 제1항에 따른 관광사업의 등록 전(관광숙박업은 같은 법 제15조 제1항에 따른 사업계획의 승인 전) 또는 같은 법 제5조 제1항, 제2항 및 제4항에 따른 관광사업의 허가 또는 신고 전
	나. 「관광진흥법」 제2조 제6호 및 제7호에 따른 관광지 및 관광단지의 조성사업	「관광진흥법」 제54조 제1항에 따른 조성계획의 승인 전
	다. 「국토의 계획 및 이용에 관한 법률」 제2조 제11호 가목에 따른 도시·군계획시설사업 중 유원지의 설치사업	「국토의 계획 및 이용에 관한 법률」 제88조 제2항에 따른 실시계획의 인가 전
	라. 「도시공원 및 녹지 등에 관한 법률」 제2조 제4호에 따른 공원시설의 설치사업	1) 「도시공원 및 녹지 등에 관한 법률」 제19조의2에 따른 공원관리청이 시행하는 경우: 같은 법 제19조 제1항에 따른 도시공원의 설치 전

구 분	대상사업의 종류 및 범위	협의 요청시기
		2) 「도시공원 및 녹지 등에 관한 법률」 제19조의2에 따른 공원관리청이 아닌 자가 시행하는 경우: 「국토의 계획 및 이용에 관한 법률」 제88조 제2항에 따른 실시계획의 인가 전
	마. 「온천법」 제10조의2 제4항에 따른 온천원보호지구에서의 온천개발사업	「온천법」 제10조 제1항에 따른 온천개발계획의 승인 전
11. 특정 지역의 개발사업	가. 「경제자유구역의 지정 및 운영에 관한 특별법」 제2조 제1호에 따른 경제자유구역의 개발사업	「경제자유구역의 지정 및 운영에 관한 특별법」 제9조에 따른 실시계획의 승인 전
	나. 「기업도시개발 특별법」 제2조 제3호에 따른 기업도시개발사업	「기업도시개발 특별법」 제12조에 따른 실시계획의 승인 전
	다. 「신행정수도 후속대책을 위한 연기·공주지역 행정중심복합도시 건설을 위한 특별법」 제2조 제1호에 따른 행정중심복합도시의 건설사업	「신행정수도 후속대책을 위한 연기·공주지역 행정중심복합도시 건설을 위한 특별법」 제21조 제1항에 따른 실시계획의 승인 전 또는 같은 법 제53조 제1항에 따른 주변지역지원사업의 계획 수립 전
	라. 「주한미군기지 이전에 따른 평택시 등의 지원 등에 관한 특별법」 제2조 제4호에 따른 주한미군시설사업	「국방·군사시설 사업에 관한 법률」 제4조에 따른 계획의 승인 전
	마. 「주한미군기지 이전에 따른 평택시 등의 지원 등에 관한 특별법」 제2조 제9호에 따른 국제화계획지구의 개발사업	「주한미군기지 이전에 따른 평택시 등의 지원 등에 관한 특별법」 제23조에 따른 개발계획의 승인 전
	바. 「주한미군기지 이전에 따른 평택시 등의 지원 등에 관한 특별법」 제16조에 따른 평택시개발사업	1) 「주한미군기지 이전에 따른 평택시 등의 지원 등에 관한 특별법」 제16조 제1호부터 제3호까지의 규정에 따른 자가 시행하는 경우: 같은 법 제17조 제7항에 따른 사업계획의 확정 전 2) 「주한미군기지 이전에 따른 평택시 등의 지원 등에 관한 특별법」 제16조 제4호에 따른 자가 시행하는 경우: 같은 법 제17조 제1항에 따른 개발사업의 시행승인 전
	사. 「지역 개발 및 지원에 관한 법률」 제2조 제3호에 따른 지역개발사업	「지역 개발 및 지원에 관한 법률」 제23조 제1항에 따른 실시계획의 승인 전
	아. 「친수구역 활용에 관한 특별법」 제2조 제3호에 따른 친수구역조성사업(같은 법 제26조에 따른 친수구역조성사업에 직접 관련되는 사업을 포함한다)	「친수구역 활용에 관한 특별법」 제13조 제1항에 따른 실시계획의 승인 전
	자. 제1호부터 제10호까지 및 제12호부터 제16호까지에 해당하는 지하안전영향평가 대상사업의 범위에 해당하는 사업 중 「지역 개발 및 지원에 관한 법률」에 따라 시행되는 사업	「지역 개발 및 지원에 관한 법률」 제23조 제1항에 따른 실시계획의 승인 전

구 분	대상사업의 종류 및 범위	협의 요청시기
12. 체육시설의 설치사업	가. 「경륜·경정법」 제2조 제1호·제2호에 따른 경륜 또는 경정 시설의 설치사업	「경륜·경정법」 제5조 제1항에 따른 허가 전
	나. 「청소년활동 진흥법」 제10조 제1호에 따른 청소년수련시설의 설치사업	1) 국가 또는 지방자치단체가 설치하는 경우: 「청소년활동 진흥법」 제11조 제1항에 따른 수련시설의 설치 전 2) 개인·법인 또는 단체가 설치하는 경우: 「청소년활동 진흥법」 제11조 제3항에 따른 허가 전
	다. 「청소년활동 진흥법」 제47조 제1항에 따른 청소년수련지구의 조성사업	「청소년활동 진흥법」 제48조 제1항 및 제2항에 따른 청소년수련지구조성계획의 수립 또는 승인 전
	라. 「체육시설의 설치·이용에 관한 법률」 제2조 제1호에 따른 체육시설의 설치사업	1) 「체육시설의 설치·이용에 관한 법률」 제12조에 따른 사업계획의 승인 전 2) 「국토의 계획 및 이용에 관한 법률」 제88조 제2항에 따른 실시계획의 인가 전
	마. 「한국마사회법」 제4조에 따른 경마장의 설치사업	「한국마사회법」 제4조에 따른 경마장 설치허가 전
13. 폐기물 처리시설의 설치사업	가. 「가축분뇨의 관리 및 이용에 관한 법률」 제2조 제8호 또는 제9호에 따른 처리시설 또는 공공처리시설의 설치사업	「가축분뇨의 관리 및 이용에 관한 법률」 제12조, 제24조, 제27조 또는 제28조에 따른 처리시설의 설치 전, 공공처리시설의 설치승인 전, 가축분뇨의 재활용 신고 전 또는 가축분뇨처리업의 허가 전
	나. 「폐기물관리법」 제2조 제8호에 따른 폐기물처리시설의 설치사업	1) 폐기물처리업의 허가를 받으려는 자가 폐기물처리시설을 설치하려는 경우: 「폐기물관리법」 제25조 제2항에 따른 폐기물 처리사업계획서의 적합 통보 전. 다만, 「폐기물관리법」 제25조 제17항 각 호의 어느 하나에 해당하는 자의 경우에는 같은 조 제3항에 따른 허가 전 2) 폐기물처리업의 허가를 받으려는 자 외의 자가 폐기물처리시설을 설치하려는 경우: 다음의 구분에 따른 시기 가) 「폐기물관리법」 제29조 제2항에 따른 폐기물처리시설의 설치승인 전 또는 설치신고 전 나) 「폐기물처리시설 설치촉진 및 주변지역지원 등에 관한 법률」 제11조의3 제2항에 따른 폐기물처리시설 설치계획의 승인 전
14. 국방·군사시설의 설치사업	「국방·군사시설 사업에 관한 법률」 제2조 제2호에 따른 국방·군사시설사업	「국방·군사시설 사업에 관한 법률」 제6조에 따른 국방·군사시설사업 실시계획의 승인 전

구 분	대상사업의 종류 및 범위	협의 요청시기
15. 토석·모래·자갈 등의 채취사업	가. 「골재채취법」 제22조에 따라 지하에서 골재를 채취하는 사업	「골재채취법」 제22조 제1항에 따른 골재채취의 허가 전
	나. 「하천법」 제2조 제2호에 따른 하천구역 또는 같은 법 제12조에 따른 홍수관리구역에서 토석·모래·자갈을 채취하는 사업	1) 상수원보호구역에서 시행하는 경우: 「수도법」 제7조 제4항에 따른 행위허가 전 2) 골재를 채취하는 경우: 「골재채취법」 제22조에 따른 골재채취의 허가 전 3) 그 밖의 경우: 「하천법」 제33조 제1항에 따른 하천점용허가 전
16. 기타	「건축법」 제2조 제1항 제2호에 따른 건축물 설치사업	「건축법」 제11조 제1항에 따른 건축허가 전

비고

1. 하나의 사업이 둘 이상의 대상사업에 해당하는 경우 협의 요청시기는 가장 먼저 승인등을 받는 대상사업의 협의 요청시기로 한다.
2. 위 표에도 불구하고 다음 각 목의 어느 하나에 해당하는 사업은 지하안전영향평가 대상사업에서 제외한다.
   가. 국방부장관이 군사상 고도의 기밀보호가 필요하거나 군사작전의 긴급한 수행을 위하여 필요하다고 인정하여 국토교통부장관과 협의한 사업
   나. 국가정보원장이 국가안보를 위하여 고도의 기밀보호가 필요하다고 인정하여 국토교통부장관과 협의한 사업
   다. 굴착 지역이 「산지관리법」 제2조 제1호에 따른 산지 또는 「공유수면 관리 및 매립에 관한 법률」 제2조 제1호 가목 및 나목에 따른 바다 및 바닷가인 사업
   라. 그 밖에 보안상의 비밀유지가 필요한 지하개발사업에 대하여 관계 중앙행정기관의 장이 필요하다고 인정하여 국토교통부장관과 협의한 사업

[별표 2]

지하안전영향평가의 평가항목 및 방법(제14조 관련)

평가항목	평가방법
1. 지반 및 지질 현황	가. 지하정보통합체계를 통한 정보 분석 나. 시추조사 다. 투수(透水)시험 라. 지하물리탐사(지표레이더탐사, 전기비저항탐사, 탄성파탐사 등)
2. 지하수 변화에 의한 영향	가. 관측망을 통한 지하수 조사(흐름방향, 유출량 등) 나. 지하수 조사시험(양수시험, 순간충격시험 등) 다. 광역 지하수 흐름 분석
3. 지반안전성	가. 굴착공사에 따른 지반안전성 분석 나. 주변 시설물의 안전성 분석

비고
1. "시추조사"란 시추기계나 기구 등을 사용하여 지반을 시추하여 시료를 조사하는 것을 말한다.
2. "투수시험"이란 일정한 수위차에서 일정한 시간 내에 침투하는 물의 양을 측정하여 시험하는 것을 말한다.
3. "지하물리탐사"란 지하의 상태나 변화를 물리적인 특성을 이용하여 조사하는 것을 말한다.
4. "지반안전성 분석"이란 별표 8 제3호에 따른 해석 프로그램 등을 이용한 공학적 해석을 통해 해당 지반의 침하가능성 등을 분석하는 것을 말한다.

[별표 3]

지하안전영향평가서의 작성방법(제16조 제1항 관련)

1. 요약문
   대상사업의 개요, 대상지역의 설정, 지반 및 지질 현황, 지하수 변화에 의한 영향 검토, 지반안전성 검토, 지하안전확보방안 수립, 종합평가 및 결론, 사후지하안전영향조사 시기에 관한 사항을 간략히 요약하여 기재

2. 지하안전영향평가 대상사업의 개요
   사업의 배경, 목적 및 필요성 등을 기술

3. 지하안전영향평가 대상지역의 설정
   사업계획등 또는 지하개발사업의 시행으로 인해 지하안전에 영향을 미칠 것으로 예상되는 지역으로 설정

4. 지반 및 지질 현황
   지하정보통합체계를 통한 기본자료와 시추조사, 투수시험, 지하물리탐사 등의 현장조사 결과를 기초로 하여 작성

5. 지하수 변화에 의한 영향 검토
   기존 관측망 자료와 지하수 조사시험 등의 현장조사 결과를 바탕으로 광역 지하수 흐름 분석을 수행하여 작성

6. 지반안전성 검토
   굴착공사에 따른 지반안전성 영향분석과 주변 시설물의 안전성 분석으로 나누어 작성

7. 지하안전확보방안 수립
   지하안전영향평가 결과를 기초로 합리적이고 구체적인 내용(계측계획, 차수 및 지반보강 공법 등)으로 수립

8. 종합 평가 및 결론
   각각의 지하안전영향평가의 평가항목에 대한 개별적인 평가를 하고, 개별적인 평가에 따른 영향정도를 종합적으로 기술한 후 결론을 도출

9. 사후지하안전영향조사 시기
   대상사업을 착공한 후부터 시공 완료 전까지 사후지하안전영향조사를 하도록 조사 시기를 명기

10. 부록
    가. 지하안전영향평가서 작성에 참여한 사람의 인적 사항
    나. 지반 및 지하수 조사자료
    다. 용어 해설
    라. 지하수 영향 및 지반안전성 수치해석 검토자료
    마. 인용 문헌 및 참고자료 등

[별표 4]

사후지하안전영향조사의 조사항목 및 방법(제21조 제2항 관련)

조사항목	조사방법
1. 지반 및 지질 현황	가. 지하안전영향평가 검토 나. 지하물리탐사(지표레이더탐사, 전기비저항탐사, 탄성파탐사 등)
2. 지하수 변화에 의한 영향	가. 지하안전영향평가 검토 나. 지하수 관측망 자료, 주변 계측 자료 등 분석
3. 지하안전확보방안의 이행 여부	가. 지하안전영향평가의 지하안전확보방안 적정성 분석 나. 지하안전확보방안 이행 여부 검토
4. 지반안전성	가. 지중경사계, 지표침하계, 하중센서, 균열측정기 등을 통한 계측 나. 계측자료 분석을 통한 지반안전성 및 주변 시설물 영향 분석

비고
"지하물리탐사"란 지하의 상태나 변화를 물리적인 특성을 이용하여 조사하는 것을 말한다.

[별표 5]

사후지하안전영향조사서의 작성방법 (제21조 제3항 관련)

1. 요약문
   대상사업의 개요, 대상지역의 설정, 지반 및 지질 현황, 지하수 변화에 의한 영향 검토, 지하안전 확보방안의 적정성 및 이행 여부 검토, 지반안전성 검토, 종합평가 및 결론을 간략히 요약하여 기재

2. 사후지하안전영향조사 대상사업의 개요
   사업의 배경, 목적 및 필요성 등을 기술

3. 사후지하안전영향조사 대상지역의 설정
   지하안전영향평가에서 설정한 대상지역을 기초로 하여 지하개발사업의 시행으로 인해 지하안전에 영향을 미칠 것으로 예상되는 지역으로 설정

4. 지반 및 지질 현황
   지하안전영향평가 시 획득한 자료, 현장 시공 중 확인된 지반 및 지질 현황, 지하물리탐사 등의 현장조사 결과를 기초로 하여 작성

5. 지하수 변화에 의한 영향 검토
   지하안전영향평가 시 획득한 자료 및 광역 지하수 흐름 분석 자료, 기존 관측망 자료, 주변 계측 자료 등을 기초로 하여 지하수 변화에 의한 영향을 검토

6. 지반안전성 검토
   지하안전영향평가 시 획득한 자료와 지반안전성 분석 자료, 계측 자료 등을 기초로 하여 지반안전성 검토

7. 지하안전확보방안 적정성 및 이행 여부 검토
   가. 지하안전영향평가에서 제시한 지하안전확보방안의 적정성을 검토
   나. 시공 시 지하안전확보방안의 이행 여부 확인

8. 종합 평가 및 결론
   사후지하안전영향조사의 조사항목에 대한 개별적인 평가를 하고, 각각의 평가결과에 따른 영향정도를 종합적으로 기술한 후 결론을 도출

9. 부록
   가. 사후지하안전영향조사서 작성에 참여한 사람의 인적 사항
   나. 지하안전영향평가서 자료
   다. 지반 및 지하수 조사자료
   라. 용어 해설
   마. 지반안정성 계측 및 수치해석 검토 자료
   바. 인용 문헌 및 참고 자료 등

[별표 6]

소규모 지하안전영향평가의 평가항목 및 방법(제25조 제1항 관련)

평가항목	평가방법
1. 지반 및 지질 현황	가. 지하정보통합체계를 통한 정보분석 나. 시추조사 다. 투수시험
2. 지하수 변화에 의한 영향	가. 관측망을 통한 지하수 조사 나. 대상지역의 지하수 흐름 분석
3. 지반안전성	가. 굴착공사에 따른 지반안전성 분석 나. 주변 시설물의 안전성 분석

비고
1. "시추조사"란 시추기계나 기구 등을 사용하여 지반을 시추하여 시료를 조사하는 것을 말한다.
2. "투수시험"이란 일정한 수위차에서 일정한 시간 내에 침투하는 물의 양을 측정하여 시험하는 것을 말한다.
3. "지반안전성 분석"이란 별표 8 제3호에 따른 해석 프로그램 등을 이용한 공학적 해석을 통해 해당 지반의 침하가능성 등을 분석하는 것을 말한다.

[별표 7]

소규모 지하안전영향평가서의 작성방법 (제25조 제3항 관련)

1. 요약문
   대상사업의 개요, 대상지역의 설정, 지반 및 지질 현황, 지하수 변화에 의한 영향 검토, 지반안전성 검토, 지하안전확보방안 수립, 종합평가 및 결론의 내용을 간략히 요약하여 기재

2. 소규모 지하안전영향평가 대상사업의 개요
   사업의 배경, 목적 및 필요성 등을 기술

3. 소규모 지하안전영향평가 대상지역의 설정
   사업계획등 또는 지하개발사업의 시행으로 인해 지하안전에 영향을 미칠 것으로 예상되는 지역으로 설정

4. 지반 및 지질 현황
   지하정보통합체계를 통한 기본자료와 시추조사, 투수시험 등의 현장조사 결과를 기초로 하여 작성

5. 지하수 변화에 의한 영향 검토
   기존 관측망 자료를 기초로 하여 대상지역의 지하수 흐름 분석을 수행하여 작성

6. 지반안전성 검토
   굴착공사에 따른 지반안전성 영향분석과 주변 시설물의 안전성 분석으로 나누어 작성

7. 지하안전확보방안 수립
   소규모 지하안전영향평가 결과를 기초로 합리적이고 구체적인 내용(계측계획, 차수 및 지반보강 공법 등)으로 수립

8. 종합 평가 및 결론
   각각의 소규모 지하안전영향평가의 평가항목에 대한 개별적인 평가를 하고, 개별적인 평가에 따른 영향정도를 종합적으로 기술한 후 결론을 도출

9. 부록
   가. 소규모 지하안전영향평가서 작성에 참여한 사람의 인적 사항
   나. 지반 및 지하수 조사자료
   다. 용어 해설
   라. 지하수 영향 및 지반안전성 수치해석 검토자료
   마. 인용 문헌 및 참고자료 등

[별표 8]

지하안전영향평가 전문기관 등록기준(제26조 제1항 관련)

구분		기준
1. 자본금		1억 원 이상
2. 기술인력	가. 「건설기술 진흥법」에 따른 토질·지질 분야의 특급기술자	2명 이상
	나. 「건설기술 진흥법」에 따른 토질·지질 분야의 중급기술자 이상	2명 이상
	다. 「건설기술 진흥법」에 따른 토질·지질 분야의 초급기술자 이상	2명 이상
3. 장비	가. 디지털카메라	1대 이상
	나. 지하시설물 내시경 카메라	1대 이상
	다. 줄자(5m, 50m)	각 1개 이상
	라. 위치확인시스템(GPS)	1대 이상
	마. 지반 거동 수치해석 프로그램	1세트 이상
	바. 침투(Seepage) 해석 프로그램	1세트 이상
	사. 지하수 거동 해석 프로그램	1세트 이상
	아. 압밀해석 프로그램	1세트 이상

[별표 9]

행정처분의 세부기준(제28조 관련)

1. 일반기준
   가. 법 위반행위에 대한 행정처분은 다른 법률에 별도의 처분기준이 있는 경우 외에는 이 기준에 따르며 영업정지처분기간 1개월은 30일로 본다.
   나. 위반행위가 둘 이상인 경우로서 그에 해당하는 각각의 처분기준이 다른 경우에는 그 중 무거운 처분기준에 따르며, 둘 이상이 같은 영업정지인 경우에는 무거운 처분기준의 2분의 1까지 늘릴 수 있다. 이 경우 각 처분기준을 합산한 기간을 초과할 수 없다.
   다. 하나의 위반행위에 대한 처분기준이 둘 이상인 경우에는 그 중 무거운 처분기준에 따라 처분한다.
   라. 행정처분 기준에 따른 위반행위의 횟수의 산정은 다음의 구분에 따른다. 이 경우 행정처분 기준의 적용은 같은 위반행위에 대해 최초로 행정처분을 한 날과 다시 같은 위반행위를 적발한 날을 기준으로 한다.
      1) 제2호 가목에 따른 위반행위의 횟수에 따른 행정처분 기준은 최근 6개월 이내 같은 위반행위로 행정처분을 받은 경우에 적용한다.
      2) 제2호 나목에 따른 위반행위의 횟수에 따른 행정처분 기준은 최근 30일 이내 같은 위반행위로 행정처분을 받은 경우에 적용한다.
      3) 1) 및 2)에서 규정한 사항 외의 경우 위반행위의 횟수에 따른 행정처분 기준은 최근 2년 이내 같은 위반행위로 행정처분을 받은 경우에 적용한다.
   마. 처분권자는 위반행위의 동기·내용 및 위반의 정도 등 다음에 해당하는 사유를 고려하여 그 처분이 영업정지인 경우에는 행정처분기준의 2분의 1의 범위에서 감경할 수 있다.
      1) 위반행위가 고의나 중대한 과실이 아닌 사소한 부주의나 오류로 인한 것으로 인정되는 경우
      2) 위반의 내용 및 정도가 경미하여 지하안전에 미치는 피해가 적다고 인정되는 경우
      3) 위반 행위자가 처음 해당 위반행위를 한 경우로서 해당 업무를 성실히 해온 사실이 인정되는 경우
      4) 그 밖에 해당 영업에 대한 정부정책상 필요하다고 인정되는 경우

2. 개별기준

위반행위	근거 법조문	행정처분기준		
		1차 위반	2차 위반	3차 이상 위반
가. 등록 후 2년(기간 계산 시 법 제25조 제5항에 따라 신고한 휴업기간은 제외한다) 이내에 지하안전영향평가등의 대행실적이 없는 경우	법 제28조 제1항 제4호	경고	등록취소	
나. 법 제25조 제1항에 따른 등록기준에 못 미치게 된 경우. 다만, 제28조 각 호의 어느 하나에 해당하는 경우는 제외한다.	법 제28조 제1항 제5호	영업정지 1개월	영업정지 3개월	등록취소
다. 법 제27조 각 호의 준수사항을 위반한 경우	법 제28조 제1항 제7호			
1) 다른 지하안전영향평가서등의 내용을 복제하여 지하안전영향평가서등을 작성한 경우		영업정지 6개월	등록취소	
2) 지하안전영향평가서등과 그 작성의 기초가 되는 자료를 거짓으로 작성한 경우		영업정지 6개월	등록취소	
3) 지하안전영향평가서등과 그 작성의 기초가 되는 자료를 부실하게 작성한 경우		영업정지 3개월	영업정지 6개월	등록취소
4) 지하안전영향평가서등과 그 작성의 기초가 되는 자료를 국토교통부령으로 정하는 기간 동안 보존하지 않은 경우		영업정지 1개월	영업정지 3개월	영업정지 6개월
5) 자신이 도급받은 지하안전영향평가 등의 업무를 해당 지하개발사업자 또는 지하시설물관리자의 동의 없이 하도급한 경우		영업정지 3개월	영업정지 6개월	영업정지 6개월
6) 다른 사람에게 등록증이나 명의를 대여한 경우		등록취소		
라. 최근 2년간 법 제31조에 따른 시정명령을 두 차례 받고 새로 시정명령에 해당하는 사유가 발생한 경우	법 제28조 제1항 제8호	영업정지 1개월	영업정지 3개월	영업정지 6개월
마. 지하안전영향평가등을 수행할 자격이 없는 자에게 지하안전영향평가등을 수행하게 한 경우	법 제28조 제1항 제9호	영업정지 3개월	영업정지 6개월	등록취소
바. 다른 행정기관으로부터 법령에 따라 영업정지 등의 요청이 있는 경우	법 제28조 제1항 제10호	위반행위에 해당하는 가목부터 마목까지의 규정에 따른 행정처분 기준		

[별표 10]

지반침하위험도평가의 방법 및 절차(제29조 제1항 관련)

1. 지반침하위험도평가의 방법

평가항목	평가방법
지반 및 지질 현황	가. 지하정보통합체계를 통한 정보분석 나. 시추조사
지층(地層)의 빈 공간 [이하 "공동"(空洞)이라 한다]	가. 지하물리탐사(지표레이더탐사, 전기비저항탐사, 탄성파탐사 등) 나. 내시경카메라 조사
지반안전성	공동 등으로 인한 지반안전성 분석

2. 지반침하위험도평가의 절차
   가. 지반침하위험도평가 대상지역의 설정
   나. 지반 및 지질 현황 조사
   다. 공동 등 조사
   라. 지반안전성 검토
   마. 지하안전확보방안 수립
   바. 종합평가 및 결론

비고
1. "시추조사"란 시추기계나 기구 등을 사용하여 지반을 시추하여 시료를 조사하는 것을 말한다.
2. "지하물리탐사"란 지하의 상태나 변화를 물리적인 특성을 이용하여 조사하는 것을 말한다.
3. "지반안전성 분석"이란 별표 8 제3호에 따른 해석 프로그램 등을 이용한 공학적 해석을 통해 해당 지반의 침하가능성 등을 분석하는 것을 말한다.

[별표 11]

지반침하위험도평가서의 작성방법(제29조 제3항 관련)

1. 요약문
   대상지역의 설정, 지반·지질 현황 조사, 공동 조사, 지반안전성 검토, 지하안전확보방안 수립, 종합평가 및 결론의 내용을 간략히 요약하여 기재

2. 지반침하위험도평가 대상지역의 설정
   지반침하로 인해 긴급복구공사를 완료한 경우, 지하안전점검을 하여 지반침하의 우려가 있다고 판단되는 경우 및 지반침하위험도평가의 실시명령을 받은 경우 해당 지역을 중심으로 평가대상지역을 설정

3. 지반 및 지질 현황
   지하정보통합체계를 통한 기본자료와 시추조사 등의 현장조사 결과를 기초로 하여 작성

4. 공동 조사
   지하물리탐사와 내시경카메라 조사를 수행하여 공동의 위치, 크기 및 지반침하예상구간 등을 파악

5. 지반안전성 검토
   해당 지반의 침하가능성 등을 예측하기 위해 공동 등으로 인한 지반안전성에 대한 공학적인 분석을 실시

6. 지하안전확보방안 수립
   공동의 원인을 분석하고, 보수·보강 공법 등을 결정하여 지하안전확보방안을 수립하여야 하며, 그 확보방안을 수립한 사유를 작성

7. 종합 평가 및 결론
   공동의 정확한 위치 및 규모를 파악하고 공학적 분석을 통해 지반침하위험도를 평가하고, 그 결과에 따른 지하안전확보방안을 제시

8. 부록
   가. 지반침하위험도평가서 작성에 참여한 사람의 인적 사항
   나. 시추조사 자료
   다. 지하물리탐사 및 내시경카메라 조사자료
   라. 지반안전성 수치해석 검토자료
   마. 용어 해설
   바. 인용 문헌 및 참고자료 등

[별표 12]

과태료의 부과기준(제46조 제1항 관련)

1. 일반기준

가. 위반행위의 횟수에 따른 과태료의 가중된 부과기준은 최근 1년간 같은 위반행위로 과태료 부과처분을 받은 경우에 적용한다. 이 경우 기간의 계산은 위반행위에 대하여 과태료 부과처분을 받은 날과 그 처분 후 다시 같은 위반행위를 하여 적발된 날을 기준으로 한다.

나. 가목에 따라 가중된 부과처분을 하는 경우 가중처분의 적용 차수는 그 위반행위 전 부과처분 차수(가목에 따른 기간 내에 과태료 부과처분이 둘 이상 있었던 경우에는 높은 차수를 말한다)의 다음 차수로 한다.

다. 부과권자는 다음의 어느 하나에 해당하는 경우에는 제2호에 따른 과태료 금액의 2분의 1 범위에서 그 금액을 감경할 수 있다. 다만, 과태료를 체납하고 있는 위반행위자의 경우에는 그렇지 않다.

1) 위반행위자가 「질서위반행위규제법 시행령」 제2조의2 제1항 각 호의 어느 하나에 해당하는 경우

2) 위반행위가 사소한 부주의나 오류로 인한 것으로 인정되는 경우

3) 위반행위자가 법 위반상태를 시정하거나 해소하기 위하여 노력한 사실이 인정되는 경우

4) 그 밖에 위반행위의 정도·동기 및 그 결과 등을 고려하여 과태료를 감경할 필요가 있다고 인정되는 경우

라. 부과권자는 다음의 어느 하나에 해당하는 경우에는 제2호에 따른 과태료 금액의 2분의 1 범위에서 그 금액을 가중할 수 있다. 다만, 법 제56조 제1항부터 제3항까지에서 규정한 과태료의 상한을 넘을 수 없다.

1) 위반의 내용·정도가 중대하여 공중(公衆)에게 미치는 피해가 크다고 인정되는 경우

2) 법 위반상태의 기간이 6개월 이상인 경우

3) 그 밖에 위반행위의 정도·동기 및 그 결과 등을 고려하여 과태료를 가중할 필요가 있다고 인정되는 경우

2. 개별기준

(단위: 만원)

위반행위	근거 법조문	과태료 금액		
		1차 위반	2차 위반	3차 이상 위반
가. 법 제10조 제1항 또는 제2항에 따른 건설공사 안전관리계획 또는 안전관리규정을 제출하지 않은 경우	법 제56조 제3항 제1호			
1) 제출 지연기간이 1개월 미만인 경우		100		
2) 제출 지연기간이 1개월 이상 2개월 미만인 경우		300		
3) 제출지연기간이 2개월 이상인 경우		500		
나. 법 제10조 제3항에 따른 변경명령을 이행하지 않은 경우	법 제56조 제3항 제2호	300	400	500
다. 법 제20조 제1항(법 제23조 제3항에 따라 준용되는 경우를 포함한다)을 위반하여 필요한 조치를 하지 않은 경우	법 제56조 제2항 제1호	500	700	1,000
라. 법 제20조 제2항(법 제23조 제3항에 따라 준용되는 경우를 포함한다)을 위반하여 통보를 하지 않은 경우	법 제56조 제2항 제2호	500	700	1,000
마. 법 제21조 제2항(법 제23조 제3항에 따라 준용되는 경우를 포함한다) 또는 법 제22조 제3항(법 제23조 제3항에 따라 준용되는 경우를 포함한다)에 따른 조치명령을 이행하지 않은 경우	법 제56조 제1항 제1호	1,000	1,500	2,000
바. 법 제24조 제2항 제2호 또는 법 제27조 제2호를 위반하여 지하안전영향평가서등을 부실하게 작성한 경우	법 제56조 제2항 제3호	500	700	1,000
사. 법 제24조 제2항 제3호 또는 법 제27조 제3호를 위반하여 지하안전영향평가서등과 그 작성의 기초가 되는 자료를 보존하지 않은 경우	법 제56조 제3항 제3호	200	300	500
아. 법 제24조 제2항 제4호를 위반하여 지하안전영향평가서등에 관한 대행계약을 해당 지하안전영향평가등의 대상이 되는 계획이나 사업의 수립·시행과 관련되는 계약과 분리하여 체결하지 않은 경우	법 제56조 제2항 제4호	500	700	1,000
자. 법 제24조 제2항 제5호를 위반하여 사후지하안전영향조사에 관한 대행계약을 해당 사업의 지하안전영향평가 또는 소규모 지하안전영향평가 계약과 분리하여 체결하지 않은 경우	법 제56조 제2항 제5호	500	700	1,000
차. 법 제25조 제3항에 따른 변경신고를 하지 않은 경우	법 제56조 제3항 제4호	200	300	500
카. 법 제25조 제5항에 따른 휴업·재개업 신고를 하지 않은 경우	법 제56조 제3항 제5호	100	200	300
타. 법 제32조 제1항을 위반하여 지하안전향평가등의 대행실적을 보고하지 않거나 거짓으로 보고한 경우	법 제56조 제3항 제6호	200	300	500
파. 법 제34조 제1항에 따른 안전점검을 실시하지 않거나 성실하게 수행하지 경우(법 제51조 제1항 제8호에 따라 형벌을 받은 자는 제외한다)	법 제56조 제1항 제2호	1,000	1,500	2,000
하. 법 제36조 제1항을 위반하여 위험표지를 설치하지 않은 경우	법 제56조 제3항 제7호	100	200	500

위반행위	근거 법조문	과태료 금액		
		1차 위반	2차 위반	3차 이상 위반
거. 법 제36조 제3항을 위반하여 위험표지를 이전하거나 훼손한 경우	법 제56조 제3항 제8호	100	200	500
너. 법 제37조에 따른 필요한 조치를 취하지 않은 경우	법 제56조 제3항 제9호	100	300	500
더. 법 제38조 제2항을 위반하여 안전조치 이행 결과를 통보하지 않은 경우	법 제56조 제3항 제10호	100	300	500
러. 법 제39조에 따른 대피 등의 명령을 거부한 경우	법 제56조 제3항 제11호	100	200	300
머. 법 제40조 제1항에 따른 정비계획을 수립하지 않은 경우	법 제56조 제3항 제12호			
1) 수립 지연기간이 1개월 미만인 경우		100		
2) 수립 지연기간이 1개월 이상 2개월 미만인 경우		300		
3) 수립 지연기간이 2개월 이상인 경우		500		
버. 법 제40조 제3항에 따른 이행명령 또는 시정명령을 따르지 않은 경우	법 제56조 제1항 제3호	1,000	1,500	2,000
서. 법 제40조 제4항을 위반하여 정비계획 이행 결과를 통보하지 않은 경우	법 제56조 제3항 제13호			
1) 통보 지연기간이 1개월 미만인 경우		100		
2) 통보 지연기간이 1개월 이상 2개월 미만인 경우		300		
3) 통보 지연기간이 2개월 이상인 경우		500		
어. 정당한 사유 없이 법 제41조 제1항에 따른 토지등의 일시 사용 또는 장애물의 변경이나 제거를 거부 또는 방해한 경우	법 제56조 제3항 제14호	50	100	200
저. 법 제42조 제2항에 따른 갱신정보를 제출하지 않은 경우	법 제56조 제3항 제15호	100	200	300
처. 법 제43조 제2항에 따른 자료 요청에 정당한 사유 없이 응하지 않은 경우	법 제56조 제3항 제16호	100	200	300
커. 법 제46조에 따른 사고조사를 거부·방해 또는 기피한 경우	법 제56조 제3항 제17호	500		

지하안전관리에 관한 특별법 시행규칙 별표

[별표 1]

안전관리규정의 세부항목 및 수립기준(제2조 제1항 관련)

1. 지하시설물의 개요
   지하시설물의 명칭, 위치, 규모, 용도 및 관리주체 등

2. 안전관리조직
   안전관리조직 및 임무에 관한 사항으로서 지하시설물의 관리에 관한 토목건축, 전기통신, 기계설비 등 분야별 안전점검 및 확인을 위한 관리인원의 조직표

3. 안전점검
   가. 안전점검의 목적: 지하시설물의 종류에 따른 안전점검의 구체적 목적
   나. 안전점검 계획: 효율적이고 안전한 점검을 위한 사전계획 및 준비에 관한 사항
      1) 점검을 수행하는 데 필요한 인원, 장비 및 기기
      2) 기존에 발생한 결함을 확인하기 위한 기존 점검 자료
      3) 점검기간과 예상 작업시간
      4) 주변 시설물 등의 관리자 또는 주민과의 협조체계
      5) 특별한 주의가 필요한 사항에 대한 판단
   다. 점검시기: 지하시설물의 철저한 점검 및 진단을 위하여 기후, 주변 환경의 변화, 시급성 등을 고려하여 가장 바람직한 시기・기간을 결정

4. 안전 확보 및 유지관리 대책
   지하시설물의 보호, 보수 및 보강 등 지하시설물과 주변지반의 안전 확보 및 유지관리에 관한 사항

5. 비상시 긴급조치 및 복구계획
   지반침하 등 비상사태에 대비한 비상연락망, 비상동원조직, 경보체제, 응급조치 및 복구 등에 관한 사항

[별표 2]

지하안전영향평가서등 및 기초자료의 거짓·부실 작성에 관한 판단기준(제10조 관련)

1. 지하안전영향평가서등과 그 작성의 기초가 되는 자료(이하 이 표에서 "기초자료"라 한다)를 거짓으로 작성했다고 판단되는 경우
   가. 현황자료 등을 고의로 사실과 다르게 작성하여 지하안전에 미치는 영향이 적은 것으로 인지되도록 하는 경우로서 다음의 어느 하나에 해당하는 경우
      1) 지반현황을 조사하지 않거나 일부만 조사하고도 지반현황을 적정하게 조사한 것으로 지하안전영향평가서등 및 기초자료에 제시한 경우
      2) 「지하안전관리에 관한 특별법」 제43조에 따른 지하정보 등 국가기관 및 공공기관에서 제공하는 자료를 사실과 다르게 인용한 경우
   나. 시추 조사, 지하수 조사(흐름방향, 유출량 등), 지표레이더 탐사 등 현황조사 자료를 고의로 사실과 다르게 작성하여 지하에 미치는 영향이 적은 것으로 인지되도록 한 경우
   다. 지하안전영향평가서등 및 기초자료의 현황조사 및 작성 등에 참여하지 않았음에도 참여한 것으로 작성한 경우

2. 지하영향평가서등 및 기초자료를 부실하게 작성했다고 판단되는 경우: 다음 각 목의 어느 하나에 해당하는 경우로서 승인기관의 장 또는 국토교통부장관의 검토 또는 협의 시 지하안전영향평가서등의 적절한 검토 또는 협의가 어렵다고 인정되는 경우
   가. 법 제19 제1항에 따른 사전공사를 하였음에도 관련 내용을 지하안전영향평가서등의 기본현황자료에 포함하지 않은 경우
   나. 영 제14조·제21조·제25조 및 제29조에 따른 지하안전영향평가등 평가·조사 항목 및 방법 등에 따라 조사를 하지 않아 지하안전에 미치는 영향 등을 누락한 경우
   다. 지하안전에 영향을 미치는 영 제2조 각 호의 지하시설물 현황을 지하안전영향평가서등 작성 시 누락한 경우

[별표 3]

안전점검 대상 지하시설물의 종류 및 주변지반의 범위, 안전점검의 실시 시기 및 방법 (제16조 제1항 관련)

구분	세부내용
1. 안전점검 대상 지하시설물	「도로법」 제2조 제1호의 도로 및 「철도건설법」 제2조 제6호 가목 중 철도의 선로(선로에 딸리는 시설을 포함한다. 이하 같다) 아래에 설치된 다음 각 목의 어느 하나에 해당하는 지하시설물 가. 영 제2조 제1호의 수도 중 직경 500밀리미터 이상의 상수도관 나. 영 제2조 제2호의 하수도 중 직경 500밀리미터 이상의 하수도관 다. 영 제2조 제3호의 전기설비 라. 영 제2조 제4호의 전기통신설비 마. 영 제2조 제5호의 가스공급시설 바. 영 제2조 제6호의 공급시설 중 직경 500밀리미터 이상 수송관 사. 영 제2조 제7호의 공동구, 지하도로 및 지하광장 아. 영 제2조 제8호의 도로 자. 영 제2조 제9호의 도시철도시설 차. 영 제2조 제10호의 철도시설 카. 영 제2조 제11호의 주차장 타. 영 제2조 제13호의 지하도상가
2. 안전점검 대상 주변지반의 범위	지하시설물을 중심으로 지하시설물의 매설 깊이의 2분의 1에 해당하는 범위의 지표(이하 "주변지반"이라 한다)에 대하여 안전점검을 실시한다. 다만, 주변지반에 건축물 등이 설치되어 기술적으로 안전점검이 어려운 경우에는 건축물이 설치된 면적을 제외한 나머지 면적에 대하여 안전점검을 실시한다.
3. 안전점검의 실시 시기 및 방법	가. 지반침하 육안조사: 연 1회 이상 나. 지표투과레이더 탐사를 통한 공동(空洞)조사: 종전의 조사 완료일을 기준으로 매 5년마다 1회 이상

[별표 4]

중점관리대상 위험표지의 크기 및 기재사항 등(제19조 제1항 관련)

1. 중점관리대상 위험표지의 규격 · 재질 및 색상
   가. 규격
      1) 표지판 : 가로 1.2미터 × 세로 1미터 이상
      2) 기둥 : 지름 10센티미터 이상으로 바닥에서 표지판 하단까지 2미터 이상
   나. 재질 : 표지판 및 기둥은 철, 알루미늄 또는 그 밖에 이와 유사한 재질
   다. 색상
      1) 표지판 바탕 : 노랑
      2) 글씨 : 검정색. 다만, "위험시설 및 지역"은 빨간색으로 표시함.

2. 중점관리대상 위험표지의 기재사항

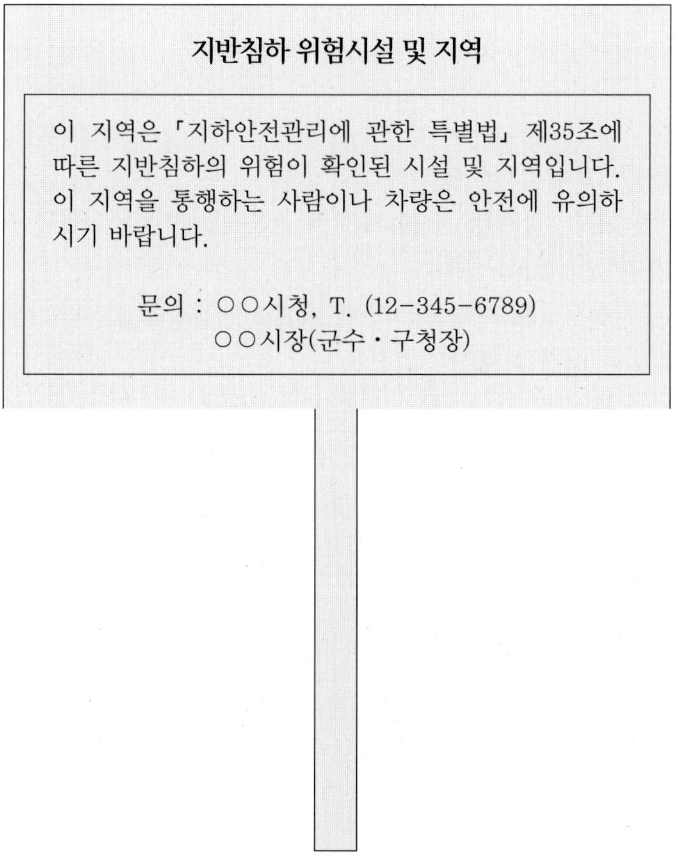

부 록 지하안전영향평가서등 및 지하안전점검 지침 해설서

(출처: 2017.12, 한국시설안전공단 홈페이지)

▮ 서 두 ▮

본 「지하안전영향평가서등 및 지하안전점검 지침 해설서」는 「지하안전관리에 관한 특별법」(이하 지하안전법) 제1조 및 동법 시행령 제1조 및 동법 시행규칙 제1조에 따라 해당 사업이 지하안전에 미치는 영향을 미리 조사·예측할 수 있도록 지하안전영향평가서등의 작성방법, 평가요령 및 협의절차 등을 제시하여 지반침하를 예방하거나 감소시킬 수 있는 방안을 마련하는데 그 목적이 있습니다.

본 지침 해설서는 **법적강제사항이 아님**을 알려드리며

① 법 제14조(지하안전영향평가의 실시 등) 제1항과 제2항에서 규정하는 사업을 하려는 지하개발사업자가 지하안전영향평가등을 실시할 때

② 지하안전법 영 제2조에 따른 "지하시설물"과 주변 지반에 대한 안전점검을 실시하는 지하시설물관리자가 "지하안전점검"을 실시할 때

참고하실 수 있으며, 반드시 준수할 필요는 없습니다.

목 차

[제1편 공통]

[제2편 지하개발의 안전관리]

[제3편 지하시설물 및 주변 지반의 안전관리]

제1편 공 통

제1장 서 론

제2장 지하안전영향평가등 실시절차

제1장 서 론

1.1 목 적

본 「지하안전영향평가서등 및 지하안전점검 지침 해설서」(이하 「해설서」라 한다)는 「지하안전관리에 관한 특별법」(이하 「법」이라 한다) 제1조 및 동법 시행령(이하 「영」이라 한다) 제1조 및 동법 시행규칙 제1조에 따라 해당사업이 지하안전에 미치는 영향을 미리 조사·예측할 수 있도록 지하안전영향평가서등(이하 「평가서」라 한다)의 작성방법, 평가요령 및 협의절차 등을 제시하여 지반침하를 예방하거나 감소시킬 수 있는 방안을 마련하는데 그 목적이 있다.

1.2 적용범위

본 해설서는 법 제14조(지하안전영향평가의 실시 등) 제1항과 제2항에서 규정하는 사업을 하려는 지하개발사업자가 지하안전영향평가등을 실시할 때 적용함을 원칙으로 한다. 또한, 이 해설서는 지하안전관리에 관한 특별법 영 제2조에 따른 "지하시설물"과 주변 지반에 대한 안전점검을 실시하는 지하시설물관리자가 "지하안전점검"을 실시할 때 적용한다.

1.3 용어의 정의

- 지하

  "지하"란 개발·이용·관리의 대상이 되는 지표면 아래를 말한다.
- 지반침하

  "지반침하"란 지하개발 또는 지하시설물의 이용·관리 중에 주변 지반이 내려앉는 현상을 말한다.
- 지하개발

  "지하개발"이란 지반형태를 변형시키는 굴착, 매설, 양수(揚水)등의 행위를 말한다.
- 지반함몰(Ground sink)

  "지반함몰"이란 지표면이 여러 요인에 의하여 일시에 붕괴되어 국부적으로 수직방향으로 꺼져 내려앉는 현상의 학술 용어이다.

- 싱크홀(Sinkhole)

"싱크홀"이란 석회암, 석고, 암염 등의 지층이 지하수 또는 지표수의 화학적인 영향에 의하여 공동이 생기고 2차적으로 상부지반의 지지력 상실로 지표층까지 깔때기 모양 또는 원통 모양으로 붕괴되는 현상이며 대체로 대규모로 형성되는 경우가 많다.

예) 한국 영월, 정선 부근, 미국 플로리다주 윈터팍 싱크홀

- 포트홀(Pot hole)

"포트홀"이란 도로 포장체에 우수유입 등으로 인하여 도로포장이 벗겨져 작은 구멍이 생기는 현상을 말한다. 예) 아스팔트 포트홀, 포장도로 포트홀

- 지하시설물

"지하시설물"이란 상수도, 하수도, 전력시설물, 전기통신설비, 가스공급시설, 공동구, 지하차도, 지하철 등 지하를 개발·이용하는 시설물로서 대통령령으로 정하는 시설물을 말한다.

- 지하안전영향평가서등

"지하안전영향평가서등"이란 법 제15조 제1항의 지하안전영향평가서, 법 제20조 제2항의 사후지하안전영향조사서, 법 제23조 제1항의 소규모지하안전영향평가서, 법 제35조 제1항의 지반침하위험도평가서를 말한다.

- 지하안전영향평가

"지하안전영향평가"란 지하안전에 영향을 미치는 사업의 실시계획·시행계획 등의 허가·인가·승인·면허 또는 결정 등(이하 "승인 등"이라 한다)을 할 때에 해당사업(터널 또는 굴착심도 20m 이상)이 지하안전에 미치는 영향을 미리 조사·예측·평가하여 지반침하를 예방하거나 감소시킬 수 있는 방안을 마련하는 것을 말한다.

- 소규모 지하안전영향평가

"소규모 지하안전영향평가"란 지하안전영향평가 대상사업에 해당하지 아니하는 소규모 사업(굴착심도 10m 이상~20m 미만)에 대하여 실시하는 지하안전영향평가를 말한다.

- 지반침하위험도평가

"지반침하위험도평가"란 지반침하와 관련하여 구조적·지리적 여건, 지반침하 위험요인 및 피해예상 규모, 지반침하 발생 이력 등을 분석하기 위하여 경험과 기술을 갖춘 자가 탐사 장비 등으로 검사를 실시하고 정량(定量)·정성(定性)적으로 위험도를 분석·예측하는 것을 말한다.

- 지하개발사업자

"지하개발사업자"란 지하를 안전하게 개발·이용·관리하기 위하여 지하안전영향평가 또는 소규모 지하안전영향평가 대상사업을 시행하는 자를 말한다.

- 지하시설물관리자

  "지하시설물관리자"란 관계 법령에 따라 지하시설물의 관리자로 규정된 자나 해당 지하시설물의 소유자를 말한다. 이 경우 해당 지하시설물의 소유자와의 관리계약 등에 따라 지하시설물의 관리책임을 진 자는 지하시설물관리자로 본다.

- 승인기관의 장

  "승인기관의 장"이란 지하안전영향평가 또는 소규모 지하안전영향평가 대상사업에 대하여 승인 등을 하는 기관의 장을 말한다.

- 지하정보

  "지하정보"란 「국가공간정보 기본법」 제2조 제1호에 따른 공간정보 중 지반특성, 지하시설물의 위치 등 지하에 관한 정보로서 대통령령으로 정하는 정보를 말한다.

- 지하공간통합지도

  "지하공간통합지도"란 지하를 개발·이용·관리하기 위하여 필요한 지하정보를 통합한 지도를 말한다.

- 인근지역의 범위(굴착영향범위)

  "인근지역의 범위"란 신설공사장 영향범위 파괴 포락선 45+ϕ2 이내로 정의할 수 있으며, 구조물의 중요도에 따라 각 관리기관별 영향범위기준을 따른다.

- 되메우기

  "되메우기"란 지하구조물의 주위 등 여분으로 판 부분에 토사를 메워서 원상으로 복귀하는 것을 말한다.

- 흙막이

  "흙막이"란 지반을 굴착할 때 주위의 지반이 침하나 붕괴되는 것을 방지할 목적으로 만드는 토압·수압에 저항하는 벽체와 그 지보공의 총칭을 말하며, 통상은 가설구조물이지만 구조 주체로서 다루는 경우가 있다.

- 터널

  "터널"이란 도로, 철도 또는 수로 등 지하공간을 활용해 통행 및 이동을 할 수 있도록 지중에 축조하는 지하구조물로 정의할 수 있으며, 굴착터널의 경우에는 지반 자체를 구조체로 활용하는 특징을, 개착터널의 경우에는 지층 및 주변 지반의 환경적인 특성에 직접적인 영향을 받는 특징을 가지고 있다.

- 지보

  "지보"란 지하 암반을 굴착하면 지압에 의해 변형이 생기고 파괴되어 함몰하는데, 이를 방지하고 일정한 공간을 유지하기 위하여 사용하는 지지물을 말한다.

- 광역 지하수흐름 분석

  "광역 지하수흐름 분석"이란 지하굴착에 따른 광역 지하수의 수위 변화와 유동 특성을 분석하는 것을 말한다.

- 지하안전확보방안

  "지하안전확보방안"이란 지반침하를 예방하거나 감소시킬 수 있는 방안을 말한다.

- 협의서 등

  "협의서 등"이란 지하안전영향평가서, 소규모지하안전영향평가서, 재협의서, 협의내용 조정 요청서, 사후지하안전영향조사서를 말한다.

- 사업지역

  "사업지역"이란 사업시행지역과 사업시행으로 인하여 지하안전에 영향이 미치거나 미칠 것으로 예상되는 주변 지역으로, 협의 시 지하안전영향평가 대상지역으로 설정된 지역을 말한다.

- 전문가

  "전문가"란 법 제11조에 따른 지하안전관리에 관한 자문단의 자문위원, 지방국토관리청의 장(제주특별자치도지사를 포함한다. 이하 같다)이 구성한 전문가 자문단의 자문위원, 그 밖에 지하안전영향평가 및 이와 관련된 사항에 대한 학식과 경험이 풍부한 자를 말한다.

- 검토기관

  "검토기관"이란 법 제16조에 따라 국토교통부장관이 검토 및 현지조사를 의뢰할 수 있는 자를 말한다.

- 검토의견

  "검토의견"이란 지방국토관리청의 장이 검토·의뢰한 협의서등에 대하여 검토기관이 통보한 의견을 말한다.

- 육안조사

  "육안조사"란 경험과 기술을 갖춘 자가 육안이나 간단한 점검기구 등으로 검사하여 지하시설물 및 주변 지반에 내재되어 있는 위험요인을 조사하는 행위를 말한다.

- 공동(空洞)

  "공동(空洞)"이란 지표하부에 발생한 빈 공간으로, 확대될 경우 지반침하 등이 발생할 수 있는 공간을 말한다.

- 공동(空洞)조사

  "공동(空洞)조사"란 지표투과레이더(GPR) 탐사기 등을 이용하여 지하시설물 및 주변 지반에 침하·공동(空洞) 등의 발생유무를 파악하는 행위를 말한다.

제2장 지하안전영향평가등 실시절차

2.1 지하안전영향평가 실시절차

지하안전영향평가의 실시절차는 다음과 같다.

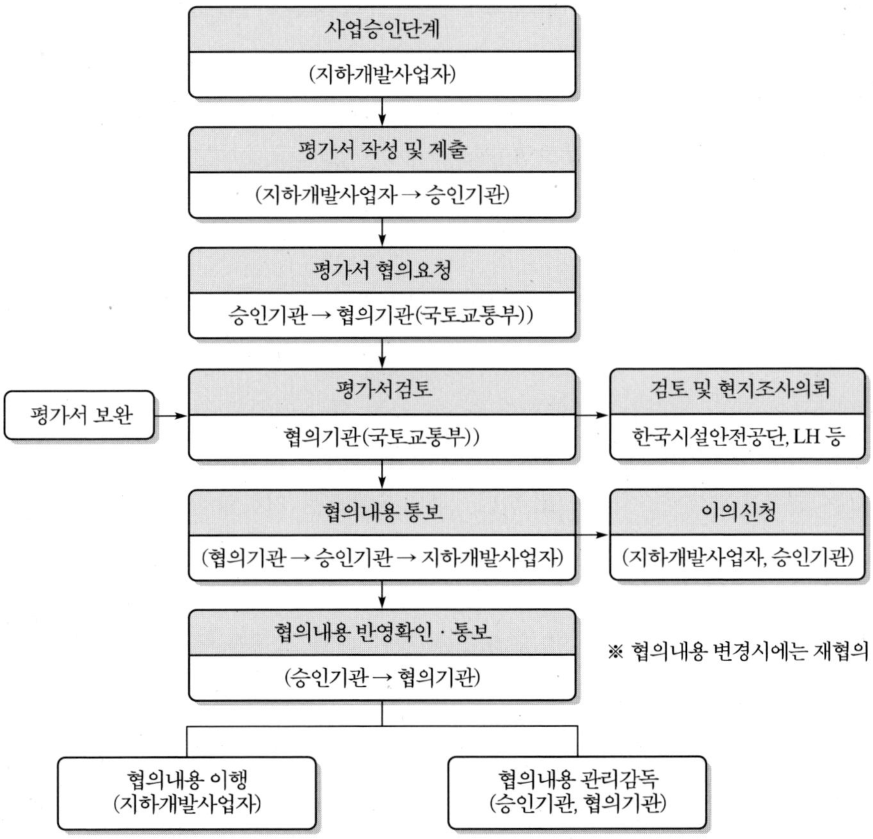

그림 1.2.1 지하안전영향평가 실시 절차도

2.1.1 지하안전영향평가 실시시기

지하안전영향평가는 지하안전관리에 관한 특별법 제10조에 따라 지하개발사업자는 「건설기술진흥법」에 따른 건설업자와 주택건설 등록업자로 하여금 동법 제62조에 따른 건설공사의 안전관리계획에 반영되도록 하여 지하개발이 승인되기 전에 관할 시장·군수·구청장에게 제출하여야 한다.

지하안전영향평가는 영 제13조의 지하안전영향평가 대상사업에 해당하는 경우 영 별표 1의 협의요청시기 이전에 지하안전영향평가를 실시하여야 한다.

2.1.2 지하안전영향평가 대상사업

법 제14조 및 영 제13조에 의거한 지하굴착공사를 수반하는 사업을 대상으로 한다.

- 굴착깊이(공사 지역 내 굴착깊이가 다른 경우에는 최대 굴착깊이를 말한다)가 20미터 이상인 굴착공사를 수반하는 사업
- 터널[산악터널 및 수저(水底)터널 구간은 제외한다] 공사를 수반하는 사업
- 법 제14조 제1항 제16호에서 "대통령령으로 정하는 시설"이란 「건축법」 제2조 제1항 제2호의 건축물
- 법 제14조 제2항에 따른 지하안전영향평가 대상사업의 구체적인 종류 및 범위는 영 별표 1과 같다.

2.1.3 지하안전영향평가 실시자의 자격 및 전문기관

(1) 책임기술자의 자격

영 제15조에 따라 지하안전영향평가 할 수 있는 사람(이하 "책임기술자"라 한다)은 「건설기술진흥법 시행령」 별표 1에 따른 토질·지질 분야의 특급기술자로서 국토교통부령으로 정하는 교육을 이수한 사람으로 한다. 책임기술자는 지하안전영향평가를 할 때 필요한 경우에는 영 별표 8 제2호에 따른 기술인력의 자격 요건을 갖춘 사람으로 하여금 자신의 감독 하에 지하안전영향평가를 하게 할 수 있다. 이 경우 책임기술자의 감독 하에 지하안전영향평가를 하려는 사람은 영 제15조 제1항에 따른 교육을 이수하여야 한다. 법 시행규칙 제5조(책임기술자 등의 교육훈련)에 따라 교육훈련을 이수하여야 한다.

(2) 지하안전영향평가 전문기관의 등록

법 제25조(지하안전영향평가 전문기관의 등록등) 제1항에 따르면 제24조 제1항에 따라 지하안전영향평가등을 대행하려는 자는 기술인력 및 장비 등 대통령령으로 정하는 등록기준을 갖추어 시·도지사에게 지하안전영향평가 전문기관으로 등록하여야 한다. 영 제26조 제1항에 따르면 법 제25조 제1항에서 "기술인력 및 장비 등 대통령령으로 정하는 등록기준"이란 별표 8에 따른 등록기준을 말한다.

(3) 지하안전영향평가 등의 대행

법 제24조 제1항에 따르면 지하안전영향평가, 사후지하안전영향조사, 소규모 지하안전영향평가 및 제35조 제1항에 따른 지반침하위험도평가(이하 "지하안전영향평가등"이라 한다)

를 하려는 지하개발사업자 또는 지하시설물관리자는 제25조 제1항에 따라 지하안전영향평가 전문기관으로 등록을 한 자(이하 "지하안전영향평가 전문기관"이라 한다)에게 지하안전영향평가등을 대행하게 할 수 있다.

2.1.4 지하안전영향평가 평가항목 및 방법

법 제14조 제2항과 영 제14조 제1항에 따른 지하안전영향평가 대상사업의 종류 및 평가방법 등에서 평가항목 및 방법은 영 별표 2와 같다.

2.1.5 지하안전영향평가서의 작성방법 및 협의요청

(1) 지하안전영향평가서의 작성방법

영 제16조 제1항에 따르면 법 제15조에 따른 지하안전영향평가서(이하 "지하안전영향평가서"라 한다)의 작성방법은 영 별표 3과 같다.

(2) 지하안전영향평가서의 협의요청

법 제15조 제1항에 따라 승인 등을 받아야 하는 지하개발사업자가 지하안전영향평가대상사업에 대한 승인 등을 요청할 때에는 지하안전영향평가에 관한 평가서 및 사업계획서 등 필요한 자료를 첨부하여 승인기관의 장에게 제출하여야 하고, 승인기관의 장은 승인 등을 하기 전에 국토교통부장관에게 협의를 요청하여야 한다. 제2항에 따르면 승인 등을 받지 아니하여도 되는 지하개발사업자(승인기관의 장이 지하개발사업자인 경우를 말한다. 이하 같다)는 지하안전영향평가 대상사업의 실시계획·시행계획 등(이하 "사업계획등"이라 한다)을 확정하기 전에 지하안전영향평가서 및 사업계획서 등 필요한 자료를 첨부하여 국토교통부장관에게 협의를 요청하여야 한다. 또한 영 제16조 제3항에 따르면 법 제15조 제1항에 따라 지하안전영향평가서를 받은 승인기관의 장 또는 법 제15조 제2항에 따라 승인 등을 받지 아니하여도 되는 지하개발사업자(이하 "승인기관장등"이라 한다)가 국토교통부장관에게 협의를 요청하는 시기는 별표 1과 같다.

2.1.6 지하안전영향평가서의 검토

법 제16조 제1항에 따르면 국토교통부장관은 법 제15조 제1항, 제2항에 따라 협의를 요청받은 경우에는 지하안전영향평가서를 검토하여야 한다. 영 제17조 제1항에 따라 지하안전영향평가서에 대하여 평가항목·방법 및 작성방법 등의 준수 여부, 지하안전영향평가서 내용의 타당성 여부를 검토하여야 한다.

법 제16조 제2항에 따르면 국토교통부장관은 제1항에 따라 지하안전영향평가서를 검토할 때에 지하개발사업자 또는 승인기관의 장에게 관련 자료의 제출을 요청할 수 있고, 필요한 경우 다음 각 호의 자에게 검토 및 현지조사를 의뢰할 수 있다.

- 「시설물의 안전 및 유지관리에 관한 특별법」 제45조에 따른 한국시설안전공단
- 「과학기술분야 정부출연연구기관 등의 설립·운영 및 육성에 관한 법률」에 따라 설립된 연구기관
- 「특정연구기관 육성법」 제2조에 따른 특정연구기관
- 그 밖에 대통령령으로 정하는 기관

2.1.7 지하안전영향평가서의 협의내용 통보

법 제16조 제4항의 국토교통부장관은 제15조 제1항 또는 제2항에 따라 협의를 요청받은 날부터 대통령령으로 정하는 기간 이내에 승인기관장 등에게 협의내용을 통보하여야 한다. 제16조 제4항에 따라 협의내용을 통보받은 승인기관의 장은 이를 지체 없이 지하개발사업자에게 통보하여야 한다. 영 제17조 제3항에 따르면 법 제16조 제4항에서 "대통령령으로 정하는 기간"이란 30일(부득이한 사유로 협의기간을 연장한 경우에는 50일)을 말한다. 이 경우 지하개발사업자가 지하안전영향평가서를 보완하는 기간과 공휴일 및 토요일은 기간산정에서 제외한다.

2.1.8 지하안전영향평가서의 협의내용 반영

법 제17조 제1항에 따라 지하개발사업자나 승인기관의 장은 제16조 제4항 또는 제5항에 따라 협의내용을 통보받았을 때에는 그 내용을 해당 사업계획 등에 반영하기 위하여 필요한 조치를 하여야 한다. 제2항에 따라 승인기관의 장은 사업계획 등에 대하여 승인 등을 하려면 협의내용이 사업계획 등에 반영되었는지를 확인하여야 한다. 이 경우 협의내용이 사업계획 등에 반영되지 아니한 경우에는 이를 반영하게 하여야 한다.

제3항에 따라 승인기관장 등은 사업계획 등에 대하여 승인 등을 하거나 사업계획 등을 확정하였을 때에는 협의내용의 반영 결과를 국토교통부장관에게 통보하여야 한다.

국토교통부장관은 제17조 제3항에 따라 통보받은 결과에 협의내용이 반영되지 아니한 경우 승인기관장 등에게 협의내용을 반영하도록 요청할 수 있다. 이 경우 승인기관장 등은 정당한 사유가 없으면 이에 따라야 한다.

2.1.9 지하안전영향평가서의 협의내용 반영결과 통보

협의내용의 반영결과 통보는 영 제18조에 따라 법 제17조 제3항에 따른 협의 내용의 반영 결과 통보는 승인기관의 장이 통보하는 경우는 지하안전영향평가 대상사업의 사업계획 등에 대하여 승인등을 한 날부터 30일 이내 또는 승인등을 받지 아니하여도 되는 지하개발사업자가

통보하는 경우는 사업계획등을 확정한 날부터 30일 이내에 하여야 한다.

2.1.10 지하안전영향평가서의 협의내용 조정 및 사업계획등의 변경·재협의

(1) 협의내용 조정

법 제18조 제1항에 따르면 지하개발사업자나 승인기관의 장은 제16조 제4항 또는 제5항에 따라 통보받은 협의 내용에 이의가 있으면 국토교통부장관에게 협의 내용을 조정하여 줄 것을 요청할 수 있다. 이 경우 승인등을 받아야 하는 지하개발사업자는 승인기관의 장을 거쳐 조정을 요청하여야 한다. 영 제19조 제1항과 제2항에 따라 조정 요청을 할 수 있다.

(2) 사업계획 등의 변경

법 제18조 제2항에 따라 지하개발사업자는 법 제15조 및 제16조에 따라 협의한 사업계획 등을 변경하는 경우에는 사업계획 등의 변경에 따른 지하안전확보방안을 마련하여 이를 변경되는 사업계획 등에 반영하여야 한다. 제3항에 따라 승인등을 받아야 하는 지하개발 사업자는 제2항에 따른 지하안전확보방안에 대하여 미리 승인기관의 장의 검토를 받아야 한다. 다만, 국토교통부령으로 정하는 경미한 변경사항에 대하여는 그러하지 아니하다.

(3) 사업계획 등의 재협의

법 제18조 제4항에 따르면 승인기관장등은 제2항 및 제3항에 따라 지하안전확보방안을 마련하거나 검토하는 경우로서 해당 사업계획 등의 변경된 내용이 지하안전에 영향을 줄 수 있다고 대통령령으로 정하는 사항에 해당하는 경우에는 국토교통부장관에게 재협의를 요청하여야 한다. 재협의 대상은 영 제20조 제2항에 따른다.

2.1.11 지하안전영향평가의 재평가

(1) 재평가 요청

법 제22조 제1항에 따라 국토교통부장관은 해당사업을 착공한 후에 지하안전영향평가 협의 당시 예측하지 못한 사정이 발생하여 주변 지하안전에 중대한 영향을 미치는 경우로서 제20조 제1항 또는 제21조에 따른 조치나 조치명령으로는 지하안전확보방안을 마련하기 곤란한 경우에는 승인기관장등과의 협의를 거쳐 다음 각 호의 자에게 재평가를 요청할 수 있다.

- 「시설물의 안전관리에 관한 특별법」 제45조에 따른 한국시설안전공단
- 「과학기술분야 정부출연연구기관 등의 설립·운영 및 육성에 관한 법률」에 따라 설립된 연구기관
- 「특정연구기관 육성법」 제2조에 따른 특정연구기관
- 그 밖에 대통령령으로 정하는 기관

(2) 재평가 결과의 통보

영 제22조에 따르면 법 제22조 1항에 따른 재평가 요청을 받은 자는 해당 사업계획 등에 대하여 재평가를 실시하고 그 결과를 대통령령으로 정하는 기간(법 제22조 제1항에 따라 재평가를 요청받은 날부터 180일) 이내에 국토교통부장관과 승인기관장 등에게 통보하여야 한다.

2.2 소규모 지하안전영향평가 실시절차

법 제23조 제3항에 따라 소규모 지하안전영향평가에 관하여는 법 제15조~제22조까지를 준용한다. 이 경우 "지하안전영향평가"는 "소규모 지하안전영향평가"로, "지하안전영향평가서"는 "소규모 지하안전영향평가서"로 본다. 따라서 소규모 지하안전영향평가의 절차는 지하안전영향평가와 동일하며 그 절차는 다음과 같다.

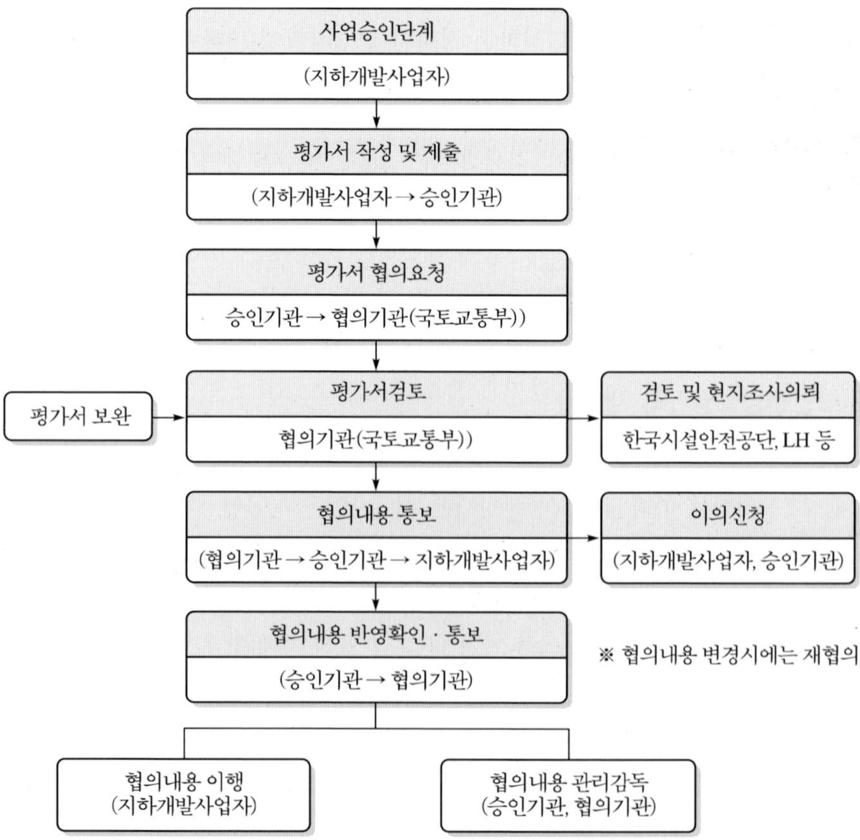

그림 1.2.2 소규모 지하안전영향평가 절차도

2.2.1 소규모 지하안전영향평가 실시시기

소규모 지하안전영향평가는 법 제23조와 영 제23조의 소규모 지하안전영향평가 대상사업에 해당하는 경우 영 별표 1의 협의요청 시기 이전에 소규모 지하안전영향평가를 실시하고, 소규모 지하안전영향평가에 관한 평가서를 작성하여야 한다. 다만, 천재지변이나 사고로 인한 긴급복구가 필요한 경우 등 대통령령으로 정하는 사유에 해당한다고 국토교통부장관이 인정한 지하시설물 공사의 경우에는 그러하지 아니하다.

소규모 지하안전영향평가는 법 제10조에 따라 지하개발사업자는 「건설기술진흥법」에 따른 건설업자와 주택건설 등록업자로 하여금 동법 제62조에 따른 건설공사의 안전관리계획에 반영되도록 하여 지하개발이 승인되기 전에 관할 시장·군수·구청장에게 제출하여야 한다.

2.2.2 소규모 지하안전영향평가 대상사업

법 제23조 및 영 제23조에 의거한 아래와 같은 사업을 대상으로 한다.

- 영 제23조에 따르면 법 제23조 제1항 본문에서 "대통령령으로 정하는 소규모 사업"이란 굴착깊이가 10미터 이상 20미터 미만인 굴착공사를 수반하는 사업으로서, 그 종류 및 범위는 영 별표 1과 같다.
- 영 제24조 소규모 지하안전영향평가 면제 사유는 법 제23조 제1항 단서에서 "천재지변이나 사고로 인한 긴급복구가 필요한 경우 등 대통령령으로 정하는 사유"란 하기와 같은 경우를 말한다.
  ㄱ. 천재지변으로 인하여 긴급복구가 필요한 경우
  ㄴ. 전기·전기통신의 불통 또는 상하수도관·가스관 등의 파열·누출 등으로 긴급복구가 필요한 경우
  ㄷ. 그 밖에 관계 중앙행정기관의 장 또는 지방자치단체의 장이 긴급복구가 필요하다고 인정하는 경우

2.2.3 소규모 지하안전영향평가 실시자의 자격 및 전문기관

(1) 책임기술자의 자격

영 제15조 제1항에 따라 소규모 지하안전영향평가할 수 있는 사람(이하 "책임기술자"라 한다)은 「건설기술 진흥법 시행령」 별표 1에 따른 토질·지질 분야의 특급기술자로서 국토교통부령으로 정하는 교육을 이수한 사람으로 한다. 책임기술자는 소규모 지하안전영향평가를 할 때 필요한 경우에는 영 별표 8 제2호에 따른 기술인력의 자격요건을 갖춘 사람으로 하여금 자신의 감독 하에 지하안전영향평가를 하게 할 수 있다. 이 경우 책임기술자의 감독 하에 지하안전영향평가를 하려는 사람은 영 제15조 제1항에 따른 교육을 이수하여야 한다.

(2) 소규모 지하안전영향평가 전문기관의 등록

법 제25조(지하안전영향평가 전문기관의 등록등) 제1항에 따르면 제24조 제1항에 따라 지하안전영향평가등을 대행하려는 자는 기술인력 및 장비 등 대통령령으로 정하는 등록기준을 갖추어 시·도지사에게 지하안전영향평가전문기관으로 등록하여야 한다. 영 제26조 제1항에 따르면 법 제25조 제1항에서 "기술인력 및 장비 등 대통령령으로 정하는 등록기준"이란 별표 8에 따른 등록기준을 말한다.

(3) 소규모 지하안전영향평가 등의 대행

법 제24조 제1항에 따르면 지하안전영향평가, 사후지하안전영향조사, 소규모 지하안전영향평가 및 제35조 제1항에 따른 지반침하위험도평가(이하 "지하안전영향평가등"이라 한다)를 하려는 지하개발사업자 또는 지하시설물관리자는 제25조 제1항에 따라 지하안전영향평가 전문기관으로 등록을 한 자(이하 "지하안전영향평가 전문기관"이라 한다)에게 지하안전영향평가등을 대행하게 할 수 있다.

2.2.4 소규모 지하안전영향평가 평가항목 및 방법

법 제23조 제2항에 따른 소규모 지하안전영향평가의 평가항목·방법, 소규모 지하안전영향평가를 실시할 수 있는 자의 자격, 소규모 지하안전영향평가서의 작성방법 등에 필요한 사항은 대통령령으로 정한다. 영 제25조 제1항에 따르면 소규모 지하안전영향평가의 평가항목 및 방법은 별표 6과 같다.

2.2.5 소규모 지하안전영향평가서의 작성방법 및 협의요청

(1) 소규모 지하안전영향평가서의 작성방법

영 제25조 제3항에 따르면 법 제23조 제2항에 따른 소규모 지하안전영향평가서의 작성방법은 별표 7과 같다.

(2) 지하안전영향평가서의 협의요청

법 제15조 제1항에 따라 승인등을 받아야 하는 지하개발사업자가 소규모 지하안전영향평가 대상사업에 대한 승인등을 요청할 때에는 소규모 지하안전영향평가에 관한 평가서 및 사업계획서 등 필요한 자료를 첨부하여 승인기관의 장에게 제출하여야 하고, 승인기관의 장은 승인등을 하기 전에 국토교통부장관에게 협의를 요청하여야 한다. 제2항에 따르면 승인등을 받지 아니하여도 되는 지하개발사업자(승인기관의 장이 지하개발사업자인 경우를 말한다.)는 지하안전영향평가 대상사업의 실시계획·시행계획 등(이하 "사업계획 등"이라 한다)을 확정하기 전에 지하안전영향평가서 및 사업계획서 등 필요한 자료를 첨부하여 국토교통부장관에게 협의를 요청하여야 한다. 또한, 영 제16조 제3항에 따르면 법 제15조 제1항에 따라 소규모 지하안전영향평가서를 받은 승인기관의 장 또는 법 제15조 제2항에 따라 승인등을 받지 아니하여도 되는 지하개발사업자(이하 "승인기관장등"이라 한다)가 국토교통부장관에게 협의를 요청하는 시기는 별표 1과 같다.

2.2.6 소규모 지하안전영향평가서의 검토

법 제16조 제1항에 따르면 국토교통부장관은 법 제15조 제1항, 제2항에 따라 협의를 요청받은 경우에는 소규모 지하안전영향평가서를 검토하여야 한다. 영 제17조 제1항에 따라 소규모 지하안전영향평가서에 대하여 평가항목·방법 및 작성방법 등의 준수 여부, 소규모 지하안전영향평가서 내용의 타당성여부를 검토하여야 한다.

법 제16조 제2항에 따르면 국토교통부장관은 제1항에 따라 소규모 지하안전영향평가서를 검토할 때에 지하개발사업자 또는 승인기관의 장에게 관련 자료의 제출을 요청할 수 있고, 필요한 경우 다음 각 호의 자에게 검토 및 현지조사를 의뢰할 수 있다.

- 「시설물의 안전 및 유지관리에 관한 특별법」 제45조에 따른 한국시설안전공단
- 「과학기술분야 정부출연연구기관 등의 설립·운영 및 육성에 관한 법률」에 따라 설립된 연구기관
- 「특정연구기관 육성법」 제2조에 따른 특정연구기관
- 그 밖에 대통령령으로 정하는 기관

2.2.7 소규모 지하안전영향평가서의 협의내용 통보

법 제16조 제4항의 국토교통부장관은 제15조 제1항 또는 제2항에 따라 협의를 요청받은 날부터 대통령령으로 정하는 기간 이내에 승인기관장 등에게 협의내용을 통보하여야 한다. 제16조 제4항에 따라 협의내용을 통보받은 승인기관의 장은 이를 지체 없이 지하개발사업자에게 통보하여야 한다. 영 제17조 제3항에 따르면 법 제16조 제4항에서 "대통령령으로 정하는 기간"이란 30일(부득이한 사유로 협의기간을 연장한 경우에는 50일)을 말한다. 이 경우 지하개발사업자가 소규모 지하안전영향평가서를 보완하는 기간과 공휴일 및 토요일은 기간산정에서 제외한다.

2.2.8 소규모 지하안전영향평가서 협의내용의 반영

법 제17조 제1항에 따르면 지하개발사업자나 승인기관의 장은 제16조 제4항 또는 제5항에 따라 협의내용을 통보받았을 때에는 그 내용을 해당사업계획 등에 반영하기 위하여 필요한 조치를 하여야 한다. 법 제17조 제2항에 따라 승인기관의 장은 사업계획 등에 대하여 승인 등을 하려면 협의내용이 사업계획 등에 반영되었는지를 확인하여야 한다. 이 경우 협의내용이 사업계획 등에 반영되지 아니한 경우에는 이를 반영하게 하여야 한다.

제3항에 따라 승인기관장 등은 사업계획 등에 대하여 승인 등을 하거나 사업계획 등을 확정하였을 때에는 협의내용의 반영 결과를 국토교통부장관에게 통보하여야 한다.

국토교통부장관은 제17조 제3항에 따라 통보받은 결과에 협의내용이 반영되지 아니한 경우 승인기관장 등에게 협의내용을 반영하도록 요청할 수 있다. 이 경우 승인기관장 등은 정당한 사유가 없으면 이에 따라야 한다.

2.2.9 소규모 지하안전영향평가서의 협의내용 통보

협의내용의 반영결과 통보는 영 제18조에 따라 법 제17조 제3항에 따른 협의내용의 반영 결과 통보는 승인기관의 장이 통보하는 경우는 소규모 지하안전영향평가 대상사업의 사업계획 등에 대하여 승인 등을 한 날부터 30일 이내 또는 승인 등을 받지 아니하여도 되는 지하개발사업자가 통보하는 경우는 사업계획 등을 확정한 날부터 30일 이내에 하여야 한다.

2.3 사후지하안전영향조사 실시절차

사후지하안전영향조사의 절차는 다음과 같다.

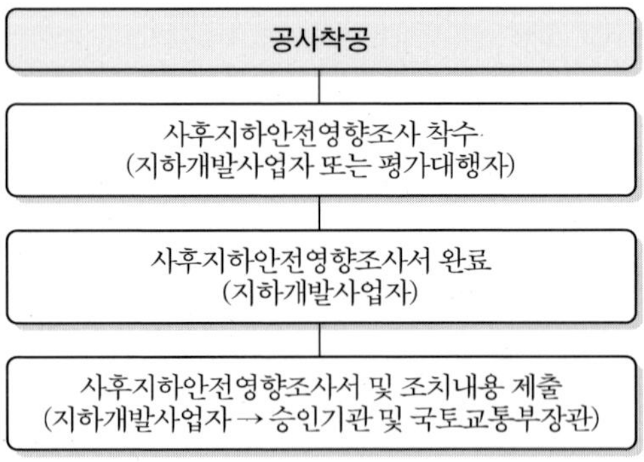

그림 1.2.3 사후지하안전영향조사 절차도

2.3.1 사후지하안전영향조사 실시시기

사후지하안전영향조사는 법 제20조에 따라 지하개발사업자는 해당 지하안전영향평가 대상사업을 착공한 후에 그 사업이 지하안전에 미치는 영향을 조사(이하 "사후지하안전영향조사"라 한다)하고, 그 결과 지하안전을 위하여 조치가 필요한 경우에는 지체 없이 필요한 조치를 하여야 한다.

영 제21조 제1항에 따르면 법 제20조 제1항에 따른 사후지하안전영향조사는 지하안전영향평가서에 기재된 사후지하안전영향조사 실시기간에 한다.

2.3.2 사후지하안전영향조사 대상사업

사후지하안전영향조사는 법 제20조에 따라 "지하개발사업자는 해당 지하안전영향평가대상사업을 착공한 후에 그 사업이 지하안전에 미치는 영향을 조사한다."라고 되어 있으므로 사후지하안전영향조사 대상사업은 지하안전영향평가를 수행한 사업을 말한다.

법 제14조 및 영 제13조에 의거한 지하굴착공사를 수반하는 사업을 대상으로 한다.

- 굴착깊이(공사 지역 내 굴착깊이가 다른 경우에는 최대 굴착깊이를 말한다)가 20미터 이상인 굴착공사를 수반하는 사업
- 터널[산악터널 및 수저(水底)터널 구간은 제외한다]공사를 수반하는 사업
- 법 제14조 제1항 제16호에서 "대통령령으로 정하는 시설"이란 「건축법」 제2조 제1항 제2호의 건축물
- 법 제14조 제2항에 따른 지하안전영향평가 대상사업의 구체적인 종류 및 범위는 영 별표 1과 같다.

2.3.3 사후지하안전영향조사 실시자의 자격 및 전문기관

(1) 책임기술자의 자격

법 제21조 제5항에 따르면 사후지하안전영향조사를 할 수 있는 사람의 자격에 관하여는 제15조를 준용한다. 이 경우 "지하안전영향평가"는 "사후지하안전영향조사"로 본다.

영 제15조에 따라 사후지하안전영향조사할 수 있는 사람(이하 "책임기술자"라 한다)은 「건설기술 진흥법 시행령」 별표 1에 따른 토질·지질 분야의 특급기술자로서 국토교통부령으로 정하는 교육을 이수한 사람으로 한다. 책임기술자는 사후지하안전영향조사를 할 때 필요한 경우에는 영 별표 8 제2호에 따른 기술 인력의 자격 요건을 갖춘 사람으로 하여금 자신의 감독 하에 사후지하안전영향조사를 하게 할 수 있다. 이 경우 책임기술자의 감독 하에 사후지하안전영향조사를 하려는 사람은 영 제15조 제1항에 따른 교육을 이수하여야 한다. 법 시행규칙 제5조(책임기술자 등의 교육훈련)에 따라 교육훈련을 이수하여야 한다.

(2) 사후지하안전영향조사 전문기관의 등록

법 제25조(지하안전영향평가 전문기관의 등록등) 제1항에 따르면 제24조 제1항에 따라 지하안전영향평가등을 대행하려는 자는 기술인력 및 장비 등 대통령령으로 정하는 등록기준을 갖추어 시·도지사에게 지하안전영향평가 전문기관으로 등록하여야 한다. 영 제26조

제1항에 따르면 법 제25조 제1항에서 "기술인력 및 장비 등 대통령령으로 정하는 등록기준"이란 별표 8에 따른 등록기준을 말한다.

(3) 사후지하안전영향조사의 대행

법 제24조 제1항에 따르면 지하안전영향평가, 사후지하안전영향조사, 소규모 지하안전영향평가 및 제35조 제1항에 따른 지반침하위험도평가(이하 "지하안전영향평가등"이라 한다)를 하려는 지하개발사업자 또는 지하시설물관리자는 제25조 제1항에 따라 지하안전영향평가 전문기관으로 등록을 한 자(이하 "지하안전영향평가 전문기관"이라 한다)에게 지하안전영향평가등을 대행하게 할 수 있다.

2.3.4 사후지하안전영향조사 조사항목 및 방법

영 제21조 제2항에 따르면 사후지하안전영향조사의 조사항목 및 방법은 영 별표 4와 같다.

2.3.5 사후지하안전영향조사서 작성방법

영 제21조 제3항에 따르면 법 제20조 제2항에 따른 사후하안전영향조사서(이하 "사후지하안전영향조사서"라 한다)의 작성방법은 영 별표 5와 같다.

2.3.6 사후지하안전영향조사 조사결과의 통보

법 제20조 제2항에 따라 지하개발사업자는 사후지하안전영향조사에 관한 조사서(이하 "사후지하안전영향조사서"라 한다)와 지하안전을 위하여 조치가 필요한 사실 및 조치내용을 국토교통부장관 및 승인기관의 장에게 통보하여야 한다.

영 제21조 제4항에 따라 지하안전영향평가 대상사업을 하려는 지하개발사업자는 사후지하안전영향조사서와 지하안전을 위하여 조치가 필요한 사실 및 조치 내용을 사후지하안전영향조사가 끝난 날부터 60일 이내에 전자문서의 형태로 국토교통부장관 및 승인기관의 장에게 제출하여야 한다.

2.3.7 사후지하안전영향조사 협의 내용의 이행

법 제21조 제1항에 따라 지하개발사업자는 사업계획 등을 시행할 때에 사업계획 등에 반영된 협의내용을 이행하여야 한다. 법 제21조 제2항에 따라 승인기관의 장은 승인 등을 받아야 하는 지하개발사업자가 협의내용을 이행하였는지를 확인하여야 하며, 승인 등을 받아야 하는 지하개발사업자가 협의내용을 이행하지 아니하였을 때에는 그 이행에 필요한 조치를 명하여야 한다.

2.3.8 사후지하안전영향조사의 관리·감독

법 제21조 제3항에 의하면 승인기관의 장은 승인 등을 받아야 하는 지하개발사업자가 법 제21조 제2항에 따른 조치명령을 이행하지 아니하여 해당사업이 지하안전에 중대한 영향을 미친다고 판단하는 경우에는 그 사업의 전부 또는 일부에 대한 공사 중지 명령을 하여야 한다.

법 제21조 4항에 따라 국토교통부장관은 협의 내용의 이행을 관리하기 위하여 필요하다고 인정하는 경우에는 승인등을 받지 아니하여도 되는 지하개발사업자에게 공사중지나 그 밖에 필요한 조치를 할 것을 명령하거나, 승인기관의 장에게 공사중지 명령이나 그 밖에 필요한 조치명령을 할 것을 요청할 수 있다. 이 경우 승인기관장등은 정당한 사유가 없으면 이에 따라야 한다.

법 제21조 제5항에 따라 국토교통부장관 또는 승인기관의 장은 지하개발사업자에게 협의 내용의 이행에 관련된 자료를 제출하게 하거나 소속 공무원으로 하여금 사업장에 출입하여 조사하게 할 수 있다. 이 경우 조사에 관하여는 제30조 제2항 및 제3항을 준용한다.

2.4 지반침하위험도평가 실시절차

지반침하위험도평가의 실시절차는 다음과 같다.

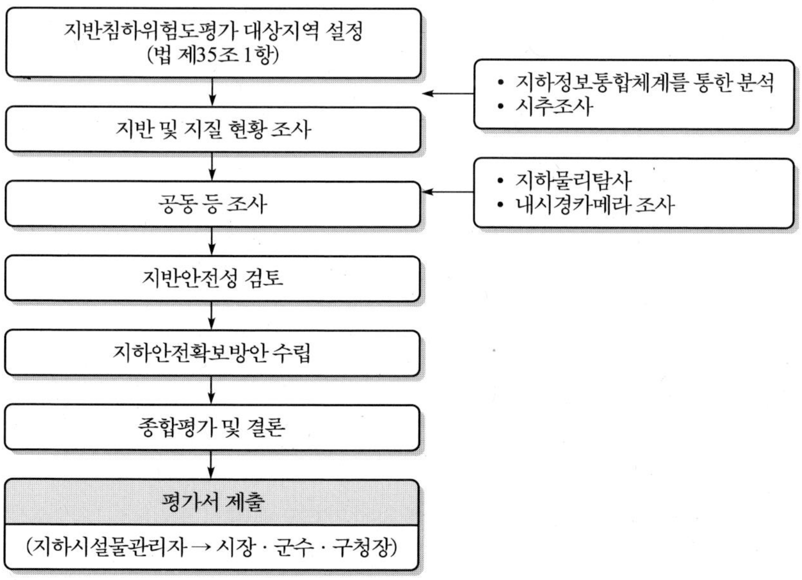

그림 1.2.4 지반침하위험도평가 실시 절차도

2.4.1 지반위험도평가의 실시시기 및 대상

법 제35조 제1항에 따라 지하시설물관리자는 다음 각 호의 어느 하나에 해당하는 경우 지반침하위험도평가를 실시하여야 한다.

- 긴급복구공사를 완료한 경우
- 법 제34조 제1항에 따른 안전점검을 실시한 결과 지반침하의 우려가 있다고 인정되는 경우
- 법 제34조 제4항에 따라 지반침하위험도평가의 실시명령을 받은 경우

2.4.2 지반침하위험도평가 실시자의 자격 및 전문기관

(1) 책임기술자의 자격

영 제15조에 따라 책임기술자는 「건설기술진흥법 시행령」 별표 1에 따른 토질·지질분야의 특급기술자로서 국토교통부령으로 정하는 교육을 이수한 사람으로 한다. 책임기술자는 지반침하위험도평가를 할 때 필요한 경우에는 영 별표 8 제2호에 따른 기술인력의 자격 요건을 갖춘 사람으로 하여금 자신의 감독 하에 지반침하위험도평가를 하게 할 수 있다. 이 경우 책임기술자의 감독 하에 지반침하위험도평가를 하려는 사람은 국토교통부령으로 정하는 교육을 이수하여야 한다.

책임기술자 등의 교육훈련은 시행규칙 제5조에 따라 해당하는 기관에서 실시하는 지하안전 분야의 신규교육(70시간 이상) 및 보수교육(3년마다 21시간 이상)을 이수하여야 한다.

(2) 지반침하위험도평가 전문기관의 등록

법 제24조 제1항에 따라 지반침하위험도평가를 대행하려는 자는 기술인력 및 장비 등 대통령령으로 정하는 등록기준을 갖추어 시·도지사에게 지하안전영향평가 전문기관으로 등록하여야 한다.

영 제26조 제1항 및 제2항과 관련하여 지하안전영향평가전문기관으로 등록하려는 자는 영 별표 8의 등록기준을 갖추어야 한다.

2.4.3 지반침하위험도평가 평가방법 및 절차

지반침하위험도평가의 평가방법 및 절차 등은 시행령 별표 10과 같다. 법 제35조 1항에 따른 지반침하위험도평가에 관한 평가서(이하 “지반침하위험도평가서”라 한다)의 작성방법에 관한 구체적인 사항은 영 별표 11과 같다.

2.4.4 지반침하위험도평가 조사결과의 통보

법 제35조 제1항에 따라 지하시설물관리자는 지반침하위험도평가를 실시하여야 하고, 지반침하

위험도평가에 관한 평가서를 관할 시장·군수·구청장에게 제출하여야 한다.

2.5 지하안전점검 실시절차

지하안전점검의 실시절차는 다음과 같다.

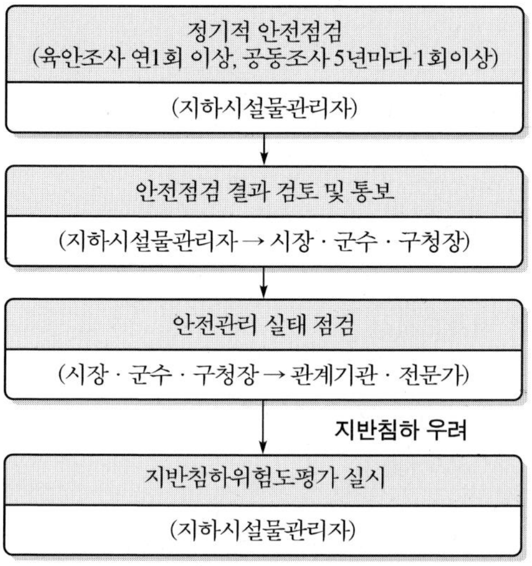

그림 1.2.5 지하안전점검 실시 절차도

2.5.1 지하안전점검 실시시기

지하시설물관리자는 법 제34조, 시행규칙 제16조 및 별표 3에 따라 지반침하 육안조사를 1년에 1회 이상, 지표투과레이더(GPR) 탐사를 통한 공동조사를 5년에 1회 이상 실시해야 한다. 실시시기는 전 회차의 지하안전점검 종료일의 익일로부터 기산한다.

2.5.2 지하안전점검 대상

법 제34조 제1항 및 시행규칙 제16조 제1항 및 별표 3에 의거 「도로법」 제2조 제1호의 도로 및 「철도건설법」 제2조 제6호 가목 중 철도의 선로 아래에 설치된 다음 각 호의 지하시설물에 대하여 지하안전점검을 실시한다.

안전점검대상 주변 지반의 범위는 지하시설물을 중심으로 지하시설물의 매설 깊이의 2분의 1에 해당하는 범위의 지표에 대하여 지하안전점검을 실시한다. 다만 주변지반에 건축물 등이 설치되어 기술적으로 안전점검이 어려운 경우에는 건축물이 설치된 면적을 제외한 나머지 면적에 대하여 안전점검을 실시한다.

표 1.2.1 지하안전점검 대상시설물

구 분	대상시설물	점검방법 및 실시시기	
		육안조사 (1회/1년)	지표투과레이더 (GPR)탐사 (1회/5년)
적용범위	도로 및 철도시설 중 지하시설물에 대하여 지하안전점검을 실시한다. (지하안전관리에 관한 특별법 시행규칙 별표 3)		
대상 시설물	직경 500mm 이상의 상수도관	○	○
	직경 500mm 이상의 하수도관	○	○
	전기시설	○	○
	전기통신시설	○	○
	가스공급시설	○	○
	공급시설 중 직경 500mm 이상 수송관	○	○
	공동구, 지하도록 및 지하광장	○	○
	도로	○	○
	도시철도시설	○	○
	철도시설	○	○
	주차장	○	○
	지하도상가	○	○

2.5.3 지하안전점검 평가항목 및 방법

육안조사는 지하시설물에 의해 지반침하가 발생하는 징후들에 대하여 지하시설물 및 도로의 자료조사와 간단한 측정·시험장비로 안전점검 대상범위의 지표 및 주변에 대한 현장 육안조사로 구분한다.

공동조사는 지표투과레이더(GPR) 탐사를 이용하여 조사범위 내에 발생하고 있는 침하, 공동 등의 유무를 확인한다.

2.5.4 지하안전점검 조사결과의 통보

법 제34조 제1항, 시행규칙 제16조 제3항의 내용에 따르면 지하시설물관리자는 소관 지하시설물 및 주변 지반에 대하여 안전관리규정에 따른 안전점검을 국토교통부령으로 정하는 바에 따라 정기적으로 실시하고 그 결과를 30일 이내에 시장·군수·구청장에게 통보하여야 한다.

시장 · 군수 · 구청장은 법 제34조 제2항 및 제3항에 따라 지하시설물 및 주변 지반에 대하여 연 1회 이상 안전관리 실태를 점검하여야 하며, 필요한 경우 관계 기관 및 전문가와 합동하여 현장조사를 실시할 수 있다. 안전관리 실태점검 결과 지반침하의 우려가 있다고 판단되는 경우에는 해당 지하시설물관리자 및 해당 토지의 소유자·점유자에게 통보하고 안전에 필요한 조치를 취하도록 하여야 하며, 해당 지하시설물관리자에게 지반침하위험도평가의 실시를 명할 수 있다.

제2편 지하개발의 안전관리

제1장 지하안전영향평가

지하안전영향평가는 현장조사, 기본설계 및 실시설계 내용 등을 기초자료로 활용하여 평가방법에 따라 평가를 진행하는 것을 전제로 하며, 설계기준 미준수 및 위험구간 선정시 주요 고려사항에 대한 자료가 불충분하거나 지하안전영향평가 수행 전, 중에 주변 여건 및 현장 여건 급변화시 추가조사나 검토 등을 수행하여야 한다.

1.1 지반 및 지질현황

실시계획 승인 이전 사업단계에서 지하정보통합체계를 통한 정보분석, 기본 및 실시설계보고서, 지반조사 및 지질조사보고서, 시추조사, 투수시험, 지하물리탐사 등을 활용해서 지질분석 및 지층분석, 시험결과 등을 검토하여 사업구간에 대한 지하안전영향평가를 수행하여야 한다.

1.1.1 지질현황 검토

(1) 지형 분석

산계 및 수계조사에 따른 지형특성을 예측하고 지형도 및 항공사진 등을 이용하여 지형 특성을 파악한다. 필요할 경우 현장답사를 통하여 주변 환경에 대한 현황을 조사하도록 한다.

도심권 지형도는 기간산업 및 도시의 발달로 왜곡된 정보를 포함하고 있으므로 필요시 개발이전에 작성된 고(古)지형도를 이용하여 과거 지형이력(하천, 수로, 매립지 등)을 파악하여 시간 흐름에 따른 지반정보 및 지형변화 양상을 판단한다.

(2) 지질특성 분석

- 지질도 및 문헌자료 등을 검토하여 기반암의 특성을 고려한 지반조사 수행 및 성과 분석 시 기초자료로 활용한다.
- 사업구간의 지질도, 인공위성 영상 및 음영기복도 등을 이용한 광역 선구조분석 및 단층대, 습곡 등의 지질구조대를 파악한다.
- 사업구간에 노출암 분포 시 암종분포 특성, 불연속면 발달상태를 파악하여 암반의 지질공학적 특성을 분석하고 필요시 물리탐사 결과와 비교분석하여 효율적인 조사계획 수립에 반영할 수 있다.
- 노두관찰이 불가능한 도심지 구간은 현장여건을 사전에 파악하여 시행여부를 결정하도록 한다.

1.1.2 지하정보통합체계를 통한 정보분석

지하정보통합체계에 포함된 지하정보(시추정보, 지질정보, 관정정보, 지하시설물에 관한 정보), 지하공간통합지도 등의 정보를 참고하여 지하안전영향평가에 활용할 수 있으며 지하정보통합체계가 구축·운영되기 전에는 다음의 내용에 따라 지하정보 관련 자료를 분석하여 활용한다.

(1) 시추정보
지반상태, 지층의 종류, 지하수위 등 시추기계나 기구 등을 사용하여 지반의 시료를 조사하여 생산되는 시추정보는 국토지반정보 통합DB센터(https://www.geoinfo.or.kr), 서울특별시 지반정보 통합관리시스템(http://surveycp.seoul.go.kr)에서 시추조사 결과와 내용을 분석하여 활용할 수 있도록 한다.

(2) 지질정보
암석의 종류·성질·분포상태 및 지질구조 등 한국지질자원연구원(http://www.kigam.re.kr)과 한국광물자원공사(http://www.kores.or.kr)에서 조사하여 생산된 지질정보 자료를 분석하여 활용할 수 있도록 한다.

(3) 지하수 정보
「지하수법」 제5조(지하수의 조사)에 따른 지하수조사로 획득한 관정정보는 국토교통부의 국가지하수정보센터(http://www.gims.go.kr)와 물자원포털(http://www.water.or.kr)의 자료를 분석하여 활용할 수 있도록 한다.

(4) 지하시설물에 관한 정보
상수도, 하수도, 전력시설물, 전기, 통신, 가스, 난방, 공동구, 지하차도, 지하철, 지하보도, 지하주차장, 지하광장 등 각각의 개별법에 따라 구축·관리되고 있는 지하시설물에 관한 정보를 분석하여 활용할 수 있도록 한다.

(5) 지하공간통합지도 정보
국토교통부에서는 지하공간통합지도 구축사업을 진행하고 있으며, 시범구축사업을 통한 기반을 마련하고 통합된 지도구축을 목표로 연구와 사업이 진행되고 있어 향후 지하공간통합지도가 구축되면 지하공간에 대한 자료를 활용하도록 한다.

1.1.3 시추조사

- 시추조사는 지반의 성상을 조사하고, 시료의 채취 및 각종 원위치 공내시험을 시행하여 설계에 필요한 제반 자료를 정확하게 산정해야한다.

- 시추조사는 암상, 층서, 층후 및 균열의 수직 발달상태 등에 관한 직접적이고 명확한 자료를 얻기 위하여 수행하며 필요한 경우 시추조사 중에 불교란시료를 채취할 수 있다.
- 시료채취를 통한 지반의 분포상태 및 풍화도 등을 파악한다.
- 평가를 위한 조사가 미비할 경우 추가적으로 시추조사를 수행할 수 있다.
- 현장조건 및 민원 등으로 인한 미시추 구간은 반드시 주변 데이터를 통하여 추정하며 미진한 부분은 시공 중 추가조사나 물리탐사 등을 실시하여야 한다.
- 시추완료 후 24, 48, 72시간 경과 후 공내의 지하수위를 파악하고 필요시에는 장기 지하수위 관측정을 설치하여 지하수위 변화를 측정한다.
- 시추조사 완료 후 시추공 내에서 채취한 시료 및 지층에 대한 모든 정보를 시추주상도에 상세히 기록하고 수치해석을 위한 지반정수 산정은 현장시험 및 실내시험 결과를 토대로 경험식, 문헌자료, 기존 적용사례를 연계 분석하여 지층별로 합리적인 대표값을 산정한다.
- 시추간격 및 시추심도는 국가건설기준(KDS 11 10 10)에 따르며 시추조사 방법은 아래와 같다.
  - 회전 수세식형(Rotary Wash Type)시추기를 사용하며, 조사목적에 따라 타격 방식의 시추기를 사용할 수 있다.
  - 시추는 NX규격(76mm) 이중 코아배럴이나 NX에 상응하는 규격을 사용하여 연직으로 시행하며, 풍화대나 파쇄대 등에서는 필요시 삼중 코아배럴 등을 사용하여 코아의 회수율을 높일 수 있으며, 조사목적 및 중요도에 따라 발주기관별 기준에 따른다.
  - 한국산업표준(KS F 2307)을 기준으로 1.0m 간격으로 표준관입시험을 실시하되 지층이 변화하는 구간에서도 추가로 표준관입시험을 실시하고 필요시 토질시험을 실시한다.
  - 공벽붕괴 방지를 위해 풍화암까지 Casing을 사용할 수 있다.
  - 토사시료 채취는 Split Spoon Sampler, 점성토 시료채취는 Thin wall tube sampler, 풍화대 시료채취는 Triple sampler, 암반시료 채취는 D-3 Core Barrel 및 Diamond Bit 등을 사용할 수 있다.
  - 채취된 암석코아는 육안관찰에 의하여 암석 내에 분포된 불연속면(Discontinuities)과 충전물 등을 파악하고 절리의 분포상태, TCR, RQD 등의 암반특성을 평가한다.

1.1.4 투수시험

사업구간의 지층조건에 따라 아래와 같은 투수계수 관련 현장시험 등을 실시하고, 지층별 투수계수 및 수리특성 등을 산정하여 지하수 흐름분석, 지반안정성 분석 시 지반의 보강 및 차수공법적용 효과 등을 예측하기 위한 기초자료로 활용한다.

시험방법은 한국산업표준(KS)에 제시된 시험방법에 따라서 시행하고 다만, KS에 명시되지 않은 시험은 국제적으로 인정되는 시험방법 등을 준용하여 실시하도록 한다. 투수계수 관련 시험의 종류는 다음과 같으며, 대상사업의 성격 및 조건에 따라 기타 시험방법들을 적용할 수 있다.

(1) 현장투수시험(토사지반)

사업구간에 분포하는 토사층(매립층, 퇴적층, 풍화토 등)에 대한 투수계수(K)를 측정하여 지층의 구성물질에 따른 투수계수 변화를 분석한다.

현장투수시험은 시험방법에 따라 정수위법(Constant Head Method)과 변수위법(Falling Head Method)이 있다.

(2) 현장수압시험(암반지반)

수압을 이용하여 절리를 포함한 암반의 투수성을 파악하는 시험법으로 주입 압력에 따른 주입량 곡선을 작성함으로써 암반의 투수성 및 루젼(Lugeon) 값을 산출한다.

공경 76mm의 시추공에 압력 1MPa/min으로 주수한 경우 주입길이 1m 당 주입량을 리터 단위로 나타낸 것이 루젼(Lugeon)이다.

시험은 시추공 내에 팩커를 설치한 후 압력의 증감은 5~9단계로 나누어 주입 압력별로 약 5~10분간의 가압시간을 유지하여 정확한 투수계수를 산정한다.

(3) 양수시험

양수시험은 굴착에 따른 지하수 유입량의 시간적 변화를 분석하여 투수량 계수, 투수계수, 저류계수 등을 산정하는 시험법으로, 굴착지역에서 발생할 수 있는 지하수위 변화 및 유동을 예측하는 기초자료로 이용된다.

양수시험(Pumping Test)시 양수량은 안정수위가 형성될 때까지 일정하게 유지하여야 하며 양수량은 적산유량계를 이용하여 측정한다.

수위회복시험(Recovery Test)은 양수시험을 종료한 즉시 실시하여야 하며 최초 자연수위의 80%까지 회복될 때까지 실시한다.

수위강하량과 수위회복량은 자동수위 측정기를 이용하여 측정하며 일반적으로 측정간격은 1분, 수위변화량은 1mm 단위까지 측정한다.

시험결과는 Theis법(1935), Cooper-Jacob법(1963) 등을 이용하여 분석하며, 수위 회복시험의 경우 Theis Recovery법을 이용하여 해석한다.

(4) 순간충격시험

시추 관측정이 설치된 지점에서 현장수리전도도를 구하는 방법으로, 투수성이 매우 낮은 저투수성 지층에서 대수성시험을 실시할 때나 또는 수중모터펌프를 공내에 설치할 수 없는 소구경의 관측정인 경우에 사용한다.

시험은 굴착이 종료된 이후 2시간 이상 경과한 상태에서 안정수위를 유지한 후 실시한다. 시험 방법은 두 가지가 있다.

첫째, 체적을 이미 알고 있는 물체(Dummy)를 관측정의 지하수위 하부로 순간적으로 낙하시키면 Dummy의 체적만큼 지하수위가 상승(Build up)한다. 이로 인해 관측정에서 상승한 지하수는 우물의 스크린 구간을 통해 주변 대수층으로 서서히 배출되면서 상승된 수위가 하강하게 된다. 이때 경과시간에 따른 수위변화량을 측정하여 대수성 수리상수를 산정하는 방식을 하강수위시험(Falling water level test)이라 한다.

둘째, Dummy를 일단 관측정에 삽입해 둔 후 지하수위가 자연상태(원상태)로 돌아간 후에 우물에 삽입해둔 Dummy를 순간적으로 뽑아내면 물체의 체적만큼 수위가 하강한 후 우물의 스크린 구간을 통해 주변 대수층의 지하수가 우물내로 유입되면서 우물의 수위가 서서히 상승하여 자연수위 상태로 돌아간다. 이 때 경과사간에 따른 지하수위 변화량을 측정하여 대수성 수리상수를 정하는 방식을 상승수위시험(Rising water level test)이라 한다.

수위변화량은 일반적으로 1~5초 간격으로 1mm 단위까지 측정한다.

시험결과는 Hvorslev법(1951)과 Bouver-Rice법(1976)을 통해 분석하는데, Hvorslev법은 자유면 대수층이 수평과 수직으로 무한히 펼쳐져 있다고 가정하기 때문에 대수층의 두께를 알고 있는 경우 Bouver-Rice법으로 분석하여야 한다.

1.1.5 지하물리탐사(지표투과레이더탐사, 전기비저항탐사, 탄성파탐사 등)

사업구간의 지층구성 상태 및 층후, 파쇄대의 위치와 규모, 지하공동의 위치와 규모, 지하수의 존재, 지하 지장물의 위치 등을 파악하기 위하여 지하물리탐사를 실시하여야 한다.

(1) 지표투과레이더(GPR) 탐사

- 수십~수천 MHz의 고주파수 성분의 전자기파의 일종인 레이더파를 이용하여 탐사하는 방법으로 전자기파를 지하에 방사시킨 후 유전특성이 서로 다른 두 매질의 경계면에서 반사파를 수신하여 각 매질의 위치와 형상 등을 파악한다.
- 송신안테나로부터 방사된 전자기파가 지표하부의 지층경계, 파쇄대, 공동, 매설관 등과 같은 지하의 불균질층(체)으로부터 반사된 반사파를 획득, 분석하여 지하 하부의 정보를 획득한다.
- 탐사심도는 송신 안테나의 주파수 대역에 따라 차이는 있으나 수 m~수십 m까지 측정이 가능하다. 지표 하부 수 m 이내의 지표 천부 매설물이나 공동을 탐사하기 위한 경우에는 수 백 MHz 이상의 높은 중심 주파수를 갖는 안테나가 사용된다. 수 m 이상의 심도에 대한 탐사가 필요한 경우에는 100MHz 이하의 낮은 중심 주파수를 갖는 안테나를

사용하지만, 전자기파의 감쇠현상 때문에 10m 이상의 심도까지 탐사가 가능한 경우는 암반이 지표에 노출되어 있는 지역을 제외하고는 드물다.

- 탐사결과는 레이더 반사파 단면도에서 나타나는 반사 양상으로부터 지하 매설물 탐사 및 천부 지층 경계 파악 및 상태, 공동 조사 등 지하상태를 파악하고 지하안전영향평가를 위한 지층파악 자료로 활용한다.
- 지반의 물리적 성질의 차이에 기인한 물리적 현상들을 측정하고 해석함으로써 지질구조 및 지층의 성질을 조사한다.
- 지표투과레이더(GPR) 탐사 적용 시 유의사항은 다음과 같다.
  - 레이더탐사는 고주파수 전자기파를 이용하기 때문에 심한 감쇠 현상이 발생하는데 전자기파의 감쇠 정도는 지하 매질의 전기비저항에 반비례하며, 사용 안테나의 주파수에 비례한다.
  - 점토 함량이 높은 토양층과 같이 저비저항을 갖는 지반에서는 심한 감쇠 현상 때문에 지표투과레이더(GPR) 탐사의 가탐심도가 얕아지며 수신된 전자기파의 세기가 약하므로 상대적으로 주변 전자기파 잡음의 영향이 커져 해석 정밀도 또한 저하된다.
  - 수상에서 탐사를 할 경우, 강 또는 호수의 바닥은 대단히 강한 반사면을 형성하여 대부분의 전자기파 에너지는 물 바닥면에서 반사되고, 일부 에너지만이 지하로 전파되므로 지하로의 가탐심도는 얕아지게 된다.
  - 구조물을 대상으로 탐사할 경우, 구조물 철망이나 철근이 전자기파 차폐막의 역할을 할 수 있으므로 이에 의한 영향이 매우 크다.

(2) 전기비저항탐사

- 매질의 전기적 물성차이에 의한 전위차를 측정 지하구조를 영상화하는 방법, 즉 지표에 전류를 흘려보낸 후 지하의 전기비저항 분포와 지형에 따라 분포하는 전위차를 측정하여 지하매질의 전기비저항 분포를 파악한다.
- 탐사방법은 1차원 탐사, 2차원 탐사, 3차원 탐사로 구분되며 이들 탐사방법은 조사 장소의 상황이나 조사 목적에 따라서 달리 사용되지만 최근에는 2차원 탐사를 이용하는 것이 일반적이다.
  - 1차원 탐사(수직 및 수평탐사) : 지하의 수직 및 수평의 층서구조 파악
  - 2차원 탐사 : 측선 하부의 2차원적 영상을 획득
  - 3차원 탐사 : 탐사지역 하부 지반의 3차원적 영상을 획득
- 탐사심도는 전극 간격 및 측선 길이와 밀접한 관계가 있으며, 탐사기기의 성능과 지층의 전기비 저항값에도 좌우되지만 일반적인 탐사심도는 다음과 같다.
  - 1차원 탐사 : 평탄한 지대에서는 200~300m 정도까지는 가능하며 이 경우 최대 전극

간격은 400~600m 정도이다. 일반적으로 100 m 이내의 얕은 곳을 대상으로 한다.

- 2차원, 3차원 탐사 : 지하 하부 300m 정도까지 탐사가 가능하나 탐사심도가 깊어지면 분해능이나 해석 정밀도가 떨어진다. 탐사심도가 이보다 큰 경우에는 전자탐사 등 다른 탐사방법을 이용하는 것이 효율적이다.

• 탐사결과는 대수층, 개략적인 지질 경계, 기반암 분포 등의 지질구조 파악 및 저비저항 이상대에 의한 지질구조대(단층, 파쇄대, 연약대 등) 존재여부 및 특성을 분석한다.

• 지표지질조사와 시추조사의 결과를 보완하여 미시추구간을 포함하는 연속적인 지층구조 및 포화대 범위, 유수경로 등을 파악한다.

• 전기비저항탐사 적용 시 유의사항은 다음과 같다.

- 1차원 및 2차원 탐사는 지형·지하구조가 측선에 수직인 방향으로는 변화가 없다는 것을 전제로 하므로 측선방향으로 지형·지하구조가 현저하게 변하는 경우에는 보조측선을 설정하여 양자의 결과를 비교·검토하거나 3차원 탐사를 수행할 필요가 있다.
- 측선 가까이 송전선, 철도, 철강 구조물 등이 있으면 잡음이나 이상 측정의 원인이 되기 때문에, 이들과 근접하지 않도록 측선을 계획한다.
- 2차원 탐사에서는 해석 단면의 밑 부분, 측선의 양 끝부분에서는 해석 정밀도가 저하되므로 탐사 범위를 목적 대상보다 넓게 설정할 필요가 있다.
- 다층구조 지역에서는 탐사결과를 반드시 시추조사 결과와 대비하여 사용한다. 실제로 부지가 다층구조 지역일 경우, 예비평가 단계 정도에서만 사용할 수 있다.

(3) 탄성파탐사

매질의 탄성차이에 의한 탄성파의 전파속도 차이를 측정하고 이를 해석하는 탐사법으로 지표에서 인위적으로 발생시킨 탄성파 에너지의 일부가 지하매질을 전파하는 과정에서 반사, 굴절, 회절 등의 현상에 의해 지표로 되돌아온 탄성파를 측정함으로서 지질구조에 관한 정보를 획득한다. 탄성파탐사법의 종류는 아래와 같다.

1) 굴절법 탄성파탐사

• 굴절법탄성파탐사는 지표 부근에서 발파 등으로 탄성파(P파, S파)를 발생시켜 속도가 다른 지층 경계에서 굴절되어 돌아오는 굴절파를 지표에 설치한 측정 장치로 기록하여 지하의 속도구조를 알아내는 탐사법이다.

• 탐사방법은 P파 초동을 이용한 측정 방법이 일반적으로 사용되며, 토질지반을 대상으로 비교적 천부의 속도구조를 구하는 경우 S파 분석 방법이 일부 사용된다.

• 탐사 심도는 발생원으로 다이너마이트를 사용하는 경우 100~200m, 비폭약 발생원을 사용하는 경우 수 m~30m이다.

• 탐사 결과는 지반의 속도분포를 분석하고, 획득된 속도 분포와 시추 결과 및 기존의

지질자료 등을 서로 대비시켜 종합적으로 해석함으로써 지층분포 특성, 단층파쇄대 등의 지질이상대 등을 파악할 수 있다.

2) 반사법 탄성파탐사

- 반사파를 이용하여 층서구조 및 지질구조 정보 파악하는 탐사법으로, 주로 해양탐사에 사용하며, 본 탐사로는 지층의 탄성파속도를 직접 측정할 수 없기 때문에 다른 자료와 대비하여 지층상태나 분포심도를 추정한다.

3) 탄성파 토모그래피

- 탄성파 토모그래피탐사는 지표, 시추공 및 수평 갱도 등을 이용하여 탐사 대상 영역을 둘러싸도록 발파점과 수진점들을 설치하고, 발파점에서 생성된 탄성파를 많은 수진점에서 측정하여 초동 주시를 이용하는 탐사법이다.
- 지표 굴절법탄성파탐사와 비교하여 대상지반 단면에 대한 속도분포 해석에 높은 정밀도를 기대할 수 있다.
- 탐사범위는 발파점이나 수진점으로 둘러싸인 영역이며, 일반적으로 대상영역 내의 분해능은 발파점이나 수진점을 배치한 부근이 가장 높고, 그것들로부터 멀어짐에 따라 분해능이 저하된다.
- 탐사결과는 지층분포, 단층 파쇄대나 변질대 분포, 공동분포 등을 파악하는데 활용되며, 시간을 두고 반복 측정하는 경우에는 탄성파 속도의 변화량의 크기나 변화된 부분을 분석하여 지반상태의 변화를 일으킨 지질공학적 및 지반공학적인 원인 등을 파악한다.
- 탐사 적용 시 유의사항은 발생원-수진기 배열에 제한이 있거나 탐사 대상 단면의 내부에 큰 속도차가 있는 경우, 또는 대상 단면이 너무 커서 단면의 외부를 통과한 파선을 이용하여 해석하는 경우에는 결과 단면에 왜곡이 발생될 가능성이 높다.

1.2 지하수 변화에 의한 영향 검토

기존자료(수계 및 정천현황, 관측망을 통한 지하수위 현황 등)의 분석, 지하수 관련 현장시험 및 실내시험 결과활용, 굴착 대상지역 및 광역 지하수 거동 분석을 토대로 사업 전·후의 지하수위, 유출량, 유동특성 등을 파악하여 굴착에 의한 지하수 흐름을 검토하여야 한다.

1.2.1 관측망을 통한 지하수 조사

- 국토교통부와 환경부 등에서 운영하고 있는 지하정보통합체계의 지하수정보를 충분히 활용하여 사업구간 내 기존 관측망 자료를 통한 지하수위 분포를 확인한다.

- 지하수정보 시스템을 활용하여 지하수 이용실태를 파악한다.
  - 국토교통부 국가지하수정보센터(http://www.gims.go.kr)
  - 환경부 토양지하수정보시스템(http://sgis.nier.go.kr)
  - 한국농어촌공사 농어촌지하수넷(http://www.groundwater.or.kr)
  - 국가수자원관리종합정보시스템(http://www.wamis.go.kr)
  - 한국수자원공사 물정보포털(http://www.water.or.kr)
  - 하천관리지리정보시스템(http://www.river.go.kr)
- 기상청 우수특성(평균강수량, 강우강도, 최대강수량 등)을 파악하여 세부검토 시 활용한다.
- 관측망을 통한 조사자료 및 기타 조사를 통해 획득한 자료는 광역 지하수모델링 수행을 위한 기초자료로 활용한다.

1.2.2 광역 지하수 흐름분석

대상사업의 현황 및 규모 등을 고려하여 지하수 환경영향을 예측하기 위하여 검토된 자료(수계, 정천현황, 지하수함양량, 수리 특성분석 등)를 토대로 굴착시 지하수 유출에 대한 영향을 예측하고, 그 결과에 따른 대책을 수립하고자 광역 지하수 유동분석을 수행한다.

표 2.1.1 광역 지하수 유동분석 개요도

개념 모델 설계	→	보정 및 정류상태 모사	→	부정류상태 영향 분석
· 집수유역 설정 · 격자망 설정 · 대수층 설정 · 경계조건 설정 · 수리지질 상수 입력 · 강수량 및 함양량 입력		· 현장의 실측자료 이용 · 수리상수보정 · 경계조건 보정 · 민감도 분석 반복수행 · 굴착 이전 지하수위 및 지하수위 흐름 검토		· 굴착진행에 따른 경과일별 지하수위변화 영향권 검토 · 구간 내 지하수 유입량 검토 · 인접 주요민원 및 정천지역 지하수 영향 검토

(1) 분석방법

1) 기상 및 정천현황 조사

- 기상청의 통계자료를 이용하여 평균기온, 강수량, 일조시간 및 일조량 등의 변화를 분석한다.
- 대상사업 주변 지하수계의 수위저하에 따른 주변 환경영향을 평가하기 위해 지하수 이용현황을 조사한다.
- 지하수 이용현황조사는 1단계(문헌조사 및 관련기간 자료 수집)와 2단계(현장조사)로 구분하여 실시하고, 2단계에서는 신고 되지 않은 관정에 대하여 탐문조사를 수행함으로써 문헌조사 내용을 보완하여 지하수 이용실태를 파악한다.

• 주변 지역을 중심으로 사업구간에 대해 수리환경에 미치는 여러 요소(기상현황, 지하수 이용현황, 하천현황 등)들에 대해 검토하여 지형요인(수계 및 산계) 분석자료와의 종합적인 검토를 통해 모델링 영역 및 초기·경계조건 설정에 활용한다.

2) 지하수 수리특성 분석 및 산정

지하수 현장시험(투수시험, 수압시험, 순간충격시험, 양수시험 등) 및 실내시험 결과를 분석하여 지하수 유동분석에 필요한 수리상수(투수계수 및 저류계수, 지하수함양량 등)를 산정한다.

3) 지하수 유동 모델링

• 대상영역 설정
  - 굴착에 따른 지하수의 거동과 지표수의 흐름에 대한 영향을 충분히 파악할 수 있도록 모델링 해석영역을 설정한다.
  - 수치지형도를 이용하여 지표형상을 3차원으로 모사한다.
  - 지층분포 특성 및 수계, 지형고도 등을 고려하여 초기수두 현황을 파악한다.
  - 모의 구역 내 유역경계를 설정하고 수리모델 영역을 생성한다.
• 수리상수 입력 및 경계조건 설정
  - 문헌자료, 현장 수리시험결과와 지반설계정수 등을 종합적으로 분석하여 지하수 함양량 및 수리상수를 입력한다.
  - 수치모델영역 수계의 발달특성을 고려하여 수리모델에 대한 경계조건을 설정한다.
• 지하수 함양량 산정
  - 기상자료 활용법 : 획득한 기상자료(평균기온, 강수량 등)를 분석하여 지하수 함양량을 산정한다.
  - 물수지 분석법 : 물수지 분석 기본 식, 손실량 및 증발산량 산출 경험식을 바탕으로 지하수 함양량을 산정한다.
• 지하수 정류 모의
  - 시추공 자료 및 정천현황 조사 시 측정한 지하수위를 이용하여 현 상태의 정류 모델링을 실시한다.
  - 계산수위와 실측수위를 비교·분석하여 지하수 유동모델을 보정한다.
• 지하수 부정류 모의
  - 변수연산 과정과 정류 보정단계를 통해 결정한 입력인자들을 바탕으로 최종적으로 확정시킨 예측모델(prediction model)을 이용하여 굴착에 따른 지하수계 변화를 분석한다.

(2) 분석결과 및 활용

1) 정류 모의결과

- 정류 모의로 자연상태의 지하수위계를 모사하고, 굴착전 지하수 함양량에 따른 지하수위 변화를 분석한다.
- 사업대상 주변 유역의 지하수 흐름을 파악하고 부정류 모의의 기초자료로 활용한다.

2) 부정류 모의결과

- 정류상태 수위자료를 초기 수위로 적용하여 굴착구간을 배수경계로 설정해 부정류 모사를 시행하다.
- 굴착 진행에 따른 지하수 유동특성을 굴착 중, 굴착완료, 공사 완료 후의 경과일별 단계적으로 분석한다.

3) 결과활용

- 굴착 전·후의 지하수위 강하 및 영향권을 비교·분석하여 굴착 진행공정에 따른 환경적 특성을 고려한 차수대책 수립에 반영한다.
- 굴착으로 인한 사업대상 주변의 지하수위 변화 및 유입량, 유동방향 등을 파악하여 사업구간 인근의 수계변화 양상 검토에 활용한다.
- 지하수 유동분석으로 산정된 유입량을 이용하여 구조물 시공 시 굴착에 따른 지하수위영향범위 검토 및 배수공법, 지하수위를 고려한 지반침하 영향검토 및 구조물안정성 분석 등에 활용한다.
- 사업구간 주변에 위치한 관정이나 지하수 이용시설물들의 지하수위 변동 양상을 파악하여 이에 대한 대책 마련에 활용한다.

1.3 지반안전성 검토

지반안전성 분석 시 수치해석에 적용되는 지반정수는 현장시험 및 실내시험 결과를 토대로 경험식, 문헌자료, 기존 적용사례를 연계 분석하여 지층별로 합리적인 대표값을 산정하여 적용하며 지반침하의 가능성을 내포하고 있는 경우는 지반침하 위험구간을 사전 검토하여야 한다. 자연적인 요인(지질특성, 지반조건, 지하수 등)과 외부 요인(구조물, 관거, 침하사례 등)에 의해 지반침하에 영향을 미칠 것으로 판단되는 주요 고려사항들을 연구보고서, 붕괴 및 침하사례, 매뉴얼 등을 바탕으로 터널구간과 터파기 구간으로 구분하여 각각의 내용을 아래와 같이 선정하였으며, 아래와 같은 항목들이 분포하는 구간은 지반침하의 가능성이 있으므로 지반안전성 분석 시 주의하여 검토할 필요가 있다.

- 터널구간
  - 지반조사 불충분(시추조사, 물리탐사, 실내·현장시험 등)
  - 굴착심도 내 토사층에 지하수위 존재 여부
  - 터널 천단으로부터 1D(D : 터널 최대 폭) 이내 토사 및 풍화대 분포 여부
  - 사업구간 주변 하천 및 해안 분포 여부
  - (사업구간 내) 매립 및 충적층 분포 여부
  - 복합지반(토사 및 암반 교호) 및 차별풍화대 분포 여부
  - 지질이상대(파쇄대, 단층대, 암종경계 등)분포 여부
  - 사업구간 주변 지하수 배출원(지하철역사, 온천 등)분포 여부
  - 사업구간 주변 기존 지반침하 발생, 지하구조물 및 공사장 존재 여부
  - 사업구간 주변 20년 이상 노후 상하수도관 분포 여부
- 터파기 구간
  - 지반조사 불충분(시추조사, 물리탐사, 실내·현장시험 등)
  - 굴착심도 내 토사층에 지하수위 존재 여부
  - 연약지반(연약 점성토, 연약 사질토 등)분포 여부
  - 사업구간 주변 하천 및 해안 분포여부
  - (사업구간 내) 매립 및 충적층 분포 여부
  - 복합지반(토사 및 암반 교호) 및 차별풍화대 분포 여부
  - 굴착저면에 보일링 및 히빙 발생가능지반 분포 여부
  - 사업구간 주변 지하수 배출원(지하철역사, 온천 등)분포 여부
  - 사업구간 주변 기존 지반침하 발생, 지하구조물 및 공사장 존재 여부
  - 사업구간 주변 20년 이상 노후 관거(직경 500mm 이상) 분포 여부

1.3.1 굴착공사에 따른 지반안전성 영향분석

터널과 터파기와 같은 굴착공사로 인해 발생하는 지반침하는 도로 및 철도 등 국가 기간망의 안전에 심각한 위험요소로 작용하고 있으며, 특히 인구 및 각종 산업시설이 밀집되어 있는 도심지 지역에서는 가옥과 시설물의 붕괴요인으로 작용할 수 있다.

일반적으로 터널 굴착은 내부 지지력의 상실과 지반손실을 가져와 토립자 간에 큰 전단 변형을 유발시키고 이러한 영향들이 지표까지 전달되어 침하를 발생시키며, 지하수위 하에서 시공되는 경우 지하수 저하를 동반하여 침하가 발생하기도 한다.

터파기 구간에서의 지반침하는 설계단계의 가시설 구조체의 불안정, 굴착저면에서의 보일링과 히빙에 의한 침하, 가시설 배면의 차수보강과 배수처리시설의 부실 등에 따라 발생하므로 주요 침하원인을 고려한 안전성 분석을 실시하고, 굴착에 따른 지반의 영향을 공학적으로 분석

하여 해법을 제시하여야 한다.

(1) 터널구간의 굴착에 따른 지반안전성 검토

1) 터널 안정성 해석

- 터널해석의 목적은 지보재를 포함한 터널구조물의 안정성을 사전에 검토하고 터널 건설에 따른 주변 지반의 거동과 주변 시설물에 미치는 영향을 검토하기 위함이다.
- 해석 시에는 지형 및 지반 조건, 지하수 조건, 터널의 형상 및 위치, 시공방법 및 터널 주변 지반의 지보특성을 고려하여야 하며, 해석기법은 2차원 해석이나 3차원 해석을 채택할 수 있다. 2차원 해석을 실시할 경우에는 3차원적 실제 지반거동을 고려하여야 한다.
- 해석 수행 시 다음 사항을 고려하여야 한다.
  - 해석영역은 터널의 규모와 지반 조건 등을 고려하여 터널굴착에 따른 영향을 충분히 파악할 수 있는 범위로 설정하여야 한다.
  - 해석모델은 단계별 굴착의 영향이 포함되도록 하되 경계요소, 무한요소 등의 탄성경계 조건을 부여하는 경우를 제외하고는 터널 좌·우는 터널 굴착폭의 3배 이상, 하부는 터널 높이의 2배 이상, 상부는 지표면까지를 해석영역으로 하여야 한다. 단, 상부 토피가 매우 큰 경우에는 상부 지반조건의 영향이 포함될 수 있는 별도의 모델을 적용할 수 있다.
  - 해석 시 사용하는 지반특성치들은 해당 지반의 시험결과를 토대로 추정된 값을 사용하여야 한다. 단, 공사의 규모 또는 현장 여건상 시험결과를 얻을 수 없는 경우에는 경험이 풍부한 기술자의 판단에 의하여 유사지반의 특성치를 제한적으로 준용할 수 있다.
- 해석에 사용되는 모든 프로그램은 그 적합성이 확인되고 지반의 거동을 적절하게 모사(simulation)할 수 있는 기능을 보유하여야 하며, 터널의 단계별 굴착을 재현할 수 있는 기능과 지반, 지보재의 변위, 응력 그리고 모멘트 등을 계산하여 터널설계 및 안정해석에 이용할 수 있어야 한다.
- 일반적으로 터널 해석에 적용되는 수치해석 기법은 크게 연속체 해석과 불연속체 해석 두 가지로 나뉘며, 대표적으로 유한요소법(finite element method), 유한차분법(finite difference method), 경계요소법(boundary element method) 등이 연속체 해석에 개별요소법(distinct element method) 등이 불연속체 해석기법에 속한다.
- 터널공사의 경우 굴착에 따라 아래와 같은 취약구간은 수치해석을 통한 지반안전성을 검토하여야 한다.
  - 토피가 1.5D 이하인 저토피 터널구간(D : 터널 최대 폭)

- 터널 천단부에 토사층 근접으로 터널안전성에 영향을 줄 것으로 예상되는 구간
- 파쇄대 및 단층대 예측구간으로 굴진면 자립에 문제가 예상되는 구간
- 전방 암질이 점토질 또는 팽창성 암반이 존재하는 구간
- 굴착 영향범위 내에 기존 구조물과 인접하여 시공되는 터널구간 등

2) 연계해석기법

연계현상이라 함은 두 가지 이상의 물리적 현상이 상호 연관되는 과정에서 상호 간에 발생하는 영향으로 단일거동과 함께 추가적인 물리적 현상이 발생함을 의미한다.

연계해석의 필요성은 최근 지하수유동에 의한 붕괴 모델링과 도심지터널, 해·하저터널 설계상에 크게 요구되고 있으며, 최근 흐름벡터를 고려한 연계해석 기법의 개발로 그 적용이 구체화되고 있다. 그러므로 사업구간 내 지하수위 변화가 현저할 것으로 판단되는 구간을 선정하여 지하수위 흐름을 고려한 터널 및 지반·구조물 등에 대한 안정성 검토를 수행하여야 한다.

(2) 터파기구간의 굴착에 따른 안전성 검토

1) 수치해석에 의한 지반안전성 검토

흙막이 굴착시 지하수위 저하에 따른 지반침하를 유효응력의 개념으로 접근하는 해석을 적용하여 굴착시 지반의 거동에 영향을 끼치는 요인들을 고려하여 벽체배면의 수평변위 및 침하 등을 검토하여야 한다.

2) 히빙(Heaving)에 대한 안정성 검토

연약한 점토지반에서 굴착이 진행될 때에 굴착되어 배출된 토사체적이 없어지면서 굴착 배면토(굴착 인접토)의 중량과 배면지반의 상재하중(인접건물하중 등)이 하중으로 작용하여 굴착 배면토가 이동하려는 힘이 굴착저면 직하부의 지반지지력보다 크게 될 때 굴착저면 지반 내의 흙이 미끄러지면서 상향으로 부풀어 오르는 현상을 히빙(Heaving)이라고 한다.

히빙 검토방법은 하중-지반 지지력식에 의한 방법의 대표적인 것으로 Terzaghi-Peck(1967)식, Bjerrum and Eide(1956)식, NAVFAC(DM-7) 등이 있으며, 모멘트 평형에 의한 방법으로 일본 건축기초 구조설계 규준(1974)과 일본 도로협회(1967)의 계산법 등이 있다.

상기 검토 식들은 각기 지지력이나 활동면의 전단강도를 취하는 방법 등에서 특정지을 수 있고 적용안전율도 각각 다르다. 또한 흙막이벽체의 종류, 지반조건, 어떤 설계규정에 근거하느냐에 따라 검토결과는 상당한 차이를 보이므로 여러 가지 방법으로 검토한 후 이들을 비교하여야 한다.

3) 보일링(Boiling)과 파이핑(Piping)에 대한 안정 검토

사질토 지반과 같이 투수성이 큰 지반에서 강널말뚝과 같이 차수성이 큰 흙막이를 시공하여 굴착하는 경우에 굴착의 진행에 따라 흙막이벽 배면과 굴착면의 수위차이가 서서히 커지게 된다. 이 수위 차이에 의하여 굴착면 지반에 상향의 침투류가 생겨, 이 침투수압이 굴착면 쪽 지반의 유효중량을 초과하여 모래입자가 솟아오르는 상태가 되는 현상을 보일링(Boiling)이라고 한다.

보일링 상태가 국부적으로 발생하여 그것이 흙막이벽 부근이나 중간말뚝 등과 같이 흙과 콘크리트 또는 강재 등 이질의 접촉면을 따라 위쪽 방향으로 깊은 두께에 걸쳐 파이프 모양으로 보일링이 형성되는 현상을 파이핑(Piping)이라 한다.

보일링이나 파이핑에 대한 검토는 유선망에 의해 해석하는 것이 정확하나 번잡하므로, Terzaghi 간편식과 한계동수구배를 고려하는 방법으로 검토하는 것이 일반적이다. 이 두 가지 방법은 보일링 검토에 대한 견해가 다르기 때문에 반드시 두 식을 만족하도록 한다.

1.3.2 주변 시설물의 안전성 분석

지반굴착은 필연적으로 지반변위를 수반하게 되고, 지반변위는 인접구조물의 안전에 영향을 미칠 수 있으므로 인접구조물의 손상도를 평가하기 위해서는 먼저 손상에 대한 기준 및 등급분류가 요구된다.

지반굴착에 따른 인접 구조물의 손상유무는 구조물이 지반변위에 의해 영향을 받게 되므로 구조물의 각 부분별로 분석이 가능할 수 있도록 수치해석을 수행하여야 한다.

(1) 터널구간의 굴착에 따른 주변 시설물의 안전성 분석

- 도심지에서의 터널굴착은 기존에 시공이 완료되어 공용중인 터널, 구조물 기초, 지중관로, 상부건물 등에 근접하여 시공되는 경우가 빈번히 발생하며 터널 굴착시 발생되는 지반의 변형은 터널 구조물의 안정성은 물론, 인접 구조물의 안정성에도 영향을 미칠 수 있다.
- 근접된 구조물간의 시공영향은 신설 시공되는 공사의 종류, 규모, 시공법뿐만 아니라 기존구조물의 종류, 규모, 상태 등에 따라 달라지므로 터널의 안정성 평가를 할 때에는 목적구조물 뿐만 아니라 인접구조물을 고려한 평가가 함께 수행되어야 한다.
- 근접시공의 설계와 시공계획은 구조물 현황 및 지반조사 결과에 근거하여 위치, 구조형식, 기초형식, 노후정도 등을 사전에 평가하고 이를 반영한 해석을 통한 사전 검증이 필요하며 기설구조물의 안정성에 영향을 미칠 것으로 예상되는 경우에는 적절한 보강 및 보호대책을 사전에 수립하여야 한다.

- 기존터널 및 구조물에 인접하여 신설구조물을 시공하는 경우에 기존구조물이 받는 영향을 평가하는 방법은 기존구조물에 지반변형을 강제변형으로 입력하는 방법, 기존구조물과 지반을 일체로 해석하는 방법, 기존구조물에 하중을 입력하는 방법 등 크게 세 가지로 구분할 수 있다.
- 각각의 평가방법의 적용은 기존구조물과 신설구조물의 상관관계와 지반의 상대강성으로부터 결정되며 각 평가방법 중에서 지반과 구조물의 상호작용을 고려할 수 있는 구조물과 지반을 일체로 해석하는 방법이 주로 적용되고 있다.

1) 기존구조물에 지반변형을 강제변형으로 입력하는 방법
   - 기존에 시공된 구조물이 없다고 가정하여 지반의 변형을 구한 후 그 변형을 구조물에 강제 변형으로 입력하여 해석하는 방법으로 기존구조물의 규모와 강성이 상대적으로 작고 그 구조물이 지반의 거동에 미치는 영향이 미소한 경우에 적용한다.
   - 기존구조물은 신설구조물과 근접하여 시공되는 조건이기 때문에 이 방법에 의한 2차원 모델링을 적용할 경우 약간의 오차가 예상된다.

2) 기존구조물과 지반을 일체로 해석하는 방법
   - 구조물과 지반의 상호작용이 밀접한 관계에 있는 것으로 평가되는 경우에 적용된다.
   - 지반과 기존구조물을 일체로 고려하기 위해서는 지반을 연속체 요소로 가정하고 구조물을 보(beam) 요소로서 모델링하는 것이 일반적이고 쉘(shell) 요소와 선(bar) 요소를 함께 사용하는 방법이 주로 이용된다.
   - 휨 변형이 지배적인 일반적인 구조부재는 국부적으로 큰 변형이 발생되지 않지만 지반에서 국부적으로 큰 변형이 일어날 경우에는 특히 구조물과 지반사이의 경계부에서 과다 변형이 강제로 발생하게 되어 경계부의 활동파괴로 나타난다. 이와 같은 경우의 해석에 있어서는 지반과 구조물과의 상호거동을 모사하기 위해 지반과 구조물의 경계부에 상호면 요소(interface element)를 적용하는 것이 일반적인 방법이다.
   - 상호면의 현실적인 모사를 위해 전단강성과 연직강성을 합리적으로 적용하는 것이 중요하며 현재까지는 주로 시험결과 및 기존문헌에 의한 연구결과를 반영하여 적용하고 있다.

3) 기존구조물에 하중을 입력하는 방법
   - 신설구조물 시공에 의해 응력이 해방되거나 추가된다고 가정하고 이에 상당한 외력을 상향으로 작용시켜 응력·변형을 구하는 방법으로 규모와 강성이 큰 기존구조물에 근접하여 시공을 하더라도 기존구조물의 변위 및 변형이 대단히 작고 지반과 구조물의 상호작용을 무시할 수 있는 경우에 적용한다.
   - 이 방법으로 계산할 때에는 기존구조물의 설계에 이용된 하중조건을 가급적 현실적

으로 적용하여야 하며 근접공사에 수반하는 지반응력의 변화부분을 추가적으로 고려해서 구조물에 대한 영향을 평가한다.

- 강성이 강한 구조물 주변 지반의 근접시공에 의한 응력의 변화를 산술적으로 구하는 것은 어렵기 때문에 가급적 최대하중이 작용되는 경우로 가정하여 안전측으로 평가하는 것이 일반적이다.

(2) 터파기구간의 굴착에 따른 주변 시설물의 안전성 분석

흙막이벽의 변위에 따른 주변 지반의 침하에 대한 예측은 흙막이벽 변위의 실측 또는 계산에 의하여 구한 값으로부터 주변 지반침하를 추정하는 방법과 버팀구조와 주변 지반을 일체로 하여 유한요소법 또는 유한차분법으로 해석하는 방법이 있다. 이러한 검토방법을 사용하여 굴착단계를 고려한 배면지반의 침하를 예측하여 주변 시설물의 안전성분석을 실시한다.

1) 유한요소법 및 유한차분법에 의한 방법

- 굴착공사에 있어 배면지반의 침하나 수평변위를 정량적으로 파악하기 위해서는 유한요소법을 사용할 수 있다. 유한요소법은 지반 전체와 가시설 전체를 일체로 모델화하여 굴착 단계별로 배면 지반침하나 수평변위 등을 구할 수 있다. 이는 흙막이벽체와 지지구조 등을 동시에 고려하여 지반-구조물 상호거동을 고려한 해석이 된다.
- 이 방법은 벽체와 흙의 관계를 나타내기 위한 계면요소(Interface elemant)가 고려되어야 하며, 대상지반 및 흙막이 구조물의 거동을 정확히 나타낼 수 있는 응력-변형률 관계를 파악하는데 필요한 제반 정수들의 정확한 추정이 요구된다.
- 일반적으로 유한요소법이나 유한차분법을 이용하여 흙막이 구조물의 거동을 해석할 때 영향을 미치는 주요 요소들은 다음과 같다.
  - 지하굴착 진행과정을 시뮬레이션하는 방법
  - 지반 자체의 거동 모델화
  - 지반거동 모델에서 사용된 모델 계수 값들
  - 그 외 실제 시공 당시에 발생한 예상치 못한 변화들

2) 기존 구조물에 미치는 영향의 예측

지반변형에 의하여 기존 구조물이 변형되었다고 가정하고 해석하는 방법, 지반과 기존 구조물을 일체로 가정하고 해석하는 방법, 기존 구조물에 굴착으로 변화된 하중조건을 주어 해석하는 방법이 있다.

3) 이론 및 경험적 추정 방법

- Peck(1969)의 방법은 서로 다른 지반에 대하여 강널말뚝을 설치한 결과를 계측하여 굴착 깊이에 따른 인접지반의 이격거리와 침하량 관계를 도시하였다.

- Caspe.(1966)의 방법은 강널말뚝의 변위와 포와송비를 사용하여 굴착심도에 따른 벽체배면의 지반침하량의 관계를 도시하였다.
- Clough et al.(1990)의 방법은 여러 가지 지반에서 굴착깊이와 배면 지반침하량과의 관계를 측정하고 이를 유한요소법으로 해석하였다. 이 방법은 말뚝의 종류에 상관없이 적용될 수 있다.
- Fly et al.(1983)의 방법은 지반을 완전탄성 및 포화된 것으로 가정하여 실시한 유한요소해석 결과치를 지반조건에 따라 확장시켜 탄성식을 제안하였다.

1.4 지하안전확보방안 수립

1.4.1 계측방안

터널 및 터파기구간의 지반특성, 주변 현황(인접구조물, 지장물, 중요도), 구조물계획 등을 고려한 계측계획을 수립하여 공사 중과 운영 중에 지하안전확보에 문제가 없도록 계측계획을 수립하여야 한다. 또한, 설계시 적용된 계측계획을 분석하여 공사 중 예상되는 제반 문제점에 적절히 대처할 수 있도록 하여야한다.

(1) 계측계획 수립시 중점검토사항

1) 터널 중점검토사항

- 터널의 규모, 지반조건, 설계개념, 주변 환경, 시공방법, 사전해석결과, 유사터널의 시공자료 등을 검토하여 예상되는 문제점을 도출하도록 한다.
- 설정한 계측목적에 맞도록 계측항목, 계측위치, 계측빈도 등을 결정하도록 한다.
- 계측목적과 공사현장에 적합한 계측기기의 선정과 현장조건을 고려하여 측정정보의 전달방식을 계획하도록 한다.

2) 터파기 굴착시 중점검토사항

- 지반침하 및 건물 침하에 대한 안전성을 확보하도록 한다.
- 단계별 굴착에 따른 지하수위 거동 및 수리특성을 파악하도록 한다.
- 단층파쇄대 구간의 보강재 및 지반거동 파악을 위한 계측계획을 수립하도록 한다.
- 건물 상태조사 결과를 반영한 굴착 영향 범위내의 건물 관리대책을 수립하도록 한다.
- BOX, 상·하수관로 등 주요지장물의 관리대책 수립 및 안전성을 파악하도록 한다.
- 체계적인 계측관리 시스템 구축과 위험 가능성 등을 사전에 파악하도록 한다.
- 연약점토층 발달구간에 대한 지반 및 건물 침하 거동특성을 분석하도록 한다.

(2) 주요 계측 항목

1) 터널구간

① NATM 터널

- 일상계측 : 갱내관찰조사, 지표침하계, 천단침하계, 내공변위계, 록볼트 인발시험
- 정밀계측 : 지중변위계, 록볼트 축력계, 숏크리트 응력계
- 기타계측 : 지중침하계, 지중경사계, 지하수위계, 라이닝응력계, 간극수압계 등

② Shield 터널

천단침하계, 내공변위계, 지표침하계, 세그먼트 응력계, 신축이음계, 철근응력계, 지중침하계, 지중경사계, 지하수위계 등

2) 터파기구간

지중경사계, 지하수위계, 지표침하계, 하중계, 응력계, 토압계, 건물경사계, 건물 균열계, 지중침하계, 진동/소음측정기, 지하매설물 변형측정계 등

3) 비개착 구간

지중경사계, 지하수위계, 지표침하계, 광파타켓, 강관응력계, 천단침하계, 수평 경사계, 지보응력계, 건물경사계, 건물균열계 등

(3) 계측수량 및 측정빈도

1) 계측수량

지반과 지보의 거동을 종합적으로 파악하고 계측의 신뢰성 향상을 도모하기 위해 각 계측항목 상호간의 연관성을 분석하는 것이 중요하다. 이를 위해서 터널 및 터파기의 용도, 규모, 지반조건, 시공방법, 기시공 구간의 계측결과 등 여러 상황을 고려하고 계측목적에 부합하도록 계측위치 및 배치간격을 적절히 선정하여야 한다.

2) 측정빈도

- 계획 시에 지반조건과 시공조건을 함께 고려하여 설정한 뒤, 시공과정에서 계측에 의한 지반 및 지보의 거동상황을 참조하여 적절히 수정하는 것이 중요하다. 터널의 경우 일반적으로 변위와 응력의 변화는 굴착 직후에 크지만 시간이 지나고 굴진면이 멀어짐에 따라 감소하는 경향이 있기 때문에 굴진면에 접근하여 측정하는 초기 단계에는 조밀한 측정 빈도로 정한다.
- 터파기의 경우 지반거동은 일일 굴토량과 작업 기계, 기상(우천) 등에 영향을 받으므로 Data의 변화속도와 안전성 여부의 관련성을 충분히 고려하여 적절한 측정 빈도를 설정해야 한다. 즉, Data의 변화속도가 빠른 계측항목의 측정 빈도는 높이고, 반대로 장기간에 걸쳐 변화량이 미세한 계측 항목은 빈도를 낮추는게 좋으며, 안전과의 관련성이 깊은 계측항목은 빈도를 높일 필요가 있다.

(4) 계측관리 기준

관리기준은 지반의 거동상태, 인접구조물의 안전한계와 지반 역학적인 조건에 의하여 결정되므로 기준적인 수치를 정확히 제시하기가 어렵기 때문에 이론해석 및 수치 해석, 혹은 유사 조건하의 시공실적을 참고하여 초기 시공실적을 토대로 관리기준을 수시로 수정해 가는 방법이 가장 합리적이고 실질적이다.

실제로 지반의 상태나 시공조건 등이 다르기 때문에 엄밀한 관리 기준치를 제시하기는 어렵지만 일반적으로 추정할 수 있는 관리기준치로서 일본의 천단 침하관리기준(일본 토질학회지, 1986)과 ASCE(Franklin, 1976)에서 제시한 기준이 있다.

1.4.2 지반침하 취약구간에 대한 보강 및 차수방안

(1) 터널 구간

1) 저토피 구간
- 지지코어를 형성하고, 천단부 지반의 강성을 증대한다.
- 터널상부 구조물보호 및 이완영역최소화로 변위를 억제한다.
- 종단선형 조정이 가능한 경우 종단선형 조정을 검토한다.

2) 높은 지하수위 및 하저통과 구간
- 지상차수 또는 갱내차수그라우팅에 의한 수위저하 방지 및 토사유입을 방지한다.
- 터널 내 지반조건에 적합한 배수공법을 선정하여 지하수를 배제한다.

3) 굴착속도(굴진장)
- 1회 굴진장을 조절하여 버력처리시간으로 인한 지보 지연을 최소화한다.
- 분할굴착과 굴진면 보강으로 굴착으로 인한 변위를 최소화한다.

4) 터널천단 상부 토사지반
- 지반의 높은 투수성에 의한 수위저하 방지를 위한 차수그라우팅을 한다.
- 토사의 낮은 변형 및 강도특성을 고려하여 지반을 그라우팅으로 보강한다.

5) 지질이상대 및 팽창성 지반 등의 취약 지반조건
- 전방 암질탐사 및 선진수평보링 등을 실시하여 파쇄대 및 단층대 등이 출현할 경우 훠폴링 및 그라우팅(약액주입) 등으로 보강한다.
- 전방의 암질이 점토질 또는 팽창성지반일 경우 굴진면 보강 및 가축성 지보재 등으로 보강 후 굴진한다.

6) 지반조건, 지하수 상황, 터널의 용도, 규모에 따라 터널의 보조공법을 활용목적에 따라 분류하면 다음과 같다.

표 2.1.2 보조공법 종류

목 적		보조공법
천단 및 굴진면의 안정	천단보강	· 훠폴링, 파이프루프 · 소·대구경 보강그라우팅 · 수평제트그라우팅 등
	굴진면 보강	· 굴진면 지지코아 · 굴진면 숏크리트, 록볼트, 가인버트 · 프리그라우팅 등
	각부 및 하부보강	· 레그파일(강관, 말뚝, 고압분사 등) · 지반개량 등
	측벽보강	· 록볼트, 강관보강, 그라우팅, 마이크로파일
용수 처리	차수	· 주입공법, 동결공법
	배수	· Deep Well공법, Well Point공법, 굴진면 물빼기공 등

(2) 터파기 구간

1) 굴착저면의 안정(보일링, 히빙 등)

- 지하수위 저하공법(Well Point, Deep Well 등), 하부지반의 개량공법(약액주입공법, 심층혼합처리공법, 생석회말뚝공법, 동결공법 등)을 적용하여 보일링을 방지한다.
- 굴착저면 지반을 개량(약액주입공법, 심층혼합처리공법, 고압분사주입공법 등) 하여 지반의 강도를 증가시켜 히빙을 방지하여야 한다.

2) 흙막이 벽의 응력 및 변형 저감

토질특성, 지하수위의 높이, 굴착깊이, 주변 구조물의 노후화 및 중요도, 이격거리 등을 고려하여 흙막이벽체의 형식을 검토하여 적용하여야 한다.

3) 지하수의 차수 및 지수

흙막이의 형식에 따라 배면 지하수가 굴착면 내로 유입되는 것을 차단하여 지하수 흐름에 의한 토립자의 유동을 억제함으로써 배면지반의 침하를 방지하기 위하여 약액주입이나 분사주입공법을 적용한다.

4) 주변 지반의 변형 및 영향

- 굴착에 의한 흙막이벽의 변형에 의한 지반변위를 억제하여야 한다.
- 지하수위 저하에 의한 배면의 느슨한 사질토지반의 변위와 압밀에 의한 점성토 지반의 변위를 제어하여 침하를 억제하여야 한다.
- 히빙, 보일링, 파이핑 등에 의한 굴착저면의 변화에 의한 배면지반의 침하를 억제하도록 하여야한다.
- 흙막이를 해체할 때에는 진동이 작고 주변 지반에 영향이 작은 공법을 검토하거나, 해체 후에 공극을 신속하고 단단하게 다짐하여 되메우기를 하여야한다.

제2장 소규모 지하안전영향평가

소규모 지하안전영향평가는 현장조사, 기본설계 및 실시설계 내용 등을 기초자료로 활용하여 소규모 지하안전영향평가 방법에 따라 평가를 진행하는 것을 전제로 하며, 설계기준 미준수 및 위험구간 선정시 주요 고려사항에 대한 자료가 불충분하거나 소규모 지하안전영향평가 수행 전·중에 주변 여건 및 현장여건 급변화시 추가조사나 검토 등을 수행하여야 한다.

2.1 지반 및 지질현황

실시계획 승인 이전 사업단계에서 지하정보통합체계를 통한 정보분석, 기본 및 실시설계보고서, 지반조사 및 지질조사보고서, 시추조사, 투수시험, 지하물리탐사 등을 활용해서 지질분석 및 지층분석, 시험결과 등을 검토하여 사업구간에 대한 소규모 지하안전영향평가를 수행하여야 한다.

2.1.1 지질현황 검토

(1) 지형 분석

- 산계 및 수계조사에 따른 지형특성을 예측하고 지형도 및 항공사진 등을 이용하여 지형특성을 파악한다. 필요할 경우 현장답사를 통하여 주변 환경에 대한 현황을 조사하도록 한다.
- 도심권 지형도는 기간산업 및 도시의 발달로 왜곡된 정보를 포함하고 있으므로 필요시 개발 이전에 작성된 고(古)지형도를 이용하여 과거 지형이력(하천, 수로, 매립지 등)을 파악하여 시간 흐름에 따른 지반정보 및 지형변화 양상을 판단한다.

(2) 지질특성 분석

- 지질도 및 문헌자료 등을 검토하여 기반암의 특성을 고려한 지반조사 수행 및 성과분석 시 기초자료로 활용한다.
- 사업구간의 지질도, 인공위성 영상 및 음영기복도 등을 이용한 광역 선구조분석 및 단층대, 습곡 등의 지질구조대를 파악한다.
- 사업구간에 노출암 분포시 암종분포 특성, 불연속면 발달상태를 파악하여 암반의 지질공학적 특성을 분석하고 필요시 물리탐사 결과와 비교분석하여 효율적인 조사계획 수립에 반영할 수 있다.
- 노두관찰이 불가능한 도심지 구간은 현장여건을 사전에 파악하여 시행여부를 결정하도록 한다.

2.1.2 지하정보통합체계를 통한 정보분석

지하정보통합체계에 포함된 지하정보(시추정보, 지질정보, 관정정보, 지하시설물에 관한 정보), 지하공간통합지도 등의 정보를 참고하여 지하안전영향평가에 활용할 수 있으며 지하정보통합체계가 구축·운영되기 전에는 다음의 내용에 따라 지하정보 관련 자료를 분석하여 활용한다.

(1) 시추정보

지반상태, 지층의 종류, 지하수위 등 시추기계나 기구 등을 사용하여 지반의 시료를 조사하여 생산되는 시추정보는 국토지반정보 통합DB센터(https://www.geoinfo.or.kr), 서울특별시 지반정보 통합관리시스템(http://surveycp.seoul.go.kr)에서 시추조사 결과와 내용을 분석하여 활용할 수 있도록 한다.

(2) 지질정보

암석의 종류·성질·분포상태 및 지질구조 등 한국지질자원연구원(http://www.kigam.re.kr)과 한국광물자원공사(http://www.kores.or.kr)에서 조사하여 생산된 지질정보 자료를 분석하여 활용할 수 있도록 한다.

(3) 지하수 정보

「지하수법」 제5조(지하수의 조사)에 따른 지하수조사로 획득한 관정정보는 국토교통부의 국가지하수정보센터(http://www.gims.go.kr)와 한국수자원공사(http://www.water.or.kr)의 자료를 분석하여 활용할 수 있도록 한다.

(4) 지하시설물에 관한 정보

상수도, 하수도, 전력시설물, 전기, 통신, 가스, 난방, 공동구, 지하차도, 지하철, 지하보도, 지하주차장, 지하광장 등 각각의 개별법에 따라 구축·관리되고 있는 지하시설물에 관한 정보를 분석하여 활용할 수 있도록 한다.

(5) 지하공간통합지도 정보

국토교통부에서는 지하공간통합지도 구축사업을 진행하고 있으며, 시범구축사업을 통한 기반을 마련하고 통합된 지도구축을 목표로 연구와 사업이 진행되고 있어 향후 지하공간 통합지도가 구축되면 지하공간에 대한 자료를 활용하도록 한다.

2.1.3 시추조사

- 시추조사는 지반의 성상을 조사하고, 시료의 채취 및 각종 원위치 공내시험을 시행하여 설계에 필요한 제반 자료를 정확하게 산정해야한다.

- 시추조사는 암상, 층서, 층후 및 균열의 수직 발달상태 등에 관한 직접적이고 명확한 자료를 얻기 위하여 수행하며 필요한 경우 시추조사 중에 불교란시료를 채취할 수 있다.
- 시료채취를 통한 지반의 분포상태 및 풍화도 등을 파악한다.
- 평가를 위한 조사가 미비할 경우 추가적으로 시추조사를 수행할 수 있다.
- 현장조건 및 민원 등으로 인한 미시추 구간은 반드시 주변 데이터를 통하여 추정하며 미진한 부분은 시공 중 추가조사나 물리탐사 등을 실시하여야 한다.
- 시추완료 후 24, 48, 72시간 경과 후 공내의 지하수위를 파악하고 필요시에는 장기지하수위 관측정을 설치하여 지하수위 변화를 측정한다.
- 시추조사 완료후 시추공내에서 채취한 시료 및 지층에 대한 모든 정보를 시추주상도에 상세히 기록한다.
- 시추간격 및 시추심도는 국가건설기준(KDS 11 10 10)에 따르며 시추조사 방법은 아래와 같다.
  - 회전 수세식형(Rotary Wash Type)시추기를 사용하며, 조사목적에 따라 타격 방식의 시추기를 사용할 수 있다.
  - 시추는 NX규격(76mm) 이중 코아배럴이나 NX에 상응하는 규격을 사용하여 연직으로 시행하며, 풍화대나 파쇄대 등에서는 필요시 삼중 코아배럴 등을 사용하여 코아의 회수율을 높일 수 있으며, 조사목적 및 중요도에 따라 발주기관별 기준에 따른다.
  - 한국산업표준(KS F 2307)을 기준으로 1.0m 간격으로 표준관입시험을 실시하되 지층이 변화하는 구간에서도 추가로 표준관입시험을 실시하고 필요시 토질시험을 실시한다.
  - 공벽붕괴 방지를 위해 풍화암까지 Casing을 사용할 수 있다.
  - 토사시료 채취는 Split Spoon Sampler, 점성토 시료채취는 Thin wall tube sampler, 풍화대 시료채취는 Triple sampler, 암반시료 채취는 D-3 Core Barrel 및 Diamond Bit 등을 사용할 수 있다.
  - 채취된 암석코아는 육안관찰에 의하여 암석 내에 분포된 불연속면(Discontinuities)과 충전물 등을 파악하고 절리의 분포상태, TCR, RQD 등의 암반특성을 평가한다.

2.1.4 투수시험

사업구간의 지층조건에 따라 아래와 같은 투수계수 관련 현장시험 등을 실시하고, 지층별 투수계수 및 수리특성 등을 산정하여 지하수 흐름분석, 지반안정성 분석시 지반의 보강 및 차수공법 적용 효과 등을 예측하기 위한 기초자료로 활용한다.

시험방법은 한국산업표준(KS)에 제시된 시험방법에 따라서 시행하고 다만, KS에 명시되지 않은 시험은 국제적으로 인정되는 시험방법 등을 준용하여 실시하도록 한다. 투수계수 관련 시험의 종류는 다음과 같으며, 대상사업의 성격 및 조건에 따라 기타 시험방법들을 적용할 수 있다.

(1) 현장투수시험(토사지반)

사업구간에 분포하는 토사층(매립층, 퇴적층, 풍화토 등)에 대한 투수계수(K)를 측정하여 지층의 구성물질에 따른 투수계수 변화를 분석한다.

현장투수시험은 시험방법에 따라 정수위법(Constant Head Method)과 변수위법(Falling Head Method)이 있다.

(2) 현장수압시험(암반지반)

- 수압을 이용하여 절리를 포함한 암반의 투수성을 파악하는 시험법으로 주입 압력에 따른 주입량 곡선을 작성함으로써 암반의 투수성 및 루젼(Lugeon) 값을 산출한다.
- 공경 76mm의 시추공에 압력 1MPa/min으로 주수한 경우 주입길이 1m 당 주입량을 리터 단위로 나타낸 것이 루젼(Lugeon)이다.
- 시험은 시추공 내에 팩커를 설치한 후 압력의 증감은 5~9단계로 나누어 주입 압력별로 약 5~10분간의 가압시간을 유지하여 정확한 투수계수를 산정한다.

(3) 양수시험

- 양수시험은 굴착에 따른 지하수 유입량의 시간적 변화를 분석하여 투수량계수, 투수계수, 저류계수 등을 산정하는 시험법으로, 굴착지역에서 발생할 수 있는 지하수위 변화 및 유동을 예측하는 기초자료로 이용된다.
- 양수시험(Pumping Test)시 양수량은 안정수위가 형성될 때까지 일정하게 유지하여야 하며 양수량은 적산유량계를 이용하여 측정한다.
- 수위회복시험(Recovery Test)은 양수시험을 종료한 즉시 실시하여야 하며 최초 자연수위의 80%까지 회복될 때까지 실시한다.
- 수위강하량과 수위회복량은 자동수위 측정기를 이용하여 측정하며 일반적으로 측정간격은 1분, 수위변화량은 1mm 단위까지 측정한다.
- 시험결과는 Theis법(1935), Cooper-Jacob법(1963) 등을 이용하여 분석하며, 수위회복시험의 경우 Theis Recovery법을 이용하여 해석한다.

(4) 순간충격시험

- 시추 관측정이 설치된 지점에서 현장수리전도도를 구하는 방법으로, 투수성이 매우 낮은 저투수성 지층에서 대수성시험을 실시할 때나 또는 수중모터펌프를 공내에 설치할 수 없는 소구경의 관측정인 경우에 사용한다.
- 시험은 굴착이 종료된 이후 2시간 이상 경과한 상태에서 안정수위를 유지한 후 실시한다. 시험 방법은 두 가지가 있다.
- 첫째, 체적을 이미 알고 있는 물체(Dummy)를 관측정의 지하수위 하부로 순간적으로

낙하시키면 Dummy의 체적만큼 지하수위가 상승(Build up)한다. 이로 인해 관측정에서 상승한 지하수는 우물의 스크린 구간을 통해 주변 대수층으로 서서히 배출되면서 상승된 수위가 하강하게 된다. 이때 경과시간에 따른 수위변화량을 측정하여 대수성 수리상수를 산정하는 방식을 하강수위시험(Falling water level test)이라 한다.

- 둘째, Dummy를 일단 관측정에 삽입해 둔 후 지하수위가 자연상태(원상태)로 돌아간 후에 우물에 삽입해둔 Dummy를 순간적으로 뽑아내면 물체의 체적만큼 수위가 하강한 후 우물의 스크린 구간을 통해 주변 대수층의 지하수가 우물내로 유입되면서 우물의 수위가 서서히 상승하여 자연수위 상태로 돌아간다. 이 때 경과사간에 따른 지하수위 변화량을 측정하여 대수성 수리상수를 정하는 방식을 상승수위시험(Rising water level test)이라 한다.
- 수위변화량은 일반적으로 1~5초 간격으로 1mm 단위까지 측정한다.
- 시험결과는 Hvorslev법(1951)과 Bouver-Rice법(1976)을 통해 분석하는데, Hvorslev법은 자유면 대수층이 수평과 수직으로 무한히 펼쳐져 있다고 가정하기 때문에 대수층의 두께를 알고 있는 경우 Bouver-Rice법으로 분석하여야 한다.

2.2 지하수 변화에 의한 영향 검토

기존자료(수계 및 정천현황, 관측망을 통한 지하수위 현황 등)의 분석, 지하수 관련 현장시험 등을 활용하여 굴착 대상지역의 지하수위, 수리특성 등을 파악하여 굴착에 의한 지하수흐름을 검토하여야 한다.

2.2.1 대상지역의 지하수 흐름 분석

- 지하수정보 시스템을 활용하여 지하수 이용실태를 파악한다.
- 굴착구간에 대하여 수리특성별 대표단면들을 선정한다.
- 지하수정보 시스템 자료, 공내 지하수위(72시간 이후) 측정자료, 지층별 투수계수 및 용적함수량 산정자료 등을 활용하여 수리해석 모델링을 수행한다.
- 경계조건 설정 후 침투류 해석을 통한 시공시 최대유출량을 파악함으로써 지하수 흐름을 고려한 합리적인 지반침하(함몰)에 대한 영향검토를 수행한다.
- 지하수위 강하 및 영향권을 비교·분석하여 굴착 진행공정에 따른 환경적 특성을 고려한 차수대책 수립에 반영한다.

2.3 지반안전성 검토

지반안전성 분석 시 지반침하의 가능성을 내포하고 있는 경우는 지반침하 위험구간을 사전 검토하여야 한다. 자연적인 요인(지질특성, 지반조건, 지하수 등)과 외부 요인(구조물, 관거, 침하사례 등)에 의해 지반침하에 영향을 미칠 것으로 판단되는 주요 고려사항들을 연구보고서, 붕괴 및 침하사례, 매뉴얼 등을 바탕으로 아래와 같은 항목들이 분포하는 구간은 지반침하의 가능성이 있으므로 지반안전성 분석 시 주의하여 검토할 필요가 있다.

- 터파기 구간
  - 지반조사 불충분(시추조사, 물리탐사, 실내·현장시험 등)
  - 굴착심도 내 토사층에 지하수위 존재 여부
  - 연약지반(연약 점성토, 연약 사질토 등)분포 여부
  - 사업구간 주변 하천 및 해안 분포여부
  - (사업구간 내) 매립 및 충적층 분포 여부
  - 복합지반(토사 및 암반 교호) 및 차별풍화대 분포 여부
  - 굴착저면에 보일링 및 히빙 발생가능지반 분포 여부
  - 사업구간 주변 지하수 배출원(지하철역사, 온천 등)분포 여부
  - 사업구간 주변 기존 지반침하 발생, 지하구조물 및 공사장 존재 여부
  - 사업구간 주변 20년 이상 노후 관거(직경 500mm이상) 분포 여부

2.3.1 굴착(터파기)공사에 따른 지반안전성 영향분석

일반적으로 터파기구간에서의 지반침하는 설계단계의 지반조사가 부족하거나 가시설구조체의 불안정, 굴착 저면에서의 보일링과 히빙에 의한 침하, 가시설 배면의 차수보강과 배수처리시설의 부실 등에 따라 발생하므로 지반조건, 구조물 중요도 및 현황, 주요 침하 원인 등을 고려한 안전성 분석을 실시하고, 굴착에 따른 지반의 영향을 공학적으로 분석하여 해법을 제시하여야 한다.

(1) 수치해석에 의한 지반안전성 검토

흙막이 굴착시 지하수위 저하에 따른 지반침하를 유효응력의 개념으로 접근하는 해석을 적용하여 굴착시 지반의 거동에 영향을 끼치는 요인들을 고려하여 벽체배면의 수평변위 및 침하 등을 검토하여야 한다.

(2) 히빙(Heaving)에 대한 안정성 검토

연약한 점토지반에서 굴착이 진행될 때에 굴착되어 배출된 토사체적이 없어지면서 굴착 배면토(굴착 인접토)의 중량과 배면지반의 상재하중(인접건물하중 등)이 하중으로 작용

하여 굴착 배면토가 이동하려는 힘이 굴착저면 직하부의 지반지지력보다 크게 될 때 굴착저면 지반 내의 흙이 미끄러지면서 상향으로 부풀어 오르는 현상을 히빙(Heaving)이라고 한다.

히빙 검토방법은 하중-지반 지지력식에 의한 방법과 모멘트 평형에 의한 방법으로 구분된다. 하중-지반 지지력식에 의한 방법의 대표적인 것으로 Terzaghi-Peck (1967)식, Bjerrum and Eide(1956)식, NAVFAC(DM-7) 등이 있으며, 모멘트 평형에 의한 방법으로 일본 건축기초 구조설계 규준(1974)과 일본 도로협회(1967)의 계산법 등이 있다.

상기 검토식 들은 각기 지지력이나 활동면의 전단강도를 취하는 방법 등에서 특정 지을 수 있고 적용안전율도 각각 다르다. 또한 흙막이벽체의 종류, 지반조건, 어떤 설계규정에 근거하느냐에 따라 검토결과는 상당한 차이를 보이므로 여러 가지 방법으로 검토한 후 이들을 비교하여야 한다.

(3) 보일링(Boiling)과 파이핑(Piping)에 대한 안정검토

사질토지반과 같이 투수성이 큰 지반에서 강널말뚝과 같이 차수성이 큰 흙막이를 시공하여 굴착하는 경우에 굴착의 진행에 따라 흙막이벽 배면과 굴착면의 수위차이가 서서히 커지게 된다, 이 수위 차이에 의하여 굴착면 지반에 상향의 침투류가 생겨, 이 침투수압이 굴착면 쪽 지반의 유효중량을 초과하여 모래입자가 솟아오르는 상태가 되는 현상을 보일링(Boiling)이라고 한다.

보일링 상태가 국부적으로 발생하여 그것이 흙막이벽 부근이나 중간말뚝 등과 같이 흙과 콘크리트 또는 강재 등 이질의 접촉면을 따라 위쪽 방향으로 깊은 두께에 걸쳐 파이프 모양으로 보일링이 형성되는 현상을 파이핑(Piping)이라 한다.

보일링이나 파이핑에 대한 검토는 유선망에 의해 해석하는 것이 정확하나 번잡하므로, Terzaghi 간편식과 한계동수구배를 고려하는 방법으로 검토하는 것이 일반적이다. 이 두 가지 방법은 보일링 검토에 대한 견해가 다르기 때문에 반드시 두 식을 만족하도록 한다.

2.3.2 주변 시설물의 안전성 분석

터파기는 필연적으로 지반변위를 수반하게 되고, 지반변위는 인접구조물의 안전에 영향을 미칠 수 있으므로 인접구조물의 손상도를 평가하기 위해서는 먼저 손상에 대한 기준 및 등급분류가 요구된다.

지반굴착에 따른 인접 구조물의 손상유무는 구조물이 지반변위에 의해 영향을 받게 되므로 구조물의 각 부분별로 분석이 가능할 수 있도록 수치해석을 수행하여야 한다.

흙막이벽의 변위에 따른 주변 지반의 침하에 대한 예측은 흙막이벽 변위의 실측 또는 계산에 의하여 구한 값으로부터 주변 지반침하를 추정하는 방법과 버팀구조와 주변 지반을 일체로 하

여 유한요소법 또는 유한차분법으로 해석하는 방법이 있다. 이러한 검토방법을 사용하여 굴착 단계를 고려한 배면지반의 침하를 예측하여 주변 시설물의 안전성분석을 실시한다.

(1) 유한요소법 및 유한차분법에 의한 방법

- 굴착공사에 있어 배면지반의 침하나 수평변위를 정량적으로 파악하기 위해서는 유한요소법을 사용할 수 있다. 유한요소법은 지반 전체와 가시설 전체를 일체로 모델화하여 굴착 단계별로 배면 지반침하나 수평변위 등을 구할 수 있다. 이는 흙막이벽체와 지지구조 등을 동시에 고려하여 지반-구조물 상호거동을 고려한 해석이 된다.
- 이 방법은 벽체와 흙의 관계를 나타내기 위한 계면요소(Interface element)가 고려되어야 하며, 대상지반 및 흙막이 구조물의 거동을 정확히 나타낼 수 있는 응력-변형률 관계를 파악하는데 필요한 제반 정수들의 정확한 추정이 요구된다.
- 일반적으로 유한요소법이나 유한차분법을 이용하여 흙막이 구조물의 거동을 해석할 때 영향을 미치는 주요 요소들은 다음과 같다.
  - 지하굴착 진행과정을 시뮬레이션하는 방법
  - 지반 자체의 거동 모델화
  - 지반거동 모델에서 사용된 모델 계수 값들
  - 그 외 실제 시공 당시에 발생한 예상치 못한 변화들

(2) 기존 구조물에 미치는 영향의 예측

지반변형에 의하여 기존 구조물이 변형되었다고 가정하고 해석하는 방법, 지반과 기존 구조물을 일체로 가정하고 해석하는 방법, 기존 구조물에 굴착으로 변화된 하중조건을 주어 해석하는 방법이 있다.

(3) 이론 및 경험적 추정 방법

- Peck(1969)의 방법은 서로 다른 지반에 대하여 강널말뚝을 설치한 결과를 계측하여 굴착 깊이에 따른 인접지반의 이격거리와 침하량 관계를 도시하였다.
- Caspe.(1966)의 방법은 강널말뚝의 변위와 포와송비를 사용하여 굴착심도에 따른 벽체 배면의 지반침하량의 관계를 도시하였다.
- Clough et al.(1990)의 방법은 여러 가지 지반에서 굴착깊이와 배면 지반침하량과의 관계를 측정하고 이를 유한요소법으로 해석하였다. 이 방법은 말뚝의 종류에 상관없이 적용될 수 있다.
- Fly et al.(1983)의 방법은 지반을 완전탄성 및 포화된 것으로 가정하여 실시한 유한요소 해석결과치를 지반조건에 따라 확장시켜 탄성식을 제안하였다.

2.4 지하안전확보방안 수립

2.4.1 계측방안

터파기구간의 지반특성, 주변 현황(인접구조물, 지장물, 중요도), 구조물 계획 등을 고려한 계측계획을 수립하여 공사 중과 운영 중에 지하안전확보에 문제가 없도록 계측계획을 수립하여야 한다. 또한, 설계시 적용된 계측계획을 분석하여 공사 중 예상되는 제반 문제점에 적절히 대처할 수 있도록 하여야한다.

(1) 터파기 구간 계측계획 수립시 중점검토사항

- 지반침하 및 건물 침하에 대한 안전성을 확보하도록 한다.
- 단계별 굴착에 따른 지하수위 거동 및 수리특성을 파악하도록 한다.
- 단층파쇄대 구간의 보강재 및 지반거동 파악을 위한 계측계획을 수립하도록 한다.
- 건물 상태조사 결과를 반영한 굴착 영향 범위내의 연도변 건물 관리대책을 수립하도록 한다.
- BOX, 상·하수관로 등 주요지장물의 관리대책 수립 및 안전성을 파악하도록 한다.
- 체계적인 계측관리 시스템 구축과 위험 가능성 등을 사전에 파악하도록 한다.
- 연약점토층 발달구간에 대한 지반 및 건물 침하 거동특성을 분석하도록 한다.

(2) 주요 계측 항목

지중경사계, 지하수위계, 지표침하계, 하중계, 응력계, 토압계, 건물경사계, 건물균열계, 지중침하계, 전단면 내공변위계, 진동/소음측정기, 지하매설물 변형측정계 등

(3) 계측수량 및 측정빈도

1) 계측수량

터파기에 따른 지반의 거동을 종합적으로 파악하고 계측의 신뢰성 향상을 도모하기 위해 각 계측항목 상호간의 연관성을 분석하는 것이 중요하다. 이를 위해서 터파기의 용도, 규모, 지반조건, 시공방법 등 여러 상황을 고려하고 계측목적에 부합하도록 계측위치 및 배치간격을 적절히 선정하여야 한다.

2) 측정빈도

- 계획 시에 지반조건과 시공조건을 함께 고려하여 설정한 뒤, 시공과정에서 계측에 의한 지반의 거동상황을 참조하여 적절히 수정하는 것이 중요하다.
- 터파기의 경우 지반거동은 일일 굴토량과 작업 기계, 기상(우천) 등에 영향을 받으므로 Data의 변화속도와 안전성 여부의 관련성을 충분히 고려하여 적절한 측정빈도를 설정해야 한다. 즉, Data의 변화속도가 빠른 계측항목의 측정빈도는 높이고, 반대로 장기간에 걸쳐 변화량이 미세한 계측항목은 빈도를 낮추는 게 좋으며, 안전과

의 관련성이 깊은 계측항목은 빈도를 높일 필요가 있다.

(4) 계측관리 기준

- 관리기준은 지반의 거동상태, 인접구조물의 안전한계와 지반 역학적인 조건에 의하여 결정되므로 기준적인 수치를 정확히 제시하기가 어렵기 때문에 이론해석 및 수치해석, 혹은 유사 조건하의 시공실적을 참고하여 초기 시공실적을 토대로 관리기준을 수시로 수정해 가는 방법이 가장 합리적이고 실질적이다.
- 실제로 지반의 상태나 시공조건 등이 다르기 때문에 엄밀한 관리 기준치를 제시하기는 어렵지만 일반적으로 추정할 수 있는 관리기준치로서 일본의 천단 침하관리기준(일본 토질학회지, 1986)과 ASCE(Franklin, 1976)에서 제시한 기준이 있다.

2.4.2 지반침하(함몰) 취약구간에 대한 침하저감을 위한 방안

(1) 굴착저면의 안정(보일링, 히빙 등)

- 지하수위 저하공법(Well Point, Deep Well 등), 하부지반의 개량공법(약액주입공법, 심층혼합처리공법, 생석회말뚝공법, 동결공법 등)을 적용하여 보일링을 방지한다.
- 굴착저면 지반을 개량(약액주입공법, 심층혼합처리공법, 고압분사주입공법 등) 하여 지반의 강도를 증가시켜 히빙을 방지하여야 한다.

(2) 흙막이 벽의 응력 및 변형 저감

토질특성, 지하수위의 높이, 굴착깊이, 주변 구조물의 노후화 및 중요도, 이격거리 등을 고려하여 흙막이벽체의 형식을 검토하여 적용하여야 한다.

(3) 지하수의 차수 및 지수

흙막이의 형식에 따라 배면 지하수가 굴착면 내로 유입되는 것을 차단하여 지하수 흐름에 의한 토립자의 유동을 억제함으로써 배면지반의 침하를 방지하기 위하여 약액주입이나 분사주입공법을 적용한다.

(4) 주변 지반의 변형 및 영향

- 굴착에 의한 흙막이벽의 변형에 의한 지반변위를 억제하여야 한다.
- 지하수위 저하에 의한 배면의 느슨한 사질토지반의 변위와 압밀에 의한 점성토 지반의 변위를 제어하여 침하를 억제하여야 한다.
- 히빙, 보일링, 파이핑 등에 의한 굴착저면의 변화에 의한 배면지반의 침하를 억제하도록 하여야한다.
- 흙막이를 해체할 때에는 진동이 작고 주변 지반에 영향이 작은 공법을 검토하거나, 해체 후에 공극을 신속하고 단단하게 다짐하여 되메우기를 하여야한다.

제3장 사후지하안전영향조사

사후지하안전영향조사는 실시설계자료와 지하안전영향평가서를 기초자료로 하여 조사를 진행하는 것을 전제로 하며, 설계기준 미준수 및 위험구간 선정시 주요 고려사항에 대한 자료가 불충분하거나 지하안전영향평가 수행 전·중에 주변 여건 및 현장여건 급변화시 추가 조사나 검토 등을 수행하여야 한다.

3.1 지반 및 지질현황

사업 시공단계에서 지하안전영향평가서 검토, 지하물리탐사 등 사업구간의 사후지하안전영향조사를 수행하기 위해 필요한 지반 및 지질현황을 분석하여야 한다.

3.1.1 지하안전영향평가 검토

해설서에 따라 지반과 지질현황을 파악하기 위하여 지하정보통합 체계를 통한 정보분석, 시추조사, 투수시험, 지하물리탐사 등을 수행하여 기초자료를 획득하여 지하안전영향평가를 실시한다. 따라서 사후지하안전영향조사를 수행하기 전에 지하안전영향평가시 획득한 기초자료를 검토하여 문제점이나 오류사항을 수정・보완하고 시공중에 확인된 지반 및 지질 현황이 지하안전영향평가시와 현장조건이 상이하거나 변화된 구간에 대해서는 이러한 사항을 사후지하안전영향조사의 검토 자료에 반영한다.

3.1.2 지하물리탐사(지표투과레이더탐사, 전기비저항탐사, 탄성파탐사등)

현장 시공 중 확인된 지반 및 지질, 지하 지장물조건과 지하안전영향평가시에 수행된 지하물리탐사 결과가 상이할 경우, 추가적으로 지하물리탐사를 실시하여 지반 및 지질조건을 수정·보완하여 사후지하안전영향조사를 위한 기초자료로 활용한다.

추가적으로 물리탐사 등에 의한 현장조사 시행중 공동 발견시에는 해당 지자체나 관리 주체에게 즉시 통보하여 후속조치를 취할 수 있도록 하여야 한다.

(1) 지표투과레이더(GPR) 탐사

- 수십~수천 MHz의 고주파수 성분의 전자기파의 일종인 레이더파를 이용하여 탐사하는 방법으로 전자기파를 지하에 방사시킨 후 유전특성이 서로 다른 두 매질의 경계면에서

반사파를 수신하여 각 매질의 위치와 형상 등을 파악한다.

- 송신안테나로부터 방사된 전자기파가 지표하부의 지층경계, 파쇄대, 공동, 매설관 등과 같은 지하의 불균질층(체)으로부터 반사된 반사파를 획득, 분석하여 지하 하부의 정보를 획득한다.
- 탐사심도는 송신 안테나의 주파수 대역에 따라 차이는 있으나 수 m~수십 m까지 측정이 가능하다. 지표 하부 수 m 이내의 지표 천부 매설물이나 공동을 탐사하기 위한 경우에는 수 백 MHz 이상의 높은 중심 주파수를 갖는 안테나가 사용된다. 수 m 이상의 심도에 대한 탐사가 필요한 경우에는 100MHz 이하의 낮은 중심 주파수를 갖는 안테나를 사용하지만, 전자기파의 감쇠현상 때문에 10m 이상의 심도까지 탐사가 가능한 경우는 암반이 지표에 노출되어 있는 지역을 제외하고는 드물다.
- 탐사결과는 레이더 반사파 단면도에서 나타나는 반사 양상으로부터 지하 매설물 탐사 및 천부 지층 경계 파악 및 상태, 공동 조사 등 지하상태를 파악하고 지하안전영향평가를 위한 지층파악 자료로 활용한다.
- 지반의 물리적 성질의 차이에 기인한 물리적 현상들을 측정하고 해석함으로써 지질구조 및 지층의 성질을 조사한다.
- 지표투과레이더(GPR) 탐사 적용 시 유의사항은 다음과 같다.
  - 레이더탐사는 고주파수 전자기파를 이용하기 때문에 심한 감쇠 현상이 발생하는데 전자기파의 감쇠 정도는 지하 매질의 전기비저항에 반비례하며, 사용 안테나의 주파수에 비례한다.
  - 점토 함량이 높은 토양층과 같이 저비저항을 갖는 지반에서는 심한 감쇠 현상 때문에 지표투과레이더(GPR) 탐사의 가탐심도가 얕아지며 수신된 전자기파의 세기가 약하므로 상대적으로 주변 전자기파 잡음의 영향이 커져 해석 정밀도 또한 저하된다.
  - 수상에서 탐사를 할 경우, 강 또는 호수의 바닥은 대단히 강한 반사면을 형성하여 대부분의 전자기파 에너지는 물 바닥면에서 반사되고, 일부 에너지만이 지하로 전파되므로 지하로의 가탐심도는 얕아지게 된다.
  - 구조물을 대상으로 탐사할 경우, 구조물 철망이나 철근이 전자기파 차폐막의 역할을 할 수 있으므로 이에 의한 영향이 매우 크다.

(2) 전기비저항탐사

- 매질의 전기적 물성차이에 의한 전위차를 측정 지하구조를 영상화하는 방법, 즉 지표에 전류를 흘려보낸 후 지하의 전기비저항 분포와 지형에 따라 분포하는 전위차를 측정하여 지하매질의 전기비저항 분포를 파악한다.
- 탐사방법은 1차원 탐사, 2차원 탐사, 3차원 탐사로 구분되며 이들 탐사방법은 조사 장

소의 상황이나 조사 목적에 따라서 달리 사용되지만 최근에는 2차원 탐사를 이용하는 것이 일반적이다.

- 1차원 탐사(수직 및 수평탐사) : 지하의 수직 및 수평의 층서구조 파악
- 2차원 탐사 : 측선 하부의 2차원적 영상을 획득
- 3차원 탐사 : 탐사지역 하부 지반의 3차원적 영상을 획득

• 탐사 심도는 전극 간격 및 측선 길이와 밀접한 관계가 있으며, 탐사기기의 성능과 지층의 전기비저항값에도 좌우되지만 일반적인 탐사심도는 다음과 같다.

- 1차원 탐사 : 평탄한 지대에서는 200~300m 정도까지는 가능하며 이 경우 최대 전극간격은 400~600m 정도이다. 일반적으로 100 m 이내의 얕은 곳을 대상으로 한다.
- 2차원, 3차원 탐사 : 지하 하부 300m 정도까지 탐사가 가능하나 탐사심도가 깊어지면 분해능이나 해석 정밀도가 떨어진다. 탐사심도가 이보다 큰 경우에는 전자탐사 등 다른 탐사 방법을 이용하는 것이 효율적이다.

• 탐사결과는 대수층, 개략적인 지질 경계, 기반암 분포 등의 지질구조 파악 및 저비저항 이상대에 의한 지질구조대(단층, 파쇄대, 연약대 등) 존재여부 및 특성을 분석한다.

• 지표지질조사와 시추조사의 결과를 보완하여 미시추 구간을 포함하는 연속적인 지층구조 및 포화대 범위, 유수경로 등을 파악한다.

• 전기비저항탐사 적용 시 유의사항은 다음과 같다.

- 1차원 및 2차원 탐사는 지형·지하구조가 측선에 수직인 방향으로는 변화가 없다는 것을 전제로 하므로 측선방향으로 지형·지하구조가 현저하게 변하는 경우에는 보조측선을 설정하여 양자의 결과를 비교·검토하거나 3차원 탐사를 수행할 필요가 있다.
- 측선 가까이 송전선, 철도, 철강 구조물 등이 있으면 잡음이나 이상 측정의 원인이 되기 때문에, 이들과 근접하지 않도록 측선을 계획한다.
- 2차원 탐사에서는 해석 단면의 밑부분, 측선의 양 끝부분에서는 해석 정밀도가 저하되므로 탐사 범위를 목적 대상보다 넓게 설정할 필요가 있다.
- 다층구조 지역에서는 탐사결과를 반드시 시추조사 결과와 대비하여 사용한다. 실제로 부지가 다층구조 지역일 경우, 전기비저항탐사는 예비평가 단계 정도에서만 사용할 수 있다.

(3) 탄성파탐사

매질의 탄성차이에 의한 탄성파의 전파속도 차이를 측정하고 이를 해석하는 탐사법으로 지표에서 인위적으로 발생시킨 탄성파 에너지의 일부가 지하매질을 전파하는 과정에서 반사, 굴절, 회절 등의 현상에 의해 지표로 되돌아온 탄성파를 측정함으로서 지질구조에 관한 정보를 획득한다. 탄성파탐사법의 종류는 아래와 같다.

1) 굴절법 탄성파탐사

- 굴절법탄성파탐사는 지표 부근에서 발파 등으로 탄성파(P파, S파)를 발생시켜 속도가 다른 지층 경계에서 굴절되어 돌아오는 굴절파를 지표에 설치한 측정 장치로 기록하여 지하의 속도구조를 알아내는 탐사법이다.
- 탐사 방법은 P파 초동을 이용한 측정 방법이 일반적으로 사용되며, 토질지반을 대상으로 비교적 천부의 속도구조를 구하는 경우 S파 분석 방법이 일부 사용된다.
- 탐사 심도는 발생원으로 다이나마이트를 사용하는 경우 100~200m, 비폭약 발생원을 사용하는 경우 수 m~30m 이다.
- 탐사 결과는 지반의 속도분포를 분석하고, 획득된 속도 분포와 시추 결과 및 기존의 지질자료 등을 서로 대비시켜 종합적으로 해석함으로써 지층분포 특성, 단층파쇄대 등의 지질이상대 등을 파악할 수 있다.

2) 반사법 탄성파탐사

반사파를 이용하여 층서구조 및 지질구조 정보 파악하는 탐사법으로, 주로 해양탐사에 사용하며, 본 탐사로는 지층의 탄성파속도를 직접 측정할 수 없기 때문에 다른 자료와 대비하여 지층상태나 분포심도를 추정한다.

3) 탄성파 토모그래피

- 탄성파 토모그래피탐사는 지표, 시추공 및 수평 갱도 등을 이용하여 탐사 대상 영역을 둘러싸도록 발파점과 수진점들을 설치하고, 발파점에서 생성된 탄성파를 많은 수진점에서 측정하여 초동 주시를 이용하는 탐사법이다
- 지표 굴절법탄성파탐사와 비교하여 대상 지반 단면에 대한 속도 분포 해석에 높은 정밀도를 기대할 수 있다.
- 탐사범위는 발파점이나 수진점으로 둘러싸인 영역이며, 일반적으로 대상 영역 내의 분해능은 발파점이나 수진점을 배치한 부근이 가장 높고, 그것들로부터 멀어짐에 따라 분해능이 저하된다.
- 탐사결과는 지층의 분포, 단층 파쇄대나 변질대의 분포, 공동의 분포 등을 파악하는데 활용되며, 시간을 두고 반복 측정하는 경우에는 탄성파 속도의 변화량의 크기나 변화된 부분을 분석하여 지반 상태의 변화를 일으킨 지질공학적 및 지반공학적인 원인 등을 파악한다.
- 탐사 적용 시 유의사항은 발생원-수진기 배열에 제한이 있거나 탐사 대상 단면의 내부에 큰 속도차가 있는 경우, 또는 대상 단면이 너무 커서 단면의 외부를 통과한 파선을 이용하여 해석하는 경우에는 결과 단면에 왜곡이 발생될 가능성이 높다.

3.2 지하수 변화에 의한 영향 검토

3.2.1 지하안전영향평가 검토

지하안전영향평가시 관측망을 통한 지하수 조사, 광역 지하수흐름 분석 등을 수행하여 지하수 변화에 의한 영향을 검토한다. 따라서 사후지하안전영향조사를 수행하기 전에 지하안전영향평가에서 획득한 자료 및 광역 지하수흐름 분석을 검토하고, 추가로 현장 시공 중에 확인된 지하수 변화에 의한 영향이 지하안전영향평가시 검토된 내용과 상이할 경우, 보완조사를 통해 지하수 변화에 의한 영향을 검토한다.

3.2.2 지하수 관측망 자료, 주변 계측자료 등 분석

(1) 지하수 관측망 자료 분석

국토교통부와 환경부 등에서 운영하고 있는 지하정보통합체계의 지하수정보를 충분히 활용하여 사업지구 내 기존 지하수 관측망 자료를 통한 지하수 분포를 확인하고 검토자료로 활용한다.

- 국토교통부의 국가지하수정보센터(http://www.gims.go.kr)
- 환경부의 토양지하수정보시스템(http://sgis.nier.go.kr)
- 한국농어촌공사의 농어촌지하수넷(http://www.groundwater.or.kr)
- 국토교통부의 국가수자원관리종합정보시스템(http://www.wamis.go.kr)
- 한국수자원공사의 물정보포털(http://www.water.or.kr)
- 하천관리지리정보시스템(http://www.river.go.kr)

(2) 주변 계측자료 등 분석

사업구간 인근의 시추공, 관정 등에서 시공 전과 후의 지하수 영향에 따른 지하수위 변화를 계측하고 분석하여 사후지하안전영향조사 자료로 활용한다.

3.3 지반안전성 검토

3.3.1 지하안전영향평가 검토

지하안전영향평가시 수행한 굴착공사에 따른 지반안전성 영향분석 자료와 주변 시설물의 안전성분석 자료를 검토한다. 추가로 현장 시공 중에 확인된 지반조건이 지하안전영향평가시 검토된 내용과 상이할 경우, 현장조건을 반영하여 사후지하안전영향조사를 실시하여야 한다.

현장 시공 중 지하안전영향평가시 검토된 주변 시설물과 지중구조물이 사후지하안전영향 조사와 상이한 경우에 필요시, 변경된 내용을 고려하여 수치해석을 의한 공학적 해석을 통해 지반안전성을 검토할 수 있다.

3.3.2 계측자료 분석을 통한 지반안전성 및 주변 시설물 영향분석

(1) 계측자료 분석을 통한 지반안전성 분석(지중경사계, 지표침하계, 하중센서, 균열측정기 등)

터널구간은 굴착에 따른 지반의 거동과 각 지보재의 효과를 파악하고 지반의 안전성과 경제성을 확보하도록 필요도에 따라 일상계측(A계측, 시공관리상 반드시 실시해야 할 항목)과 정밀계측(B계측, 지반조건에 따라 일상계측에 추가하여 실시하는 항목)으로 구분하여 계측 실시하고 계측결과를 분석하여 안전성을 확보하는지 검토한다. 그리고 터파기 구간은 흙막이 벽체의 형식, 지보재의 종류, 인접구조물의 유무 등에 따라 계측계획에 따라 실시된 계측결과를 분석하여 안전성을 확보하는지 검토한다.

1) 터널의 일상계측

일반적으로 공사의 안전성, 굴진면의 자립성, 주변 지반의 안전성을 판단하기 위해 계측단면의 종단방향에 대해 일정간격으로 실시한다. 표 2.3.1은 계측항목에 따라 얻어진 결과를 통해 지반안전성을 분석한다.

표 2.3.1 터널구간 일상계측 항목

계측 항목	계측 결과	결과의 활용
터널 내 관찰조사	· 굴진면의 자립성 · 무보강면의 안전성 · 지질 및 용수 · 일차지보의 안전성	· 지반분류의 재평가 · 지반분류와 지반거동의 상관성 · 미굴착부 지반상활의 추정 · 전체적인 시공의 안전성
터널 외 관찰조사	· 지표면 및 주변 구조물 등의 변형	· 변형 대책공의 필요성
내공변위 측정	· 내공단면의 상대변위 · 변위속도 · 변위의 수렴 상황 · 단면의 변형 상황	· 지반의 안전성 · 일차지보 설계제원의 타당성 · 최종 변위량의 추정 · 라이닝의 타설시기 · 시공의 안전성 · 굴착공법의 타당성
천단침하 측정	· 천단 침하량	
히빙 측정	· 지반의 융기량 · 융기량 속도	· 터널 하반의 일차지보의 변경, 시공시기 · 인버트 콘크리트의 타설시기
지표면 침하측정	· 지표면 침하량	· 굴착에 의한 지표면의 영향정도 · 굴착에 의한 영향 범위
주변 구조물 등에 대한 측정	· 주변 구조물의 침하, 경사, 균열 등	· 굴착에 의한 주변 구조물의 영향도 · 주변 구조물의 안전성 · 변상대책공의 필요성

2) 터널의 정밀계측

- 일상계측에 의해 파악된 굴진면 및 터널의 거동을 바탕으로 지중의 지반거동과 1차 지보패턴의 타당성을 검토하고 근접시공에 대응한 라이닝의 상태 감시 등을 위해 실시하며 대표적인 단면에서 일상계측에 추가하여 각종 계측을 실시하고 그 결과에 따라 지중변위, 지하수의 변동, 주변에 미치는 영향 파악, 근접시공의 영향 등을 검토하여 안전성을 분석한다.
- 시공 중 아래의 표와 같은 계측항목에 따라 계측을 수행한 결과를 안전성분석에 활용한다.

표 2.3.2 터널구간 정밀계측 항목

계측 항목	계측 결과	결과의 활용
지중변위측정	· 지중변위량	· 굴착에 의한 이완영역 · 침하억제 대책공의 효과
숏크리트 응력측정	· 응력 · 배면토압	· 설계제원의 타당성 및 안전여유 · 작용하중의 크기
록볼트 축력측정	· 축력	· 록볼트 효과 · 종류, 길이, 볼트 직경의 타당성
라이닝 응력측정	· 라이닝 콘크리트 응력 · 철근응력	· 근접시공의 하중의 크기 · 수압의 크기
갱내용수량 측정	· 용수량	· 굴진면의 안전성 · 지하수위 저하공법의 도입효과 · 시공의 안전성
지하수위 측정	· 지하수위	· 지표면 침하, 주변 구조물 변위와의 관련성 · 지하수위 저하공법의 도입효과 · 시공의 안전성
지반시료 시험	· 각종 지반물성	· 지반분류의 재평가 · 지반분류와 지반거동의 상관성 · 지반의 강도·변형 특성, 시공의 안전성
보링공을 이용한 조사 및 검층	· 지반의 성층 상태와 분포 · 지지력(표준관입시험) · 수압, 투수계수(용수압시험) · 변형계수(공내재하시험)	· 굴진면 전방 지질의 예측 · 지하수의 유무, 용수압과 유량 · 연약층의 위치·규모·성상 및 연속성

3) 터파기구간

- 흙막이 벽체와 지보재를 적용하여 굴착면이 외부에 노출되도록 굴착을 진행할 때 흙막이벽체와 지보재, 굴착에 따른 영향범위 이내의 인접구조물과 지하매설물 등에 계측기를 설치하여 계측을 실시하고 그 결과에 따라 지중변위, 지하수의 변동, 주변에 미치는 영향 파악, 근접시공의 영향 등을 검토하여 안전성을 분석한다.
- 시공 중 아래의 표와 같은 계측항목에 따라 계측을 수행한 결과를 안전성 분석에 활용한다.

표 2.3.3 터파기구간 계측 항목

계측 항목	얻어진 결과	결과의 활용
흙막이 벽체의 계측	· 토압 · 벽체의 변형 · 휨	· 토압의 변화를 측정하여 흙막이 벽체 부재의 안정상태 파악 및 분석자료로 이용 · 벽체의 변형을 측정하여 부재의 변형 및 휨 등의 안정상태 파악
지보재 계측	· 축력 · 변형	· Strut의 축하중 및 E/A의 긴장력과 정착력의 변화상태를 측정하여 이들 부재의 안정상태 파악 · 지보재의 변형을 측정하여 부재의 변형 및 휨 등의 안정상태 파악
주변 지반의 변위계측	· 배면지반의 변형	· 굴토 진행시 인접지반 수평변위량과 위치, 방향 및 크기를 실측하여 토류구조물의 응력상태 파악 · 지표면의 변화량에 대한 절대치 변화를 측정, 침하량의 속도판단 등으로 허용치와 비교 및 안정성 예측
인전구조물의 변위계측	· 균열 · 경사 · 변형	· 주변 구조물, 지반 등에 균열발생시 균열크기와 변화를 정밀 측정하여 균열발생 속도 등을 파악하여 인접한 다른 항목의 계측결과와 연관성 분석에 활용 · 인근 주요 구조물에 설치하여 구조물의 경사각 및 변형상태를 계측, 구조물 안전을 위한 분석자료로 활용
지하수위 및 간극수압 계측	· 지하수위 · 간극수압	· 지하수위 변화를 실측하여 각종 계측자료에 이용, 지하수위의 변화원인 분석
지하매설물에 대한 변형계측	· 침하 · 변형	· 지하매설물의 변형을 측정하여 구조물의 안정성 파악
소음 및 진동계측	· 소음 · 진동	· 굴착, 발파 및 장비 이동에 따른 진동과 소음을 측정하여 구조물 위험예방과 민원 예방에 활용

4) 계측 관리 기준치를 고려한 지반안전성 분석

- 계측 결과치와 비교대상이 되는 관리기준치는 허용치를 사용하는 방법과 설계시의 추정치를 사용하는 방법이 있으며, 계측항목에 따라 합리적으로 선택하여 지반이 안전성을 확보하는지 분석한다.
- 계측치와 관리기준치를 비교하여 정상, 주의 및 위험단계로 판정하며, 주의 및 위험단계일 때는 필요한 대책을 수립하여 지반안전성을 확보하였는지 분석한다.
- 계측결과는 절대치관리법 또는 예측관리법으로 검토하여 지반의 안전성을 확보하였는지 분석한다.
  - 절대치관리법은 시공전에 미리 설정한 관리기준치와 실측치를 비교·검토하여 그 시점에서 공사의 안전성을 평가하는 방법으로 계측결과에 대해서 신속하게 대처 가능, 현장에서의 단순관리에 이용한다.
  - 예측관리법은 이전 단계의 실측치에 의하여 예측된 다음 단계의 예측치와 관리 기준치를 대비하여 안전성 여부를 판정하는 기법으로 보다 합리적인 관리를 할 수 있다.

(2) 계측자료 분석를 통한 주변 시설물 영향분석

- 공사 중 계측은 주로 설계의 불확실한 요소 등을 보완하고 설계의 타당성을 규명함으로써 시공의 안전성과 경제성을 제공하며, 공학적인 문제해결에 필요한 정량적·정성적 정보를 얻는 행위이다.
- 계측기를 통하여 측정한 자료를 검토하여 정량적인 판단기준을 제시하며, 계측결과 분석을 통하여 주변 시설물의 현 상태 및 발생 가능한 문제를 예측하고, 주변 시설물과 지중 구조물에 미치는 영향을 분석한다.

1) 터널구간

- 굴착 중인 NATM 터널의 주변 시설물과 지반에 설치된 계측기의 계측자료를 시공 중에 분석하여 터널굴착이 주변 시설물에 미치는 영향을 분석하여야 한다.
  ① 주변 지반의 영향계측 : 지표의 변형, 침하, 지하수 등
  ② 인접구조물의 영향계측 : 침하, 균열, 경사, 이동, 변형 등
- 굴착 중인 Shield 터널의 주변 시설물과 지반에 설치된 계측기의 계측자료를 시공 중에 분석하여 터널굴착이 주변 시설물에 미치는 영향을 분석하여야 한다.
  - 천단침하, 내공변위, 지표침하, 세그먼트 응력, 철근응력, 지표의 변형 및 침하, 지하수위, 인접 구조물의 변형(침하, 균열, 변형) 등

2) 터파기구간

흙막이 구조물의 주변 시설물과 주변 지반에 설치된 계측기의 계측자료를 시공 중에 분석하여 굴착에 의해 주변 시설물에 미치는 영향을 분석 하여야 한다.

① 흙막이 벽체의 계측 : 토압, 수압, 휨, 변형 등
② 버팀보, Earth Anchor, 띠장 등의 지보재의 계측 : 버팀보, Earth Anchor의 축력, 띠장의 변형, 국부파손 등
③ 주변 지반의 영향 계측 : 배면지반의 변형, 침하 등
④ 인접구조물의 변위계측 : 침하, 균열, 경사, 이동, 변형 등
⑤ 지하수위 및 간극수압계측 : 지하수위 및 간극수압의 변동 등

3.4 지하안전확보방안 적정성 및 이행여부 검토

3.4.1 지하안전영향평가의 지하안전확보방안의 적정성 분석

(1) 계측계획 분석

터널 및 터파기구간의 지반특성 및 지반조건, 주변 현황(인접구조물, 지장물, 구조물의

중요도), 구조물계획 등을 고려하여 수립된 계측계획이 공사 중과 운영 중에 지하안전 확보에 문제가 없도록 적정하게 계획되었는지 확인한다.

1) 터널구간 계측

① 계측기 설치항목, 설치위치 및 간격 검토

- 시공 중 계측(일상계측, 정밀계측 등) 등 계측목적에 부합하는지 검토한다.
- 터널의 용도(도로, 철도 등)와 규모, 시공방법을 고려한 계측내용을 검토한다.
- 지반조건(토사, 팽창성 지반, 연암, 경암 등)을 고려한 계측내용을 검토한다.
- 주변 환경(인접구조물, 지중구조물, 지하매설물 등)을 고려한 계측내용을 검토한다.

② 계측 측정 빈도 검토

- 계획시에 지반조건과 시공조건을 함께 고려하여 설정한 뒤 시공과정에서 계측을 통한 지반 및 지보의 거동상황을 참조하여 적절하게 수정하도록 계획되었는지 검토한다.
- 일반적으로 변위와 응력의 변화는 굴착직후에 크지만 시간이 경과하고 굴진면이 멀어짐에 따라 감소하는 경향이 있기 때문에 굴진면에 접근하여 측정하는 초기 단계에서 조밀한 측정빈도를 정하도록 계획되었는지 검토한다.
- 측정시 초기치는 이후 측정치의 기준이 되므로 시공 상황이 허락하는 한 굴진면에 근접한 위치와 초기치 측정시기에 대하여 검토한다.

③ 계측관리 기준치 검토

- 관리기준은 지반의 거동상태, 인접구조물의 안전한계와 암반 역학적인 조건에 의하여 결정되므로 기준적인 수치를 정확히 제시하기가 어렵기 때문에 이론해석 및 수치해석, 혹은 유사조건하의 시공실적을 참고하여 초기 시공실적을 토대로 관리기준가 계획되었는지 검토한다.
- 기존 계측관리치는 정량적인 수치에 의한 절대치관리기법에 주로 적용되어 있으며 계측데이터 변화량 크기(일간변화량, 주간변화량), 발생속도, 수렴여부 등을 종합적으로 검토하여 분석 관찰하는 정성적인 관리방법을 정략적인 수치에 의한 계측관리체계와 함께 관리하여 지반의 불확실성을 최소화하도록 계획되었는지 검토한다.
- 기존 구조물에 대한 허용변위량은 소요강도나 안정성, 내구성을 확보할 수 있는 변위량을 의미한다. 따라서 허용 변위량을 결정하기 위해서는 기존구조물에 지장을 주지 않는 한계변위량을 구하고 부가적으로 한계변위량 산정의 불확실성, 구조물 현황(변위, 노후도 등), 중요도, 보수방법의 난이도 등을 종합적으로 판단하여 적절한 안전율을 갖는 값을 선정하였는지 검토한다.

2) 터파기구간 계측

① 계측기 설치항목, 설치위치 및 간격 검토

- 흙막이 벽체 형식, 지보재의 종류를 고려한 계측계획 수립 내용 검토한다.
- 지반조건(토사, 풍화대, 연·경암 등)과 굴착깊이를 고려한 계측내용 검토한다.
- 주변 지반, 지하매설물 및 인접구조물 등을 고려한 계측계획내용 검토한다.
- 굴착에 따른 지하수위변화 및 간극수압을 고려한 계측내용 검토한다.

② 계측 측정 빈도 검토

- 굴착지반의 거동은 일일 굴토량과 작업기계, 기상(우천)등에 영향을 받으므로 데이터의 변화속도와 안정성 여부의 관련성을 충분히 고려하여 적정한 측정빈도로 계측계획을 수립하였는지 검토한다.
- 계측데이터 분석시 신뢰성 있는 초기치의 확보가 매우 중요하므로 계측항목별 초기치 측정시기와 측정빈도에 대한 계측내용 검토한다.

③ 계측관리 기준치 검토

- 계측관리기준은 지반의 거동상태, 인접구조물의 안전한계, 단면의 크기 및 형상 등에 따라 각각 달라지므로 기준적인 수치를 정확히 제시하기가 어렵기 때문에 이론해석 및 수치해석, 경험식, 혹은 유사조건하의 시공실적 등을 참고하여 초기 시공실적을 토대로 관리기준치가 계획되었는지 검토한다.
- 기존 계측관리치는 정량적인 수치에 의한 절대치관리기법에 주로 적용되어 있으며 계측데이터 변화량 크기(일간변화량, 주간변화량), 발생속도, 수렴여부 등을 종합적으로 검토하여 분석 관찰하는 정성적인 관리방법을 정략적인 수치에 의한 계측관리체계와 함께 관리하여 지반의 불확실성을 최소화하도록 계획되었는지 검토한다.

(2) 지반침하 취약구간에 대한 지하안전확보방안 적정성 분석

터널 및 터파기구간의 지반특성, 주변 현황(인접구조물, 지하매설물, 구조물의 중요도 등), 구조물계획 등을 고려하여 수립된 보강 및 차수계획이 공사 중에 지하안전 확보에 문제가 없도록 적정하게 수행되고 있는지 확인한다.

1) 터널구간

① 저토피 구간

- 굴진면 지지코어를 형성하고, 천단부 지반의 강성을 증대시켰는지 검토한다.
- 터널상부 구조물보호 및 이완영역최소화로 변위를 억제시켰는지 검토한다.
- 종단선형 조정이 가능한 경우 종단선형의 조정이 가능한지 검토한다.

② 높은 지하수위 구간
- 지상차수 또는 갱내차수그라우팅에 의한 수위저하 방지 및 토사유입을 방지시켰는지 검토한다.
- 터널 내 지반조건에 적합한 배수공법을 선정하여 지하수를 배제시켰는지 검토한다.

③ 굴착속도(굴진장)
- 1회 굴진장을 조절하여 버력처리시간으로 인한 지보 지연을 최소화하도록 계획하였는지 검토한다.
- 분할굴착과 굴진면 보강으로 굴착에 의한 변위를 최소화하도록 계획하였는지 검토한다.

④ 터널천단 상부 토사지반
- 지반의 높은 투수성에 의한 수위저하 방지를 위한 차수그라우팅을 계획하였는지 검토한다.
- 토사의 낮은 변형 및 강도특성을 고려하여 지반을 그라우팅 보강하도록 계획하였는지 검토한다.

2) 터파기구간

① 굴착저면의 안정(보일링, 히빙 등)
- 지하수위 저하공법(Well Point, Deep Well 등), 하부지반의 개량공법(약액주입공법, 심층혼합처리공법, 생석회말뚝공법, 동결공법 등)을 적용하여 보일링을 방지하도록 계획하였는지 검토한다.
- 굴착저면 지반을 개량(약액주입공법, 심층혼합처리공법, 고압분사주입공법 등) 하여 지반의 강도를 증가시켜 히빙을 방지하도록 계획하였는지 검토한다.

② 흙막이 벽의 응력 및 변형 저감
- 토질특성, 지하수위의 높이, 굴착깊이, 주변 구조물의 노후화 및 중요도, 이격거리 등을 고려하여 흙막이벽체의 형식을 계획하였는지 검토한다.

③ 지하수의 차수 및 지수
- 흙막이의 형식에 따라 배면 지하수가 굴착 가시설 내로 유입되는 것을 차단하여 지하수 흐름에 의한 토립자의 유동을 억제함으로써 배면지반의 침하를 방지하기 위하여 약액주입이나 저압, 중압, 고압분사주입공법을 적용하도록 계획하였는지 검토한다.

④ 주변 지반의 변형 및 영향
- 굴착에 의한 흙막이벽의 변형에 의한 지반변위를 억제하도록 계획하였는지 검토한다.

- 지하수위 저하에 의한 배면의 느슨한 사질토지반의 변위와 압밀에 의한 점성토 지반의 변위를 제어하여 침하를 억제하도록 계획하였는지 검토한다.
- 히빙, 보일링, 파이핑 등에 의한 굴착저면의 변화에 의한 배면지반의 침하를 억제하도록 계획하였는지 검토한다.
- 흙막이를 해체할 때에는 진동이 작고 주변 지반에 영향이 작은 공법을 검토하거나 해체 후에 공극을 신속하고 단단하게 다짐하여 되메우기를 하도록 계획하였는지 검토한다.

3.4.2 지하안전확보방안 이행여부 검토

(1) 굴착공사

도심지 터널과 터파기구간의 굴착방법은 굴착수단으로서 인력, 기계, 발파 및 파쇄굴착 등이 있다. 인력 및 기계굴착은 파쇄대 등 지반조건이 불량하거나 주변 지장물 등에 진동영향이 우려되어 화약에 의한 발파굴착이 곤란한 구간에 적용한다. 파쇄굴착은 기계굴착과 발파굴착이 곤란한 구간에 적용한다. 따라서 사업구간에 적용된 굴착공사 방법과 적용구간, 굴착시기 등의 공사내용을 검토하여 지하안전영향평가시 검토된 내용대로 이행되고 있는지 검토하고, 추후 지반침하가능성이 있는 구간에 대하여 예측하고 분석하여야 한다.

1) 굴착방법

터널과 터파기구간의 굴착방법은 인력굴착, 기계굴착, 발파굴착, 파쇄굴착 등의 굴착방법을 적용하여 현장 지반조건과 주변 현황을 고려하여 적절한 굴착공법을 적용하여야 한다.

2) 터널구간의 굴착공법

굴착수단(굴착방법)을 이용하여 어떻게 굴진해 나갈 것인가(굴진방법)하는 계획을 의미하며, 막장면 또는 터널 길이방향의 굴착계획을 나타내며, 일반적으로 전단면굴착과 분할굴착이 있다. 따라서 건설심도가 얕고 지반조건이 불량한 도심지 연약지반의 굴착시 막장의 자립성, 원지반의 지보능력, 지표면의 침하 등 연약한 지반에 주로 적용하는 굴착공법이 적용된 구간을 미리 확인하여 지반침하 가능성을 검토하여야 한다. 또한, 사업구간의 지반조건과 주변 현황을 고려하여 적절한 굴착공법을 적용하여야 한다.

3) 터파기구간의 굴착공법

터파기구간의 굴착은 굴착 전 흙막이 벽체 매설물 위치를 파악하기 위해 반드시 인력으로 1.5m 이상 또는 지하매설물 심도 이상을 인력으로 줄파기하여 확인할 필요가 있다. 그리고 흙막이벽체 시공 후 굴착방법(인력, 기계, 발파, 파쇄)에 따라 단계별로 정해진 심도 이상으로 과굴착 하지 않도록 주의하면서 굴착한다.

(2) 지반보강 및 차수

지하안전영향평가시 적용된 지반보강과 차수공법이 시공중 확인된 현장여건과 지반 조건에 따라 합리적으로 적정하게 이행되고 있는지 검토한다.

1) 터널구간

불량한 지반조건에 NATM터널 시공 시 대두되는 주요 관심사는 굴진면의 안전성, 높은 지하수위, 주변 시설물의 안전성 등이다. 불량한 지반조건은 터널 굴착 시 굴진면의 자립성 불량이나 용출수에 의해 시공이 곤란해지고 지보효과가 쉽게 저하되어, 주변 시설물의 안전성을 위협한다. 따라서 터널의 안전성을 확보하고 지반침하를 방지하기 위하여 다음과 같이 터널의 아칭효과 발휘가 어려운 구간에 필요시 터널지보재(숏크리트, 록볼트, 강지보재 등) 또는 지반보강공법을 적용하여 이행되는지를 검토한다.

- 토피가 작은 경우
- 지반이 연약하여 지반의 자립성이 낮은 경우
- 터널 인접구조물 보호를 위하여 지표나 지중변위를 억제하여야 할 경우
- 용출수로 인한 지반의 열화 및 이완이 진행될 수 있어 터널의 안전성 확보가 필요할 경우
- 편토압 또는 심한 이방성 지반이거나 특수한 조건에서 터널을 시공할 경우

① 천단보강방법

- 훠폴링 : 일시적 지보재로서 굴착 전 터널 천단부에 종방향으로 설치하여 굴착 천단부의 안정을 도모하고 굴진면 전방의 지반보강 및 느슨함을 방지하도록 이행되는지 검토한다.
- 보강그라우팅 : 연약한 지반을 통과하는 터널굴착 시 천단변위를 최대한 억제하고 상부시설물 보호 및 터널의 안전성 확보를 위해 적용되어 이행되는지를 검토한다.

② 각부 및 측벽보강방법

- 각부보강 : 상반굴착시 강지보재를 지지하는 인버트 양단의 지지부위 또는 아치 하단부를 의미하는 것으로 각부보강공법은 연약한 지층에 시공되는 터널상반의 지지력 강화 및 침하억제를 위한 목적으로 아치하단부인 각부에 강관이나 말뚝을 삽입하고 주변에 그라우팅을 시행하여 지반을 보강하도록 이행되는지를 검토한다.
- 측벽보강 : 연약한 지층에 위치한 터널 하반의 측벽부 변위를 억제하고 측벽부로 유입되는 지하수를 효과적으로 차단하기 위한 목적으로 측벽부에 강관 등의 보강재를 경사삽입하고 보강재 주변을 그라우팅하여 지반을 보강하도록 이행되는지를 검토한다.

③ 굴진면 자립공

- 절리가 많은 붕괴성 암반이나 연약한 지반에 위치하는 굴진면의 변형이나 붕괴에 저항할 수 있도록 이행되는지 검토한다.

④ 차수 및 보강그라우팅

- 지반의 강도 증진 : 굴착에 따라 위험이 발생할 부분을 고결시킴으로서 공사를 용이하게 하고 안전성을 도모하고자 하는 것이다. 기초지반의 지지력 증대와 터널 굴착 시 주변 지반 붕괴방지, 인접구조물 보호, 토압의 경감 등의 목적으로 적용되어 이행되는지를 검토한다.
- 지반의 지수성 증진 : 터널 굴착시의 용수방지 및 지하수위 저하를 방지하여 터널 시공 중 작업환경을 개선시키기 위해서 적용한다. 또한, 터널굴착 시 지반의 지수성 유지로 지하수 저하를 최소화하여 추가적인 침하의 발생을 억제하도록 이행되는지 검토한다.
- 지반의 변형저감 : 지반의 강도 및 지수성을 증진하여 지반의 변형을 억제할 수 있도록 이행되는지 검토한다.

2) 터파기구간

- 흙막이공의 설계에 있어서 지반조건, 환경조건 등에서 흙막이만의 계획보다는 보조공법을 병행하는 걸 전제로 계획하는 것이 경제적이고 안정된 흙막이공이 되는 경우가 많다. 굴착깊이에 대하여 지하수위가 높은 경우, 굴착저면 아래쪽에 피압지하수가 존재하는 경우, 지반이 연약한 경우 등에서는 흙막이 벽이나 굴착저면의 안전을 확보할 수 없거나 굴착작업의 능률이 저하되는 것을 예상할 수 있다.
- 주변에 구조물이나 지하매설물이 있는 경우에는 지반의 변위 등에 의하여 구조물에 영향을 줄 수 있다. 이런 경우에 흙막이공법만으로 대처하는 것보다도 보조공법을 병행하는 것이 안전하고 경제적이 되는 경우도 있으므로, 보조공법의 효과를 충분히 검토하여 설계하는 것이 좋다.
- 보조공법을 사용하는 목적은 여러 가지를 들 수 있는데, 대표적인 것은 아래 내용과 같다.
  - 굴착에 의한 인접구조물의 영향 방지
  - 흙막이 벽의 응력 및 변형의 저감, 흙막이 벽의 결손부 방호
  - 흙막이 배면 및 굴착저면의 지반 강도 증대(보일링, 히빙, 라이징 등 방지)
  - 차수벽의 구축과 불투수층의 조성으로 지수 및 차수기능 증대
  - 측압의 조정(수압의 저감 및 수동토압의 증대 등)

① 지반 보강공법

배면지반 보강공법은 지반에 융기를 발생시키거나 기존 구조물의 지하층에 압력을 전달시킬 수 있으므로 주의를 요하며, 지하안전영향평가시 적용된 아래와 같은 지하

안전확보방안이 적정하게 이행되는지를 검토한다.

- 저압 주입공법 : 주입약액을 원지반의 공극상에 침투 압입하여 고결시키는 공법으로 주입방법과 약액의 종류, 지반의 특성, 롯드의 종류 등에 따라 다양한 여러 종류 공법들이 있다.
- 고압분사 주입공법 : 초고압의 Jet를 이용해서 지반을 절삭 붕괴시킴과 동시에 간극에 그라우팅재를 충진하여 연약한 토층을 치환하는 그라우팅보강공법으로 충진방법, 사용롯드, 약액분사방법에 따라 다양한 공법등이 있다.

② 흙막이 벽체공법

국내에 사용되는 흙막이 벽체공법은 지반조건, 시공조건, 굴착조건, 공사비, 공사기간 등에 따라 다양한 공법을 적용하고 있으며 공법의 특징과 시공방법에 따라 다양한 공법이 있는데 지하안전영향평가시 적용된 아래와 같은 지하안전확보방안이 적정하게 이행되는지를 검토한다.

- 대표적인 공법의 종류는 H-Pile+토류벽, 강널말뚝(Sheet Pile)공법, 지중연속벽 공법, 주열식벽체 공법 등이 있다.

제3편 지하시설물 및 주변 지반의 안전관리

제1장 지반침하위험도평가

1.1 지반침하위험도평가 대상지역의 설정

지반침하위험도평가는 지반침하와 관련하여 구조적·지리적 여건, 지반침하 위험요인 및 피해예상규모, 지반침하 발생 이력 등을 분석하기 위하여 경험과 기술을 갖춘 자가 탐사장비 등으로 검사를 실시하고 정량·정성적으로 위험도를 분석·예측하는 것을 말한다.

지반침하위험도평가 대상지역은 법 제35조 1항에 따라 지반침하로 인해 긴급복구공사를 완료한 경우, 지하안전점검을 실시한 결과 지반침하의 우려가 있다고 판단되는 경우, 지반침하위험도평가의 실시명령을 받은 경우 해당 지역을 중심으로 평가대상지역을 설정하여야 한다.

1.2 지반 및 지질현황

지반 및 지질현황은 지하정보통합체계, 국토지반정보 포털시스템, 지반 및 지질조사보고서, 기본 및 실시설계자료 등의 기존자료와 시추조사 등의 현장조사를 기초로 하여 지형 및 지질 특성, 지하수, 지반 특성 등을 분석하여야 한다.

1.2.1 지하정보통합체계를 통한 정보분석

지하정보통합체계에 포함된 지하정보(시추정보, 지질정보, 관정정보, 지하시설물에 관한 정보), 지하공간통합지도 등의 정보를 참고하여 지반침하위험도평가에 활용할 수 있으며 지하정보통합체계가 구축·운영되기 전에는 다음의 내용에 따라 지하정보 관련 자료를 분석하여 활용한다. 지반정보 자료는 가장 최근의 자료를 활용하고 본문의 해당 내용 하단에 인용 문헌 또는 그 출처를 표기하여야 한다.

(1) 시추정보

지반상태, 지층의 종류, 지하수위 등 시추기계나 기구 등을 사용하여 지반의 시료를 조사하여 생산되는 시추정보는 국토지반정보 통합DB센터(https://www.geoinfo.or.kr), 서울특별시 지반정보 통합관리시스템(http://surveycp.seoul.go.kr)에서 시추조사 결과와 내용을 분석하여 활용할 수 있도록 한다.

(2) 지질정보

암석의 종류 · 성질 · 분포상태 및 지질구조 등은 한국지질자원연구원(http://www.kigam.re.kr)과 한국광물자원공사(http://www.kores.or.kr)에서 조사하여 생산된 지질정보 자료를 분석하여 활용할 수 있도록 한다.

(3) 지하수 정보

「지하수법」 제5조(지하수의 조사)에 따른 지하수조사로 획득한 관정정보는 국토교통부의 국가지하수정보센터(http://www.gims.go.kr)와 한국수자원공사(http://www.water.or.kr)의 자료를 분석하여 활용할 수 있도록 한다.

(4) 지하시설물에 관한 정보

상수도, 하수도, 전력시설물, 전기, 통신, 가스, 난방, 공동구, 지하차도, 지하철, 지하보도, 지하주차장, 지하광장 등 각각의 개별법에 따라 구축·관리되고 있는 지하시설물에 관한 정보를 분석하여 활용할 수 있도록 한다.

(5) 지하공간통합지도 정보

국토교통부에서는 지하공간통합지도 구축사업을 진행하고 있으며, 시범구축사업을 통한 기반을 마련하고 통합된 지도구축을 목표로 연구와 사업이 진행되고 있어 향후 지하공간통합지도가 구축되면 지하공간에 대한 자료를 활용하도록 한다.

1.2.2 시추조사

시추조사는 시추기계나 기구 등을 사용하여 지반을 시추하여 시료를 조사하는 것을 말하며, 지반침하위험도평가시 책임기술자의 판단 하에 지반 및 지질현황에 관한 보완자료가 필요한 경우 시추조사 등 현장조사를 실시하여 지반정보를 취득하여야 한다.

(1) 일반

- 시추조사는 지반의 성상을 조사하고, 시료의 채취 및 각종 원위치 공내시험을 시행하여 설계에 필요한 제반 자료를 정확하게 산정한다.
- 시추조사는 암상, 층서, 층후 및 균열의 수직 발달상태 등에 관한 직접적이고 명확한 자료를 얻기 위하여 수행하며 필요한 경우 시추조사 중에 불교란 시료를 채취할 수 있다.
- 시료채취를 통한 지반의 분포상태 및 풍화도 등을 파악한다.
- 시추완료 후 24, 48, 72시간 경과 후 공내의 지하수위를 파악하고 필요시에는 장기지하수위 관측정을 설치하여 지하수위 변화를 측정한다.
- 시추조사 완료 후 시추공 내에서 채취한 시료 및 지층에 대한 모든 정보를 시추주상도

에 상세히 기록하고 수치해석을 위한 지반정수 산정은 현장시험 및 실내시험 결과를 토대로 경험식, 문헌자료, 기존 적용사례를 연계 분석하여 지층별로 합리적인 대표값을 산정한다.

(2) 시추조사 방법

시추간격 및 시추심도는 국가건설기준(KDS 11 10 10)에 따르며 시추조사 방법은 아래와 같다.

- 회전 수세식형(Rotary Wash Type)시추기를 사용하며, 조사목적에 따라 타격 방식의 시추기를 사용할 수 있다.
- 시추는 NX규격(76mm) 이중 코아배럴이나 NX에 상응하는 규격을 사용하여 연직으로 시행하며, 풍화대나 파쇄대 등에서는 필요시 삼중 코아배럴 등을 사용하여 코아의 회수율을 높일 수 있으며, 조사목적 및 중요도에 따라 발주기관별 기준에 따른다.
- 한국산업표준(KS F 2307)을 기준으로 1.0m 간격으로 표준관입시험을 실시하되 지층이 변화하는 구간에서도 추가로 표준관입시험을 실시하고 필요시 토질시험을 실시한다.
- 공벽붕괴 방지를 위해 풍화암까지 Casing을 사용할 수 있다.
- 토사시료 채취는 Split Spoon Sampler, 점성토 시료채취는 Thin wall tube sampler, 풍화대 시료채취는 Triple sampler, 암반시료 채취는 D-3 Core Barrel 및 Diamond Bit 등을 사용할 수 있다.
- 채취된 암석코아는 육안관찰에 의하여 암석 내에 분포된 불연속면(Discontinuities)과 충전물 등을 파악하고 절리의 분포상태, TCR, RQD 등의 암반특성을 평가한다.

1.3 공동(空洞)조사

1.3.1 지하물리탐사

(1) 조사항목

- 공동조사를 실시하는 경우 지표투과레이더(GPR) 탐사, 전기비저항탐사, 탄성파탐사 등의 지하물리탐사를 통해 지반침하 예상구간 및 공동의 정확한 위치, 규모 및 범위를 파악하여야 한다.
- 지하물리탐사의 조사항목은 아래의 사항을 포함하여야 하며, 지반침하에 미치는 영향 특성을 고려하여 적절히 파악할 수 있도록 한다.
  - 공동의 위치(세계 측지계의 위도, 경도, 공동위치 주소 및 차로 등)
  - 공동의 규모와 범위 등

(2) 조사범위

- 지하물리탐사시에는 침하위험지역을 대상으로 공동의 위치를 정확히 파악할 수 있는 탐사측선을 설정하고 수행하여야 한다.
- 공동의 조사범위는 공동 폭의 양쪽 끝점을 기준으로 공동의 깊이에 해당하는 범위의 지표범위를 조사하여야 한다.

(3) 조사방법 및 결과

- 지하물리탐사 방법에는 지표투과레이더(GPR) 탐사, 전기비저항탐사, 탄성파 탐사 등이 있으며, 탐사목적, 대상, 분해능, 탐사깊이, 기타 장애물 등을 고려하여 적절한 탐사방법을 선택하여야 한다.
- 차도의 경우 차량통행에 지장이 없는 장비를 사용하고 폭이 좁은 인도의 경우 보행자의 통행에 지장이 없는 장비를 사용하여야 하며, 현장여건을 고려하여 적합한 조사장비를 사용하여야 한다.
- 지하물리탐사 및 내시경카메라조사 시에는 교통통제 및 안전관리 대책을 수립하고 관할 경찰서, 유관기관의 인허가 협조를 요청한다. 또한 조사 구간에 안전시설(안전휀스, 라바콘, 안내판 등)을 설치 한 후 차량 통제를 위한 신호수를 배치한다.
- 지하안전점검의 공동조사는 지표투과레이더(GPR)탐사를 통하여 종방향의 자료취득을 기본으로 조사되는 경우가 많으므로 지반침하위험도평가의 공동조사 시에는 공동의 정확한 규모 및 범위를 파악하기 위하여 그림 3.1.1과 같이 격자형태의 측선을 설정하는 것을 기본으로 하고 현장여건에 따라 조정할 수 있다.

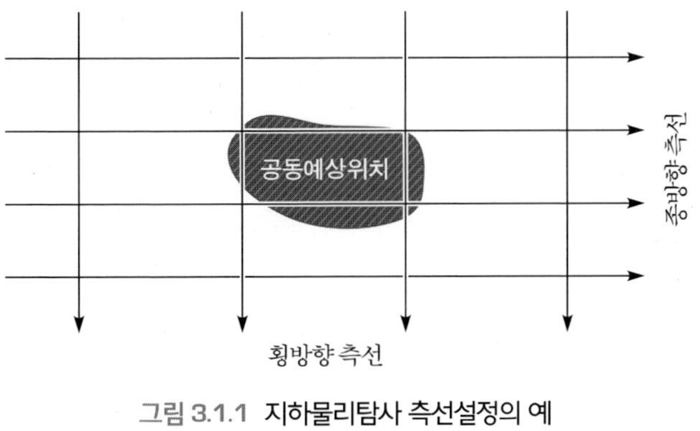

그림 3.1.1 지하물리탐사 측선설정의 예

- 내시경카메라조사, 공동관리 및 복구 시 정확한 위치의 확인을 위해 주변 고정구조물 등을 활용하여 기준으로부터의 거리를 노면영상에 표기하고 공동 발견위치의 좌·우측 방향으로 천연색 사진을 촬영하여 첨부한다.

- 지하물리탐사는 조사범위 내 모두를 포함한 평면도, 종단면도, 횡단면도의 단면 작성이 가능한 자료를 취득해야 한다.
- 지하물리탐사에 의한 공동조사 결과는 제3편 제2장 지하안전점검의 공동조사 결과서 작성양식에 따라 작성한다.

1.3.2 내시경카메라 조사

- 지하물리탐사 시 지반침하 예상구간 및 공동이 탐지된 경우에는 내시경카메라 조사를 실시하고 공동의 위치, 크기, 형태 등을 기록하여 지반침하 및 공동의 지반침하위험도평가에 필요한 데이터를 확보한다.
- 지하물리탐사로 파악된 공동에 대해 드릴, 포터블시추기 등을 이용하여 공동하부까지 굴착을 진행한 후 내시경카메라를 통해 공동의 규모와 내부 상태를 정확히 관찰하여 기록한다.
- 천공하여 공동이 확인되면 채취된 코어시료를 통해 상부 포장층과 토층 구간을 확인하고 줄자 등을 이용하여 심도 등의 공동 상세정보를 파악하고 내시경카메라로 공동 내부를 컬러 촬영하여 공동 규모, 바닥부터 높이, 공동상부 흙의 두께, 포장층 두께를 각각 산정하여 내시경 주상도에 기재한다.
- 천공장비를 이용하여 공동의 위치에 천공 수행 후 내시경카메라로 공동의 내부를 촬영한 후에는 공동 내부로 물이 침투되어 공동이 확대되는 것을 방지하기 위하여 천공 홀을 복구하여야 한다.
- 응급복구를 제외한 공동의 경우는 내시경카메라로 공동 내부를 촬영한 후 천공 홀에 고무마개를 삽입하고 상부에 아스콘을 채워 임시로 복구한다. 임시 복구한 공동에 대하여 위험도 평가를 실시한 후 공동구간을 재복구 한다. 공동의 규모가 긴급복구에 해당하거나 공동이 발견되지 않았을 경우 천공 홀에 모래를 채운 후 포장층의 두께만큼 아스콘을 채워 복구한다.
- 지하물리탐사 및 내시경카메라 조사를 실시하여 발견된 지반침하 예상구간 및 공동 중 응급 복구가 필요하다고 판단되는 경우에는 응급복구를 진행하여야 한다.

내시경 주상도

DRILL LOG

탐사/천공일	탐사일 2017.10.17/천공일 2017.11.03	위치	위도	N 37° 30′ 29.52″	범례
지번주소	서울시 송파구 잠실동 48		경도	E 127° 05′ 56.26″	●●● ASP
도로명주소	서울시 송파구 잠실동 148		차선	중앙선 기준 2차로	● ● ● 자갈모래
탐사방향	레이크 호텔 → 석촌호교차로		지점	차량 정지선 2M 전방	+ + + 노상

바닥깊이 cm	Scale cm	층후 Thic-kness cm	주상도 Colu-manr Section	지층명	지층설명
11		11	●●●	ASP	혼합물의 다짐부족 및 시공불량에 의해 접합부를 따라 종방향균열 발생 지질의 열화현상발생
25		14		공동	토피 11cm 단폭 74cm 공동두께 14cm
			+ + +	노상	시공시 다짐불량 공동홀의 원인에 따른 공동복구가 필요 도로 이음부 따라 종방향균열 발생 패칭 및 보수흔적 많음

공동사진

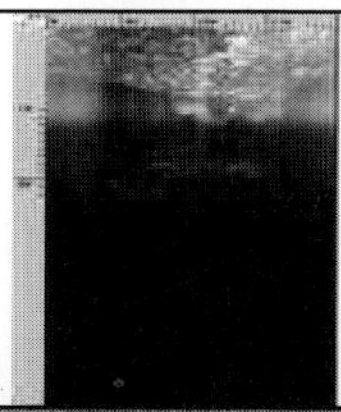

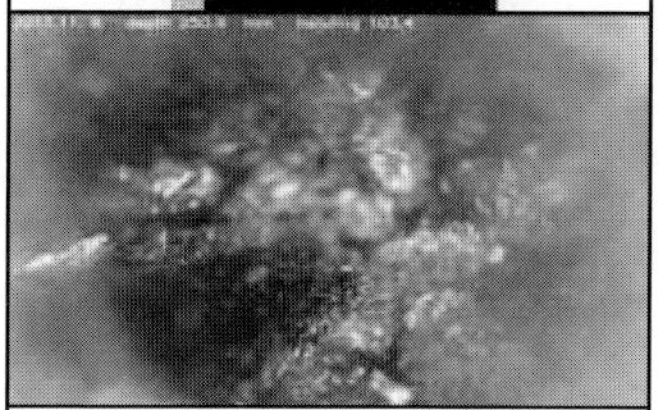

공동규모

토피(cm)	11
도로종단길이(cm)	92
도로횡단길이(cm)	74
바닥길이(cm)	GL－25

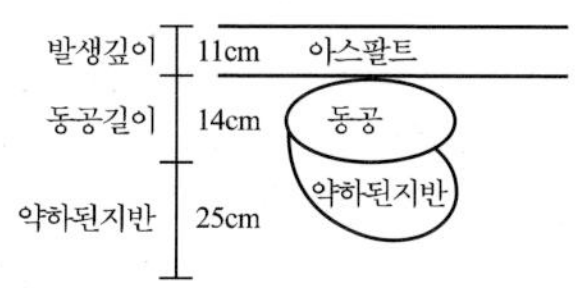

그림 3.1.2 내시경 주상도 작성 예

1.4 지반안전성 검토

지반침하위험도평가의 지반안전성 검토는 해석프로그램 등을 이용한 공학적 해석을 통해 해당 지반의 침하가능성 등을 분석하는 것을 말한다. 수치해석적으로 공동을 모사하고 지반 안전성을 평가할 수 있는 평가방법과 평가기준이 현재로써는 정립되어 있지 않으며, 국내에서 다양한 연구가 진행 중에 있다. 따라서 평가방법 및 평가기준이 확립되기까지 공동조사결과를 통해 확인된 공동 상부 토피, 공동 규모 등 공동 상태에 따라 지반안전성을 평가하고 이를 검증하기 위하여 공동의 위치, 규모 및 포장조건과 지반 및 지질현황 조사를 통해 파악된 지층조건을 반영한 수치해석을 통해 해당지반의 지반안전성을 분석하도록 한다.

지하공간에 발생하는 공동의 형성 및 확장의 정확한 메커니즘은 규명하기 어렵고 지반침하 및 함몰위험도 평가에 대한 다양한 연구가 진행 중으로 앞으로의 기술개발과 연구의 진전에 따라 지반침하위험도평가의 재검토가 반드시 필요하다. 따라서 국내외 연구자료 및 기준을 분석하여 책임기술자의 판단으로 신뢰도 있는 해석방법을 선정하여 정성적, 정량적인 지반 침하위험도 평가가 수행될 수 있도록 한다.

1.4.1 공동상태에 따른 지반안전성 검토

- 공동에 따른 지반침하 및 함몰의 위험도는 공동의 토피, 폭 등에 따라 달라진다. 일반적으로 공동의 함몰발생 위험성은 공동의 발생심도가 얕고 규모가 클수록 위험성이 높고 함몰이 발생했을 경우에 미치는 영향도 공동의 두께가 클수록 크다.
- 공동 상태에 따른 지반안전성은 지하물리탐사 및 내시경카메라조사에서 확인된 공동의 심도, 폭, 아스팔트포장상태 등을 분석하여 공동의 등급을 결정하고 등급에 따른 지반안전성을 평가한다.
- 공동의 심도와 규모에 따른 함몰 위험도 및 등급에 대한 국가적인 통일된 기준이 현재 없는 상태로 다각적인 검토 및 연구가 필요한 실정이다. 참고로 서울시 공동 관리등급분류 및 관리 기준은 다음과 같다.
- 서울시 공동 관리등급 분류 및 관리기준
  - 도로함몰의 개연성 정도에 따라 긴급복구, 우선복구, 일반복구, 관찰대상 4등급으로 구성된다.
    ① 긴급복구 : 함몰 가능조건이 충족된 공동
    ② 우선복구 : 돌발 강우 등 함몰 가능조건을 만날 경우 함몰 위험성 높은 공동
    ③ 일반복구 : 일정기간 공동 추가 확대로 함몰 가능조건 충족 시 함몰될 공동
    ④ 관찰대상 : 공동 토피(공동 상부 지반 두께)가 튼튼해 함몰될 위험이 없는 공동

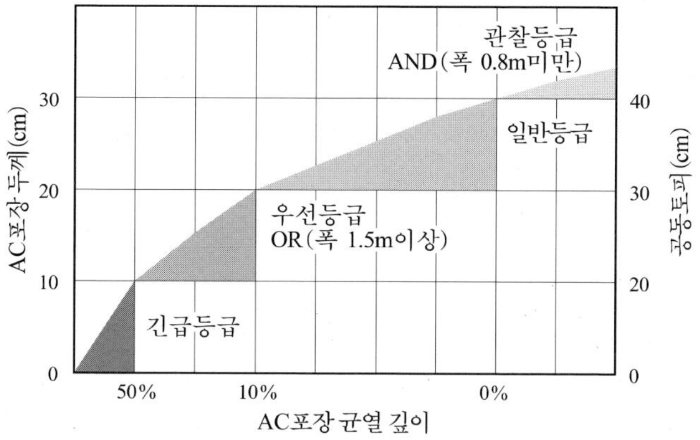

그림 3.1.3 서울시의 공동관리기준

표 3.1.1 공동의 등급 및 복구기준

등급	분류기준	복구기준
긴급복구	· AC포장 두께 10cm 이내인 공동 중 공동두께 20cm 이내인 공동 · 포장균열 깊이가 50% 이상 진행된 모든 공동	· 탐사 중 공동 상태 확인 즉시 복구
우선복구	· AC포장두께 10~20cm 이내인 공동 중 공동 두께 20~30cm 이내인 공동 · 공동 최소 폭 1.5m 이상인 모든 공동 · 포장균열깊이가 10~50% 진행된 모든 공동	· 신속한 조치계획 및 복구
일반복구	· 긴급/우선/관찰등급을 제외한 모든 공동	· 우기철 이전까지 복구
관찰대상	· AC포장 두께 30cm 이상인 공동 또는 공동 두께 40cm 이상인 공동 중에서 공동 폭 80cm 미만인 공동	· 지속관찰 후 반복탐사 시작 년도 우기철 이전까지 복구

1.4.2 수치해석을 이용한 지반안전성 검토

- 지하공간에 공동 발생에 따라 내부 전단강도의 상실과 토사유출 및 이에 따른 공동의 확장으로 토립자 간의 전단변형을 유발시키고 이러한 영향들이 지표까지 전달되어 침하 및 함몰이 발생된다. 수치해석을 이용한 지반안전성 분석은 이러한 지반거동을 적절하게 모사할 수 있는 해석기법 및 프로그램을 적용하여 지반안전성을 평가하도록 한다.
- 수치해석 기법을 이용할 경우 공학적으로 공인되어 널리 사용되고 있으며, 공동 및 대상 지반조건들을 모사(simulation) 할 수 있고 지반의 거동을 적절히 해석할 수 있는 기능을 보유한 프로그램을 이용한다.
- 해석기법은 2차원이나 3차원해석을 채택할 수 있고 2차원 해석을 실시할 경우 3차원적 실제 지반거동을 고려하여야 한다.

- 수치해석 시 다음 사항을 고려하여야 한다.
  - 해석영역은 공동에 따른 영향을 충분히 파악할 수 있는 범위를 설정한다.
  - 포장체, 하부지반, 공동조사를 통해 확인된 공동의 크기, 모양, 위치를 모델링하고 수치해석에 사용되는 지반 물성은 시추조사와 지하정보통합체계, 지반 및 지질조사보고서 등을 토대로 경험식, 문헌자료, 기존 적용사례를 연계 분석하여 합리적인 대표값을 사용한다.
  - 상부에 작용하는 하중조건을 고려하여 수치해석을 수행한다.
  - 지하수위의 변화가 현저할 것으로 판단되는 경우 지하수의 흐름을 고려하여 안전성 검토를 수행하도록 한다.
- 수치해석방법에는 대표적으로 유한요소법(finite element method), 유한차분법(finite element method), 경계요소법(boundary element method) 등이 있고 해석결과에 따라 응력-변형률해석, 강도감소법등이 있으며, 현재 진행 중인 연구결과를 참고하여 책임기술자의 판단으로 신뢰도 있는 해석방법을 적용한다.
- 지반안전성 평가에 사용된 지반정수 등의 구체적 조건과 해석방법의 종류 및 해석결과에 대한 설명을 보고서에 포함하여야 한다.

1.5 지하안전확보방안 수립

공동조사와 내시경카메라조사를 통해 발견된 공동 중 응급복구가 필요한 경우에는 복구방법 등을 제시하여 긴급복구를 시행하여야 한다. 지하시설물 관리자는 공동 발생 원인을 분석하고 보수・보강공법 등을 결정하여 지하안전 확보방안을 수립하여야 한다.

1.5.1 공동 발생원인 분석

- 지하시설물관리자 및 토질 전문가를 중심으로 지하시설물 상태 및 주변 현장조사를 통하여 공동 발생 원인을 분석하고 발생 원인에 따라 적절한 복구계획을 수립한다.
- 상수도, 하수도관로 파손 등 지하시설물의 손상으로 인하여 공동이 발생될 경우에는 지하시설물 관리자는 공동복구 전 지하시설물 손상부위에 대한 보수대책을 수립하여야 한다.

1.5.2 공동의 보수・보강

- 지하시설물 관리자는 공동조사 결과 긴급복구가 필요하다고 판단되는 경우 긴급복구를 실시하여 지하안전을 확보하도록 한다.

- 보수 · 보강공법의 재료 및 공법은 시공성, 경제성 및 현장상황을 고려하여 결정한다.
- 보수 · 보강 후 필요하다고 판단된 경우 계측, 실내시험, 지하물리탐사 등의 방법으로 건전도를 파악하여 복구결과를 확인한다.
- 복구결과를 일상의 유지관리에 활용할 수 있도록 함몰이나 공동에 관한 데이터베이스를 작성한다.

(1) 공동복구방법

지반침하위험도평가 결과를 토대로 지반침하 및 공동에 대해 보수·보강방안을 경제성, 시공성 등을 고려하여 결정한다. 일반적인 공동복구 방법은 아래와 같으며, 현장상황에 따라 다른 공법을 적용할 수 있다.

1) 흙되메우기 공법

- 공동발생 지역 주변을 통제한 후, 개착하여 공동에 흙을 메우고 다짐을 한 후 상부 구조물(도로 등)을 재시공하는 공법이다.
- 다짐불량으로 인하여 포장 파손 및 지반침하 등이 빈번하게 발생하므로 다짐시험 KS F 2311 및 KS F 2312의 요건에 따라 실시하며, 관로공의 뒷채움재는 관주위의 경우 90% 이상, 관상단 및 노반의 경우 95% 이상 다짐하여야 한다.

2) 그라우팅 공법

시멘트와 같은 충전재를 투수성 지층 등에 강제로 주입한 후 고형화시켜 구조적 안정성 증가, 지반의 고결화, 지반의 지지력 증가, 투수성 감소, 지반과 구조물과의 일체화를 꾀하는 공법이다.

3) 고유동성 채움재 사용

흙, 쏘일시멘트나 모르타르 등에 비해 시공성, 안전성 개선이 필요한 경우 화력발전소 등 산업 부산물로 나오는 재와 알루민산칼슘계 결합재를 활용한 유동성이 있는 재료인 고유동성 채움재를 활용한다. 유동성 채움재는 미세 틈새까지 밀실하게 채울 수 있어 지표수 유입에 의한 매설관 주변의 되메움재 유실을 효과적으로 억제할 수 있다.

(2) 복구 후 건전도 파악

필요시 복구한 지반에 대해 건전도를 파악하여 복구결과를 확인할 수 있다. 건전도 파악의 방법은 크게 비파괴 탐사, 현장시험, 계측 모니터링으로 분류될 수 있으며 현장의 특성 및 현장조건 등에 따라 선택하여 수행하도록 한다. 일반적인 건전도 파악방법은 표 3.1.2와 같으며, 기술된 방법 이외에도 필요하다고 판단되는 탐사법들을 적용할 수 있다.

표 3.1.2 건전도 파악 방법

구 분	비파괴탐사	현장시험	계측 모니터링
건전도 파악방법	· 탄성파 탐사 · 지표투과레이더(GPR)탐사 · 중력탐사 · FWD	· 시료 샘플링 · 들밀도 시험 · 투수계수 시험	· 계측기 설치

(3) 중점관리대상 지정

- 시장·군수·구청장은 지하시설물관리자로부터 제출받은 지반침하위험도평가서 검토결과 지반침하의 위험이 확인된 경우에는 중점관리대상으로 지정·고시하여야 한다.
- 중점관리대상으로 지정된 경우, 지하시설물관리자는 중점관리대상에 위험을 알리는 표지를 설치하여야 하며, 공동의 원인을 분석하고 보수·보강공법 등을 결정하여 지하안전확보 방안을 수립하여야 한다.
- 중점관리대상이 보수·보강 등 정비사업의 시행으로 지반침하 위험이 해소된 경우에는 중점관리대상의 지정을 해제하고 그 결과를 고시하여야 한다.

제2장 지하안전점검

2.1 일반

지하안전점검의 목적은 지하시설물관리자가 소관 지하시설물 및 주변 지반에 대하여 안전관리 규정에 따른 안전점검을 정기적으로 실시하도록 함으로써 지반침하 및 관련 사고를 예방하고자 함에 있다.

지하시설물관리자는 소관 지하시설물 및 주변 지반에 대하여 지반침하 육안조사는 연 1회 이상, 지표투과레이더(GPR)탐사를 이용한 공동조사는 종전의 조사완료일을 기준으로 매 5년마다 1회 이상 실시하여야 한다.

지하안전점검의 실시시기는 전차의 지하안전점검 종료일 익일로부터 기산하며, 과거 회차 조사자료와의 비교·분석을 통해 지하안전점검을 실시하여야 한다.

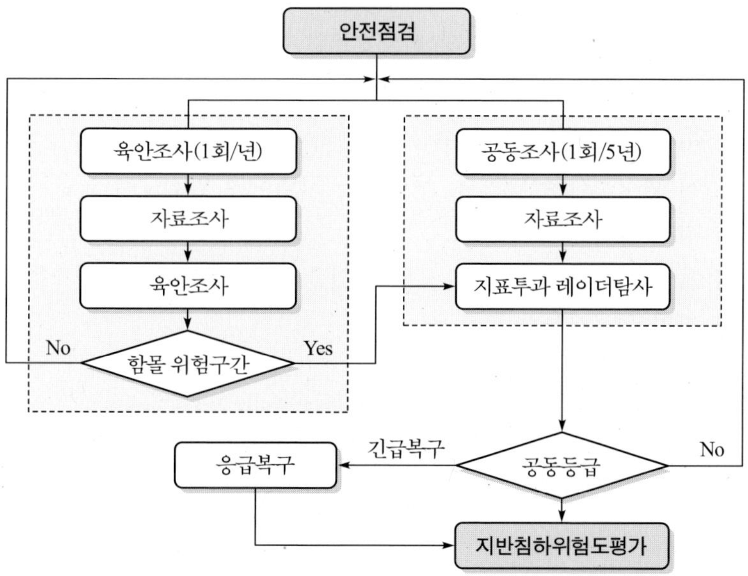

그림 3.2.1 지하안전점검 절차도

2.1.1 조사범위

- 조사범위는 현장여건(맨홀, 조사가능 위치 등)과 제공된 유관기관의 매설물 현황 등을 토대로 설정한다.

- 법 제34호 제1항 및 시행규칙 제16조 제1항에 따라 실시범위는 다음과 같다.
  - 지하안전점검 대상시설물에 해당하는 지하시설물 중심으로 지하시설물 매설 깊이의 2분의 1에 해당하는 범위의 지표에 대하여 안전점검을 실시하도록 한다.
  - 주변 지반에 건축물 등이 설치되어 기술적으로 안전점검이 어려운 경우에는 건축물이 설치된 면적을 제외한 나머지 면적에 대하여 안전점검을 실시한다.
  - 지하시설물 관리자는 수 개의 지하시설물이 중복되는 범위라 하더라도 각각 지하안전점검을 실시하여야 한다. 다만, 지하시설물관리자가 상호 협의한 경우에는 어느 하나의 기관에서 통합하여 지하안전점검을 할 수 있다.

2.1.2 지하안전점검시 안전관리

지하안전점검 실시자는 실시의 안전은 물론 공공의 안전을 위하여 지하안전점검 장비 및 기기 등을 안전하게 운용하고 작업을 안전하게 수행하도록 안전관리계획을 수립하여야 한다.

- 지하안전점검 실시자는 안전모, 작업복, 작업화 등과 필요한 경우 기타 보호장비 등을 포함한 개인용 보호장구를 항시 착용하여야 하며, 측정장비 및 기기를 항상 최적의 상태로 정비하여야 한다.
- 도로 노면에서의 작업이 필요할 경우에는 교통량 등에 대한 조사와 대책을 사전에 마련하여야 하며, 공공의 안전측면에서 지하시설물의 안전점검 실시 기간 동안 교통통제와 작업공간 확보를 위하여 적절한 계획을 수립・시행하여야 한다.
- 지하안전점검시 현장조사의 난이도, 위험도를 고려하여 안전수칙 등을 제정하고 이에 따라 교육을 실시하도록 한다.
- 작업 실시 전에 작업에 지장을 주는 요인이 있을 경우 관리주체의 협조를 얻어 안전 조치를 취한 후에 작업을 실시한다.

2.2 육안조사

2.2.1 일 반

- 육안조사는 지하시설물의 현 상태를 정확히 판단하고 최초 또는 이전에 기록된 상태로부터의 변화를 파악하고 지하시설물 및 주변 지반의 침하(함몰) 위험성을 확인하기 위한 목적으로 지하시설물 및 도로의 자료조사(간접요인)와 간단한 측정·시험장비로 안전점검 대상범위의 지표 및 주변에 대한 현장 육안조사(직접요인)로 구분된다.
- 지하시설물에 대한 축적된 자료가 있을 경우에는 직접요인과 간접요인을 종합적으로 평가

하고 자료가 없을 경우에는 현장 육안조사(직접요인) 결과로만 평가할 수 있다.

• 육안조사 결과 지반침하(함몰) 위험이 있다고 판단될 경우에는 공동조사 및 지반침하위험도평가를 실시하여야 한다.

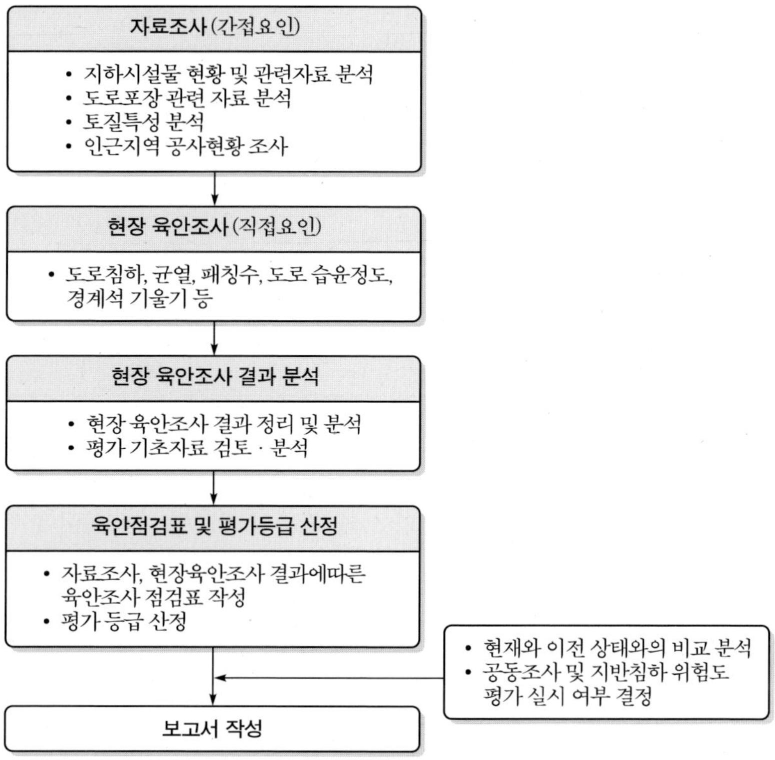

그림 3.2.2 육안조사 흐름도

2.2.2 자료조사

(1) 자료현황조사

• 도로 상부 육안조사만으로는 지반침하 및 공동의 발생 가능성을 예측하기에는 한계가 있으므로 지하시설물의 상태, 인접지역의 굴착 및 터널 등의 공사 영향, 지반조건 등 간접적인 요인에 대한 자료조사를 실시한다.

• 지하안전점검 실시자는 포장관련자료, 지하시설물 관련자료, 보수보강 이력 등 기초자료의 보유여부를 확인하여야 한다.

• 교통량, 설계 CBR, 포장의 구성과 재료, 포장연도, 폭, 보수이력 등에 대한 도로 포장 관련자료 및 해당 지하시설물의 심도, 크기, 매설시기, 보수시기, 재료 및 형태 등의 지하시설물관련 자료를 지속적으로 축적하여 안전점검 관리에 도움이 되도록 해야 한다.

• 축적된 자료를 바탕으로 공동 발생과의 연관성에 대한 연구가 진행되도록 data를 관리하여 차후에 보다 신뢰성 있는 육안조사를 실시할 수 있도록 한다.

표 3.2.1 자료 현황조사

대상 목록		보유현황	비고
포장 관련 자료	· 설계 및 시공 자료 – 설계도면, 보고서 등 · 보수·유지관리 자료		
지하시설물 관련 자료	· 기본현황, 상세제원 · 유지관리 이력 · 시공관련 자료 – 시공년도, 되메우기 재료, 매설관심도, 매설지반 · 안전점검/진단 결과 자료 · 누수, 누유 발생 여부, 내부결함 자료 · 시설물 보수 및 보강이력 자료		
기존 지하안전점검 자료			

(2) 자료조사 항목

점검자는 지반침하 및 공동발생과 관련된 아래 항목의 자료를 조사하여야 한다.

표 3.2.2 자료조사(간접요인) 항목

구분	조사 항목	세부 조사내용
자료조사 (간접요인)	인근지역공사	대규모 굴착공사가 있는 경우 지반침하 가능성이 크므로 인근지역의 공사유무 및 규모를 조사한다.
	토질 특성	지반다짐이 불량하거나 상부가 연약지반일 경우 지반 침하 가능성이 크므로 토질특성을 조사한다.
	상수관로 상태	매설년수, 누수 발생여부, 유지관리 이력 등을 조사한다.
	하수관로 상태	매설년수, 누수 발생여부, 유지관리 이력 등을 조사한다.
	기타 매설구조물 상태 (전기, 가스, 통신, 송유, 냉·난방)	매설년수, 누수/누유 발생여부, 되메움 상태, 유지관리 이력 등을 조사한다.
	지하철, 지하상가, 공동구 등 상태	안전점검/진단 결과, 유지관리 이력 등을 조사한다.

2.2.3 현장 육안조사

• 현장육안조사는 지하시설물 상부 지표의 상태를 파악하여 지반침하, 지반안전성을 확인하고 공동발생 등에 의한 피해를 방지하는 것을 목적으로 한다.

• 지반함몰(침하) 원인은 내부적인 변화요소(지하수변화, 지하매설물파손 등)부터 외부적인

변화요소(차량하중, 지진, 지반굴착 등)로 다양한 요인으로 발생하므로 점검자는 대상지반의 지형, 지질특성, 매설물의 설계, 시공, 유지관리 등의 충분한 자료조사 등을 취합하여 전문적인 관점에서 신중한 조사가 이루어져야 한다.

- 다짐이 불량하여 나타나는 침하는 다짐이 시행된 지역 전체에 걸쳐 비교적 일정한 침하 패턴을 나타내는 경우가 많으나, 지하공동에 의한 침하의 경우 일반적으로 부분적으로 크게 나타나며 지표면에서 관찰되지 않을 수 있으므로 주의하여야 한다. 또한 지하굴착 시 이완된 지반의 재배열 및 응력 재분배 과정에서 인접 지반의 국부적인 활동(함몰) 등에 의해서 침하범위가 확대될 수도 있으므로 인접 지역의 함몰 여부 등도 주의 깊게 조사되어야 한다.

(1) 육안 조사방법

- 지하시설물 상부 지표에 대하여 조사 단위구간별로 침하, 균열, 패칭수, 도로습윤정도, 경계석 기울기 등 육안으로 확인되는 상태와 위치를 기록하고 조사된 구간 중 위험구간을 선정하여 선정된 지점에 대하여 양호, 보통, 불량의 등급평가를 실시한다. 조사 단위구간은 100m를 기본단위로 한다. 단, 주요 교차점 및 도로의 손상 상황이 거의 균등할 경우 유연하게 조정될 수 있다.
- 조사범위 주변에 과거 함몰구간이나 공동이 발생했던 장소 및 조건이 동일하여 노면 함몰 위험이 큰 구간에 대해서는 가능한 범위에서 상세하게 기록한다.
- 정밀한 육안관찰을 통하여 도로 표면을 조사하며, 특히 오버레이 부분(중앙선, 차선, 보/차도 경계)에서는 균열 등을 쉽게 발견할 수 없으므로 특별한 관심을 가지고 조사하여야 한다.
- 점검 시 기타 손상으로 알게 된 것에 대해서는 그 특징을 기록한다.
- 노면함몰위험이 있는 지역의 조사는 가능한 범위에서 상세하게 기록한다.
- 육안조사결과 광범위한 침하와 균열이 발생하는 등 위험이 있다고 판단될 경우 점검자는 가능한 범위에서 상세하게 기록하고 해당 범위에 대해 공동조사를 실시한다.

(2) 조사항목

지반침하 및 함몰의 징후와 관련된 육안조사 항목은 아래와 같으며, 매 100m를 조사 단위구간으로 하고 단위구간 내의 지반침하 징후에 대해 조사한다.

표 3.2.3 현장육안조사(직접요인) 항목

구분	조사 항목	세부 조사내용
현장육안 조사 (직접요인)	도로의 침하	주변에 안정한 지반을 기준으로 함몰지점에 대한 침하량을 조사한다.
	도로 균열	노면의 균열이 발생되지 않는 상태를 기준으로 손상정도를 평가하여 체크한다.

구분	조사 항목	세부 조사내용
현장육안 조사 (직접요인)	패칭수(보수흔적)	패칭이란 포장의 손상에 대하여 응급처치를 실시한 것으로써 평가단위 구간내의 패칭 수를 파악한다.
	도로습윤 정도	도로의 일부가 젖어있거나 물이 솟아오르는지를 관찰하고 정도를 표시한다.
	경계석 기울기	지반침하가 진행 중일 경우 도로 가장자리 경계석의 기울어짐을 동반할 수 있으므로 경계석이 기울어진 정도를 정량적으로 체크한다.

2.2.4 육안조사 평가

(1) 일반

- 자료조사 및 현장 육안조사 결과에 따라 도로 침하 및 함몰 위험성에 대한 평가 기준과 이에 따른 평가기법 및 등급기준을 결정한다. 지하시설물 상부 도로를 대상으로 지하안전점검을 실시하는데 있어 수행되는 평가는 본 장에서 제안하는 기준과 절차에 의해 수행하는 것을 원칙으로 하되, 도로 노면 및 지하시설물의 특성과 여건 등을 고려하여 적절히 응용할 수 있다.
- 도로 하부 공동 발생 및 이에 따른 지반침하는 어느 특정 지점에서 발생될 가능성이 크므로 조사 단위구간의 현장 육안조사 결과를 분석하여 조사구간 중 침하 및 공동 발생이 의심되는 구간을 선정하여 육안조사 평가를 실시한다.

(2) 평가 항목

육안조사의 평가를 위한 조사항목은 현장육안조사에 의한 직접적 요인과 자료조사에 의한 간접적 요인으로 구분하여 실시한다. 자료조사 결과 간접적 요인에 대한 축적된 자료가 없을 경우에는 현장 육안조사에 의한 직접적요인 조사결과만으로 평가를 실시할 수 있다.

표 3.2.4 육안조사 평가 항목

구분	평가요소
현장육안조사 (직접요인)	도로의 침하, 도로균열률, 패칭수, 도로습윤 정도, 경계석 기울기
자료조사 (간접요인)	인근지역 공사, 토질특성, 지하시설물 상태

(3) 항목별 평가 기준 및 결함점수

육안조사의 평가는 직접요인과 간적요인으로 구분하여 평가하며, 결함등급은 양호, 보통, 불량의 세 등급으로 분류하고 평가항목이 시설물에서 차지하는 중요도에 따라 결함점수가 차등 적용된다. 이러한 세부기준은 국내외의 다양한 문헌과 자료의 분석을 통해 결정하였으며, 다양한 전문가들의 의견 및 현실 여건을 반영하였다.

표 3.2.5 육안조사(직접요인) 평가 기준

점검항목 \ 결함등급		양호	보통	불량
도로의 침하	상태	도로상태가 양호한 경우 (50mm 이하)	부분적으로 굴곡이 있는 경우 (50~100mm)	전면에 걸쳐 발생한 경우 (100mm 이상)
	점수	0	11	22
도로 균열률	상태	작다 (균열률 0~20%)	중간 (균열률 20~40%)	크다 (균열률 40% 이상)
	점수	0	7.5	15
패칭수	상태	2개 이하	2~5개	6개 이상
	점수	0	4.5	9
도로 습윤 정도	상태	건조된 상태	습윤 흔적이 있는 상태	물이 솟아오른 상태
	점수	0	7.5	15
경계석 기울기	상태	5° 이하	5°~20°	20° 이상
	점수	0	4	8

표 3.2.6 자료조사(간접요인) 평가 기준

점검항목 \ 결함등급			양호	보통	불량
지역 현황 조사	인근 공사장 유무	상태	공사장이 없는 경우	20m 미만 굴착	20m 이상 굴착
		점수	0	3.5	7
	주변 토양 특성	상태	견고한 지반	보통 지반	느슨한 지반
		점수	0	2.5	5
지하 매설물 자료 조사	상수관로	상태	5년 이하 양호(존치) 누수(안정) 위치변화(안정)	5~20년 갱생(세척) 누수(주의) 위치변화(주의)	20년 이상 교체 누수(누수) 위치변화(위험)
		점수	0	3	6
	하수관로	상태	5년 이하 양호(존치) 누수(안정) 위치변화(안정)	5~20년 갱생(세척) 누수(주의) 위치변화(주의)	20년 이상 교체 누수(누수) 위치변화(위험)
		점수	0	3.5	7
	전기, 가스, 통신, 송유, 냉난방	상태	5년 이하 양호(존치) 누수(안정) 위치변화(안정)	5~20년 갱생(세척) 누수(주의) 위치변화(주의)	20년 이상 교체 누수(누수) 위치변화(위험)
		점수	0	1.5	3
	지하철, 지하상가, 공동구 등	상태	안전진단 A등급	안전진단 B, C등급	안전진단 D, E등급
		점수			

(4) 육안조사 점검표 작성

- 현장 육안조사 및 자료조사의 평가 항목별 결함등급에 따라 육안조사 점검표를 작성하고 결함지수를 산정하여 대상구간의 육안조사 평가등급을 결정한다.
- 육안조사 점검표는 크게 점검시설물의 이력기입, 결함 및 결함등급, 점검결과 평가, 기타 점검자의 의견을 기입할 수 있는 공간으로 구분되며, 점검표상의 각 기입란에 대한 상세 설명은 다음과 같다.

• 육안조사 점검표

시설물 종류		시설물명		관리주체	
시설물 위치	행정구역				
	위치좌표	시점 :			
		종점 :			

점검항목 \ 결함등급		해당여부 (○, ×)	양호	보통	불량	비고
현장 육안조사 (직접요인)	도로침하		0	11	22	
	도로 균열률		0	7.5	15	
	패칭수		0	4.5	9	
	도로습윤정도		0	7.5	15	
	경계석 기울기		0	4	8	
자료조사 (간접요인)	인근공사장 유무		0	3.5	7	
	주변 토양특성		0	2.5	5	
	상수관로 상태		0	3	6	
	하수관로 상태		0	3.5	7	
	기타 매설구조물(전기, 가스, 통신, 냉난방) 상태		0	1.5	3	
	지하철, 지하상가, 공동구 등 상태		0	1.5	3	
① Σ평가결함점수						
② Σ평가대상항목의 최대결함점수						
결함지수(F) = $\frac{\Sigma \text{결함점수①}}{\Sigma \text{최대결함점수②}}$ =						

결함점수(F)		평가등급		
평가등급기준표	상태등급	양호	보통	불량
		0≤F<0.30	0.30≤F<0.55	0.55≤F
기타 특이사항	· 발생된 결함의 규모를 항목별로 기입한다. (필요시 별지 사용) · 점검자의 의견 기술			

1) 시설물 이력사항

- 시설물 종류 : 해당시설물의 종류를 기입한다.
  예) 상수관로, 하수관로, 지하철 등
- 시설물명 : 해당도로의 이름을 기입하며, 지정된 도로명이 없을 경우 주소와 사용용도를 이용하여 누구나 알아보기 쉽도록 기입한다.
  예) 양재대로, ○○동 ○○번지 도로
- 관리주체 : 해당 지하시설물 관리기관을 기입한다.
- 시설물 위치 : 시설물이 위치하고 있는 행정구역상의 주소를 기입하고 시점, 종점의 위도, 경도를 기입한다.

2) 점검항목 및 결함등급

- 점검항목 : 해당지하시설물의 지하안전점검 육안조사 점검항목
- 결함등급 : 결함등급은 양호, 보통, 불량의 세 등급으로 분류되고 평가부위가 시설물에서 차지하는 중요도에 따라 결함점수가 차등 적용된다. 점검자는 점검 부위의 결함점수를 평가 기준의 결함점수 산정방안을 참고하여 결함에 해당되는 점수에 표기한다.
- 해당여부 : 간접요인에 대한 자료조사는 지하시설물의 특징 및 지반침하(함몰)에 미치는 영향에 따라 크게 상수관로, 하수관로, 기타매설구조물(전기, 가스, 통신, 냉난방), 지하철·지하상가·공동구 등으로 구분하였으며, 점검대상 지하시설물에 해당여부를 선택한다. 또한 자료조사 결과 지하시설물에 대한 자료를 보유하고 있지 않은 경우에는 평가에서 배제토록 한다.

3) 점검결과의 평가

- 평가 결함점수의 합 : 점검이 이루어진 평가항목 중 결함점수의 합
- 평가대상 항목의 최대 결함점수 : 점검항목 중 점검해당항목의 '불량'에 해당하는 결함점수의 총합
- 결함지수 : {평가결함점수의 합/평가대상항목의 최대 결함점수의 합}으로 결함지수는 모든 항목의 결함점수가 '불량'한 경우에 1이 되며, 반대로 모든 항목의 결함점수가 '양호'한 경우에는 0이 된다.
- 평가등급 : 평가등급은 표 3.2.7과 같이 양호, 보통, 불량으로 나누어 최종적으로 평가한다.

4) 기타 특이사항

발생된 결함의 규모를 항목별로 기입하고 지하안전점검 평가에 대한 점검자의 종합 의견을 기술한다.

(5) 육안조사 등급기준

- 육안조사 평가등급은 세부 평가 항목별 평가에 의해 산출된 결함지수(F)에 따라 양호, 보통, 불량의 3등급으로 구분한다.
- 육안조사 평가 결과 불량등급의 경우에는 공동조사 실시여부를 결정하여야 하고 불량 등급이외에도 지반침하의 위험이 있다고 판단되는 경우에는 해당 범위에 대하여 공동조사를 실시한다.

표 3.2.7 육안조사 평가 등급기준

등급	결함지수(F)	시설물 상태
양호	0≤F<0.30	· 문제가 없는 최상의 상태 · 평가된 경미한 결함은 발생하였으나 기능 발휘에는 지장이 없는 상태
보통	0.30≤F<0.55	· 보통의 손상, 결함이 발생하였으나 안전에는 지장이 없으며, 지속적 관찰이 필요
불량	0.55≤F	· 심각한 결함으로 인하여 시설물의 안전에 위험을 주는 경우로 공동조사 실시 여부를 결정하여야 하는 상태

2.2.5 육안조사 보고서 작성요령

지하안전점검 육안조사 실시결과 보고서는 지하시설물 관리주체의 유지관리업무에 효율적이며 체계적으로 활용할 수 있도록 과업내용을 중심으로 작성·제출되어야 한다.

(1) 현장육안조사 결과표 작성

현장육안조사 결과는 조사결과표와 세부결과표에 따라 작성하여야 하며, 작성요령은 다음과 같다.

1) 조사결과

육안조사 조사결과표는 점검대상구간 전체에 대하여 조사단위구간별로 조사결과를 요약하여 기술한다. 전체구간을 조사단위구간 100m로 구간을 분할하고 구간별로 조사된 현장 육안조사 결과를 시점에서 순서대로 기술한다.

2) 세부결과

육안조사 세부결과표는 각 조사단위구간별로 조사된 결과를 육안점검 조사망도 및 사진을 첨부하여 평가항목에 대하여 상세한 사항을 기록한다.

• 조사결과

<table>
<tr><td>대상시설</td><td></td><td rowspan="8">수행
구간</td><td colspan="2">주 소</td><td></td></tr>
<tr><td>관리주체</td><td></td><td rowspan="2">위치
(시점)</td><td>위도</td><td></td></tr>
<tr><td>담당부서</td><td></td><td>경도</td><td></td></tr>
<tr><td rowspan="2">담 당 자</td><td rowspan="2"></td><td rowspan="2">위치
(종점)</td><td>위도</td><td></td></tr>
<tr><td>경도</td><td></td></tr>
<tr><td rowspan="3">조사일시</td><td rowspan="3"></td><td rowspan="3">연장
(km)</td><td>차도</td><td></td></tr>
<tr><td>인도</td><td></td></tr>
<tr><td>합계</td><td></td></tr>
</table>

조 사 위 치 도

구간	순번	지점(m)	도로침하(mm)	균열률(%)	패칭수(개)	습윤정도	기울기(°)

• 세부결과

<table>
<tr><td>노선명</td><td>관할</td><td>구간</td><td>시점</td><td>종점</td></tr>
<tr><td></td><td></td><td></td><td></td><td></td></tr>
<tr><td colspan="5">육안점검 조사망도</td></tr>
<tr><td colspan="5"></td></tr>
<tr><td colspan="2">상세사진</td><td colspan="3">상세사진</td></tr>
<tr><td colspan="2"></td><td colspan="3"></td></tr>
<tr><td colspan="2">상세사진</td><td colspan="3">상세사진</td></tr>
<tr><td colspan="2"></td><td colspan="3"></td></tr>
<tr><td>조사자
종합의견</td><td colspan="4"></td></tr>
</table>

(2) 보고서에 포함하여야할 사항

1) 서론

육안조사의 개요를 쉽게 알 수 있도록 기술한다.

- 육안조사 개요
- 지하시설물 개요
- 육안조사 결과 요약

2) 육안조사 개요

육안조사의 범위와 과업내용 등 육안조사 계획 및 실시와 관련된 주요사항을 기술한다.

- 점검의 목적
- 조사 위치 및 시설물 개요
- 점검의 범위 및 과업내용
- 사용장비 및 기기 현황
- 점검 수행일정

3) 자료조사 및 분석

간접요인(자료조사) 관련자료를 검토·분석하고 그 내용을 기술한다.

- 설계 및 시공관련 자료
- 기존 지하안전점검 실시결과
- 보수·보강 이력
- 지하시설물 분석 자료
- 기타 관련 자료
- 자료조사 분석 결과

4) 현장 육안조사 결과 및 분석

과업내용에 의거 실시한 현장 육안조사 결과분석 내용을 기술하고 필요한 경우 사진 또는 동영상 등을 첨부한다.

- 현장 육안조사 방법
- 현장 육안조사 결과 및 세부 결과

5) 육안조사 평가

과업내용에 따라 실시한 기초 자료조사 및 현장 육안조사의 분석결과에 따라 평가 결과를 작성한다.

- 육안조사 점검표
- 평가 등급 지정

6) 종합결론 및 건의

• 육안조사 실시결과의 종합 결론

- 지반침하가 예상되는 경우 공동 및 지반침하위험도 평가 실시 결정
- 기타 필요한 사항

7) 부록
- 지하안전점검 평가 결과 자료
- 자료조사 일체
- 현장 육안조사 사진첩
- 기타 참고자료

2.3 공동조사

지하안전점검 대상범위에 대하여 지표투과레이더(GPR)탐사를 수행하고 지반침하예상구간 및 공동의 정확한 위치, 크기 등을 파악하여야 한다.

지표투과레이더(GPR)탐사는 지하의 불균질대에서 반사되거나 혹은 투과되어 수신 안테나에 감지된 전자기파의 도달 주시를 이용하여 지표 하부의 지층경계, 파쇄대(Fracture), 공동(Cavity), 지하 매설물 등을 영상화하는 물리탐사법이다.

2.3.1 자료조사 및 분석

안전점검의 대상이 되는 구간에 대해 지하시설물 현황, 교통량, 포장구성과 사용 재료, 포설연도, 폭, 교통량, 보수이력(보수 시기, 보수 범위), 기존 공동조사 결과자료 등 충분한 기초자료 수집 및 분석을 실시하여 현장조사 계획수립 시 반영하여야 한다.

2.3.2 공동조사

(1) 공동조사방법
- 공동조사는 육안조사로 쉽게 발견할 수 없는 공동·침하위험지역 등을 발견하기 위하여 정밀한 지표투과레이더(GPR) 탐사장비를 사용하여 지반침하 및 공동의 위치, 규모 등의 데이터를 확보한다.
- 공동조사의 실시구간이 차도인 경우 차량통행에 지장이 없는 장비를 사용하여야 하며, 인도인 경우 보행자의 통행에 지장이 없는 장비를 사용하도록 한다.
- 지표투과레이더(GPR)탐사에 의해 공동이 있을 것으로 판단되는 경우 공동조사 결과 및 세부 조사결과 양식에 따라 공동의 위치, 주변 현황을 정확히 관찰하여 기록한다.

(2) 지표투과레이더(GPR)탐사

- 공동조사 대상이 되는 구간에 대하여 지하시설물 현황도, 노선도를 입수하고 현장답사를 시행하고 탐사계획서를 작성한다. 지표투과레이더(GPR) 탐사시 조사범위의 누락 및 오류를 방지하기 위해 수시로 수행실적을 기록하며 진행한다.
- 사용하고자 하는 지표투과레이더(GPR) 탐사 장비는 탐사심도와 분해능을 고려한 안테나를 통하여 자료의 신뢰성을 높이는 것이 바람직하다.
- 목표매질별 해상도를 선정하고 심도에 적합한 주파수대역을 선정하며, 목표매질에 대한 높은 해상도와 파의 산란효과, 함수비 등을 고려하여 탐사심도를 결정한다.
- 탐사기기는 다음의 성능과 동등하거나 그 이상의 것으로 하되 현장여건에 따라 조정할 수 있다.

표 3.2.8 공동조사 탐사기기의 성능

구분	차도구간	인도구간
탐사방식	차량형 멀티채널	핸드형 멀티채널 또는 단채널
탐사심도	1.5m 정도	1.5m 정도
탐사능력	세로 50cm×가로 50cm×높이 20cm 이상의 공동 탐지 가능	

- 지표투과레이더(GPR)탐사의 분석은 조사범위를 모두 포함한 평면도, 종단면도, 횡단면도의 단면작성이 가능한 자료를 취득해야 한다. 또한 위치표기를 위한 노면영상을 함께 취득한다.
- 차도의 탐사 수행 시 유도차량, 안내표지판 등의 안전조치를 행하여 안전사고를 예방하여야 한다.
- 측선의 설정
  - 지표투과레이더(GPR)탐사 측선설정 시 조사범위 내에서 간격을 좁혀 정밀한 탐사가 이루어지도록 한다.
  - 포장공사가 수반되는 공사구간, 중앙분리대, 인도와 차도의 경계, 전신주, 가로수 등의 장비이동이 불가한 장애물구간의 경우 조사범위에서 제외한다.
  - 차도구간의 경우 교통사고의 위험, 과도한 교통방해 등의 원인으로 탐사 시 발생한 자료 미 취득구간의 경우에도 인접한 위치에서 이상신호가 탐지될 경우 추가적으로 탐사를 진행하여 조사범위 전체에 대해 공동을 탐지하도록 한다.
  - 인도구간의 경우 조사범위 전체의 자료를 획득하는 것을 기본으로 한다. 단채널 탐사기기를 사용할 경우에는 측선간격을 0.3m 이내로 하여 공동의 탐지에 지장이 없도록 해야 한다.

(3) 공동의 분석

- 지반의 침하예상구간 및 공동의 탐지를 위해 평면, 종단, 횡단면도를 모두 분석하는 정밀분석을 실시한다.
- 평면도 및 단면도의 해석
  - 지표투과레이더(GPR)탐사 결과의 심도별 평면도 및 종단면도를 통해 탐지된 공동의 크기를 확인하여야 한다. 이때 각각의 단면도에 공동의 위치를 표기한다.
- 노면영상의 활용
  - 공동관리 및 복구 시 정확한 위치의 확인을 위해 주변 고정 구조물(맨홀 등)등을 활용하여 기준점으로부터의 거리를 노면영상에 표기하도록 한다. 또한 공동 발견위치의 좌, 우 방향으로 천연색사진을 촬영하여 첨부한다.
- 공동의 발견 시 정확한 위치파악을 위해 다음의 항목을 기록한다.
  - 위치정보의 기록은 세계측지계의 위도, 경도
  - 도로의 방향, 차로의 개수, 공동위치의 차로
  - 위치가 표기된 노면영상
  - 인근의 주요건물 등이 관찰되는 천연색 사진
- 공동조사 시 발견된 모든 공동에 대해 지반침하위험도평가를 실시하고 그 결과에 따라 조치하도록 한다.

2.3.3 공동의 보수보강

- 지하시설물 관리자는 지하안전점검결과 지반침하의 우려가 있다고 판단되는 경우 필요한 보수・보강 등의 조치를 실시하여 지하안전을 확보하도록 한다.
- 보수・보강 등의 조치를 실시하기 전 위치정보를 정확히 기록하여 원활한 사후관리가 될 수 있도록 한다.
- 보수・보강공법의 재료 및 공법은 시공성, 경제성 및 현장상황을 고려하여 결정한다.
- 보수・보강 후 필요하다고 판단된 경우 계측, 실내시험, 지하물리탐사 등의 방법으로 건전도를 파악하여 복구결과를 확인한다.
- 복구결과를 일상의 유지관리에 활용할 수 있도록 함몰이나 공동에 관한 데이터베이스를 작성한다.

(1) 공동복구방법

공동에 대해 보수・보강방안을 경제성, 시공성 등을 고려하여 결정한다. 일반적인 공동복구 방법은 아래와 같으며, 현장상황에 따라 다른 공법을 적용할 수 있다.

1) 흙되메우기 공법

- 공동발생 지역 주변을 통제한 후, 개착하여 공동에 흙을 메우고 다짐을 한 후 상부 구조물(도로 등)을 재시공하는 공법이다.
- 다짐불량으로 인하여 포장 파손 및 지반침하 등이 빈번하게 발생하므로 다짐시험 KS F 2311 및 KS F 2312의 요건에 따라 실시하며, 관로공의 뒷채움재는 관주위의 경우 90% 이상, 관상단 및 노반의 경우 95% 이상 다짐하여야 한다.

2) 그라우팅 공법

시멘트와 같은 충전재를 투수성 지층 등에 강제로 주입한 후 고형화시켜 구조적 안정 증가, 지반의 고결화, 지반의 지지력 증가, 투수성 감소, 지반과 구조물과의 일체화를 꾀하는 공법이다.

3) 고유동성 채움재 사용

흙, 쏘일시멘트나 모르타르 등에 비해 시공성, 안전성 개선이 필요한 경우 화력발전소 등 산업 부산물로 나오는 재와 알루민산칼슘계 결합재를 활용한 유동성이 있는 재료인 고유동성 채움재를 활용한다. 유동성 채움재는 미세 틈새까지 밀실하게 채울 수 있어 지표수 유입에 의한 매설관 주변의 되메움재 유실을 효과적으로 억제할 수 있다.

(2) 복구 후 건전도 파악

필요시 복구한 지반에 대해 건전도를 파악하여 복구결과를 확인할 수 있다. 건전도 파악의 방법은 크게 비파괴 탐사, 현장시험, 계측 모니터링으로 분류될 수 있으며 현장의 특성 및 현장조건 등에 따라 선택하여 수행하도록 한다. 일반적인 건전도 파악방법은 다음과 같으며, 기술된 방법 이외에도 필요하다고 판단되는 탐사법들을 적용할 수 있다.

표 3.2.9 건전도 파악 방법

구분	비파괴 탐사	현장시험	계측 모니터링
건전도 파악방법	· 탄성파 탐사 · 지표투과레이더(GPR) 탐사 · 중력탐사 · FWD	· 시료 샘플링 · 들밀도 시험 · 투수계수 시험	· 계측기 설치

2.3.4 공동조사 보고서 작성

지하안전점검 공동조사 실시결과 보고서는 지하시설물 관리주체의 유지관리업무에 효율적이며 체계적으로 활용할 수 있도록 과업내용을 중심으로 작성·제출되어야 한다.

(1) 공동조사 결과표 작성

공동조사 결과는 조사결과표와 세부결과표에 따라 작성하여야 하며, 작성요령은 다음과 같다.

1) 조사결과

조사결과에는 시설물의 명칭과 관리주체, 위치도, 공동조사 결과 요약을 기술하여야 한다.

2) 세부결과

지표투과레이더(GPR) 탐사로 취득한 노면 영상, 평면도, 종단 및 횡단면도와 공동발견 위치의 좌, 우 방향으로 천연색 사진 등을 첨부하며, 발견된 공동의 상세 현황 및 분석 결과를 기록한다.

(2) 보고서에 포함하여야할 사항

1) 서론

공동조사의 개요를 쉽게 알 수 있도록 기술한다.

- 공동조사 개요
- 지하시설물 개요
- 공동조사 결과 요약

2) 공동조사 개요

공동조사의 범위와 과업내용 등 공동조사 계획 및 실시와 관련된 주요사항을 기술한다.

- 조사 목적
- 조사현황 및 시설물 개요
- 점검의 범위 및 과업내용
- 사용장비 및 기기현황
- 점검 수행일정

3) 기초 자료조사 및 분석

점검구간에 대한 기초자료수집 및 분석 내용을 기술한다.

- 탐사노선 및 교통상황
- 지하시설물 매설 현황
- 기존 지하안전점검 실시결과
- 기타 관련 자료

4) 공동조사 결과 및 분석

과업내용에 의거 실시한 공동조사 결과분석 내용을 기술하고 필요한 경우 사진 또는 동영상 등을 첨부한다.

- 공동조사 방법
- 공동조사 결과 및 세부 결과

5) 공동의 보수·보강

지반침하가 우려 된다고 판단되는 경우 보수·보강 내용 및 결과를 기술한다.

- 응급복구 여부
- 공동 복구방법 및 복구결과
- 건전도 분석 결과(필요시)

6) 종합결론 및 건의

- 공동조사 실시결과의 종합 결론
- 유지관리 시 특별한 관리가 요구되는 사항
- 기타 필요한 사항

7) 부록

- 지반침하예상구간 및 공동의 위치파악을 위한 상세위치도, 노면 영상, 인근의 천연색 사진 등
- 공동의 분석정보가 표기된 지표투과레이더(GPR)탐사 결과도
- 공동조사 사진첩
- 사용 장비 및 기기의 사진
- 기타 참고자료

· 조사결과

<table>
<tr><td>대상 시설물</td><td></td><td rowspan="8">수행구간</td><td colspan="4">주소</td><td colspan="4"></td></tr>
<tr><td rowspan="2">관리 주체</td><td rowspan="2"></td><td colspan="2" rowspan="2">위치(시점)</td><td colspan="2">위도</td><td colspan="4"></td></tr>
<tr><td colspan="2">경도</td><td colspan="4"></td></tr>
<tr><td rowspan="2">담당부서</td><td rowspan="2"></td><td colspan="2" rowspan="2">위치(종점)</td><td colspan="2">위도</td><td colspan="4"></td></tr>
<tr><td colspan="2">경도</td><td colspan="4"></td></tr>
<tr><td>담당자</td><td></td><td colspan="2" rowspan="3">연장</td><td colspan="2">차도</td><td colspan="4"></td></tr>
<tr><td rowspan="2">현장조사일시</td><td rowspan="2"></td><td colspan="2">인도</td><td colspan="4"></td></tr>
<tr><td colspan="2">합계(km)</td><td colspan="4"></td></tr>
<tr><td rowspan="8">일반사항</td><td colspan="2">위치도</td><td colspan="8">결과 요약</td></tr>
<tr><td colspan="2" rowspan="7"></td><td colspan="8"></td></tr>
<tr><td colspan="8">공동</td></tr>
<tr><td rowspan="2">순번</td><td colspan="2" rowspan="2">포장두께</td><td colspan="2" rowspan="2">표층두께</td><td colspan="3">공동</td></tr>
<tr><td>좁은 폭</td><td>넓은 폭</td><td>공동 두께</td></tr>
<tr><td></td><td colspan="2"></td><td colspan="2"></td><td></td><td></td><td></td></tr>
<tr><td></td><td colspan="2"></td><td colspan="2"></td><td></td><td></td><td></td></tr>
<tr><td></td><td colspan="2"></td><td colspan="2"></td><td></td><td></td><td></td></tr>
</table>

· 세부결과

<table>
<tr><td rowspan="4">탐사 결과</td><td>순번</td><td></td><td rowspan="4">이상대 위치</td><td>주소</td><td></td><td rowspan="4">이상대 규모</td><td colspan="2">토피(m)</td><td></td></tr>
<tr><td>도로명</td><td></td><td>위도</td><td></td><td rowspan="2">연장 (m)</td><td>종단</td><td></td></tr>
<tr><td>도로방향</td><td></td><td>경도</td><td></td><td>횡단</td><td></td></tr>
<tr><td>탐사일시</td><td></td><td>차로</td><td></td><td colspan="2">두께(m)</td><td></td></tr>
<tr><td colspan="2">위치도</td><td colspan="4">노면 영상</td><td colspan="2">좌측 사진</td><td colspan="2">우측 사진</td></tr>
<tr><td colspan="2"></td><td colspan="4"></td><td colspan="2"></td><td colspan="2"></td></tr>
<tr><td>탐사 평면</td><td colspan="5"></td><td colspan="4">분석결과</td></tr>
<tr><td>종/횡단도</td><td colspan="4"></td><td></td><td colspan="4"></td></tr>
</table>

찾아보기

ㅊ

ㅋ

ㅌ

ㅍ

ㅎ

숫자 및 영문

저자 소개

윤태국 다윤이엔씨(주) 기술연구소장 / 공학박사, 토질및기초기술사
한국지반공학회 부회장 / 한국토질및기초기술사회 고문 / 한국지하안전협회 부회장
행정안전부 사전재해영향검토 위원 / 국토교통부 건설사고조사위원회 위원
건설기술교육원 교수 / 한양대학교 방재안전공학과 겸임교수 / 국토교통공무원교육원 강사
서울시 인재개발원 강사 / 서울교통공사, 한국철도공사, 한국철도공단 자문위원
경기도, 부산지방국토관리청, 세종시, 고양시 기술자문위원(지하안전분야)

김재봉 (주)지반솔루션 이사 / 공학박사, 토질및기초, 지질및지반, 토목시공기술사
서울기술사학원 토질및기초기술사 강사 / 한국토질및기초기술사회 간사
한국방재협회 신기술 심의위원 / 경상남도 설계 심의위원
국립재난안전연구원 신규과제 평가위원

김창동 지하정보기술(주) 대표이사 / 공학박사, 토질및기초기술사
한국지반공학회 교통지반연구회 위원장 / 한국터널지하공간학회 이사
한국지하안전협회 이사 / LH 건축물 안전영향평가위원 / 건설기술교육원 지하안전영향평가 교수
부산지방국토관리청 기술자문위원 / 한국도로공사 기술자문위원
익산지방국토관리청 기술자문위원 / 행정안전부 자연대책저감 검토위원
서울시 도시기반시설본부 안전점검위원

정석열 (주)에스알이앤씨 대표이사 / 토질및기초기술사
국립한밭대 농어촌수자원학과 겸임교수 / 건설기술교육원 지하안전영향평가 교수
한국지하안전협회 이사 / 서울시 지하사고조사 자문단 위원
평택시 지하안전위원회 위원 / LH 건축물 안전영향평가 위원 / 행정안전부 자문위원

남준희 (주)에스티 부사장 / 토질및기초기술사 / (사)한국지하안전협회 이사
인천광역시 건축위원회 구조심의 위원(현) / 서울특별시 도시기반시설본부 안전점검 위원(현)
광주시청 지진피해 시설물 위험도 평가단 위원(현) / 한국건설교통신기술협회 기술심의 위원(현)
경기도 지하안전지킴이 자문위원(현)

지반침하와 지하안전법 정가 35,000원

저자 : 윤태국 · 김재봉 · 김창동 · 정석열 · 남준희

발행인 : 임해진
발행처 : 도서출판 구미서관

발행 : 2018년 8월 10일 초판 1쇄
2019년 5월 17일 초판 2쇄

등록 : 1979년 6월 29일 No.9-6호
주소 : 서울시 마포구 신촌로 2길 5-15 구미빌딩
전화 : 02-333-1101
팩스 : 02-335-2201
http://www.goomibook.com

ISBN 979-11-6257-034-0 (93530)